Lexikon der Elektrotechnik

Von

Günther Oberdorfer

Dipl.-Ing. Dr. techn., Professor der Technischen Hochschule Graz

Mit 371 Textabbildungen

Springer-Verlag Wien GmbH

ISBN 978-3-7091-3465-8   ISBN 978-3-7091-3464-1 (eBook)
DOI 10.1007/978-3-7091-3464-1

Vorwort.

Das vorliegende Lexikon sollte ursprünglich ein Lückenbüßer in meiner wissenschaftlichen Arbeit sein. Die ersten Jahre nach dem Krieg, die vollauf mit der Wiederschaffung eines erträglichen Lebensunterhaltes und der Abwehr konjunkturgebundener Zugriffe ausgefüllt war, ermöglichten keine umfangreichere wissenschaftliche Arbeit. Ein nicht rasten und rosten wollender Geist konnte sich aber mit dieser Feststellung nicht zufrieden geben und so entstand in mir der Wunsch nach einer doch wissenschaftlichen Beschäftigung, die aber keiner dauernden Konzentration bedurfte und gewissermaßen ratenweise in den Pausen des Existenzkampfes das Elixir zur Wiedererlangung des wissenschaftlichen Lebensmutes bot. So entstand die Idee zum vorliegenden Lexikon. In dem Maße, als das Kind der Not heranwuchs, wuchs auch die Vaterliebe, der bald bewußt wurde, daß seinem Sprößling an der Wiege gute Feen Pate gestanden sind. Ich erkannte, daß der einstige Lückenbüßer bei liebevoller Behandlung zu einem recht wertvollen Glied in der Gesellschaft seiner literarischen Brüder werden könnte und bemühte mich, ihn so rasch als möglich gesellschaftsfähig zu machen. Auch der Springer-Verlag zeigte in dankenswerter Weise Interesse an dem Vorhaben, und so lag das Manuskript 1947 reif zum Druck vor. Technische Schwierigkeiten verzögerten die Inangriffnahme der Druckarbeiten bis 1949 und so erblickt das Buch erst jetzt das Licht der elektrotechnischen Fachwelt. Da ich selbst in der Zwischenzeit mit der Errichtung mehrerer Lehrstühle an der Technischen Hochschule in Graz mehr als voll beschäftigt war, konnte ich diese leider nicht dazu ausnützen, das noch sehr unvollständige Lexikon gegenüber dem Umfang, den ich vor zwei Jahren in der damaligen literaturarmen Zeit für ausreichend ansah, wesentlich zu ergänzen. So ist vieles nicht gesagt, was gesagt werden wollte und gesagt werden sollte, doch hoffe ich dennoch, daß die noch bestehenden Lücken keine wesentlichen sind und sie bald in einer zweiten Auflage wenigstens teilweise ausgefüllt werden können. Vollständig kann ja ein derartiges Werk niemals sein, es müßte ja die Technik selbst an ein Ende gelangen.

IV

Die Aufgabe des vorliegenden Lexikons ergibt sich zwangsläufig aus seiner Stellung zwischen Lehrbuch und Wörterbuch. Während das Lehrbuch das Verständnis für die Eigenschaften der einschlägigen Größen, ihre gesetzmäßige Verknüpfung und Ableitung aus den Naturerscheinungen durch mathematische Darstellung, Beschreibung und Ableitung vermittelt, begnügt sich das Lexikon mit der reinen Aufzählung dieser Eigenschaften und Gesetzmäßigkeiten sowie mit der Definition der verwendeten Begriffe, ohne auf deren Ableitung näher einzugehen. Die Einteilung erfolgt daher auch nicht nach Fachgebieten, sondern alphabetisch, wodurch es sich formal wieder dem Wörterbuch nähert. Im Gegensatz zu diesem sind aber den Stichwörtern je nach ihrer Bedeutung mehr oder minder umfangreiche, erklärende Abschnitte angegliedert, in denen das Stichwort definiert, seine Bedeutung erläutert, oder Zusammenhänge mit anderen Größen formelmäßig oder in tabellarischer Form angegeben werden. Eine wertvolle Ergänzung erschien mir die Übersetzung der Stichworte in fremde Sprachen, so daß das Lexikon in gewissem Grade auch als Wörterbuch benützt werden kann. Dabei will es durchaus nicht als Konkurrent zum Wörterbuch treten und enthält nur die Übersetzung der mit Text versehenen Stichworte und einiger weniger zusätzlicher Worte, die in der Beschreibung der technischen Vorgänge von besonderer Bedeutung sind. Alle Wortkombinationen und Zusammensetzungen, die nicht zu Begriffen führen, die ihrerseits ein textliches Eingehen wünschenswert erscheinen lassen, sind — weil nicht in den Aufgabenkreis eines Lexikons gehörend — nicht aufgenommen worden. So ist, daraus resultierend, die Stichwortezahl nur ein Bruchteil jener eines gleichwertigen Wörterbuches.

Die Übersetzungen sind vorläufig nur in englischer und französischer Sprache aufgenommen worden. Bei entsprechendem Interesse ist geplant, bei späteren Auflagen noch weitere Sprachen zu berücksichtigen. Um die Benützung als Wörterbuch zu erleichtern, ist am Schluß des Lexikons noch je ein Register der englischen und französischen Wörter mit ihren deutschen Übersetzungen angeordnet, so daß beim Lesen ausländischen Schrifttums nicht nur die Übersetzung sondern auch der zum Stichwort gehörige Text leicht gefunden werden kann.

Der Wert eines im obigen Sinne gehaltenen Lexikons steigt in dem Maße als seine Darstellung einheitlich gehalten ist, das heißt bei Verwendung eines einheitlichen, klaren und einwandfreien Maß- und Einheitensystems, einheitlicher Bezeichnungen, einheitlicher Darstellungen usw. Das Lexikon soll ja allen etwas sagen können, dem Starkstromtechniker, dem Fernmeldetechniker, dem Hochfrequenz- und Meßtechniker, dem Wirtschaftler, Betriebsmann und sicher auch zum Teil dem nicht eigentlichen Fachmann. Es soll in gleicher Weise zur ersten Erklärung von unbekannten Fachausdrücken aus dem Nachbargebiet als auch zur Auffrischung und zum Nachschlagen auf dem eigenen Gebiet dienen. Niemand wird nun ernstlich von sich behaupten wollen, auf dem Gesamtgebiet der Elektrotechnik derart bewandert zu sein, daß er über alle einschlägigen Fragen Auskunft geben könne. Immerhin darf ich mir aber anmaßen, durch meinen Berufsgang, der mich durch fast alle Sparten der Elektrotechnik führte, eine so große Übersicht bekommen zu haben, daß ich es wagen durfte, das Werk allein in Angriff zu nehmen und von Mitarbeitern — wenigstens vorläufig — abzusehen. Ich bin mir natürlich vollauf bewußt, daß dadurch Mängel in das Werk treten mußten, ich glaube aber, daß diese weitaus durch die Einheitlichkeit der Behandlung und Darstellung des ganzen Gebietes aufgehoben und der letztere Vorteil so groß ist, daß diese Mängel in Kauf genommen werden können. Meine Fachgenossen, denen das Lexikon bei wohlwollender Aufnahme aber doch eine kleine Hilfe werden sollte, bitte ich bei dieser Gelegenheit, mich auf solche Mängel aufmerksam zu machen, so daß das Werk im Laufe kommender Auflagen immer vollständiger und fachgerechter wird.

Wenn ich noch jener gedenke, die sich um das Erscheinen und die Ausgestaltung des Lexikons verdient gemacht haben, so hätte ich in erster Linie den Firmen und Unternehmungen zu danken, die durch Bilder und Beiträge das Werk unterstützt haben. Ich sehe des Umfanges halber von einer listenmäßigen Aufzählung ab; sie sind bei den Unterschriften unter den Bildern im Text angeführt. Für die Beiträge danke ich ferner meinem Freund Dr. F. Brilli, Herrn Ing. O. Mayr und Herrn Dr. K. Seidl. In dankenswerter Weise hat ferner mein ehemaliger Assistent, Herr Ing. R. Pinter die Korrekturen mitgelesen. Nicht zuletzt gebührt aber auch dem Springer-Verlag mein bester Dank, der trotz vieler Schwierigkeiten ein in Ausstattung und Form gleicherweise befriedigendes Werk einer sicherlich dafür sehr interessierten Fachwelt übergeben hat.

Graz, im Februar 1951.

Der Verfasser.

Bemerkungen zum Gebrauch des Lexikons.

Deutschsprachige Ausdrücke suche man unter den Stichworten im Hauptteil. Die Übersetzungen in fremde Sprachen stehen neben den deutschen Stichworten in der Reihenfolge englisch (amerikanisch) — französisch.

Will man zu einem gegebenen fremdsprachigen Ausdruck die Erläuterung haben, so suche man im Sachverzeichnis der betreffenden Sprache im Anhang das zugehörige deutsche Stichwort.

An Worte im Text angefügte senkrechte Pfeile weisen darauf hin, daß dieses Wort als Stichwort im Hauptteil enthalten ist. Bei Begriffen, die unter mehreren Stichworten erscheinen, ist durch einen horizontalen Pfeil vor dem Wort auf das Stichwort hingewiesen, bei dem der erläuternde Text steht. Mit s. a. (siehe auch) ist auf den Begriff ergänzende Stichworte hingewiesen. Am Schluß einer Erläuterung in eckigen Klammern gemachte Angaben weisen auf einschlägiges Schrifttum hin. Ein nachgesetztes L gibt an, daß in der angeführten Literaturstelle ein ausführliches Schrifttumsverzeichnis enthalten ist. Bei den Literaturangaben sind folgende Abkürzungen verwendet:

E. T. Z	Elektrotechnische Zeitschrift
E. u. M	Elektrotechnik und Maschinenbau
A. f. E	Archiv für Elektrotechnik
E. N. T	Elektrische Nachrichtentechnik
A. T. M	Archiv für technisches Messen
Z. f. t. Ph	Zeitschrift für technische Physik
Ht. u. Ea	Hochfrequenztechnik und Elektroakustik
D. T. R	Die Telefunkenröhre
Diss. T. H Ort	Dissertation der Technischen Hochschule Ort
OI	Oberdorfer G.: Lehrbuch der Elektrotechnik, Band I
OII	Oberdorfer G.: Lehrbuch der Elektrotechnik, Band II
OIII	Oberdorfer G.: Lehrbuch der Elektrotechnik, Band III
OIV	Oberdorfer G.: Lehrbuch der Elektrotechnik, Band IV.

Sonst gebrauchte Abkürzungen sind

bzw.	beziehungsweise
HF	Hochfrequenz
IEC	Internationale elektrotechnische Commission
NF	Niederfrequenz
s.	siehe
s. a.	siehe auch
u. U.	unter Umständen
VDE	Verband Deutscher Elektrotechniker
VDI	Verband Deutscher Ingenieure
z. B.	zum Beispiel.

A

A Kurzzeichen für die Stromeinheit Ampere ↑

Å Kurzzeichen für die Längeneinheit Angström ↑

Abbildung, konforme — *conformal representation, conformical mapping* — représentation conforme

Zuordnung zweier ebener Gebilde durch eine analytische Funktion ↑. Die Abbildung ist winkel- und im unendlich Kleinen maßstabtreu. Anwendung in der Elektrotechnik zur Darstellung elektrostatischer Felder mit Hilfe der Feld- und Äquipotentiallinien. [OII. L]

Aberregung — *de-energization* — désexcitation, désamorçages

Abschaltung, beziehungsweise Vernichtung der Erregung elektrisch erregter, magnetischer Kreise, insbesondere der Erregerkreise elektrischer Maschinen. Sie kann erfolgen durch Einschalten eines entsprechend bemessenen Widerstandes oder durch Kurzschließen der Erregerwicklung. In beiden Fällen geht die Entregung verhältnismäßig langsam, nämlich mit der Zeitkonstanten des mit vergleichsweise hohem induktivem Widerstand behafteten Erregerkreises vor sich. Bei der selbsttätigen Entregung von Synchrongeneratoren, die beim Auftreten eines Maschinendefektes die Speisung des Fehlers durch die eigene Maschine dadurch vermeiden soll, daß die Aberregung so rasch als möglich erfolgt, wird durch Anordnung eines Widerstandes zwischen dem Anker der Erregermaschine und der Erregerwicklung des Synchrongenerators nach dem nebenstehenden Schaltbild erreicht, daß nach Betätigen des

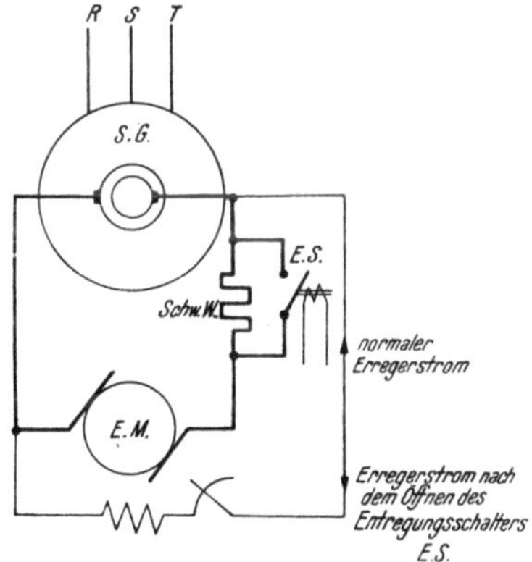

Schnellentregung mittels Schwingungswiderstandes

Entregungsschalters die magnetische Energie des Polrades der Synchronmaschine einen Strom in die Erregerwicklung der Erregermaschine treibt, der dem normalen Erregerstrom entgegengesetzt gerichtet ist und die Erregermaschine während des Aberregungsvorganges umpolt, so daß sie eine beschleunigte Entregung durchführt. Der mit „Schwingungswiderstand" bezeichnete Aberregungswiderstand ist normalerweise vom Entregungsschalter kurzgeschlossen und so bemessen, daß die Entregung so rasch als möglich in Form einer einmaligen Schwingung des Erregerstromes durchgeführt wird. Das Verfahren liefert kürzeste Entregungszeiten bei größtmöglicher Schonung der Erregerstromkreise hinsichtlich ihrer Spannungsbeanspruchung.

abgeschaltet — *disconnected, cut off* — déconnecté

abgeschlossen (durch einen Widerstand) — *terminated (by a resistance)* — terminé

abgestimmt (auf Resonanz) — *tuned (to resonance)* — syntonisé, accordé
  nicht — *untuned* — non-accordé
  scharf — *sharply tuned* — accordé précisement

abgleichen — *to balance, to equilibrate* — balancer

abgreifen — *to tap* — brancher

abklingen — *to die down, to die away, to die out* — retentir, affaiblir

abkühlen — *to cool off, to refrigerate* — refroidir, refraichir

ablaufen (einer Feder) — *to run down, to return* — retourner

Ableitplatte — *signal plate*
  → Ikonoskop.

Ableitung — *leakage, leakance* — perditance
  1. Der reziproke Wert des Isolationswiderstandes von Leitungen, meist als Belag ↑ je Längeneinheit angegeben.
  2. Der reziproke Wert des die Verluste eines Kondensators darstellenden Widerstandes.

Ableitungsdämpfung — *leakance loss*
  → Fortpflanzungskonstante.

Ablenkplatten — *deflecting plates* — plaques de déviation
  In Kathodenstrahlröhren ↑ hinter der Anode angeordnete, senkrecht aufeinander stehende Plattenpaare, zwischen denen der Kathodenstrahl auf seinem Weg zum Leuchtschirm hindurchgeht und die an entsprechende Spannungen gelegt werden, die die gewünschte Ablenkung des Strahles hervorrufen (→ Strahlablenkung).

ablesen — *to read (off), to take a reading* — faire la lecture, lire

Abnahmeprüfung — *factory test, acceptance test* — essai de réception
  Anläßlich der Übernahme einer Maschine oder eines Gerätes durchgeführte Überprüfung.

Abnutzung — *wear, wearing* — usure, détérioration
  Durch längeren Gebrauch hervorgerufener Materialschwund.

Abreißfunken — *breakdown spark* — étincelle rupture
  Bei einer Stromunterbrechung auftretender Funke. Tritt besonders bei der Unterbrechung induktiver Ströme in Erscheinung.

Abschalten — *disconnection, switching-off* — déconnection, coupure

Abschirmkabel — *screened cable* — câble blindé
  Kabel mit metallischer Hülle, die aber im Gegensatz zur Armierung keinem mechanischen Schutz, sondern dem Zwecke dient, das Abstrahlen oder Aufnehmen von Störfeldern zu verhindern.

Abschirmung — *screening, shielding* — blindage, sous écran
  Zur Vermeidung der Beeinflussung von Geräten und Meßinstrumenten durch fremde oder parasitäre Felder, werden diese von einem Schutzmantel aus einem geeigneten Material umgeben, der das Eindringen solcher

Felder verhindert. Die so geschützten Teile heißen abgeschirmt, das Verfahren selbst Abschirmung. Gegen elektrische Felder wird durch einen leitenden Mantel (etwa aus Kupferblech), gegen magnetische Felder durch einen Mantel aus Eisen abgeschirmt.

abschließen — *to terminate* — terminer

Abschlußwiderstand — *terminal resistance* — résistance finale, résistance terminale

An den Endklemmen eines Stromkreises angeschlossener Widerstand.

Abschmelzsicherung — *fusible cut-out, safety fuse* — coupe-circuit à fusible, fusible

→ Sicherung.

Abschmelzstreifen — *fuse strip* — lame fusible

Metallstreifen einer Schmelzsicherung, der so ausgelegt ist, daß er bei einer bestimmten Stromstärke zum Schmelzen kommt.

Absorption — *absorption* — absorption

Aufnahme von Gasen in Flüssigkeiten, in denen sie sich „auflösen". Die Absorptionsfähigkeit ist bei den einzelnen Stoffen verschieden und hängt außer von der Natur des Gases und der absorbierenden Flüssigkeit von der Temperatur und dem Druck des Gases ab, welch letzterem sie proportional ist. Dagegen nimmt die Absorption mit steigender Temperatur ab.

Absorptionsfrequenzmesser — *absorption wave-meter* — ondemètre à absorption

Häufig bei Sendern verwendetes, einfaches Frequenzmeßgerät, das so arbeitet, daß ein Schwingkreis mit veränderlichem Kondensator lose mit dem Senderkreis gekoppelt ist und bei der Messung der Kondensator so lange verstellt wird, bis ein an ihm liegender Spannungszeiger einen maximalen Ausschlag zeigt. Die Stellung des (Dreh-) Kondensators ist dann ein Maß für die Frequenz.

Absorptionskoeffizient — *absorption factor* — coefficient d'absorption

Die Zahl, die angibt, welche Gasmenge, umgerechnet auf eine Temperatur von 0^0 C und Normaldruck von der Raumeinheit der betrachteten Flüssigkeit bei einer bestimmten Temperatur, aber ebenfalls bei Normaldruck absorbiert wird.

Für Wasser als Lösungsmittel bestehen die folgenden Absorptionskoeffizienten bei 0^0 und 20^0 C:

Argon	0,056	0,038
Chlor	4,600	2,300
Helium	0,015	0,014
Krypton	0,120	0,073
Luft	0,029	0,019
Neon	—	0,017
Sauerstoff	0,049	0,031
Stickstoff	0,024	0,015
Wasserstoff	0,021	0,018

Absorptionsschwund

→ Fading.

Abspannisolator — *terminal insulator, strain insulator* — isolateur d'arrêt

abstellen — *to stop* — mettre au repos, arrêter

Stillsetzen einer Maschine oder eines sich in Bewegung befindlichen Gerätes.

abstimmen — *to tune* — syntoniser, accorder

→ Abstimmung.

Abstimmkondensator — *tuning condenser, tuning capacitor* — condensateur d'accord, condensateur de syntonisation

Kondensator, der zur Abstimmung ↑ eines Stromkreises auf eine bestimmte (Resonanz-) Frequenz dient.

Abstimmung — *syntony, selection, tuning, accordance, syntonisation* — accordation, accord, sélection, syntonisation, syntonie

Änderung eines der beiden, einen Schwingungskreis ausmachenden Gebilde in der Weise, daß Resonanz ↑ entsteht. In elektrischen Stromkreisen kann zu diesem Zweck entweder die Kapazität des Kondensators durch Anordnung beispielsweise eines Drehkondensators, oder die Induktivität einer Spule durch gegenseitige Lagenänderung zweier Teilwicklungen derselben (Variometer) verändert werden. In groben Stufen kann die Änderung auch durch Spulenumschaltung oder Zu- und Abschalten fester Kondensatoren erfolgen. Zur Erleichterung der Bedienung werden, wenn mehrere stetig veränderliche Abstimmelemente vorhanden sind, diese häufig miteinander gekuppelt.

abstoßen — *to repel* — repousser

Abstoßung — *repulsion* — répulsion

Abtastblende — *scanning diaphragm* — diaphragme d'exploration

In der Fernsehtechnik gebräuchliches Organ zur Ausblendung eines Lichtstrahles für die Abtastung des fernzusehenden Bildes.

Abtastgerät — *scanner* — dispositif d'exploration

In der Fernsehtechnik erforderliches Gerät zur Abtastung ↑ der fernzuübertragenden Bilder, meist eine Nipkowsche Scheibe ↑ oder eine Kathodenstrahlröhre.

Abtastung — *scanning* — exploration, balayage

Rasterförmiges Überlaufen eines fernzusehenden Bildes durch einen Licht- oder Elektronenstrahl zu dem Zweck, den Bildinhalt in zeitliche Intensitätsschwankungen des Strahles aufzulösen. Die einmalige Abtastung eines Bildes wird dabei in $1/_{25}$ bis $1/_{50}$ Sekunde durchgeführt.

Abstrahlung — *radiation* — rayonnement

Ablösen von Wellen von einem strahlenden Körper, z. B. der elektromagnetischen Wellen von einer Antenne.

Abwärtstransformator — *step-down transformer, reducing transformer* — transformateur-abaisseur de tension, dévolteur

Transformator, der von einer höheren auf eine niedrigere Spannung übersetzt.

Abzweigdose — *junction box, connector box* — boîte de distribution, boîte de jonction

Installationsdose zum Anschluß einer Abzweigleitung.

a. c.

Abkürzung für alternating current (Wechselstrom ↑).

Achse 1. *axle, shaft* — arbre, essieu
      2. *axis* — axe

1. Materialisierte Gerade, um die sich ein Körper dreht (Drehachse, Welle).
2. Mittellinie oder Nullinie eines Koordinatensystems.

Achterschaltung

Sonderschaltung einer Zwischenbürstenmaschine ↑, hauptsächlich in Verwendung als Lokomotivumformer, da durch ihn eine stetige und nahezu verlustlose Drehzahlregelung durch Schaffung von EMKen in den Motorkreisen ermöglicht wird. Die Größe dieser EMKe wird durch Einstellung des Stromes in der Regulierwicklung W_R erzielt.

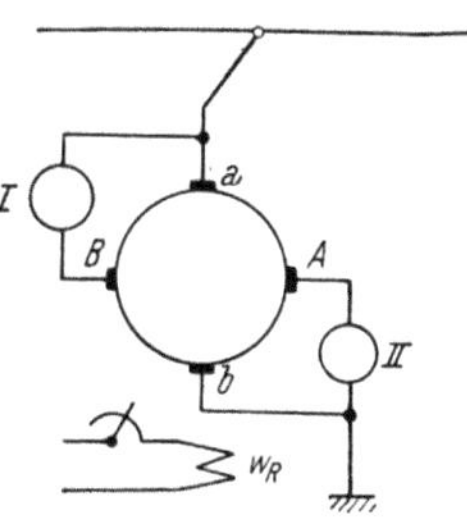

Achterschaltung

Achterschutz — *protection by balanced relays*

Auf dem Differentialschutzprinzip ↑ beruhende, selektive Leitungsschutzeinrichtung für zwei parallele Leitungen, bei der die Leitungsstromwandler sekundär in Form einer Acht geschaltet sind. Solange in beiden Leitungen der gleiche Strom (I/2) fließt, ist das Stromrelais stromlos, da der Sekundärstrom des einen Wandlers vom zweiten Wandler abgesaugt wird. Sind aber die beiden Teilströme wegen eines Kurzschlusses in der einen Leitung voneinander verschieden, so fließt durch das Relais der Differenzstrom und bringt das Relais zum Ansprechen. Je nachdem, in welcher Leitung der größere Strom fließt, ist die Richtung des Differenzstromes eine andere. Führt man daher das Relais richtungsempfindlich aus, oder ordnet man noch ein getrenntes Richtungsrelais ↑ an, so kann durch dessen Ansprechen die kranke Leitung abgeschaltet werden. Der hauptsächlich bei Doppelleitungen angewandte Schutz ist sehr empfindlich, ist aber heute vielfach vom Impedanzschutz ↑ verdrängt worden.

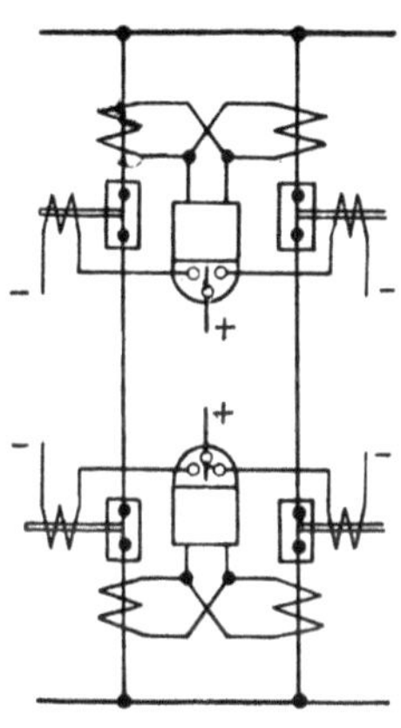

Achterschutz

Ader — *wire, core* — âme

Jeder einzelne, für sich zur Übertragung des elektrischen Stromes bestimmte Draht eines Kabels.

Adhäsion — *adhesion, adherence* — adhésion, adhérence

Aneinanderhaften verschiedener fester Stoffe als Folge molekularer Kräfte an ihrer Berührungsfläche.

Adiabate — *adiabatic curve* — adiabate

Die, die Zustandsänderung eines idealen Gases darstellende Kurve, wenn die Zustandsänderung ohne Wärmeaustausch mit der Umgebung erfolgt. Ihre Gleichung ist

$$P_1 v_1^{\varkappa} = P_2 v_2^{\varkappa}$$

$$\text{mit} \quad \varkappa = \frac{c_p}{c_v}.$$

Admittanz — *admittance* — admittance

Fremdwort für Scheinleitwert ↑ .

Adsorption — *adsorption* — adsorption

Aufsaugung elektrisch geladener Teilchen an Wänden oder sonstigen, eine Entladungsbahn abgrenzenden, festen oder flüssigen Stoffen.

Ähnlichkeitsgesetz — *similarity principle* — principe de similarité

Bei einer Gasentladung ist die Zündspannung ↑ abhängig vom Produkt aus Druck und Abstand $U_z = f(pd)$, so daß bei für einen Fall bekannter Zündspannung auf jene im λ-fachen Abstand beim $1/\lambda$-fachen Druck und umgekehrt geschlossen werden kann. (Ähnlichkeitsgesetz von Paschen.)

Ähnlichkeitssatz — *similary principle* — theoreme de similitarité

In der Laplacetransformation ↑ der Satz

[OII]
$$\mathfrak{L}\left\{ F(at) \right\} = \frac{1}{a}\, \varphi\left(\frac{p}{a}\right).$$

Änderungswicklung — *variatrice* — variatrice

→ Metadyne.

Äquipotentialfläche — *equipotential surface* — surface equipotentielle

Flächen gleichen Potentiales. Sie werden vorzugsweise zur Darstellung elektrostatischer Felder benützt.

Äquivalentgewicht — *equivalent weight* — poids équivalent

Das Verhältnis des Atomgewichtes eines Stoffes zu seiner Wertigkeit.

Äquivalentladung — *equivalent charge* — charge équivalente

Die Ladungsmenge F = 96 500 C, die nach dem Faradayschen Gesetz ↑ zur Ausscheidung eines Grammäquivalentes ↑ aus einem Elektrolyten ↑ aufgewendet werden muß.

Äther — *ether* — éther

Hypothetischer Stoff, der das ganze Weltall durchdringen und der Träger der elektromagnetischen Erscheinungen sein soll.

Äußere Kennlinie — *external characteristic* — caractéristique extérieure

Bei Wechselstromgeneratoren die Abhängigkeit der Spannung vom Belastungsstrom. Wird vorzüglich zur Berechnung der Kurzschlußströme verwendet, wobei in erster Annäherung cos $\varphi = 0$ gesetzt wird. Die Ermittlung der äußeren Kennlinie aus der Leerlaufkennlinie und dem Potierschen Dreieck bei maximaler Erregung (Spannungsreglerbetrieb) zeigt nebenstehendes Bild. Der Schnitt der Kurzschlußkennlinie der Anlage (meist eine Gerade) mit der äußeren Kennlinie des Generators ergibt den Kurzschlußstrom und die Spannung an den Generatorklemmen. Sind mehrere Stromquellen parallel geschaltet, so müssen die äußeren Kennlinien addiert werden. [OIII]

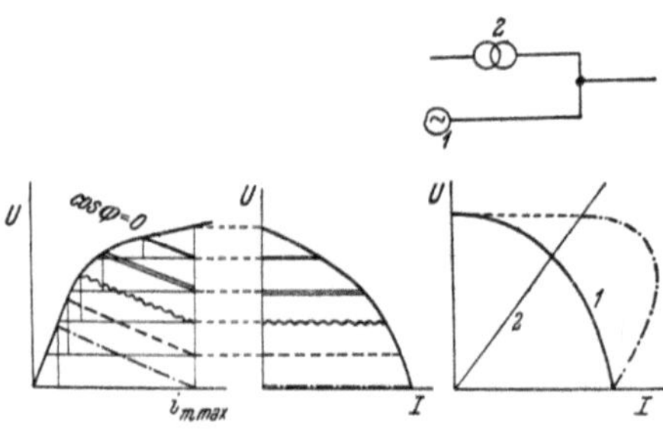

a. Ermittlung der äußeren Kennlinie

b. Addition der äußeren Kennlinien bei parallelen Stromquellen

Affinor

Allgemeiner Fall eines unsymmetrischen Tensors ↑ , dessen drei Hauptachsen nicht senkrecht aufeinander stehen. Er läßt sich eindeutig als Summe aus einem symmetrischen und einem alternierenden Affinor darstellen und wird durch eine neungliedrige, quadratische Koeffizientenmatrix beschrieben. Der symmetrische Teilaffinor, der mit seinem konjugierten Wert (wird erhalten durch Vertauschen der Zeilen mit den Spalten in der Koeffizientenmatrix) übereinstimmt, heißt Tensor, der alternierende — oder antimetrische — (der dem konjugierten Wert entgegengesetzt gleich ist) Axiator.

[OII]

Aggregat — *set, aggregate* — agrégat, groupe, bloc

Gruppe mehrerer zusammengehöriger Maschinen oder Apparate.

Akkumulator — *accumulator, storage cell* — accumulateur

Auf der Umwandlung chemischer Energie in elektrische Energie beruhende Stromquelle, bei der die bei der Energieabgabe auftretende chemische Zersetzung (Entladung) durch Zufuhr elektrischer Energie (Ladung) wieder rückgängig gemacht wird und die dann neuerdings elektrische Energie abgeben kann. Wird die geladene Batterie nicht belastet, so behält sie ihre Bereitschaft zur Energieabgabe bei, kann also als elektrischer Energiespeicher dienen. Bei lange andauernder Nichtbelastung tritt eine langsame Selbstentladung durch inneren Ausgleich ein. Die Akkumulatoren werden meist als Bleiakkumulatoren ↑ mit Säurefüllung oder als alkalische Akkumulatoren ↑ verwendet. Trotz ihres vergleichsweise schlechten Wirkungsgrades werden sie wegen ihrer Unabhängigkeit von fremden Stromquellen und Speicherfähigkeit (die heute nur noch durch Dampfspeicher erreicht werden kann) als selbständige Stromquellen für Schutz- und Hilfsanlagen beim Betrieb von Fahrzeugen, als Pufferstromquellen und Ausgleichsbatterien bei stark schwankender Belastung verwendet. In letzterem Fall kann zum Beispiel in einem Gleichstrom-Elektrizitätswerk der überschüssige Nachtstrom zur Aufladung einer solchen Batterie benützt werden, die dann am Abend bei der anfallenden Lichtspitze die Spitzenlast übernehmen kann. Wie das nebenstehende Bild zeigt, kann damit die Maschinenleistung der Zentrale weit unter die Spitzenleistung gelegt werden, was eine wesentliche Ersparnis an Anlage- und Betriebskosten ergibt.

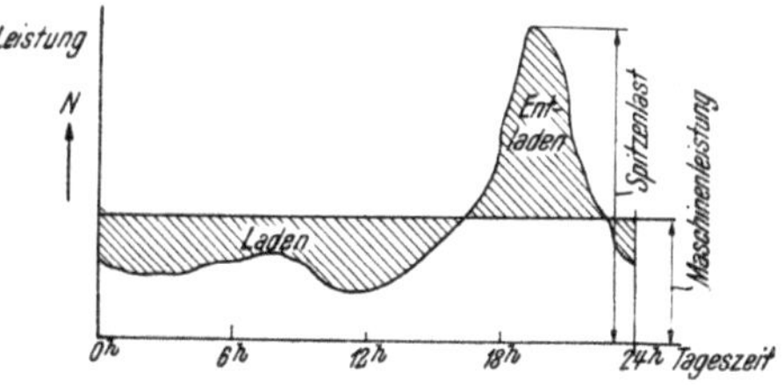

Belastungsdiagramm eines Elektrizitätswerkes und Belastungsausgleich durch eine Akkumulatorenbatterie

Akkumulator, alkalischer — *alkaline accumulator* — accumulateur alcalin

Akkumulator, mit reiner Kalilauge als Elektrolyt. Die in Behältern aus perforiertem Stahlblech (daher auch die Bezeichnung „Stahl-Akkumulator") untergebrachte aktive Masse besteht bei der positiven Elektrode aus Nickelhydroxyd und bei der negativen Elektrode aus einer Eisen- oder Cadmiumverbindung. Der chemische Vorgang bei der Ladung und Entladung ist der folgende

$$Fe + KOH + 2\,Ni(OH)_3 \underset{L}{\overset{E}{\rightleftharpoons}} Fe(OH)_2 + KOH \uparrow + 2\,Ni(OH)_2.$$

Die Kalilauge, die meist noch einen kleinen Zusatz von Lithiumhydroxyd erhält, nimmt also am chemischen Vorgang nur unwesentlich teil und dient hauptsächlich als Leiter.

Die aktive Masse der positiven Elektrode wird entweder in taschenartigen, flachen Behältern (Taschenzelle) oder in aus Stahlblech gedrillte Röhrchen (Röhrchenzelle) eingepreßt. Die Röhrchenzellen werden meist in Betrieben mit hohen Entladeströmen verwendet.

Die Entladespannung liegt bei etwa 1,20 Volt, die Ladespannung bei etwa 1,75 Volt bei den Taschenzellen und 1,82 Volt bei den Röhrchenzellen.

Der Amperestundenwirkungsgrad beträgt etwa 75%, der Wattstundenwirkungsgrad 60%. Das Gewicht geht bis auf $\frac{1}{3}$ des Gewichtes von Bleiakkumulatoren zurück.

Die Kapazität ↑ beträgt etwa 18 Ah je kg Zellengewicht.

Der Stahlakkumulator kann auch im entladenen Zustand beliebig lange gelagert werden ohne Schaden zu erleiden.

Aktionsradius — *range, radius of action* — rayon d'action

Örtlich genommener Wirkungsbereich.

Aktivierung — *activation* — activation

Verfahren, um die Elektronenemission der Kathode von Vakuumröhren bei niedrigen Temperaturen zu erleichtern, wobei die Kathode mit geeigneten Stoffen präpariert wird. [Kammerloher, Hochfrequenztechnik, II. Band: Elektronenröhren und Verstärker. Leipzig 1939.]

Alarmanlage — *alarm system* — dispositif d'alarme

Anlage zur Aufmerksammachung der eingetretenen Änderung eines Betriebszustandes oder zur Herbeirufung eines Wärters. Die Alarmanlage kann aus optischen (Alarmlampe, Fallklappen) oder akustischen (Alarmglocke, Hupe) Einrichtungen oder einer Kombination beider bestehen.

Aldrey — *Aldrey* — Aldrey

Aluminium-Knetlegierung mit einer Beimischung von

$$0,5 \ldots 2,0\% \text{ Magnesium,}$$
$$0,3 \ldots 2,0\% \text{ Silizium,}$$
$$0 \ldots 1,5\% \text{ Mangan.}$$

Wichte $\gamma = 2,7$ p/cm³, Schmelzpunkt bei 630...650⁰ C, Festigkeit 11... 42 kp/mm². Der spezifische Widerstand beträgt bei 20⁰ C 0,0333 Ω mm²/m.

Aldrey wird dort verwendet, wo reines Aluminium zu schwach, Duraluminium aber zu teuer ist.

Alkalizelle — *alkaline photo-cell, cell alkaline* — cellule alcaline

Photozelle ↑, bei der in einem evakuierten Glasgefäß (Vakuumzelle) eine Anode und eine an ihrer Oberfläche mit einer dünnen Schicht eines Alkalimetalls versehene Kathode eingeschmolzen sind. Wird eine solche Zelle an eine konstante Spannung gelegt, so entsteht beim Auffallen von Licht auf die Kathode ein Strom, der der auffallenden Lichtintensität verhältnisgleich ist. Die Größe des Stromes ist ferner von der Anodenspannung abhängig, indem er zuerst mit steigender Anodenspannung zunimmt, dann aber einem Sättigungswert zustrebt. Durch eine Gasfüllung kann der Photostrom verstärkt werden. Er steigt dann mit wachsender Anodenspannung bis zum Zündpunkt, bei dem eine Glimmentladung eingeleitet wird. In der Nähe des Zündpunktes arbeitet die Zelle nicht mehr linear. Als Füllgas wird meistens Argon verwendet. Die Vakuumzelle ist frequenzunabhängig. Die gasgefüllte Zelle zeigt ein Zurückgehen des Stromes bei zunehmender Frequenz des auffallenden Wechsellichtes, das aber erst über 10 000 Hz praktisch von Bedeutung ist.

Bei einer erforderlichen Zellenvorspannung von 50 bis 180 Volt zeigen die Vakuumzellen eine Empfindlichkeit von durchschnittlich 25 μA/lm, die gasgefüllte Zelle von bis zu 500 μA/lm (Kurzschlußströme).

Allstromempfänger — *universal receiver, a-c/d-c receiver* — récepteur tous-courants

Wahlweise für Wechsel- oder Gleichstrom verwendbarer Empfänger.

Allstromgerät — *universal set* — dispositiv tous-courants

Rundfunkgerät, das in gleicher Weise an Wechsel- oder Gleichstrom angeschlossen werden kann, was meist so erreicht wird, daß bei Anschluß an Wechselstrom dieser gleichgerichtet und durch Siebmittel geglättet, bei Gleichstrom dagegen einfach durchgelassen wird.

Alphastrahlen — *alpha rays* — rayons alpha

Korpuskulare Strahlen, die neben den β- und γ-Strahlen von radioaktiven Stoffen ausgesandt werden und aus (positiv geladenen) Heliumatomen bestehen.

Aluminium — *aluminium* — aluminium

Nach Kupfer das bestleitendste Metall mit der Leitfähigkeit $\varkappa = 34\ \mathrm{S}\ \dfrac{\mathrm{m}}{\mathrm{mm}^2}$ $\left(\varrho = 0,03\ldots 0,04\ \Omega\ \dfrac{\mathrm{mm}^2}{\mathrm{m}}\right)$ und der Wichte 2,7 p/cm³; Atomgewicht 27,1.

Aluminiumgleichrichter — *aluminium rectifier* — redresseur électro-lytique avec anode en aluminium

Elektrolytischer Gleichrichter mit Aluminiumanode und Bleikathode und einem Elektrolyten aus einer Lösung von doppeltkohlensaurem Natron.

Amenit

→ Polystrol.

Ampere — *ampere* — ampère

Einheit der elektrischen Stromstärke (→ Urmaße).

$$1\ \mathrm{A} = 1\ \mathrm{C/s} = 10^{-1}\ \text{Gilbert.}\quad [OI]$$

Amperemeter — *ammeter* — ampèremètre

In Ampere ↑ geeichter Strommesser.

Amperestunde — *ampere-hour* — ampère-heure

Elektrische Arbeitseinheit.

$$1\ \mathrm{Ah} = 1\ \mathrm{A} \cdot 1\ \mathrm{h}.$$

Amperestundenwirkungsgrad — *ampere-hour efficiency*

Kenngröße von Akkumulatoren, und zwar das Verhältnis der vom Akkumulator bei der Entladung abgegebenen Elektrizitätsmenge zur bei der Ladung aufgenommenen Elektrizitätsmenge.

Amperestundenzähler — *quantity meter, ampere-hour meter* — compteur de quantité, ampère-heure-mètre

→ Zähler.

Amperewindung — *ampereturn* — ampèretour

Einheit der Durchflutung. Errechnet sich aus dem Produkt der Strom-stärke und der Windungszahl der vom Strome durchflossenen Spule. Abkürzung AW.

Amplidyne

auch Zwischenbürstenverstärker genannt, ist eine Zwischenbürstenmaschine ↑ mit Grunderregerwicklung W_E, Kompensationswicklung W_K,

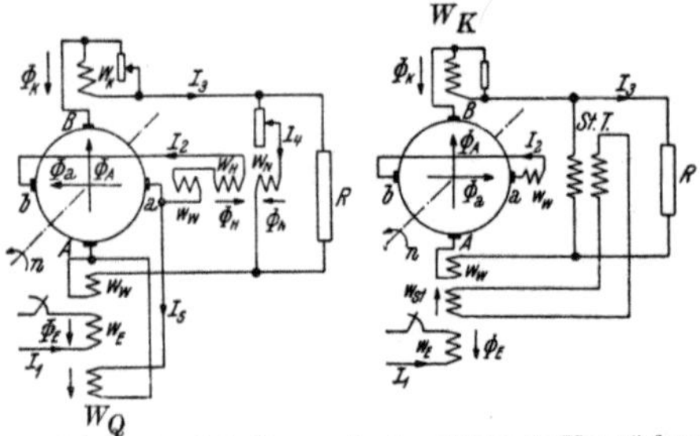

a. Allgemeine Schaltung der Amplidyne   b. Amplidyne in Verstärkerschaltung

Wendepolwicklungen W_W und einer Reihe von Hilfswicklungen, die je nach Verwendungszweck angeordnet und geschaltet werden. Sie liefert im Nutzkreis (A—B) eine Ausgangsleistung, die ein möglichst hohes Vielfaches der Eingangs- (Erreger-) Leistung beträgt. Das Verhältnis der Ausgangs- zur Erregerleistung wird Verstärkung (v) genannt.

In der Verstärkerschaltung erhält die Amplidyne nur die Erregerwicklung W_E, die Kompensationswicklung W_K und bei Leistungen über etwa 1,5 kW die Wendepolwicklungen W_W. Die Erregerwicklung kann ganz schwach mit wenig Windungen ausgelegt werden. Die dann an den Kurzschlußbürsten entstehende kleine Spannung erzeugt einen Kurzschlußstrom I_2, der im Anker das Arbeitsfeld Φ_a erstellt, welches wieder an den Nutzbürsten (A—B) die Ausgangsspannung U_3 hervorruft. Um zu vermeiden, daß der Laststrom I_3 die Grunderregung ausbläst, muß die genau ausgelegte Kompensationswicklung W_k angeordnet werden, die das Ankerfeld Φ_A kompensiert.

Neben den genannten Wicklungen könnten noch eine Reihe von Hilfswicklungen angeordnet werden, so eine Hilfswicklung W_H im Kurzschlußkreis, die I_2 verkleinert und durch Erhöhung des Feldes Φ_A die Verstärkerwirkung vergrößert. Eine gleiche Wirkung hat eine Nebenschlußwicklung W_N. Beide verschlechtern aber die dynamischen Eigenschaften der Maschine, das ist die Ansprechgeschwindigkeit bei Änderung der Betriebsgrößen durch die Erhöhung der Induktivität im Arbeitsfeld. Die Grunderregung wird bevorzugt als Fremderregung ausgeführt. Es ist ferner noch eine „Quadrantenerregung" W_Q möglich, die zusätzlichen Einfluß auf das dynamische Verhalten ausübt.

Die Amplidyne ermöglicht Verstärkungen bis zu etwa 10 000 im Vergleich zu 100 bei einer normalen Gleichstrommaschine gleicher Type (etwa quadratischer Zusammenhang). Infolge der geringen Induktivität der kleinen Grunderregerwicklung

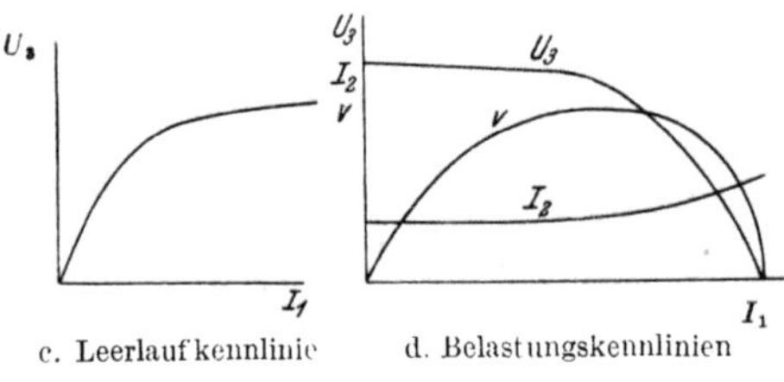

c. Leerlaufkennlinie   d. Belastungskennlinien

ist die Ansprechgeschwindigkeit der Amplidyne bedeutend, um so mehr, wenn man, um besonders hohe Trägheitslosigkeit zu erzielen, alle nicht unbedingt notwendigen und die Induktivität erhöhenden Hilfswicklungen fortläßt. Man erreicht dann Verzögerungszeiten zwischen Ausgangs- und Erregerspannung von etwa 0,03 s (bei Leistungen bis 10 kW) gegenüber etwa 1 s bei Nebenschlußgeneratoren gleicher Leistung.

Die Kennlinien der Amplidyne zeigen die obenstehenden Abbildungen c und d. Infolge der hohen Verstärkung und Empfindlichkeit neigt die Amplidyne zum Pendeln. Zur Stabilisation ist daher eine äußere Rückführung empfehlenswert. Dazu wird, wie in der Abbildung b angegeben, noch ein Stabilisierungstransformator (St.T.) vorgesehen, der im Spannungs- oder Stromkreis angeordnet wird und jede Abweichung der Gleichspannung oder des Gleichstromes auf die Grunderregung als Gegenimpuls zu der sich anbahnenden Schwingung aufschaltet.

Arbeitet die Amplidyne als Generator auf eine Induktivität zwecks Erregung eines magnetischen Kreises, so kann sie vermöge ihrer Ansprechgeschwindigkeit als Stoßerregung wirken.

Die Amplidyne kann auch mit Vorteil als Steuerdynamo in Leonardschaltung verwendet werden, weil die rasche Erstellung und Zurücknahme der Spannung am Motor den Beschleunigungsstromstoß begrenzt und damit eine wesentlich leichtere Automatisierung des Reversiervorganges schafft. Desgleichen wird dadurch ohne Schwierigkeiten ein genaues Stillsetzen sichergestellt.

Besonders zu erwähnen ist, daß alle diese Eigenschaften wegen der hohen Verstärkung mit nur sehr geringen Steuerleistungen erzielt werden können.

Die Grenzleistung der Amplidyne unterliegt denselben Gesetzen wie bei den übrigen Gleichstrommaschinen.

Amplitude — *amplitude, crest, peak* — amplitude

Höchstwert, → Scheitelwert.

Amplitudengetreuheit

→ Amplitudenverzerrung.

Amplitudenhub — *amplitude sweep* — balayage d'amplitude

→ Amplitudenmodulation.

Amplitudenmodulation — *amplitude modulation* — modulation d'amplitude

Modulation ↑, bei der die Amplitude der Trägerschwingung zeitlich verändert wird. Meist erfolgt diese Änderung nach einem Sinusgesetz. Es ist dann

$$i = (I_1 + I_2 \sin \omega_2 t) \sqrt{2} \sin \omega_1 t = I_1 \sqrt{2} (1 + m \sin \omega_2 t) \sin \omega_1 t \ldots (1),$$

wenn I_1 und ω_1 die Amplitude und Kreisfrequenz der Trägerschwingung, I_2 und ω_2 jene der Überlagerungsschwingung bedeuten. Man nennt $I_2 \sqrt{2}$ den Amplitudenhub, $f_2 = \omega_2/2\pi$ die Modulationsfrequenz. Das Verhältnis $I_2/I_1 = m$ wird mit Modulationsgrad bezeichnet.

Obige Gleichung kann noch in die Form

$$i = I_1\sqrt{2} \sin \omega_1 t + \frac{I_2 \sqrt{2}}{2} [\cos (\omega_1 - \omega_2) t - \cos (\omega_1 + \omega_2) t] \ldots (2)$$

entwickelt werden. Die einfach sinusförmig amplitudenmodulierte Schwingung setzt sich also additiv aus der Trägerschwingung und zwei „Seitenschwingungen" mit den Frequenzen $f_1 + f_2$ und $f_1 - f_2$ (Seitenfrequenzen) zusammen. Erfolgt die Modulation nicht mit einer einfachen Schwingung, sondern mit den Schwingungen innerhalb eines Frequenzbandes ω_2' bis ω_2'', so entstehen neben der Trägerschwingung zwei Seitenbänder mit den Frequenzen $\omega_1 - \omega_2'$ bis $\omega_1 - \omega_2''$ und $\omega_1 + \omega_2'$ bis $\omega_1 + \omega_2''$.

Die einfache Schwebung kann als amplitudenmodulierte Schwingung mit der Trägerfrequenz $(f_1 + f_2)/2$ und der Trägeramplitude Null dargestellt werden.

Da nach (2) die Trägerschwingung das zu übertragende Zeichen nicht enthält, kann sie auch unterdrückt werden (z. B. bei der Einseitenbandmodulation). Dies führt zu einer Leistungsersparnis auf der Senderseite und verringert den für die Übertragung erforderlichen Frequenzbereich.

Der Empfang dieser Modulationsart erfordert die Zusetzung der Trägerschwingung mittels eines Hilfsgenerators, so daß diese komplizierte Empfangstechnik nur im kommerziellen Verkehr lohnend ist. [OI]

Amplitudensieb — *amplitude filter, amplitude limiter* — filtre d'amplitudes

Verstärkergerät, das aus einem ankommenden Amplitudengemisch nur Amplituden bestimmter Größe oder Richtung weitergibt und meist aus einer Vierpolröhre besteht, die an normale Schirmgitterspannung, aber kleine Anodenspannung gelegt wird. Damit wird erreicht, daß die Röhrenkennlinie einen sehr ausgeprägten Knick erhält. Signale mit kleiner Amplitude werden dann infolge dieses Knickes praktisch nicht verstärkt, während größere Amplituden — weil außerhalb des Knickes fallend — starke Impulse im Anodenkreis liefern. In der Fernmeldetechnik wird damit zum Beispiel erreicht, aus dem gelieferten Zeichengemisch die Synchronisiersignale von den eigentlichen Bildströmen zu trennen.

Amplitudenverzerrung — *amplitude distortion* — distorsion d'amplitude

Bei der Verstärkung dadurch entstehende Verzerrung der Amplituden, daß die zu verstärkende Spannung in die obere oder untere, oder beide Krümmungen der Röhrenkennlinie reicht. Solange zwischen Ausgangs- und Eingangsgrößen eine Proportionalität besteht, spricht man von Amplitudengetreuheit.

Analyse

1. graphische A. — *graphical analysis* — analyse graphique;
2. harmonische A. — *harmonic analysis* — analyse harmonique.

Anfangspermeabilität — *initial permeability* — perméabilité initiale

Reversible Permeabilität ↑ im Koordinatenursprung,
($\mathfrak{H} = 0$, $\mathfrak{B} = 0$). [OI]

Anfangsspannung — *initial voltage* — tension initiale

Spannung, bei der eine Gasentladung ↑ beginnt, selbständig zu werden. Dabei muß es bei dieser Spannung noch nicht unbedingt zur Zündung kommen (→ Zündverzug), sondern es kann die eigentliche Zündspannung ein wenig höher liegen, als es zur Entstehung einer selbständigen Gasentladung grundsätzlich notwendig ist. Der Unterschied ist um so ausgeprägter je inhomogener das elektrische Feld ist.

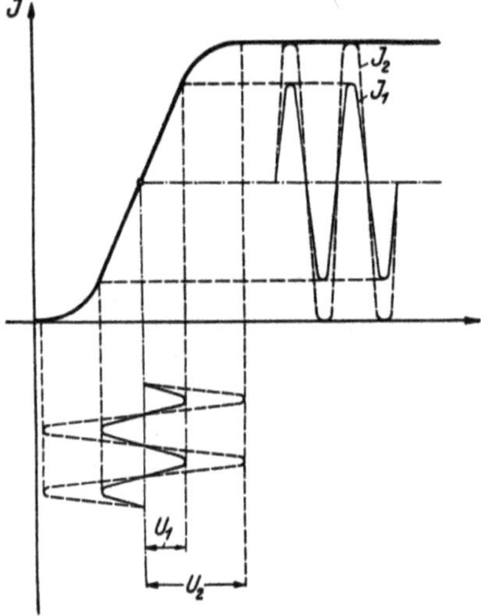

Amplitudenverzerrung

Angriffspunkt — *working point* — point d'application

Jener Punkt eines Körpers, an dem eine, den Körper beanspruchende Kraft angreift.

Angström — *Ångström* — Ångström

Längeneinheit vom Betrag $1\ \overset{\circ}{A} = 10^{-4}\mu = 10^{-8}$ cm $= 10^{-10}$ m.

Anhall

Erscheinung in der Akustik, hervorgerufen durch den Zeitunterschied, mit dem eine direkte und eine reflektierte Schallwelle an einem bestimmten Punkt des Schallfeldes eintreffen.

Anhallzeit

Zeit, die nach der Inbetriebsetzung einer Schallquelle vergeht, bis in dem, diese umgebenden Raum die volle Schwingungsgröße erreicht ist.

Anhängewagen — *trailer* — voiture remorquée, remorque

Zweiter und folgender Wagen ohne Motor eines Triebwagenzuges.

Anheizzeit — *heating up time* — temps d'échauffement

Zeit vom Einschalten einer Glühkathode bis zum Erreichen der endgültigen Betriebstemperatur. Sie liegt bei direkt geheizten Röhren in der Größenordnung von 0,5 s, bei indirekt geheizten bei 0,3…4 min.

Anion — *anion* — anion

Das in einer Ionenströmung zur (positiven) Anode sich bewegende negative Ion.

Anker

1. *armature* — induit, armature:
2. *armature, tongue* — armature

1. Jener Teil einer rotierenden elektrischen Maschine, in dem beim Generator die treibende EMK, beim Motor die Gegen-EMK induziert wird, und der den Hauptstrom führt. Der Anker kann sowohl Ständer ↑ als auch Läufer ↑ sein.
2. In einem elektromagnetischen Relais der von der erregten Spule angezogene Eisenkörper.

Ankerblech — *armatur plate, armature stamping* — tôle d'induit

Das im Anker einer elektrischen Maschine verwendete, als Träger des magnetischen Kreises dienende Dynamoblech.

Ankerbohrung

Vom Ständer- (Anker-) Eisen umfaßter innerer Raumteil einer elektrischen Maschine, in dem sich der Läufer dreht. Das sich in ihm bei herausgenommenem Läufer ausbildende magnetische Feld heißt „Bohrungsfeld".

Ankerrückwirkung — *armature reaction* — réaction d'induit

Elektrische Maschinen, die auf dem Induktionsgesetz beruhen, bestehen im wesentlichen aus zwei Hauptteilen, dem das Magnetfeld erzeugenden Erregersystem und dem den Hauptstrom führenden Anker. Ist der Anker belastet, so wirkt er selbst als stromdurchflossene Spule und erzeugt so ein eigenes Ankerfeld. Dieses wirkt nun seinerseits auf das Erregerfeld zurück, indem es dieses schwächt, verstärkt oder verzerrt. Diese Rückwirkung wird „Ankerrückwirkung" genannt (→ Gleichstrommaschinen und Synchronmaschine).

Anlage — *plant, establishment* — installation, établissement, poste

Gesamtheit der einem bestimmten Zweck dienenden Einrichtungen.

Anlagekosten — *establishment charge, first cost, purchasing cost* — frais d'établissement

Zur Erstellung einer Anlage erforderliche Kosten ohne die Betriebskosten. Sie bestimmen bei elektrischen Anlagen einen wesentlichen Teil zur Bestimmung des Strompreises (→ feste Kosten).

Anlassen — *starting* — mettre en marche, démarrage

Vorgang der Inbetriebnahme eines Elektromotors, wobei diesem im Ständer- oder Läuferkreis meist ein stufenweise oder kontinuierlich veränderlicher Widerstand, der Anlasser vorgeschaltet und von einem Anfangswert allmählich auf Null gebracht wird. Der Zweck dieser Art des Anlassens ist die Vermeidung unzulässig hoher Anlaufströme und die Erzeugung eines möglichst hohen Anzugsmomentes.

Anlasser — *starter* — metteur en marche, démarreur

Der zum Anlassen ↑ eines Motors verwendete Widerstand. Er kann aus festem oder flüssigem Widerstandsmaterial (Flüssigkeitsanlasser) bestehen.

Anlaufdrehmoment — *starting torque* — couple de démarrage

→ Anzugsmoment.

anlaufen — *to start* — démarrer, se mettre en marche

Anlaufgebiet

Jenes Gebiet einer elektrischen Gasentladung oder Strömung im Vakuum, bei dem sich die Elementarteilchen gegen ein entgegengesetzt gerichtetes Potential bewegen („anlaufen" müssen).

Anlaufspannung — *initial voltage* — voltage initial

Spannung, gegen die bewegte Elektrizitätsteilchen im „Anlaufgebiet" anlaufen können, wozu sie, um den gesamten Spannungsraum durchlaufen zu können, eine bestimmte, kinetische Mindestenergie besitzen müssen. Diese ergibt sich aus der Gleichung

$$Ue = \frac{m_e v^2}{2},$$

worin m_e die Masse des Teilchens und v seine Geschwindigkeit bedeuten.

Anlaufspannung, mittlere

→ Temperaturspannung.

Anlaufwert — *threshold* — seuil

eines zählenden Meßgerätes ist jener Wert der Belastung des Gerätes, bei dem es zu zählen beginnt, unabhängig davon, wie groß der Fehler ↑ des Gerätes bei dieser Belastung ist.

Anode — *anode, plate* — anode, plaque

Positive Klemme (Pol) eines polaren Gerätes, insbesondere bei Elementen, Akkumulatoren, elektrolytischen Geräten und Elektronen- und gasgefüllten Röhren.

Anodenbatterie — *anode battery, plate battery, B-battery* — batterie d'anode, batterie de plaque, batterie anodique

Im Anodenkreis einer Elektronenröhre angeordnete Akkumulatorenbatterie, die häufig aus Trockenelementen zusammengesetzt wird. Sie enthält dann meist 60 in Serie geschaltete Einzelelemente, die voneinander gut isoliert sein müssen.

Anodenfall — *anode trop, anode fall* — chute anodique

Spannungsgefälle vor der Anode einer Gasentladung oder Elektronenströmung im Vakuum. Kommt zustande infolge des Vorhandenseins negativer Elektronen vor der Anode.

Anodengitterkapazität — *anode grid capacity* — capacité grille-plaque

Kapazität zwischen Anode und Gitter einer Entladungsröhre.

Anodengleichrichtung — *anode rectification, anode detection, plate detection* — redressement par la plaque, rectification d'anode, détection plaque

Röhrenschaltung zur Demodulation ↑ von modulierten Hochfrequenzspannungen. Die Gleichrichtung entsteht dadurch, daß der Arbeitspunkt der Röhre im unteren Knick der Gitterspannung-Anodenstrom-Kennlinie liegt. Die angelegte Hochfrequenzspannung steuert dann den Anodenstrom nur mit ihren positiven Halbwellen. Bei modulierter Hochfrequenz tritt dementsprechend eine Änderung des Anodenstromes im Takte der Signalspannung ↑ auf.

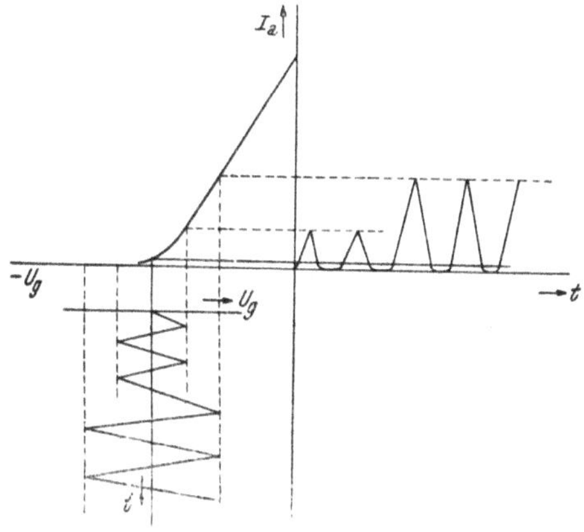

Anodengleichrichtung

Anodenlicht — *anodal light* — lumière anodique

Leuchterscheinung an der Anode einer Glimmlampe.

Anodenspannung — *plate voltage, anode voltage* — voltage plaque, tension anodique

Zwischen Kathode und Anode angelegte Spannung einer Elektronenröhre.

Anodenstrom — *plate current, anode current* — courant plaque, courant anodique

Der im Anodenkreis und in dessen Fortsetzung von der Anode zur Kathode einer Entladungsröhre fließende Strom.

Anodenverlustleistung — *anode dissipation* — dissipation de plaque, dissipation anodique

An der Anode einer Röhre auftretender, durch die Strombelastung entstehender Wärmeverlust, der durch Strahlung oder bei größeren Röhren durch künstliche Luft- oder Wasserkühlung abgeführt wird.

Anpassung — *adaption, matching* — adaptation

Bei Hintereinanderschaltung von Stromerzeugern, Übertragungsanlagen (Leitungen, Vierpolen, Verstärkern u. dgl.) und Verbrauchern eine derartige Bemessung der Einzelscheinwiderstände, daß optimale Übertragungsverhältnisse entstehen; bei hievon abweichender Belastung, Veränderung derselben durch zusätzliche Widerstände bis die optimalen Verhältnisse erreicht werden, wobei sowohl die Belastung an das Übertragungsorgan als auch umgekehrt das Übertragungsorgan an die Belastung angepaßt werden kann (s. a. natürliche Leistung).

Wird z. B. eine Zweipolquelle ↑ mit dem inneren Widerstand $\mathfrak{Z}_i = Z_i e^{j\gamma_i}$ mit einem Zweipol vom Scheinwiderstand $\mathfrak{Z} = Z e^{j\gamma}$ belastet, so tritt bei gegebener Spannung in der Belastung ein Wirkleistungsmaximum dann auf, wenn $Z = Z_i$ und $\zeta = -\zeta_i$ (oder $\mathfrak{Z} = \mathfrak{Z}^*$) gemacht wird. Ein Scheinlastmaximum erhält man bei $\mathfrak{Z} = \mathfrak{Z}_i e^{j\left(\zeta_i \overset{+}{-} \frac{\pi}{2}\right)}$, also reiner Blindbelastung. Im ersten Fall ist die erreichbare Maximalleistung

$$N_{w\,\mathrm{max}} = \frac{U_i^2}{4 Z_i}\,\frac{1}{\cos \zeta_i},$$

im zweiten Fall

$$N_{s\,\mathrm{max}} = \frac{U_i^2}{2 Z_i}\,\frac{1}{1-\sin \zeta_i}.$$

Belastet man mit $\mathfrak{Z}_{i,} = \mathfrak{Z}$ so wird

$$\bar{N}_w = \frac{U_i^2}{4 Z_i}\cos \zeta_i = N_{w\,\mathrm{max}}\cos^2 \zeta_i \quad\text{und}\quad \bar{N}_s = \frac{U_i^2}{4 Z_i} = N_{s\,\mathrm{max}}\,\frac{1-\sin \zeta_i}{2}.$$

Beim symmetrischen Vierpol erreicht man Anpassung, wenn man mit dem Wellenwiderstand des Vierpoles belastet. Es ist dann der Eingangswiderstand des Vierpoles gleich dem Wellenwiderstand. Strom- und Spannungsübersetzungsverhältnis werden gleich groß. [OII]

Anregung — *excitation* — excitation

Entfernung eines um den Kern eines Atomes oder Moleküles kreisenden Elektrons in eine energetisch höher gelegene Bahn. Erfolgt durch Beschießen mit energiereichen Elementarteilchen oder durch starke Erhitzung. Die bei der Anregung aufgenommene Energie wird bei Rückkehr des Elektrons als monochromatische Strahlung wieder abgegeben. Die Strahlung erfolgt mit einer Frequenz $f = \varepsilon/h$, worin ε die Energie und h das Plancksche Wirkungsquantum ↑ bedeuten.

Ansatz — *statement, formulation* — énoncé, disposition

Zur Lösung einer Differentialgleichung kann probeweise eine Ergebnisfunktion gewählt werden, die eine Reihe von noch unbestimmten Konstanten enthält. Durch Einsetzen in die Differentialgleichung lassen sich dann bei richtiger Wahl der Probefunktion die Konstanten unter Berücksichtigung der Grenzbedingungen ermitteln. Die probeweise angesetzte Lösung wird Lösungsansatz genannt.

ansäuern — *to acidulate* — aciduler, acidifier

Auflösen von etwas Säure oder Salz in Wasser, um seine Leitfähigkeit zu vergrößern.

Anschaffungskosten — *purchaising costs, prime costs, first costs* — frais d'achat

Anschlag — *stop, detent, dog latch* — butée, arrêt, ergot

Widerlager zur Begrenzung einer Bewegung.

Anschlußwert — *connected load, installed load* — puissance connectée

Summe aller, an ein Elektrizitätswerk angeschlossener Verbraucherleistungen, bezogen auf den Kopf der Bevölkerung. Er ist bei der Planung von Elektrizitätswerken insofern von Wichtigkeit, als mit seiner Hilfe die voraussichtliche Höchstbelastung abgeschätzt, und damit die Bemessung der Maschinen und Leitungsanlagen ermittelt werden kann, auch wenn noch keine konkreten Unterlagen über den Verbrauch vorliegen.

Erfahrungswerte sind

für mittlere Städte:	Licht	25... 40 W/Kopf
	Kraft	40... 60 „
	Summe	65...100 W/Kopf

für Landorte:	Licht 4... 10 W/Kopf
	Kraft 20... 35 „
	Summe 24... 45 W/Kopf.

ansprechen — *to actuate, to respond, to come into action* — répondre, entrer en jeu, entrer en action

In Tätigkeit kommen (eines Relais, einer Funkenstrecke usw.).

Anstieg — *rise, slope, increase, ascent* — montée, hausse, agrandissement, accroissement

Antenne — *antenna, aerial* — antenne, aérien

Die Antenne ist das Hilfsmittel, um hochfrequente elektrische Schwingungen in Form elektromagnetischer Wellen in den Raum auszustrahlen oder solche am Empfangsort wieder aufzunehmen, um sie als hochfrequente Wechselströme an den Empfänger weiter zu geben. In diesem Sinne ist die Antenne ein Schwingungsgebilde mit Induktivität und Kapazität, die ähnlich wie bei einer Leitung verteilt sind. Die in das Freie tretenden elektrischen Feldlinien verursachen bei ihrer zeitlichen Änderung magnetische Felder, die ihrerseits wieder elektrische Felder erzeugen und so eine elektrische Welle in den umgebenden Raum ausstrahlen. Die Art der Ausstrahlung hängt von der Form der Antenne und ihrer Schaltung, sowie ihrer Abmessungen im Vergleich zur Wellenlänge der abzustrahlenden Schwingungen ab.

Die einfachsten Antennenformen sind die Stabantennen (Markoniantenne), die T-Antenne, die L-Antenne, die Rahmenantenne und rotationssymmetrische Formen.

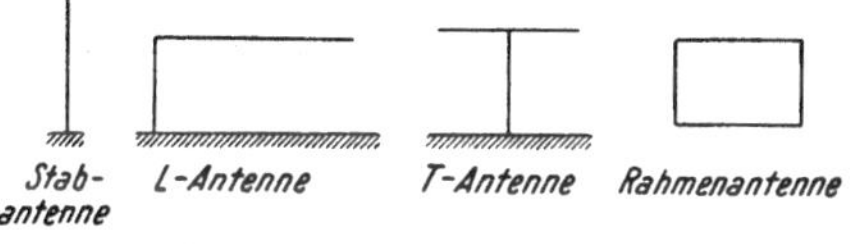

Einfache Antennenformen

Während diese Antennen allseitig ausstrahlen, kann durch besondere Formgebung oder durch Nebeneinanderstellen mehrerer Antennen eine bestimmte Ausstrahlungsrichtung erzielt werden (Richtantenne, Mehrfachantennen). So zeigt auch schon die Rahmenantenne eine ausgesprochene Richtwirkung. Mit zunehmender Frequenz nehmen die Antennen immer mehr die Formen optischer Spiegel (Parabolspiegel) an. [Bergmann und Lassen: Ausstrahlung, Ausbreitung und Aufnahme elektro-magnetischer Wellen. L]

Antennenkondensator — *aerial tuning condenser* — condensateur d'accord d'antenne

In die Antenne oder deren Zuleitung eingeschalteter Kondensator, der den Zweck hat, die Eigenwelle der Antenne zu verändern oder eine Anpassung der Antenne an den Sender zu bewirken.

Antennenkreis — *aerial circuit* — circuit d'antenne

Der Antennenkreis hat die Aufgabe, die Antenne an einen Resonanzkreis anzupassen, bei einem Empfänger, z. B. an den Gitterkreis der Eingangsröhre. Hauptsächlich benützt wird ein Hochfrequenztransformator mit passender Kopplung und Übersetzung. In der Regel besteht keine Abstimmbarkeit.

Antennenlänge, wirksame — *effective antenna length* — longeur effective de l'antenne

Um die für die Fernstrahlung einer, aus einem geraden Leiter gebildeten Antenne gültigen Gleichungen eines elektrischen Dipoles verwenden zu können, ersetzt man die tatsächliche Antennenlänge durch die **wirksame** oder **effektive Länge**, die so erhalten wird, daß man an Stelle der tatsächlichen, ungleichmäßigen (sinusförmigen) Stromverteilung eine gleichmäßige, mit der Stromstärke I_0 des Speisepunktes annimmt. Für die, auf die Länge $l = \frac{\lambda}{2}$ (halbe Wellenlänge) abgestimmte Antenne (Abb. a) ist dann die wirksame Antennenlänge

$$l_w = l\,\frac{2}{\pi};$$

desgleichen die **wirksame Höhe** der „Marconiantenne" (Abb. b).

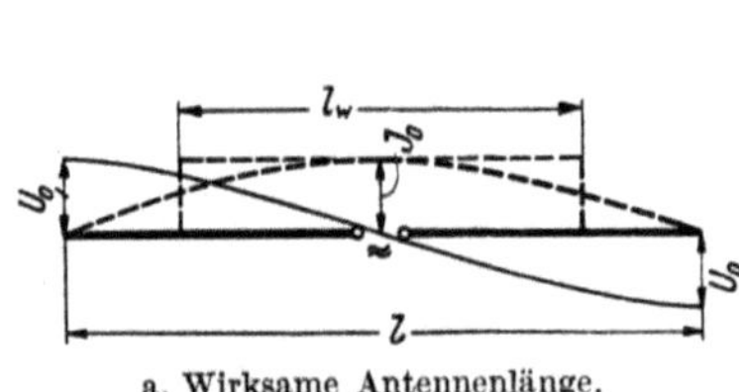

a. Wirksame Antennenlänge.   b. Wirksame Antennenhöhe.

Im allgemeinen gilt

$$l_w = l\,\frac{I_m}{I}.$$

wobei I der im Strombauch der Antenne gemessene Strom und I_m der über die Antenne gemessene Mittelwert bei gleichmäßiger Stromverteilung bedeutet. Die effektive Antennenhöhe ist stets kleiner als die geometrische Höhe.

Antennenleistung — *antenna power* — puissance d'antenne

Das Produkt aus dem Antennenstrom eines Senders mit dem Antennenwiderstand des Punktes, an dem der Antennenstrom gemessen wird.

Antennenspule — *antenna coil* — bobine d'antenne

In einem Radioempfänger zwischen Antenne und Erde geschaltete, vom Antennenstrom durchflossene Spule, die meist mit einer zweiten Spule des Gitterkreises der ersten Stufe des Empfängers induktiv gekuppelt wird.

Anthygronleitung

Kabel mit wasserdichter Armierung.

Antikathode — *anticathode, target* — anticathode

Neben Kathode und Anode in einer Röntgenröhre angeordnete Elektrode, die beim Aufprall der von der Kathode kommenden Elektronenstrahlen zum Ausgangspunkt der Röntgenstrahlung dadurch wird, daß die Elektronen abgebremst (Bremsstrahlung) und ein Teil ihrer Energie als Wellenstrahlung ausgesandt wird. Die Antikathode wird meist aus Wolfram oder Tantal gebildet. Anode und Antikathode können auch in einem vereint sein.

Antrieb — *drive, propulsion* — entrainement, propulsion

Antriebsmotor — *mover, driving motor* — moteur de commande, moteur d'entrainement

Antriebswelle — *drive shaft* — arbre de commande, arbre d'entrainement

anwachsen — *to increase, to grow, to rise* — croître, monter, augmenter

anzapfen — *to tap* — brancher

Anzapfung — *tap, tapping* — branchement

Anzeige — *indication* — indication

einer Messung ist der Stand der Marke des Meßgerätes (körperlicher oder Lichtzeiger, Noniusstrich od. dgl.) auf der Skala (Teilung) desselben.

Anzeigebereich — *indicating range* — gamme d'indication

eines Meßgerätes ist der Bereich der Meßwerte ↑, die an der Skala noch abgelesen werden können.

Anzeiger — *indicator* — indicateur

anziehen 1. (Kraft) — *to attract* — attirer
           2. (Relais) — *to pull up* — lever
           3. (Schraube) — *to tighten, to screw down* — serrer, révisser

Anziehungskraft — *force of attraction, attractive power* — attraction, force attractive

Anzugsmoment — *starting torque* — moment de démarrage

Das beim Anlauf eines Motors entwickelte Drehmoment (s. a. Asynchronmotor).

aperiodisch — *non-oscillatory, aperiodic* — apériodique

Ein aperiodischer Vorgang liegt vor, wenn der Übergang von einem Zustand in den anderen nach einem ersten Ausschlag stetig ohne Schwingung erfolgt. Häufig wird dabei noch der Grenzfall gemeint, daß dieser Übergang in der kürzest möglichen Zeit stattfindet.

Apostilb

Einheit der Leuchtdichte ↑ von der Größe $\frac{1}{\pi}$ 10^{-4} Stilb ↑ .

Apparat — *apparatus, set, instrument* — appareil, dispositif

Apparatesatz — *set, assembly* — groupe, bloc, ensemble d'appareils

Gesamtheit aller für einem bestimmten (Meß)zweck zu einer (Meß)anordnung zusammengestellten Apparate.

Arbeit — *work, power* — travail

Produkt aus Kraft und Weg oder Leistung und Zeit. Sie hat die gleiche Dimension wie die Energie ↑ und wird geleistet, wenn ein Energiebetrag verkleinert, bzw. muß aufgebracht werden, wenn er vergrößert wird.

arbeiten (von Apparaten) — *to operate, to function, to run, to work* — aller, travailler, opérer

Arbeitskennlinie — *dynamic characteristic* — caractéristique dynamique — einer Verstärkerröhre, → Verstärkerröhre.

Arbeitskontakte — *operating contacts, make contacts* — contacts de travail

Kontakte eines Relais oder Schaltapparates, die bei Impulsgabe geschlossen werden und damit einen Arbeitsstromkreis ↑ betätigen.

Arbeitspunkt — *working point, operating point, quiescent point* — point de fonctionnement

Mit Arbeitspunkt wird der Punkt im Kennlinienfeld einer Röhre bezeichnet, der durch die angelegten Elektrodenspannungen (Anodenspannung, Hilfsgitterspannung, Gittervorspannung) gekennzeichnet ist. Die Wahl des Arbeitspunktes richtet sich nach den Aufgaben, die die Röhre als Schaltelement erfüllen soll, und nach den im Betrieb zulässigen Strom- und Spannungswerten.

Arbeitsstrom — *work current, operating current* — courant de travail, courant de service

Strom, der erst eingeschaltet wird, wenn eine Schaltung vorgenommen werden soll, und der diese Schaltung meist mit Hilfe elektromagnetischer Schalter durchführt. Bei Leitungsunterbrechung oder Kurzschluß können Arbeitsstromkreise nicht bestätigt werden. Solche Fehler machen sich daher in der Regel erst bemerkbar, wenn der Stromkreis betätigt werden soll.

Arbeitsstrombetrieb — *open circuit working* — opération à courant de travail, opération à circuit ouvert

Arbeitsweise — *performance, manner of working, method of operation* — opération, fonctionnement

Argon — *argon* — argon

Edelgas mit dem Atomgewicht 39,9; Schmelztemperatur —190⁰ C; Ionisationsspannung 15,7 V; wird vielfach zur Füllung von Gasentladungslampen verwendet.

Argument — *argument* — argument

arithmetisches Mittel — *arithmetic mean* — moyenne arithmétique

Der Quotient aus der Summe einer Anzahl von Zahlenwerten und ihrer Anzahl

$$x_m = \frac{\sum_1^n x_i}{n}$$

Armatur — *fittings* — accessoires, garniture

Zur Montage oder Installation eines Gegenstandes notwendiges Zubehör.

armieren — *to sheath, to armour* — armer, blinder

Mit einer Schutzhülle versehen.

armiertes Kabel — *armoured cable, sheathed cable* — câble armé, câble blindé

Mit einer Umhüllung aus Blei (Armierung) oder Eisenband versehenes Kabel, das damit einen Schutz gegen mechanische und chemische Verletzungen erhält.

Armierung — *sheath(ing), armour(ing)* — armure, blindage

Äußere Schutzhülle eines Kabels.

Arretierung — *stop(ping), detent, catch, locking device* — arrêt, arrêtage, butée, blocage

Einrichtung um eine Bewegung in besonderen Fällen zu verhindern.

Asbest — *asbestos, amiant* — asbeste, amiante

Dem Serpentin verwandtes Magnesium-Silikat; kommt vor als Serpentinasbest (Canadafaser), mit einem Härtegrad von 3...4, Wichte 2,1...2,8 p/cm³, und als Hornblendeasbest, mit einem Härtegrad von 5,5...6, Wichte 2,9...3 p/cm³. Er zeigt feine, weiche Fasern, ist spinnfähig und vor allem ein schlechter Leiter für Wärme und Elektrizität, feuerfest und mit anderen Stoffen leicht zu verbinden. Der Hornblendeasbest ist außerdem säurebeständig. Die Wärmeleitzahl liegt etwa zwischen 0,17 und 0,19 kcal/mh⁰ C bei mittleren Temperaturen von 100...300⁰ C.

astatisch — *astatic(al)* — astatique

In jeder Lage im Gleichgewicht befindlich.

Astigmatismus — *astigmatism* — astigmatisme

Bildfehler bei licht- und elektronenoptischen Abbildungen, der sich bei letzteren in einer elliptischen Verzerrung und Verdickung des Leuchtfleckes einer Kathodenstrahlröhre äußert und durch eine Rotationsunsymmetrie der Linsenfelder oder schiefes Strahlenbündel verursacht wird.

Asymptote — *asymptote* — asymptote

Tangente an eine Kurve, deren Berührungspunkt im Unendlichen liegt·

asynchron — *non-synchronous, asynchronous* — non-synchrone, asynchrone

Nicht im Gleichlauf befindlich; mit verschiedener Umdrehungsgeschwindigkeit.

Asynchronmotor — *asynchronous motor* — moteur asynchrone

Induktionsmotor mit Kurzschluß- oder Schleifringläufer, dessen Drehmoment dadurch zu Stande kommt, daß das Ständerdrehfeld in der Läuferwicklung Ströme induziert, die mit dem Drehfeld ein Drehmoment ergeben. Infolge dieses Drehmomentes wird der Läufer beschleunigt und vermindert dabei die Relativgeschwindigkeit zum Drehfeld solange, bis zwischen Drehmoment und zu überwindendem Lastmoment Gleichgewicht herrscht. Der Läufer zeigt somit gegenüber der „synchronen Drehzahl" $n_s = f/p$, die er aus eigener Kraft niemals erreichen kann,

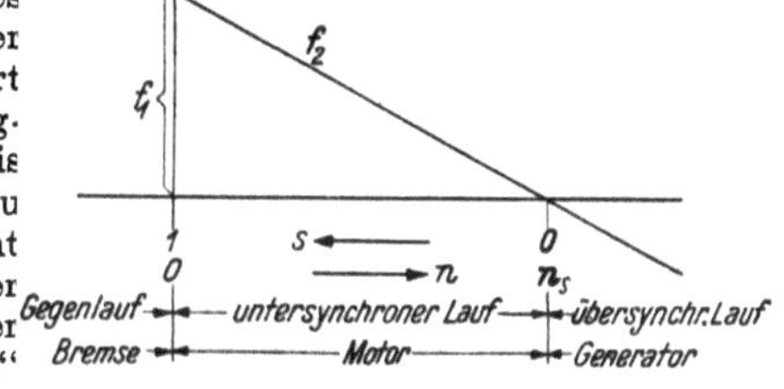

a. Zum Drehzahlverhalten der Asynchronmaschine

($f=$Frequenz, $p=$Polpaarzahl) einen mit zunehmender Belastung wachsenden „Schlupf" ↑, der jedoch nur bis zu einem, der maximalen Belastung entsprechenden betrieblichen Höchstwert ansteigen kann. Wird dieses maximale Drehmoment, das „Kippmoment", überschritten, so bleibt der Motor stehen.

Das im Läufer entstehende Drehfeld hat gegenüber dem Läufer die Drehzahl $n_2 = n_s - n$ oder die Frequenz $f_2 = pn_2 = f - pn$. Diese Gleichung gilt auch für den Fall, als Läufer und Ständer mit den Frequenzen f und f_2 gespeist werden, so daß dann die Drehzahl n der Induktionsmaschine festliegt.

Wird der Läufer einer Asynchronmaschine übersynchron angetrieben, so wirkt sie als Bremse (Abb. a).

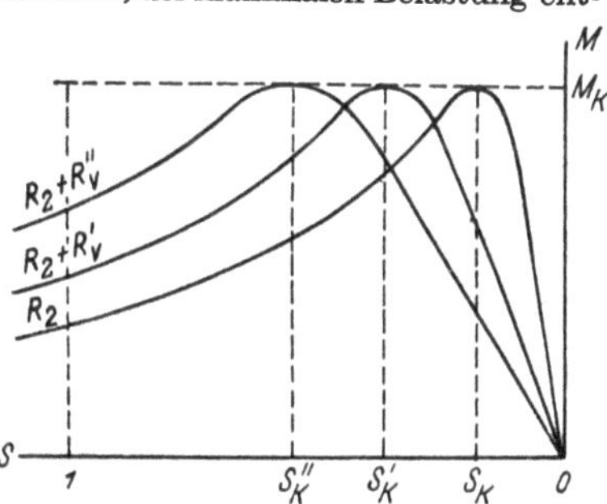

b. Änderung der Drehmomentenkurve bei Änderung des Widerstandes im Sekundärkreis

Die im Läufer induzierte EMK ist $E_2 = sE_{20}$ ($s\ldots$Schlupf ↑, $E_{20}\ldots$induzierte EMK bei Stillstand).

Dabei ist

$$E_{20} = E_1 \frac{w_2 \xi_2}{w_1 \xi_1},$$

worin E_1 die vom Drehfeld in der Ständerwicklung induzierte = EMK und ξ

die Wicklungsfaktoren bedeuten. Die EMK E_2 der Frequenz $f_2 = sf_1$ hat einen Läuferstrom der gleichen Frequenz zur Folge, der wieder ein Drehfeld erzeugt, das gegen den Läufer die Umdrehungszahl $n_2 = f_2/p$ hat, gegenüber dem Ständer also wieder die synchrone Drehzahl n_s aufweist.

Im übrigen verhalten sich die Induktionsmaschinen mit geschlossenem Läuferkreis bei jeder Drehzahl wie ein Transformator, der sekundär mit einem Widerstand $R_2(1-s)/s$ belastet ist, wobei R_2 der Ohmsche Widerstand des Läufers ist.

Die Drehmomentenkennlinie des Asynchronmotors ist durch umstehende Abbildung b gegeben. Schaltet man in den Läuferkreis (über die Schleifringe) Vorschaltwiderstände R_v, so erhält man bei konstantem Drehmoment M eine Drehzahlregelung durch

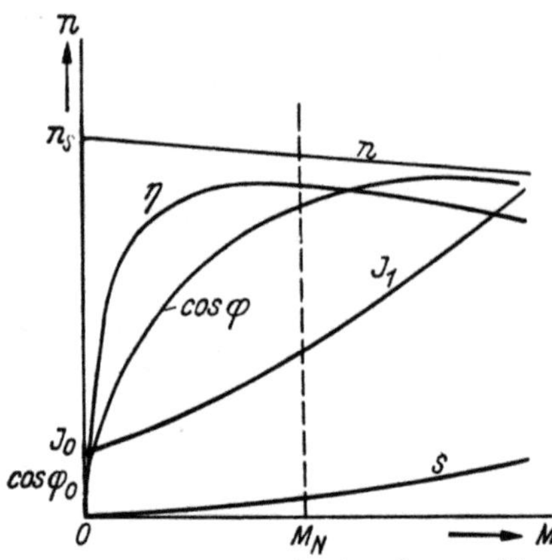

c). Betriebskennlinien der Asynchronmaschine

Abflachen der $M = \mathrm{f}(s)$-Kurven. Das Kippmoment bleibt dabei erhalten. Das Anlaufmoment ($s=1$) wächst mit der Größe des Vorwiderstandes. Der normale Betriebsbereich ist der untersynchrone Drehzahlbereich von $s = 0$ (Synchronismus $\approx$ Leerlauf) bis $s = 1$ (Stillstand). Die im Betriebsbereich interessierenden Kennlinien sind in der obenstehenden Abbildung c angegeben. Wichtige, ungefähre Zahlenwerte sind noch folgende:

Dauerkurzschlußstrom .... $I_k \approx (4\ldots6)I_n$,
Leerlaufstrom .... $I_0 \approx (0{,}25\ldots0{,}6)\,I_n$,
Kurzschlußleistungsfaktor .... $\cos\varphi_k \approx 0{,}25\ldots0{,}5$,
Leerlaufleistungsfaktor .... $\cos\varphi_0 \approx 0{,}05\ldots0{,}15$,
Schlupf bei Nennlast .... $s_n \approx 0{,}01\ldots0{,}06$,
Schlupf bei Kippbelastung .... $s_k \approx 0{,}06\ldots0{,}30$.

at

Kurzzeichen für die technische Atmosphäre ↑ .

Atm

Kurzzeichen für die physikalische Atmosphäre ↑ .

Atmosphäre, physikalische — *atmosphere* — atmosphère

Druckeinheit.
$$1\ \mathrm{Atm} = 760\ \mathrm{Torr} = 101\ 325\ \mathrm{Nm^{-2}}$$
s. a. Torr.

Atmosphäre, technische — *atmosphere* — atmosphère

Druckeinheit.
$$1\ \mathrm{at} = 1\ \mathrm{kp/cm^2} = 0{,}96784\ \mathrm{Atm} = 98\ 066{,}5\ \mathrm{Nm^{-2}}$$
s. a. Torr.

Atom — *atom, corpuscle* — atome

Kleinstes, durch mechanische Teilung erhaltbares Teilchen eines Elementes. Es ist selbst noch zusammengesetzt aus einem Kern ↑ und um diesen kreisende Elektronen.

Atomgewicht — *atomic mass, atomic weight* — masse atomique, poids atomique

Als Atomgewicht bezeichnet man etwas irreführend das Verhältnis der Atommasse eines Elementes zur Masse des Wasserstoffatoms. In neuerer Zeit bezieht man richtiger auf das Element Sauerstoff, dem man das Atomgewicht 16 beilegt (s. a. Isotopie). Wasserstoff hat nach dieser Festlegung das Atomgewicht 1,0078.

Atomhülle *(atomic) shell* — couche atomique

Raum um den Atomkern; in ihr bewegen sich die den Kern umkreisenden Elektronen.

Atomkern — *atomic nucleus* — noyau atomique

→ Kern.

Atomvolumen — *atomic volume* — volume atomique

Das Verhältnis des Atomgewichtes zur Wichte.

Atomzertrümmerung — *atomic disintegration, nuclear disintegration* — désintégration atomique

→ Kern.

Audion — *audion, valve detector* — audion, détectrice

Heute wegen der Anwendung größerer Feldstärken nur noch selten angewandter Hochfrequenz-Demodulator mit Ein- oder Mehrgitterröhre. Die Schaltung besteht im wesentlichen aus einem normalen Schwingkreis, der über einen Kondensator an das Gitter der Röhre gelegt ist. Gleichzeitig besteht eine direkte Verbindung zwischen Gitter und Kathode über einen Widerstand, so daß das Gitter keine negative Vorspannung bekommt. Die am Widerstand auftretende modulierte Hochfrequenzspannung gäbe also dem Gitter abwechselnd positives und negatives Potential gegenüber der Kathode. Gitter und Kathode bilden also eine Gleichrichterröhre, so daß am Gitter nur die einen Halbwellen, also die demodulierte Spannung erscheint. Diese wird in der Röhre verstärkt und kann am Anodenaußenwiderstand abgenommen werden. Das Audion läßt sich, wie man sofort erkennt, auch rückkoppeln.

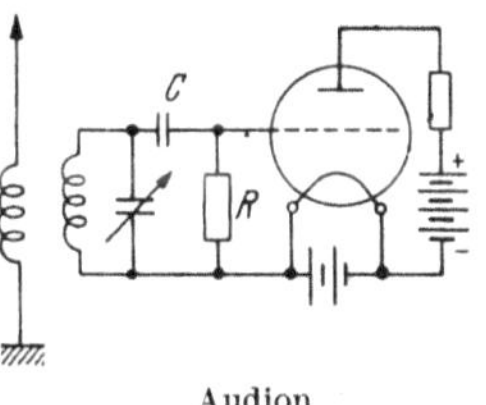
Audion

Audion, rückgekoppeltes — *regenerative audion* — audion réaccouplé, détecteur grille à réaction

→ Audion.

Audionempfänger — *audion receiver* — récepteur à audion

Empfänger, bei dem als Demodulator ein Audion ↑ benützt wird.

Aufbauinstrument — *salient instrument* — instrument saillant

Meßgerät, das auf eine volle Tafel aufmontiert wird, also mit der Gehäusetiefe von der Tafel absteht, im Gegensatz zum Einbauinstrument, das in die Tafel versenkt wird, also mit seiner Abdeckplatte in gleicher Ebene mit der Tafel liegt.

aufdrücken (eine Spannung) — *to impress* — impresser

aufheben einander — *to cancel (out), to annul each other* — (se) compenser l'un à l'autre, s'annuler

Auflage 1. (Stütze) — *rest, seat, support* — support, couche
2. (Überzug) — *coating*

Auflösungsvermögen — *resolving power* — pouvoir résolvant, solubilité

Fähigkeit eines Mikroskopes, kleinste Abstände eines Mikrobildes deutlich erkennbar in der Vergrößerung wiederzugeben. Sie ist durch die Wellenlänge der verwendeten Strahlen begrenzt und kann daher beim Lichtmikroskop bis zu einer 2000-fachen, beim Elektronenmikroskop theoretisch bis zu einer rund 10^8-fachen Vergrößerung führen.

Aufnahmevermögen — *susceptibility* — susceptibilité

→ Suszeptibilität, elektrische.

Aufriß — *vertical plan, vertical section, sketch, elevation* — élévation, plan vertical, vue de face

aufspeichern — *to store up, to accumulate, to register* — accumuler, enregistrer

aufspleißen — *to fan out, to splice* — épisser

aufspulen — *to spool, to coil up, to wind up* — bobiner, enrouler

aufsteigend — *ascending* — montant

aufziehen — *to wind up* — remonter

Aufzug — *elevator* — élévateur, ascenseur

Auge, magisches — *cathode ray tuning indicator, magic eye* — œil magique

Kleine Elektronenröhre, die in der Rundfunktechnik zur optischen Anzeige der richtigen Abstimmung verwendet wird und im Prinzip darauf beruht, daß die emittierten Elektronen durch ein von der Regelspannung beherrschtes Steuersystem so beeinflußt werden, daß die Größe eines auf einem Leuchtschirm erscheinenden leuchtenden Sektors von der Größe dieser Spannung abhängt und am größten ist, wenn Abstimmung auf die Trägerwelle vorhanden ist.

Augenblickswert — *instantaneous value, transient* — valeur instantanée, valeur momentanée

Der in einem bestimmten Zeitpunkt auftretende Wert einer Wechselstromgröße. Er wird meist mit kleinen Buchstaben bezeichnet.

Ausbauchung — *bulge* — convexité, bosse

Ausbaustrecke — *water power site*

Abschnitt eines Wasserlaufes, der durch eine Wasserkraftanlage ausgenützt oder zur Errichtung einer solchen geeignet ist.

Ausbauvermögen — *potential power resources*

Das Ausbauvermögen eines Gebietes ist die Zusammenfassung aller ausgebauten und ausbaufähigen Energiequellen dieses Gebietes.

ausblasen — *to blow out* — souffler

ausbreiten (von Wellen) — *to propagate* — propager

Ausbreitungsgeschwindigkeit (von Wellen) — *velocity of propagation* — vitesse de propagation

ausdehnen — *to expand, to extend, to dilate, to stretch* — expander, se dilater, détendre, étendre, allonger

Ausführung 1. (Verrichtung) — *performance* — construction
2. (äußere Form) — *finish*

ausfüttern — *to line*

Ausgang — *outlet* — sortie

Die Seite eines durch einen Vierpol ↑ darstellbaren Gerätes oder einer solchen Maschine, die sekundär an einen Verbraucherkreis angeschlossen wird. Die beiden Klemmen, an denen der Anschluß erfolgt, heißen dann Ausgangsklemmen, der an ihnen liegende letzte Stromkreis des Vierpoles Ausgangskreis.

Ausgangsklemmen — *output terminals* — bornes de sortie

→ Ausgang.

Ausgangskreis — *output circuit* — circuit de sortie

→ Ausgang.

Ausgangswellenwiderstand — *characteristic output impedance* — impédance caractéristique de sortie

→ Wellenwiderstand.

Ausgleich — *balance, compensation* — compensation

Ausgleichsdrossel — *compensating coil* — bobine de compensation

→ Gleichrichter-Transformator.

Ausgleichsverbindungen — *equipotential connections, balancing connections* — connexions équipotentielles

→ Gleichstrommaschine.

Ausgleichsvorgang — *transient phenomenon* — phénomène transitoire

In elektrischen Stromkreisen treten im allgemeinen zwei verschiedene Betriebszustände auf, der stationäre Zustand, bei dem sämtliche Größen konstant bleiben oder sich rein periodisch mit der Zeit verändern, und der Ausgleichsvorgang, der sich bei Vornahme eines Schaltvorganges allgemeinster Art einstellt und den Übergang zwischen zwei stationären Zuständen (Anfangs- und Endzustand) vermittelt. Schaltvorgänge können sein: Einschalten, Ausschalten, Kurzschließen, Verändern einer Maschinenspannung durch Ändern der Erregung oder der Drehzahl, Änderungen eines Widerstandes usw.

Ausgleichswicklung — *compensation winding* — enroulement de compensation

Hilfswicklung eines Transformators, die nicht der Leistungs- oder Spannungsentnahme dient, sondern eine gewünschte Flußverteilung in den Eisenkernen sicherstellt. Bei Drehstromleistungstransformatoren — falls nicht eine der Hauptwicklungen im Dreieck geschaltet ist — meist eine im geschlossenen Dreieck geschaltete Wicklung mit wenig Windungen, die das Fließen einer zur sinusförmigen Magnetisierung notwendigen Stromkomponente dritter Ordnung ermöglicht. Bei Zusatztransformatoren eine ebenfalls im Dreieck geschaltete Hilfswicklung, die vermöge dieser Schaltung für das Mit- und Gegensystem ↑ einen sehr großen, für das Nullsystem ↑ einen sehr kleinen Widerstand darstellt, so daß beim Durchtritt der hohen Nullströme bei Doppelerdschlüssen ↑ keine unzulässigen Spannungserhöhungen zwischen den Klemmen auftreten.

ausglühen — *to anneal* — recuire

ausklinken — *to unlatch, to release* — déclencher, relâcher

auskuppeln — *to uncouple, to declutch* — découpler, désambrayer, déclencher, débrayer

auslaufen 1. (Motor) — *to run down, to stop gradually* — aller en s'arrêtant
2. (Lager) — *to wear out* — s'user
3. (Flüssigkeit) — *to leak* — laisser couler, disperser

Ausleger (eines Mastes) — *hanger* — suspension, console

Traverse am Mast zur Befestigung der Leitungsisolatoren.

Auslösung — *trigger action, tripping, release, starting* — déclic, déclanchement, libération, désembrayage

Auslösemagnet — *release magnet, trigger magnet* — aimant de libération, aimant de déclenchement

Magnet, der nach Betätigung einen Mechanismus freigibt oder die Betätigung einer mechanischen Vorrichtung einleitet.

Ausnutzungsfaktor — *demand factor* — facteur de consommation

Verhältnis der mittleren Jahresbelastung eines Kraftwerkes zur ausgebauten Gesamtleistung.

auspumpen — *to exhaust, to evacuate* — évacuer, vider

Ausrüstung — *fitting, equipment, outfit* — accessoires garniture, équipement

ausschalten — *to interrupt, to turn out, to cut out, to switch off, to disconnect* — mettre hors circuit, interrompre, déconnecter, couper

Ausschaltleistung — *breaking capacity* — puissance de disjonction, puissance de rupture

Leistung, die ein Leistungsschalter noch sicher abschaltet. Sie wird definiert als Produkt aus Ausschaltstrom ↑ , wiederkehrender Spannung ↑ und Verkettungszahl.

Ausschaltstrom — *interrupting current* — courant de coupure

Der beim Öffnen eines Schalters oder Durchschmelzen einer Sicherung zu unterbrechende Strom. Er wird bei Schaltern als symmetrischer Ausschaltstrom durch den Effektivwert des Wechselstromanteils des abzuschaltenden Kurzschlußstromes, als unsymmetrischer Ausschaltstrom durch den Effektivwert des gesamten Stromes (Wechsel- und Gleichstromanteil) im Augenblick der Trennung der Schaltstücke ausgedrückt (s. a. Stoßkurzschlußstrom).

Ausschlag — *deflection, swing, throw* — déviation, déflexion, flèche

Ausschlag ist die Auslenkung des Zeigers von Meßinstrumenten bei Stromdurchgang durch das Meßwerk. Vollausschlag ist die Auslenkung bei Durchgang des Nennstromes durch das Meßwerk.

Außendurchmesser — *outside diameter, outer diameter, overall diameter* — diamètre extérieur

Außenkontaktsockel — *side contact base* — culot à contacts latéraux

→ Röhrensockel.

Außenleiter — *outer conductor, outer wire* — conducteur extérieur, ligne à l'extérieure

Leiter, die von den freien Phasenenden eines sterngeschalteten Mehrphasensystems ausgehen.

Außenspiegel

Feiner Überzug aus Aluminium oder einem ähnlichen Metall, der außen auf den Glaskolben von Elektronenröhren zu dem Zwecke aufgespritzt wird, daß die Röhre einerseits gegen äußere Felder abgeschirmt ist und andererseits elektrische Aufladungen des Kolbens verhindert werden. Der Spiegel muß stets in leitender Verbindung mit der Kathode der Röhre oder dem Nullpunkt der Schaltung stehen.

Außertrittfallen — *breaking step, falling out of synchronism, falling out of phase* — décrochage

Parallellaufende Synchronmaschinen müssen mit absolut gleicher (elektrischer) Drehzahl umlaufen. Wird dieser Gleichlauf infolge Überlastung oder einer sonstigen Störung aufgehoben, so sagt man, die Maschinen fallen außer Tritt. Das Außertrittfallen ist mit kurzschlußartigen Beanspruchungen verbunden.

aussetzen 1. (unterbrechen) — *to intermit* — interrompre
2. (versagen) — *to fail, to miss* — manquer, faillir

aussieben — *to filter, to select* — filtrer

Aussparung — *hollow, recess* — creux, encoche, cavité, évidement

Aussteuerbereich

Jener Bereich einer Steuerkennlinie, innerhalb dessen ein mit Sicherheit definierter Zusammenhang zwischen der steuernden und der gesteuerten Größe besteht. Im besonderen wird darunter bei einer Elektronenröhre der lineare Teil der Anodenstrom-Gitterspannungs- oder der Anodenstrom-Anodenspannungskennlinie verstanden, innerhalb dessen also Proportionalität zwischen Anodenstrom und den Schwankungen der Gitterwechselspannung besteht. Wird bei einer Verstärkung der Aussteuerbereich überschritten, so treten Verzerrungen auf.

Aussteuerkurve

einer Verstärkerröhre ist die Abhängigkeit des Effektivwertes der Ausgangsspannung (Anodenspannung) der Röhre — einschließlich der durch die nichtlineare Verzerrung ↑ auftretenden Oberschwingungen — von der sinusförmig angenommenen Eingangsspannung (Gitterspannung).

Aussteuerspannung — *tension of modulation* — tension de modulation

Eingangsspannung eines Leistungsverstärkers ↑, bei der auf Grund der vorhandenen Verstärkung ausgangsseitig die maximale Leistung (Nennleistung) abgegeben wird. [H. Bartels, Grundlagen der Verstärkertechnik. Leipzig: S. Hirzel, 1944.]

Aussteuerung — *modulation* — profondeur de modulation

Bei einer Verstärkerröhre das Verhältnis des Maximalwertes der Wechselstromgröße im Anodenkreis zur Anodengleichstromgröße, im besondern

$$\text{die Stromaussteuerung} \quad A = \frac{I_w \sqrt{2}}{I_{gl}} \text{ und}$$

$$\text{die Spannungsaussteuerung} \quad B = \frac{U_w \sqrt{2}}{U_{gl}}.$$

Ausstrahlung — *radiation, emission* — radiation, émission, rayonnement

Austrittsarbeit — *work function* — travail d'extraction

Erforderliche Energie, um ein Elektron entgegen den Haltekräften aus der Oberfläche eines Leiters zum Austritt zu bringen. Es entspricht ihr eine Grenzgeschwindigkeit $v_0 = \sqrt{\frac{2A_0}{m}}$, die den Elektronen die notwendige kinetische Energie gibt. Zahlenwerte nennt die folgende Tabelle.

Stoff	Austrittsarbeit A_0 in 10^{-19} Ws	Grenzgeschwindigkeit v_0 in km/s
Barium	2,4	730
Bariumoxyd	1,6	600
Platin	8,0	1700
Tantal	6,6	1220
Thorium	5,0	1050
Uran	5,2	1100
Wolfram, rein	7,2	1250
Wolfram, thoriert	4,2	890
Zer	4,9	1040

auswechselbar — *replaceable, interchangeable* — remplaçable, interchangeable

automatisch — *automatic(al), selfacting* — automatique

A-Verstärker — *class-A amplifier* — amplificateur classe A
→ Verstärkerröhre, Gegentaktverstärker.

AW
Kurzzeichen für die Einheit Amperewindung ↑ .

axial — *axial* — axial

Axiator
→ Affinor.

Ayrtonsche Gleichung — *Ayrtons equation* — équation d'Ayrton
Empirische Gleichung für die Kennlinie eines Lichtbogens. Sie lautet

$$U_b = a + bl + \frac{c + dl}{I},$$

worin l die Lichtbogenlänge bedeutet, und die Konstanten $a \ldots d$ die Zahlenwerte

Elektrodenmaterial	a V	b V/cm	c W	d W/cm
Eisen	16	25	9	150
Kupfer	21	30	11	152
Platin	24	48	—	203

haben.

Azeton — *acetone* — acétone
Flüssigkeit von der Zusammensetzung $(CH_3)_2\,CO$ mit der Eigenschaft, Zelluloid und Harze zu lösen.

B

Bad — *bath* — bain

Bändchenmikrophon — *ribbon microphone, velocity microphone, tape microphone* — microphone à ruban, microphone de vitesse
Dynamisches Mikrophon, dessen beweglicher Teil aus einem schwingungsfähigen, gewellten Bändchen niedriger Eigenfrequenz besteht, das sich in einem permanenten Magnetfeld befindet und in dem infolge des durch das Auftreffen der Schallwellen hervorgerufenen Schwingens, elektrische Spannungen (von etwa 2.10^{-3} V) induziert werden. Das Bändchenmikrophon ist mechanisch sehr stabil, sein Frequenzgang ist aber schlechter als der des Kondensatormikrophons.

Bahn 1. *path, way* — trajectoire
     2. *railway* — chemin de fer

Bahnelektronen — *orbital electrons*

Den Kern des Atoms in vergleichsweise großem Abstand umkreisende, in Schalen angeordnete Elektronen.

Bahnkurven — *track, orbit* — orbite

Kurven für den Endpunkt eines gleichförmig rotierenden Vektors (Strahles), dessen Projektion auf eine feste Richtung (beispielsweise die Ordinatenachse) eine vorgegebene Funktion $y = f(\omega t)$ ergibt, also etwa die Augenblickswerte einer nichtsinusförmigen Schwingung beschreibt. [OII]

Bajonettverschluß — *bajonet joint* — fermeture à baïonnette

Bakelit — *bakelite* — bakelite

In der Isoliertechnik viel verwendetes Kunstharz; entsteht als Kondensationsprodukt durch Einwirken von Phenolen und Aldehyden aufeinander in Gegenwart eines alkalischen Mittels. Dieses zunächst meist flüssige und als Bindemittel mit Zellulose, Papier, Asbest usw. verwendete Bakelit A geht durch Erwärmung und gleichzeitiger Druckeinwirkung in das harte Bakelit C über, das über vorzügliche elektrische Eigenschaften verfügt. ($\varepsilon = 3,8\ldots5,7$; $\mathrm{tg}\,\delta = 0,012\ldots0,030$; $\varrho = 2.10^7\ldots2.10^{13}\ \Omega\mathrm{cm}$; Durchschlagsfestigkeit etwa 230 kV/cm.)

Bananenstecker — *banana plug, split plug* — fiche-banane

Stecker aus Metallfedern in an Bananen erinnernder Form, meist zur Verwendung in Versuchsschaltungen, bei denen mit deren Hilfe leicht Verbindungen geschaltet werden können.

Bandage — *binding, bandage* — bandage

Bandbreite — *bandwidth* — largeur de bande bande passante

Bereich des Frequenzspektrums zwischen zwei Frequenzen. Im besonderen jener Bereich, der von einer Schaltanordnung durchgelassen wird, ohne nennenswerte Amplitudenunterschiede hervorzurufen. Man läßt hiefür meist Werte von $1 : \sqrt{2}$ zu.

Bandfilter — *band filter* — filtre de bande

Filter ↑, das für ein bestimmtes Frequenzband ↑ durchlässig ist. Es wird aus einer Schaltung aus induktiven und kapazitiven Widerständen

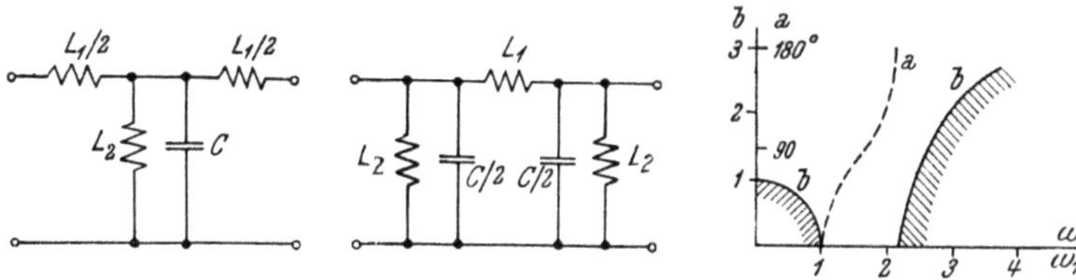

a. Einfache Bandfilterschaltungen   b. Dämpfungskurve eines Bandfilters

gebildet, die je nach Bandbreite und Dämpfungsausmaß außerhalb des Durchlaßbereiches angeordnet werden. Eine Verstärkung der Filterwirkung erhält man durch Hintereinanderschaltung mehrerer gleicher Einzelschaltungen (s. a. Kettenleiter). Eine einfache Bandpaßschaltung zeigt die obenstehende Abb. a. In der Abb. b sind die Dämpfungskurven dieser Schaltung angegeben und der Phasenverschiebungswinkel zwischen Ausgangs- und Eingangsgrößen eingetragen. Die Grenzfrequenzen ergeben sich aus

$$\omega_1 = \frac{1}{\sqrt{L_2 C}} \quad \text{und} \quad \omega_2 = \frac{1}{\sqrt{L_2 C}}\sqrt{1 + 4\frac{L_2}{L_1}}$$

Die Dämpfung außerhalb des Durchlaßbereiches errechnet sich aus

$$\pm \mathfrak{Cos}\, b = 1 - \frac{\left(\frac{\omega}{\omega_1}\right)^2 - 1}{2\frac{L_2}{L_1}} = 1 - 2\frac{\left(\frac{\omega}{\omega_1}\right)^2 - 1}{\left(\frac{\omega_2}{\omega_1}\right)^2 - 1}.$$

[OII]

Bandgenerator — *belt generator*

→ Van de Graaffscher Generator.

Bar — *bar* — bar

Druckeinheit, → Torr.

$$1\ b = 10^6\ \text{dyn/cm}^2 = 10^5\ \text{N/m}^2 = 750{,}06\ \text{Torr.}$$

Baretter

→ Barretter.

Barkhauseneffekt — *Barkhausen effect* — effet Barkhausen

Folge von plötzlichen Feldstärkenänderungen bei Änderung der magnetischen Erregung eines Eisenkreises, die durch das Kippen der kristallinischen Elementarmagnete in die Feldrichtung erklärt wird. Durch Anbringen einer Wicklung um den Eisenkreis, an die über einen Verstärker ein Lautsprecher angeschlossen ist, können diese sprunghaften Änderungen der Feldstärke als knackendes Geräusch hörbar gemacht werden.

Barretter — *barretter* — barretteur, baretter

Weniger gebräuchliche Bezeichnung für Bolometer ↑.

Batterie — *battery, pile* — batterie

Zwei oder mehrere, zu einer Einheit vereinigte, gleiche Geräte (Lampenbatterie, Kondensatorbatterie u. a.), insbesondere von Akkumulatoren ↑ (Akkumulatorenbatterie).

Batterieempfänger — *battery receiver, portable receiver* — récepteur portative, récepteur à batteries

Radioempfänger, dessen Röhren aus Batterien gespeist werden.

Bauch (einer Schwingung) — *antinode, loop* — ventre

Stelle einer Schwingung, an der die größte Amplitude auftritt.

Bauch-Transformator

→ Löschtransformator.

Baumwolle — *cotton* — coton

Beanspruchung — *strain, stress* — effort, charge

Bedarf — *demand, need, requirement* — demande, besoin

beeinflussen — *to influence, to affect* — influencer

befestigen — *to attach, to fasten, to fix* — attacher, fixer

Beglaubigungsfehlergrenze — *legalized limit of error* — limite légalisée d'erreurs

Höchst zulässige Abweichung des gemessenen Wertes vom tatsächlichen Wert, die bei der Beglaubigung von Elektrizitätszählern eingehalten werden muß. Es muß zum Beispiel

$$p \leqq \left(3 + 0,3\,\frac{I_N}{I}\right)\% \quad \text{bei Gleichstromzählern}$$

sein.

p = Fehler in %
I_N = Nennstrom des Zählers
I = jeweilige Stromstärke.

Beharrungsvermögen — *inertia, inertia force* — inertie, force d'inertie

Behelfsantenne — *auxiliary antenna* — antenne auxiliaire

Parallel zur Erdoberfläche, in geringer Entfernung von derselben, in der Richtung zum Sender isoliert verlegter Draht. Die in ihm erzielten Spannungen sind auf die Induktionswirkungen der hochfrequenten Erdströme zurückzuführen. Diese selten angewandte Antenne hat eine ausgesprochene Richtwirkung; sie wird auch Beverageantenne genannt.

Bel — *bel* — bel

Einheit für das Verhältnis zweier gleicher physikalischer Größen, wie etwa das Verhältnis der Ausgangs- zur Eingangsleistung eines Verstärkers (Verstärkungsgrad), u. zw. der (Brigghsche) Logarithmus dieses Verhältnisses. Dabei liegt ein Bel dann vor, wenn die Ausgangsgröße das Zehnfache der Eingangsgröße beträgt. Der Zusammenhang mit dem Neper ↑ ist gegeben durch

$$1\ \text{Neper} = 0,868\ \text{Bel.}$$

Belag

Kennzeichnende Größen einer Leitung, auf die Längeneinheit der Leitung bezogen; z. B. Widerstandsbelag, Induktivitätsbelag, Ableitungsbelag, Kapazitätsbelag.

Belastbarkeit — *load capacity, rated capacity, carrying capacity* — capacité de charge, charge limite

Unter Belastbarkeit eines elektrischen Leiters wird meist die durch einen cm² seiner Querschnittsfläche fließende Stromstärke verstanden, die für gegebene Verhältnisse (meist in Ansehung seiner Erwärmung) noch zulässig erscheint (s. a. Kohlenbürsten, Leitungsquerschnitt).

belasten — *to load, to charge* — charger

Belastungsdauer

→ Benutzungsdauer.

Belastungsfaktor — *load factor, coefficient of utilisation* — coefficient d'utisilation

Das Verhältnis der Durchschnittsbelastung eines Kraftwerkes zur Höchstbelastung desselben. Er ist der Benutzungsdauer ↑ der Höchstbelastung verhältnisgleich und wird beispielsweise aus der jährlichen Benutzungsdauer in Stunden durch Division durch 8760 erhalten. Er kann auf die Tages- oder häufiger und wichtiger auf die Jahresbelastung bezogen werden und liegt je nach der Art des Konsumgebietes zwischen 15 und 60%.

Manchmal wird der Belastungsfaktor nicht auf die Höchstlast, sondern auf den Anschlußwert bezogen.

Belastungsgebirge

Graphische Darstellung der Belastung von Elektrizitätswerken, wobei die tägliche Belastungskurve (Belastung als Funktion der Tageszeit) auf Kartonblättern aufgezeichnet und ausgeschnitten wird; alle dergleichen erhaltenen Kurvenblätter übereinander gelegt ergeben das „Belastungsgebirge", das einen sehr anschaulichen Überblick über die Belastungsverhältnisse des ganzen Jahres ergeben.

Beleuchtungsstärke — *illumination* — éclairement

Auf die Flächeneinheit einer beleuchteten Fläche entfallender Lichtstrom ↑ . $E = \dfrac{d\Phi}{df}$. Einheit: 1 Lux ↑ .

Bendmannableiter

→ Hörnerableiter.

Benutzungsdauer

Quotient aus während eines Tages (24 Stunden) oder eines Jahres (8760 Stunden) abgegebener elektrischer Arbeit und der innerhalb dieses Zeitraumes aufgetretenen Höchstleistung. Sie bildet ein Maß für die Gleichmäßigkeit der Beanspruchung der liefernden Stromquellen. Je nach Wahl der maximalen Tages- oder Jahresleistung spricht man von einer Benutzungsdauer der Tages- bzw. Jahresspitze. Die Benutzungsdauer wird auch häufig auf den Anschlußwert bezogen.

Die jährliche Benutzungsdauer des Anschlußwertes liegt in städtischen Gebieten bei etwa 1000 bis 4000 Stunden, in landwirtschaftlichen Gebieten bei 150 bis 1000 Stunden. Sie hängt mit dem Belastungsfaktor ↑ nach den Beziehungen

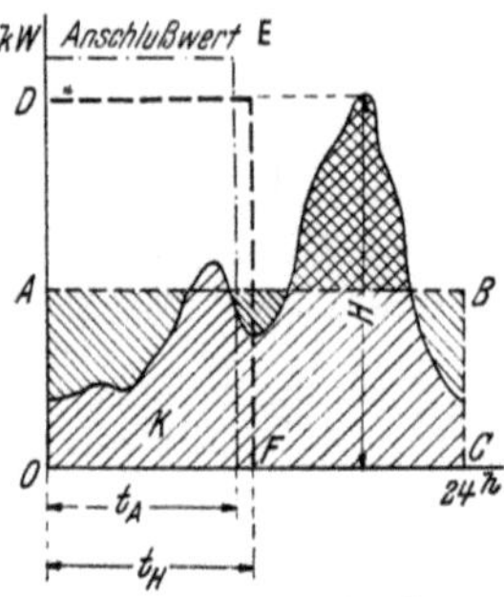

Ermittlung der Benutzungsdauer
aus dem Belastungsdiagramm

$$t_T = \frac{K_T}{H} = 24\, b_T$$

bei Bezug auf die Tagesspitze und

$$t_J = \frac{K_J}{H} = 8760\, b_J \text{ bei Bezug auf die Jahresspitze}$$

zusammen.

In der obenstehenden Abbildung sind die Rechtecke *ODEFO* und *OABCO* flächengleich.

Benzin — *petrol, benzine* — benzine, gazoline

Beobachtungsfehler — *error of observation* — erreur d'observation

berechnen — *to calculate, to compute* — calculer, compter

Bereich — *range, zone, band* — portée, zone

Berichtigung — *correction, translation* — correction, rectification

Bernstein — *(yellow) amber* — ambre jaune

Durch großen Isolationswiderstand sich auszeichnendes versteinertes Harz von Nadelbäumen.

Berührungsspannung — *contact voltage* — tension de contact

Spannung an normalerweise nicht spannungsführenden Teilen einer elektrischen Anlage (Gehäusen, Schalttafeln usw.), die bei Schäden in der Anlage auftreten und bei Berührung schädliche Auswirkungen ergeben kann. Sie ist um so gefährlicher, je geringer der Übergangswiderstand der berührenden Person zur Erde und je besser leitend der Standort ist. Zur Vermeidung der Gefahren sind entsprechende Schutzmaßnahmen vorgeschrieben, und zwar bei Spannungen von 65... 250 V gegen Erde, wenn die Möglichkeit einer besonderen Gefährdung vorliegt, bei Spannungen über 250 V auf jeden Fall. Als Schutzmaßnahmen kommen in Betracht besondere Isolation, Verwendung von Kleinspannungen, Erdung ↑, Nullung ↑ und Schutzschaltung ↑.

Beruhigungseinrichtungen — *smoothing device* — dispositif de stabilisation

Jene Einrichtungen eines Reglers, die unzulässige Schwingungen im Regelkreis verhindern sollen und die den zeitlichen Ablauf eines Regelungsvorganges so beeinflussen, daß die Einstellung der Größen und Glieder des Regelkreises auf den neuen Beharrungszustand in gedämpften Schwingungen oder aperiodisch erfolgt. Als Beruhigungseinrichtungen können dienen Statikeinrichtungen, Einführung zeitlicher Ableitungen, Bremsen, Unterbrecher und Einrichtungen zur Änderung der Stellgeschwindigkeit. Eine Statikeinrichtung macht den Sollwert ↑ der Regelgröße ↑ von der Stellung des Stellgliedes ↑ oder vom Wert der Stellgröße ↑ abhängig, was bei mittelbaren Reglern meist durch eine Rückführung ↑ bewerkstelligt wird. Bei der Einführung zeitlicher Ableitungen werden die erste oder höhere zeitliche Ableitungen der Regelgröße durch eigene Differentialquotienten-Meßeinrichtungen gebildet und in die Regelspanne eingeführt. [Regeltechnik, Berlin: VDI-Verlag, 1944.]

Beruhigungszeit

Beruhigungszeit bei Meßgeräten ist die Zeit nach dem Einschalten, die die Anzeigevorrichtung braucht, um sich auf einen beliebigen Endwert einzuschwingen. Sie wird meistens durch Dämpfungseinrichtungen herabgemindert (s. a. Dämpfung).

Beschleunigung — *acceleration* — accélération

Geschwindigkeitszunahme in der Zeiteinheit

$$b = \frac{dv}{dt}.$$

Beschleunigungselektrode — *accelerating electrode* — électrode d'accélération

In Kathodenstrahlröhren verwendete Elektroden, die zur Beschleunigung der Elektronen des Elektronenstrahles dienen und dazu auf ein hohes positives Potential gegenüber der Anode gebracht werden.

Beschleunigungslinse — *accelerator lens* — lentille d'accélération

Elektronenlinse, die zur Beschleunigung der Elektronen in einem Entladungsgefäß, vorzugsweise in einer Kathodenstrahlröhre, dient. (→ Elektronenoptik.)

Besetztzeichen — *engaged signal, busy tone* — signal d'occupation

Besselfunktionen — *Bessel functions* — fonctions de Bessel

Funktionen, die der Besselschen Differentialgleichung

$$x^2 \frac{d^2 y}{dx^2} + x + (x^2 - \nu^2)\, y = 0$$

genügen. Es gibt deren mehrere Arten und in jeder ν Ordnungen. Die Besselfunktionen erster Art können durch die Entwicklung

$$J_\nu(x) = \sum_{n=0}^{\infty} \frac{(-1)^n}{n!\, \Pi\,(\nu + n)} \left(\frac{x}{2}\right)^{\nu + 2n}$$

angegeben werden. Ähnliche Entwicklungen lassen sich auch für die Besselfunktionen zweiter Art (Neumannsche Funktionen) und dritter Art (Hankelsche Funktionen) ableiten. Die Besselschen Funktionen sind gut tabuliert (z. B. Hahnke-Emde: Funktionentafeln, Leipzig: Teubner).

Für die Anwendung wichtig sind die Beziehungen

$$J_{-\nu} = (-1)^{\nu} J_{\nu}, \qquad J_0' = J_1, \qquad J_{\nu}'(x) = \frac{x}{2\nu}\left[J_{\nu-1}(x) + J_{\nu+1}(x)\right].$$

[OII. L]

bestrahlen — *to irradiate* — irradier

Betastrahlen — *beta rays* — rayons bêta

Sehr rasche Elektronenstrahlen (bis zu 99% der Lichtgeschwindigkeit), die neben den α- und γ-Strahlen von radioaktiven Stoffen ausgesandt werden.

Betatron — *betatron* — bêtatron

Apparat zur Erzeugung extrem rascher Elektronen. Der grundsätzliche Aufbau besteht aus einem starken Elektromagnet, um dessen Kern ein evakuierter Ring mit einer Glühkathode angeordnet ist. Wird der Magnet mit Wechselstrom gespeist, so werden die aus der Glühkathode austretenden Elektronen mit dem ansteigenden Feld beschleunigt und können Energien bis zu $100 \cdot 10^6$ Elektronvolt erreichen. Die so erzielten Elektronenstrahlen können den Ring entweder aus einem Fenster verlassen und dann ähnlich wie Betastrahlen (daher der Name) verwendet werden, oder man läßt sie auf eine Wolframanode fallen, die zum Ausgangspunkt einer sehr harten Röntgenstrahlung wird.

Durch Anordnung einer Gleichstromvormagnetisierung können die Abmessungen des Kernes der Magnetspulen kleiner gehalten werden, weil dann der ausnutzbare Teil der Sinuslinie des magnetisierenden Wechselstromes fast auf den doppelten Wert gebracht werden kann. Die Verluste gehen ebenfalls herunter. Es ist geplant, mit einer solchen Ausführung Elektronen mit einer Energie von $300 \cdot 10^6$ eV zu erzeugen.

Beton — *concrete* — béton

Betrag — *magnitude, amount* — quantité, grandeur

Betriebskapazität — *mutual capacity* — capacité effective

Die am Leitungsanfang gemessene, resultierende Kapazität der Leitung, die sich aus den Teilkapazitäten

C_g zwischen Leiter und Leiter, und
C_e zwischen Leiter und Erde

zusammensetzt. Sie ist je Draht

bei der Einphasenleitung $C_b = C_e + 2\,C_g$ (für $d \ll H$),
bei der symmetrischen Drehstromleitung $C_b = C_e + 3\,C_g$

(s. a. Leitungskapazität). [OIII]

Betriebskosten — *working costs, running charge, operation expenses* — frais d'exploitation

Die für den Betrieb einer Anlage auflaufenden Kosten mit Ausschluß aller Anlagekosten und des Kapitaldienstes.

Betriebsmeßgerät — *service instrument* — instrument de service

Meßgeräte mit der Meßgenauigkeit entsprechend dem Klassenzeichen 1,0; 1,5 und 2,5.

Wird verwendet zu Überwachungsmessungen im Betrieb.

Betriebsverstärkung — *effective amplification* — amplification de service

→ Verstärkung.

Beverage-Antenne — *Beverage antenna* — antenne Beverage

Für gerichtete Strahlung bestimmte Antenne, die aus einem in einer Höhe von weniger als der Wellenlänge waagrecht ausgespannten Draht besteht, dessen Länge mehreren Wellenlängen gleich ist. An einem Ende der Antenne wird der Sender oder Empfänger angeschlossen, während das zweite Ende entweder offen bleibt oder durch einen Widerstand reflexionsfrei abgeschlossen wird. Ein Vorteil der Beverage-Antenne ist ihre Unempfindlichkeit gegen selbst größere Frequenzänderungen.

Beweglichkeit — *mobility* — mobilité

Bei einer nach dem Ohmschen Gesetz erfolgenden Elektrizitätsströmung ist die Geschwindigkeit v der Elektrizitätsträger der auf sie wirkenden elektrischen Feldstärke $\mathfrak{E}$ verhältnisgleich $v = u\,|\mathfrak{E}|$. Der Proportionalitätsfaktor u heißt Beweglichkeit, genauer Ionenbeweglichkeit, wenn die Träger Ionen, und Elektronenbeweglichkeit, wenn sie Elektronen sind. Die Beweglichkeit ist also die auf die Feldstärkeneinheit bezogene Trägergeschwindigkeit. Sie liegt bei den Leitungselektronen der metallischen Leitung bei etwa $30\ \frac{\mathrm{cm/s}}{\mathrm{V/cm}}$, bei den Ionen der Elektrizitätsströmung in Luft unter Normaldruck bei $2\ \frac{\mathrm{cm/s}}{\mathrm{V/cm}}$, bei Isolieröl in der Größenordnung von $10{-}4\ \frac{\mathrm{cm/s}}{\mathrm{V/cm}}$.

Bewegungsenergie — *motional energy, kinetic energy* — énergie cinétique

Die bei der Bewegung eines Massenkörpers diesem innewohnende, in Arbeit umwandelbare Energie. Sie beträgt bei der Geschwindigkeit v

$$W = \frac{mv^2}{2}$$

Bewehrung — *sheat, armour* — armature, blindage

beziffern — *to figure, to number* — chiffrer

Versehen einer Skala mit den sie beschreibenden Zahlenwerten.

Bezugstemperatur — *normal temperature* — température normale

Bezugstemperatur bei Meßgeräten ist im allgemeinen die Raumtemperatur von 20° C, sofern auf dem Meßgerät keine anderen Angaben gemacht sind.

BF

Abkürzung für basse fréquence (Niederfrequenz).

Biegebelastung — *bending strain, bending load* — effort de flexion

Biegefestigkeit — *bending strength* — résistance à la flexion

Bifilarkathode — *bifilar-cathode* — cathode bifilaire

Kathode, deren Heizfaden zur Vermeidung von durch Wechselfeldern verursachten Beeinflussungen bifilar gewickelt ist. Sie wird hauptsächlich bei indirekter Heizung verwendet, wobei der bifilar gewickelte Heizfaden in einem Nickelröhrchen untergebracht ist, auf das die wirksame Schicht aufgespritzt wird.

Bifilarwicklung — *bifilar-winding* — bobinage bifilaire

Zur Geringhaltung der Induktivität von Widerständen für den Gebrauch bei Wechselstrom werden diese bifilar gewickelt, d. h. der zu wickelnde Draht wird in der Mitte geknickt und die beiden freien Hälften nebeneinander aufgewickelt. Dadurch entsteht eine aufgewickelte Schleife, deren Teilfelder sich gegenseitig aufheben.

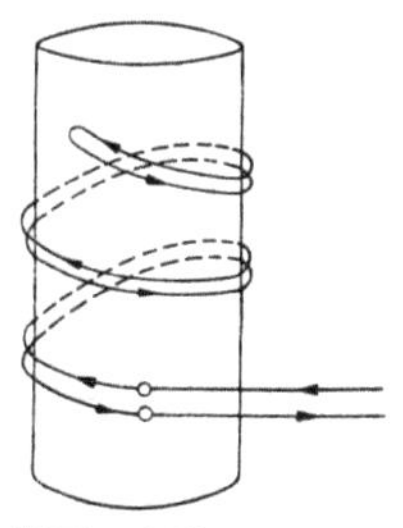

Bifilarwicklung

Bildsignal — *video signal, picture signal* — signal d'image

Vom Ausgang einer Fernsehkamera kommendes Signal (Impuls) vor Addition der Synchronisierungsimpulse.

billion

Zehnerpotenz, von der Größe
10^9 in Amerika und
10^{12} in England.

Bimetalle — *bimetal* — bimétal

bestehen aus zwei aufeinandergelöteten, geschweißten oder gewalzten Metallblechen mit unterschiedlichen Ausdehnungskoeffizienten. Beim Erwärmen krümmt sich der Bimetallstreifen nach der Seite mit der kleineren Wärmeausdehnung und kann zur Kontaktgabe oder mechanischen Betätigung einer Regeleinrichtung verwendet werden. Anwendung als Temperaturregler, automatische Schalter, Thermometer u. dgl.

Binomialreihe — *binominal series* — série binominale

Die Reihe $(1 \pm x)^n = 1 \pm \binom{n}{1} x + \binom{n}{2} x^2 \pm \binom{n}{3} x^3 + \dots$, gültig für jedes n. [OII]

Biot-Savartsches Gesetz — *Ampere's formula*

Ein „Stromelement" *Ids* eines linearen, beliebig geformten elektrischen Leiters liefert in einem Feldpunkt im Abstand $\mathfrak{r}$ einen Beitrag $d\mathfrak{H}$ an der magnetischen Erregung, der durch die Gleichung

$$d\mathfrak{H} = \frac{I}{4\,\pi}\,\frac{[d\mathfrak{s}\,\mathfrak{r}]}{r^2}$$

bestimmt ist, die B.S.-Regel genannt wird. [OI]

Blasspule — *blowout coil* — électro-aimant de soufflage

So angeordnete stromdurchflossene Spule, daß das von ihr erzeugte magnetische Feld durch Verlängern des beim Abschalten des Stromes auftretenden Lichtbogens diesen rasch zum Abschalten und Erlöschen bringt. Die Spule kann auch durch einen permanenten Magnet ersetzt werden.

blättern — *to laminate* — lameller

Zusammensetzen eines Eisenkerns aus dünnen Blechen zum Zwecke der Verringerung der Wirbelstromverluste beim Ummagnetisieren.

Blattfeder — *flat spring, leaf spring, plate spring* — ressort plat, ressort à lames

Blech — *sheet, plate* — tôle, feuille, plaque

Blechpaket — *packet of stampings* — paquet de tôles

Aus einzelnen gestanzten Blechen zusammengesetzter Körper, der als Träger des magnetischen Feldes elektrischer Maschinen und Apparate dient. Die Bleche sind einseitig mit Papier beklebt, mit Isolierlack bestrichen oder angerostet, um durch den dadurch erreichten Querwiderstand die Ausbildung von Wirbelströmen zu verhindern.

Blei — *lead* — plomb

Schweres Metall mit der Wichte 11,4 p/cm³ und dem Schmelzpunkt 327° C. Es ist sehr weich, läßt sich gut gießen, walzen, hämmern und pressen. Seine wichtigste Eigenschaft ist die Säurefestigkeit.

Bleiakkumulator — *lead accumulator, lead storage cell* — accumulateur en plomb

Akkumulator, dessen Elektroden aus Blei bzw. Bleiverbindungen gebildet sind. Der Elektrolyt ist verdünnte Schwefelsäure. Im fabriksneuen Zustand sind die Elektroden reines Blei. Nach dem ersten Laden, das man Formieren nennt, bildet sich an der Anode rotes Bleisuperoxyd, an der Kathode grauer Bleischwamm. Dieser Zustand wird bei jeder neuen Ladung erreicht, während sich bei der Entladung beide Elektroden in Bleisulfat umwandeln. Der chemische Vorgang ist also der folgende

$$PbSO_4 + 2H_2O + PbSO_4 \underset{E}{\overset{L}{\rightleftarrows}} PbO_2 + 2H_2SO_4 + Pb.$$

Bei der Entladung wird also die Säure dünner, bei der Ladung dichter. Die Säuredichte ist ein Maß für den Ladezustand des Akkumulators.

Die Spannung beträgt im Ruhezustand nach erfolgter Ladung 1,96...2,0 Volt; sie sinkt nach 3...10stündiger Entladung auf 1,83 Volt. Die höchste Ladespannung beträgt 2,75 Volt. Der Amperestunden-Wirkungsgrad ↑ liegt bei 90%, der Wattstunden-Wirkungsgrad ↑ bei 70...75%. Das Gewicht, bezogen auf die Kapazität des Akkumulators, bewegt sich in der Größenordnung von 0,2...0,3 kg/Ah. Der Spannungsverlauf bei der Ladung und Entladung geht aus der nebenstehenden Abbildung hervor.

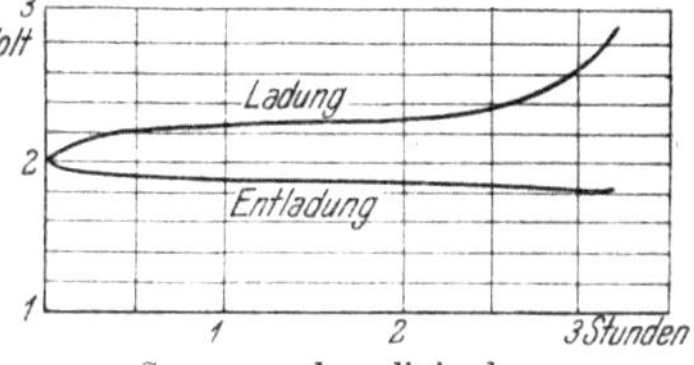

Spannungskennlinie des Bleiakkumulators

Positive und negative Elektrode (Platte) werden im allgemeinen verschieden ausgeführt. Man unterscheidet im wesentlichen Großoberflächenplatten ↑, Panzerplatten ↑, Gitterplatten ↑ und Masse- oder Rahmenplatten ↑.

Die Kapazität ↑ der Masseplatte beträgt bei langsamer Entladung etwa 8 Ah je kg Gesamtgewicht einer Zelle.

Längeres Lagern der entladenen Akkumulatoren ist schädlich (→ Sulfatisieren).

Bleikabel — *lead cable* — câble sous plomb

Mit einem Bleimantel armiertes Kabel.

Bleischwamm — *spongy lead* — plomb spongieux

Modifikation des Bleis. Er bildet sich in den Bleiakkumulatoren nach der Formierung und Ladung an der negativen Elektrode.

Blende — *aperture, diaphragm* — diaphragme

Öffnung in einer lichtundurchlässigen Scheibe, die auf einer Seite einer Linse angebracht ist und zur Begrenzung der durchtretenden Lichtmenge dient.

Blindkomponente — *wattless component, reactive component, reactance component* — composante réactive, composante de réactance

Komponente einer zeitlich sinusförmig veränderlichen Größe, die gegen eine Bezugsgröße gleicher Periodenzahl eine Phasenverschiebung von 90° hat.

Blindlast — *reactive load, reactance output* — puissance réactive

Bei sinusförmigen Wechselstromgrößen ist die Leistung gegeben durch

$$n = ui = UI\,(\cos\varphi - \cos\varphi\cos2\omega t - \sin\varphi\sin2\omega t),$$

worin U und I die Effektivwerte von Spannung und Strom, und φ den Phasenwinkel zwischen Strom und Spannung bedeuten.

Der dritte Summand in diesem Ausdruck ist eine reine Sinusschwingung mit dem Höchstwert

$$N_b = UI\sin\varphi.$$

Auf die Dauer gesehen liefert dieser Summand also keinen Anteil an der verwertbaren Gesamtleistung, da sich seine positiven und negativen Anteile gegenseitig aufheben. Nichtsdestoweniger handelt es sich bei ihm aber doch um eine reelle, physikalische Leistung, die nur nicht im Verbraucher ausgewertet werden kann, deren Transport aber naturgemäß mit Verlusten verbunden ist, ebenso wie der Transport der übrigen Leistungsanteile. Ein Maß für die Größe dieser Leistung ist der vorhin angeführte Höchstwert N_b, der den Namen „Blindlast" erhielt. Häufig wird hiefür auch die Bezeichnung „Blindleistung" gebraucht, doch sollte das Wort Leistung besser für die physikalische Größe (hier der Augenblickswert) vorbehalten und das Wort Last für die Höchstwerte verwendet werden, um Irrtümer zu vermeiden.

Die Größe der Blindlast hängt vom Leistungsfaktor $\cos\varphi$ ab; sie ist um so größer, je kleiner der Leistungsfaktor ist. Blindlast und Wirklast hängen mit der Scheinlast ↑ nach der Gleichung

$$N^2_s = N^2_w + N^2_b$$

zusammen, die sich in Form eines rechtwinkeligen Dreieckes graphisch darstellen läßt, in dem die Blindlast die dem Phasenwinkel φ anliegende Kathete wird. [OI]

Blindleistung — *reactive power* — puissance réactive

→ Blindlast.

Blindleitwert — *susceptance* — susceptance

Imaginärer Teil des in komplexer Form geschriebenen Scheinleitwertes ↑.

Er ist damit jene Komponente des Scheinleitwertes, die mit der Spannung multipliziert, den gegen die Spannung um 90° phasenverschobenen „Blindstrom" ergibt.

Für die Reihenschaltung von Ohmschen und Blindwiderstand gilt

$$S = \frac{-X}{R^2 + X^2},$$

für die Parallelschaltung

$$S = -\frac{1}{X}.$$

Bei der Parallelschaltung zweier Kreise mit in Reihe liegendem Ohmschen und Blindwiderstand wird

$$S = \frac{X_1}{R^2_1 + X^2_1} + \frac{X_2}{R^2_2 + X^2_2};$$

bei der Reihenschaltung

$$S = -\frac{X_1 + X_2}{(R_1 + R_2)^2 + (X_1 + X_2)^2}$$

(s. a. Blindwiderstand). [OI]

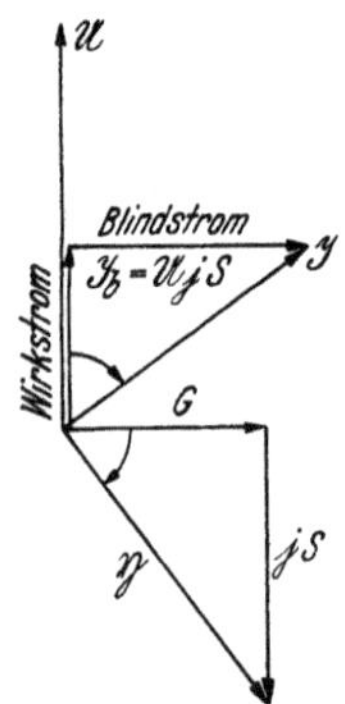

Zum Begriff Blindleitwert

Blindstrom — *wattless current, reactance current, reactiv current* — courant déwatté, courant réactiv

Strom oder Stromkomponente, die gegen die treibende Spannung oder eine Bezugsspannung um 90^0 phasenverschoben ist, mit dieser also keine Wirklast ergibt.

Ist
$$u = U \sqrt{2} \sin \omega t,$$
$$i = I \sqrt{2} \sin(\omega t - \varphi),$$

so ist die Blindkomponente des Stromes — oder der Blindstrom — bezüglich dieser Spannung gegeben durch

[OI]
$$i_b = I \sqrt{2} \sin \varphi.$$

Blindwiderstand — *reactance* — réactance

Imaginärer Teil des in komplexer Form geschriebenen Scheinwiderstandes ↑. Er ist damit jene Komponente des Scheinwiderstandes, die mit dem Strom multipliziert, die gegen den Strom um 90^0 phasenverschobene „Blindspannung" ergibt.

Bei einer Parallelschaltung von Ohmschem und Blindwiderstand wird

$$X' = \frac{R^2 X}{R^2 + X^2},$$

bei der Reihenschaltung ist er mit dem Teilblindwiderstand X identisch.

Bei einer Reihenschaltung zweier Widerstände mit Ohmschem und Blindanteil ist

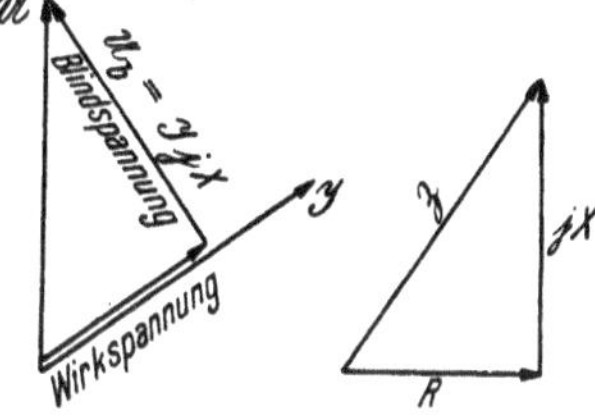

Zum Begriff Blindwiderstand

$$X = X_1 + X_2;$$

bei der Parallelschaltung wird dagegen

$$X = \frac{X_1(R_2^2 + X_2^2) + X_2(R_1^2 + X_1^2)}{(R_1 + R_2)^2 + (X_1 + X_2)^2}$$

(s. a. Blindleitwert). [OI]

Blinkzeichen — *flashing, flash signal, flickering signal* — signal clignotant

Blitz — *lightning* — foudre

Entladung zwischen zwei Ladung tragenden Gewitterwolken oder zwischen Wolke und Erde, bei der Spannungen von mehreren Millionen Volt überbrückt und Stromstöße von mehreren 10 000 Ampere auftreten können. Da diese Stromstöße nur äußerst kurz (Mikrosekunden) andauern, sind zwar die im Spiel stehenden Leistungen sehr groß, die geleistete Arbeit aber meist unbeträchtlich.

Blitzableiter — *lightning protector, arrester* — paratonnère, parafoudre

Schutzeinrichtung gegen die schädlichen Auswirkungen von Blitzeinschlägen. Sie besteht aus einer oder mehreren, aus Metallspitzen gebildeten Fangvorrichtungen, die in möglichst großer Höhe an den zu schützenden Anlagen oder Gebäuden angebracht werden und untereinander und mittels einer soliden Erdleitung mit Erde verbunden sind. Die Fangvorrichtungen tragen Spitzen aus massivem Platin oder Kupfer. Leitende Gebäudeteile, wie Dachrinnen, Eisenträger usw., die sich in der Nähe befinden, sind ebenfalls mit der Erdleitung leitend zu verbinden.

Blitzschlag — *lightning stroke, flash* — coup de foudre

Blockkondensator — 1. *block condenser* — condensateur fixe

Aus ebenen Belegungen aufgebauter, meist in Form eines in einer Metallhülse untergebrachten Päckchens gebildeter Kondensator mit unveränderlicher Kapazität.

2. *blocking capacitor* — condensateur d'arret, condensateur de blocage

Kondensator zur Unterbrechung von Gleichstrom bei gleichzeitiger Freigabe des angeschlossenen Stromkreises für Wechselstrom.

Bodenecho

Das bei der Echolotung in einem Panoramagerät ↑ von der Erdoberfläche kommende und als nahestes besonders stark in Erscheinung tretende Echo. Es zeichnet sich auf der Braunschen, in Polarform aufzeichnenden Röhre durch einen scharf ausgeprägten Kreis, den Bodenkreis aus, dessen Durchmesser ein Maß für die Flughöhe des Flugzeuges ist. Zur Verdeutlichung der Abbildung wird der Bodenkreis durch Rektifikation über eine Planimeterschaltung beseitigt und auf einen Punkt zusammengedrängt.

Bodenkreis

→ Bodenecho.

Bodenstrahlung — *surface ray, ground wave* — onde de surface, onde directe

Längs der Erdoberfläche sich fortpflanzende Komponente einer räumlichen Strahlung (Bodenwelle). Sie ist starker Absorption unterworfen und klingt daher mit zunehmender Entfernung vom Sender rasch ab.

Bogenlampe — *arc lamp* — lampe à arc

Lampe, die die Leuchtwirkung eines elektrischen Lichtbogens ausnützt. Sie ist heute fast durchwegs von der Metalldrahtlampe verdrängt und wird nur mehr in Projektoren und Scheinwerfern verwendet.

Bohrungsfeld

→ Ankerbohrung.

Bolometer — *bolometer* — bolomètre

Brückenanordnung zur genauen Messung von Wechselströmen, bei der ein Zweig der Brücke aus dünnen Platindrähten gebildet ist (Bolometerdraht), die nach Abgleichung der Brücke mit Gleichstrom von dem zu messenden Wechselstrom zusätzlich durchflossen werden. Die durch die Erwärmung des Drahtes hervorgerufene Gleichgewichtsstörung liefert einen Ausschlag im Galvanometerkreis der Brücke, der ein Maß für die Größe des Wechselstromes bildet. Man kann auf diese Weise leicht Wechselströme in der Größenordnung von 10^{-5} A messen. Eine der üblichen Schaltungen zeigt die nebenstehende Abbildung.

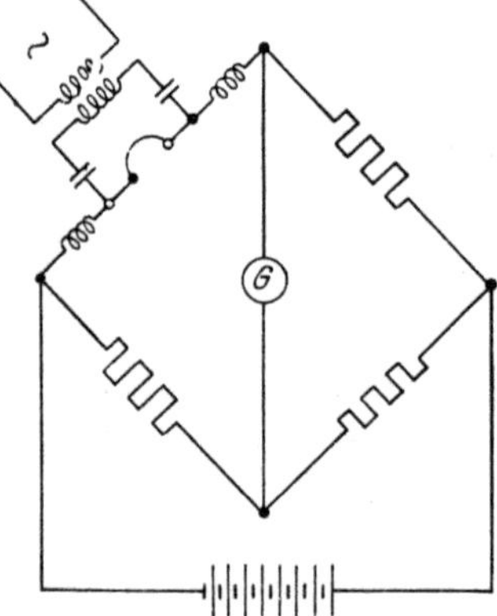

Bolometerschaltung
für Hochfrequenzstrom

Boltzmannsche Konstante — *Boltzmann's constant* — constante de Boltzmann

Nach dem Grundgesetz der mechanischen Wärmetheorie entfällt auf jeden Freiheitsgrad der Moleküle eines Körpers bei der absoluten Temperatur T im zeitlichen und räumlichen Durchschnitt eine Energie

$$E = \frac{1}{2}kT.$$

Der Faktor

$$k = 1{,}38.10^{-23} \ \text{J/Grad}$$

ist die Boltzmannsche Konstante.

In neuerer Zeit wird der physikalische Inhalt der Boltzmannschen Konstanten bestritten und ihr lediglich der Charakter eines Zahlenfaktors zugebilligt. [E. Bodea: Giorgis rationales MKS-Maßsystem mit Dimensionskohärenz. Birkhäuser Basel 1949.]

Bowdenzug

Mechanische Fernbetätigungseinrichtung für Schaltorgane, bestehend aus einem in einer metallischen Hülle gleitenden, dünnen Drahtseil.

Brandschutz — *fire-extinguishing agent, fire protection*

Selbsttätige Löschvorrichtung gegen Maschinenbrand beim Auftreten eines Defektes in der Maschine, der durch übermäßige Erhitzung oder Lichtbogen einen Brand in der Maschine (Wicklung) hervorrufen könnte. Die Gefahr eines solchen Brandes ist besonders bei sehr großen Maschinen gegeben, die mit forcierter Frischluftzuführung ausgerüstet sind. Um einen Brand mit Sicherheit zu vermeiden, muß die Löscheinrichtung sehr rasch ansprechen, ein sicher wirkendes Branderstickungsmittel führen und bei den Fehlern ansprechen, mit denen eine Brandgefahr verbunden ist. Die erste und letzte Bedingung muß vor allem der Generatorschutz ↑ erfüllen, d. h. er muß in den fraglichen Fällen sehr rasch ansprechen und darf, um eine Beunruhigung des Betriebes zu verhindern, nur dann auf den Brandschutz wirken, wenn tatsächlich eine Brandgefahr vorhanden ist. Das ist der Fall bei Windungsschlüssen, Wicklungsschlüssen und Gestellschlüssen. Da solche Fehler jedoch auch auftreten können, ohne daß eine unmittelbare Brandgefahr besteht, hat man auch die Auslösung der Löschvorrichtung von dem Entstehen eines Rauchgases abhängig gemacht.

Gleichzeitig mit der Auslösung der Brandschutzeinrichtung muß auch das möglichst rasche Schließen der Belüftungsklappen erfolgen, was wegen der vergleichsweise großen, in Bewegung zu versetzenden Massen gewisse Schwierigkeiten bereitet. Selbstverständlich dürfen die zur Anwendung kommenden Löschmittel keine schädlichen Einwirkungen auf die Isolation, das Eisen und die Wicklung ausüben.

Als Löschmittel stehen Kohlensäure oder Stickstoff in Verwendung, die aber beide gewisse Schwierigkeiten mit sich bringen, wie Vereisungsgefahr bei zu schnellem Ausströmen oder sehr große Abmessungen der Gasbehälter. Die amerikanische Praxis verwendet auch manchmal bei Turboanlagen Dampf als Löschmittel, der aus der im Betrieb stehenden Kesselanlage gewonnen wird. Dies erfordert besonders dichte Ventile, damit nicht im Normalbetrieb etwa Dampf in die Wicklung strömt und deren Isolation beeinträchtigt.

Die Brandschutzeinrichtungen sind recht kostspielige Anlagen und werden daher im allgemeinen nur bei besonders großen und wichtigen Maschinensätzen angewandt.

Braunkohle — *brown coal* — lignite

Geologisch weit jüngeres Produkt wie Steinkohle ↑ ; hat einen Heizwert von 1800...3500 Kal/kg.

Braunsche Röhre — *Braun tube* — tube Braun

Elektronenröhre ↑ mit Ablenkplatten, zwischen denen der Elektronenstrahl durchtreten muß und wo er durch das elektrische Feld, das beim Anlegen der Platten an eine Spannung entsteht, abgelenkt wird. Der Strahl fällt dann auf eine mit Leuchtmasse bestrichene Fläche der Röhre und hinterläßt auf ihr eine Leuchtspur, die für die zeitliche Änderung der Ablenkspannung charakteristisch ist (s. a. Kathodenstrahloszillograph).

Brechung — *refraction* — réfraction

Brechungswinkel — *angle of refraction* — angle de réfraction

Winkel zwischen einem an einer Fläche gebrochenen Strahl und der Senkrechten zu der Fläche.

Breitbandkabel — *broad-band cable, wide-band cable* — câble à large bande

Kabel zur Übertragung einer mit einem sehr breiten Frequenzband modulierten Trägerwelle. Wegen der hohen Modulationsfrequenzen muß ein solches Kabel besonders verlustarm sein, um nicht die Dämpfung untragbar groß werden zu lassen. Es werden aus diesem Grunde Isolierstoffe mit besonders kleinen Verlusten und kleinen Dielektrizitätskonstanten, wie Frequenta, Styroflex u. ä., verwendet.

Breitbandverstärker — *wideband amplifier, broad-band amplifier* — amplificateur à large bande

Verstärker für ein über mehrere Oktaven reichendes Frequenzband; früher wegen der vorzugsweisen Verwendung im niederfrequenten Fernsprechbetrieb und für elektroakustische Übertragungen als Niederfrequenzverstärker bezeichnet (s. a. Spannungsverstärker).

Breitstrahler — *dispersive radiator* — radiateur extensif

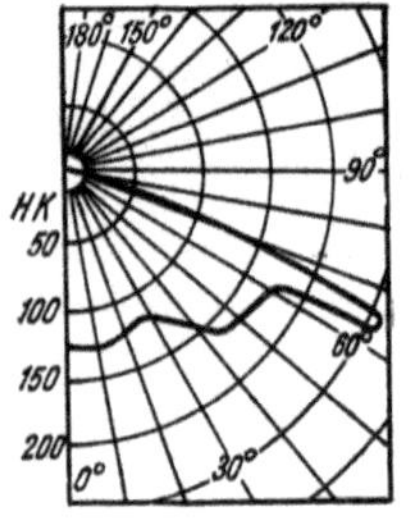
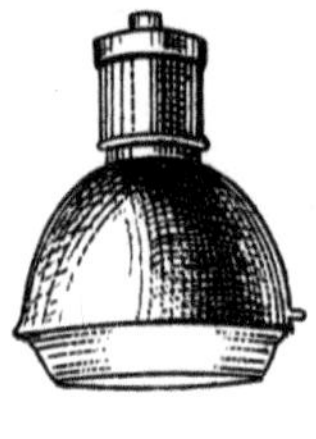

Beleuchtungskörper mit einer Lichtverteilung, die die Richtung zwischen etwa 60 und 80° zur Senkrechten bevorzugt, wodurch vergleichsweise große Reichweiten und gleichmäßige Bodenbeleuchtung bei großem Lampenabstand erreicht werden.

Bremse — *brake* — frein

Bremsgitter — *suppressor-grid* — grille d'arrêt

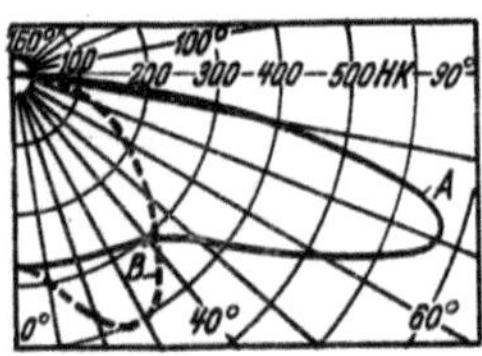

Hilfsgitter in Mehrgitterröhren ↑ , mit dem eine zusätzliche Beeinflussung des Elektronenstromes vorgenommen wird, meist zu

Lichtverteilungskurve eines Breitstrahlers

dem Zwecke, um die stromschwächende Wirkung von Sekundärelektronen auf den Anodenstrom zu verhindern (s. a. Pentode).

Bremsmagnet — *damping magnet* — aimant d'amortissement

Zur Bremsung einer drehenden Bewegung angeordneter Magnet, zwischen dessen Schenkel nach nebenstehender Abbildung eine Scheibe S durchgezogen wird, in der bei der Bewegung Wirbelströme entstehen, die eine bremsende Wirkung auf die Drehung ausüben. Das Bremsmoment ist der Drehgeschwindigkeit verhältnisgleich. Führt man den Magnet schwenkbar aus, dann kann man mit der Eintauchtiefe der Scheibe in das Bremsfeld die Bremswirkung bequem verstellen.

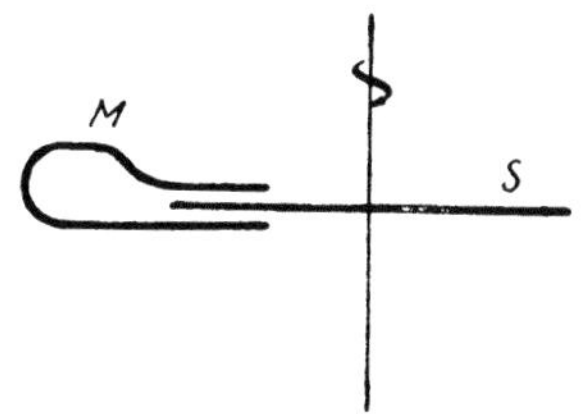

Wirbelstrombremse bei Meßgeräten

Die praktische Anwendung erfolgt in Meßgeräten, insbesondere Zählern, Relais und ähnlichen Geräten

Bremsstrahlung — *continuous radiation* — rayonnement indépendant

→ Röntgenstrahlen.

Brennfleck — *focal point, spot* — foyer

Ansatzpunkt des Lichtbogens einer Bogenentladung an der Kathode, (s. a. Quecksilberdampf-Gleichrichter). Er wird auch Kathodenfleck genannt.

Brennpunkt — *focus* — foyer

Achsenparallele Strahlen schneiden sich bei Hohlspiegeln nach der Reflexion, bzw. bei Linsen nach dem Durchtritt durch die Linse in einem Punkt, der Brennpunkt genannt wird.

Brennweite — *focal distance, focal length* — distance focale, longueur focale

Abstand des Brennpunktes ↑ vom Scheitel des Hohlspiegels oder der Linse.

British Thermal Unit

Englische Wärmeeinheit

$$1 \text{ BTU} = 1{,}055 . 10^3 \text{ ft . lb} = 0{,}252 \text{ kcal.}$$

Bronze — *bronze, gunmetal* — bronze

Kupfer-Zinn-Legierung, deren Eigenschaften stark von den weiteren Beimengungen abhängt. Bronzedraht wird auch für Freileitungen verwendet, wobei eine Bruchfestigkeit von 7000 kp/cm² verlangt wird. Die Wichte beträgt etwa 8,65 p/cm³. Für größere Festigkeit wird Silizium beigemengt (s. Siliziumbronze). Der spezifische Widerstand liegt bei 0,0283 Ω mm²/m.

Brownsche Bewegung — *Brownian movement* — mouvement Brownien

Unregelmäßige Zickzackbewegungen kleinster Partikelchen in Flüssigkeiten oder Gasen, hervorgerufen durch die Wärmebewegungen der Moleküle des Mediums.

Bruchfestigkeit — *breaking stress, tensile strength* — résistance à la rupture

Bruchlochwicklung — *fractional-slot winding*

Wicklung einer elektrischen Maschine, bei der die Nutenzahl je Pol und Strang ein echter oder unechter Bruch ist.

Brückenschaltung — *bridge connection, diamond circuit* — couplage en pont, montage en pont

Schaltung elektrischer Geräte in einem geschlossenen Viereck, in dessen einer Diagonale meist eine Stromquelle und in dessen zweiter Diagonale ein Meßgerät geschaltet wird. Solche Brückenschaltungen weisen bemerkenswerte Abgleicheigenschaften zwischen den Kenngrößen der einzelnen Zweige auf, die für Meßzwecke mit Vorteil ausgenützt werden, besonders

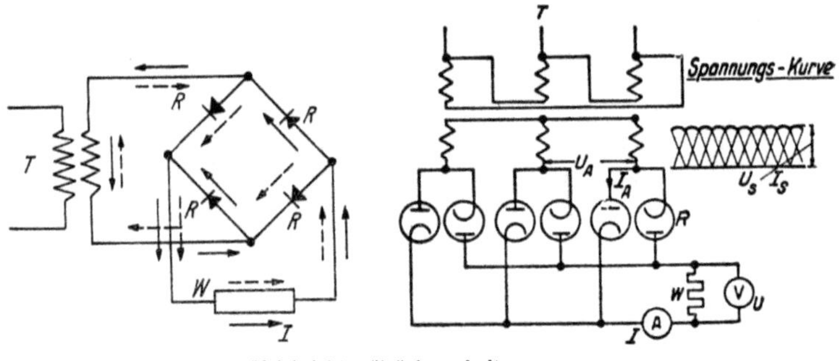

Gleichrichter-Brückenschaltung

einphasig   dreiphasig

T	Transformator	I	Gleichstrom	} Mittelwerte
R	Gleichrichterelement	U	Gleichspannung	
W	Verbraucherwiderstand	I_s	Gleichstrom	} Scheitelwerte
U_A	Transformatorspannung	U_s	Gleichspannung	
I_A	Anodenstrom			

wenn es sich um feinere Messungen handelt. In erster Linie werden damit Widerstandsmessungen vorgenommen (→ Meßbrücke).

Ein weiteres Anwendungsgebiet der Brückenschaltungen liegt in ihrer Verwendung bei der Gleichrichtung von Wechselströmen, weil durch sie zum Unterschied von den „Einweg-" ↑ und „Zweiweg-Schaltungen" ↑ der speisende Transformator voll ausgenützt wird.

Die obenstehenden Schaltbilder zeigen die grundsätzliche Schaltung bei Einphasen- und Dreiphasenstrom.

Brummen — *hum(ming), buzzing noise* — ronflement, bourdonnement

In Lautsprechern auftretendes Brummgeräusch, das von den Sprechströmen überlagerten Wechselströmen herrührt. Diese können aus einer unvollkommenen Gleichrichtung, durch den Anschluß des Gerätes an ein (50periodiges) Wechselstromnetz oder durch induktive oder kapazitive Beeinflussung von anderen Leitungen bedingt sein. So brummen wechselstromgeheizte Elektronenröhren häufig mit der einfachen oder doppelten Frequenz des Wechselstromes, was auch durch die Temperaturschwankungen des Heizfadens, mangelhafte Isolation zwischen Heizfaden und Kathode und den Einfluß von Magnetfeldern des Heizfadens und seiner Zuleitungen (Induktionsbrummen) verursacht sein kann. Durch indirekte Heizung und Abschirmung und entsprechende Siebung können die störenden Brummerscheinungen zum größten Teil beseitigt werden.

Brummfaktor — *ripple ratio* — facteur de ronflement

Verhältnis zwischen der Störwechselspannung und der Nutzgleichspannung zur Kennzeichnung der Größe des Brummens ↑.

Brummspannung — *ripple voltage, hum voltage* — tension de ronflement

Einer Gleichspannung oder Tonfrequenzspannung überlagerte störende Wechselspannung, die die Ursache des Brummens ↑ ist. Sie kann beispielsweise als Restwechselspannung bei der Gleichrichtung auftreten.

Bruttogefälle

→ Rohgefälle.

Bruttoleistung — *gross capacity*

Produkt aus Rohgefälle und in der Zeiteinheit zuströmender Wassermenge einer Wasserkraftanlage. Wird die Wassermenge in m³/s und das Rohgefälle in m eingesetzt, dann ergibt sich die Bruttoleistung zu

$$N = 9,8\,Q\,H \approx 10\,Q\,H$$

wobei 9,8 die Maßzahl der Erdbeschleunigung ist.

BTU

Kurzzeichen für die englische Wärmeeinheit British Thermal Unit ↑ .

Buchholz-Relais — *Buchholtz relay, gas pressure relais* — relais de Buchholz

Hilfsgerät zum Schutze von Transformatoren bei inneren Defekten. Die bei solchen sich entwickelnden Gase steigen als Bläschen im Transformatorenöl nach oben und sammeln sich in einem, in der Rohrleitung zwischen Transformatorkessel und Ölkonservator angeordneten Gefäß, das einen Schwimmer enthält, der beim Ansprechen einen Kontakt schließt und damit die erforderlichen Schutzmaßnahmen (Abschaltungen, Meldungen) veranlaßt. Das Relais kann auch mit zwei Schwimmern ausgerüstet werden, wobei der eine bei heftiger Gasentwicklung sofort abschaltet, während der zweite bei langsamer Gasentwicklung erst ein Warnsignal betätigt. Durch Entnahme und Prüfung des ausgeschiedenen Gases kann dann eine Prüfung und Beurteilung des sich entwickelnden Fehlers vorgenommen und die zu unternehmenden Schaltungen in Ruhe überlegt werden. Eine Ansicht eines Buchholz-Relais zeigt die nebenstehende Abbildung.

Buchholz-Relais. m Relaisgehäuse, n Relaisdeckel, o Klemmenkasten, p Klemmenkastendeckel, r mechanische Prüfeinrichtung, s_1 Schauglas, t_1 bzw. t_2 Ein- bzw. Austrittsquerschnitt, u Entlüftungshahn mit Verschlußschraube, w Ölverlustumsteller, x_1, x_2, x_3 Verschlußschrauben, v Ölablaßhahn mit Verschlußschraube

bündeln — *to focuse, to bunch* — focaliser, concentrer

Konzentrieren von divergierenden Strahlen durch optische, elektrische oder magnetische Linsen.

Bürde — *burden, load* — charge

Summe der sekundären Belastungswiderstände eines Strom- oder Spannungswandlers einschließlich der Widerstände der Zuleitungen. Bei der Klasseneinteilung der Stromwandler sind die für die einzelnen Klassen zugelassenen Bürden festgelegt (VDE-Vorschrift 0414/X. 40, §§ 9 und 12).

Bürste — *brush* — balai

→ Kohlenbürsten.

Bürstenabhebevorrichtung — *brush lifting device* — dispositif à enlever les balais

Einrichtung an Schleifringmotoren, bei der nach dem erfolgten Anlassen die Bürsten von den Schleifringen abgehoben und gleichzeitig die Läuferwicklung kurzgeschlossen wird. Dadurch wird ein Minimum an Reibungsverlusten erzielt.

Bürstendruck

→ Kohlenbürsten.

Bürstenhalter — *brush holder* — porte-balai, porte-frotteur

Bei Stromwendermaschinen meist kastenförmiges, bei Schleifringmaschinen meist hebelartiges Gerät, das eine klemmungsfreie Führung der Bürsten sicherstellt und die Einstellung des erforderlichen Bürstendruckes ↑ über eine Feder gestattet.

Büschelentladung — *brush discharge* — décharge en aigrette, aigrette (lumineuse)

Eine der Glimmentladung ↑ verwandte Gasentladung ↑ mit mehreren getrennten Entladungsbahnen (Leuchtfäden). Hat die Entladung die Form eines Stieles, an den sich die büschelförmigen Leuchtfäden anschließen, so spricht man von einem Stielbüschel.

Buna

Synthetischer Kautschuk mit großer Hitze-, Alterungs- und Feuerbeständigkeit, die um etwa 30% höher liegen als bei natürlichem Kautschuk.

B-Verstärker — *class-B amplifier* — amplificateur classe B

→ Verstärkerröhre, Gegentaktverstärker.

C

C
Kurzzeichen für die Ladungseinheit Coulomb ↑

cal
Kurzbezeichnung für die Einheit Kalorie ↑ der Wärmemenge.

Calan

Keramischer Isolierstoff mit Magnesia als Hauptbestandteil, dem etwas Talg beigemengt wird und der durch Brennen ein sehr gleichmäßiges Gefüge bekommt. Dielektrizitätszahl 6,5 Durchschlagfestigkeit 35... 45 kV/mm, Verlustwinkel $2,8 . 10^{-4}$ bei 1 MHz.

Vor dem Brennen kann das Material gedreht, gezogen und gepreßt werden.

Calit — *calit* — calite

→ Steatit.

Canadafaser

→ Asbest.

Cauchy-Riemannsche Differentialgleichungen

→ Funktion, analytische.

Cekasdraht

Für elektrische Heizkörper und Heizelemente vorzüglich verwendetes Widerstandsmaterial mit großem spezifischen Widerstand, besonders guter Hitzebeständigkeit und hoher Säure- und Korrosionsfestigkeit. Das sogenannte Cekas II ist eine Legierung aus etwa 80% Nickel und 20% Chrom und hat bei 20° C einen spezifischen Widerstand von $1{,}08 \cdot 10^{-4}\ \Omega/\text{cm}$. Cekasdrähte haben eine zulässige Gebrauchstemperatur von etwa 1000...1200° C. Ihre Wärmeleitfähigkeit beträgt $0{,}04\ \dfrac{\text{cal}}{\text{s} \cdot \text{cm} \cdot {}^\circ\text{C}}$; der Schmelzpunkt liegt bei ungefähr 1400° C. Der Widerstandstemperaturkoeffizient ist verhältnismäßig klein und hängt nur wenig von der Temperatur ab. Er bewegt sich zwischen 0,00006 und 0,00011 °C^{-1} und hat sein Maximum zwischen 200 und 500° C. Amerikanische Bezeichnung B 82-39 alloy.

Cellon — *cellon* — cellone, sicoid

Aus Acetylhydrozellulose hergestellter Isolierstoff mit der Eigenschaft, sich auch im Spritzverfahren verarbeiten zu lassen, so daß fertige Apparateteile mit eingeformten Metallteilen hergestellt werden können. ($E = 3{,}5$; $\operatorname{tg} \delta = 0{,}033$; $\varrho = 10^9 \ldots 10^{10}\ \Omega$ cm; Durchschlagsfestigkeit etwa 260 kV/cm.)

Celsiusgrad — *degree, centigrade* — centigrade, degré Celsius

Temperatureinheit, die erhalten wird, wenn man den Temperaturbereich zwischen dem Schmelzpunkt des Eises und dem Siedepunkt des Wassers in 100 gleiche Teile teilt. Die beiden genannten Fixpunkte erhalten die Bezeichnung 0° und 100° C.

cemf

Abkürzung für counter electromotive force (Gegenelektromotorische Kraft).

Chaperon-Wicklung

Besondere Wicklungsart von Normalwiderständen, um diese kapazitätsfrei zu machen. Sie wird gewöhnlich so hergestellt, daß eine Lage Draht in einem Sinne aufgewickelt, die andere jedoch im umgekehrten Sinne zurückgewickelt wird.

Charakteristik — *characteristic* — (courbe) charactéristique

Fremdwort für Kennlinie.

Chassis — *chassis, frame* — châssis, cadre

Metallrahmen, auf dem die Teile eines elektrischen Gerätes, z. B. eines Verstärkers, Empfängers usw., montiert sind.

Chiffertelegramm — *cipher telegram, ciphered message* — télégramme chiffré

Chlor — *chlorine* — chlore

Chrom — *chromium* — chrome

Chromsäureelement — *chromic acid cell, bichromate battery* — élément au bichromate de potasse

Primärelement mit einer Chromsäurelösung als Elektrolyt. Die Elektroden werden von einer Zink- und Kohleplatte gebildet. Um den Verbrauch von Zink und Säure einzuschränken, werden die Elektroden erst im Moment des Gebrauches des Elementes in die Flüssigkeit eingetaucht.

Die elektromotorische Kraft des Chromsäureelementes beträgt etwa 2 Volt.

Clarkelement — *(Latimer-) Clark cell* — élément Clark, pile Latimer-Clark

Normalelement ↑ , dessen positive Elektrode aus einem, mit Quecksilber amalgamierten Platinblech besteht, das von einer Paste aus Quecksilberoxydulsulfat umgeben und in eine Tonzelle eingeschlossen ist. Die Tonzelle und die als Zinkstab ausgebildete, negative Elektrode tauchen in Zinksulfatkristalle, über die eine Zinkvitriollösung liegt.

Die elektromotorische Kraft des Clarkelementes beträgt bei der Temperatur t

$$E = 1{,}433 - 0{,}0012(t - 15)\quad \text{Volt.}$$

Wegen seiner Temperaturabhängigkeit ist es heute vom Weston-Element verdrängt.

Clophen

Gechlorter Kohlenwasserstoff. Wird als Isolierstoff und wegen seiner hohen Dielektrizitätszahl von 5...6 mit Vorteil für den Bau von Hochspannungskondensatoren verwendet. Seine Durchschlagsfestigkeit ist etwa die gleiche wie bei Transformatorenöl (130...170 kV/cm). Es ist aber praktisch unbrennbar und wesentlich weniger feuchtigkeitsempfindlich als Öl. Der spezifische Widerstand liegt bei $10^{13}\ \Omega$ cm.

Condensa

Keramisches Material mit hohem Titangehalt und Beimischung von Rutil enthaltenden Massen (gelbe Porzellanerde + Titansäureanhydrid). Die Dielektrizitätszahl steigt bis 80 und 100 an; die Verluste sind klein (tg $\delta = 7...3.10^{-4}$), nehmen jedoch mit zunehmender Temperatur stark zu und die Durchschlagsfestigkeit ab. Auch die Dielektrizitätskonstante ist temperaturabhängig. Der Isolationswiderstand beträgt etwa $10^{14}\ \Omega$ cm.

Coulomb — *coulomb* — coulomb

Eiektrische Ladungseinheit

[OI] $1\ \text{C} = 1\ \text{As} = 3.10^{9}\ \text{Pr.}$

Coulombsches Gesetz — *Coulomb's law* — loi de Coulomb

Kraftgesetz für die gegenseitige Beeinflussung zweier magnetischer „Polstärken"

$$\mathfrak{P} = \frac{1}{4\,\pi\mu}\ \frac{\Phi_1\,\Phi_2}{r^3}\ \mathfrak{r}.$$

Darin sind Φ_1, Φ_2 die Polstärken (magnetischen Flüsse) und μ die Permeabilität ↑ des Mediums.

Meist wird auch das analoge elektrische Gesetz als Coulombsches Gesetz bezeichnet (s. a. Priestleysches Gesetz). [OI]

c. p. s.

oder c/s, Kurzbezeichnung für die englische Frequenzeinheit cycles per second. Hauptsächlich gebräuchlich in der Hochfrequenztechnik.

Crookesscher Dunkelraum — *Crookes dark space, primary dark space* — espace obscur de Crookes

Andere Bezeichnung für den Hittorfschen Dunkelraum ↑ .

c/s

Kurzbezeichnung für die französische Frequenzeinheit cycles/seconde.

Curie-Punkt — *Curie point, magnetic transition temperature* — point de Curie

Bei ferromagnetischen Körpern geht beim Erreichen einer bestimmten Temperatur, des Curie-Punktes, infolge Lockerung des kristallinischen Gefüges das ferromagnetische Verhalten des Körpers in ein paramagnetisches über. Bei Eisen liegt der Curie-Punkt bei etwa 1040^0 absolut.

C-Verstärker — *class-C amplifier* — amplificateur classe C

→ Verstärkerröhre, Gegentaktverstärker.

cwt

Kurzzeichen für die englische Gewichtseinheit hundredweight ↑ .

D

Dämpfung — *damping, attenuation* — amortissement, atténuation

Herabminderung einer Schwingung, hervorgerufen durch den bei der Schwingung auftretenden, unvermeidlichen Leistungsverlust durch Reibung, Ohmsche Widerstände, Wirbelströme u. dgl.

Bei Meßgeräten wird eine Dämpfung absichtlich hergestellt, um nach einem Einschaltstoß längere Schwingungen des Anzeigeteiles (Zeigers) zu vermeiden und ein ruhiges Einspielen auf den Anzeigewert zu erzielen. Man erreicht dies ohne Beeinträchtigung der Meßgenauigkeit durch Anwendung einer Wirbelstrombremse oder durch Luftreibung.

Dämpfungsbelag — *attenuation constant* — coefficient d'atténuation

→ Fortpflanzungskonstante.

Dämpfungsfaktor — *decay factor, damping coefficient* — coefficient d'amortissement

In der elektrischen Schwingungslehre die Größe $D = R \sqrt{\dfrac{C}{L}}$, die maßgebend ist für die Schärfe der Ausbildung der Resonanzerscheinungen ↑ (R Wirkwiderstand, C Kapazität, L Induktivität des Schwingungskreises).

An Stelle des Dämpfungsfaktors wird auch häufig der Dämpfungswinkel ϑ zur Kennzeichnung der Dämpfung benützt, wobei $\sin \vartheta = D/2$ gesetzt wird. [OI]

Dämpfungssatz

In der Laplacetransformation ↑ der Satz

$$\mathfrak{L} \{ e^{\mp \beta t} F(t) \} = \varphi(p \pm \beta).$$

[OII]

Dämpfungswiderstand — *loss resistance, damping resistance* — résistance d'armortissement

Parallel zu einer Spule geschalteter Widerstand, um die beim Abschalten auftretenden Überspannungen klein zu halten. Ist R der Spulenwiderstand und R_1 jener des Dämpfungswiderstandes, so tritt beim Abschalten von der Spannung U die Spannung $U \dfrac{R_1}{R}$ auf.

Dämpfungswinkel — *angle of damping* — angle d'amortissement

→ Dämpfungsfaktor.

Dampfkessel — *steam boiler* — chaudière à vapeur

Dampfmaschine — *steam engine* — machine à vapeur

Dampfturbine — *steam turbine* — turbine à vapeur

Daniellelement — *Daniell cell, gravity cell, double-fluid cell* — élément Daniell, pile à deux liquides

Element mit Tonzelle, Elektroden aus Zink und Kupfer, mit Schwefelsäure oder Zinksulfatlösung als Elektrolyt. Als Depolarisator wird Kupfersulfat verwendet. Die elektromotorische Kraft liegt zwischen 0,95 und 1,14 Volt.

Dauerleistung — *permanent load, continuous rating* — puissance continue
Belastung, die eine Maschine oder ein Apparat dauernd verträgt.

Dauermagnet — *permanent magnet* — aimant permanent
Auch permanenter Magnet genannt. Meist aus Stahl mit sehr hoher Remanenz und Koerzitivkraft, so daß nach einmaliger Magnetisierung ein vergleichsweise hoher Restmagnetismus verbleibt.

Daumen — *cam, tappet* — came, taquet

Daumenregel — *thumb rule* — règle de pouces
Richtungsregel für die Ablenkung eines Magnetpoles durch einen elektrischen Strom. Darnach ist die linke Hand in der Richtung des fließenden Stromes über den stromdurchflossenen Leiter zu halten, worauf der Daumen die Richtung angibt, in der ein magnetischer Nordpol abgelenkt wird.

d. c.
Gebräuchliche Abkürzung für „direct current" (Gleichstrom).

Decca-Navigation

Navigationssystem, das zur Standortbestimmung ungedämpfte, lange Wellen benützt, die von zwei oder mehreren festen, in einigen hundert Kilometern voneinander entfernten Stationen in genauem Synchronismus ausgesandt werden. Aus der Phasendifferenz zwischen den empfangenen Wellen kann auf die Stationsentfernungen und die Lage des Empfängers geschlossen werden. Bei zwei Sendestationen ergibt sich Gleichphasigkeit im Empfänger, wenn die Differenz der Stationsentfernungen Null oder ein Vielfaches der Wellenlänge der ausgestrahlten Wellen ist. Alle Punkte mit dem Phasenwinkel Null liegen dann auf den Hyperbeln der Schar, deren Brennpunkte in den beiden Sendestationen liegen. Ähnliche Scharen bekommt man auch für von Null abweichende, aber konstant bleibende Phasenlagen. Die Messung erfolgt so, daß ein „Phasenmesser" die Phasenverschiebung, also die Lage zwischen zwei Nullhyperbeln, und ein Zähler die Anzahl der Umläufe des Phasenmessers und damit die Ordnungszahl der dem Meßort zunächst liegenden Nullhyperbel angibt. Durch Anordnung eines dritten Senders und eines weiteren Phasenmesser- und Zählersatzes kann ein zweites hyperbolisches Koordinatennetz gelegt werden, wodurch jede Standortsermittlung ermöglicht ist.

In der tatsächlichen Ausführung werden, wegen des sonst nicht möglichen unabhängigen Empfanges, in den drei Sendestationen A, B, C Wellen mit den Frequenzen f_A, f_B, f_C gesendet, die nach Verstärkung je zu zweien auf die Frequenzen $f_1 = \alpha f_A = \beta_1 f_B$ und $f_2 = \beta_2 f_B = \gamma f_C$ vervielfacht werden (Abb. a). Diese beiden Frequenzen werden zwei Phasendemodulatoren zugeführt, die die Phasenlagen zwischen f_A und f_B, und zwischen f_B und f_C feststellen. Die Schaltung dieser Demodulatoren zeigt die Abb. b. Die beiden zu f_1 (oder f_2) gehörigen Teilwellen werden den Transformatoren T_1 und T_2 zugeführt, wobei in der

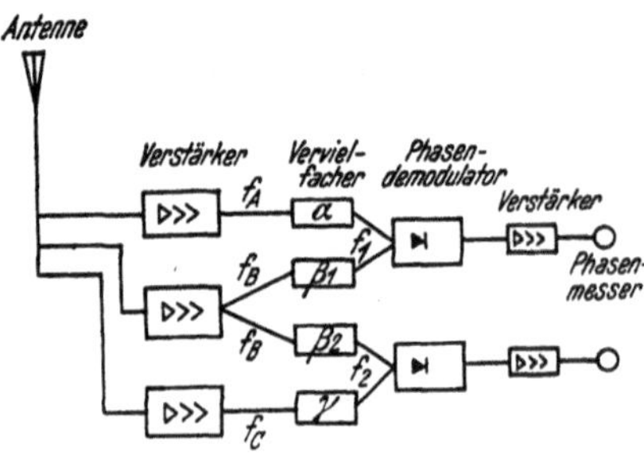

a. Prinzipschaltbild eines Decca-Empfängers
für drei Sendestationen

Gruppe S die Spannung der einen Teilwelle um 90° phasenverdreht eingeführt wird. Die so gebildete Summe und Differenz der beiden Teilspannungen wird in je zwei gegengeschalteten Dioden gleichgerichtet, zwischen denen dann eine Gleichspannung abgenommen werden kann, die dem Kosinus (Gruppe C), beziehungsweise dem Sinus (Gruppe S) des gesuchten Phasenwinkels proportional ist. Diese beiden Spannungen speisen schließlich die aufeinander senkrecht stehenden Spulen des Phasenmessers.

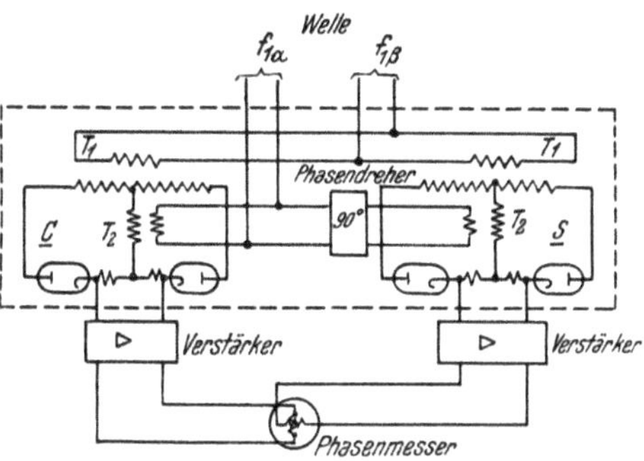

b. Schaltbild der Phasendemodulatoren

Die praktisch angewandten Sende-Frequenzen liegen in der Größenordnung von etwa 100 kHz und werden in den Empfängern auf das Zwei- bis Vierfache vervielfacht. Die Genauigkeit des Verfahrens liegt bei 100... 200 m, bei Tag, und 0,5...1 km in der Nacht, beides bezogen auf eine Entfernung von 500 km. Es übertrifft damit die bekannten Goniometerverfahren ↑ und Radargeräte ↑, abgesehen von seiner größeren effektiven Reichweite.

Definitionsgleichung — *defining equation* — équation définante

Gleichung, durch die eine neue Größe aus bekannten Größen definiert wird, zum Unterschied von den Proportionalitätsgleichungen, in denen auf Grund eines Experimentes das Verhältnis an sich bekannter Größen als Naturgesetz dargestellt ist. Proportionalitätsgleichungen haben daher immer einen mit Dimension behafteten, eine Naturkonstante darstellenden Proportionalitätsfaktor, während ein solcher bei Definitionsgleichungen grundsätzlich fehlt. Ein reiner Zahlenfaktor kann hier höchstens auftreten, wenn die Gleichung als Maßzahlgleichung ↑ geschrieben wird. [G. Oberdorfer: Das natürliche Maßsystem, Wien: Springer-Verlag, 1949.]

Dehnung — *dilatation, elongation* — allongement, dilatation, extension

Dekadenwiderstand — *decade rheostat* — rhéostat en décades

Aus genauen, jeweils um Zehnerpotenzen gegeneinander verschiedenen Teilwiderständen zusammengesetzter Präzisions-Meßwiderstand, dessen Widerstandswert durch einen Schalter eingestellt werden kann.

Dekadenzeichen — *decade characteristics* — caractères décimals

Kurzzeichen, die vor die Einheitenzeichen gesetzt werden, um bestimmte Zehnerpotenzen zu kennzeichnen. Die wichtigsten Dekadenzeichen sind

T	Tera	$= 10^{12}$	h	Hekto	$= 10^2$	m	Milli	$= 10^{-3}$
G	Giga	$= 10^9$	D	Deka	$= 10$	μ	Mikro	$= 10^{-6}$
M	Mega	$= 10^6$	d	Dezi	$= 10^{-1}$	n	Nano	$= 10^{-9}$
k	Kilo	$= 10^3$	c	Centi	$= 10^{-2}$	p	Pico	$= 10^{-12}$

Deklination — *declination* — déclinaison

Winkelabweichung der Horizontalkomponente des magnetischen Erdfeldes von der geographischen Nordsüdrichtung.

Dekrement — *decrement* — décrément

Bei gedämpften Sinusschwingungen wird als Maß für ihre Dämpfung der natürliche Logarithmus des Verhältnisses zweier aufeinanderfolgender

Ausschläge nach derselben Seite genommen, also zweier Ausschläge, die zeitlich um die Schwingungsdauer (Periodendauer) auseinander liegen. Ist diese T und das „Dämpfungsverhältnis" — das ist das Zahlenverhältnis der beiden Ausschläge — $e^{\delta T}$, so heißt $\vartheta = \delta T$ das (logarithmische) (Dämpfungs)dekrement.

Delonschaltung

Vornehmlich in der Röntgentechnik in Verbindung mit Hochspannungsglühventilen verwendete Gleichrichterschaltung, bei der die Wechselspannung beim Gleichrichten verdoppelt wird.

Demodulation — *demodulation, detection* — démodulation, détection

Vorgang, durch den die von der Antenne ankommende, niederfrequent modulierte Hochfrequenz in Niederfrequenz oder Gleichstrom umgewandelt wird. Zumeist ist die Demodulation eine Gleichrichtung (s. a. Detektorkreis, Audion, Anodengleichrichtung).

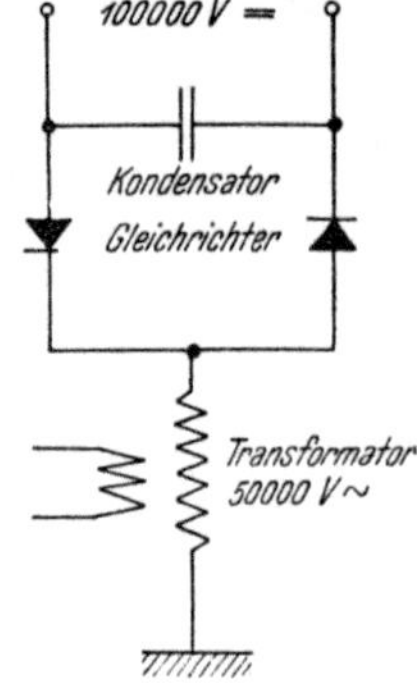

Delonschaltung

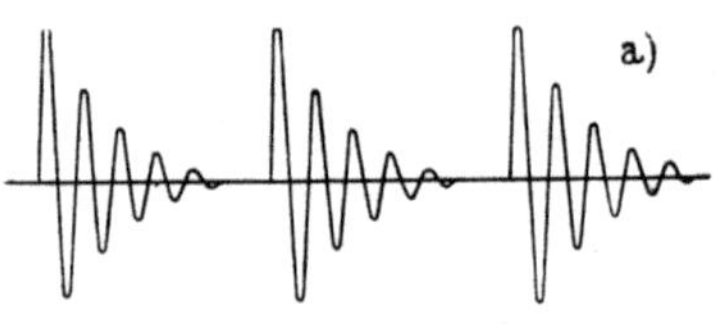

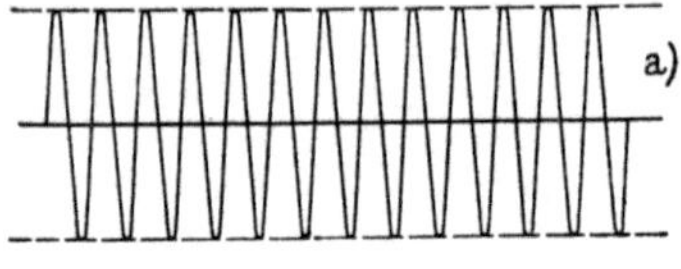

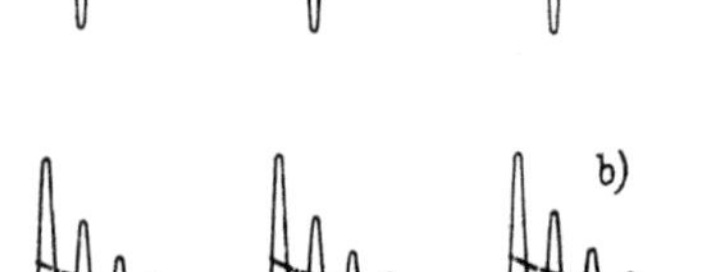

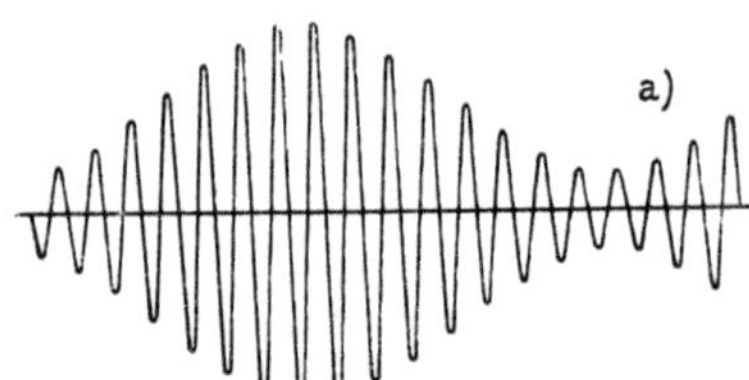

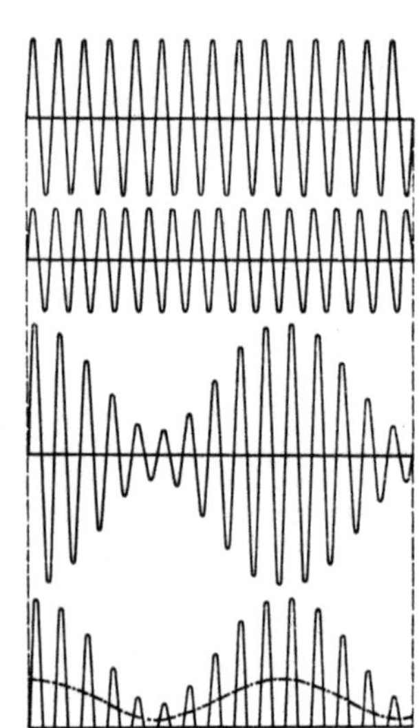

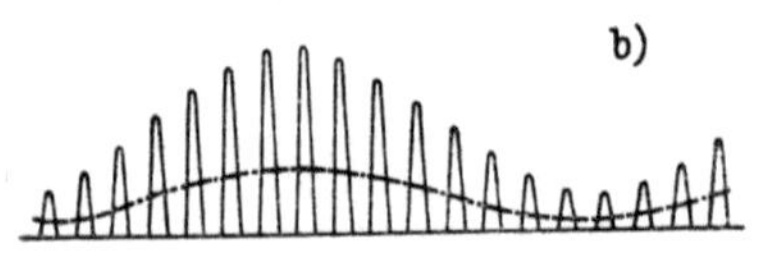

Demodulation

a) empfangene Schwingung b) gleichgerichtete Schwingung

Dessauer-Schaltung

Reihenschaltung von Transformatoren nach untenstehendem Bild zur Erzeugung sehr hoher Wechselspannungen. Dabei werden die Hochspannungswicklungen von n „Haupttransformatoren" in Reihe geschaltet, deren Unterspannungswicklungen und Gehäuse an das Potential der Oberspannungsseite der vorhergehenden Stufe angeschlossen sind („Isoliertransformatoren"). Die Teiltransformatoren müssen dann gegen Erde hochisoliert aufgestellt werden, benötigen selbst aber nur eine Isolation gemäß ihrer Teilspannung. Dadurch wird an Gewicht und Raumbedarf gegenüber einem einzelnen Transformator mit dem gesamten Übersetzungsverhältnis gespart und der Vorteil einfacherer Ersatzhaltung, Transportmöglichkeit und Erweiterungsfähigkeit erzielt.

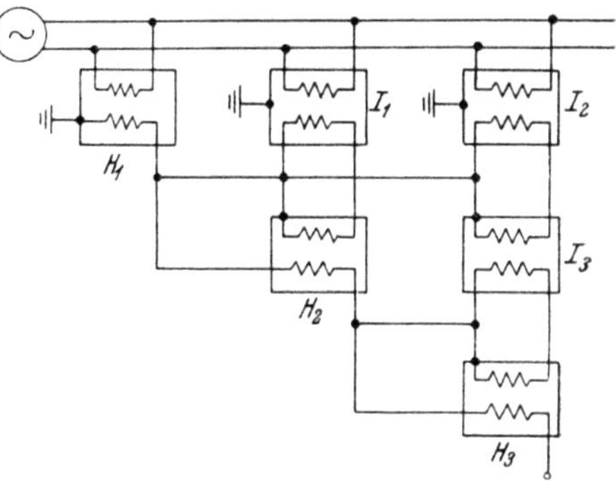

Dessauer-Schaltung

Dessauer-Schaltung

Bei n Teilstufen sind $n\,\dfrac{(n+1)}{2}$ Teiltransformatoren erforderlich.

Destillation — *distillation* — distillation

Detektor — *detector* — détecteur

Gleichrichterorgan für die Gleichrichtung sehr schwacher, hochfrequenter Ströme. Früher in der Telegraphen- und Rundfunktechnik viel verwendet. Am gebräuchlichsten sind die Kristalldetektoren ↑, die meist aus schwefeligen Kristallen und einer Metallspitze als Kontakt bestehen.

Detektorempfänger — *galena receiver, detector receiver* — récepteur à galène, récepteur à détecteur

Empfänger, bei dem die von der Antenne kommende Hochfrequenzenergie einem zur Abstimmung dienenden Schwingungskreis zugeführt wird und der an diesem auftretende Spannungsabfall nach Gleichrichtung durch einen Detektor ↑ einen Kopfhörer betätigt.

Detektorgerät — *detector receiving set* — poste à galène, récepteur à détecteur

Radioempfänger mit Detektorgleichrichtung (→ Detektorempfänger).

Detektorkreis — *detector circuit* — circuit de détecteur

Im Detektorkreis wird die im Sender dem HF-Träger aufgegebene Modulation vom Träger wieder getrennt. Für die früher ausschließlich benutzte Amplitudenmodulation geschieht dies am einfachsten durch Gleichrichtung der HF. Daher auch die Bezeichnung „Gleichrichterstufe". Übliche Schaltungen sind:

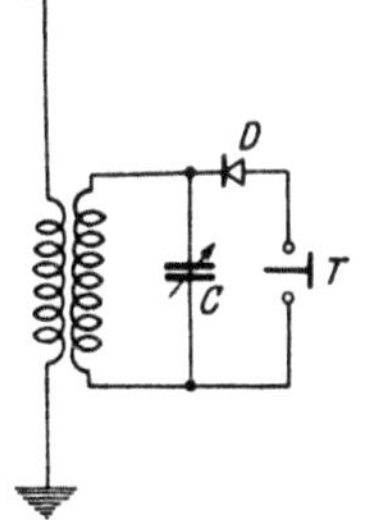

Schaltung eines
Detektorempfängers

    1. Gittergleichrichtungen (Audion ↑),
    2. Anodengleichrichtung ↑ ,
    3. Diodengleichrichtung ↑ .

Determinante — *determinant* — déterminante

Kurzform für die Darstellung der n^2-Koeffizienten eines Systems von n linearen Gleichungen mit n Unbekannten, in der die Koeffizienten in n Zeilen und n Spalten (zusammen Reihen genannt) angeordnet werden. Streicht man je eine Spalte und eine Zeile, so erhält man die zum Element des Schnittpunktes gehörige **Unterdeterminante**. Man findet den Wert einer n-reihigen Determinante durch sinngemäße Weiterführung der folgenden Entwicklung der dreireihigen Determinante

$$\begin{vmatrix} a_{11} & a_{12} & a_{13} \\ a_{21} & a_{22} & a_{23} \\ a_{31} & a_{32} & a_{33} \end{vmatrix} = a_{11}\begin{vmatrix} a_{22} & a_{23} \\ a_{32} & a_{33} \end{vmatrix} - a_{12}\begin{vmatrix} a_{21} & a_{23} \\ a_{31} & a_{33} \end{vmatrix} + a_{13}\begin{vmatrix} a_{21} & a_{22} \\ a_{31} & a_{32} \end{vmatrix} =$$

$$= a_{11}(a_{22}\,a_{33} - a_{23}\,a_{32}) - a_{12}(a_{21}\,a_{33} - a_{23}\,a_{31}) + a_{13}(a_{21}\,a_{32} - a_{22}\,a_{31}).$$

[OII . L]

Dezibel — *decibel* — décibel

Der zehnte Teil der in Amerika üblichen Dämpfungseinheit Bel, die durch den Briggschen Logarithmus des Verhältnisses zweier Leistungen (z. B. Eingangs- und Ausgangsleistung eines Verstärkers) bestimmt ist. Der Zusammenhang mit der Einheit Neper ↑ ergibt sich aus der Überlegung, daß für ein und denselben Fall die Angabe des Leistungsverhältnisses in db die gleiche Charakterisierung ergeben soll wie die Angabe des Spannungsverhältnisses in N. Es entspricht demnach dem Wert

$$\log \frac{N_2}{N_1}\,\text{bel} = 10\log \frac{N_2}{N_1}\,\text{db} = 20\log \frac{|\,\mathfrak{u}_2\,|}{|\,\mathfrak{u}_1\,|}\,\text{db} = 20\log \frac{U_2}{U_1}\,\text{db} = 8{,}7\ln \frac{U_2}{U_1}\,\text{db}$$

in db der Wert $\ln \dfrac{U_2}{U_1}$ N in Neper, also

$$1\,\text{N} \triangleq 8{,}7\,\text{db}.$$

Für kleine Dämpfungen b (bis etwa $b = 0{,}1$ N) kann $e^b = 1 + b$ gesetzt werden.

Die Angabe in N oder db hat den Vorteil, daß bei hintereinander geschalteten Leitungs- und Übertragungseinheiten die Zahlenwerte für die Dämpfungen und Verstärkungen unmittelbar addiert werden können.

Dezimalstelle — *decimal (place)* — (place) décimale

Dezimeter — *decimeter* — décimètre

Ein Zehntel der Längeneinheit Meter

$$1\,\text{dm} = 10^{-1}\,\text{m}$$

Diagonale — *diagonal* — diagonale

Diagramm — *diagram, chart* — diagramme

Diamagnetismus — *diamagnetism* — diamagnétisme

Erscheinung bei manchen Körpern, die in ein magnetisches Feld gebracht, dieses ein wenig schwächen. Die diamagnetischen Körper haben kein ursprüngliches, molekulares magnetisches Moment. Durch das Einbringen in ein äußeres Feld entstehen zusätzlich Präzessionsbewegungen bei den kreisenden Atomelektronen, die so gerichtet sind, daß die durch sie dargestellten Elementarströme das äußere Feld schwächen. [OI]

Diazed-Sicherungen

→ Schmelzsicherung.

Dichte — *density* — densité, masse spécifique

Die auf die Raumeinheit bezogene Masse eines Körpers (spezifische Masse). Die Maßzahl der Dichte in g/cm³ ist der Maßzahl der Wichte ↑ in p/cm³ gleich.

Dielektrikum — *dielectric* — diélectrique

Medium, in dem sich ein elektrisches Feld ausgebildet hat.

Dielektrizitätskonstante — *specific inductive capacity, dielectric constant, permittivity* — constante diélectrique

→ Influenzkonstante.

Differential — *differential* — différentielle

Differentialgalvanometer — *differential galvanometer* — galvanomètre différentiel

Mit zwei vollständig gleichen, entgegengesetzt wirkenden Meßwerken ausgestattetes Galvanometer, das meist zur Messung Ohmscher Widerstände verwendet wird, indem in den einen Meßkreis der zu messende, in den anderen ein einstellbarer Vergleichs-Meßwiderstand geschaltet wird. Bei Widerstandsgleichheit zeigt das Galvanometer keinen Ausschlag.

Differentialkondensator — *differential condenser* — condensateur différentiel

Aus zwei festen und einer beweglichen Platte bestehender Drehkondensator, bei dem durch Betätigung der drehbaren Platte die Kapazität des einen Teilkondensators um ebensoviel verkleinert als der andere Teil vergrößert wird.

Differentialrelais — *differential relay* — relais différentiel

Hochempfindliches Stromrelais zur Verwendung in Differentialschutzschaltungen ↑ .

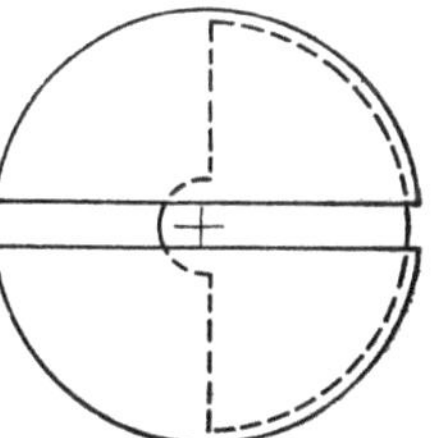

Differentialkondensator

Differentialschutz — *differential protection*

Der Differentialschutz ist ein Stromvergleichsschutz, bei dem die Ströme vor und hinter der zu schützenden Anordnung (Maschine, Transformator, Sammelschiene usw.) miteinander verglichen werden (über Stromwandler, die auf gleichen Sekundärstrom übersetzen), und bei Abweichungen ein Hilfsstromkreis geschlossen wird, der die erforderlichen Schutzmaßnahmen einleitet (Abschalten des defekten Anlagenteils, Schnellentregen der Maschinen, Brandschutz usw.). Hiezu werden hochempfindliche Stromrelais (Differentialrelais) verwendet, die bei wenigen Prozenten des Nennstromes ansprechen und zur Vermeidung von Fehlauslösungen bei Stromstößen noch eine zusätzliche Zeitverzögerung von 0,1...0,3 s erhalten.

Das Hauptanwendungsgebiet des Differentialschutzes ist der Schutz von Synchrongeneratoren gegen Wicklungsschlüsse, d. h. gegen Überschläge von Phase zu Phase. Die dabei angewandte grundsätzliche Schaltung zeigt die umstehende Abbildung.

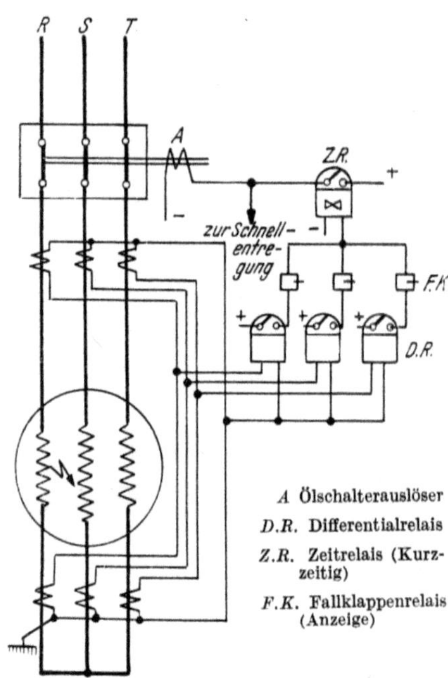

A Ölschalterauslöser

D.R. Differentialrelais

Z.R. Zeitrelais (Kurz-
zeitig)

F.K. Fallklappenrelais
(Anzeige)

Wicklungsschlußschutz einer Synchronmaschine

Liegt ein Wicklungsschluß vor, so sind die Ströme in den betroffenen Phasen vor und hinter dem Generator nicht mehr gleich und der Differenzstrom fließt durch die entsprechenden Stromrelais ab. Diese betätigen ein Zeitrelais, das dann die Abschaltung und Schnellentregung des Generators veranlaßt.

In gleicher Weise werden auch Transformatoren und aus Generator und Transformator gebildete Einheiten geschützt. Auch Sammelschienen können grundsätzlich nach diesem Prinzip gegen Phasenkurzschlüsse geschützt werden (→ Sammelschienenschutz). Eine Erweiterung des Differentialschutzgedankens führt zum selektiven Kurzschlußschutz von parallelen Leitungen (→ Achterschutz) und Polygonschutz).

Die Schwierigkeiten bei den Differentialschutzschaltungen liegen in der Erreichung der Meßgenauigkeit der Stromwandler, die aufeinander so abgeglichen werden müssen, daß sie im gewöhnlichen Betrieb und bei äußeren Betriebsstörungen, vor allem solchen, die mit Überströmen verbunden sind, hinreichend genau und gleich übersetzen, da sonst eine ungewollte Auslösung eingeleitet werden könnte. Auch die Sekundärleitungen zu den Relais müssen aufeinander abgestimmt werden. Man verwendet daher für Differentialschutzzwecke im allgemeinen besondere Wandler oder zumindest eigene Meßkerne an den Betriebsstromwandlern, die eine hohe Überstromziffer (etwa n = 20) aufweisen. Außerdem ist die Abgleichung der Wandler und der Bürden der Schutzkreise erforderlich.

Um zu vermeiden, daß unvermeidliche Unterschiede in den Wandlerströmen, namentlich bei Kurzschlußbelastungen, zu Fehlauslösungen führen, werden noch manchmal besondere Sperreinrichtungen angeordnet, die den Unterschied der Wandlerströme messen und erst bei einem bestimmten Wert das Vergleichsmeßwerk zum Ansprechen bringen. Ein solcher Schutz wird **stabilisierter Schutz** genannt. [OIII]

Differentialtransformator — *differential transformer* — transformateur
différentiel

Mit zwei symmetrischen und einer unsymmetrischen Wicklung versehener Transformator, dessen unsymmetrische Wicklung eine der Differenz der Ströme in den symmetrischen Wicklungen entsprechende Spannung aufweist, wenn diese von den Strömen in entgegengesetztem Sinn durchflossen werden. Sind die Ströme gleich groß, so ist die dritte Wicklung spannungslos.

differenzieren nach — *to differentiate with respect to* — différentier

Diffusion — *diffusion* — diffusion

Dimension — *dimension* — dimension

Kennzeichen einer physikalischen Größe, wenn man von ihrer zahlenmäßigen Ausdehnung absieht, z. B. [*l*] für die „Länge" (s. a. Grunddimensionen). Die Dimensionssymbole werden meist in eckige Klammern gesetzt.

Dimensionen, abgeleitete — *derived dimensions* — dimensions dérivées

→ Grunddimensionen.

Dimensionssystem — *system of dimensions* — système de dimensions

Aus den gewählten Grunddimensionen ↑ und den aus ihnen abgeleiteten Dimensionen gebildetes System der Dimensionen der Größen eines abgeschlossenen physikalischen Gebietes. [G. Oberdorfer: Das natürliche Maßsystem, Wien: Springer-Verlag, 1949.]

Diode — *diode (valve)* — diode

Hochvakuumröhre einfachsten Aufbaues, bei der die von der Kathode ausgehenden Elektronen nur von der Anodenspannung beeinflußt werden. Die Diode wird speziell als Hochvakuumgleichrichter für die Gleichrichtung von Hochfrequenzspannungen verwendet. Diesem Zwecke entsprechend sind die zulässigen Anodenströme und Anodenspannungen relativ klein. Für hohe Frequenzen muß die Elektronenlaufzeit durch einen besonders kleinen Abstand zwischen Kathode und Anode verringert werden. In neuerer Zeit werden auch Dioden für Mischzwecke (Trägerfrequenztechnik, Dezimeterwellentechnik) benutzt.

Diodengleichrichtung — *diode detection* — détection à diode

Für die Gleichrichtung von Hochfrequenzspannungen werden vorzugsweise kleine Hochvakuumventile (Dioden) benutzt. Die Schaltung kann entweder eine Reihen- oder Parallelschaltung sein. Diese Gleichrichterart ergibt eine nahezu lineare Gleichrichtung und somit auch keine zusätzliche Verzerrung der Modulation. Die auftretende Gleichspannungskomponente kann außerdem zur automatischen Schwundregelung ↑ benutzt werden.

Dipol, elektrischer — *dipole* — dipôle

Anordnung zweier gleich großer, ungleichnamiger, voneinander isolierter elektrischer Ladungen in kleinem, aber festem Abstand voneinander. Seine Größe wird durch das „elektrische Moment" charakterisiert, das durch das Produkt aus Ladung und Abstand der Ladungen voneinander bestimmt, und das ein Maß für das Drehmoment ist, das der Dipol in einem homogenen elektrischen Feld erhält. Steht die Dipolachse senkrecht zur Feldrichtung, so ist das Drehmoment dem Produkt aus elektrischem Moment und Feldstärke gleich. [OI]

Dissoziation, elektrolytische — *dissociation* — dissociation

Aufspaltung der in Wasser gelösten Stoffe in ihre Ionenbestandteile durch die mechanische Einwirkung der Wassermoleküle.

Dissoziationsgrad — *dissociation degree, coefficient of dissociation* — degré de dissociation

Bei der Lösung von Säuren und Salzen in Wasser kommt es zu einer elektrolytischen Dissoziation ↑, die aber nur einen Teil der Moleküle betrifft, der um so größer ist, je mehr die Lösung verdünnt und je höher die Temperatur ist. Das Verhältnis der Zahl der gespaltenen Moleküle zur Gesamtzahl der Moleküle heißt Dissoziationsgrad.

Distanzrelais — *distance relay*

→ Impedanzrelais.

Distanzschutz

→ Impedanzschutz.

Distanzstück — *spacer, spacing piece, distance piece* — entretoise, pièce d'écartement, pièce intercalaire

Divergenz — *divergence* — divergence

Der Grenzwert für den Fluß (Flächenintegral) eines Vektors durch eine geschlossene Hülle bei gegen Null gehendem, eingeschlossenem Volumen

$$\operatorname{div} \mathfrak{A} = \lim_{v \to 0} \frac{1}{V} \oint \mathfrak{A}\, d\mathfrak{f}.$$

Sie ist ein Maß für die Quellenergiebigkeit des Feldvektors; ein Feld mit $\operatorname{div} \mathfrak{A} = 0$ heißt quellenfrei.

In kartesischen Koordinaten ist

$$\operatorname{div} \mathfrak{A} = \mathfrak{i}\, \frac{\partial \mathfrak{A}}{\partial x} + \mathfrak{j}\, \frac{\partial \mathfrak{A}}{\partial y} + \mathfrak{k}\, \frac{\partial \mathfrak{A}}{\partial z},$$

in Zylinderkoordinaten

$$\operatorname{div} \mathfrak{A} = \frac{1}{r}\, \frac{\partial}{\partial r}\, (r\, A_r) + \frac{1}{r}\, \frac{\partial A_\varphi}{\partial \varphi} + \frac{\partial A_z}{\partial z},$$

in Kugelkoordinaten

$$\operatorname{div} \mathfrak{A} = \frac{1}{r^2}\, \frac{\partial}{\partial r}\, (r^2\, A_r) + \frac{1}{r \sin \vartheta}\, \frac{\partial A_\varphi}{\partial \varphi} + \frac{1}{r \sin \vartheta}\, \frac{\partial}{\partial \vartheta}\, (\sin \vartheta\, A_\vartheta).$$

[OII]

Divisionssatz

In der Laplacetransformation ↑ der Satz

$$\mathfrak{L} \left\{ \frac{F(t)}{t} \right\} = \int_p^\infty \varphi\,(p)\, dp.$$

[OII]

Doppeldreieckschaltung — *double delta connection* — montage en delta double

Sekundärschaltung eines Transformators nach nebenstehendem Schaltbild zur Umformung von Drei- in Sechsphasenstrom. Hauptsächlichstes Anwendungsgebiet bei Gleichrichtern und Einankerumformern.

Doppeldrehregler

→ Drehtransformator.

Doppelfeldmaschine — *dual feeded induction machine* — machine asynchrone alimentée deux fois

Doppelt gespeiste Induktionsmaschine ↑, bei der Ständer und Läufer von einem äußeren Netz gespeist werden. Die Drehzahl ist dann $n = \dfrac{f_1 \pm f_2}{p}$, wobei das Vorzeichen von f_2 positiv oder negativ einzusetzen ist, je nachdem, ob das Läuferdrehfeld im Gegensinne oder im gleichen Sinn umläuft wie das Ständerdrehfeld. Ist $f_2 = f_1$, liegt also im besonderen Ständer und

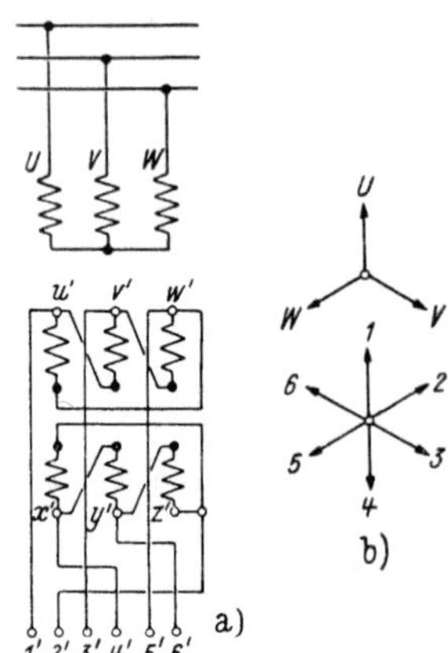

Doppeldreieckschaltung

Läufer am gleichen äußeren Netz, so läßt sich damit die doppelte synchrone Drehzahl $n = 2\,f/p$ erzielen. Die doppelt gespeiste Induktionsmaschine verhält sich ähnlich wie eine Synchronmaschine, sie kann nicht selbständig anlaufen und muß auf die oben genannte Drehzahl angeworfen werden. Ein selbständiger Anlauf kann aber durch Anordnung eines Zwischenläufers mit zwei Kurzschlußkäfigen erreicht werden.

Die doppelt gespeiste Induktionsmaschine neigt leicht zum Pendeln und wird dagegen häufig mit einer Ständerhilfswicklung ausgeführt, die beim Pendeln durch Auftreten eines Ausgleichstromes bremsend auf die Pendelungen wirkt. [H. Alquist, ETZ, 1934, S. 386 und H. Voigt, VDE-Fachber 10, 1938, S. 48.]

Doppelkäfiganker — *double cage rotor* — induit de cage double

Läufer eines Stromverdrängungsmotors ↑ mit zwei Käfigwicklungen, von denen die eine mit hohem Wirkwiderstand in der Nähe des Läuferumfanges, die andere mit kleinem Wirkwiderstand tiefer im Läufereisen eingebettet liegt. Bei der großen Läuferfrequenz beim Anlauf ist der Streublindwiderstand der zweiten Wicklung so hoch, daß der Strom hauptsächlich im äußeren Käfig fließt, der wegen des großen Wirk- und kleinen Blindwiderstandes dem Motor ein großes Anzugsmoment bei vergleichsweise kleinem

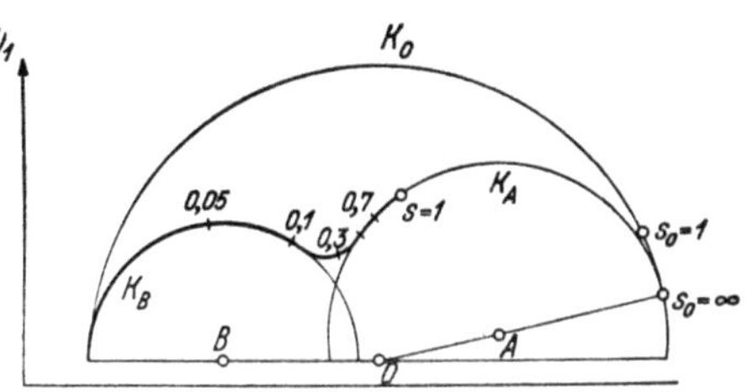

Diagramm des Doppelkäfigankermotors

Ankerstrom verleiht. Mit zunehmender Drehzahl und damit abnehmender Läuferfrequenz verkleinern sich die Streublindwiderstände so, daß die Aufteilung der Ströme auf die beiden Käfigwicklungen nahezu nur mehr von den Wirkwiderständen bestimmt wird. Im Betrieb führt also wegen des kleinen Wirkwiderstandes in erster Linie der innere Käfig Strom.

Die Ortskurve des Doppelkäfigankermotors kann aus den beiden Kreisdiagrammen entwickelt werden, die zu den zwei Maschinen gehören würden, die nur je einen der beiden Käfige besitzen würden. Sie setzt sich demgemäß aus einem Anlaufkreis K_A und einem Betriebskreis K_B zusammen. (K_0 wäre der Kreis für den Motor ohne Stromverdrängung und mit vernachlässigbar kleiner Läufernutstreuung.) [Bödefeld-Sequenz: Elektrische Maschinen, Wien: Springer-Verlag, 1949.]

Doppelschicht—*double layer*—couche double

Fläche, deren eine Seite mit positiver, die andere mit negativer elektrischer (oder magnetischer) Menge belegt gedacht ist.

Doppelsternschaltung — *double star connection*

Sekundärschaltung eines Transformators nach nebenstehendem Schaltbild zur Umformung von Drei- in Sechsphasenstrom. Hauptsächlichstes Anwendungsgebiet bei Gleichrichtern und Einankerumformern.

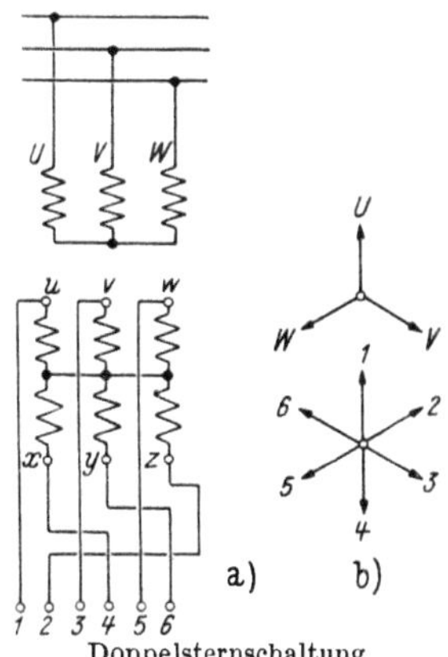

Doppelsternschaltung

Doppelstrom — *double current* — courant double

Telegraphierstrom, bei dem die Zeichen durch positive und negative Ströme übermittelt werden. Die negative Stromrichtung wird meist für die Zeichen benützt (Zeichenstrom), die positive für die Pausen zwischen den Zeichen (Trennstrom). In der Schnelltelegraphie fast immer benütztes Verfahren.

Doppelstromgenerator

→ Einankerumformer.

Doppel-T-Anker — *shuttle armature, H-armature* — armature Siemens, induit en double T

Ältere Ausführung des Läufers einer elektrischen Maschine in Form eines doppelten T.

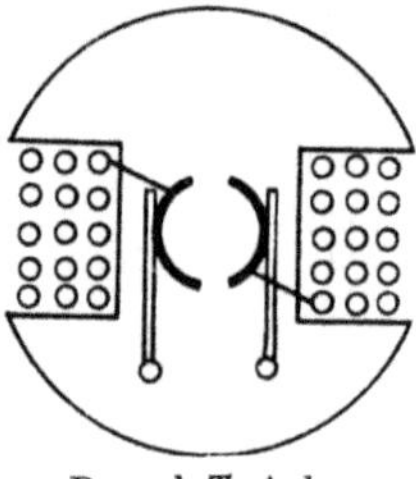

Doppel-T-Anker

doppelt wirkend — *double acting* — à double effet

Doppelverkehr — *duplex working* — communication double

Funkverkehr zwischen zwei Stationen, bei dem beide gleichzeitig senden und empfangen können, was zur Vermeidung von Störungen beim Empfang der Gegenstation durch den eigenen Sendebetrieb durch örtliche Trennung der Sende- von der Empfangsstelle in jeder Station erreicht wird.

Diese Verkehrsart wird auch Duplexverkehr, im Drahtbetrieb auch Gegensprechverkehr genannt.

Doppelwegschaltung — *full-wave connection* — connection à deux alternances

Schaltung von Gleichrichtern, bei der beide Wechselstromhalbwellen ausgenützt werden. → Zweiwegschaltung.

Doppelwendel

Gewendelter Draht, der zwecks Verkleinerung der wirksamen Wärmeabstrahlungsfläche noch ein zweites Mal gewendelt ist, hauptsächlich zur Verwendung in Glühlampen, wo dadurch eine bessere Lichtausnützung erzielt wird.

Doppelzellenschalter — *double cell switch* — réducteur double

Schaltvorrichtung mit zwei getrennten Kontaktbahnen (Einfachzellenschaltern), die eine gleichzeitige Ladung und Entladung einer Akkumulatorenbatterie gestattet, indem auf der Entladeseite bei abnehmender Spannung der eingeschalteten Zellen neue Zellen zugeschaltet, auf der Ladeseite mit zunehmender Spannung Zellen abgeschaltet werden können.

Die zu- oder abschaltbaren Zellen der Batterie werden Schaltzellen, die übrigen Stammzellen genannt. Ihre Anzahl ergibt sich aus der folgenden Rechnung, wenn die konstant zu haltende Spannung mit U bezeichnet wird.

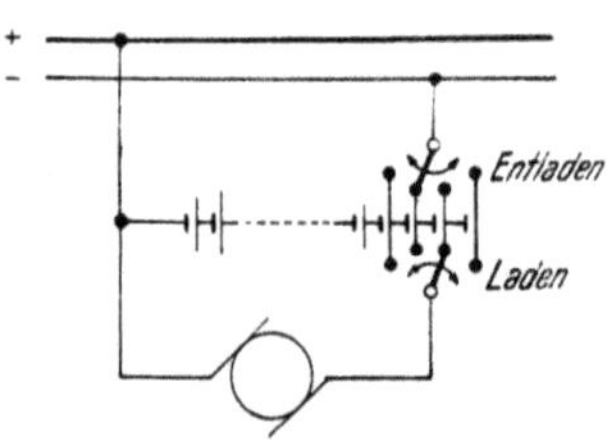

Doppelzellenschalter

Gesamte Zellenzahl $n_G = U/1,83$,

Zahl der Stammzellen $n_{st} = U/2,75$.

Zahl der Schaltzellen $n_{Sch} = n_g - n_{st} = U/5,47$.

Dosenschalter — *box switch* — interrupteur encastré

In Form einer Dose ausgebildeter Installationsschalter.

Draht — *wire* — fil

Draht-Emaille — *enamel* — émail

Draht-Emaille ist ein Ofenlack (→ Isolierlack), der auf Draht bei 180⁰ eingebrannt wird. Diese Drähte heißen dann Lackdrähte.

Drahtfunk — *line radio, wired wireless, wire broadcasting* — télédiffusion

Nachrichtenübermittlung längs Drahtleitungen mit hochfrequenten Hilfsströmen als Träger der Nachrichtenströme. Frequenzarbeitsbereich zwischen etwa 5 und 50 kHz.

drahtlos — *wireless* — sans fil

Drahtseil — *wire cable, wire rope* — câble métallique

Drahtseilbahn

 1. **Standbahn** — *funicular railway, cable railway* — funiculaire
 2. **Schwebebahn** — *ropeway, wireway* — voie à câbles

Drahtwiderstände — *wire resistances* — résistances en fil

Aus Draht gefertigte Widerstände. Während sie in der Starkstromtechnik ganz allgemein verwendet werden, ist ihre Anwendung in der Funktechnik meist auf kleinere Widerstandswerte bis etwa 1000 Ω beschränkt, wo sie bei nicht wesentlicher Beanspruchung und kleinem Temperaturkoeffizienten praktisch spannungskonstant sind. Zur Erzielung einer möglichst großen Frequenzkonstanz verwendet man bei niederen Frequenzen bifilare ↑ Wicklungen, bei höheren Frequenzen Wicklungen auf Flachkörpern (sogenannte Kreuzwicklung ↑) und bei großen Widerstandswerten Kordelwiderstände.

Drall — *twist, angular momentum, spin* — torsion, tors

 → Impuls.

dram (Drachme)

Englische Gewichtseinheit. 1 dram = 1,772 p.

Drehachse — *axis of rotation, pivot, fulcrum* — axe de rotation

Drehbank — *lathe* — tour

Drehbeanspruchung — *torsion, torsional strain* — effort de torsion

Dreheisenmeßgerät — *moving iron instrument* — instrument à fer mobile, appareil à fer tournant

Das Dreheisenmeßgerät hat ein oder mehrere bewegliche Weicheisenstücke, die von dem Magnetfeld einer oder mehrerer feststehender, stromdurchflossener Spulen abgelenkt werden. Verwendung meist als Betriebsmeßgerät mit geringerer Genauigkeit. Sein Kennzeichen zeigt die untenstehende Abbildung.

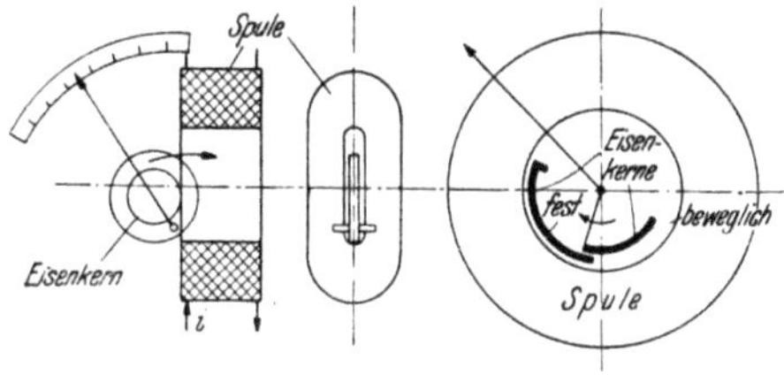

a. und b. Dreheisenmeßgerät (schematisch)
Flachspulausführung   Rundspulausführung

c. Kennzeichen des Weich-
(Dreh-) Eiseninstrumentes

Drehfeld — *rotating field* — champ tournant

Im allgemeinen ein sich um eine feste Achse drehendes, magnetisches Feld. Im besonderen entsteht ein kreisförmiges Drehfeld, wenn die

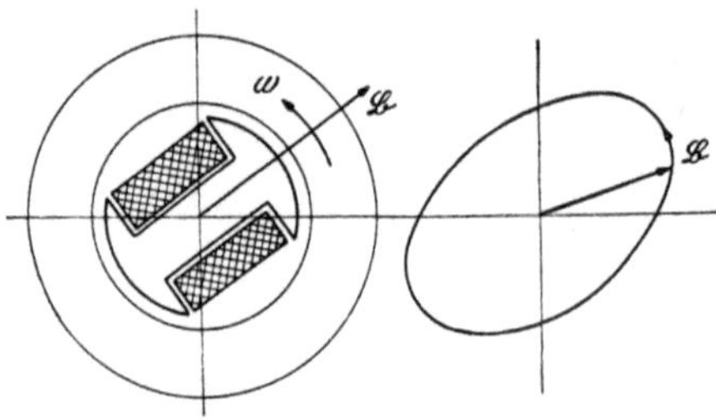

a. Kreisdrehfeld einer
Synchronmaschine

b. Elliptisches
Drehfeld

Amplitude des Feldes konstant bleibt und das Feld mit gleichbleibender Winkelgeschwindigkeit rotiert. Meist ist es dann bei den technischen Anwendungen noch räumlich sinusförmig verteilt. Es wird vorteilhaft in Form eines rotierenden Vektors dargestellt. Ein solches Drehfeld entsteht z. B. durch das rotierende, gleichstromerregte Polrad einer Synchronmaschine ↑, oder die an Drehstrom angeschlossene, dreiphasige Ankerwicklung. Ein Kreisdrehfeld entsteht bei symmetrischen Wicklungen auch dann, wenn die zeitliche Phasenverschiebung der Ströme in den Spulen der Wicklung gleich ist der räumlichen Versetzung der Spulen am Ankerumfang.

Die Umlaufgeschwindigkeit des vom Polrad erzeugten Drehfeldes ist der Drehzahl n des Polrades gleich. Der mit der Periodenzahl f gespeiste Drehstromanker erzeugt ein Drehfeld mit der Umlaufgeschwindigkeit $n = f/p$ (p = Polpaarzahl der Drehstromwicklung). An irgendeiner Stelle x des Ankerumfanges ist dann zur Zeit t die magnetische Feldstärke

$$B\,(x, t) = B_m \sin\left(\frac{2\,px}{D} \pm \omega t\right) \qquad (B_m \text{ Höchstwert, } D \text{ Ankerdurchmesser}).$$

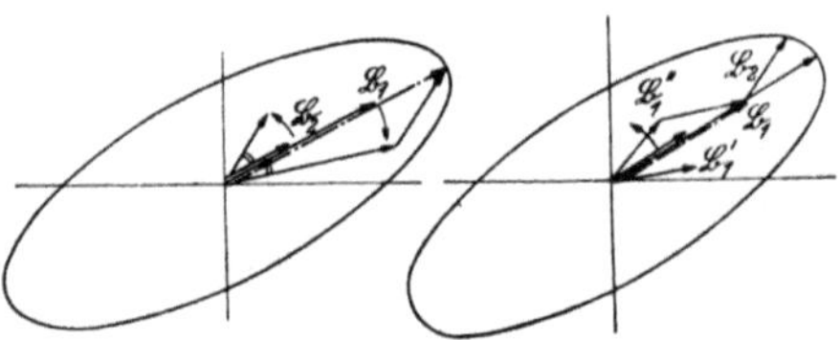

c. Zusammensetzung
eines elliptischen Drehfeldes aus zwei Kreisdrehfeldern

d. Zusammensetzung eines
elliptischen Drehfeldes aus
einem Wechselfeld und
einem Kreisdrehfeld (drei
Kreisdrehfeldern, wenn zwei
gleich groß und entgegengesetzt gerichtet sind)

Werden zwei gleich große, aber entgegengesetzt umlaufende Drehfelder überlagert, so entsteht ein räumlich feststehendes Wechselfeld ↑. Sind die beiden Teildrehfelder nicht gleich groß, so hat die entstehende Ortskurve für den Feldvektor die Form einer Ellipse, das Feld wird elliptisches Drehfeld genannt. Die große Achse der Ellipse ist der Summe, die kleine der Differenz der Teilfeldamplituden gleich. Das elliptische

Drehfeld ist damit ein Drehfeld, bei dem der Feldvektor seine Größe periodisch ändert; seine Winkelgeschwindigkeit im Vektordiagramm ist jetzt nicht mehr konstant.

Ein elliptisches Drehfeld entsteht auch dann, wenn das angeschlossene Drehstromsystem unsymmetrisch ist, also eine Mit- und Gegenkomponente ↑ aufweist.

Das elliptische Drehfeld kann auch aus der Überlagerung eines Wechselfeldes mit einem Drehfeld gedeutet werden. Die Hauptachse der Ellipse liegt dann in der Achse des Wechselfeldes.

Drehfeldleistung

auch „innere Leistung" genannt, ist die mit der, in der Ankerwicklung einer elektrischen Maschine induzierten EMK E gebildete Leistung $N_D =$ $= mEI\cos\psi$ (m-Phasenzahl, ψ-räumlicher Winkel zwischen der Achse des Strombelages und der Achse des Feldes, ist gleichzeitig der zeitliche Phasenwinkel zwischen induzierter EMK und Ankerstrom). Aus der Drehfeldleistung ergibt sich das Drehmoment durch Division mit der räumlichen Winkelgeschwindigkeit des Drehfeldes ω/p.

Drehfeldrichtungsanzeiger — *phase-sequence indicator*

Gerät zur Bestimmung der Phasenfolge in einem Drehstromsystem.

Drehimpuls

$\rightarrow$ Impuls.

Drehkondensator — *rotating plate condenser, rotatory condenser* — condensateur tournant, condensateur à rotation

Veränderlicher Kondensator mit festen und beweglichen (Aluminium-) Scheiben, deren bewegliche Scheiben auf einer gemeinsamen Achse drehbar gegen die festen Scheiben angeordnet sind.

Drehmagnetmeßgerät — *moving-magnet instrument, rotary magnet instrument* — instrument à aimant tournant

Meßgerät mit einer oder mehreren festen Spulen und mindestens einem beweglichen Magneten.

Drehmoment — *torque, angular momentum* — moment de torsion, torque

Drehrahmen — *rotatable coil, moving frame* — cadre rotatif, cadre tournant

Drehschalter — *rotary switch, turn switch, spindle switch* — interrupteur rotatif

Installationsschalter, bei dem der Schaltvorgang durch eine drehende Bewegung (meist um 90°) erzielt wird.

Drehschub

Bei elektrischen Maschinen die am Anker im Mittel je Flächeneinheit tangential angreifende Schubkraft. Sie bildet mit dem Ankerhalbmesser das Drehmoment der Maschine je Flächeneinheit der Läuferoberfläche. Es ist dann mit der Drehfeldleistung N_D ↑ und der Beziehung $EI = 2\pi nM$ der mittlere Drehschub

$$\sigma = \frac{2M}{\pi D^2 l} = \frac{N_D}{\pi^2 D^2 l n}.$$

Er kann auch durch den mittleren Strombelag ↑ A und die magnetische Feldstärke B dargestellt werden und ist dann $\sigma = AB$.

Drehspulmeßgerät — *moving-coil instrument* — instrument à cadre mobile

Das Drehspulmeßgerät hat einen feststehenden Dauermagneten und eine oder mehrere drehbar angeordnete Spulen, die bei Stromdurchgang elektromagnetisch abgelenkt werden. Es hat eine lineare Skala und wird als Präzisionsmeßgerät nur für Gleichstrom verwendet. Für Wechselstrom ist es nur in Verbindung mit einem Meßgleichrichter brauchbar. Sein Kennzeichen zeigt die Abb. b.

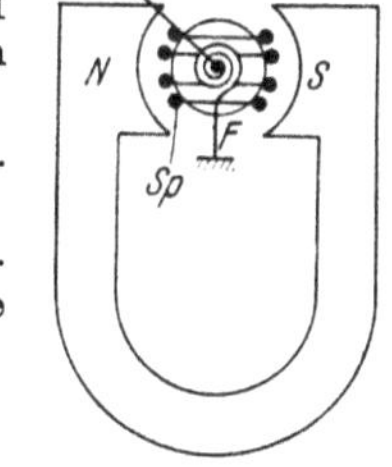

a. Drehspulmeßgerät
(schematisch)
NS Dauermagnet
SP Spule (beweglich)
F Feder (zugleich
Stromzuführung)

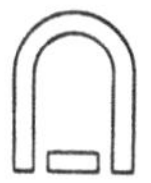

b. Kennzeichen
des Drehspul-
meßgerätes

Drehstreckung

Ergebnis der (komplexen) Multiplikation eines Vektors mit einer komplexen Zahl, wobei der Vektor um das Argument der komplexen Zahl verdreht und gemäß dem Betrag derselben gestreckt wird (s. a. komplexe Multiplikation). [OII]

Drehstrom — *threephase current, rotary current* — courant triphasé, courant tournant

Symmetrischer Dreiphasenstrom, dessen drei Phasen je um 120^0 gegeneinander verschoben sind. Der Name Drehstrom kommt daher, daß bei Speisung eines Spulensystems von je um 120^0 räumlich gegeneinander verschobenen Spulen ein magnetisches Drehfeld ↑ entsteht.

Drehstromtransformator — *triphase transformer* — transformateur triphasé

Dreiphasiger Transformator zum Anschluß an ein Drehstromnetz. Er besitzt mindestens drei Eisenkerne (→ Kerntransformator und Manteltransformator) für die drei Wicklungen, und Joche für den Schluß der magnetischen Flüsse. Flüsse und Wicklungen sind in Dreieck- oder Sternschaltung verkettet. Zur Ermöglichung eines zeitlich sinusförmigen Flusses, der zur Erzeugung einer sinusförmigen Spannung erforderlich ist, muß der Magnetisierungsstrom eine Oberschwingung dritter Ordnung erhalten (→Magnetisierungsstrom). Dazu muß mindestens eine der beiden Wicklungen im Dreieck geschaltet sein, weil sonst der Strom dritter Ordnung nicht fließen kann. Meist schaltet man die Niederspannungswicklung im Dreieck, während die Hochspannungswicklung wegen des Anschlusses einer Erdschlußlöschspule ↑ an den Sternpunkt gewöhnlich im Stern geschaltet wird. Es besteht aber auch die Möglichkeit der Anordnung einer im Dreieck geschalteten Tertiärwicklung, die unter Umständen nur die Oberschwingungskomponente des Magnetisierungsstromes zu führen braucht. Eine Dreieckwicklung muß auch vorhanden sein, wenn der Transformator, wie das bei der Erdschlußlöschung der Fall ist, einen Nullstrom führen soll. Dabei kann sich beim Kerntransformator die Nullkomponente des magnetischen Flusses nur außerhalb des Kerns über das Öl und den Transformatorkessel schließen, während beim Manteltransformator ein magnetischer Rückschluß durch die unbewickelten Schenkel vorhanden ist. Das gleiche gilt auch für gegebenenfalls vorhandene dritte Oberschwingungen im magnetischen Fluß.

Wird, wie man das bei größeren Einheiten schon wegen der Transportschwierigkeiten macht, eine Drehstromeinheit aus drei Einphasentransformatoren gebildet, so hat jede Phase ihren getrennten magnetischen Rückschluß; die magnetischen Kreise sind hier nicht verkettet.

Durch besondere Schaltung, bzw. Ausführungsform, können auch Transformatoren gebaut werden, deren Magnetisierungsstrom keine Oberschwingungen aus dem Netz entnimmt (→ oberschwingungsfreier Transformator).

Kleinere Transformatoren werden auch manchmal in einer Wicklung in Zick-Zack geschaltet und ihr Sternpunkt geerdet. In diesem Falle kann die Wicklung Nullstrom führen, unabhängig davon, wie die zweite Wicklung geschaltet ist.

Drehtransformator — *induction regulator, rotary transformer* — transformateur tournant

Regeltransformator, der im wesentlichen wie eine Induktionsmaschine (Asynchronmotor) gebaut ist, deren Läufer aber festgehalten wird, jedoch in seiner Winkellage verstellt werden kann. Die in ihm induzierte Zusatzspannung U_z kann damit in jede Phasenlage zur Netzspannung gebracht werden, so daß für die geregelte Spannung U_2 jeder Wert zwischen $U_1 - U_z$ und $U_1 + U_z$ erreicht werden kann. Beim Doppeldrehregler werden zwei solche Läufer in Serie geschaltet, die aber in entgegengesetztem Sinn gewickelt sind, so daß die Phasenverschiebung zwischen U_2 und U_1 vermieden wird.

Drehzahl — *number of revolutions, speed* — nombre de tours

Drehzahl, spezifische — *specific speed* — vitesse spézifique

Auf 1 m Gefälle und 1 PS Leistung nach der Beziehung

$$n_s = \frac{n\sqrt{N_n}}{H\sqrt[4]{H}}$$

bezogene Drehzahl von Wasserturbinen, die einen Vergleich der verschiedenen

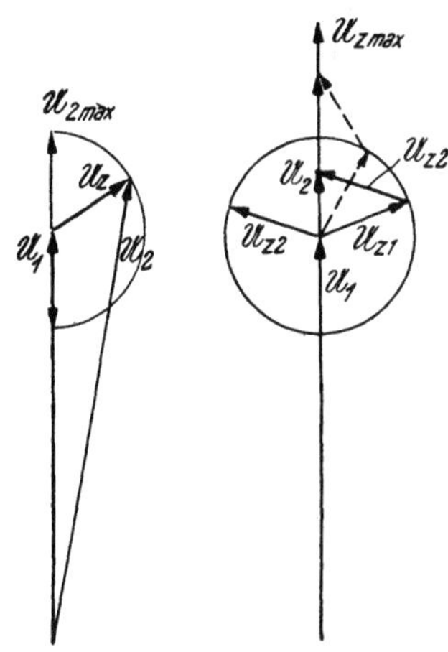

Vektordiagramm des
Einfachdreh-   Doppeldreh-
reglers   reglers

Turbinenbauarten ermöglicht. Dabei ist N_n die Leistung der Turbine in PS (bei Mehrfachturbinen die eines Laufrades), n die minutliche Drehzahl und H das Gefälle in m. Folgende Zahlenwerte sind im allgemeinen üblich:

Turbinenart	H	n_s
Peltonräder	hoch	5... 60
Francisturbinen	bis 250	40...100
	,, 100	100...150
	,, 50	130...180
	,, 20	175...300
	,, 10	200...350
	unter 10	300...500

Drehzahlregelung — *speed regulation* — réglage de vitesse

Dreieck, gleichschenkeliges — *isosceles triangle* — triangle isoscèle

Dreieck, gleichseitiges — *equilateral triangle* — triangle équilatéral

Dreieck, rechtwinkeliges — *right-angled triangle* — triangle rectangle

Dreieck, ungleichseitiges — *scalene triangle* — triangle scalene

Dreiecke, ähnliche — *similar triangles* — triangles similaires

Dreieckspannung — *delta voltage, mesh voltage* — tension en triangle, tension en delta

Spannung zwischen zwei Außenleitern eines Dreiphasensystems; heißt auch Leiterspannung ↑. Bei Sternschaltung ↑ des Systems gleich dem $\sqrt{3}$-fachen der Sternspannung ↑ (früher meist verkettete Spannung genannt).

Dreielektrodenröhre — *three-electrode valve* — tube à trois électrodes → Triode.

Dreifachstecker — *three-pin plug* — fiche triple

Dreifingerregel — *hand rule, three-finger rule, Flemings rule* — règle des trois doigts, règle de Fleming

Richtungsregel zur Bestimmung der Richtung der elektromotorischen Kraft im Induktionsgesetz und der Bewegungsrichtung eines stromdurchflossenen Leiters im magnetischen Feld. Dazu hat man die drei ersten Finger der rechten Hand in Form eines rechtwinkeligen Koordinatensystems so zu halten, daß der Daumen in die Richtung der Bewegung des Leiters und der Zeigefinger in die Richtung des magnetischen Feldes weist, worauf der Mittelfinger die Richtung der induzierten EMK anzeigt. Werden umgekehrt die drei Finger der linken Hand in gleicher Weise so gehalten, daß wieder der Zeigefinger in die Richtung des Feldes und der Mittelfinger in die Richtung des Stromes weist, so zeigt der Daumen in die Richtung, in der der stromdurchflossene Leiter abgelenkt wird. Die Dreifingerregel wird auch Handregel genannt.

Dreileiter-Dynamo — *three-wire generator* — dynamo à trois conducteurs

Stromerzeuger zur Speisung einer Gleichstrom-Dreileiteranlage. Dazu erhält die als normale Nebenschlußmaschine für die Außenleiterspannung

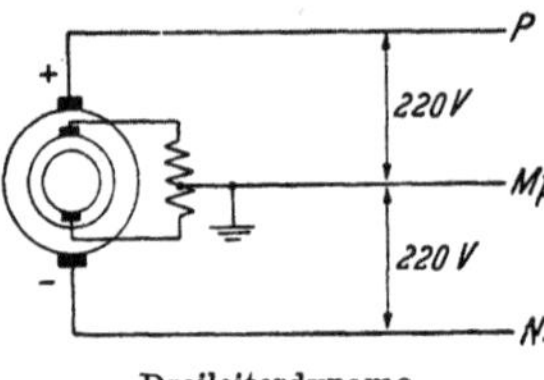

Dreileiterdynamo

bemessene Gleichstrommaschine noch zwei Schleifringe, an die eine Drosselspule als Spannungsteiler angeschlossen wird. Die Mittelanzapfung dieser Drosselspule wird an den Nulleiter des Netzes angeschaltet. Solange das Netz symmetrisch belastet ist, führt die Drosselspule lediglich einen kleinen Magnetisierungs-Wechselstrom. Bei unsymmetrischer Belastung überlagert sich dem Magnetisierungsstrom der Mittelleiterstrom. Dadurch entsteht zwischen den beiden Netzhälften ein kleiner Spannungsunterschied. Der Spannungsteiler wird in der Regel für einen Mittelleiterstrom von etwa 15% des höchsten Außenleiterstromes bemessen und ergibt dann etwa einen Spannungsunterschied in den beiden Netzhälften von bis zu 4% der Außenleiterspannung. Eine unabhängige Spannungsregelung für jede Netzhälfte ist nicht möglich.

Dreileiterkabel — *triple core cable, three core cable* — câble à trois fils, câble à trois âmes

Dreileitersystem — *three-wire system* — système à trois fils, système trifilaire

Gleichstromübertragungssystem für die doppelte, als Gebrauchsspannung zulässige Spannung, also 440 Volt. Dies wird dadurch erreicht, daß vom geerdeten Mittelleiter nach dem einen Außenleiter eine Potentialdifferenz von + 220 Volt, nach dem anderen Außenleiter eine Potentialdifferenz von — 220 Volt zugesetzt wird. Dadurch bleibt zwischen dem Mittelleiter (Nulleiter) und je einem Außenleiter die Gebrauchsspannung von 220 Volt bestehen, während zwischen den Außenleitern eine Spannung von 440 Volt erreicht wird, ohne daß eine Berührungsspannung gegen Erde von mehr als 220 Volt auftreten könnte. Die erhöhte Außenleiterspannung kann zum Betrieb von Motoren verwendet werden.

Da sich die Ströme der beiden Netzhälften im Nulleiter subtrahieren, führt dieser bei symmetrischer Belastung des Netzes überhaupt keinen Strom, bei ungleicher Belastung der Netzhälften den Differenzstrom. Es genügt also, wenn der Mittelleiter mit geringerem Querschnitt ausgeführt

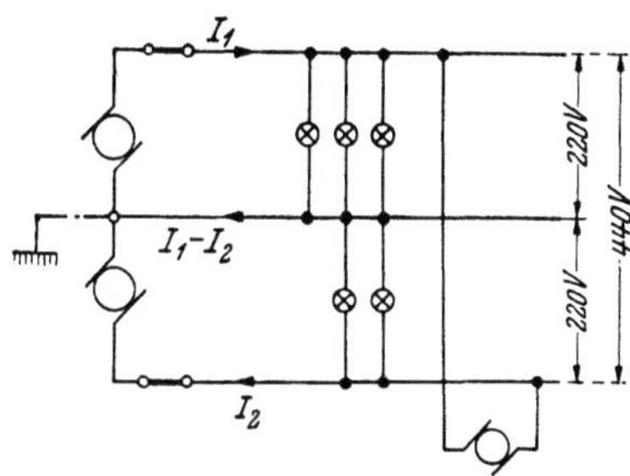

Dreileiteranlage

wird, als die Außenleiter. Auch der Spannungsverlust je Netzhälfte wird wegen des geringen oder verschwindenden Nulleiterstromes kleiner als bei einer Zweileiteranlage gleicher Leistung. Im ganzen ist also die Dreileiteranlage wesentlich wirtschaftlicher als die gleichwertige Zweileiteranlage.

Die Speisung einer Dreileiteranlage kann entweder durch zwei in Serie geschaltete, normale Gleichstromgeneratoren erfolgen oder durch Anordnung einer Dreileiter-Dynamo ↑.

Bei der Dreileiteranlage ist zu beachten, daß der Nulleiter niemals abgesichert wird und am besten auch keinen Schalter erhält. Es könnte sonst vorkommen, daß nach Abschalten des Nulleiters vom Stromerzeuger und unsymmetrischer Netzbelastung in der geringer belasteten Netzhälfte eine unzulässig hohe Spannung auftritt.

Dreiphasensystem — *three-phase circuit* — système triphasé

Wechselstromsystem mit drei Phasenspannungen. Meist als symmetrisches System mit gleich großen und gegeneinander um je 120° verschobenen Spannungen in Verwendung. Vermöge der Fähigkeit in einer dreiphasigen Wicklung mit räumlich um 120° verschobenen Phasenspulen ein sich konstant drehendes, magnetisches System zu entwickeln, wird das symmetrische Dreiphasensystem auch D r e h s t r o m s y s t e m genannt. Das Drehstromsystem ist das bedeutendste und am häufigsten angewandte der Starkstromtechnik. Es kann in Stern ↑ oder im Dreieck ↑ geschaltet sein. Im ersten Fall beträgt die Dreiecksspannung ↑ das $\sqrt{3}$-fache der Sternspannung, im zweiten Fall ist die Leiterspannung (Dreiecksspannung) gleich der Phasenspannung (Sternspannung). Bei den Strömen liegen die Verhältnisse umgekehrt.

Dreipolröhre — *three-electrode valve* — tube à trois électrodes

→ Triode.

Drossel — *choke, inductance coil, reactor* — (bobine de) self, bobine de choc, bobine d'inductance

Gebräuchliche Abkürzungsbezeichnung für Drosselspule ↑.

Drosselkette

→ Reaktanzvierpole.

Drosselspule — *choke-coil, choking coil* — bobine de réactance, (bobine de) self

Spule mit bestimmter Reaktanz zur Verwendung in Wechselstromkreisen vorzüglich zur Abstimmung in Schwingungskreisen oder zur Begrenzung hoher Ströme.

Drosselverstärker

→ Spannungsverstärker.

Druck — *pressure, stress, push, compression* — pression, compression

Druckeinheiten

→ Torr.

Drucker — *printer* — imprimeur

Druckfestigkeit — *compressive strength, resistance to pressure* — résistance
à l'écrasement, résistance à la compression

Druckknopf — *push, pushbutton, key, press button* — bouton de pression,
bouton-poussoir

Schalter, der durch Niederdrücken eines Knopfes, der unter Federspan-
nung steht, betätigt wird.

Druckluft — *compressed air* — air comprimé

Druckluftantrieb — *pneumatic drive* — entrainement à air comprimé

In Starkstromanlagen immer mehr zur Anwendung kommender Antrieb
für Leistungs- und Trennschalter. Er zeichnet sich durch einfache Bauart,

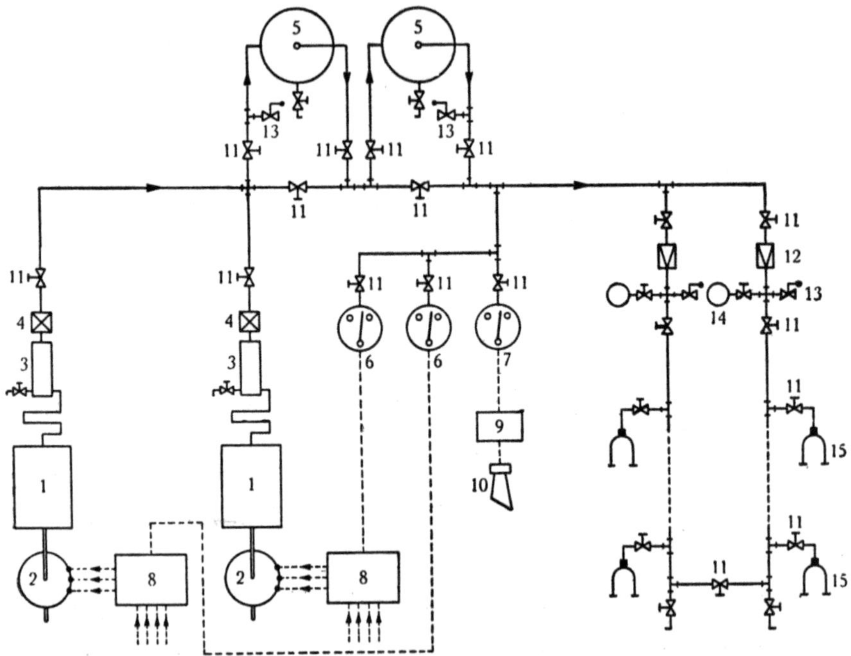

a. Grundsätzliches Schema einer Drucklufterzeugeranlage

1 = Kompressor	6 = Kontaktmanometer zur Steuerung	10 = Elektrisches Horn
2 = Elektromotor		11 = Absperrventil
3 = Kühler mit Ab- scheider	7 = Kontaktmanometer zur Signalisierung	12 = Reduzierventil
4 = Rückschlagventil	8 = Steuertafel	13 = Sicherheitsventil
5 = Druckluftbehälter	9 = Signalapparate	14 = Kontrollmanometer
		15 = Druckluftschalter

b. Drucklufterzeugeranlage (BBC)

geringen Platz- und Leistungsbedarf, sowie kräftiges und ruhiges Schalten aus, wobei sehr hohe Einschaltgeschwindigkeiten erzielt werden können. Das Ausschalten erfolgt gewöhnlich durch eine Feder.

Der Luftdruckzylinder mit Kolben ist meist am Schalter direkt angebaut, während das Einschaltventil außerhalb an leicht zugänglicher Stelle angeordnet wird. Die Betätigung der Ventile erfolgt von Hand aus oder elektrisch über kleine Schaltmagnete. Die Anlage arbeitet meist mit 4 bis 10 Atmosphären Überdruck.

Das Schema einer Drucklufterzeugeranlage zeigt die Abb. a. Oft werden auch mehrere Erzeugeranlagen parallel geschaltet und über eine Ringleitung miteinander verbunden. Bei Druckluftschaltern wird häufig für die Lichtbogenlöschung und die Schalterantriebe eine gemeinsame Druckluftanlage vorgesehen.

Die Abb. b zeigt eine Drucklufterzeugeranlage in der Ansicht, während die Abb. c den einfachen Anbau eines Druckluftantriebes an einem Expansionsschalter erkennen läßt.

c. Druckluftantrieb an einem
Expansionsschalter

Druckluftschalter — *air-blast circuit-breaker* — disjoncteur à air comprimé

Leistungsschalter, die als Löschmittel für den Lichtbogen Druckluft benützen. Beim Öffnen wird ein Schaltstift von seinem Gegenkontakt zurück-
gezogen und gleichzeitig Druckluft in den Lichtbogen geblasen, die eine
sehr wirksame Kühlung und Löschung des Bogens in 1 bis 2 Halbperioden
bewirkt. Jedwede Löschflüssigkeit oder Öl entfällt bei diesen Schaltern.
Der beim Schalter auftretende Schaltlärm wird vielfach durch Schalldämpfer
gemildert.

Die Druckluft (etwa 10 Atmosphären) wird in eigenen Druckluftanlagen
erzeugt und in Behältern gespeichert. Bei den neueren Schaltern werden
entsprechende Luftkessel mit den Schaltern vereinigt. Ausgeführte Beispiele zeigen die Abb. a und b.

a. Druckluftschalter

Dübel — *dowel, peg, plug* — goujon, cheville, tenon

In die Mauer einzugipsender Stift aus Holz oder anderem, nachgiebigem
Material zwecks Befestigung von Installationsmaterial.

b. Druckluftschalter

dünnflüssig — *thinly liquid, waterly* — liquide, fluide

Düse — *jet, blast pipe, nozzle* — buse, injecteur, gicleur

Dunkelentladung — *dark discharge, silent discharge* — décharge obscure, décharge sombre

Kleiner Entladestrom, der bei einer Gasentladungsstrecke auftritt, wenn die angelegte Spannung zur Erzeugung einer Glimm- oder Funkenentladung noch nicht ausreicht.

Dunkelraum — *dark space* — espace sombre

Ohne Leuchterscheinungen bleibende Stellen einer Gasentladung.

Duodiode — *duodiode, double diode* — duodiode, double diode

Gleichrichterröhre mit zwei Anoden im selben Gehäuse, bei der beide Wechselstromhalbwellen zur Gleichrichtung ausgenützt werden. → Zweiwegschaltung.

Duplexverkehr — *duplex operation* — opération duplex

→ Doppelverkehr.

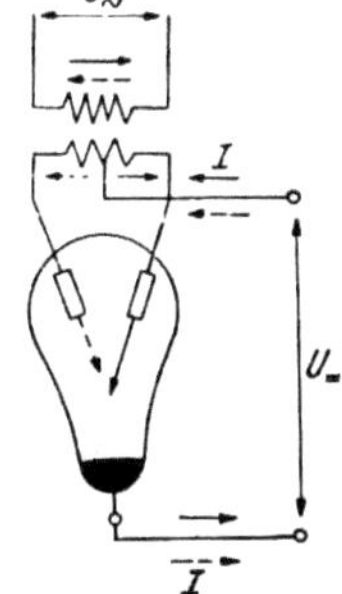
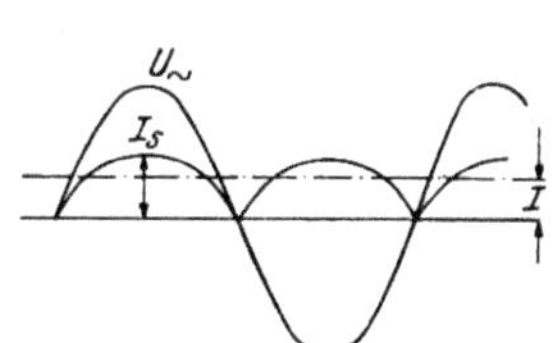

Duodiode

Duraluminium — *duralumin* — duraluminium

Walz-, preß-, zieh-, schmied- und hämmerbare Aluminium-Knetlegierung. Es enthält neben Aluminium

$$3{,}5\ldots 5{,}5\%\ \text{Kupfer,}$$
$$0{,}2\ldots 2{,}0\%\ \text{Magnesium,}$$
$$0{,}2\ldots 1{,}5\%\ \text{Silizium,}$$
$$0{,}1\ldots 0{,}5\%\ \text{Mangan}$$

Wichte $\gamma = 2{,}8$ p/cm³, Schmelzpunkt bei $640\ldots 650^\circ$ C, Festigkeit 16 bis 58 kp/mm².

Vielfach verwendet für hochbeanspruchte Teile im Flugzeugbau, Fahrzeugbau, Schiffbau und in der Elektrotechnik.

durchbrennen 1. (einer Sicherung) — *to fuse, to blow, to strike* — fuse r fondre

        2. (von Spulen) — *to burn out* — brûler

Durchflutung, elektrische — *ampere-turns* — ampère-tours

Von einer geschlossenen Linie (vorzugsweise magnetischen Feldlinie) eingeschlossener Gesamtstrom, der sich bei einer Wicklung als Produkt aus Stromstärke und Windungszahl ergibt und die Stärke des entstehenden Magnetfeldes bestimmt.

Bei Wechseldurchflutung, d. h. bei Speisung eines Stranges durch Wechselstrom ($\to$ Strombelag), ist der Höchstwert der Durchflutung (Grundschwingung)

$$\Theta_\mathrm{I} = \frac{2}{\pi}\sqrt{2}\,\frac{w\xi}{p}\,I,$$

bei der Drehstromdurchflutung

$$\Theta_\mathrm{I3} = \frac{6}{\pi}\sqrt{2}\,\frac{w\xi}{p}I.$$

Ordnet man in einer elektrischen Maschine der Durchflutung eine Achse im Ankerraum zu, so ist sie gegenüber der Achse des Strombelages um 90° verschoben, fällt also mit der Achse des erzeugten Feldes zusammen.

Vernachlässigt man den für die Feldausbildung im Eisen erforderlichen Durchflutungsanteil und berücksichtigt man lediglich den magnetischen Widerstand im Luftspalt einer elektrischen Maschine, dann wird der Höchstwert der Feldstärke

$$B_\mathrm{m} = \mu_0\,\mathfrak{H}_\mathrm{m} = \frac{\mu_0\,\Theta}{2\,\delta}$$

(δ Länge des Luftspaltes). Man kann den Einfluß des Eisens dann etwa dadurch berücksichtigen, daß man einen etwas vergrößerten Luftspalt in die Rechnung einführt, was auch schon wegen der Nutung des Ankers erforderlich ist. Der Zuschlag beträgt für die Ankernutung etwa $10\ldots 20\%$, für die Eisensättigung je nach der Art der Maschine $50\ldots 100\%$.

Durchflutungsgesetz — *first circuital law*

Gesetz, das das magnetische Feld mit den es erzeugenden elektrischen Strömen verbindet. Es lautet: Auf irgendeiner geschlossenen Kurve ist die magnetische Umlaufspannung (Linienintegral der magnetischen Erregung) gleich der elektrischen Durchflutung der von der Kurve umrandeten Fläche

$$\oint \mathfrak{H}\,\mathrm{d}\mathfrak{s} = \Sigma I,$$

in Differentialform

$$\mathrm{rot}\ \mathfrak{H} = \mathfrak{G},$$

worin $\mathfrak{G}$ die Stromdichte bedeutet.   [OI]

Durchführungsisolator — *bushing insulator, wall tube insulator, leading-in insulator* — isolateur d'entrée, isolateur de traversée

Isolator zur Einführung einer Freileitung in das Innere eines Gebäudes oder Apparates, oder zur Verbindung zweier benachbarter Räume.

Durchgangsleistung

→ Spartransformator.

Durchgehen — *race, run away* — s'emballer (d'un moteur)

Annahme unzulässig hoher Drehzahlen bei elektrischen Maschinen gemäß ihrer Drehzahlkennlinie, die häufig bei verschwindender Erregung theoretisch unbegrenzten Drehzahlanstieg zeigen. (→ Gleichstrommotoren.)

Durchgriff — *penetration coefficient, grid transparency, magnification factor* — (facteur de) pénétration, transparence de grille

Die bei einer Dreipolröhre für die Ausbildung des Anodenstromes maßgebende Spannung setzt sich zusammen aus der Gitterspannung und jenem Teil der Anodenspannung, der in der Gitterebene noch wirksam ist, also

$$u_{St} = u_g + D u_a.$$

Der wirksame Bruchteil D der „durchgreifenden" Anodenspannung wird mit Durchgriff bezeichnet. Er ist auch dem Verhältnis der Kapazität C_a zwischen Anode und Kathode und C_g zwischen Gitter und Kathode gleich

$$D = \frac{C_a}{C_g}.$$

Man findet den Durchgriff auch als Differentialquotient der Gitterspannung zur Anodenspannung bei konstant gehaltenem Anodenstrom

$$D = \frac{\partial u_g}{\partial u_a}, \quad i_a = \text{konst.}$$

so daß er im $i_a : u_g$-Diagramm (s. Abb. a unter „Triode") durch den horizontalen Abstand zweier Kennlinien gegeben ist, wenn dessen Wert durch die Differenz der Anodenspannungen dividiert wird (Strecke ab in der Abb.).

Im $i_a : u_a$-Diagramm muß zur Bestimmung des Durchgriffes die Differenz der Gitterspannungen zweier benachbarter Kennlinien durch den horizontalen Abstand der beiden·Kennlinien (Differenz der Anodenspannung) dividiert werden (horizontale Kathete des in Abb. b unter „Triode" eingetragenen Dreieckes).

Durchhang — *dip, sag, slack* — flèche

Abstand des tiefsten Punktes eines zwischen zwei Punkten gespannten Drahtes von der Verbindungslinie der beiden Punkte, hervorgerufen durch das Gewicht des Drahtes einschließlich etwa vorhandener Zusatzbelastungen (Eislast).

Durchlaßbereich — *pass band, pass range, range of free transmission* — zone de filtrage, bande passante

→ Siebkette.

Durchmesser — *diameter* — diamètre

äußerer Durchmesser — *outer diameter, overall diameter* — diamètre extérieur

innerer Durchmesser — *inner diameter* — diamètre intérieur

Durchmesserwicklung — *full pitch winding* — enroulement diamétral, enroulement à pas entier

Wicklung einer elektrischen Maschine, bei der die Spulenweite ↑ gleich einer Polteilung ↑ ist.

Durchschlag, elektrischer — *rupture, breakdown, puncture* — décharge disruptive, rupture

Art des Entstehens eines leitenden Pfades in einem Isolator, insbesondere in einem Gas, dessen Mechanismus darin besteht, daß die im Isolator vorhandenen, freien Elektronen durch die Feldkräfte des im Isolator durch äußere Einwirkung herrschenden elektrischen Feldes derart beschleunigt werden, daß sie beim Auftreffen auf die benachbarten Gasatome diese ionisieren. Dabei entstehen weitere freie Elektronen und Ionen, die ihrerseits wiederum Stoßionisation hervorrufen. Die Elektronenbildung wächst dann lawinenartig an und erzeugt so auf ihrem Bildungspfad Bahnen höherer Leitfähigkeit, über die es schließlich zur Funkenbildung und zum Durchschlag kommt.

Der Durchschlag in Gasen ist immer ein elektrischer Durchschlag. Bei Flüssigkeiten und festen Körpern kommt ein elektrischer Durchschlag nur bei extremer Reinheit des Isolierstoffes vor. Die Durchschlagsfestigkeit liegt dann vergleichsweise hoch, z. B. bei reinem Öl bei etwa 1000 kV/cm und höher. In den meisten Fällen kommt es zu einem Wärmedurchschlag ↑ , der durch die Beimengungen, oder in den flüssigen Isolierstoffen durch suspendierte kleinste Faserteilchen eingeleitet wird. Beim Öl wandern diese Teilchen, namentlich in etwas feuchtem Zustand, wo sie eine, gegenüber dem Öl höhere Dielektrizitätskonstante aufweisen, an die Stellen größerer Feldstärke, wo sie Faserbrücken mit höherer Leitfähigkeit bilden. Nur bei ganz kurzen und hohen Beanspruchungen, wie beispielsweise bei Gewitterüberspannungen, kann es auch zum elektrischen Durchschlag kommen, da dann die Erwärmung einen gefährlichen Betrag nicht erreicht. Die Bildung von Faserbrücken in Öl kann im übrigen durch Zwischenschalten von Preßspan- oder Hartpapierplatten mit Erfolg vermieden werden.

Durchschlagsfestigkeit — *disruptive strength, dielectric strength, rupturing strength* — résistance disruptive, résistance diélectrique, rigidé diélectrique

Grenzfeldstärke, bei der in einem Isolator durch Versagen der Isolation ein elektrischer Durchschlag ↑ eintritt. Nachfolgende Tabelle nennt Zahlenwerte für einige wichtige Isolierstoffe.

Material	Durchschlagsfestigkeit kV/cm
Glas	400
Glimmer	600
Hartgummi	1000
Hartpapier	100…200
Luft { bei 1 at	21
Luft { bei 10 at	210
Paraffin	200
Pertinax	150
Petroleum	95
Porzellan	100…200
Transformatorenöl	60…100

Die Durchschlagsfestigkeit ist von der Dauer der Spannungsbeanspruchung, von der beanspruchten Schichtdicke, der Elektrodenform und der Frequenz abhängig, so daß die Tabellenwerte nur angenäherte Gültigkeit besitzen. Wenn nicht anders angegeben, wird sie meist bei 50 Hz gemessen.

Durchschnitt (im Mittel) — *average* — moyenne

durchschnittlich — *at an average, mean* — en moyen

Dushmann-Formel — *Dushman's equation*

Gleichung, die die Abhängigkeit des durch Glühemission ↑ aus einer Glühkathode ↑ austretenden Sättigungsstromes von der Temperatur des Glühfadens angibt. Sie lautet

$$G_s = aT^2 \mathrm{e}^{-\frac{b}{T}}.$$

Darin sind T die absolute Temperatur der Glühkathode und a und b Konstante. Für Metalle ist

$$a = 60{,}2 \; \frac{\mathrm{A}}{\mathrm{cm^2 \, Grad^2}} \, ,$$

während b durch die Beziehung

$$b = \frac{A_0}{K} = \frac{\varphi_0}{K} \, e$$

gegeben ist, worin K die Boltzmannsche Gaskonstante, A_0 die Austrittsarbeit ↑ und φ_0 das Haltepotential ↑ bedeuten. Zahlenwerte nennt die untenstehende Tabelle.

Stoff	b in °C	φ_0 in Volt
Bariumoxyd	im Mittel 12.000	1,00
Kalzium	26.000	2,24
Molybdän	50.000	4,31
Platin	60.000	5,19
Tantal.....................	48.000	4,15
Thorium	34.000	2,94
Wolfram	52.600	4,54
Zer	36.000	3,10

Die graphische Darstellung der Dushmann-Formel für die drei gebräuchlichsten Kathodenmaterialien zeigt die nebenstehende Abbildung. [OI]

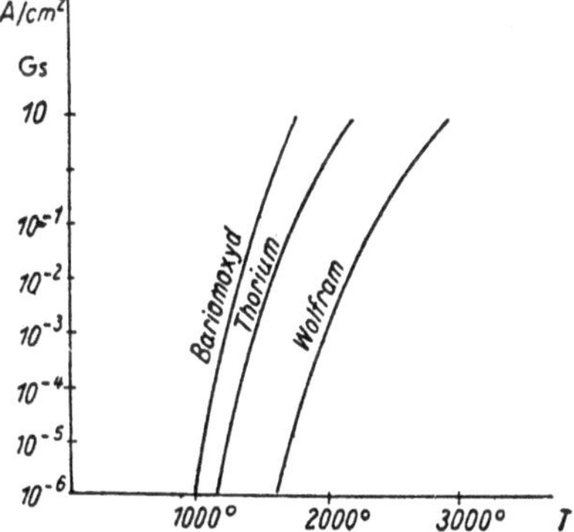

Abhängigkeit des Emissionsstromes von der Kathodentemperatur

Dynamik — *sound volume range* — contraste dynamique

Der zu erzielende Lautstärkebereich eines elektroakustischen Übertragungssystems. Die Größe der Dynamik wird in Dämpfungsmaßen ↑ angegeben.

Dynamikentzerrung — *adjustment of contrast, contrast controll* — réglage de l'expansion sonore

wird angewendet, um die mit den verschiedenen Übertragungssystemen erzielte Klangbildreproduktion der Dynamik ↑ eines Originalorchesters, die bis ca. 100 db reicht, zu bewältigen. Die Wirkung besteht darin, daß bei der Aufnahme die schwächsten Pianostellen angehoben werden, womit eine Vergrößerung des Verhältnisses der Störspannungsamplitude zur kleinsten Signalspannungsamplitude erreicht wird. Bei der Wiedergabe muß dann in entsprechender ↑ Weise eine Schwächung der Pianostellen bewirkt werden.

Die bei diesem Verfahren für die Aufnahme benutzten Einrichtungen werden mit Tonraffer oder Kompressorschaltungen, die bei der Wiedergabe mit Tondehner oder Expanderschaltungen bezeichnet.

Dynamoblech — *dynamo sheet* — tôle pour dynamos

Dyne — *dyne* — dyne

Krafteinheit; die Kraft, die der Grammasse die Beschleunigung von 1 cm/s² erteilt,

$$1 \text{ dyn} = 10^{-5}\text{N} = \frac{1}{981}\text{p.} \quad (\text{N} \ldots \text{Newton} \uparrow)$$

E

Ebene — *plane, plain* — plan, plane

Ebonit — *ebonite, vulcanite* — ébonite

Echolotung — *echo-sounding, echo-ranging, sonic altimeter* — sondeur électromagnetique

Verfahren, bei dem die Zeitdifferenz zwischen der Abgabe eines Impulses und dem Empfang des durch Echo zurückkommenden Signales zur Bestimmung von Entfernungen bzw. Abständen herangezogen wird. So wird beispielsweise zur Messung der Meerestiefe T vom Sender S eines Schiffes ein Impuls in der Richtung zum Meeresgrund gesandt, der dort reflektiert und vom Empfänger E wieder aufgenommen wird. Aus der Zeitdifferenz Δt zwischen Aussendung und Empfang errechnet sich dann die Tiefe T mit der bekannten Fortpflanzungsgeschwindigkeit c der Impulswelle aus $T = c \cdot \Delta t/2$. Das Prinzip wird auch zur Echolotung von Flugzeugen verwendet, wobei als Meßwelle vorzugsweise hochfrequente elektromagnetische Wellen des Zentimeterbereiches mit einer Impulsdauer von wenigen μs Verwendung finden. Der Meßbereich ist von der ausgestrahlten Energie abhängig. Man ist heute imstande, Impulsleistungen von bis 1000 kW bei einer Wellenlänge von 9 cm zu erzeugen, die bei 3 cm Wellenlänge auf etwa 50 kW und bei 1 cm Wellenlänge auf etwa 15 kW heruntergehen.

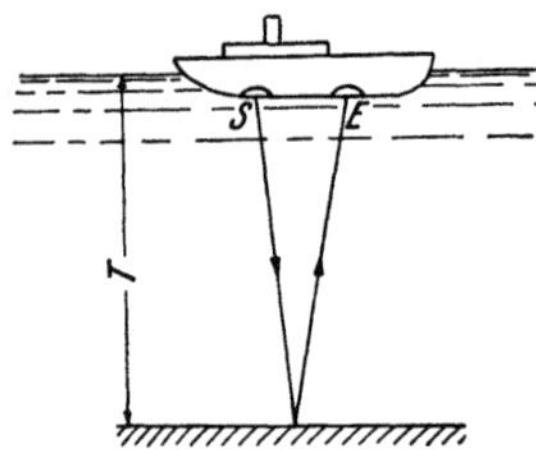

Echolotung

Eckmast — *angle pole* — poteau cornier

In den Winkelpunkten einer Freileitung angeordnete Maste. Sie werden auch Winkelmaste genannt.

Edelgasgleichrichter — *rare gas rectifier, tungar rectifier* — rectificateur à gaz rare

Mit Edelgas (vorwiegend Argon oder Neon) gefüllte Entladungsgefäße mit Glühkathode und meist zwei Anoden. Sie zeichnen sich gegenüber den Hochvakuumgleichrichtern durch geringe Heizleistung und kleinen Spannungsabfall aus, haben aber kürzere Lebensdauer und sind im Betriebe wegen der Verminderung des Gasdruckes, der bei höheren Spannungen ziemlich niedrig gehalten werden muß, etwas unsicher.

Edelmetall — *precious metal, rare metal* — métal précieux

Die Metalle Silber, Gold, Platin, Palladium, Rhodium und Iridium.

Edison-Akkumulator — *Edison storage cell* — accumulateur Edison

Wichtigster Vertreter der alkalischen Akkumulatoren mit Platten aus nickelplattiertem Stahl. Die negativen Platten sind mit feinem Eisenschlamm und geringem Quecksilberzusatz versehen; die positiven Platten mit Nickelhydroxyd. Als Elektrolyt wird 21%ige Kalilauge verwendet. Der chemische Vorgang bei der Ladung und Entladung ist durch die Formel

$$Fe + KOH + 2Ni(OH)_3 \overset{E}{\underset{L}{\rightleftharpoons}} Fe(OH)_2 + KOH + 2Ni(OH)_2$$

gekennzeichnet. Die EMK einer Zelle beträgt etwa 1,35 V, die mittlere Entladespannung 1,2 V. Bei der Ladung steigt die Klemmenspannung bis auf etwa 1,82 V.

Edison-Gewinde — *Edison screw* — filet Edison

Standardgewinde für normale Glühlampen (Kurzzeichen E 27).

Effektivstrom — *effective current* — courant effectiv

Bei Wechselstrom jener äquivalente Gleichstrom, der in einem Widerstand die gleiche Wärme entwickelt. Er ist mathematisch gesehen der quadratische Mittelwert des Wechselstromes (s. a. Effektivwert).

Effektivwert — *root mean square value, effective value* — valeur efficace, valeur effective

Quadratischer Mittelwert einer periodischen Wechselstromgröße

$$C = \sqrt{\frac{1}{T} \int\limits_0^T c^2 dt}$$

(c Augenblickswert, T Periodendauer). Bei sinusförmig veränderlichen Wechselstromgrößen wird $C = C_m/\sqrt{2}$ (C_m Maximal- oder Scheitelwert). Bei nichtsinusförmigen, aber periodischen Schwingungen ist

$$C = \sqrt{\sum_{n=1}^{\infty} C_n^2}$$

(C_n Effektivwert der n-ten Oberschwingung ↑).

eichen — *to standardize, to calibrate, to gauge* — étalonner, jauger, calibrer

Eichgerät — *calibration instrument* — instrument étalon

Zur Eichung eines Meßgerätes bestimmtes, möglichst genaues Vergleichsgerät.

Eichkurve — *calibration curve* — courbe d'étalonnage, courbe de graduation

Einem Meßgerät beigelegte Kurve, die die Abweichungen der Angaben des Gerätes vom Sollwert auf Grund einer Vergleichsmessung mit einem Präzisionsmeßgerät (Eichung) angibt. Eine solche Nacheichung ist von Zeit zu Zeit zu wiederholen.

Eichung — *calibration, gauging* — étalonnage, calibrage

Amtliches Abgleichen und Beglaubigen der Maße und Gewichte. Meist aber auch nur das Vergleichen der Angabe von Meßgeräten mit Präzisionsgeräten.

Eigenfrequenz — *natural frequency* — frequénce propre, fréquence naturelle

Wird ein Schwingungskreis an eine Gleichspannungsquelle angeschlossen oder bei geladenem Kondensator kurzgeschlossen, so schwingt er gedämpft gegen $i = 0$ aus, mit einer Frequenz

$$\omega_e = \sqrt{\frac{1}{LC} - \left(\frac{R}{2L}\right)^2},$$

die stets kleiner ist als die „Resonanzfrequenz"

$$\omega_0 = \frac{1}{\sqrt{LC}}$$

und die Eigenfrequenz genannt wird. Darin bedeuten R, L und C den Wirkwiderstand, die Induktivität und die Kapazität des Reihenschwingkreises. Ist die Dämpfung

$$D = R\sqrt{\frac{C}{L}}$$

Null, also R gleich 0, so wird die Eigenfrequenz identisch mit der Resonanzfrequenz.

Beim Anschalten an eine Wechselspannung treten während des Einschaltoder Abschaltvorganges der erzwungenen Schwingung der aufgedrückten Wechselspannung überlagerte Ausgleichs- (Schalt-) Schwingungen auf, deren Frequenz wiederum der Eigenfrequenz des Schwingungskreises gleich ist. [OII]

Eigenkapazität — *self-capacity, natural capacity* — capacité naturelle, capacité propre

Jede Spule hat vermöge der Anordnung ihrer Wicklung eine Kapazität zwischen den Windungen derselben, die sich insbesondere bei höheren Frequenzen bemerkbar macht, und die deren Eigenkapazität genannt wird.

Eigenleistung

→ Spartransformator.

Eigenlüftung — *self-ventilation* — ventilation propre, refroidissement propre

Kühlung einer elektrischen Maschine, bei der ein Lüfter, der am Läufer angebracht oder von ihm angetrieben wird, die Kühlluft bewegt.

Eigenschwingung — *natural oscillation, self-oscillation, free oscillation* — oscillation propre, oscillation naturelle

→ Schwingung.

Eigenstrahlung — *natural radiation, characteristic radiation, fluorescent radiation* — rayonnement caractéristique

→ Röntgenstrahlen.

Eigenzeit — *proper time* — temps d'action

Die Zeit von der Freigabe der Sperrung eines geschlossenen Schalters bis zur Trennung seiner Schaltstücke, nicht eingerechnet die dann gegebenenfalls noch beginnende Lichtbogendauer bis zum Erlöschen des Lichtbogens. Hat der Schalter angebaute Sekundärauslöser, so wird auch deren Eigenzeit in die Eigenzeit des Schalters einbezogen.

Einankerumformer — *(rotary) converter* — commutatrice à induit unique

Umformer, bei dem die Energieumformung in einem einzigen Anker erfolgt. Meist als Drehstrom-Gleichstrom-Umformer ausgeführt, der als normale Gleichstrommaschine gebaut ist, deren Ankerwicklung drei- oder sechsphasig angezapft und zu Schleifringen geführt wird. Führt man der Maschine über die Schleifringe Drehstrom zu, so wirkt sie als Synchronmotor und Gleichstromgenerator, also als Drehstrom-Gleichstrom-Umformer, bei gleichstromseitiger Speisung als Gleichstrom-Drehstrom-Umformer. Wird der Einankerumformer mechanisch angetrieben, so kann er Gleichstrom- und Drehstromenergie liefern. Er wirkt dann als Doppelstromgenerator.

Induzierte Gleich- und Wechselspannung stehen beim Einankerumformer im bestimmten Übersetzungsverhältnis

$$\ddot{u}_2 = 0{,}707 \text{ bei Einphasenstrom,}$$
$$\ddot{u}_3 = 0{,}612 \text{ bei Drehstrom und}$$
$$\ddot{u}_6 = 0{,}354 \text{ bei Sechsphasenstrom.}$$

In den meisten Fällen ist daher kein direkter Anschluß an das Wechselstromnetz möglich, sondern es muß ein Transformator zwischengeschaltet

a. Einankerumformer 1050 kW, 242 V, 750 U/min, Baujahr 1938

werden. Da der Einankerumformer um so kleinere Verluste aufweist, je höher die Phasenzahl ist, wird drehstromseitig mit Vorteil eine Mehrphasen- (Sechs- oder Zwölfphasen-) Schaltung angewendet. Dabei ergibt sich das Verhältnis der Stromwärmeleistung der Ankerwicklung des Umformers zu jener bei einer gewöhnlichen Gleichstrommaschine zu

$$v_2 = 1{,}38 \text{ bei Einphasenstrom,}$$
$$v_3 = 0{,}567 \text{ bei Drehstrom,}$$
$$v_6 = 0{,}267 \text{ bei Sechsphasenstrom und}$$
$$v_{12} = 0{,}207 \text{ bei Zwölfphasenstrom.}$$

Bei der gleichen Gleichspannung hat der Einankerumformer die $\sqrt{\dfrac{1}{v}}$-fache Leistung einer Gleichstrommaschine gleicher Bauart und gleicher Stromwärmeverluste im Anker.

Wegen des starren Verhältnisses der Wechsel- zur Gleichspannung bestehen Schwierigkeiten in der Spannungsregelung. Man verwendet dann auf der Wechselstromseite Transformatoren mit Anzapfungen (Stufentransformatoren ↑), Drehtransformatoren ↑ oder Schubtransformatoren ↑. Eine Veränderung der Erregung bewirkt keine Spannungsregelung, sondern, wie bei jeder Synchronmaschine, lediglich eine Änderung des Leistungsfaktors. Man kann diese aber auch zu einer Spannungsregelung heranziehen, wenn man dem Einankerumformer wechselstromseitig Drosselspulen vorschaltet. Durch Über- und Untererregen wird dann die Schleifringspannung infolge der geänderten Spannungsabfälle in der Drosselspule größer oder kleiner, womit also auch die Gleichspannung geregelt werden kann. Allerdings ist diese Art der Regelung begrenzt durch die Vergrößerung der Verluste und die Verschlechterung des Leistungsfaktors, wodurch auch der Wirkungsgrad des Umformers verschlechtert wird.

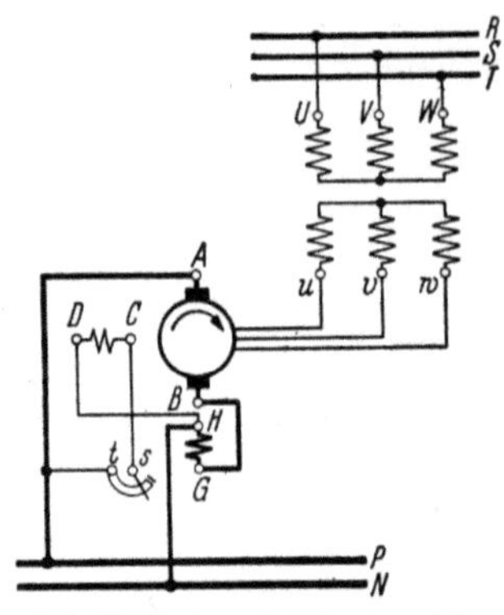

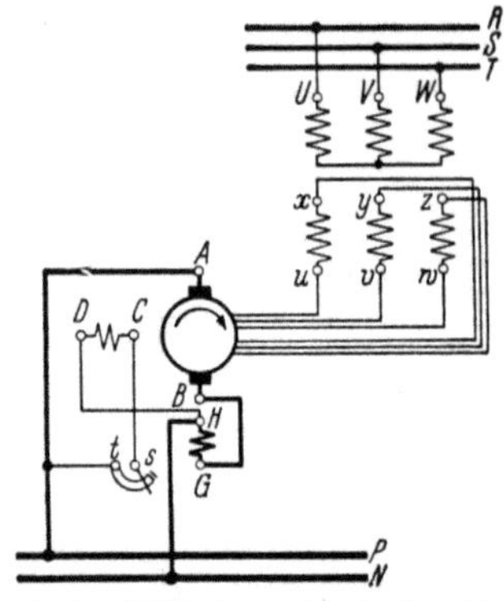

<table>
<tr><td>c. Schaltbild eines dreiphasigen Ein-
ankerumformers</td><td>b. Schaltbild eines sechsphasigen Ein-
ankerumformers</td></tr>
</table>

Die Schwierigkeiten in der Spannungsregelung und die Notwendigkeit des Vorschaltens eines Transformators hat die praktische Anwendung der Einankerumformer trotz ihrer außerordentlich günstigen Ausnutzung, ihres geringen Platzbedarfes und des hohen Wirkungsgrades stark eingeschränkt.

einatomig — *monoatomic* — monoatomique

Einfachstrom — *single current* — courant simple

Telegraphierstrom, der die Zeichen durch Stromschluß und Pausen übermittelt. Der Strom fließt also nur in einer Richtung.

Einfachverkehr — *one-way working, simplex operation* — communication simple

An beiden, durch Funkverkehr verbundenen Stationen befindet sich je ein Sender und ein Empfänger und eine gemeinsame Antenne, die durch einen Umschalter abwechselnd an den Sender oder Empfänger gelegt werden kann. Beim Übergang vom Senden zum Empfangen oder umgekehrt muß also umgeschaltet werden. Bei dieser Verkehrsart müssen demnach bestimmte Zeiten und Regeln für Senden und Empfang festgelegt werden.

Für den Einfachverkehr ist auch die Bezeichnung Simplexverkehr oder gelegentlich auch Wechselverkehr gebräuchlich.

einfallen 1. (Riegel) — *to snap, to fall in* — se fermer à ressort
           2. (Wellen) — *to fall upon, to incide, to arrive* — incider, entrer

Einfallwinkel — *angle of incidence* — angle d'incidence

Winkel zwischen einfallendem Strahl oder Welle und der Normalen auf die Fläche, auf die der Strahl auftrifft.

einfarbig — *monochromatic, monochrome* — monochromatique, monochrome

Einführungsisolator — *leading-in insulator* — isolateur d'entrée

Einführungspfeife — *inlet funnel, leading-in tube* — tube d'entrée
Aus Porzellan bestehendes Rohr in Pfeifenform zur Einführung eines unter (Nieder-) Spannung stehenden Drahtes aus dem Freien in ein Gebäude.

Eingang — *entrance, inlet* — entrée
Die Seite eines durch einen Vierpol ↑ darstellbaren Gerätes oder einer solchen Maschine, die primär an das speisende Netz angeschlossen wird. Die beiden Klemmen, an denen der Anschluß erfolgt, heißen dann Eingangsklemmen, der an ihnen liegende erste Stromkreis der Eingangskreis.

Eingangsklemmen — *input terminals* — bornes d'entrée
→ Eingang.

Eingangskreis — *input circuit* — circuit d'entrée
Teil einer Empfängerschaltung, der zur Abstimmung ↑ auf die Empfangsfrequenz dient (s. a. Eingang).

Eingangswellenwiderstand — *input characteristic impedance* — impédance caractéristique d'entrée
→ Wellenwiderstand.

Eingangswiderstand — *input impedance* — impédance d'entrée
ist der an den Eingangsklemmen einer elektrischen Anordnung gemessene Widerstand. Er ist im besonderen beim Vierpol von der Belastung $\mathfrak{W}$ abhängig und durch die Gleichung

$$\mathfrak{W}_1 = \frac{\mathfrak{B} + \mathfrak{A}_1\mathfrak{W}}{\mathfrak{A}_2 + \mathfrak{C}\mathfrak{W}}$$

gegeben ($\mathfrak{A}$, $\mathfrak{B}$, $\mathfrak{C}$ Vierpolkonstante).
Bei rückwärtiger Speisung wird

$$\mathfrak{W}_2 = \frac{\mathfrak{B} + \mathfrak{A}_2\mathfrak{W}}{\mathfrak{A}_1 + \mathfrak{C}\mathfrak{W}}$$

Ist der Vierpol symmetrisch, so erhält man mit dem Wellenwiderstand $\mathfrak{Z}$ und dem Übertragungsmaß g auch den Ausdruck

$$\mathfrak{W}_1 = \mathfrak{Z}\,\frac{\mathfrak{Z}\,\mathrm{Sin}\,g + \mathfrak{W}\,\mathrm{Cos}\,g}{\mathfrak{Z}\,\mathrm{Cos}\,g + \mathfrak{W}\,\mathrm{Sin}\,g}$$

[OII]

eingeprägt — *applied* — imprimé
Soviel wie innewohnend.

eingeschwungen — *steady-state* — régulier, permanent
Verbleibender Zustand nach dem Einschwingen.

Einheiten, abgeleitete — *derived units* — unités dérivées
→ Grundeinheiten.

Einheiten, absolute — *absolute units* — unités absolues
→ Urmaße.

Einheiten, internationale — *international units* — unités internationales
→ Urmaße.

Einheitensystem — *system of units* — système d'unités
Aus den gewählten Grundeinheiten und den aus ihnen abgeleiteten Einheiten gebildetes System der Einheiten der Größen eines abgeschlossenen physikalischen Gebietes. [G. Oberdorfer: Das natürliche Maßsystem. Wien: Springer-Verlag, 1949.]

Einheitsfunktion — *unit function* — fonction unitaire

auch Stoßfunktion genannt, Zeitfunktion, die für negative Zeiten den Wert Null, für positive den Wert $+1$ hat. Im Zeitpunkt $t = 0$ springt sie von 0 auf $+1$. Sie wird mathematisch ausgedrückt durch das Fouriersche Integral

$$\frac{1}{2\pi j} \int\limits_{-\infty}^{+\infty} \frac{e^{j\omega t}}{\omega}\, d\omega.$$

[OII]

Einheitskennlinie

Kennlinie elektrischer Maschinen, die für eine ganze Gruppe solcher Maschinen Geltung haben und die erhalten werden können, wenn man die einzelnen Betriebsgrößen auf ausgezeichnete Werte derselben (Nennwert, Kurzschlußwert, Kippwert usw.) bezieht. So findet man z. B. eine Einheitskennlinie für das Drehmoment M für alle Asynchronmotoren ↑ in Abhängigkeit vom Schlupf s ↑, wenn man auf die Kippwerte M_k und s_k bezieht (siehe nebenstehendes Bild). Man erhält dann die Gleichung

$$\frac{M}{M_k} = \frac{2}{s/s_k + s_k/s}.$$

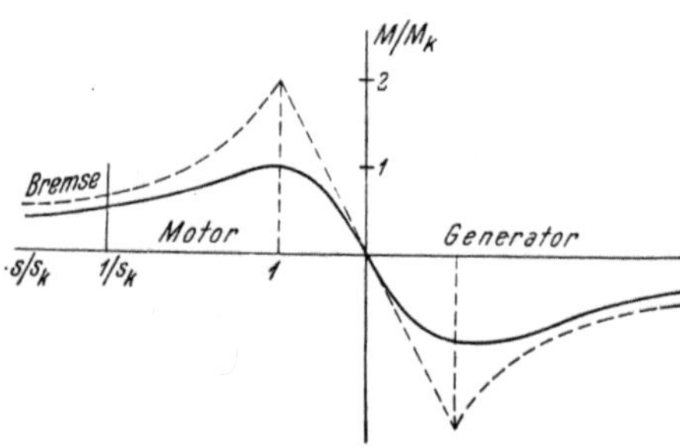

Drehmomentenkennlinie der Asynchronmaschine

Einheitsvektor — *standard vektor* — vecteur unitaire

Vektor ↑ mit dem Betrag 1. In den Achsenrichtungen eines rechtwinkeligen Koordinatensystems vorzugsweise mit $\mathfrak{i}$, $\mathfrak{j}$, $\mathfrak{k}$ bezeichnet.

einklinken — *to lock, to engage* — fermer au loquet, encliqueter

einlaufen (sich einspielen) — *to run in* — se faire, rôder

Einleiterkabel — *single-core cable* — câble unipolaire

Kabel mit nur einem Leiter. Sie weisen wegen des symmetrischen Feldes geringere Isolationsbeanspruchungen auf, können aber wegen der Induktionswirkungen nicht mit normaler Eisenarmierung ausgeführt werden.

Einphasensystem — *single-phase system* — système monophasé

Einschalten — *switching on, switching in* — mise en circuit

Schließen eines Stromkreises über einen Schalter. Dabei entsteht im allgemeinen unmittelbar nach dem Einschalten ein Ausgleichsvorgang ↑, nach dessen Abklingen erst der stationäre Zustand eintritt, vorausgesetzt, daß die Stromquelle konstante Gleich- oder Wechselspannung liefert. Im besonderen sind folgende Fälle von Bedeutung:

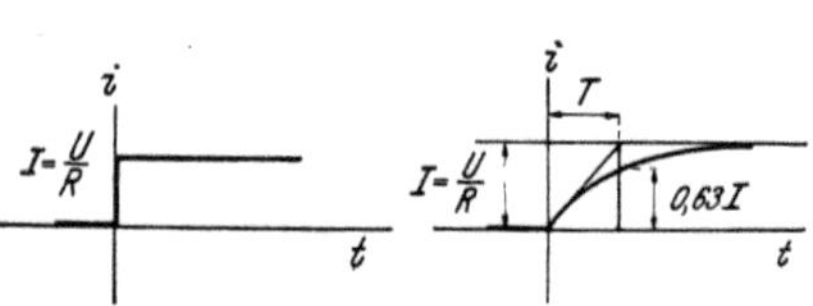

a. Einschalten eines Ohmschen Widerstandes b. Einschalten einer Spule an Gleichspannung

1. **Einschalten eines Ohmschen Widerstandes.** Wird ein rein Ohmscher Widerstand R an eine Spannung U angeschlossen, so springt der Strom bei plötzlichem (unendlich kurze Zeit dauerndem) Einschalten von Null auf den Wert U/R (Abb. a).

2. **Einschalten einer Spule an Gleichspannung.** Der Stromanstieg nach dem plötzlichen Einschalten folgt dem Gesetz

$$i = \frac{U}{R}\,(1 - e^{-\frac{t}{T}}),$$

wobei die Zeitkonstante $T = L/R$ die Raschheit des Anstieges angibt (Abb. b).

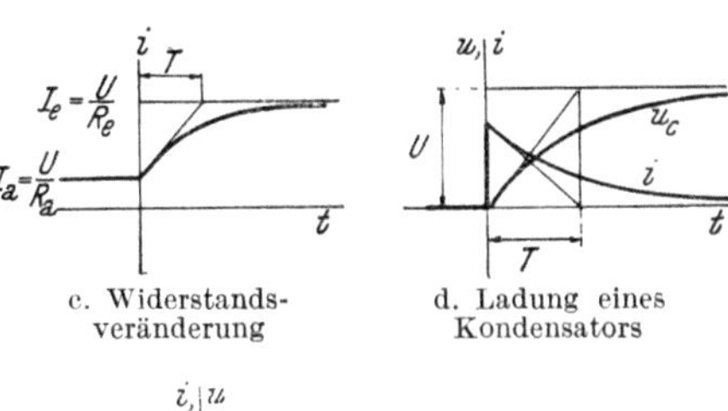

c. Widerstandsveränderung

d. Ladung eines Kondensators

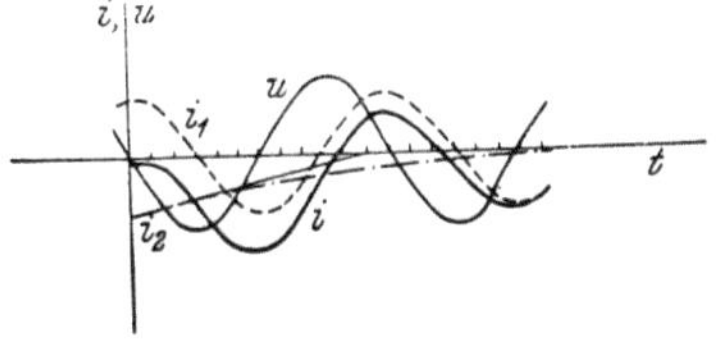

e. Einschalten eines Kondensators an Wechselspannung

Ist der Stromkreis schon geschlossen, wurde aber der Widerstand vom Wert R_a plötzlich auf den neuen Wert R_e geändert, so ist der Stromverlauf nach dem Schalten (Abb. c)

$$i = \frac{U}{R_e} + U\,\frac{R_e - R_a}{R_e\,R_a}\,e^{-\frac{t}{T}},$$

wobei

$$T = \frac{L}{R_e}.$$

3. **Laden eines Kondensators.** Wird ein Kondensator über einen Widerstand an die Gleichspannung U angeschaltet, so entsteht ein Ladestrom mit dem Verlauf

$$i = \frac{U}{R}e^{-\frac{t}{T}},$$

wobei jetzt die Zeitkonstante den Wert

$$T = RC$$

erhält. Die Spannung am Kondensator folgt dem Gesetz

$$u_c = U\,(1 - e^{-\frac{t}{T}}).$$

4. **Einschalten einer Spule an Wechselspannung.** Der nach dem plötzlichen Zuschalten auftretende Strom ist vom Schaltaugenblick abhängig und folgt dem Gesetz

$$i = \frac{U\sqrt{2}}{\sqrt{R^2 + \omega^2 L^2}}\,[\sin(\omega t + \psi - \varphi) - e^{-\frac{t}{T}}\sin(\psi - \varphi)].$$

Dabei ist die treibende Spannung

$$u = U\sqrt{2}\,\sin(\omega t + \psi).$$

Die Phasenverschiebung zwischen Strom und Spannung im eingeschwungenen Zustand ist gegeben durch

$$tg\,\varphi = \frac{\omega L}{R} = \omega T,$$

und die Zeitkonstante der Spule durch

$$T = \frac{L}{R}.$$

Der maximale Ausgleichsstrom tritt auf, wenn im Augenblick geschaltet wird, wo der stationäre Stromanteil seinen Höchstwert hat. Wäre dieser im Schaltmoment Null, dann tritt kein Ausgleichsstrom auf.

5. **Einschalten eines Kondensators an Wechselspannung.** Wird ein Kondensator über einen Widerstand R plötzlich an eine Wechselstromquelle mit der Spannung U angeschlossen, so ist die Spannung am Kondensator gegeben durch

$$u_C = \frac{U\sqrt{2}}{\sqrt{R^2\omega^2C^2+1}} \; \cos\,(\omega t + \psi + \varphi) - e^{-\frac{t}{T}}\cos\,(\psi + \varphi)\,,$$

worin die treibende Spannung

$$u] = U\sqrt{2}\;\;\sin\,(\omega t + \psi)$$

und

$$\mathrm{tg}\varphi = \frac{1}{R\omega C} = \frac{1}{\omega T}\,,$$

mit der Zeitkonstanten

$$T = RC.$$

Der maximale Wert der Ausgleichsspannung tritt auf, wenn im Augenblick geschaltet wird, wo der stationäre Spannungsanteil im Maximum ist. Das ist praktisch der Fall, wenn der Widerstand R klein ist, da dann in der Nähe des Maximums der treibenden Spannung ein Funken zwischen den Kontakten des Schalters überspringt und so den Schaltvorgang beim Höchstwert der Spannung einleitet. Der entstehende Strom hat die Größe

$$i = \frac{-U\sqrt{2}}{\sqrt{R^2 + \frac{1}{\omega^2C^2}}} \; [\sin\,(\omega t + \psi + \varphi) - e^{-\frac{t}{T}}\,\mathrm{tg}\,\varphi\,\cos\,(\psi + \varphi)].$$

Einschichtwicklung — *single layer winding*

Wicklung einer elektrischen Maschine, bei der in jeder Nut nur eine Spulenseite liegt.

Einschnürung — *constriction, binding up, stricture nick* — rétrécissement, étranglement, entaille, encoche

Einseitenbandmodulation — *single-sideband modulation* — modulation à bande latérale unique

→ Amplitudenmodulation.

einsetzen 1. **einfügen** — *to insert, to inset, to fit* — insérer, encastrer, ajuster
        2. **beginnen** — *to initiate, to start* — commencer

einstellbar — *adjustable* — réglable

Einstrahlwinkel — *angle of arrival*

Der Winkel zwischen Erdoberfläche und Fortpflanzungsrichtung einer auf eine Antenne zukommenden Radiowelle.

einteilen — *to divide (by), to classify, to index, to graduate, to subdivide* — partager, classifier, graduer, etalonner

Eintrittsgeschwindigkeit — *approach velocity, input velocity* — vitesse d'entrée

Einwegschaltung — *single-way circuit, one way circuit* — circuit à une seule voie, circuit à une direction

Schaltung von Gleichrichtern ↑, bei der von der Wechselstromschwingung in jeder Phase jeweils nur die eine Halbwelle zur Gleichstrombildung ausgenützt wird; zum Unterschied von der Zweiwegschaltung ↑, bei der beide Halbwellen ausgenützt werden. Schaltungsbeispiele zeigen die untenstehenden Schaltbilder.

Bei der Einwegschaltung wird auch der Transformator nur teilweise ausgenützt. Gleich- und Wechselspannung stehen in einem bestimmten Verhältnis zueinander, nämlich

$$U = \frac{U_s}{\pi} = 0{,}319\ U_s \quad \text{beim Einphasengleichrichter,}$$

$$U = 0{,}83\ U_s \quad \text{beim Dreiphasengleichrichter.}$$

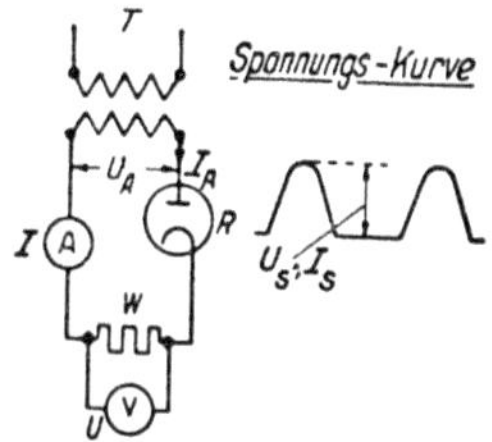

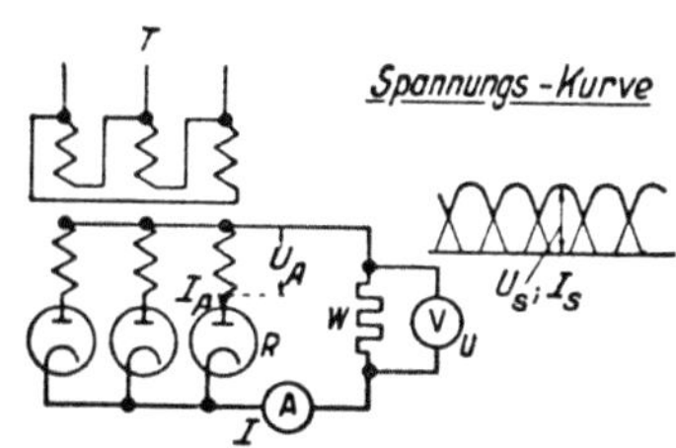

a. Einphasen-Einwegschaltung.   b. Dreiphasen-Einwegschaltung

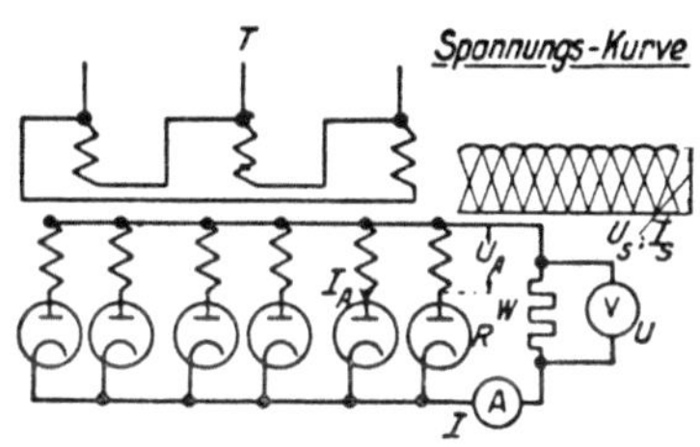

c. Sechsphasen-Einwegschaltung

T Transformator	I Gleichstrom	} Mittelwerte
R Gleichrichterelement	U Gleichspannung	
W Verbraucher	I_s Gleichstrom	} Scheitelwerte
I_A Anodenstrom	U_s Gleichspannung	
U_A Transformatorspannung		

einwertig — *monovalent, univalent, single valued* — monovalent

Einzelantrieb — *individual control* — commande individuelle

Im Gegensatz zum Gruppenantrieb Zuordnung je eines Antriebsmotors zu jeder Arbeitsmaschine oder noch weitergehend zu Teilfunktionen derselben, beispielsweise Ausrüstung jeder Werkzeugmaschine einer Werkstätte mit einem eigenen Antriebsmotor.

Eisenbeton — *reinforced concrete* — beton armé

Eisengeschirmtes Meßgerät — *iron-clad instrument* — instrument armé, instrument entouré de fer

Zur Abschirmung von Fremdfeldern wird in die Meßgeräte ein besonderer Eisenschirm eingebaut. Ein Gehäuse aus Eisenblech gilt nicht als Schirm. [VDE-Vorschriften 1941, 0410 (5).]

Eisengleichrichter — *steel tank rectifier* — redresseur à enveloppe en fer → Quecksilberdampf-Gleichrichter.

Eisenspule — *iron core coil* — bobine à noyau de fer

Spule mit Eisenkern. Gemäß der Permeabilität des Eisens werden zur Erreichung einer bestimmten Induktivität Eisenkernspulen viel kleiner als Luftspulen. Bei Wechselstrom muß der Kern zur Vermeidung von Wirbelstromverlusten geblättert werden. Auch Hochfrequenzspulen können mit Eisenkern ausgeführt werden, wobei der Kern ebenfalls aus Blechen oder aus Drähten zusammengesetzt wird, am besten und häufigsten jedoch aus Eisenpulver, das in Isoliermaterial mit möglichst geringen dielektrischen Verlusten eingebettet ist.

Hochfrequenzeisenkerne sind unter dem Namen Ferrocart und Sirufer in den Handel gebracht worden. Die Permeabilitätszahl liegt zwischen 7 und 20. Oft wird bei der Ausführung eine Möglichkeit der Abgleichung der Induktivität, beispielsweise durch eine Verstellbarkeit des Eisenkörpers, vorgesehen. Der Gütefaktor der gebräuchlichen Eisenkernspulen liegt in der Größenordnung von 300.

Eisenverluste — *iron loss, core loss* — pertes dans le noyau, pertes dans le fer.

Im Eisen des magnetischen Kreises einer elektrodynamischen Maschine oder eines elektromagnetischen Gerätes auftretende Verluste, bedingt durch die entstehenden Wirbelströme und die Um-

Kerne einer Hochfrequenzeisenspule

magnetisierungsarbeit bei Wechselstrom. Diese Verluste sind Wirkverluste und verschlechtern den Wirkungsgrad der Anordnung. Sie bewirken eine Erwärmung der Maschine, bzw. des Gerätes.

Eisenwasserstofflampe — *ballast lamp, baretter* — tube régulateur

→ Eisenwiderstand.

Eisenwiderstand — *iron hydrogen resistance* — resistance fer-hydrogène

Eisen zeigt die bemerkenswerte Eigenschaft, daß sein elektrischer Widerstand bei Glühtemperatur sehr stark ansteigt, so daß in diesem Bereich

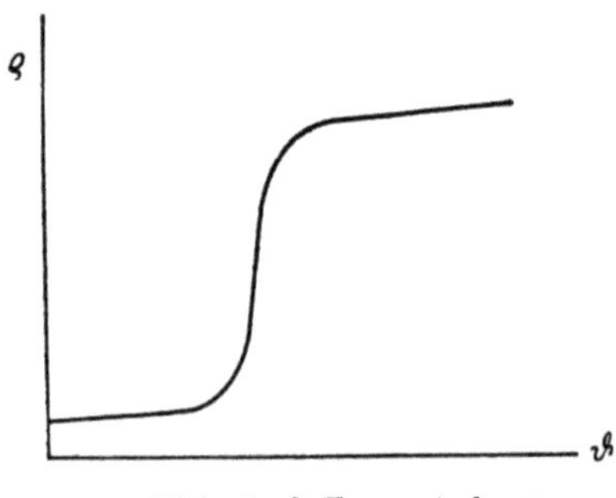

a. Widerstands-Temperaturkurve des Eisens

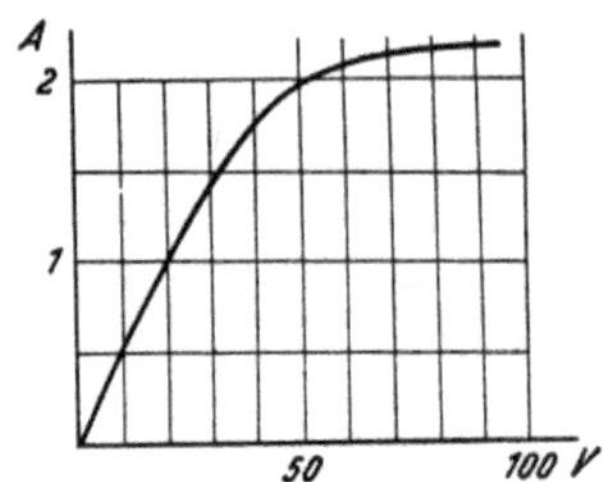

b. Widerstandskurve einer Eisenwasserstofflampe

unabhängig von der angelegten Spannung nahezu Stromkonstanz erzielt werden kann (Abb. a). Man nützt diese Erscheinung aus, um bei schwankender Netzspannung konstante Stromentnahme zu erreichen (z. B. für den Heizstrom von Elektronenröhren). Zu diesem Zwecke wird ein Eisendraht in einer mit verdünntem Wasserstoff gefüllten Glasröhre eingeschmolzen, der so ausgelegt ist, daß er im Benützungsbereich gerade auf die kritische Glühtemperatur kommt. Die Kennlinie einer solchen „Eisenwasserstofflampe" zeigt die Abb. b.

Elektrizitätswirtschaft — *electro-economics* — économie de l'électricité

Die Elektrizitätswirtschaft ist die planmäßige Bewirtschaftung der Elektrizität. Ihre vorherrschende Aufgabe ist die zweckmäßige und wirtschaftliche Ausnutzung der in den Anlagen der Elektrizitätserzeugung, Verteilung und Verwertung investierten Kapitalien. Die wirtschaftliche Erstellung und der Betrieb dieser Anlagen geht natürlich Hand in Hand mit einer möglichst vorteilhaften Versorgung der Wirtschaft mit elektrischer Energie und einer rationellen Ausnützung der auf der Erde vorhandenen Energievorräte in den Steinkohlen-, Braunkohlen- und Torflagern, in den Erdölvorkommen und Wasserkräften, in Wind, Ebbe und Flut usw.

Elektrizitätszähler — *electric meter* — compteur d'électricité

Meßgerät zur Messung elektrischer Arbeit. Im allgemeinen ein Elektromotor. Für Gleichstrom ist der Anker über einen großen Vorwiderstand an die Netzspannung gelegt, während die Feldspulen vom Verbraucherstrom durchflossen werden. Für Wechselstrom ist eine Wicklung eines Induktionsmotors an die Netzspannung gelegt, während die andere vom Verbraucherstrom durchflossen wird. Demnach ist das jeweils entstehende Drehmoment proportional UI. Es wirkt auf eine Wirbelstrombremse ↑.

Durch ein Zählwerk ist es möglich, die elektrische Arbeit in Wh oder kWh abzulesen. Wird bei konstanter Spannung diese in die Messung nicht eingeführt, so wird die Anordnung zum Amperestundenzähler ↑.

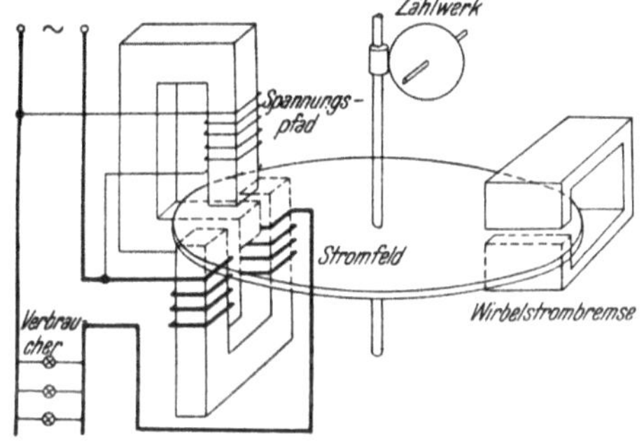

a. Schematische Darstellung eines Wechselstromzählers

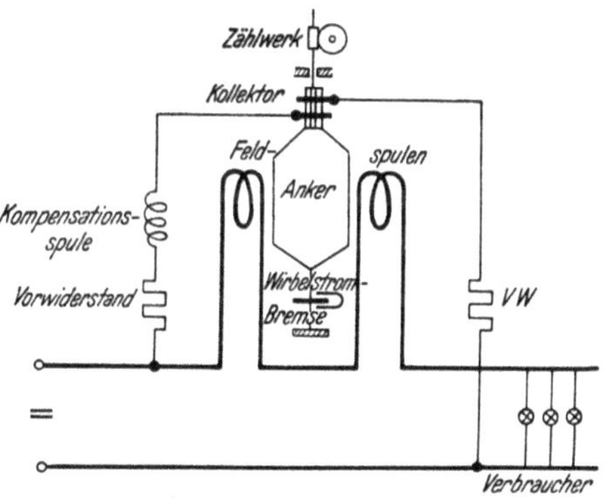

b. Schematische Darstellung eines Gleichstromzählers

Elektroden — *electrodes* — électrodes

Anschlußpunkte einer elektrolytischen oder Gasentladungsstrecke oder eines solchen Gerätes zur Stromentnahme und Zuführung.

Elektrodenkessel — *electrode steam boiler* — chaudière à électrodes

Kessel zur elektrischen Erhitzung von Flüssigkeiten, vorzugsweise Wasser, bei dem durch Einbringen von Elektroden ein Stromfluß durch die Flüssigkeit ermöglicht wird. Eine grundsätzliche, dreiphasige Ausführungsform zeigt die nebenstehende Skizze. Ist

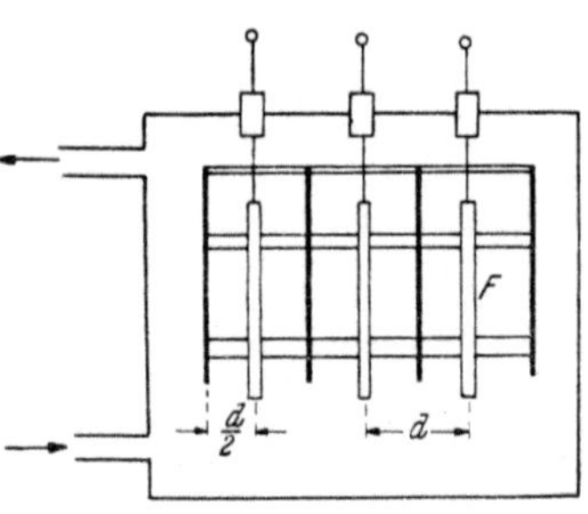

ϱ der spezifische Widerstand der Flüssigkeit,

σ die zulässige Flächendichte des Stromes an der Elektrodenoberfläche und

d der Abstand der Elektroden untereinander,

so ergibt sich der letztere bei der gegebenen Phasenspannung U nach Wahl von σ zu

Dreiphasen-Elektrodenkessel

$$d = \frac{2\,U}{\varrho\sigma},$$

und die einseitige Elektrodenoberfläche mit

$$F = \frac{N}{6\,\sigma U}.$$

Dabei ist $\varrho = 200 \ldots 600\ \Omega$ cm für die verschiedenen Wasservorkommen stark verschieden, während σ bei Wasserumlauf ohne Pumpe mit etwa $0,15 \ldots 0,5$ A/cm² gewählt werden kann. Ist eine Pumpe vorhanden, die eine gute Wasserzirkulation gewährleistet, so kann mit σ bis maximal 1 A/cm² hinaufgegangen werden.

Erwähnt sei noch, daß der spezifische Widerstand des Wassers mit zunehmender Temperatur abnimmt. Er beträgt bei 100°C nur mehr das etwa $0,5 \ldots 0,3$-fache des Wertes bei 20°C. Dies muß natürlich bei der Auslegung und Betriebsweise solcher Elektrodenkessel berücksichtigt werden.

Elektrodynamisches Meßgerät — *electrodynamic instrument* — instrument électrodynamique

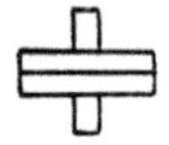

Das elektrodynamische Meßgerät hat stromdurchflossene, feststehende und elektrodynamisch abgelenkte, bewegliche Spulen. Man unterscheidet eisenlose und eisengeschlossene Geräte. Eisengeschlossene elektrodynamische Meßgeräte haben Eisen im Meßwerk zur Steigerung des Drehmomentes. Das Kennzeichen des elektrodynamischen Meßgerätes zeigt die nebenstehende Abbildung.

Kennzeichen der elektrodynamischen Meßgeräte

Elektrolyse — *electrolysis* — électrolyse

Zersetzung einer Lösung beim Durchgang eines elektrischen Stromes. Dabei trägt jedes Ion n elektrische Elementarquanten, wenn n die chemische Wertigkeit angibt.

Elektrolyseur — *electrolyser* — électrolyseur

Apparat zur elektrolytschen Gasgewinnung, im besonderen zur Erzeugung von Wasserstoff aus Wasser, was bei kleineren Mengen meist wirtschaftlicher ist als die Gewinnung aus flüssiger Luft.

Der Apparat besteht aus einzelnen Zellen mit je zwei Elektroden, die durch eine Asbestplatte voneinander geschieden sind. In den beiden Zellenhälften werden dann bei der Wasserzersetzung die Gase Sauerstoff und Wasserstoff ausgeschieden und in Behältern gesammelt. Man erreicht Gasreinheiten von 99,6...100%; der spezifische Energieverbrauch beträgt 4,5...5 kWh/m³ Wasserstoff.

Elektrolyseur für 400 m³ H₂ je Stunde (Bauart Oerlikon)

Elektrolyt — *electrolyte* — électrolyte

Flüssigkeit, durch die ein elektrischer Strom geleitet wird, wobei im allgemeinen eine Zersetzung stattfindet.

Elektrolytkondensator — *electrolytic capacitor* — condensateur électrolytique

Elektrolytkondensatoren sind Kondensatoren mit flüssigem Dielektrikum. Die Elektroden sind Aluminiumplatten, der Elektrolyt eine Ammoniumsalzlösung. Wird eine solche Zelle an Gleichspannung gelegt, so entsteht an der Anode eine überaus dünne isolierende Aluminiumoxydschicht. Dadurch können leicht Kondensatoren mit sehr hohen Kapazitätswerten (1000 μF und mehr) hergestellt werden. Zur Aufrechterhaltung der Kondensatorwirkung ist das Vorhandensein einer ständigen Gleichspannung erforderlich, die den sogenannten „Leckstrom" oder Reststrom zur Beibehaltung der Isolationsschicht zur Folge hat. Die Kapazität des Elektrolytkondensators nimmt mit der Temperatur zu. Desgleichen der Verlustwinkel, der in der Größenordnung von 0,05...0,15 liegt (bei 50 Hertz) und auch noch mit der Frequenz zunimmt.

Die Elektrolytkondensatoren werden in zwei Ausführungsformen gebaut, als Naß-Elektrolytkondensatoren, die stehend montiert werden müssen, damit das Gas durch ein oben befindliches Ventil entweichen kann, und als Trocken-Elektrolytkondensatoren, die, um ein Austrocknen zu verhindern, mit Paraffin ausgegossen werden.

Elektrolytkondensator (aufgeschnitten)

Elektromagnet — *electromagnet* — électro-aimant

Über eine Spule elektrisch erregter Magnet zur Erzeugung willkürlicher mechanischer Kräfte bei Hebezeugen und im Apparate- und Gerätebau zur Betätigung von Schalt- und Steuereinrichtungen.

Ist F die Polfläche und B die über diese in erster Annäherung gleichmäßig verteilt angenommene Feldstärke (Induktionsdichte), so ergibt sich für die Anziehungskraft auf den Anker die Beziehung

$$P = \frac{FB^2}{2\,\mu_0}.$$

Elektrometer — *electrometer* — électromètre

Elektrostatisches Meßgerät zur Messung von Ladung oder Spannung. Das Urbild des Elektrometers ist das Doppelpendel, d. h. zwei an Fäden aufgehängte Holundermarkkügelchen, welche je nach der ihnen mitgeteilten Elektrizitätsmenge mehr oder weniger divergieren. Mit der Zeit wurden eine Vielzahl von Verbesserungen eingeführt. So wurde das Goldblatt-, Einblättchen-, Braunsche-, Faden-, Nadel-, Quadrantenelektrometer u. a. m. konstruiert.
[Handbuch der Physik, Westphal, W. Band XVI, S. 225 I. Berlin: Springer, 1927.]

Elektromotorische Kraft — *electromotive force* — force électromotrice

Die die Elektronen in einem Leiter treibende Kraft. Sie entsteht durch chemische Einwirkung, Induktionswirkung magnetischer Felder, Trägheitserscheinungen usw. und ist der außerhalb ihres Entstehungsortes (an den „Klemmen" des sie enthaltenden Gebildes) gemessenen, elektrischen Spannung entgegengesetzt gerichtet. Ihre Richtung weist also vom niedrigeren zum höheren Potential.   [OI]

Elektron — *electron* — électron

Elektrisches Elementarteilchen; Aufbauteilchen elektrischer Ladungen und der Materie; es vergegenwärtigt die negative elektrische Elementarladung $e = -1{,}60 \cdot 10^{-19}$ C und ist auch das Aufbauteilchen der β-Strahlen. Ruhemasse $m_e = 9{,}1 \cdot 10^{-28}$ g.   [OI]

Elektronenbeweglichkeit

→ Beweglichkeit.

Elektronengas — *plasma, electron gas* — plasma électronique

Räumlich verteilte Elektronen, denen in vieler Hinsicht das Verhalten von Gasen eignet.

Elektronenhülle — *electron shell* — couche électronique

Die den Kern eines Elementes umgebenden Elektronen. Sie sind je nach ihrer Anzahl in mehreren Schichten angeordnet, die man Elektronenschalen nennt (→ periodisches System).

Elektronenoptik — *electron optics, gun* — optique électronique

Teilgebiet der Elektronenlehre, das sich mit der Ablenkung von Elektronenstrahlen in (mehr oder weniger konzentrierten) elektrischen und magnetischen Feldern befaßt. Die Ablenkungsgesetze sind denen der Lichtoptik verwandt und ermöglichen eine dieser entsprechende Anwendung (z. B. im Elektronenmikroskop).

Elektronenröhre — *valve, electron tube* — tube électronique, lampe à vide

Hochevakuierte Röhre mit mindestens zwei Elektroden, in der sich nur ein reiner Elektronenstrom ausbilden kann. Die Elektronen werden durch

Erhitzen der Kathode durch Glühemission geliefert und wandern bei angelegter äußerer Spannung (Anodenspannung) zur Anode, den Anodenstrom
bildend. Die Elektronenröhren können noch mit weiteren Hilfselektroden
versehen werden; man unterscheidet sie dann nach der Anzahl der Elektroden (s. Diode, Triode, Tetrode, Penthode, Hexode usw.) oder nach ihrem
Verwendungszweck (s. Gleichrichterröhre, Verstärkerröhre).

Um die wesentlichen Eigenschaften einer Elektronenröhre schon von
außen zu erkennen, werden sie nach bestimmter Übereinkunft bezeichnet,
und zwar durch zwei oder drei Buchstaben und eine Zahl. Der erste Buch-
stabe betrifft die Art der Heizung; der zweite, und bei Röhren mit mehrfacher Arbeitsweise auch der dritte, bezeichnet den Aufbau der Röhre,
während die Zahl die Typennummer angibt. Die gebräuchlichen Buch-
stabensymbole sind in der folgenden Tabelle zusammengestellt.

Eine ABC-Röhre ist beispielsweise eine mit 4-V-Wechselspannung
indirekt geheizte Zweifach-Zweipol-Dreipolröhre.

Erster Buchstabe	Zweiter und dritter Buchstabe
A = 4 V indirekte Wechsel- stromheizung	A = Zweipolröhre
B = 180 mA indirekte Gleich- stromserienheizung	B = Zweifach-Zweipolröhre BC = Zweifach-Zweipol-Drei- polröhre
C = 200 mA indirekte Serien- heizung für Gleich- und Wechselstrom	C = Dreipolröhre CH = Dreipol-Sechspolröhre D = Dreipol-Endröhre
D = 1,2-V-Batterieröhren	E = Vierpolröhre
E = 6,3-V-Automobilfunk	F = Hochfrequenz-Fünfpol- röhre
F = 13-V-Automobilfunk	
H = 4-V-Batterieröhren	H = Sechspolröhre
K = 2-V-Batterieröhren	J = Siebenpolröhre
U = 100-mA-Sparstromserien- heizung (Gleich- oder Wechselstrom)	K = Achtpolröhre L = End-Fünfpolröhre M = Abstimmröhre
V = 50-mA-Volksempfänger- röhren	S = Synchron-Ablenkröhre X = Vollweggleichrichter (Gas) Y = Einweggleichrichter (Vakuum) Z = Vollweggleichrichter (Vakuum)

Elektronenschale — *electron shell* — couche életronique

→ periodisches System.

Elektronenstrahl — *electron beam, beam of electrons* — faisceau électronique,
rayon électronique

Folge von in gleicher Richtung bewegten Elektronen. Er wird meist
durch Einbringen von Elektronen in ein elektrisches Feld (z. B. durch
Glühemission) gewonnen, wobei der Strahl aber noch ausgeblendet oder
fokusiert werden muß.

Elektronenstrahloszillograph

Andere Bezeichnung für Kathodenstrahloszillograph ↑.

Elektronenvervielfacher — *multiplier* — multiplicateur d'électrons

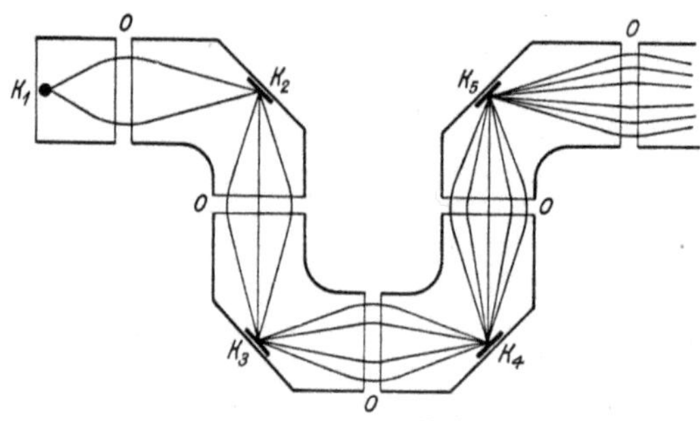

Elektronenvervielfacher

K_1—K_5 = Elektroden
O = Elektronenoptik

Sekundäremissionsröhre ↑ mit mehrfacher Ausnützung der Erscheinung der Sekundäremission. Dabei befinden sich in einer evakuierten Röhre eine Anzahl von Elektroden, deren Potential von Elektrode zu Elektrode höher gehalten ist. Jede Elektrode ist mit einer Schicht versehen, die beim Aufprallen von Elektronen eine größere Anzahl von Sekundärelektronen auslöst. An die Anode kommt dann ein vielfach größerer Elektronenstrom an als die erste Elektrode abgibt. Um zu vermeiden, daß die von einer Elektrode ausgehenden Elektronen die nächste oder mehrere Elektroden überspringen, werden zwischen den Elektroden Elektronenoptiken angeordnet, die die Elektronen zur nächsten Elektrode leiten.

Elektronenvolt — *electron volt* — électron-volt

Der Geschwindigkeit elektrischer Elementarteilchen zugeordnete Anlaufspannung ↑ , die in der Elektronenlehre mit Vorteil an Stelle der mechanischen Geschwindigkeitseinheiten verwendet wird. Es ist

$$U = \frac{mv^2}{2\,e} \quad \text{und} \quad 1\mathrm{eV} = 1{,}60 \cdot 10^{-12}\,\mathrm{Erg}$$

wobei eV die übliche Abkürzung für Elektronenvolt bedeutet.

Elektronenwolke — *cloud of electrons, swarm of electrons, electron cloud* — nuage électronique, nuage d'électrons

Ansammlung von Elektronen, wie sie beispielsweise als negative Raumladung bei der Glühemission in der Umgebung der Glühkathode auftritt.

Elektroskop — *electroscope* — électroscope

Elektrometer ↑ ohne Ablesemöglichkeit.

Elektrostatisches Meßgerät — *electrostatic instrument* — instrument électrostatique

Elektrisches Meßgerät mit festen und mindestens einem beweglichen Körper, zwischen denen elektrostatische Kräfte wirken.

Elektrowerkzeuge — *electric tool* — ontils électriques

Ortsveränderliche Werkzeuge, die von Hand an das Werkstück herangebracht werden und den elektromotorischen oder elektromagnetischen Antrieb als wesentlichen Bestandteil in sich enthalten.

Elfa-Automat

→ Selbstschalter.

Emailwiderstände — *enamelled resistors* — résistances émaillées

→ Lackwiderstände.

Emission, spezifische

→ Heizmaß.

EMK — *e. m. f.* — f. e. m.

Kurzbezeichnung für elektromotorische Kraft ↑ .

Empfängergleichrichter — *receiver rectifier* — redresseur de récepteur

Zweipolröhre, die in Empfängern zur Gleichrichtung der verstärkten Eingangssignale oder zur Erzeugung von Regelspannungen dient. Wegen der geringen Leistungen werden die Elektroden klein und man baut sie daher häufig mit anderen Röhrensystemen zusammen.

Empfindlichkeit — *sensitivity, sensibility* — sensibilité, sélectivité

eines Meßgerätes an einer bestimmten Stelle seiner Skala ist das Verhältnis einer am Meßgerät beobachteten (oder beobachtbaren) sehr kleinen Verschiebung der Marke zu der sie verursachenden Änderung der Meßgröße. Sie ist im allgemeinen in den einzelnen Skalenpunkten verschieden. Bei Meßanordnungen, die aus mehreren Gliedern bestehen, wird die Gesamtempfindlichkeit der Meßanordnung zur Unterscheidung von den Empfindlichkeiten der einzelnen Glieder häufig Schaltungsempfindlichkeit genannt. [DIN 1319, Juli 1942.]

Endausschlag — *full deflection, limiting deflection* — déviation extrême, déviation limite

Maximaler Ausschlag ↑ eines Meßgerätes.

endlich — *finite* — fini

begrenzt.

endlos — *endless* — sans fin

Endpentode — *output pentode* — pentode finale

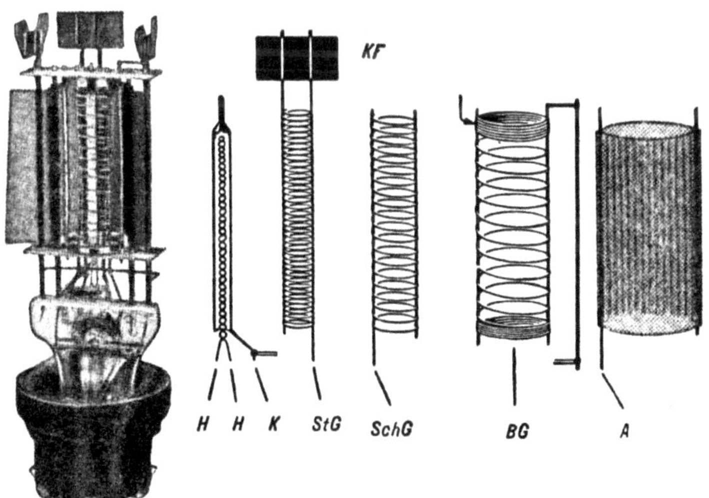

Endpentode

H Heizspirale	*StG* Steuergitter	*BG* Bremsgitter
K Kathode	*SchG* Schutzgitter	*A* Anode

Pentode zur Niederfrequenzverstärkung, wobei das Pentodengitter nicht als Schirmgitter ↑ , sondern nur als Schutzgitter ↑ zur Verringerung des Durchgriffes ausgeführt wird.

Endröhre — *output tube, end tube, power tube* — tube extrême, lampe finale, lampe de puissance

Vom Eingang einer Röhrenanordnung (insbesondere Verstärker) aus gesehen die letzte Röhre derselben.

Energie — *energy* — énergie

Einem Körper infolge seines Zustandes innewohnende Arbeitsfähigkeit, ausgedrückt in Arbeitseinheiten.

entgegengesetzt — *inverse, contrary, opposite, opposed* — inverse, contraire, opposé, juxtaposé

entionisieren — *to deionise* — déioniser

Von Ionen befreien.

Entkopplung — *decoupling, neutralization* — découplage, neutralisation

Zusätzlich angeordnete Kopplung, um vorhandene, unerwünschte Kopplungen durch Gegenspannungen zu kompensieren. Sie kann durch eine passende Stromverzweigung oder Einschaltung eines Hilfskreises herbeigeführt werden.

Entladung — *discharge* — décharge

Entleerungsspeicher

→ Heißwasserspeicher, elektrischer.

entmagnetisieren — *to demagnetise, to degauss* — désaimanter, démagnétiser

Vernichten eines verbliebenen Magnetismus.

Entregung

→ Aberregung.

Entregungsschalter — *switch of deënergisation* — interrupteur de désexcitation

→ Aberregung.

Entstörung — *noise suppression, disturbance elimination* — suppression des parasites, élimination des parasites

Maßnahmen zur Unschädlichmachung unerwünschter, hochfrequenter Schwingungen im Rundfunkempfang, wie sie bei den verschiedenen Schalthandlungen in elektrischen Geräten und Maschinen entstehen können. Als Entstörungsmittel werden meist Kondensatoren mit oder ohne Widerständen, oder Drosselspulen, in schwierigeren Fällen Hochfrequenzfilter oder elektrische Abschirmungen verwendet. Dabei werden die Kondensatoren parallel zu den störenden Kontakten (Schaltkontakte, Stromwender elektrischer Maschinen usw.) geschaltet, während die Drosseln meist im Zusammenhang mit Kondensatoren in Form von Sperrkreisen ↑ Verwendung finden. Bei der Abschirmung wird das störende Gerät und gegebenenfalls auch die die Störung aussendende Leitung durch metallische Umhüllungen an der Aussendung ihrer Störwellen verhindert.

Entstörungskondensator — *anti-interference condenser* — condensateur antiparasites

An die Klemmen von mit Stromunterbrechungen arbeitenden Maschinen und Apparaten angeschlossener Kondensator, der für die bei den Stromunterbrechungen entstehenden hochfrequenten Spannungen einen Kurzschluß bedeutet und auf diese Weise die Aussendung hochfrequenter, elektrischer Wellen und die damit verbundene Störung benachbarter Rundfunkgeräte verhindert.

entwickeln (einen mathemat. Ausdruck) — *to expand*

Entwurf — *sketch, project, device* — croquis, projet, tracé, plan

Epsteinscher Apparat — *hysteresis tester* — hystérésimètre

Anordnung zur Messung der Eisenverluste an größeren Proben. Die Proben bestehen aus Blechstreifen, die in 4 Bündeln von je 2500 g im Viereck angeordnet sind. Jedes dieser Bündel trägt eine Magnetisierungs- und eine Induktionswicklung. Zur Messung der Verluste benützt man ein Zeigerwattmeter.

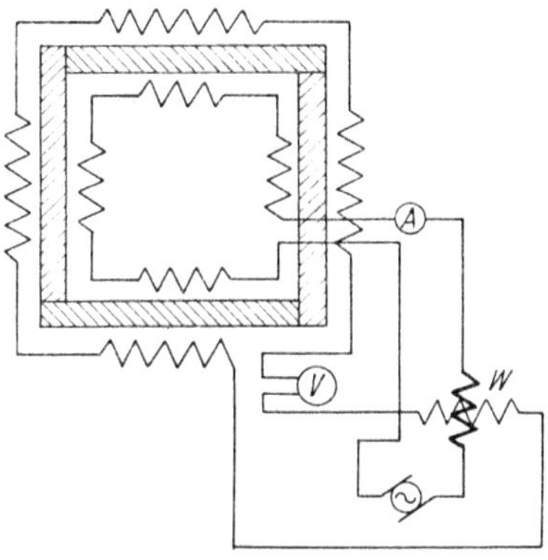

Epsteinscher Apparat

Erdbeschleunigung — *acceleration due to gravity* — accélération terrestre

$$g = 9,80665 \ \text{m/s}^2$$

erden — *to earth, to ground* — mettre à la terre

Herstellen einer leitenden Verbindung zwischen dem zu erdenden Körper und Erde.

Erdöl — *petrol, mineral oil, petroleum* — pétrole, huile minérale

Hochwertiger, flüssiger Brennstoff mit einem Heizwert von etwa 10000 Kal/kg. Für die Elektrizitätswirtschaft spielt das Erdöl eine vergleichsweise geringe Rolle, da es in erster Linie zur Herstellung der Veredlungsprodukte Benzin, Petroleum, Treiböl, Gasolin usw. verwendet wird und die Gewinnung elektrischer Energie heute vorwiegend durch Ausnützung der übrigen, in der Natur vorkommenden Energiequellen, wie vor allem Kohle und Wasser, erfolgt.

Erdschlußlöschung — *ground fault neutralyzing, arc-extinction*

Eine wirksame Bekämpfung der Erdschlußerscheinungen kann dadurch erfolgen, daß man dem kapazitiven Erdschlußstrom an der Fehlerstelle einen gleich großen induktiven Strom überlagert und damit einen Erdschlußlichtbogen in vielen Fällen zum Erlöschen bringt. Dort wo der Erdschluß bei der Löschung nicht verschwindet — wie etwa beim fehlerhaften Aufliegen eines Leitungsdrahtes auf der Traverse des Mastes bei Isolatorbruch —, kann bei Anwendung einer Erdschlußlöscheinrichtung der Betrieb so lange fortgesetzt werden, bis eine betriebsmäßig günstige Abschaltmöglichkeit gegeben ist. Über die Erdschlußstelle fließt dann nämlich nur ein kleiner ungefährlicher „Reststrom", der durch die Wirkwiderstände (Leitungs- und Löscherverluste) bestimmt wird. Dabei ist vorausgesetzt, daß die Induktivität L_N der Löscheinrichtung nach

$$\omega L_N = \frac{1}{3\,\omega C}$$

auf die Leitung abgestimmt ist. Ist das nicht der Fall und bezeichnet

$$v = \frac{3\,\omega C - \frac{1}{\omega L_N}}{3\,\omega C} = \frac{3\,\omega^2 L_N C - 1}{3\,\omega^2 L_N C} = 1 - \frac{1}{3\,\omega^2 L_N C}$$

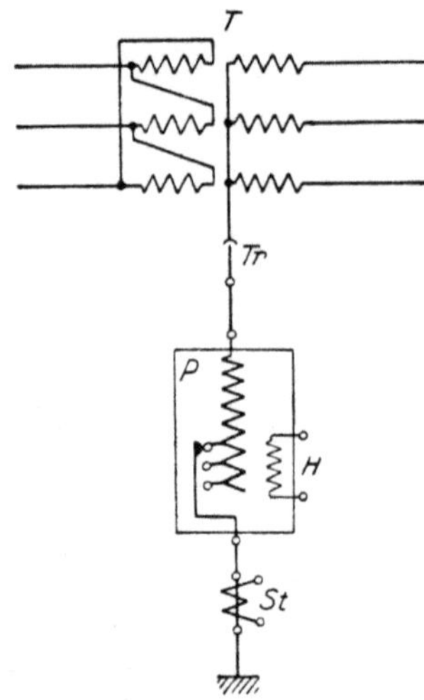

a. Schaltung der Petersenspule

die „Verstimmung" der Löscheinrichtung, so wird der restliche Erdschlußstrom $\uparrow$

$$\mathfrak{J}_E = U\left(v3j\omega C + \frac{1}{R_N}\right).$$

R_N ist dabei der Verlustwiderstand des Löschers. Das Vektordiagramm zeigt die nebenstehende Abb. a.

Während der Dauer des Erdschlusses werden die Potentiallagen der Leitung gegen Erde verändert. Man kann diese Spannungsverlagerung als eine der gesamten Leitung — also vor allem auch dem Sternpunkt derselben — überlagerte Spannung auffassen (Nullspannung $\uparrow$). Diese Spannungsverlagerung ist bei sattem Erdschluß der negativen erdgeschlossenen Phasenspannung gleich. Bei Auftreten eines Erdschlußlichtbogens wird sie

$$\mathfrak{U}_0 = -U\ \frac{1}{1 + 3\,Rj\omega C}$$

(siehe auch Diagramm unter Erdschlußstrom).

Eine solche Spannungsverlagerung tritt bei unsymmetrischen (nicht genügend verdrillten) Netzen schon im gesunden Zustand ein. Sie ist beim ungelöschten Netz

$$\mathfrak{U}_0 = \frac{\Sigma\,\mathfrak{U}_i C_i}{\Sigma\,C_i} \quad (i = \mathrm{R, S, T})$$

oder

$$\mathfrak{U}_0 = u\mathfrak{U},$$

wenn mit

$$u = \frac{\Sigma\,\mathfrak{U}_i C_i}{U\,\Sigma C_i}$$

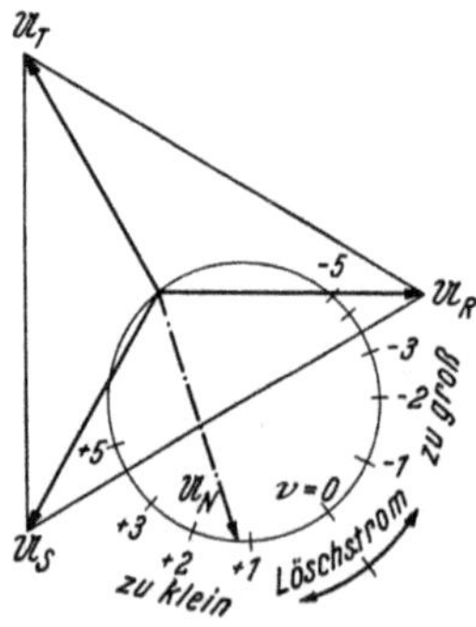

b. Spannungsverlagerung im unsymmetrischen Netz bei Anwesenheit eines Erdschlußlöschers

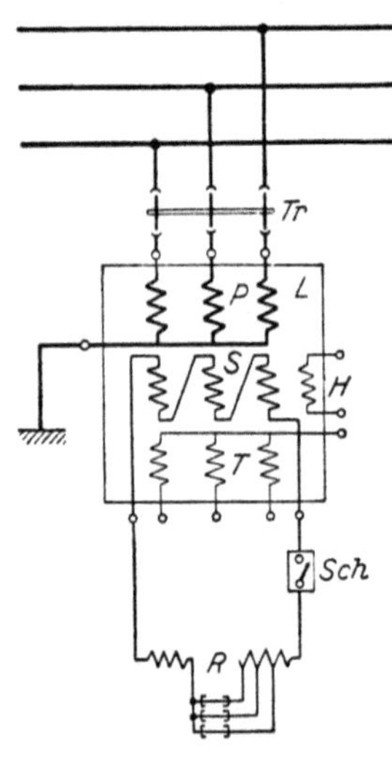

c. Schaltung des Löschtransformators nach Bauch

der „Unsymmetriegrad" des Netzes bezeichnet wird. Beim gelöschten Netz wird die Sternpunktsverlagerung

$$\mathfrak{U}_\mathrm{N} = U \, \frac{\mathfrak{u}}{v + \dfrac{1}{R_\mathrm{N}\,\Sigma\,j\omega C_\mathrm{i}}}$$

Bei stärkerer Unsymmetrie kann also nicht mehr voll abgestimmt werden, um nicht schon im gesunden Zustand eine zu starke Sternpunktsverlagerung zu erhalten. Das zugehörige Vektordiagramm zeigt die Abb. b.

Der Löschstrom wird nach Petersen am einfachsten durch eine im Sternpunkt des Freileitungs-Transformators angeschlossene Spule erzeugt. Ihre Schaltung zeigt die Abb. a. Der Stromwandler St dient zur Messung des Löschstromes (Erdschlußstromes). Die Anzapfungen der Löschspule ermöglichen eine Anpassung an veränderliche Netzlängen. Eine dreipolige Schaltung zeigt Abb. c.

Die Leistung der Petersenspule errechnet sich mit der verketteten Netzspannung U_v zu

$$N_\mathrm{L} = U_\mathrm{v} I_\mathrm{E} = \sqrt{3}\, U_\mathrm{v}^2 \omega C$$

[G. Oberdorfer: Der Erdschluß und seine Bekämpfung. Wien: J. Springer, 1930.]

Erdschlußrelais — *ground relais, earth leakage relay* — relais de (mise à la) terre

Relais zur selektiven Erdschlußerfassung. Wird meist nur zur Anzeige der Richtung des Erdschlußstromes verwendet und hat dann als Meßwerk ein einphasiges, wattmetrisches System zum Anschluß an das Nullsystem ↑ des Netzes (Holmgreen-Schaltung). [G. Oberdorfer: Der Erdschluß und seine Bekämpfung. Wien: J. Springer, 1930.]

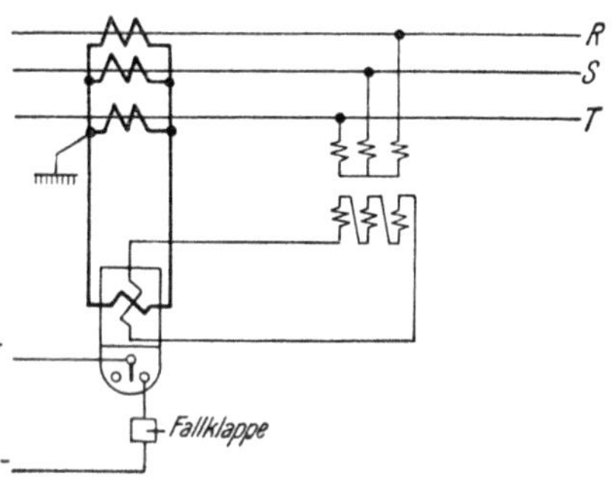

Schaltung eines Erdschlußrelais

Erdschlußstrom — *loss current to earth* — courant à la terre

Bei einem Erdschluß an der Erdschlußstelle fließender Strom. Er wird in erster Linie durch die Erdkapazität der Leitung bestimmt. Ist diese C je Phase, so ist der Erdschlußstrom bei einem Drehstromnetz mit der verketteten Spannung $U\sqrt{3}$

$$I_\mathrm{E} = 3\, U \omega C$$

Er ist als kapazitiver Strom gegenüber der Spannung der erdgeschlossenen Phase um 90^0 verschoben und dem dreifachen Nullstrom ↑ des Systems gleich. Dabei ist angenommen, daß der Erdschluß satt erfolgt; tritt an der Erdschlußstelle ein Lichtbogen mit dem Widerstand R auf, so wird

$$\mathfrak{J}\mathrm{e} = U_\mathrm{R}\,\frac{3\,j\omega C}{1 + 3\,Rj\omega C}$$

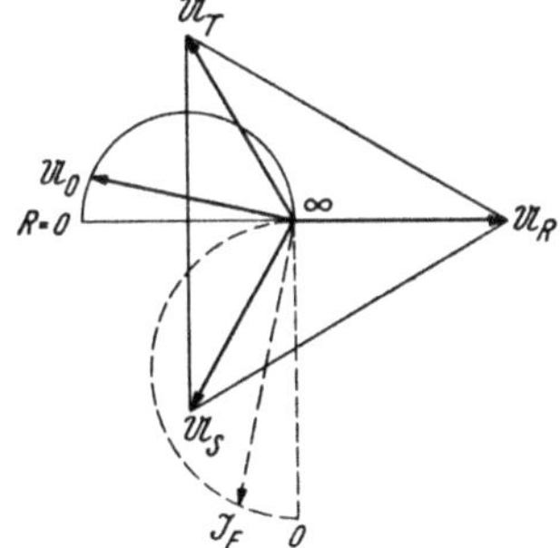

Vektordiagramm für den Erdschlußstrom und die Sternpunktverlagerung eines Drehstromnetzes bei Erdschluß

In Abhängigkeit von R ergibt dies das obenstehende Vektordiagramm (s. a. Erdschlußlöschung).

Der Erdschlußstrom ist mit der Leitungskapazität eine charakteristische Kenngröße der Leitung. Er beträgt im Mittel etwa 2,8...3,0 A/10 kV u. 100 km. [G. Oberdorfer: Der Erdschluß und seine Bekämpfung. Wien: J. Springer, 1930.]

Erdung — *earth, ground, earthing, grounding* — mise à la terre

Leitende Verbindung eines Anlagenteiles mit der Erde zum Zwecke des Berührungsschutzes (Schutzerdung ↑) oder um einen betriebsmäßig erforderlichen Stromfluß gegen Erde zu ermöglichen (Betriebserdung ↑).

Erg — *erg* — erg

Arbeitseinheit: die Arbeit, die 1 Dyne ↑ auf einem Weg von 1 Zentimeter leistet.

$$1 \text{ Erg} = 1 \text{ dyn cm} = 10^{-7} \text{ Nm}.$$

Erregeranode — *excitation anode, exciting anode, ignition anode* — anode d'allumage, anode d'amorçage

→ Quecksilberdampf-Gleichrichter.

Erregermaschine — *excitor, exciter* — excitatrice

Generator, der die Erregung zu einer elektrodynamischen Hauptmaschine liefert. Die Erregermaschine wird vorzugsweise von der Hauptmaschine angetrieben und sitzt dann häufig mit ihr auf derselben Welle.

Erregung, magnetische

→ Feldstärke, magnetische.

Ersatzspannungsquelle — *equivalent tension source* — source équivalente de tension

Ein aus Widerständen und Spannungsquellen (EMKen) zusammengesetztes Netzwerk kann bezüglich der Klemmen eines seiner Widerstände durch eine Ersatzspannungsquelle ersetzt werden, deren EMK gleich der Leerlaufspannung an den Widerstandsklemmen (also bei abgeschaltetem Widerstand) und deren innerer Widerstand gleich dem Widerstand ist, den man an diesen Klemmen in das Netzwerk hineinmißt. Der Strom im betrachteten Widerstand ergibt sich dann als Quotient aus der Ersatz-EMK und der Summe aus betrachtetem Widerstand und innerem Widerstand der Ersatzspannungsquelle. Das Verfahren wird mit Vorteil unter Ersparnis langwieriger Rechnungen dann verwendet, wenn bei ausgedehntem Netzwerk der betrachtete Widerstand veränderlich ist.

Ersatzstromquelle — *equivalent source of current* — source équivalente d'élecricité

Jedes lineare Netzwerk läßt sich an zwei beliebigen Klemmen durch eine Ersatzschaltung ersetzen, die aus einem Ersatzstrom und einem Leitwert besteht, wobei der Ersatzstrom gleich dem Kurzschlußstrom und der Ersatzleitwert gleich dem Leitwert des Netzwerkes an den betrachteten Klemmen ist, wenn die EMKe im Netzwerk überbrückt werden. Die Spannung an den betrachteten Klemmen ergibt sich dann als Quotient aus dem Kurzschlußstrom und der Summe aus dem angeschlossenen Leitwert und dem Leitwert der Ersatzstromquelle.

Eulersche Gleichung

Die Identität

$$e^{j\alpha} = \cos \alpha + j \sin \alpha.$$

Europasockel

→ Röhrensockel.

eV

Kurzzeichen für die Einheit „Elektronenvolt" ↑ .

Expansionsschalter — *expansion circuit-breaker* — interrupteur à expansion

Öllose Leistungsschalter, die als Schaltflüssigkeit Wasser benützen. Dabei wird beim Öffnen der Kontakte etwas Wasser verdampft, in der Expansionskammer zunächst unter starken Druck gebracht und dann expandiert, wobei die Dampf- und Flüssigkeitsteilchen in den Lichtbogen geschleudert werden und dadurch eine Volumenkühlung herbeiführen.

Exponentialröhren — *valve with variable slope, variable-mu tube* — lampe à pente variable

→ Regelröhren.

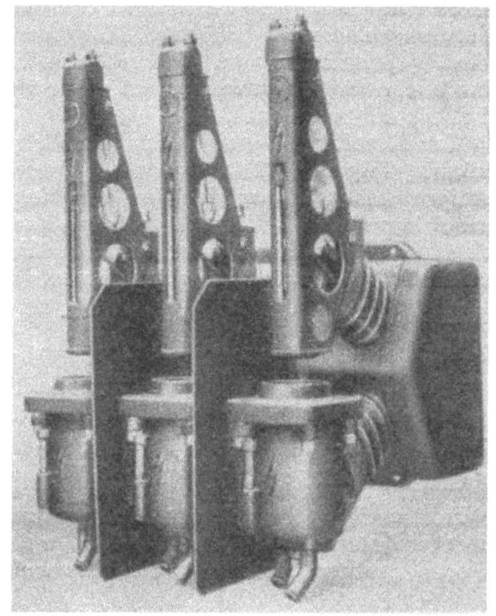

Expansionsschalter (Siemens)

extrapolieren — *to extrapolate* — extrapoler

Exzenter — *eccentric* — excentrique

Exzentrizität — *eccentricity* — excentricité, désaxage

F

Fadenstrahl — *pencil, gas focused beam*

Eine Konzentration des Elektronenstrahles einer Kathodenstrahlröhre kann unter anderem auch so erreicht werden, daß die Röhre nicht völlig evakuiert, sondern auf einen Gasdruck von etwa 10^{-3} Torr belassen wird. Die zur Anode fliegenden Elektronen ionisieren dann dieses restliche Gas in ihrer Bahn und es werden dort langsam bewegliche positive Ionen als eine Art Leitfaden verbleiben, um den sich eine negative Raumladungsschicht ansammelt. Diese stößt die Bahnelektronen ab und veranlaßt so eine Konzentration, indem sie den Leitstrahl schlauchartig umgibt.

Fading — *fading* — évanouissement, fading

Die elektrischen Wellen pflanzen sich nach allen Richtungen im Raum aus. Während aber die längs der Erdoberfläche laufenden „Bodenwellen" im allgemeinen keinen wesentlichen zeitlichen Schwankungen unterworfen sind, ergeben sich solche bei den nach oben ausstrahlenden Raumwellen, wenn sie an die Heavisideschicht ↑ treffen, deren physikalische Eigenschaften Änderungen unterworfen sind. So ergeben Polarlichtstörungen starke Steigerungen der Ionisation im E-Gebiet (→ Ionosphäre), während die F-Schicht zerstört wird. Solche anormale E-Schichten können auch durch andere Ursachen (vielleicht durch Meteore) bedingt sein. Da ein Teil der Raumwellen in der Heavisideschicht absorbiert wird, bringt eine Veränderung derselben auch eine veränderliche Absorption (Absorptionsschwund) mit sich. Es entstehen ferner infolge der verschiedenen Wege für die Raumwellen Interferenzen zwischen diesen und den Bodenwellen (Interferenzschwund), die auch durch den Einfluß des magnetischen Erdfeldes hervorgerufen werden können. Alle diese Erscheinungen, deren Einfluß auf den Wellenempfang erst bei größeren Entfernungen Bedeutung erlangen, bei denen die Bodenwelle nicht mehr überwiegt, werden als F a d i n g oder S c h w u n d bezeichnet.

Zur Beseitigung der durch den Schwund hervorgerufenen Störungen können folgende Mittel verwendet werden: Gerichtete Sendung, selbsttätiger Schwundausgleich im Empfänger, Mehrfachempfang über zwei mindestens um 10 Wellenlängen voneinander entfernten Antennen, Sendung durch zwei Sender auf verschiedenen Wellen, Frequenz- und Impulsmodulation an Stelle der Amplitudenmodulation.

fahrbar — *movable, transportable* — mobile, transportable

Fahrdraht — *trolley wire, contact wire* — ligne de contact, fil de contact

Über der Fahrbahn elektrischer Fahrzeuge ausgespannter, der Stromzuführung dienender Draht. Die Abnahme erfolgt durch schleifende Bügel- oder Rollenabnehmer.

Fahrenheit — *Fahrenheit* — Fahrenheit

In Amerika gebräuchliche Temperatureinheit. Sie entsteht aus der Temperaturskala nach Fahrenheit, bei der dem Eispunkt der Wert $+32^0$ und dem Dampfpunkt der Wert 212^0 zugeordnet wurde. Es ist demnach

$$1^0\,\mathrm{F} = \frac{5}{9}{}^0\,\mathrm{C}; \quad 1^0\,\mathrm{C} = 1\frac{4}{5}{}^0\,\mathrm{F}.$$

Man erhält somit die Temperatur in Celsiusgraden ϑ_C aus der Temperaturangabe in Fahrenheitgraden ϑ_F gemäß

$$\vartheta_\mathrm{C} = \frac{5}{9}\,(\vartheta_\mathrm{F} - 32)$$

und umgekehrt

$$\vartheta_\mathrm{F} = \frac{9}{5}\,(\vartheta_\mathrm{C} + 32).$$

Fakultät — *Factorial function* — factorielle

Kurzzeichen für die Entwicklung
$$n! = 1\,.\,2\,.\,3\ldots n,$$
wobei n ganzzahlig ist. Ist n nicht ganz, dann werden die Zwischenwerte durch die Gammafunktion ↑ definiert. So sind die Zwischenwerte zwischen n! und (n + 1)! gegeben durch $\Pi\left(n + \dfrac{1}{m}\right)$, worin m ganz ist.

Beispielsweise liegt $\Pi\left(\dfrac{1}{2}\right) = \dfrac{1}{2}\sqrt{\pi} = 0{,}886$ zwischen 0! und 1!,

$\Pi\left(\dfrac{3}{2}\right) = \dfrac{3}{2}\,\Pi\left(\dfrac{1}{2}\right) = 1{,}329$ zwischen 1! und 2! [OII]

Fallklappenrelais — *annunciator disc, drop indicator* — volet, clapet, lapin indicateur

Relais, bei dem nach Impulsgabe durch Auslösen einer Verklinkung eine Klappe aus einer gehobenen Stellung herabfällt, aus deren Beschriftung auf die Ursache der Auslösung geschlossen werden kann. Oft mit einer Kontakteinrichtung für akustische Signale und einer Quittiermöglichkeit ausgerüstet.

Faltungssatz — *superposition theorem, composition, convolution, Faltung theorem* — théorème du produit, théorème de Borel

In der Laplacetransformation ↑ der Satz

$$\mathfrak{L}\left\{\int_0^t F_1(\tau)\,.\,F_2(t-\tau)\,\mathrm{d}\tau\right\} = \varphi_1(p)\,.\,\varphi_2(p).$$

[OII]

Fanggitter — *suppressor grid, collecting grid* — grille d'arrêt

Andere Bezeichnung für Bremsgitter ↑ (s. a. Pentode).

Farad — *farad* — farad

Kapazitätseinheit vom Betrag 1 F = 1 C/V. Im elektrostatischen Maßsystem bestand noch die Einheit Centimeter, wobei 1 cm = $\frac{1}{9}$ 10−11 F. Die elektromagnetische Kapazitätseinheit ist $9 \cdot 10^{20}$ cm oder 10^9 F gleich. [OI]

Faradayscher Dunkelraum — *Faraday's dark space* — espace obscur de Faraday

Aus dem Glimmlicht ↑ einer Glimmentladung ↑ sich allmählich entwickelnder dunkler Raumteil, in dem die Energie der Elektronen infolge der vorangegangenen Stöße nicht mehr zur Anregung der Gasatome ausreicht. Er enthält in erster Linie eine Wolke langsamer Elektronen, die sich in der Richtung zur Anode vorwärts schiebt. [OI]

Faradaysches Gesetz — *Faraday's law* — loi de Faraday

Es besagt, daß ein und dieselbe Elektrizitätsmenge beim Durchgang durch verschiedene Elektrolyte ↑ immer chemisch gleichwertige Mengen an Zersetzungsprodukten ausscheidet. (Chemisch gleichwertig sind z. B. 2 H und O.)

Feder — *spring* — ressort

federnde Aufhängung — *spring suspension* — suspension élastique

Fehler 1. (Meßfehler) — *error* — erreur
      2. (Defekt) — *fault* — défaut, panne

eines Meßwertes, eines Meßergebnisses, einer Anzeige usw. ist die Differenz Istwert—Sollwert. Er ist also bei einem anzeigenden Meßgerät positiv, wenn es einen zu großen und negativ, wenn es einen zu kleinen Wert anzeigt. Das Verhältnis des Fehlers zum als richtig geltenden Wert (Sollwert) heißt r e l a t i v e r Fehler, sein Hundertfaches p r o z e n t i s c h e r Fehler. Manchmal wird der relative Fehler auch auf den Meßbereich ↑ des Meßgerätes bezogen.

Fehlwinkel — *phase angle* — angle de déphasage

Phasenverschiebung zwischen Sekundär- und Primärstrom eines Stromwandlers oder zwischen Sekundär- und Primärspannung eines Spannungswandlers. Für seine zulässigen Werte in Ansehung der Einteilung der Stromwandler nach Genauigkeitsklassen gelten die Bestimmungen VDE 0414/X. 40, §§ 12 u. 13.
Der Fehlwinkel ist positiv bei Voreilung der Sekundärgröße gegen die primäre; er wird in Minuten angegeben.

Feineinstellung — *fine control, fine adjustment* — réglage précis, mise au point

Feinmeßgerät — *precision instrument* — instrument de précision ·

Meßgeräte mit der Meßgenauigkeit entsprechend den Klassenzeichen ↑ 0,2 und 0,5. Wird verwendet zu genauen Messungen in Laboratorien.

Feld — *field* — champ

Zustand eines Raumgebietes, der sich von einem indifferenten Zustand dadurch unterscheidet, daß er sich durch das Auftreten von Spannungen (Potentialdifferenzen, Temperaturdifferenzen usw.) oder Bewegungen (Strömungsfelder) äußert.

Feldlinie — *line of flux* — ligne de flux, ligne de champ

In einem Feld derart gezogene Linie, daß deren Tangenten in jedem Punkt die Richtung der dort herrschenden Feldstärke angibt. Feldlinien sind nicht körperliche Individuen, sondern Ordnungslinien. Ihre Anzahl ist daher unbeschränkt. Zur sinnfälligen Darstellung von Feldern zeichnet man aber bei ebenen Feldern vereinbarungsgemäß je cm² der auf den Feldlinien senkrecht stehenden „Äquipotentialflächen" soviel Linien als jeweils der Betrag der Feldstärke an dieser Stelle ausmacht (oder ein beliebiges, konstantes Vielfaches davon). Bei einem vorliegenden Feldbild kann man dann aus der Dichte der Feldlinien auf die Feldstärke schließen und diese bei bekanntem Abbildungsmaßstab durch einfaches Abzählen der Feldlinien ermitteln.

Zur näheren Kennzeichnung wird den Feldlinien häufig der charakteristische Feldbuchstabe beigelegt. Man spricht dann beispielsweise bei elektrischen oder magnetischen Feldern auch von E-Linien oder B-Linien. [OI]

Feldregler — *field rheostat, field regulator* — rhéostat de champ, rhéostat d'excitation

Im Erregerkreis (Feldkreis) einer elektrischen Maschine angeordneter, verstellbarer Widerstand, der zur Regelung des Erregerstromes und damit zur weiteren Regelung einer Maschinenkenngröße dient (s. a. Gleichstrommotor, Synchronmaschine).

Feldstärke, elektrische — *electric field strength, electric force* — intensité de champ électrique, force électrique

Potentialdifferenz der Längeneinheit in der Richtung des größten Potentialgefälles. (Gradient des Potentiales.)

$$\mathfrak{E} = -\frac{\partial \varphi}{\partial s} = -\operatorname{grad} \varphi.$$

Sie definiert auch die auf die Ladungseinheit im Feld ausgeübte Kraft, so daß die Kraft auf die Ladung Q

$$\mathfrak{P} = Q\mathfrak{E}.$$

Frei bewegliche Elektronen bewegen sich in entgegengesetzter Richtung zur Feldstärke und beschreiben eine Feldlinie ↑ (genauer $\mathfrak{E}$-Linie). [OI]

Feldstärke, magnetische — *magnetic field strength, magnetic force* — intensité de champ magnétique, force magnétique

Bezeichnung uneinheitlich. Meist für den Ausdruck

$$\mathfrak{H} \mid = \frac{Iw}{l},$$

abgeleitet aus den Kenngrößen Windungszahl w und Länge l einer vom Strom I durchflossenen Spule gebräuchlich. In neuerer Zeit bürgert sich hiefür in steigendem Maße der Ausdruck magnetische Erregung ein. Als Feldstärke wird dann richtiger die bisher mit magnetischer Induktion bezeichnete Größe

$$\mathfrak{B} = \mu \mathfrak{H}$$

definiert. [OI]

f. e. m.

Kurzbezeichnung für den französischen Ausdruck „force électromotorique". → EMK.

Fernbesprechung

Unter Fernbesprechung eines Senders versteht man die Zuführung der möglichst unverzerrten Sprach- oder Musikfrequenz vom entfernten Sprechort zum Senderort über eigene „Besprechungsleitungen". Die Fernbesprechung kann aber auch auf drahtlosem Wege erfolgen.

Fernmessung — *remote metering, tele-metering* — télémesure, mesure à distance

Messung einer Betriebsgröße von einer entfernten Stelle aus. Sie erfolgt so, daß der an Ort und Stelle ermittelte Meßwert über den Meßwertgeber in eine ihm proportionale Größe umgewandelt und an eine Übertragungsleitung abgegeben wird. Am Empfängerende zeigt dann ein entsprechend ausgeführtes Instrument den Meßwert an. Die Übertragungsgröße kann eine Stromstärke, eine Frequenz, eine Impulszahl od. dgl. sein.

Sind mehrere Größen zu übertragen und steht nur ein einzelner Übertragungskanal zur Verfügung, so muß dieser mehrfach ausgenützt werden, etwa so, daß durch gleichlaufende Steuergeräte an den Kanalenden jeweils zugehörige Sender- und Empfängergeräte miteinander verbunden werden. Um Fehlmessungen zu vermeiden, muß der Gleichlauf oder die richtige Anschlußfolge der Umschaltgeräte sichergestellt sein. Die hiefür in Frage kommenden Einrichtungen sind zum größten Teil aus Geräten der Fernmeldetechnik (Wähler, Telephonrelais usw.) gebildet.

Fernsehen — *television* — télévision, radiovision

Fernübertragung von Bildern, wobei das zu übertragende Bild in einzelne Elemente zerlegt wird, die nach Abtastung in elektrische Impulsgrößen umgewandelt und als solche fernübertragen werden. Am Empfangsort erfolgt dann wieder die Rückwandlung der elektrischen Impulse in Bildelemente. Die Zerlegung und Zusammensetzung der Elemente muß so rasch erfolgen, daß das Auge den Eindruck eines vollen, geschlossenen Bildes erhält. Ton und Bild werden dabei derzeit getrennt aufgenommen und gesendet (je eine Antenne für die Bild- und Tonwelle), während der Empfang von einer einzigen Antenne erfolgen kann, wobei dann die Trennung der beiden Wellen im Empfangsgerät vorgenommen wird.

Fernsehröhre — *picture tube* — tube de télévision

Braunsche Röhre ↑ mit zwei Ablenkplattenpaaren und einem Helligkeit-Steuergitter. Die beiden Ablenkplattenpaare dienen zur zeilenförmigen Steuerung des Elektronenstrahles (Richtung links/rechts und oben/unten), während das Gitter vom verstärkten, übertragenen Impulsplattenstrom des Aufnahmeikonoskopes ↑ beeinflußt wird und damit die Stärke des von der Kathode kommenden Elektronenstrahles steuert, womit die jeweilige Helligkeit des Bildpunktes am Leuchtschirm der Fernsehröhre bestimmt wird.

fernsprechen — *to telephone* — téléphoner

Fernsprechrelais — *telephone relay* — relais téléphonique

Fernsprechrelais

In der Fernsprechtechnik verwendete Relais in Normalausführung nach vorstehender Abbildung, dessen zweiter Magnetschenkel als rechtwinkelig abgebogener Anker ausgebildet ist, der über einen Hartgummistift auf die darüberliegenden Kontaktfedern wirkt. Zur Verwendung als Differentialrelais oder Relais für besondere Zwecke kann die Spule auch unterteilt werden.

Fernsteuerung — *remote control, distant control* — commande à distance, télécommande

Steuerung einer Anlage von einer entfernten Stelle aus. Bei wichtigen Anlagen muß sie so erfolgen, daß durch den Ausfall einzelner Hilfseinrichtungen, also vor allem der zur Steuerung verwendeten Relais, keine Fehlschaltungen entstehen. Dazu sind Verriegelungen bzw. Rückmeldungen der einzelnen Teilschaltungen erforderlich.

Ferntastung — *remote controle* — manipulation à distance

Tastung ↑ eines Senders von einem entfernten Ort aus, wobei an Stelle einer Handtaste am Ort des Senders ein Tastrelais tritt, das über eine Telegraphenleitung, die vorteilhaft als Kabelleitung ausgeführt wird, betätigt wird.

Fernthermometer — *telethermometer, distance thermometer* — thermomètre à distance, téléthermomètre

Zur Messung der Temperatur entfernter Räume verwendete Thermometer, die meist aus einem stark temperaturabhängigen Widerstand bestehen, der in den einen Zweig einer Brückenschaltung ↑ gelegt wird, dessen in Temperaturgraden geeichtes Meßgerät (Galvanometer) mit den übrigen Teilen der Meßbrücke im Ableseraum angeordnet ist.

Ferrocart — *Ferrocart, powdered iron* — Ferrocart

→ Eisenspule.

Ferromagnetismus — *ferromagnetism* — ferromagnétisme

Eigenschaft einer Gruppe von Körpern, zu denen vor allem das Eisen, ferner Kobalt und Nickel gehören, die eine sehr große Permeabilitätszahl ↑ (mehrere Tausend) aufweisen, die nicht konstant und von der Temperatur und der magnetischen Vorgeschichte abhängig ist (→ Hysteresis). Die Erscheinung läßt sich aus dem kristallinischen Aufbau erklären, durch den beim Magnetisierungsvorgang einzelne Kristalle ruckartig in das von außen aufgedrückte Feld ausgerichtet werden, wobei die Reibung zwischen den Mikrokristallen überwunden werden muß. Dies bedingt ein Nachhinken der Feldverstärkung hinter der Magnetisierung (Hysteresis ↑) und erfordert einen bestimmten Arbeitsaufwand (Magnetisierungsarbeit). Beim Aufhören der Magnetisierung bleiben einzelne Kristalle in ihrer ausgerichteten Lage (Remanenz ↑).

Festmengentarif

Für die gewöhnlich gebrauchte, „bestellte" Leistung ist ein fester, niedriger Arbeitspreis zu zahlen. Bei Überverbrauch tritt ein höherer kWh-Preis, beispielsweise der sonst übliche Zählertarif, in Kraft. Der Festmengenzähler registriert im Gegensatz zum Überverbrauchzähler ↑ nicht nur den Überverbrauch allein, sondern den Gesamtverbrauch während der Dauer der Überlastung. Dadurch werden kurzzeitige Überlastungen vergleichsweise billig, lang anhaltende Überlastungen teuer, wodurch das Bestreben unterstützt wird, die gewöhnlich gebrauchte Leistung auch mit Sicherheit voll zu bestellen.

Festwertregler

→ Sollwerteinsteller.

Fettfleckphotometer — *grease-spot photometer, Bunsen photometer* — photomètre à tache d'huile, photomètre (de) Bunsen

Photometer mit einem auf einem Schirm angebrachten Fettfleck, der bei gleicher Beleuchtung auf beiden Seiten des Schirmes verschwindet.

Feuchtraumleitung

Für feuchte, feuer- oder explosionsgefährdete Räume vorgeschriebene Rohrdrahtleitung ↑ , die über den Metallmantel noch eine gegen Feuchtigkeit und chemische Angriffe schützende Umhüllung trägt (Rohrdraht mit Umhüllung). Der Raum zwischen den Gummiaderleitungen und dem Mantel ist mit Bitumen ausgefüllt. Feuchtraumleitungen werden für Betriebsspannungen bis 300 V gegen Erde ausgeführt und sind nur für feste Verlegung über Putz oder im Freien zulässig.

Feuchtraumleitungen erhalten das Kennzeichen NRU. Sie werden auch kabelähnliche Leitungen genannt.

Filter — *filter* — filtre

→ Siebkette.

Firnis — *varnish, primer* — vernis

Fläche 1. (Ebene) — *plane* — plan(e)
　　　　　2. (Inhalt) — *area* — aire
　　　　　3. (Oberfläche) — *surface* — surface

Flansch — *flange* — bride, boudin, aile, collet

Fliehkraftregler — *centrifugal governor* — régulateur centrifuge

Fließgrenze — *yield point, flow limit* — limite d'écoulement

flimmern — *to flicker, to glitter, to scintillate* — scintiller, vaciller

Periodische Änderung der Lichtstärke mit einer dem Auge noch zugänglichen Frequenz.

Fluchtlinientafel — *abac, chart* — nomogramme, abaque

→ Nomogramm.

Flügelmutter — *winged nut, butterfly nut, thumb nut* — écrou à oreilles, écrou à ailettes

Flüssigkeit — *liquid, fluid* — fluide, liquide

Flüssigkeitsanlasser — *liquid starter* — démarreur à liquide

→ Anlasser.

Fluoreszenz — *fluorescence* — fluorescence

Nachleuchtzeit leuchtfähiger Substanzen (Leuchtstoffe, Luminophore), deren Dauer in der Größenordnung von $10^{-6}\ldots10^{-7}$ Sekunden liegt.

Fluß –– *flow, flux* — flux, courant

Ganz allgemein wird das Flächenintegral einer Vektorgröße $\mathfrak{B}$

$$\Phi = \int_F \mathfrak{B}\, d\mathfrak{f}$$

als der Fluß dieser Größe durch die Fläche F bezeichnet.

Der magnetische Fluß ist dann (wie oben) der Fluß der magnetischen Feldstärke $\mathfrak{B}$, der Verschiebungsfluß jener der elektrischen Verschiebung $\mathfrak{D}$ durch die betrachtete Fläche. [OI]

Förderanlage — *conveying plant* — installation transporteuse

Folgeregler

   → Sollwerteinsteller.

Folie — *foil, film* — feuille

foot (Fuß)

   Englische Längeneinheit
$$1\ ft = 12\ in = 30,48\ cm$$

Foot-Candle

   In England gebräuchliche Einheit der Beleuchtungsstärke
   1 Foot-Candle = (11,95...12,60) Hefner Lux = 10,76 Neue Lux.

foot-pound

   Englische Arbeitseinheit
$$1\ ft\,.\,lb = 0,1383\ m\ kp.$$

Formel — *formula* — formule

Formfaktor — *form factor, shape factor* — facteur de forme

   Verhältnis des Effektivwertes ↑ einer Wechselstromgröße zum Mittelwert derselben. Er ist beim sinusförmigen Wechselstrom gleich 1,11.

formieren — *to form, to activate, to sensitize* — former, activer

   Überführen aus dem inaktiven Zustand nach der werkstättenmäßigen Erzeugung in den aktiven. Beim Formieren wird der Gegenstand meist einer elektrischen, chemischen oder Wärmebehandlung unterzogen.

Formspule — *former-wound coil* — bobine faite sur gabarit

   Spule elektrischer Maschinen, die außerhalb der Maschine gewickelt und fertig isoliert wird.

Formverzerrung — *envelope distortion* — distorsion d'amplitude

   In Verstärkern dadurch auftretende Verzerrungen, daß die Kurvenform der verstärkten Schwingung von jener der Eingangsschwingung abweicht, also zusätzliche Oberschwingungen ↑ auftreten. Die Formverzerrung entsteht durch etwa vorhandene Krümmungen der Kennlinien. Bei einer parabelförmigen Kennlinie tritt keine Amplitudenverzerrung ↑, dagegen eine zusätzliche Oberschwingung zweiter Ordnung auf, deren Größe von der Lage des Arbeitspunktes abhängt. Ein Maß für die Größe der Formverzerrung ist der Klirrfaktor oder Oberschwingungsgehalt ↑.

Fortpflanzungskonstante — *propagation constant, attenuation constant* — constante de propagation oder Leitungsbelag ist der je Längeneinheit genommene Exponent γ der e-Potenz in der Gleichung $\mathfrak{U}_v = \mathfrak{U}_{vo}\,e^{-\gamma x}$ für die Fortpflanzung einer elektrischen Welle entlang einer Leitung. Er ist komplex, $\gamma = \beta + j\alpha$, und setzt sich aus dem Dämpfungsbelag β und dem Phasenbelag α zusammen. Diese drei Größen findet man aus den Belägen ↑ der Leitung nach

$$\gamma = \sqrt{(R + j\omega L)(G + j\omega C)}\,,$$

$$\beta = \sqrt{\frac{1}{2}\left[RG - \omega^2 LC + \sqrt{(R^2 + \omega^2 L^2)(G^2 + \omega^2 C^2)}\right]}\,,$$

$$\alpha = \sqrt{\frac{1}{2}\left[\omega^2 LC - RG + \sqrt{(R^2 + \omega^2 L^2)(G^2 + \omega^2 C^2)}\right]}\,.$$

Für Fernmeldekabeln, wo wegen der vergleichsweise hohen Frequenzen R gegen ωL vernachlässigt werden kann, vereinfacht sich die Gleichung für β auf

$$\beta = \beta_R + \beta_G = \frac{R}{2}\sqrt{\frac{C}{L}} + \frac{G}{2}\sqrt{\frac{L}{C}}\,,$$

worin β_R als Widerstandsdämpfung und
     β_G als Ableitungsdämpfung
bezeichnet werden.   [OIII]

Foucaultströme — *Foucault currents* — courants Foucault
Ältere Bezeichnung für Wirbelströme ↑.

Fouriersche Entwicklung — *Fourier's series* — série de Fourier
→ Reihe, Fouriersche.

Fräsmaschine — *milling machine* — (chan) fraiseuse, machine à fraiser

Frankesche Maschine — *Franke machine* — machine Franke
Kleiner Wechselstromgenerator, der vielfach zur Ausführung von Kompensationsmessungen verwendet wurde, dadurch gekennzeichnet, daß er zwei Anker im selben Feld besitzt, von denen der eine verschieden tief in das Feld hineingeschoben und der zweite gegen den ersten verdreht werden kann, so daß das Verhältnis der Spannungsamplituden und deren gegenseitige Phasenlage beliebig veränderbar ist.

Freileitung — *overhead line, aerial line, air line, open line* — ligne aérienne
Im Freien, meist auf Masten und Isolatoren verlegte, elektrische Leitung. Je nach der Höhe der Spannung werden dabei einfache Drähte aus Kupfer oder Aluminium, oder bei höheren Spannungen Kupferseil, und schließlich bei Höchstspannung Hohlseile ↑ verwendet. In Ausnahmefällen kann auch isolierter Draht in Form einer Freileitung verlegt werden, der dann zu seiner Befestigung keine, für die Systemspannung bemessene Isolatoren braucht.

Freiluftanlage — *outdoor station* — poste d'extérieur
Im Freien aufgestellte Anlage.

Fremderregung — *independent excitation, seperate excitation* — excitation indépendante, excitation séparée
Erregung, bei der der Erregerstrom aus einer fremden Stromquelle bezogen wird (s. a. Gleichstrommaschinen).

Fremdlüftung — *separate ventilation* — ventilation à l'aide de dispositifs séparés

Kühlung einer elektrischen Maschine, bei der der die Kühlluft bewegende Lüfter einen eigenen Antriebsmotor besitzt.

Frequenta — *frequenta* — fréquenta

Sonderform von Steatit ↑ mit hohem Isolierwiderstand und kleinem Verlustwinkel. Der Isolierwiderstand liegt bei $10^{13} \ldots 10^{16}\,\Omega$ cm, die Dielektrizitätszahl bei 5,8 und der Verlustwinkel zwischen 10 und 4.10^{-4} je nach der Frequenz $(1 \ldots 2.10^6$ kHz). Die Durchschlagsfestigkeit beträgt 47 kV bei einem Elektrodenabstand von 1 mm und 200 kV bei 10 mm Abstand der Elektroden.

Frequenz — *frequency* — fréquence

Zahl der Schwingungen einer periodischen Wechselstromgröße. Ist T die Periodendauer ↑, so gilt $f = 1/T$. Einheit: $1/\text{s} = 1$ Periode/s $= 1$ Hz (Hertz).

Die Größe der Frequenz ist für die einzelnen Anwendungsgebiete der Elektrotechnik sehr charakteristisch, so daß sie vielfach auch zu einer Gebietseinteilung verwendet wurde, wie sie etwa die untenstehende Tabelle zeigt.

Elektromagnetische Schwingungen pflanzen sich in Form von Wellen fort, deren Wellenlänge mit der Frequenz und der Lichtgeschwindigkeit in der folgenden Beziehung stehen

$$c = \lambda\, f.$$

Man kann daher eine Schwingung auch durch die der Frequenz zugeordnete Wellenlänge kennzeichnen. Demgemäß sind in der Tabelle auch die Wellenlängen angeführt.

Hauptgebiet	Untergebiet	Frequenz	Wellenlänge
Nieder-frequenz	Technischer Wechselstrom	$0 \ldots 100$ Hz	
	Mittelfrequenzen (Tonfrequenzen)	$100 \ldots 20\,000$ Hz	
Hoch-frequenz	Langwellen	$20 \ldots 500$ kHz	$15\,000 \ldots 600$ m
	Rundfunkwellen	$500 \ldots 3\,000$ kHz	$600 \ldots 100$ m
	Kurzwellen	$3\,000 \ldots 30\,000$ kHz	$1\,000 \ldots 10$ m
	Ultrakurzwellen (Meterwellen)	$30 \ldots 300$ MHz	$10 \ldots 1$ m
	Extrem kurze Wellen (Dezimeter-, Zenti- und Millimeterwellen)	über 300 MHz	unter 1 m

Frequenzband — *frequency band, band of frequencies, channel* — bande de fréquence, gamme des fréquences

Kontinuierliche oder diskrete Reihe von Frequenzen zwischen zwei Grenzwerten.

Frequenzgang — *frequency response (caracteristic)* — courbe amplitude-fréquence, caracteristique de fréquence

Abhängigkeit einer Größe von der Frequenz. Wird vorzugsweise in graphischer Darstellung angegeben.

Frequenzgetreuheit — *response* — réponse à haute fidélité
→ Frequenzverzerrung.

Frequenzhub — *frequency sweep, frequency deviation, swing* — balayage de fréquence
→ Frequenzmodulation.

Frequenzmesser — *frequency meter* — fréquencemètre
Meßgerät zur Messung der Frequenz in Wechselstromkreisen. Er wird meist als Zungenfrequenzmesser ausgeführt, bei dem das Meßwerk aus einer Anzahl abgestimmter Stahlzungen besteht, die in einer Reihe vor einem Elektromagneten angeordnet sind und von denen beim Erregen des Elektromagneten durch einen Wechselstrom jene in Schwingung versetzt wird, deren Eigenschwingungszahl gleich der Polwechselzahl (doppelten Frequenz) des Wechselstromes ist. Um zu erreichen, daß auch Zwischenfrequenzen zwischen den Zungeneigenschwingungszahlen noch gut abgeschätzt werden können, wird die Zungenzahl so gewählt, daß außer der in Vollresonanz stehenden Zunge noch die benachbarten mit kleinerem Ausschlag mitschwingen.

Frequenzmodulation — *frequency modulation* — modulation de fréquence
Modulation ↑, bei der die Frequenz verändert und die Amplitude konstant gelassen wird (wird auch Heulschwingung genannt). Die sinusförmig frequenzmodulierte Schwingung lautet

$$i = I \sqrt{2} \sin\left(\omega_1 t - \frac{\Delta\omega}{\omega_2} \cos \omega_2 t\right) = I \sqrt{2} \cdot \sin\Phi = I \sqrt{2} \sin\omega t.$$

Man nennt $\Delta\omega/2\pi$ den **Frequenzhub**, $\Delta\omega/\omega_1$ den **Modulationsgrad**; $\Delta\omega/\omega_2$ heißt auch **Phasenwinkelhub** oder **Modulationsindex**. Dabei ist ω_2 die zu übertragende Niederfrequenz.

Ist $\Delta\omega/\omega_2$ klein ($< 0,3$), so erhält man wie bei der amplitudenmodulierten Schwingung ↑ neben der Trägerschwingung (ω_1) zwei Seitenschwingungen mit den Seitenfrequenzen $\omega_1 - \omega_2$ und $\omega_1 + \omega_2$. Bei größerem $\Delta\omega/\omega_2$ entsteht eine unendliche Zahl von Seitenschwingungen mit Kreisfrequenzen, die sich aus ganzzahligen Vielfachen von ω_2 nach $\omega_n = \omega_1 \pm n\omega_2$ ergeben. Die Scheitelwerte dieser Seitenschwingungen nehmen mit wachsendem n sehr rasch ab; dennoch erfordert die Übertragung bei Frequenzmodulation im allgemeinen größere Bandbreiten als bei der Amplitudenmodulation.

Die Frequenzmodulation wird vorzugsweise zum Übertragen von Zeichen im Dezimeter- und Kurzwellengebiet benützt, da hiemit

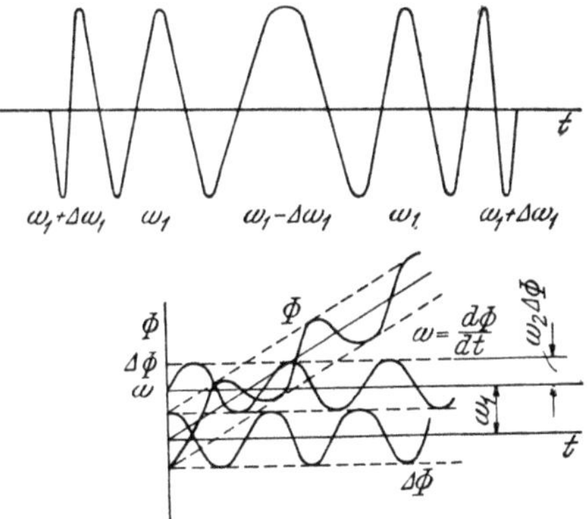

Frequenzmodulierte Schwingung

eine wesentliche Herabsetzung des Störpegels ↑ erzielt werden kann. Auf der Empfängerseite wird die frequenzmodulierte Schwingung in eine amplitudenmodulierte ↑ umgewandelt und dann in üblicher Weise gleichgerichtet. [OI]

Frequenznormal — *frequency generator, frequency standard* — étalon de fréquence

Wird an gewisse Kristalle (z. B. Quarz) eine elektrische Spannung gelegt, so erleiden diese eine elastische Deformation. Legt man eine Wechselspannung an, deren Frequenz mit der elastischen Eigenfrequenz des Kristalls übereinstimmt, so wird dieser zu stehenden, elastischen Schwingungen angeregt. Die Frequenzabhängigkeit ist so ausgeprägt, daß man diese Kristalle als Frequenznormale zur genauesten Darstellung bestimmter Frequenzen verwendet.

Solche Frequenznormale halten ihre Frequenz über lange Zeiten mit einer Genauigkeit von 1/1000% und weniger, wobei etwa mit Frequenzen von 100 kHz gearbeitet wird.

Auch Stimmgabelschwingungen können als Frequenznormale verwendet werden. Sie arbeiten meist mit 1000 Hz.

Frequenzumformer — *frequency changer, frequency convertor, frequency transformer* — convertisseur de fréquence, changeur de fréquence, transformateur de fréquence

Wird der Läufer einer Asynchronmaschine ↑ mit der Drehzahl n angetrieben, so wird in ihm eine Spannung mit der Schlupffrequenz $f_2 = f - pn$ induziert. Führt man also die Läuferwicklung an Schleifringe, so kann man diesen eine Leistung der Schlupffrequenz entnehmen, die Maschine arbeitet also als „Frequenzumformer" (s. a. Frequenzwandler).

Frequenzverdopplung — *doubling of frequency* — duplication de fréquence, doublage de fréquence

→ Frequenzwandler.

Frequenzverdreifachung — *frequency tripling* — triplement de la fréquence

→ Frequenzwandler.

Frequenzverzerrung — *frequency distortion* — distortion de fréquence

In Verstärkern dadurch entstehende Verzerrungen, daß bestimmte Frequenzen — etwa durch Resonanzerscheinungen — bevorzugt werden und

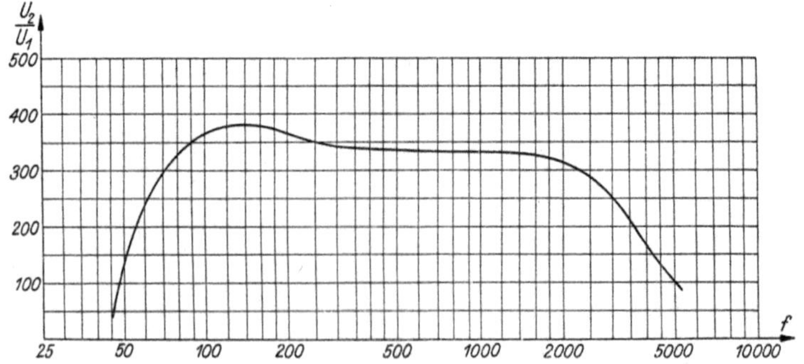

Frequenzkurve eines Verstärkers

damit das Verhältnis zwischen Ausgangs- und Eingangsgrößen von der Frequenz abhängig wird. Im Bereich der Frequenzunabhängigkeit spricht man von Frequenzgetreuheit.

Frequenzwandler — *frequency changer, frequency multiplier* — multiplicateur de fréquence

Gerät zur Vervielfachung der zugeführten Frequenz unter Verwendung gesättigter Eisenkreise. Die Eisenkreise (Transformatoren) tragen bei den Frequenzwandlern mit Gleichstromvormagnetisierung eine Primär-, eine Sekundär- und eine Gleichstromwicklung.

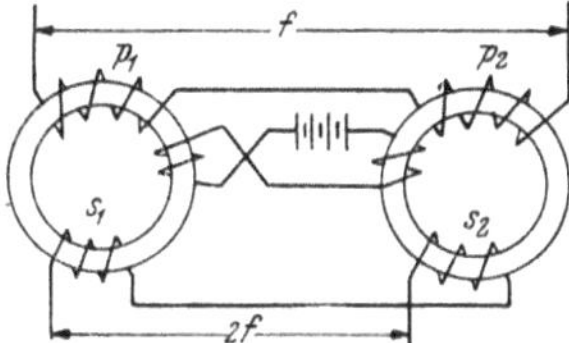

Bei der Frequenzverdopplung werden die Primärwicklungen zweier Wandler gleichsinnig, die Sekundärwicklungen in entgegengesetztem Sinn in Reihe geschaltet. Durch das Zusammenwirken der primären und Gleichstrommagnetisierung entstehen wegen der Sättigung im Eisen deformierte Sekundärspannungen, die sich zu einer Spannung doppelter Frequenz zusammensetzen.

Bei der Frequenzverdreifachung sind auch die Sekundärwicklungen gleichsinnig geschaltet. Durch die von der Gleichstromvormagnetisierung hervorgerufene Sättigung entsteht eine Oberschwingung dritter Ordnung, die an den Sekundärklemmen eine Spannung dreifacher Frequenz abzunehmen gestattet.

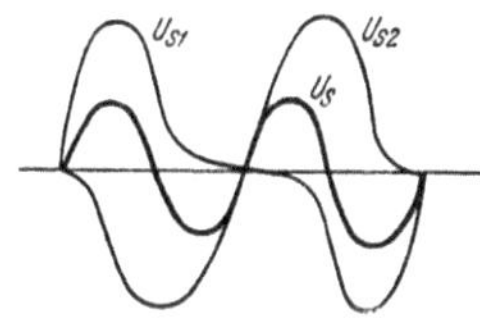

Frequenzverdopplung

Beim Frequenzwandler ohne Gleichstromvormagnetisierung wird der Eisenkern, der jetzt nur eine Wicklung trägt, so ausgelegt, daß durch den aufgenommenen Strom das Knie der Magnetisierungslinie weit überschritten wird. Die an der Wicklung dadurch auftretenden Spannungsspitzen erregen dann in einem angeschlossenen, abgestimmten Sekundärkreis (Stoßkreis) Schwingungen höherer Frequenz.

Friktionsrad — *friction wheel* — roue de friction

Durch Reibung angetriebenes Rad.

Fritter — *coherer* — cohéreur

→ Kohärer.

ft

Kurzzeichen für die englische Längeneinheit foot ↑ .

Fühler

In der Regeltechnik jene Geräte des Reglers, die die Meßgröße in ihrer Ausgangsform erfassen und eine für die weitere Verwendung geeignete Form umwandeln. Die Stelle der Regelstrecke ↑ , an der der Fühler angebracht ist, heißt Meßort. Beispiele für Fühler: Schwimmer, Ausdehnungsstäbe und -gefäße, Thermoelemente, Widerstandsthermometer, lichtelektrische Zellen, Kreisel usw.

Ein Regler kann auch mehrere Fühler besitzen. Die Funktion des Fühlers kann manchmal auch vom Meßwerk oder der Meßschaltung übernommen werden, wie z. B. bei der Messung der elektrischen Spannung im Spannungsregler.

Führungslager — *guide bearing* — palier de guidage

Lager einer vertikalen Achse, das keine Gewichte aufnimmt, sondern lediglich die Lage der Achse fixiert (z. B. bei Schirmgeneratoren).

Füllfaktor — *space factor* — facteur de remplissage

Verhältnis des gesamten Leiterquerschnittes einer Spule zum Wickelraumquerschnitt. Er berücksichtigt also die durch die Drahtisolation und räumliche Anordnung bedingte, nicht volle Ausnützung des Wickelquerschnittes zur Stromführung.

Fünferalphabete — *five-unit code, five-unit alphabet* — alphabet à cinq éléments

Telegraphierschrift, bei der alle Buchstaben die gleiche Länge von fünf Stromschritten ↑ besitzen und bei der bei Einfachstrombetrieb ↑ jeder Schritt durch einen Stromstoß oder eine Pause, bei Doppelstrombetrieb ↑ durch einen positiven oder negativen Stromstoß gebildet wird. Damit lassen sich 32 Kombinationen bilden, die durch einen Wechsel auf das Doppelte erhöht werden können. Unter den üblichen Gruppierungen zeigt die untenstehende Tafel das System von Siemens u. Halske.

	a	b	c	d	e	f	g	h	i	j	k	l	m	n	o	p	q	r	s	t	u	v	w	x	y	z	Buchstaben	Zahlen	Irrung	Gleichlauf	Glocke	unbenutzt	
1			●	●	●	●	●	●	●			●		●	●						●	●		●	●			●		●			1
2	●	●	●		●			●		●		●	●	●		●				●		●			●	●			●		●		2
3	●		●		●	●				●			●	●		●			●	●		●	●	●	●			●	●				3
4		●				●	●	●			●	●		●			●	●	●	●				●	●	●			●				4
5		●	●	●			●		●				●	●	●	●		●		●				●	●	●			●				5

Zeichen unter den Spalten: a b c d e f g h i j k l m n o p q r s t u v w x y z — ./,&3!";8=§+?−9014:57)2(6,

Fünferalphabet

Die Fünferalphabete ermöglichen eine wesentlich größere Telegraphiergeschwindigkeit als sie bei den Morsesystemen ↑ erreichbar sind. Sie erfordern aber genauen Gleichlauf zwischen Sender und Empfänger.

Fünfpolröhre — *pentode* — pentode

→ Pentode.

Fünfschenkeltransformator

Drehstromtransformator ↑ mit zwei zusätzlichen, unbewickelten Schenkeln, die gegen den Kerntransformator ↑ eine Verkleinerung des Jochquerschnittes und damit eine Verringerung der Bauhöhe des Transformators ermöglichen. Der magnetische Kreis hat freien Rückschluß, der auch die völlig im Eisen verlaufende Bildung von Oberschwingungen ↑ dritter Ordnung und Nullkomponenten ↑ (s. a. Löschtransformator) zuläßt.

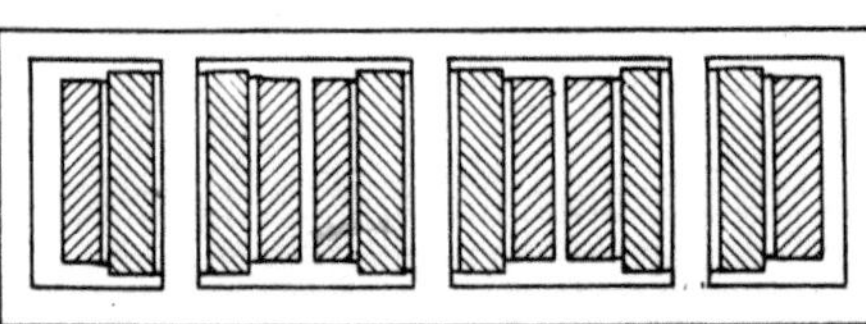

Fünfschenkeltransformator

Funke — *spark* — étincelle

Funkeleffekt — *sparkling, scintillation, glitter* — effet de scintillation

Röhrenrauschen, hervorgerufen durch Schwankungen der Elektronenanlagerungen auf der Kathode. Die Rauschspannung nimmt dabei mit zunehmender Frequenz ab.

funkenfrei — *non-arcing, non-sparking, sparkless* — sans étincelles

Funkeninduktor — *spark coil, induction coil, Ruhmkorff coil* — bobine d'induction, machine Holtz

Eine aus zwei auf einem Eisenkern konzentrisch angeordnete Wicklungen bestehende Spulenanordnung. Die Primärwicklung mit wenigen Windungen ist mit einem Unterbrecher und der Stromquelle in Reihe geschaltet. Zur Vermeidung von Unterbrechungsfunken wird zum Unterbrecher ein Kondensator parallel geschaltet. Mit Hilfe des Unterbrechers werden Stromimpulse durch die Primärwicklung geschickt, die sich infolge der induktiven Kopplung auf die aus vielen Windungen bestehende Sekundärwicklung übertragen. Funkeninduktoren dienten seinerzeit zur Herstellung hochfrequenter und hochgespannter Wechselströme.

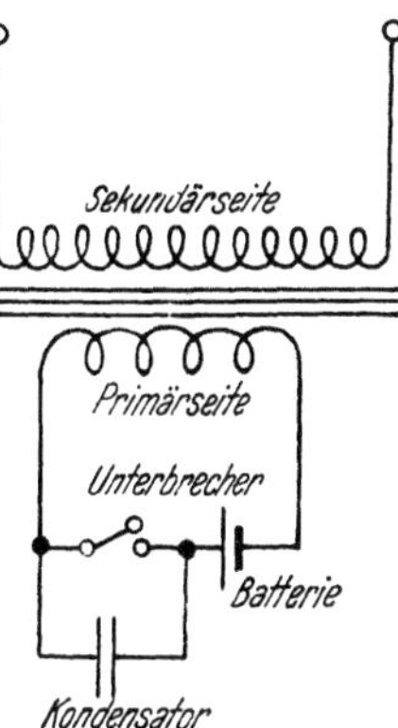

Schaltungsschema eines Funkeninduktors

Funkenstrecke — *(spark) gap* — distance explosive

Zwischenraum zwischen zwei Elektroden, zwischen denen ein Funkenüberschlag stattfindet.

Funkpeilung — *radio bearing, radio direction finding* — radiogoniométrie

Orts- und Kursbestimmung für Schiffe und Flugzeuge unter Verwendung elektromagnetischer Wellen. Da sich diese auf der Erdoberfläche längs größter Kreise ausbreiten, kann durch Benutzung gerichteter Sende- und Empfangssysteme mit Hilfe von Winkelmessungen, wie beispielsweise Kompaßablesungen o. a. der Ort des Fahrzeuges oder der Kurs bestimmt werden.

Funktechnik — *radio engineering, radio technology* — radioélectricité, radiotechnique

Die Funktechnik umfaßt im wesentlichen die Erzeugung und Verwendung hochfrequenter Ströme und Wellen, der Elektronenröhren, die Verstärkung und Umwandlung tonfrequenter Ströme, ausgenommen die Drahttelegraphie und -telephonie, den Tonfilm und die mechanischen und biologischen Auswertungen hochfrequenter Ströme.

Funktion, algebraische — *algebraic function* — fonction algébraique

Funktion, in der die Veränderlichen durch algebraische Rechenoperationen (Addition, Subtraktion, Multiplikation, Division, Potenzieren, Radizieren) verbunden sind, also beispielsweise bei zwei Veränderlichen

$$\sum_{\mu,\nu} a_{\mu,\nu}\, x^{\mu}\, y^{\nu} = 0.$$

Funktion, analytische — *analytic function* — fonction analytique

Funktion einer komplexen Größe, für die in allen Punkten des betrachteten Bereiches eine Ableitung existiert. Als Kriterium hiefür müssen die Cauchy-Riemannschen Differentialgleichungen

$$\frac{\partial u}{\partial x} = \frac{\partial v}{\partial y} \quad \text{und} \quad \frac{\partial u}{\partial y} = -\frac{\partial v}{\partial x}$$

erfüllt sein, wobei die Funktion w = f(z) mit z = x + jy und w = u + jv die w-Ebene der z-Ebene zuordnet (konforme Abbildung ↑). In Polar-koordinaten lauten die Cauchy-Riemannschen Differentialgleichungen

$$[OII. L] \qquad \frac{\partial u}{\partial r} = \frac{1}{r}\frac{\partial v}{\partial \varphi} \quad \text{und} \quad \frac{\partial v}{\partial r} = -\frac{1}{r}\frac{\partial u}{\partial \varphi}.$$

Funktion, ganze

Funktion, bei der keine Divisionen vorkommen.

Funktion, gebrochene

Quotient aus zwei ganzen Funktionen ↑.

Funktion, lineare — *linear function* — fonction linéaire

Algebraische Funktion ↑, in der die Veränderlichen nur in der ersten Potenz auftreten.

Funktion, rationale

Algebraische Funktion ↑, bei der die unabhängig Veränderliche nur in Potenzen mit ganzen Exponenten vorkommt, während die abhängig Veränderliche linear bleibt.

Funktionsleiter — *scale* — échelle, abaque

Krumm- oder geradliniger Träger einer funktionellen Skala, das ist einer Skala, deren nach einem Argument bezifferte Punkte von einem Anfangspunkt aus in einem bestimmten Maßstab, eine Entfernung haben, die durch die abzubildende Funktion für das betrachtete Argument bestimmt wird. (Z. B. Thermometerskala, Skalen der Rechenschieber usw.) [OII]

Fußschalter — *foot-switch, floor switch* — commutateur à pédale

Durch den Fuß zu betätigender Schalter.

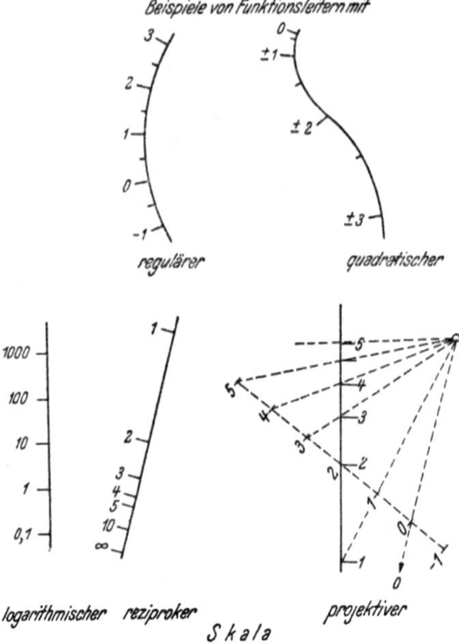

G

g

Kurzzeichen für die Masseneinheit Gramm ↑.

G

Kurzzeichen für die magnetische Feldstärkeneinheit Gauß ↑.

Gabelschaltung — *fork connection, split connection* — montage en forme de fourche

Erweiterte Zickzack-Schaltung ↑ eines Transformators nach umstehendem Schaltbild zur Umformung von Drei- in Sechsphasenstrom. Hauptsächlichstes Anwendungsgebiet bei Gleichrichtern und Einankerumformern.

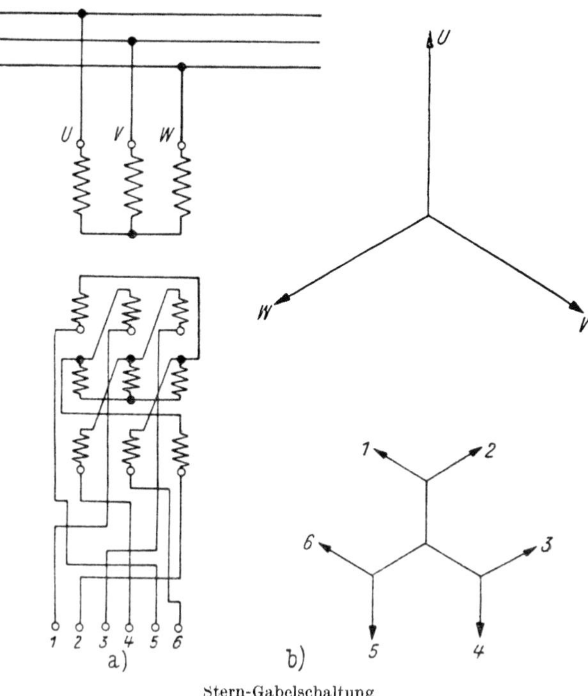

a) Schaltung

b) Vektordiagramm

Stern-Gabelschaltung

Gabelverkehr — *forked multiplex operation* — opération en forme de fourche

Abart des Doppelverkehrs ↑, die den Funkverkehr mit mehreren Gegenstationen ermöglicht, ohne daß für jede Gegenstation ein besonderer Sender notwendig wäre, was dadurch erreicht wird, daß zwar bloß ein Sender für alle Gegenstationen, für jede aber ein eigener Empfänger angeordnet ist und die Empfänger dauernd auf den Sendewellen auf Empfang stehen. Dieses Verfahren setzt voraus, daß der möglichst gleichmäßige Zufluß von Telegrammen der Absatzgeschwindigkeit entspricht, ohne daß Anhäufungen entstehen.

Galvanometer — *galvanometer* — galvanomètre

Hochempfindliches Meßgerät für Ströme bis zu 10^{-12}A. Besteht aus einem starken Dauermagneten,

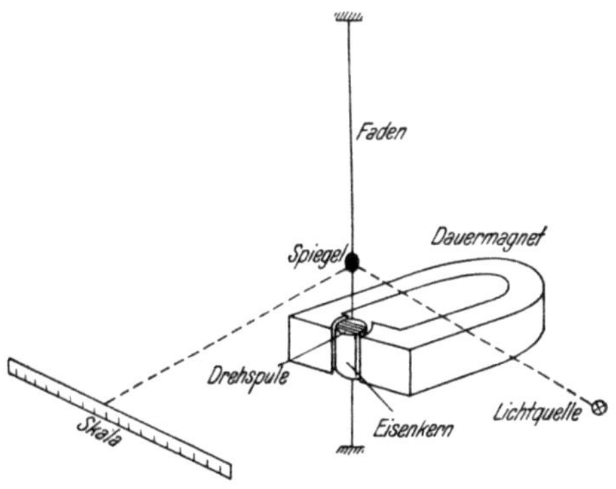

Schematische Darstellung eines Galvanometers

8*

zwischen dessen Schenkeln die Stromspule beweglich, an einem Faden hängend, untergebracht ist Die Anzeige erfolgt mittels Zeiger oder Lichtstrahlablenkung. Kennzeichen. $\sigma^{\!\nearrow}$

Galvanometer, ballistisches — *ballistic galvanometer* — galvanomètre ballistique

Galvanometer ↑, das zur Messung von Stromstößen bestimmt ist. Es ist dann so auszuführen, daß die Dauer des Stromstoßes klein ist gegen die halbe ungedämpfte Schwingungsdauer des Instrumentes, d. h. es beginnt erst auszuschlagen, wenn der Stromstoß bereits vorüber ist. Der Ausschlag ist dann proportional der zu messenden Elektrizitätsmenge (Stromstoß).

Galvanoplastik — *galvanoplastic* — galvanoplastic

Auswertung der elektrolytischen Ausscheidung von Metallen zur Herstellung dicker Metallniederschläge. Das Negativ wird zu diesem Zwecke aus Guttapercha oder Wachs hergestellt, mit Graphit überzogen und als Kathode in ein entsprechendes elektrolytisches Bad gehängt. Als Anode verwendet man Platten aus jenem Metall, mit dem man den Gegenstand überziehen will. Ist der Metallüberzug stark genug, dann kann er als Ganzes abgehoben werden. Auf diese Art können Druckstöcke für den Buchdruck, Medaillen usw. hergestellt werden. Oft wird der Abdruck aus Kupfer gemacht und dann zur Erhöhung der Festigkeit oder Oberflächenveredlung mit einem Edelmetall galvanisch überzogen.

Galvanostegie — *electroplating* — galvanostégie

Herstellung dünner Metallüberzüge an Metallgegenständen auf elektrolytischem Weg entweder zur Verschönerung (Vergolden, Versilbern usw.) oder um sie haltbarer zu machen (z. B. Vernickelung von Kupferdruckplatten).

Galvanotechnik — *art of galvanizing, electro-deposition, electroplating* — galvanisation, galvanotechnique

Auswertung der elektrolytischen Ausscheidung von Metallen zur Herstellung metallischer Überzüge auf anderen Gegenständen. Je nach dem Zweck des Verfahrens unterscheidet man zwischen Galvanoplastik ↑ und Galvanostegie ↑.

Gammastrahlen — *gamma rays* — rayons gamma

Kurzwellige Strahlen ($10^{-9}\ldots5.10^{-11}$ cm), die neben den α- und β-Strahlen von radioaktiven Stoffen ausgesandt werden.

Gang 1. (einer Maschine) — *run, running* — fonction, marche
     2. (eines Gewindes) — *pitch, thread* — pas

Gang, toter — *backlash, lost motion* — marche morte, jeu, jeu mort

Ganzlochwicklung — *integral-slot winding*

Wicklung einer elektrischen Maschine, bei der die Nutenzahl je Pol und Strang eine ganze Zahl ist.

Gasentladung — *gas discharge* — décharge dans le gas

Elektrizitätsleitung in Gasen, bei der der Elektrizitätstransport von Elektronen und Ionen besorgt wird. Die Entladung (Elektrizitätsströmung)

findet solange statt, als Elektrizitätsträger (Elektronen und Ionen) vorhanden sind. Entstehen diese durch äußere Einwirkung, so ist die Entladung unselbständig, entstehen sie durch den Entlademechanismus selbst, indem etwa die vorhandenen Träger durch Stoßionisation ↑ soviel neue Träger erzeugen, daß die Entladung sich von selbst aufrecht erhält, so nennt man die Entladung selb-

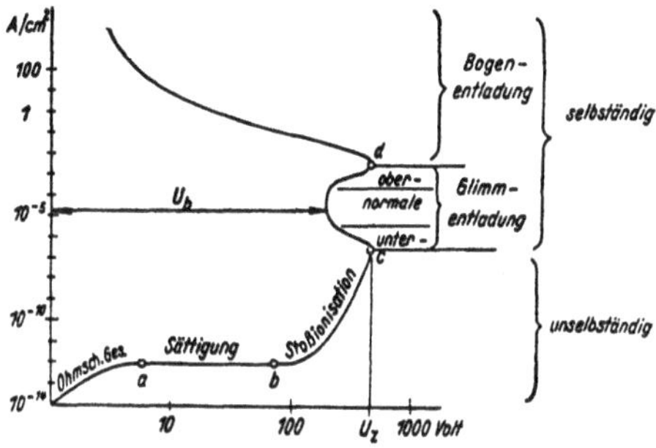

Kennlinie der Elektrizitätsleitung in Gasen

ständig. Während die unselbständige Entladung nur sehr kleine Stromstärken aufweist, steigen die Ströme beim Übergang zum Selbständigwerden sehr stark an, da die Entladung jetzt über immer mehr Elektrizitätsträger verfügt.

Die Entladungsformen sind sehr verschieden. Die unselbständige Entladung ist im ersten Stadium durch keinerlei Leuchterscheinung gekennzeichnet (Dunkelstrom). Bei beginnender Stoßionisation tritt eine sanfte Leuchterscheinung auf.

Bei weiterer Steigerung der Stoßionisation oder Beteiligung der Kathode an der Erzeugung von Elektrizitätsträgern (z. B. durch Glühemission ↑) erhält sich die Entladung selbständig. Ihre Leuchtstärke und vor allem auch die Stromstärke nimmt sehr stark zu. Anfangs entsteht eine milde Leuchterscheinung (Glimmen), die später in einen stark leuchtenden Lichtbogen übergeht. Je nach der Form, Größe und Entfernung der Elektroden, nach dem Druck und der Temperatur des Gases und der Ergiebigkeit der Stromquelle ist die sich einstellende Entladungsform eine verschiedene. Die wichtigsten auftretenden Formen sind die Glimmentladung ↑ und die Bogenentladung ↑, neben denen dann aber eine Reihe von Zwischenformen auftreten, wie vor allem die Büschelentladung ↑, die Korona ↑ und die Funkenentladung.

Die Abhängigkeit des Entladestromes von der Spannung wird durch die obenstehende Kennlinie dargestellt. Die Spannung, bei der die Entladung vom unselbständigen in das selbständige Gebiet übergeht, wird Zündspannung genannt. [OI]

Gasentwicklung — *formation of gas, gassing* — développement de gaz, bouillonnement

gasförmig — *gaseous* — gazeux

Gaskonstante — *gas constant (of perfect gas)* — constante de gaz (parfait)

Das Produkt aus Loschmidtscher Zahl ↑ und Boltzmannscher Konstanten ↑

$$R = L\,k = 8{,}3144\ \text{J/Grad}.$$

Es ist mit L und k eine Naturkonstante und wird auch universelle Gaskonstante genannt, im Gegensatz zu dem auf das Mol bezogenen Wert R/M (M Molekulargewicht), der die Bezeichnung individuelle Gaskonstante des betreffenden Gases erhält. Mit k wird auch dem R in neuerer Zeit der physikalische Charakter einer Naturkonstanten bestritten (s. a. Boltzmannsche Konstante).

Gauß — *gauss* — gauss
Einheit der magnetischen Feldstärke von der Größe

$$1\ G = 1\ \frac{\text{dyn}}{\text{Gilbert cm}} = 10^{-8}\ \frac{\text{Vs}}{\text{cm}^2}\ .$$

Gaußscher Satz — théorème d'Ostrogradski
Die Identität

$$\int_V \operatorname{div} \mathfrak{A}\, dv = \oint \mathfrak{A}\, d\mathfrak{f}\,,$$

wobei das Hüllenintegral über die den Raumteil V einschließende Fläche zu bilden ist. [OII]

Gaußsche Zahlenebene
→ Zahl, komplexe.

geblättert — *laminated, lamellar* — à lames, en lamelles, lamellaire
Aus Blechen zusammengeschichtet. Übliche Bauform magnetischer Kreise, wenn das Magnetfeld zeitliche Veränderungen aufweist und dadurch hervorgerufene Wirbelströme ↑ möglichst klein gehalten werden sollen.

Gebrauchslage — *position of use* — position de service
Gebrauchslage ist die Lage, in die ein Meßgerät gebracht werden muß, damit es die Genauigkeit aufweist, die durch sein Klassezeichen bestimmt ist.

⊥   Senkrechte Gebrauchslage
⌐   Waagrechte Gebrauchslage
∠60°   Schräge Gebrauchslage mit Angabe des Neigungswinkels.

gedämpft — *damped, attenuated* — amorti, atténué

geerdet — *earthed, grounded* — mis à terre

Gefrierpunkt — *freezing point* — point de congélation

Gegengewicht — *counterpoise, counterweight* — contre-poids

Gegeninduktivität — *mutual inductance, mutual induction* — inductance mutuelle
Beeinflussung zweier benachbarter Windungen oder Spulen über das gemeinsame magnetische Feld. Wird die eine Spule von einem Strom erregt, so durchsetzt ein Teil des von ihr erzeugten magnetischen Feldes die zweite Spule und induziert in dieser bei einer zeitlichen Änderung eine EMK (der Gegeninduktion). Der Teil des von der erregenden Spule erzeugten magnetischen Flusses, der die zweite Spule nicht durchsetzt, wird Streufluß genannt.
Die in der induzierten Spule erzeugte EMK ist dem Schwund (zeitliche Abnahme) des gemeinsamen Flusses proportional. Kann die Streuung vernachlässigt werden, so ist dann die vom Primärstrom in der Sekundärwicklung erzeugte EMK

$$E_2 = -M\,\frac{di_1}{dt}\,,$$

beziehungsweise die in der Primärwicklung vom Sekundärstrom hervorgerufene EMK

$$E_1 = -M\,\frac{di_2}{dt}\,,$$

wobei der Koeffizient der gegenseitigen Induktion (Gegeninduktivität)

$$M = \frac{w_1 w_2 \mu F}{l}$$

zu setzen ist. Darin sind w_1 und w_2 die Windungszahlen der ersten (primären), beziehungsweise der zweiten (sekundären) Spule.

Bei Berücksichtigung des Streuflusses ist

$$M = k\sqrt{L_1 L_2}\,,$$

worin L_1 und L_2 die Selbstinduktionskoeffizienten der beiden Spulen und k den Kopplungsfaktor ↑ bedeuten.

Für zwei Einphasenleitungen mit den Drähten 1, 2 (erste Leitung) und 3, 4 (zweite Leitung) ergibt sich der Gegeninduktionskoeffizient zu

$$M = \frac{\mu}{2\pi} \ln \frac{d_{14} d_{23}}{d_{13} d_{24}} \quad \text{je Längeneinheit,}$$

worin die d_{ij} die gegenseitigen Abstände der Drähte voneinander sind.

Gegenkomponente — *negative phase-sequence component* — composante inverse

Komponente des Gegensystems ↑.

Gegenkopplung — *negative reaction, reverse feeback, counter-coupling* — réaction en sens opposé, contreréaction, réaction négative

Rückkopplung der Ausgangsspannung eines Verstärkers an die Eingangsspannung mit verkehrtem Vorzeichen. Dabei entsteht eine Verflachung und damit eine Verringerung der Frequenzverzerrungen. Der Klirrfaktor ↑ wird im Verhältnis

$$\frac{1}{1+ka_1}$$

verringert, worin k den Gegenkopplungsfaktor und a_1 den Verstärkungsfaktor für die Grundwelle bedeuten. Die Verstärkung wird um das gleiche Maß geringer.

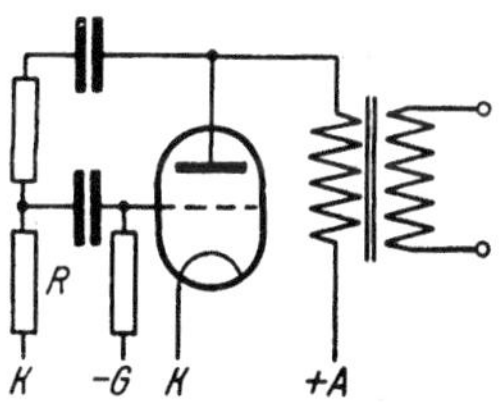

a. Spannungsgegenkopplung

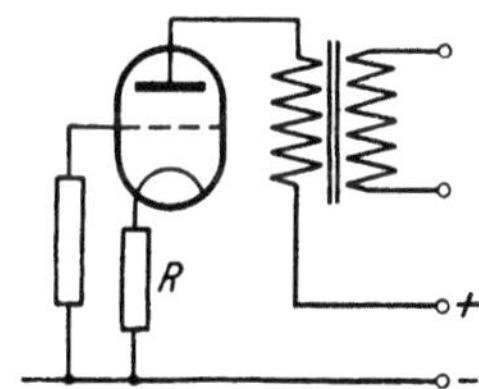

b. Stromgegenkopplung

In der praktischen Ausführung erfolgt die Gegenkopplung entweder als Spannungsgegenkopplung (Abb. a) oder als Stromgegenkopplung (Abb. b). Im ersten, bei niedrigeren Frequenzen bevorzugten Fall entsteht der zur Gegenkopplung verwendete Spannungsabfall am Widerstand R, durch den er dem Gitterkreis zugeführt wird, im zweiten Fall fließt der gesamte Anodenwechselstrom durch den Widerstand R, dessen Spannungsabfall wiederum dem Gitterkreis zugeführt wird (s. a. Rückkopplung).

gegenphasig — *in phase opposition* — en opposition de phase, antiphasé
Um 180° phasenverschoben.

Gegensprechen — *duplex operation, two-way working* — communication en duplex

Sprechverkehr in beiden Richtungen, bei dem also jederzeit vom Sprechen zum Hören und umgekehrt übergegangen werden kann, ohne daß besondere Umschaltungen vorgenommen werden müssen. Anlagen des öffentlichen Verkehrs sind stets für Gegensprechen eingerichtet.

Gegensystem — *negative phase-sequence system* — système indirect

Eines der drei symmetrischen Komponentensysteme, in die jedes unsymmetrische Dreiphasensystem zerlegt werden kann. Es ist durch gleich große, in zu den Hauptsystemgrößen entgegengesetzter Phasenfolge um je 120° verschobene Phasengrößen gekennzeichnet. Man erhält es aus den Phasengrößen durch den Ausdruck

$$\Re_2 = \frac{1}{3}\,(\Re + a^2\,\mathfrak{S} + a\,\mathfrak{T}), \qquad \mathfrak{S}_2 = a\,\Re_2, \qquad \mathfrak{T}_2 = a^2\,\Re_2$$

worin $a = -\frac{1}{2} + j\,\frac{1}{2}\sqrt{3}$. Das Gegensystem hat die entgegengesetzte Phasenfolge wie jene der das Dreiphasensystem speisenden Generatoren. [OII]

Gegentaktschaltung — *push-pull circuit* — montage en push-pull

Schaltung von Gleichrichtern, bei der beide Wechselstromhalbwellen zur Gleichrichtung ausgenützt werden. (→ Zweiwegschaltung.)

Gegentaktverstärker — *push-pull amplifier* — amplificateur (en) push-pull

Verstärker, bei dem zwei Röhren derart für eine Stufe verwendet werden, daß zwischen Gitter und Heizfaden einer Röhre stets die halbe Sekundärspannung des Eingangstransformators liegt. Dabei ist die Schaltung so getroffen, daß die beiden Gitter jeweils entgegengesetztes Potential aufweisen, so daß der Anodenstrom bei der einen Röhre zunimmt, während er bei der anderen Röhre abnimmt. Die resultierende Spannung (in der Abb. b in der Mitte dick ausgezogen) zeigt dann geringe Formverzerrungen ↑, da sich solche, unter der Voraussetzung gleicher Kennlinien und Arbeitspunkte der beiden Röhren, bei beiden Halbwellen in gleicher Form wiederholen. Es werden also im wesentlichen die Formverzerrungen bei der einen Röhre durch die in der anderen Röhre gegenphasig auftretenden Oberschwingungen wieder aufgehoben oder wesentlich verringert.

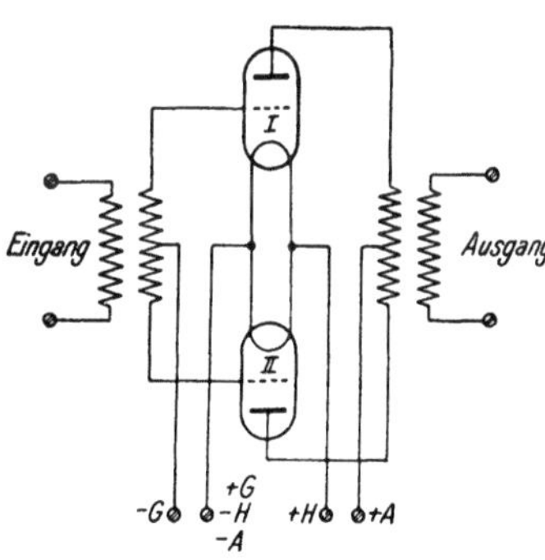

a. Schaltung des Gegentaktverstärkers

Man kann so die Arbeitspunkte auch in den Knick der Kennlinie legen, so daß dann jede Röhre immer nur die eine Hälfte der Schwingung verstärkt

und im unbesprochenen Zustand überhaupt kein Anodenstrom fließen würde. Verstärker, bei denen der Arbeitspunkt am steilen Teil der Kennlinie liegt, werden A-Verstärker, solche, bei denen er am unteren Knick liegt, B-Verstärker genannt. Bei der Hochfrequenzverstärkung werden auch Verstärker verwendet, bei denen der Arbeitspunkt vor dem Knick der Kennlinie liegt und die dann C-Verstärker genannt werden.

Bei den Gegentaktverstärkern werden oft Doppelröhren mit zwei Systemen verwendet.

Gegentaktverstärker sind auch bezüglich etwaiger Schwankungen der Gleichströme weit weniger empfindlich als gewöhnliche Verstärker.

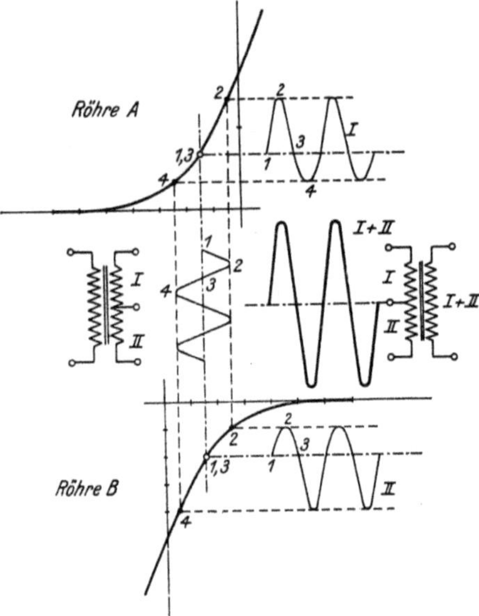

b. Verlauf des Anodenstromes beim Gegentaktverstärker

Gegentaktverstärkerröhre — *push-pull amplifier tube* — tube amplificateur en push-pull

Verstärkerröhre mit zwei gleichen Systemen in einem Kolben zum Zwecke der Gegentaktverstärkung (→ Zweiwegschaltung).

Gehäuse 1. *case, housing, cabinet* — boîte, enveloppe
2. (einer Maschine) — *frame* — carcasse

Gemeinschaftsantenne — *party antenna, block antenna, master antenna* — antenne commune

Antennenanordnung, bei der im Antennenkreis ein Hochfrequenzübertrager mit mehreren Sekundärwicklungen angeordnet ist, an die mehrere Empfänger gleichzeitig angeschlossen werden können. Die Ableitung von der Antenne erfolgt meist in einem Kabel mit geerdetem Außenleiter (abgeschirmte Antenne).

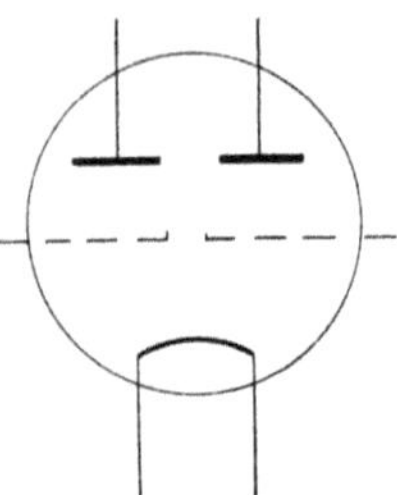

Gegentaktverstärkerröhre

Generator — *generator* — génératrice

Anderes Wort für Stromerzeuger.

Generatorschutz — *generator protective device*

Selektive Schutzeinrichtung zur Erfassung von Fehlern im Generator. Je nach Größe und Wichtigkeit des Generators umfaßt er Überlastung, Kurzschlüsse ↑ im Generator und an den Klemmen, Windungsschlüsse ↑, Gestellschluß, unzulässige Erwärmungen, Rauch- und Gasentwicklung (Brandschutz), Überdrehzahl.

genutet — *slotted*

Geradeausempfänger — *straight receiver* — récepteur à amplification directe
Empfänger, bestehend aus einem Hochfrequenzverstärker-, einem Demodulator- und einem Niederfrequenzverstärkerteil.

Gerät — *utensil, unit, tool, device, apparatus* — appareil, dispositif, outil, equipement

Geräuschfilter — *scratch filter, noise filter* — filtre de bruit, filtre de craquements
Dämpfungsnetzwerk, dessen Frequenzabhängigkeit gemäß nebenstehender Kurve normiert ist und das bei Geräuschmessungen eine Anpassung der Amplituden an die Empfindlichkeit des menschlichen Ohres bewerkstelligt.

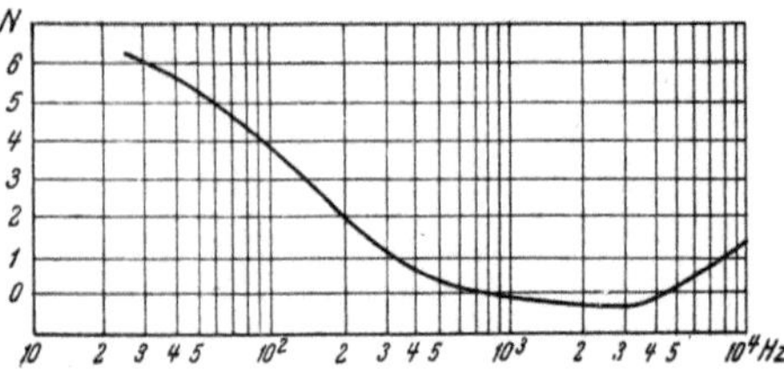
Normalisierte Dämpfungskurve des Geräuschfilters für Messungen in Fernsprechnetzen

Geräuschspannung — *psophometric voltage* — tension psophométrique
Störspannung eines Verstärkers für elektroakustische Zwecke, deren (von der Frequenz abhängige) Amplituden gemäß der Empfindlichkeit des menschlichen Ohres verändert wurden, wozu man zwischen Ausgang des Verstärkers und Meßgerät ein „Geräuschfilter" ↑ genanntes, frequenzabhängiges Dämpfungsnetzwerk schaltet.

Geschwindigkeit — *speed, velocity* — vitesse

Gestell — *carcase, rack, stand, frame* — carcasse, chevalet, échafaud, châssis, cadre, socle, boîtier

gestört — *disturbed, faulty, out of order* — troublé, en dérangement

Getriebe — *gear, gearing* — engrenage, rouage

Getter — *getter* — getter
Material (z. B. Magnesium) zur Sicherstellung des Vakuums in Elektronenröhren. Nach dem Evakuieren werden die Röhren einer Wärmebehandlung unterzogen, bei der durch Erhitzen der Kathode auf Weißglut und durch Anlegen einer hohen Anodenspannung, durch die infolge des Elektronenbombardements auch Gitter und Anode auf helle Glut gebracht werden, ein eingebrachtes Stück Magnesiumdraht verdampft. Ein Teil des Magnesiumdampfes bindet die noch vorhandenen Gasreste und stellt so das Hochvakuum sicher. Der Rest schlägt sich als Spiegel an der Rohrinnenwand nieder und absorbiert die Gasteilchen, die später beim Betrieb der Röhre frei werden.

Gewicht, spezifisches — *specific weight, specific gravity* — poids spécifique, gravité spécifique
Gewicht der Raumeinheit eines Körpers, auch Wichte genannt.

Gewinde — *thread* — filet

Gewinn — *gain, profit* — gain, profit

gezahnt — *toothed* — denté

gießen — *to cast, to found* — fondre, couler

Gilbert — *gilbert* — gilbert

Einheit der elektrischen Stromstärke, die zahlenmäßig der elektromagnetischen Stromstärkeneinheit gleichkommt, und deren Größe gleich 10 A ist. Im elektrostatischen Maßsystem wäre die Stromstärkeneinheit durch die sekundliche Änderung der in elektrostatischen Ladungseinheiten gemessenen Ladung gegeben (→ Priestley). Dem entspräche eine Stromstärkeneinheit Pr/s. Damit wird

$$1 \text{ Gilbert} = 10 \text{ A} = 3 . 10^{10} \text{ Pr/s.}$$

[OI]

Gipfelwert

Höchster Wert einer periodisch schwingenden Größe, gemessen von der Nullachse ↑ .

Gitter — *grid* — grille

→ Mehrpolröhre.

Gitterableitwiderstand — *grid (leak) resistance* — resistance (de dérivation) de grille

Zwischen Gitter und Kathode oder Gitterbatterie einer Elektronenröhre geschalteter Widerstand, der die Aufgabe hat, das Gitterpotential, das sonst ohne weitere galvanische Verbindungen unbestimmt wäre, dadurch festzulegen, daß unerwünscht auftretende Gleichstromladungen abgeführt werden. Je größer der Gitterableitungswiderstand gemacht wird, desto kleiner wird zwar die durch ihn hervorgerufene zusätzliche Belastung der Eingangsstromquelle, desto größer ist aber die Gefahr, ein veränderliches Gitterpotential zu erhalten. Die gewöhnlich verwendeten Gitterableitungswiderstände liegen zwischen $0{,}3 \ldots 5 \text{ M}\Omega$.

Gittermast — *lattice (mast)*, *tower*, *girder pole* — poteau en treillis, pylône en treillage

Leitungsmast aus Eisenfachwerk.

Gitterplatte — *grid plate* — plaque à grille

Elektrode eines Bleiakkumulators, die die leichteste Bauart mit dem geringsten Raumbedarf darstellt. Die aktive Masse wird hier in die tiefen Maschen eines Gitters eingelegt und meist noch mit einem perforierten Blech gegen das Herausfallen geschützt. Die Lebensdauer ist vergleichsweise gering und beträgt bei den positiven Platten etwa $250 \ldots 350$ Entladungen, bei den negativen Platten das doppelte oder mehr. Die Ladezeit liegt zwischen der der Großoberflächen- und der Panzerplatte. Das Hauptanwendungsgebiet sind Elektromobile, Plattformwagen, Starterbatterien für Schienenfahrzeuge u. ä.

Gitterspannung — *grid voltage*, *grid potential* — tension (de) grille

Zwischen Kathode und Gitter ↑ angelegte Spannung einer Mehrpolröhre ↑.

Gittersteuerung — *grid control* — contrôle de grille

Beeinflussung einer Elektronenströmung im Vakuum oder einer Gasentladung mit Hilfe eines „Steuergitters", das ist eine zwischen Kathode und Anode angeordnete, als „Gitter" bezeichnete Hilfselektrode, die auf geeignetes Potential gebracht wird.

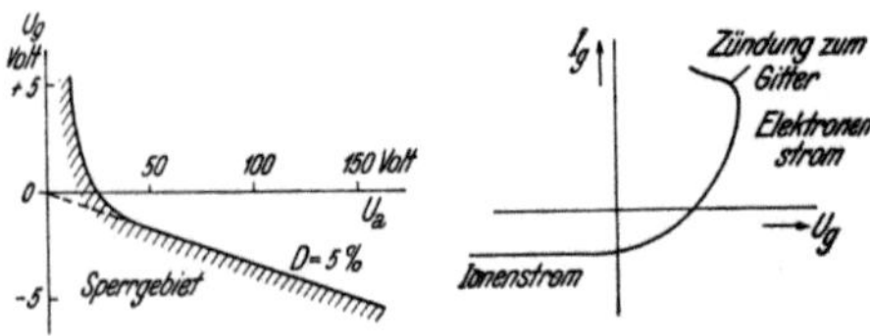

a. Zündkennlinie einer
gittergesteuerten
Bogenentladung

b. Gitterstromkennlinie
einer gittergesteuerten
Bogenentladung

In einer Vakuumröhre wird dann der Elektronenstrom zur Anode beschleunigt, verzögert oder ganz abgebremst, je nachdem, ob das Gitterpotential positiv, schwach oder stark negativ gemacht wird. Die auf das Gitter gebrachte Spannung wird damit auf den Anodenstrom in seiner Zeitabhängigkeit übertragen (→ Triode), also gesteuert.

Bei einer Gasentladung ist eine Gittersteuerung zunächst nur für die Steuerung des Zündmomentes der Entladung verwendbar. Solange die Gitterspannung kleiner ist als die negative, durchgreifende Anodenspannung DU_a, werden die von der Glühkathode kommenden Elektronen abgebremst und zurückgehalten (D ist dabei der Durchgriff ↑ der Röhre). Erst nach Überschreiten dieser Grenzspannung können die Elektronen durch das Gitter treten, um dahinter beschleunigt zur Anode zu fallen. Selbstverständlich muß dabei die Anodenspannung größer sein als die erforderliche Bogenspannung. Die Zündkennlinie, die die zur Zündung erforderliche Gitterspannung in Abhängigkeit von der Anodenspannung angibt, zeigt für den Fall $D = 5\%$ die obenstehende Abbildung a. Die Kennlinie biegt bei kleinen Anodenspannungen nach oben ab, weil dort das ionisierende Spannungsgefälle zwischen Gitter und Anode zu klein ist, um zu den erforderlichen Ionisationsstößen zu führen, die die Entladung aufrecht erhalten. Es muß dann die Gitterspannung zur Beschleunigung der Elektronen beitragen, also stärker positiv sein als es der Proportionalität $U_{gz} = - DU_a$ entspricht.

Ist das Sperrgebiet überschritten und die Zündung erreicht, so verliert das Gitter seine steuernde Wirkung. Wird es nämlich wieder negativ gemacht, so zieht es aus dem Plasma der Entladung soviel positive Ionen an sich, daß diese eine abschirmende Schicht bilden, die die Wirkung der negativen Gitterladung nach außen aufhebt. Es bildet sich dann ein vom Gitter abfließender „Gitterstrom" aus. Bei Änderung der Gitterspannung verändert sich lediglich die Dicke der am Gitter befindlichen, abschirmenden Schichte. Erst wenn bei Vergrößerung der Gitterspannung diese durch Null geht oder positiv wird, nimmt das Gitter Elektronen auf (Stromumkehr) und zieht die Bogenentladung an sich (s. Abb. b).

Die in einem Bogenentladungsgefäß (z.B. Quecksilberdampf-Gleichrichter) einmal gezündete Entladung kann also vom Gitter her nicht mehr zum Erlöschen gebracht werden. Eine Unterbrechung kann nur so erfolgen, daß der Anodenstromkreis unterbrochen oder die Anodenspannung kleiner gemacht wird als die erforderliche Bogenspannung. Ist die Anodenspannung eine Wechselspannung, dann geht der Anodenstrom selbständig bei jeder Halbperiode durch Null, so daß eine negative Gitterspannung in diesem Falle doch zu einer Unterbrechung der Entladung führt. Es bleibt aber in Wirklichkeit dabei der Strom bis zu seinem nächsten Nulldurchgang bestehen und die negative Gitterspannung verhindert jetzt nur die neuerliche Zündung für die nächste Halbperiode (s. a. Gleichrichter, gittergesteuerter).

Die Löschkennlinie, das ist die Abhängigkeit der zur Löschung der Entladung höchstens zulässigen Anodenspannung von der Gitterspannung zeigt die Abb. c. Die Anodenspannung ist zunächst bei negativer Gitterspannung unabhängig von dieser (Bogenspannung), sinkt dann aber ab, um bei positiven Gitterspannungen ins Negative zu gehen, da sie dann die Elektronen noch vom Gitter fortdrücken muß.

Für die Anwendung der Gittersteuerung ist es oft wichtig, die dem Gitter zugeführte Spannung in der Phasenlage zu den Anodenspannungen zu verändern. Dazu wird die Gitterspannung meist einem Drehregler ↑ entnommen, dessen Stellung von Hand aus oder selbsttätig verstellt werden kann. Bei einem anderen Verfahren wird dem Gitter

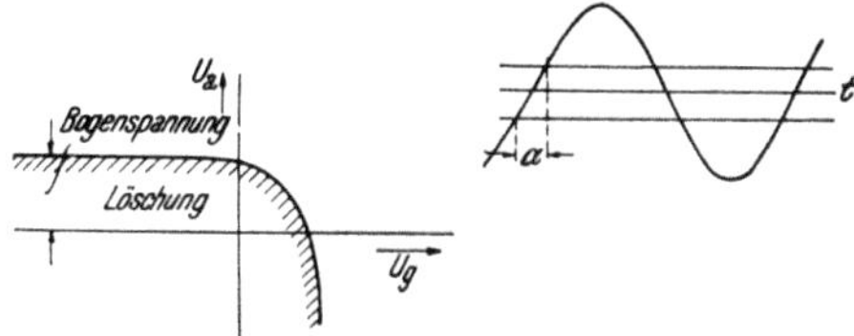

c. Löschkennlinie einer gittergesteuerten Bogenentladung

d. Zündpunktsverschiebung durch Gleichstromüberlagerung

zur eigentlichen Wechselsteuerspannung noch eine positive oder negative Gleichspannung überlagert, die die Gitterwechselspannung hebt oder senkt und dadurch den Nulldurchgang verschiebt (Abb. d).

Gitterstrom — *grid current* — courant de grille

Im Gitterkreis einer Mehrpolröhre ↑ fließender Strom (s. a. Gittersteuerung).

Gittertastung — *blocked grid keying, grid control* — manipulation de grille

Tastung ↑ eines Röhrensenders, bei der die Taste im Gitterkreis der Senderöhre angeordnet wird.

Gittervorspannung — *(grid) bias, grid polarisation voltage, C bias* — polarisation de grille, tension de polarisation de grille

Jene Gleichspannung, die an ein Steuergitter gelegt wird, um es auf das für den gewünschten Arbeitspunkt notwendige negative Potential im Verhältnis zur Kathode zu bringen.
→ Vorspannung.

Glättungsdrossel — *smoothing choke* — self de filtrage

Spulen geeigneter Induktivität, die in Stromkreisen, die welligen Gleichstrom führen, zu dem Zwecke eingeschaltet werden, daß die Welligkeit vermindert oder praktisch zum Verschwinden gebracht, der Gleichstrom also „geglättet" wird. Hauptsächlichste Verwendung auf der Gleichstromseite von Gleichrichtern.

Glasur — *glazing, glaze* — glaçure

Gleichgewicht — *balance, equilibrium* — balance, équilibre

gleichnamig — *similar, homologous, like* — similaire, semblabe, homologue

gleichphasig — *co-phasal, in phase* — co-phasique, en phase

Zwei Schwingungen sind gleichphasig, wenn sie gleiche Frequenz haben und gleichzeitig durch ihr positives Maximum gehen.

gleichpolig — *homopolar* — homopolaire

Gleichrichter — *rectifier, detector* — redresseur, rectificateur, détecteur

Stromrichter, mit denen Wechselstrom in Gleichstrom umgewandelt wird. Dies kann unter Zuhilfenahme mechanisch betätigter Kontakte (s. Nadelgleichrichter, Kontaktgleichrichter), chemischer oder elektrolytischer Grenz-

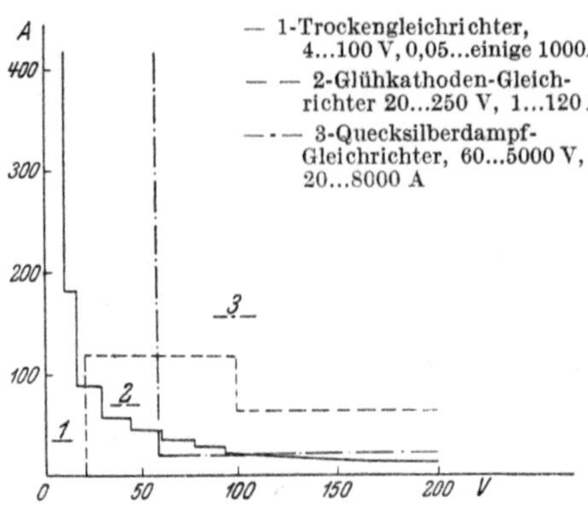

Verwendungsbereiche der
Starkstrom-Niederspannungs-Gleichrichter

schichtwirkung (s. Sperrschichtgleichrichter, Kupferoxydul-Gleichrichter, Trockengleichrichter), von Hochvakuum-Entladungsgefäßen (s. Anodengleichrichtung) oder Dampf- oder Gasentladungsstrecken (s. Glühkathodengleichrichter, Quecksilberdampf-Gleichrichter, Thyratron) erfolgen. Je nach Spannung und Stromstärke kommt die eine oder andere Ausführungsart in Frage. Einen Überblick über die technischen Verwendungsbereiche für Niederspannung und Starkstromfrequenz gibt die nebenstehende Aufstellung.

Je nach der Schaltung unterscheidet man Einweg-, Zweiweg- und Brückenschaltungen, ferner Schaltungen mit und ohne Steuerung (Gittersteuerung ↑).

Die vom Gleichrichter gelieferte Gleichspannung steht in einem bestimmten, festen Verhältnis zur Wechselspannung. Eine Spannungsregelung trifft daher auf gewisse Schwierigkeiten. Sie kann dadurch erfolgen, daß man durch vor die Gleichrichter geschaltete Widerstände die Anodenspannung herabsetzt, was wegen der Verluste nur bei kleinen Aggregaten gemacht wird. Verlustlos kann die Regelung über Anzapfungen am speisenden Transformator durchgeführt werden. Ein anderes Verfahren verwendet Vordrosseln mit einer Gleichstromvormagnetisierung, deren Induktivität durch Einstellen der Sättigung verändert werden kann. Ein neuzeitliches Verfahren verwendet Gleichrichter mit Steuergittern, durch die eine verlustlose und stetige Regelung der Spannung ermöglicht wird (→ Gittersteuerung). Gittergesteuerte Gleichrichter und Stromrichter werden im übrigen in der Elektrotechnik in steigendem Maße verwendet, weil sie wegen der Trägheitslosigkeit ihrer Steuerung zu verschiedenen Steuerungs- und Regelungsaufgaben herangezogen werden können, wo andere Einrichtungen zu träge oder mit zu viel Aufwand arbeiten würden.

Gleichrichter, gittergesteuerter — *grid-controlled rectifier* — redresseur à contrôle de grille

Gleichrichter mit Steuergittern, die es ermöglichen, den Zündzeitpunkt der einzelnen Anoden zu steuern (→ Gittersteuerung). Während beim Gleichrichter ohne Gittersteuerung der Lichtbogen von der gerade stromführenden Anode auf jene übergeht, die ein höheres Potential führt und dies sogleich tut, sobald deren

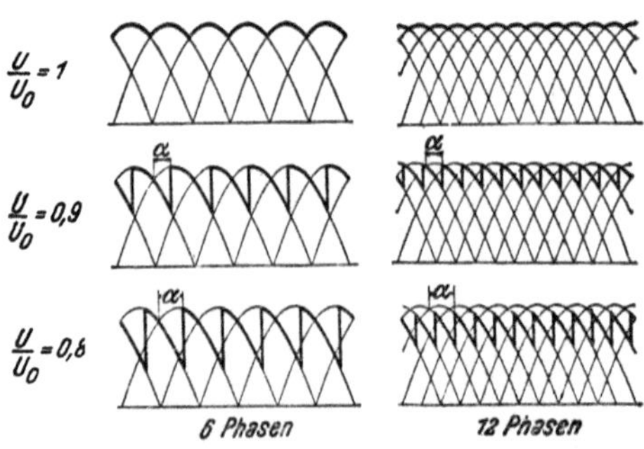

a. Regelung der Gleichspannung durch Gittersteuerung
U_0 mittlere Gitterspannung bei offenem Gitter
U mittlere Gleichspannung bei teilweiser Aussteuerung

Potential das eigene übersteigt, geht der Lichtbogen beim gittergesteuerten Gleichrichter erst auf die nächste Anode über, wenn dies von deren Gitter freigegeben wird. Dadurch wird, wie die umstehende Abb. a zeigt, aus der Gleichspannungskurve ein dem Verzögerungswinkel α der Zündpunktsverschiebung entsprechendes Stück herausgeschnitten, so daß der Mittelwert der Gleichspannung vermindert wird. Am einfachsten erreicht man die Zündpunktverschiebung, die sich ja in gleicher Weise in jeder Periode wiederholen muß, indem man über einen kleinen Hilfstransformator demselben Netz, an das auch die Hauptanoden angeschlossen sind, eine Wechselspannung entnimmt und an die Gitter führt. Diese Steuerspannung kann durch einen kleinen Drehregler ↑ um den Winkel α verschoben werden, so daß sie gerade dann positiv wird, wenn der Lichtbogen zünden soll. Für den Einphasen-Einweggleichrichter sind die Verhältnisse in Abb. b dargestellt. Ein vollständiges Schaltbild für eine Dreiphasenanlage zeigt die Abb. c. Die Verminderung der Gleichspannung ist durch das Gesetz

$$U = U_0 \cos \alpha$$

gegeben. Man kann, unter Vernachlässigung der Komponenten höherer Ordnung,

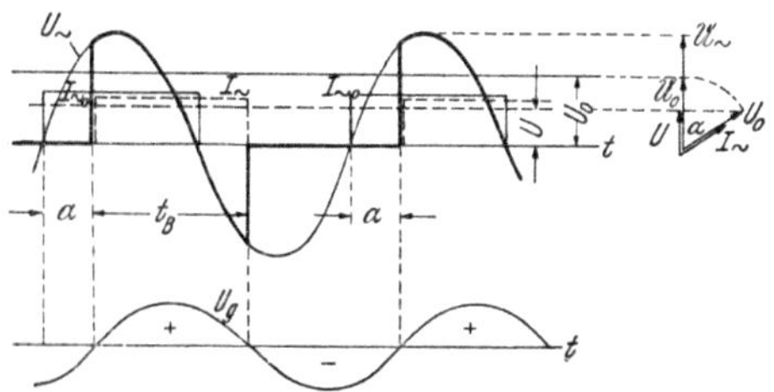

b. Gittergesteuerter Einphasen-Einweggleichrichter

U Wechselspannung
I_0 }   Primärer   } ohne Gittersteuerung ($\alpha = 0$)
I } Wechselstrom } mit Gittersteuerung
U_0 }   Mittlere   } ohne Gittersteuerung ($\alpha = 0$)
U } Gleichspannung } mit Gittersteuerung
U_g Gitterspannung
α Zündverzögerung
t_B Brenndauer des Lichtbogens

den Spannungen und Strömen ein Vektordiagramm zuordnen. Es ist darin dann der Strom der Primärseite des Transformators um den Winkel α gegenüber der Wechselspannung verschoben. Der Strom ist im Zeitbild als während der Brenndauer gleichbleibend angenommen. Dies trifft mehr oder weniger zu, wenn in den Gleichstromkreis noch eine Induktivität geeigneter Größe geschaltet wird, die die Schwingungen unterdrückt und damit den welligen Gleichstrom „glättet" (Glättungsdrossel). Wie zu ersehen ist, wird auch der Strom tatsächlich um den Winkel α im Sinne einer Nacheilung verschoben.

Mit zunehmender Zündverschiebung weicht die Form der Gleichspannung immer mehr von der idealen Geraden ab und es entstehen

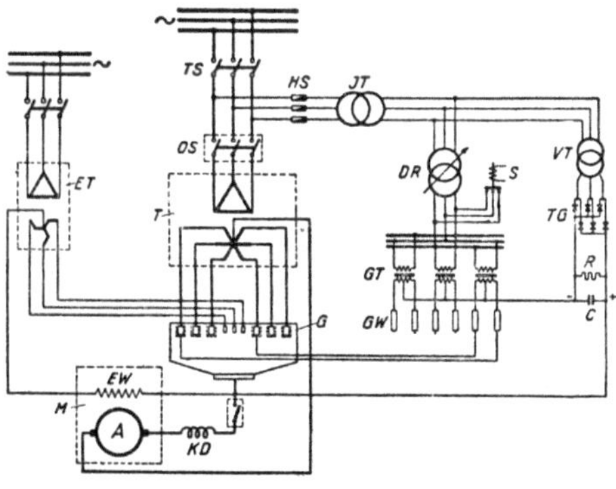

c. Drehzahlregelung eines Gleichstrommotors durch Stromrichter

M Motor	ET Erregertransformator
G Gleichrichter	KD Kathodendrossel
T Haupttransformator	VT Hilfstransformator
GT Gittersteuertransformatoren	für negative Gittervorspannung
DR Gitterdrehregler	TG Trockengleichrichter

immer größere Oberschwingungsanteile. Gleichzeitig wird durch die Verschiebung des Anodenstromes der Leistungsfaktor verschlechtert, und zwar in etwa dem gleichen Maß als die Gleichspannung verkleinert wird.

d. Anodenaufbau eines gittergesteuerten Großgleichrichters (Bauart AEG)

1 Graphitanode	5 Gitteranschlußflansch
2 Anodenschutzrohr	6 Unterer Anodenisolator
3 Steuergitter	7 Oberer Anodenisolator
4 Gitterzuführung	8 Anodenanschlußflansch

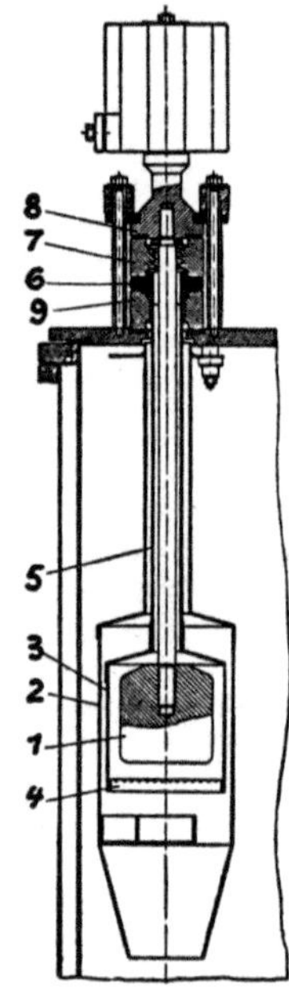

c. Anode mit Steuergitter

1 Graphitanode
2 Anodenschutzrohr
3 Inneres Schutzrohr
4 Steuergitter
5 Stromzuführung zum Steuergitter
6 Anschlußring
7 Oberer Isolator

Wegen der kleinen, für die Gitterregelung notwendigen Leistungen können die Regelorgane klein gehalten werden, so daß sich gittergesteuerte Gleichrichter leicht selbsttätig regeln oder fernsteuern lassen. Man kann auch durch Anschalten einer negativen Gitterspannung eine Abschaltung von Kurzschlüssen vornehmen.

Gleichrichtermeßgerät — *rectifier instrument* — appareil de mesure à redresseur

Das Gleichrichtermeßgerät hat einen eingebauten Gleichrichter, durch den der zu messende Wechselstrom in Gleich-

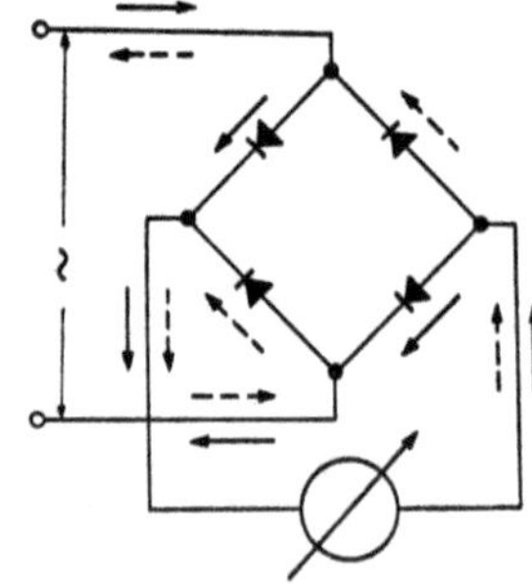

Schaltung eines Gleichrichtermeßinstrumentes

strom umgeformt wird. Als besonderes Kennzeichen für dieses Gerät wird neben das Kurzzeichen des Meßwerkes das Gleichrichterkurzzeichen —|◀— gesetzt.

Gleichrichterröhre — *vacuum tube rectifier, rectifier valve* — tube redresseur

Röhre zur Anodengleichrichtung ↑ .

Gleichrichterschutz — *rectifier protection*

Schutzeinrichtungen gegen den Gleichrichter gefährdende Fehler und Überlastungen. Er besteht meist aus folgenden besonderen Einrichtungen:

1. Schutz gegen Überlastungen, gebildet durch Überstromselbstschalter auf der Drehstrom- und Gleichstromseite;

2. Schutz gegen Rückstrom (Rückzündung), gebildet durch einen Rückstromschnellschalter auf der Gleichstromseite. Gleichzeitig wird auch der Drehstromschalter ausgelöst, um den Kurzschluß zwischen Anode und Anode abzutrennen. Besser und schneller wirkt bei Gleichrichtern mit Gittersteuerung eine Unterbrechung durch Gittersperrung (Anlegen der Gitter an negatives Potential);

3. Überwachung der Kühlung bei wassergekühlten Eisengleichrichtern durch Kontaktthermometer, bei luftgekühlten Gleichrichtern durch einen Luftströmungskontakt;

4. Überwachung des Vakuums durch Relais bei den Vakuumpumpen;

5. Überspannungsschutz durch Einbau von Überspannungsableitern.

Gleichrichtertransformator

Transformator, der zum Anschluß eines Gleichrichters an das (Drehstrom-) Netz dient. Die Gleichrichterseite dieser Transformatoren ist stets im Stern

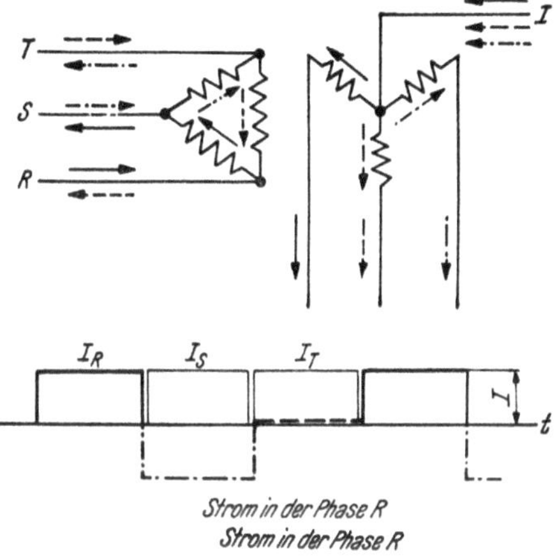

a. Schaltung und grundsätzlicher Stromverlauf bei einem Dreiphasen-Gleichrichtertransformator

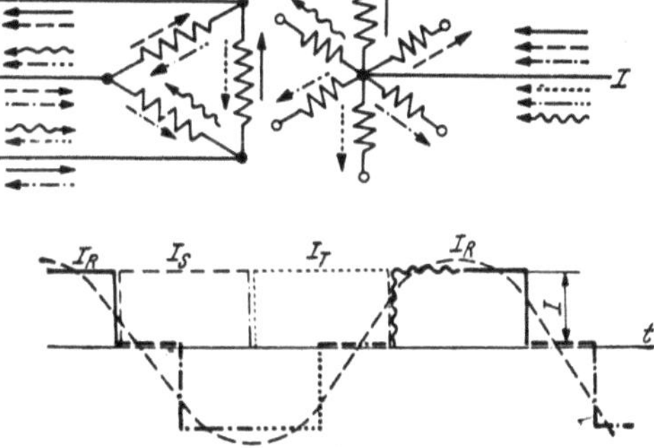

b. Schaltung und grundsätzlicher Stromverlauf bei einem Sechsphasen-Gleichrichtertransformator

geschaltet, da der Sternpunkt zum Minuspol des Gleichstromsystems wird. Diese Sternwicklung führt nur jeweils in einer Phase Strom, so daß die Primärseite im Dreieck geschaltet werden muß, da sonst ein Stromrückfluß nicht möglich wäre (Abb. a). Nur wenn die Sekundärseite in Zickzack geschaltet wird, kann die Primärwicklung eine sterngeschaltete Wicklung sein.

Der Anodenstrom und damit der Primärstrom des Transformators wären ohne Hilfseinrichtungen proportional der wirkenden Spannung, also Teile von Sinuslinien (→ Gleichrichter, gittergesteuerter). Es entstünde dann ein gewellter Gleichstrom. Bei Anwendung einer Glättungsdrossel ↑ kann aber bei entsprechend hoher Induktivität die Welligkeit des Gleichstromes so weit verringert werden, daß er als konstant angesehen wird. Es ist dann auch der Primärstrom des Transformators während der Brenndauer in erster Annäherung konstant. Wie die Abbildung a zeigt, weicht der Strom in einer Phase stark von der Sinusform ab, ergibt also hohe Oberschwingungskomponenten. Eine Verbesserung erzielt man durch Anwendung einer größeren Phasenzahl, wie die Abb. b bereits für eine Sechsphasenanordnung zeigt. Je größer die Phasenzahl, desto näher kommt die Stromkurve jeder Phase einer Sinuslinie.

Zur Erzeugung eines Sechs- oder Zwölfphasensystems bei Anschluß an ein Drehstromnetz hat man eigene Schaltungen für den Gleichrichtertransformator entwickelt, wie z. B. die Doppelstern- ↑ , die Doppeldreieck- ↑ und die Gabelschaltung ↑ . Bei der Gabelschaltung kann der Transformator primärseitig in Stern geschaltet sein. Die gleichzeitige Anordnung einer Doppelstern- und Doppeldreieckschaltung liefert ein Zwölfphasensystem.

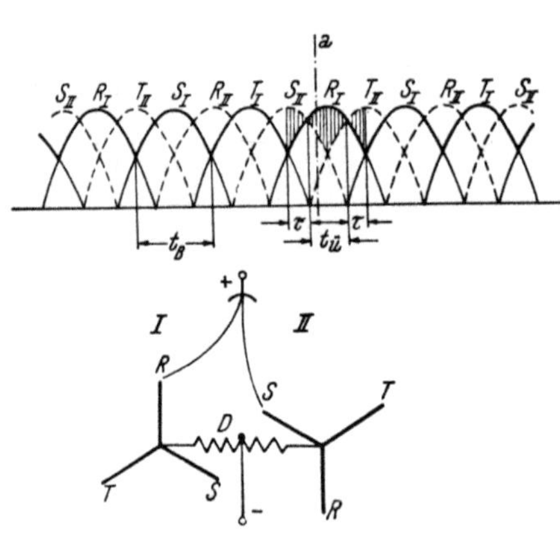

c. Sechsphasen-Gleichrichtertransformator mit Saugdrossel

Die größere Phasenzahl bewirkt zwar eine Verbesserung der primären Stromform, setzt aber gleichzeitig die Ausnutzung des Transformators herab, da die Brenndauer jeder einzelnen Phase mit zunehmender Phasenzahl abnimmt. Zur besseren Anodenausnützung trennt man daher häufig das Mehrphasensystem in mehrere Dreiphasensysteme auf, indem man je drei Phasen zu einem Wicklungssystem vereinigt und bei diesen jetzt je eine Brenndauer von 120° erzielt. Da bei beispielsweise einem Sechsphasensystem jetzt die beiden Teil-Dreiphasensysteme um 60° gegeneinander phasenverschoben sind, überlappen sich jeweils zwei Lichtbogen, wie es die Abb. c zeigt. t_B ist die Brenndauer einer Anode; innerhalb derselben finden Überlappungen mit den Nachbarphasen des zweiten

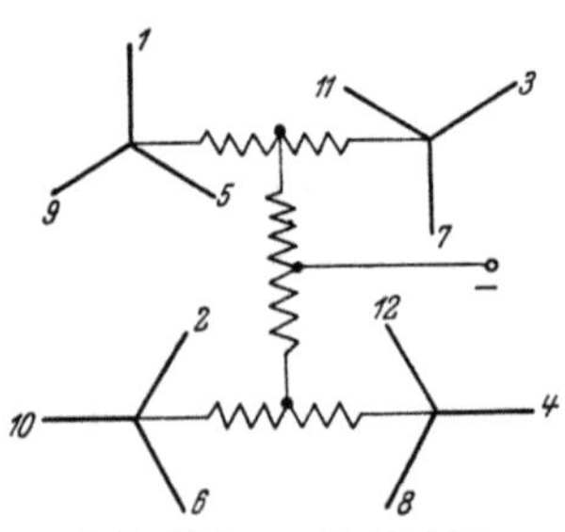

d. Zwölfphasen-Gleichrichtertransformator mit Saugdrossel

Systems statt. Während der Zeit $t_ü$ liegt dabei das Potential der beiden anderen Anoden niedriger, während der Zeitabschnitte $\tau = t_ü/2$ höher als das der betrachteten Anode. Würden also die Sternpunkte der beiden Transformator-Teilsysteme miteinander verbunden und von ihnen die negative Gleichstromleitung abgezweigt werden, so wären die in der Abbildung für eine Überlappungsperiode schraffiert eingetragenen Spannungsdifferenzen über die Lichtbogen kurzgeschlossen, wie es im unteren Teil der Abbildung angedeutet ist. Es werden daher die beiden Transformatorsternpunkte nicht direkt, sondern unter Zwischenschaltung einer Induktivität mit Mittelanzapfung für den negativen Leitungsanschluß des Gleichstromnetzes miteinander verbunden. Die Induktivität erhielt den Namen Saugdrossel oder Ausgleichsdrossel. Die Abb. d zeigt eine Zwölfphasenschaltung mit Saugdrossel.

gleichschenkelig — *isosceles* — isoscèle

gleich sein — *to equal* — être égal à

gleichseitig — *equilateral* — équilatérial

gleichsinnig — *aiding*

Gleichspannung — *direct voltage, continous voltage* — voltage continu, tension continue

Von der Zeit unabhängige Spannung.

Gleichstrom — *direct current, continous current* — courant continu

Von der Zeit unabhängiger Strom von dauernd gleicher Stärke. Manchmal wird damit auch ein zeitlich veränderlicher, insbesondere periodischer Strom bezeichnet, wenn er nur dauernd gleiche Richtung beibehält (pulsierender Gleichstrom).

Gleichstrombremsung

Bremsschaltung für Asynchronmotoren, bei der die Ständerwicklung vom Drehstromnetz abgeschaltet und mit Gleichstrom gespeist wird.

Gleichstromgenerator — *direct-current generator, dynamo* — génératrice à courant continu, dynamo

Als Gleichstromquelle dienende Gleichstrommaschine ↑. Je nach der Schaltung der Erregerwicklung unterscheidet man fremderregte und selbsterregte Gleichstromgeneratoren, unter den selbsterregten wieder Nebenschluß-, Hauptschluß- und Doppelschlußgeneratoren. Über die Schaltung, Kennlinien, Eigenschaften und Verwendungsgebiete gibt die nachstehende Tabelle Auskunft. Die dort angeführten Klemmenbezeichnungen sind genormt. Die im Erregerkreis eingezeichneten, veränderlichen Widerstände sind (Feld-) Regler ↑, die zur Einstellung des Erregerstromes und damit zur Regelung der im Anker der Maschine induzierten EMK dienen.

Unter den Kennlinien sind von Bedeutung:
Die äußere Kennlinie oder äußere Belastungskurve, die die Abhängigkeit der Klemmenspannung vom Belastungsstrom,
die innere Belastungskurve, die die Abhängigkeit der im Anker induzierten EMK E vom Belastungsstrom,
die Leerlaufkennlinie, die die Abhängigkeit der im Anker induzierten EMK E vom Erregerstrom,
die äußere und innere, magnetische Kennlinie, die die Abhängigkeit der Klemmenspannung und der im Anker induzierten EMK vom Erregerstrom, und
die Regelkennlinie, die die Abhängigkeit des Erregerstromes vom Belastungsstrom bei konstanter Drehzahl bzw. Klemmenspannung angibt.

Schaltbilder, Eigenschaften und

	Fremderregte Generatoren	Nebenschlußgeneratoren
Schaltbilder	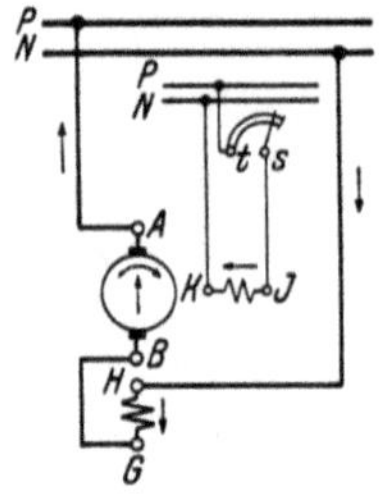	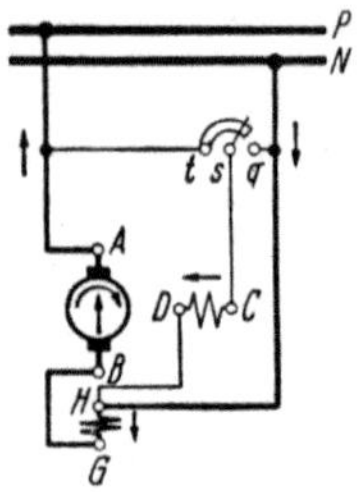
Kennlinien	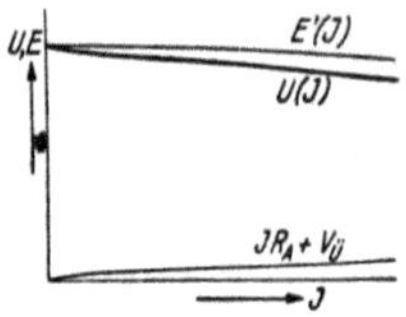	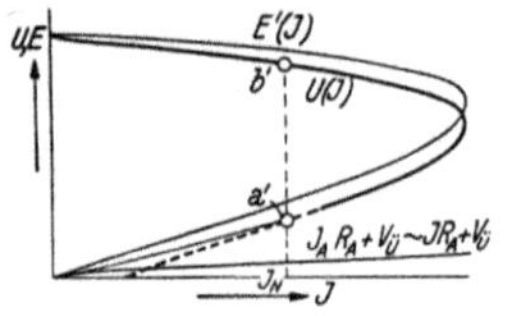
Kurzschluß	Maschine liefert bei Kurzschluß den größten Strom.	Ohne Restmagnetismus wäre die Maschine im Kurzschluß stromlos. Der durch den Restmagnetismus bewirkte Kurzschlußstrom ist aus der gestrichelt gezeichneten $U(I)$-Kennlinie zu ersehen.
Eigenschaften	Geringe Spannungsänderungen bei allen Belastungen. Regelung der Spannung in weiten Grenzen möglich.	Geringe Spannungsänderungen bei verschiedenen Belastungen.
Anwendungsgebiet	Geeignet, auf ein Netz gleichbleibender Spannung zu arbeiten; zum Laden von Akkumulatorenbatterien. Ähnlich der Nebenschlußmaschine.	Gebräuchlichste Schaltungsart. Maschine in Elektrizitätswerken, elektrochemischen Betrieben. Verwendung im allgemeinen überall dort, wo keine häufigen und allzu stark schwankenden Belastungen auftreten. Für Zusammenarbeit mit Akkumulatoren.

Verwendung der Gleichstromerzeuger.

Reihenschlußgeneratoren	Doppelschlußgeneratoren	
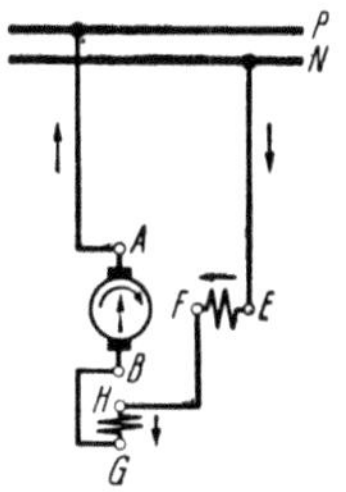	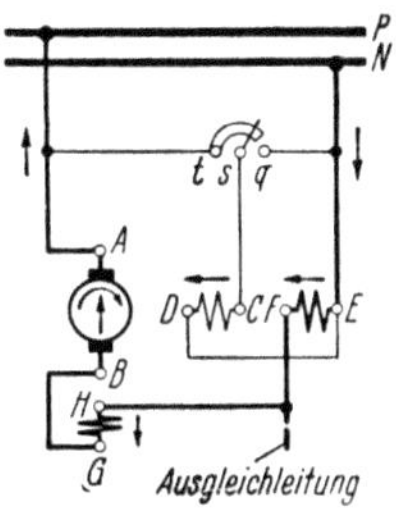	Schaltbilder
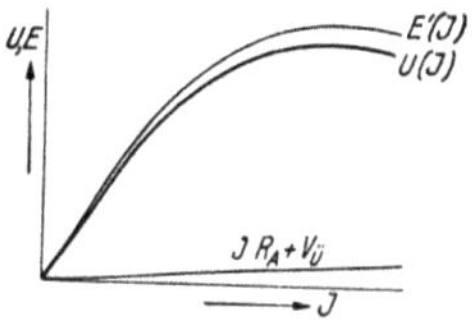	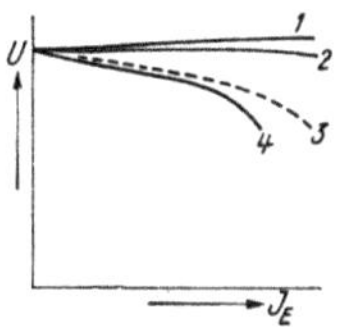	Kennlinien
Maschine liefert bei Kurzschluß den größten Strom.	Maschine liefert bei Kurzschluß den größten Strom.	Kurzschluß
Spannung steigt zuerst mit dem Strom und fällt nach Erreichung ihres Höchstwertes mit wachsendem Strom wieder ab. Zur Regelung der Spannung muß ein Widerstand parallel zur Hauptschlußwicklung geschaltet werden. Maschine polt sich bei Rückstrom um.	Spannung je nach Schaltsinn und Größe der Durchflutung der Hauptschlußwicklung: steigt mit der Belastung (Kurve 1, Überkompoundierung), bleibt unveränderlich (Kurve 2, Kompoundierung), sinkt mit steigender Belastung weniger (Unterkompoundierung) oder schneller (Kurve 4, Gegenkompoundierung) als bei der Nebenschlußmaschine (Kurve 3).	Eigenschaften
Für Kraftübertragungen auf mehrere in Reihe geschaltete Hauptstrommotoren (selten); für Prüf- und Bremsschaltungen im Straßenbahnbetrieb; als Fernleitungsgenerator zum selbsttätigen Ausgleich des Leistungsverlustes; zur Speisung von Bogenlampen. Keine große praktische Bedeutung.	In Bahnkraftwerken und Anlagen mit starken und häufigen Schwankungen der Belastung, wie z. B. Walz- und Hüttenwerke, wo unveränderte Spannung ohne Nachregelung oder bei Fehlen einer besonderen Pufferung gefordert ist. Nur vereinzelt verwendet.	Anwendungsgebiet

Die bevorzugt angewandte Gleichstromgeneratorschaltung ist die Nebenschlußschaltung. Der **Nebenschlußgenerator** ist der in Gleichstromzentralen gewöhnlich arbeitende Stromerzeuger. Seine Zuschaltung an das Netz bzw. Parallelschaltung zu anderen Generatoren kann erfolgen, wenn die zusammenzuschaltenden Spannungen gleich groß sind und dieselbe Polarität haben. Um den dann noch leerlaufenden Generator zur Abgabe von Strom (Leistung) zu veranlassen, muß seine Erregung verstärkt werden. Dadurch wird seine innere EMK vergrößert und er muß Strom abgeben, um den für die unverändert gebliebene Netzspannung erforderlichen größeren inneren Spannungsabfall zu erreichen. Dabei sinkt wegen der ansteigenden Belastung die Drehzahl; der Drehzahlregler springt ein und veranlaßt eine erhöhte mechanische Energiezufuhr solange bis die Solldrehzahl wieder erreicht ist. In gleicher Weise erfolgt eine beliebige Belastungsaufteilung der elektrischen Belastung auf mehrere parallellaufende Generatoren. In sinngemäßer Weise ist bei Entlastungen und Außerbetriebnahme des Generators zu verfahren. [Bödefeld-Sequenz: Elektrische Maschinen. Wien: Springer-Verlag, 1944.]

Gleichstrommaschinen — *direct current machines* — machines à courant continu

Mit Gleichstrom arbeitende elektrische Maschinen (Generatoren und Motoren), die meist eigentlich Wechselstrommaschinen sind, die mit einem Stromwender ↑ versehen werden, der beim Generator den im Anker

a. Einzelteile einer Gleichstrommaschine

erzeugten Wechselstrom gleichrichtet, beim Motor den zugeführten Gleichstrom periodisch so umpolt, daß ein Drehmoment in stets gleichem Richtungssinn entsteht. Die Maschinen bestehen im wesentlichen aus dem meist stillstehenden Magnetsystem, dem rotierenden Anker mit einer entsprechenden (Gleichstrom-) Wicklung, dem an letzteren angeschlossenen Stromwender und den, die Stromabnahme oder Zuführung bewerkstelligenden, in Bürstenhältern angeordneten Bürsten. Das feststehende Gehäuse aus Stahlguß, Guß- oder Flußeisen trägt die Pole, die eine geeignete (Erreger-) Wicklung erhalten. In neuerer Zeit wird der Magnetjochring auch aus Walzstahlplatten gerollt und verschweißt. Die Polschuhe werden bei größeren Maschinen aus Dynamoblechen aufgebaut (geblättert), um den Einfluß der Nutung des Läufers auf die Wirbelstrombildung auszuschalten. Außer den Hauptpolen werden bei größeren und mittleren Maschinen noch Wendepole ↑ (s. a. Kommutierung) zwischen den Hauptpolen angeordnet. Bei den Zwischenbürstenmaschinen ↑ werden die Hauptpole in zwei Hälften unterteilt.

Der rotierende Anker ist aus Blechen zusammengesetzt und erhält meist offene oder halbgeschlossene Nuten ↑ zur Aufnahme der Wicklung, die ihrerseits zum Stromwender geführt wird.

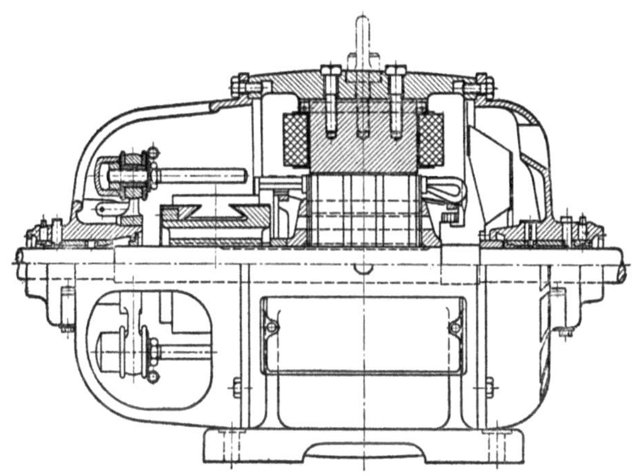

b. Gleichstrommaschine für etwa 30 kW

Die Ankerspulen können in verschiedenster Weise zu einer geschlossenen Wicklung verbunden werden. Die hieher gehörenden Aufgaben sind Gegenstand der Wickelgeometrie. Zwei der wichtigsten Formen bilden die Wellenwicklung ↑ und die Schleifenwicklung ↑. Zur Vermeidung von Störungen durch Unsymmetrien werden häufig phasengleiche Punkte der Wicklung durch Ausgleichsverbindungen zusammengeschlossen.

Die Bürsten liegen in eigenen Bürstenhältern, wo sie durch Federn auf die Schleiffläche gedrückt werden. Die Bürstenhälter sind über Bolzen oder Stifte an der Bürstenbrücke befestigt, die verdrehbar angeordnet ist, damit die Bürsten genau in die richtige Lage (neutrale Zone) eingestellt werden können. Es sind meistens so viele Bürstenbolzen vorhanden als Pole. Die Polarität der Bürsten wechselt. Die gleichnamigen Bürsten werden dann durch je einen Sammelring miteinander verbunden und zu den Maschinenklemmen geführt.

Die Gleichstrommaschinen können verschieden geschaltet werden. Liegt die Erregerwicklung an einem fremden Netz, so heißt die Maschine fremderregt, liefert sie ihren Erregerstrom selbst, so spricht man von Selbsterregung. Dabei kann die Erregerwicklung im Hauptstromkreis oder im Nebenschluß liegen und schließlich in zwei Teilwicklungen, in eine Hauptstromwicklung und eine Nebenschlußwicklung unterteilt sein. Man bezeichnet die Maschinen dann als Haupt- oder Reihenschlußmaschinen,

Schaltbilder, Eigenschaften und

	Fremderregte Motoren	Nebenschlußmotoren
Schaltbilder	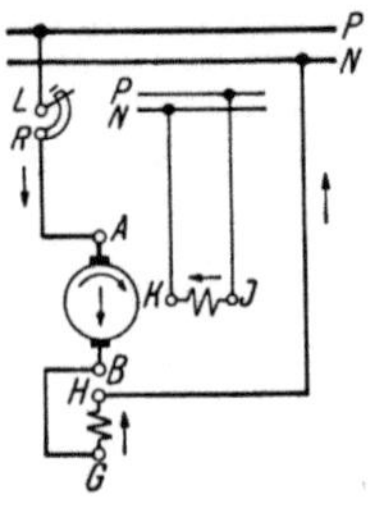	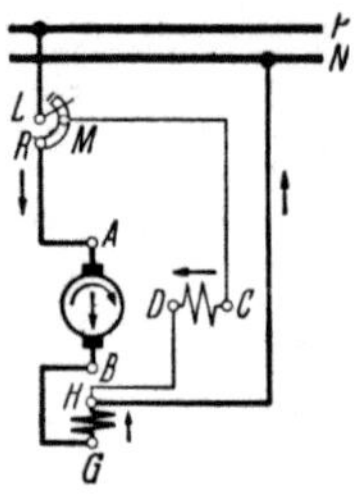
Kennlinien	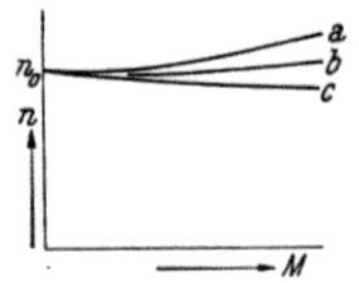	
Eigenschaften	Drehzahl bleibt bei unveränderter Netzspannung bei allen Belastungen annähernd gleich. Fluß unabhängig von der Belastung.	
Drehzahlregelung	Durch Änderung der Klemmenspannung (Leonard-Schaltung oder Zu- und Gegenschaltung); durch Vorschaltwiderstand im Ankerkreis (unwirtschaftlich); durch Vorschaltwiderstand im Erregerkreis.	
Anl.-Drehmoment	Mit Rücksicht auf den vom Ankerstrom unabhängigen Fluß der Hauptpole ist das Anlaufdrehmoment nur abhängig vom Anlaufstrom.	
Anwend.-Gebiet	Antrieb von Transmissionen, Aufzügen, Werkzeugmaschinen, Pumpen, Gebläsen, Kompressoren, landwirtschaftlichen Maschinen; bei allen Maschinen, die gleichbleibende Drehzahl erfordern.	

Verwendung der Gleichstrommotoren.

Reihenschlußmotoren	Doppelschlußmotoren	
		Schaltbilder
		Kennlinien
Drehzahl nimmt mit wachsendem Drehmomente rasch ab. Bei $I = 0$ (theoretischer Leerlauf) wird Drehzahl unendlich. Motor paßt seinen Fluß den verschiedenen Belastungen an.	Bei Leerlauf endliche Drehzahl. Drehzahl nimmt mit wachsender Belastung ab. Betriebseigenschaften zwischen denen eines Nebenschluß- und Reihenschlußmotors.	Eigenschaften
Durch Vorschaltwiderstand (unwirtschaftlich); durch Nebenschlußwiderstand parallel zur Erregerwicklung. Bei Verwendung von zwei oder mehreren Motoren Drehzahlregelung durch Reihenparallelschaltung.	Wie beim Motor mit Fremd- oder Nebenschluß.	Drehzahlregelung
Der Fluß der Hauptpole ist abhängig vom Ankerstrom $(\Phi\,(I_A))$; daher ist das Anlaufdrehmoment verhältnisgleich dem Produkt $(I_A\,\Phi\,(I_A))$. Großes Anlaufdrehmoment.	Mit Rücksicht auf die zusätzliche Reihenschlußwicklung großes Anlaufdrehmoment.	Anl.-Drehmoment
Hebezeuge, Fahrzeuge, Drehscheiben, Schiebebühnen, Kreiselpumpen, Ventilatoren, Rollgängen. Für Schweranlauf geeignet.	Antrieb von Eimerbaggern, Aufzügen, Walzenzugmaschinen; bei Schwungradantrieben von Pressen, Stanzen, Scheren, Schmiedemaschinen. Für Schweranlauf geeignet.	Anwend.-Gebiet

Nebenschluß- und Doppelschluß- oder Kompoundmaschinen. Die Selbsterregung wird ermöglicht durch Ausnützung der magnetischen Remanenz ↑ gemäß dem sogenannten dynamoelektrischen Prinzip ↑.

Ist z die Anzahl der Leiter in der Ankerwicklung und ist diese in $2a$ parallele Zweige unterteilt, so ist die im Anker induzierte elektromotorische Kraft

$$E = \frac{z}{a} pn\Phi = Kn\Phi, \quad (p \text{ Polpaarzahl})$$

also proportional der Drehzahl und dem magnetischen Fluß. Bei (üblicher) konstanter Antriebsdrehzahl bei Generatoren ist die EMK also dem Feld (der Erregung) verhältnisgleich. Fließt umgekehrt im Anker der Gesamtstrom I_A, so entwickelt sich ein mechanisches Drehmoment von der Größe

$$M = \frac{pz}{2\,a\pi}\,\Phi I_A.$$

Wird der Anker belastet, so erzeugt die Ankerwicklung selbst ein magnetisches Feld, das auf das erregende Magnetfeld „zurückwirkt". Diese Ankerrückwirkung ruft eine Feldverzerrung hervor, derart, daß an den auflaufenden Polschuhkanten bei Generatoren das Feld geschwächt, an den ablaufenden Polschuhkanten verstärkt wird; bei Motoren ist die Wirkung die umgekehrte. Weiters wird die neutrale Zone, das ist die Zone, wo das Feld durch Null geht, verschoben, und zwar bei Generatoren im Umlaufsinn des Ankers, bei Motoren im entgegengesetzten Sinn.

Damit die Bürsten wieder in eine feldfreie Zone kommen, müssen sie also bei einem belasteten Generator im Sinne der Drehrichtung, beim Motor im entgegengesetzten Sinn verschoben werden. Man kann aber auch die Ankerrückwirkung durch Hilfspole (Wendepole ↑) oder eine Hilfswicklung kompensieren.

Werden die Bürsten aus der geometrisch neutralen Zone verschoben, so läßt sich die Ankerdurchflutung in eine Längsdurchflutung und eine Querdurchflutung zerlegen. Die Querdurchflutung bewirkt, wie oben beschrieben, eine Feldverzerrung, während die Längsdurchflutung jetzt darüber hinaus noch eine Schwächung der Erregung zur Folge hat. Bei Anordnung von Wendepolen ↑ verbleiben die Bürsten in der geometrisch neutralen Zone; es tritt dann nur die Ankerrückwirkung durch das Querfeld auf.

Gleichstrommotoren — *direct-current motors* — moteurs à courant continu

Zum mechanischen Antrieb bestimmte Gleichstrommaschinen ↑. Sie sind gleich gebaut wie die Gleichstromgeneratoren und werden nur in energetisch umgekehrter Richtung betrieben. Auch die Schaltungsmöglichkeiten sind dieselben wie bei den Gleichstromgeneratoren, doch ist hier die Hauptstromschaltung von großer praktischer Bedeutung.

Während bei den Gleichstromgeneratoren die Drehzahl als konstant gehalten angesehen werden kann, interessiert bei den Gleichstrommotoren in erster Linie das Verhalten der Drehzahl in Abhängigkeit von der Belastung. Die Drehzahlkennlinie ist daher hier die wichtigste Kennlinie. Sie ist für die einzelnen Schaltungstypen zusammen mit den sonst interessierenden Eigenschaften und den Verwendungsbereichen in der vorstehenden Tabelle eingetragen.

Von großer Bedeutung ist ferner die Möglichkeit einer Drehzahlregelung. Diese kann grundsätzlich durch Vorschalten von Widerständen im Hauptstromkreis, durch Änderung der Erregung und durch Änderung der Netzspannung durchgeführt werden. Die Verwendung von Vorschaltwiderständen im Hauptstromkreis ergibt große Verluste und wird daher nur notgedrungen angewendet. Die häufigste Art der Drehzahlregelung wird durch Änderung der Erregung vorgenommen. Wird die Erregung geschwächt, so ist die induzierte EMK im Anker kleiner, so daß der aufgenommene Ankerstrom wächst, da die Anker-EMK ja der aufgedrückten Netzspannung als Gegenspannung das Gleichgewicht hält. Mit wachsendem Ankerstrom wächst auch das Drehmoment; der Motor wird beschleunigt bis er eine so hohe Drehzahl annimmt, daß die Anker-EMK abzüglich des inneren Spannungsverlustes wieder gleich der Netzspannung geworden ist. Zur Änderung der Erregung erhalten die Gleichstrommotoren im Erregerkreis einen veränderbaren Widerstand (Feldregler), dessen Verluste im Nebenschluß- und Doppelschlußmotor wegen des geringen Erregerstromes klein sind. Mit Hilfe der Feldregelung sind Drehzahlregelbereiche von $1/3 \ldots 1/4$ im Maximum durchführbar. Eine Drehzahlregelung durch Änderung der Netzspannung wird bei der Leonard-Schaltung ↑ angewandt.

Bei zu starker Feldschwächung nimmt die Drehzahl unzulässig hohe Werte an, die Maschine „geht durch" und kann schließlich infolge der auftretenden hohen Fliehkräfte Schaden erleiden. Aus demselben Grund dürfen Gleichstrom-Hauptschlußmotoren nie unbelastet sein, da bei ihnen ja der Ankerstrom gleichzeitig Erregerstrom ist. Sie sollen daher auch niemals für den Antrieb von Riementrieben verwendet werden, da die Riemen abfallen oder reißen können.

Wird der Nebenschlußmotor in der gleichen Richtung über seine Belastungsdrehzahl hinaus angetrieben, so wird er zum Generator, der ohne weitere Umschaltungen in das vorher speisende Netz Leistung abgibt. Der Motor kann also beispielsweise bei Bergbahnen für die Talfahrt zur Bremsung herangezogen werden (Nutzbremsung). Beim Reihenschlußmotor ist eine Nutzbremsung nicht möglich.

Zum Anlaufen des Gleichstrommotors sind besondere Schaltorgane, die Anlasser, notwendig. Das sind stufenweise oder stetig regelbare Widerstände, die vor die Ankerwicklung geschaltet und langsam überbrückt werden. Dadurch werden übermäßige Stromstöße beim Anfahren vermieden. Nur Gleichstrommotoren kleiner Leistung werden fallweise ohne Anlasser unmittelbar an das Netz gelegt (Grobanlassen).

Beim Nebenschlußmotor muß dafür Sorge getragen werden, daß die Erregerwicklung während des Anlaßvorganges an der vollen Netzspannung liegt, da sonst das Anlaufdrehmoment zu klein werden könnte und der Motor nicht anlaufen würde.

Gleichtaktverstärker — *direct-current amplifier* — amplificateur à courant continu

Verstärkerschaltung, bei der die Erhöhung der Leistungsabgabe einer Röhrenstufe dadurch erzielt wird, daß man eine zweite Röhre parallel schaltet, das heißt Kathoden, Gitter und Anoden miteinander verbindet.

Gleichung — *equation* — équation

Gleichwellenrundfunk — *common-frequenzy broadcasting, shared-channel broadcasting, simultaneous broadcasting* — radiodiffusion sur fréquence commune, radiodiffusion sur onde synchronisée

Gleichzeitiger Betrieb mehrerer Rundfunksender mit der gleichen Trägerwelle und den gleichen Darbietungen. Dabei werden die unmodulierten Schwingungen von etwa 10 kHz von einem Steuersender auf die Hauptsender übertragen, wo sie durch Frequenzwandler auf die Betriebswellenlänge erhöht und über die Steuerleitungen oder besondere Besprechungsleitungen moduliert werden. An Stelle des Steuersenders können die Rundfunksender auch durch auf gleiche Wellenlänge abgestimmte Kristalle (Steuerkristalle) unmittelbar gesteuert werden.

Gleichwert

Das arithmetische Mittel der Augenblickswerte über eine Periode einer periodischen Schwingung. Er wird auch linearer Mittelwert genannt.

Gleichwertachse

Die durch den Gleichwert ↑ einer periodischen Schwingung bestimmte Parallele zur Zeitachse.

Gleichzeitigkeitsfaktor — *simultaneity factor* — facteur de simultanéité

Verhältnis der in einem Kraftwerk auftretenden Jahreshöchstbelastung zum Anschlußwert sämtlicher Abnehmer. Er beträgt in Stadtgebieten etwa 0,3 bis 0,2; in landwirtschaftlichen Gebieten ist er sehr stark von den Witterungsverhältnissen abhängig. Je größer das Versorgungsgebiet ist, desto ausgeglichener wird im allgemeinen die Belastung der Stromquellen, desto niedriger ist der Gleichzeitigkeitsfaktor und desto höher die Benutzungsdauer ↑ der Jahreshöchstleistung.

Nach einer anderen Definition ist der Gleichzeitigkeitsfaktor das Verhältnis der Gesamtspitzenbelastung zur Summe der Teilspitzen, wenn sich die Belastung aus abgegrenzten Teilbelastungen (Licht, Kraft, Bahnen) zusammensetzt.

Gleitlager — *plain bearing* — palier à lisse

Lager, in dem sich die Welle gleitend dreht, zum Unterschied vom Rollenlager ↑ und Kugellager ↑.

glimmen — *to glow* — briller

→ Glimmentladung.

Glimmentladung — *glow discharge* — décharge lumineuse

Form einer selbständigen Entladung, die sich äußerlich durch ein mildes Glimmen kennzeichnet und in erster Linie dadurch charakterisiert wird, daß die Kathode im wesentlichen kalt bleibt und an der Lieferung der Elektrizitätsträger nicht beteiligt ist. Sie kommt dadurch zustande, daß bei steigender Ionisierung in einer Gasentladung ↑ die positive Raumladung immer mehr anwächst und weiter zur Kathode vorrückt. Dadurch wird das elektrische Feld verstärkt und es wächst mit der damit zunehmenden Ionisation auch die Stromstärke stark an. Die an der Entladung liegende Spannung nimmt anfangs etwas ab (fallende Charakteristik), solange bis ein optimaler Wert erreicht

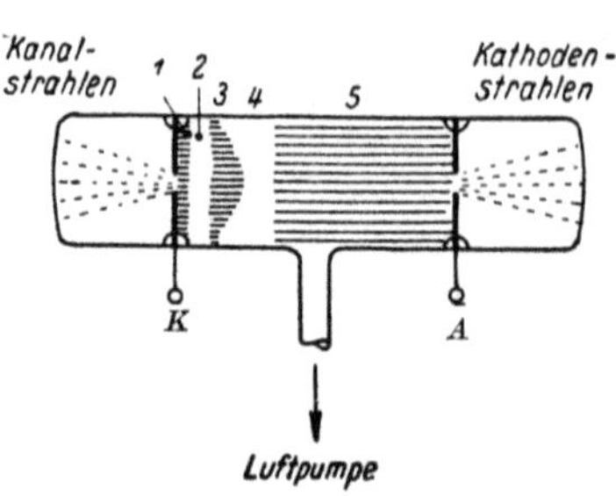

a. Schematisches Bild einer Glimmentladung

wird, bei dem die Entfernung der Raumladung von der Kathode gerade ausreicht, um den Elektronen die erforderliche Energie zur Einleitung der Trägerlawinen erreichen zu lassen. In diesem Bereich bleibt die Spannung von der Stromstärke unabhängig (normale Glimmentladung ↑). Erst bei höherer Stromstärke steigt auch die Spannung wieder an.

Die äußere Form der Glimmentladung ist in der

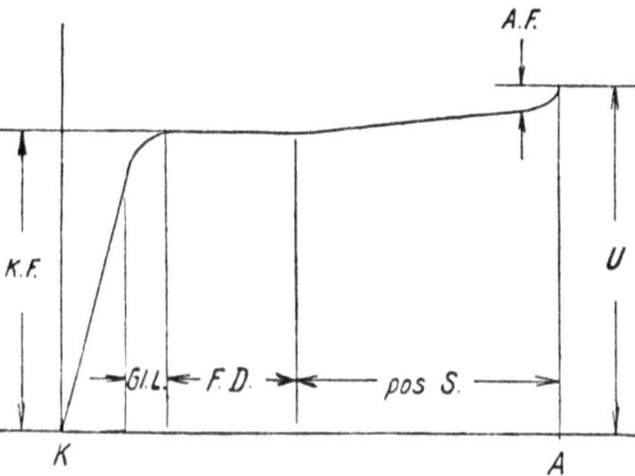

b. Potentialverlauf einer Glimmentladung

umstehenden Abb. a schematisch dargestellt. Unmittelbar an der Kathode entsteht die schimmernde Glimmhaut 1, anschließend der erste oder Hittorfsche Dunkelraum 2, dann mit meist scharfer Begrenzung das negative Glimmlicht 3, das allmählich in den zweiten oder Faradayschen Dunkelraum 4 übergeht, und dahinter die leuchtende positive Säule, die meist bis zur Anode reicht. Die Farben der Entladung hängen von der Art des Gases ab; die positive Säule ist häufig von regelmäßigen Dunkelschichten in gleichbleibenden Abständen durchbrochen (geschichtet).

Der Potentialverlauf einer Glimmentladungsstrecke ist in der Abb. b dargestellt. Danach entfällt der größte Teil der angelegten Spannung auf den Spannungsabfall zwischen Kathode und Faradayschen Dunkelraum; er wird Kathodenfall genannt. Ein kleinerer Abfall liegt noch als Anodenfall vor der Anode, während der Spannungsverbrauch in der positiven Säule nur bei großen Säulenlängen ins Gewicht fällt. [OI]

Glimmentladung, normale

Jener Bereich der Glimmentladung, in dem die Spannung von der Stromstärke unabhängig bleibt. In diesem Bereich ist die Stromdichte konstant; der Strömungsquerschnitt wächst daher proportional mit der Stromstärke, so daß mit ihr der von der Entladung bedeckte Teil der Kathodenoberfläche zunimmt. Ist die ganze Oberfläche bedeckt, dann ist eine weitere Steigerung der Stromstärke nur durch eine Erhöhung der Spannung möglich (anormale Glimmentladung).

Da die an die Glimmentladung angelegte Spannung zum größten Teil für den Kathodenfall verbraucht wird, gehört zur normalen Glimmentladung ein charakteristischer normaler Kathodenfall, der von der Gasart, dem Kathodenmaterial, der Temperatur und dem Gasdruck abhängt. Zahlenwerte nennt die untenstehende Tabelle.

Normaler Kathodenfall in Volt für einige wichtige Stoffe

Kathodenmaterial	Gas					
	Luft	H₂	He	Ne	Hg	Ar
Aluminium	229	171	141	120	245	100
Eisen	269	198	161	153	298	131
Kupfer...................	252	214	177	—	447	131
Platin	277	276	165	152	340	131

Glimmer — *mica* — mica

In der Elektrotechnik vielfach verwendetes Isoliermaterial mit der Dielektrizitätskonstanten $\varepsilon = 6{,}0\ldots7{,}7$, Verlustwinkel $tg\delta = 0{,}0002\ldots0{,}0010$, Durchschlagsfestigkeit etwa $600\ \mathrm{kV/cm}$, spezifischer Widerstand $2.10^{15}\ldots 2.10^{17}\ \Omega$ cm. Er ist geschichtet und leicht spaltbar.

Glimmhaut — *first negative layer* — gaine anodique

Unmittelbar an der Kathode einer Glimmentladung ↑ liegende mild leuchtende Schichte, die von der Anregung durch die auf die Kathode zufliegenden, positiven Ionen herrührt. [OI]

Glimmlampe — *glow lamp, glim lamp* — lampe à luminescence

Auf der Lichterscheinung der Glimmentladung ↑ beruhende Lichtquelle, bei der entweder das negative Glimmlicht oder die positive Säule zur Lichtausstrahlung verwendet wird. Im ersten Fall wird der Abstand zwischen Kathode und Anode, bei großer Anodenoberfläche und kleiner Kathodenoberfläche, klein gehalten, so daß nur das negative Glimmlicht als leuchtende Schicht auftritt. Die erforderliche Betriebsspannung hat dann nur den Kathodenfall (→ Glimmentladung) der Röhre zu decken und bleibt damit in der Größe normaler Gebrauchsspannungen. Stromverbrauch und Lichtstärke sind klein; diese Lampen werden daher hauptsächlich für Notbeleuchtungen und als Signal-, Markierungslampen u. ähnl. verwendet.

Im zweiten Fall verwendet man sehr lange Röhren, die jetzt aber zur Überwindung des Spannungsabfalles in der positiven Säule hohe Spannungen erforderlich machen. Die Lichtausbeute steigt auf etwa $10\ldots15\ \mathrm{Lm/W}$. Diese Lampen werden gerne zu Reklamebeleuchtungen verwendet, da man durch geeignete Gasfüllungen verschiedene Farbwirkungen erzielen kann.

Glimmlicht — *negativ glow* — lueur négative

Jene leuchtende Schichte einer Glimmentladung ↑, die zwischen dem Hittorfschen ↑ und Faradayschen Dunkelraum ↑ liegt, und in der die Elektronen die zur Anregung bzw. Stoßionisation erforderliche Energie erreicht haben. [OI]

Glimmröhre — *glow tube* — lampe à gaz, lampe à décharge

Ähnlich wie Elektronenröhren aufgebaute Röhren, jedoch mit Gasfüllung, so daß in ihnen eine Glimmentladung ↑ entsteht. Ihre Haupteigenschaft ist das Einsetzen einer stromstarken Entladung oberhalb einer scharf begrenzten Zündspannung. Vorher fließt nur ein minimaler „Dunkelstrom". Der Einsatz der Glimmentladung ist auf die oberhalb der Zündspannung stattfindende Stoßionisation zurückzuführen, die ein dauerndes Anwachsen des Stromes zur Folge hätte. Eine Glimmröhre kann daher nur unter Vorschaltung eines Widerstandes an das Netz angeschlossen werden. Im übrigen dient die Glimmröhre aber eigentlich als Einschaltorgan. Sie wird ferner bei Wellenmessern vielfach zur Bestimmung des Resonanzpunktes, beim Fernsehen zur niederfrequenten Modulation des Lichtes und wegen des erzielbaren großen Unterschiedes zwischen ihrer Zünd- und Löschspannung als Glimmoszillator (Glimmröhrensummer) sowie zur Erzeugung von Kippschwingungen ↑ verwendet. Auch als Blitzschutzgerät hat sie sich bestens bewährt (s. a. Tyratron).

Glühbirne — *bulb, incandescent bulb* — ampoule, lampe

Glühemission — *thermionic emission* — émission thermionique

Nach der kinetischen Gastheorie beteiligen sich die freien Leitungselektronen an den durch die Temperatur eines Leiters bestimmten Wärmebewegungen. Steigt die Temperatur über ein gewisses Maß an, so werden einzelne Elektronen vermöge ihrer kinetischen Energie befähigt, die Oberfläche des Leiters zu verlassen und aus dem Leiter auszutreten (Emission). Sie müssen dabei das in unmittelbarer Nähe der Leiteroberfläche vorhandene „Haltepotential" überwinden und die „Austrittsarbeit" ↑ leisten. Die Anzahl der den Leiter verlassenden Elektronen hängt von der Natur des Leiters und der Temperatur der Glühelektrode ab. Werden alle austretenden Elektronen fortgeschafft, indem man etwa in einer evakuierten Röhre noch eine Anode anordnet und an diese eine positive Spannung anlegt, so ergibt sich ein zu jeder Temperatur gehöriger maximaler Strom (der Sättigungsstrom), der durch die Dushmann-Formel ↑ bestimmt ist.

Glühkathode — *glowing cathode, hot electrode* — cathode incandescente, cathode chauffée

Kathode, die zur Erleichterung des Austrittes von Elektronen auf hohe Temperatur gebracht wird (s. a. Austrittsarbeit und Glühemission).

Glühkathoden-Gleichrichter — *thermionic rectifier, hot-cathode rectifier, glowing cathode rectifier* — redresseur thermionique, redresseur à cathode incandescente

Lichtbogengleichrichter mit einer heißen und einer kalten Elektrode. Die heiße Elektrode, die Kathode genannt wird, emittiert Elektronen, die von der kalten, Anode genannten Elektrode angezogen werden, wenn diese positives Potential aufweist. Führt die Anode, wie in jeder zweiten Halbperiode bei Wechselstromanschluß, negatives Potential, so werden die Elektronen abgestoßen und damit ein Stromfluß unterbunden. Die Anordnung vermag also Wechselstrom in Gleichstrom umzuformen, wobei die Kathode zum positiven Pol der Gleichstromseite wird.

Um zu vermeiden, daß die Kathode verbrennt, werden die Elektroden in ein luftleeres Gefäß eingeschlossen, das dann aber meist noch mit Metalldampf oder einem Edelgas gefüllt wird, welches durch Ionisation durch die emittierten Elektronen selbst leitend wird und einen starken Stromfluß zwischen Kathode und Anode ermöglicht.

Je nach dem Werkstoff der Kathode und dem Verwendungszweck unterscheidet man Glühkathoden-Niederspannungs-Gleichrichter ↑ , Glühkathoden-Hochspannungs-Gleichrichter ↑ und Quecksilberdampf-Gleichrichter ↑ .

Glühkathoden-Hochspannungs-Gleichrichter — *high-tension thermionic rectifier* — redresseur thermionique à haute tension

Glühkathoden-Gleichrichter ↑ mit Quecksilberdampffüllung. Das Quecksilber wird in kleiner Menge in das Gefäß gebracht und verdampft bei der Betriebstemperatur. Der Spannungsverlust im Lichtbogen beträgt etwa 15 V. Um in der Sperrphase eine hohe Spannungsfestigkeit zu erzielen, werden die Röhren meist nur einphasig (einanodig) ausgeführt. Sie können auch mit einem Steuergitter zur Beeinflussung des Stromdurchganges zwecks Regelung der Gleichstromleistung ausgerüstet werden.

Die Glühkathoden-Hochspannungs-Gleichrichter werden vorzugsweise für Leistungen von 1...50 A bei einer Spannung von 1000...30000 V verwendet.

Glühkathoden-Niederspannungs-Gleichrichter — *low-tension thermionic rectifier* — redresseur thermionique à basse tension

Glühkathoden-Gleichrichter ↑ mit Edelgasfüllung (Argon) in Ausführung ähnlich einer größeren Rundfunkröhre. Die Glühkathode kann direkt oder indirekt geheizt werden. Infolge der niederen Ionisationsspannung (→ Ionisierung) bleibt der Spannungsabfall im Lichtbogen klein und bewegt sich in der Größenordnung von 10...15 V.

Die Glühkathoden-Gleichrichter sind im Betrieb von der Außentemperatur unabhängig, zünden selbsttätig und benötigen keine Wartung. Sie werden vorzugsweise im Bereich von 1...120 A bei einer Spannung von 20...250 V verwendet.

Glühlampe — *incandescent lamp* — lampe à incandencence
→ Temperaturstrahler.

Goniometer — *goniometer* — goniomètre

Empfangseinrichtung zur Messung des Winkels einfallender elektromagnetischer Wellen, bestehend aus zwei zueinander senkrecht stehenden Richtantennen und einer Empfangsanordnung, die von zwei ebenfalls aufeinander senkrecht stehenden Spulen zusammen mit zwei Abstimmkondensatoren gebildet wird. Innerhalb dieser Spulen befindet sich eine zum Detektor- oder Audionkreis gehörende, drehbare Kopplungsspule, die solange verdreht wird, bis der Empfang ein Minimum aufweist. Die Achse der Kopplungsspule steht dann senkrecht auf der Richtung des einfallenden Strahles.

Grad Kelvin — *degree Kelvin, degree absolute* — degré absolu, degré Kelvin

Absolute Temperatur, von —273°C (absoluter Temperatur-Nullpunkt) aus gerechnet mit ansonsten gleicher Einheit wie die Celsius-Teilung. Man erhält also die Temperaturangabe in Graden Kelvin, wenn man die Angabe in Graden Celsius um 273 vermehrt.

Gradient — *gradient* — gradient

Vektor, der die Größe und Richtung des stärksten Anstieges einer skalaren Ortsfunktion angibt und eine der drei Differentialoperationen der Vektoranalysis beschreibt. Es ist in kartesischen Koordinaten

$$\mathfrak{G} = \operatorname{grad} \psi = \mathfrak{i}\,\frac{\partial\psi}{\partial x} + \mathfrak{j}\,\frac{\partial\psi}{\partial y} + \mathfrak{k}\,\frac{\partial\psi}{\partial z};$$

in Zylinderkoordinaten

$$\operatorname{grad}_r \psi = \frac{\partial\psi}{\partial r},$$

$$\operatorname{grad}_\varphi \psi = \frac{1}{r}\,\frac{\partial\psi}{\partial\varphi},$$

$$\operatorname{grad}_z \psi = \frac{\partial\psi}{\partial z};$$

in Kugelkoordinaten

$$\operatorname{grad}_r \psi = \frac{\partial\psi}{\partial r},$$

$$\operatorname{grad}_\varphi \psi = \frac{1}{r\sin\vartheta}\,\frac{\partial\psi}{\partial\varphi},$$

$$\operatorname{grad}_\vartheta \psi = \frac{1}{r}\,\frac{\partial\psi}{\partial\vartheta}.$$

Graetz-Schaltung — *Graetz rectifier* — redresseur Graetz

Gleichrichterschaltung zur Ausnützung beider Wechselstromhalbwellen für die Gleichrichtung. → Zweiwegschaltung.

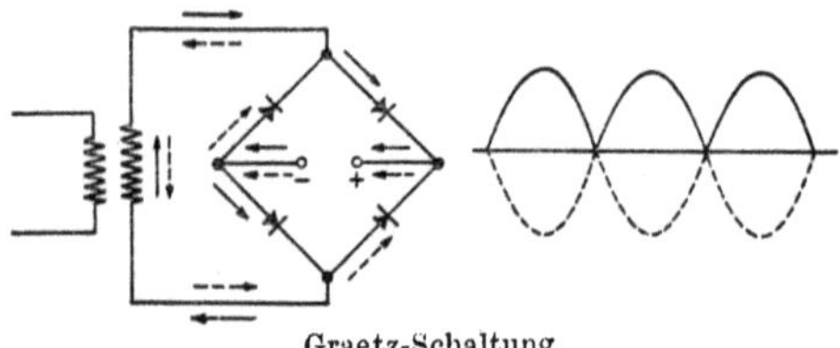

Graetz-Schaltung

Grammäquivalent — *gramme equivalent* — gramme équivalent

Der Quotient aus Grammatom ↑ oder Mol ↑ und der chemischen Wertigkeit, oder soviel Gramm eines Stoffes, als dessen Äquivalentgewicht ↑ angibt.

Grammatom — *gramme atom, gram-atom* — atome-gramme

Masseneinheit eines Elementes, u. zw. soviel Gramm desselben, als sein Atomgewicht angibt.

Grammolekül — *gramme molecule, gram-molecule* — molécule-gramme

→ Mol.

Graphitbürsten — *graphite brushes* — balais à graphite

→ Kohlenbürsten.

Greinacher Schaltung *(Greinacher) half-wave voltage-doubler*

Schaltung zur Verdopplung einer gleichgerichteten Wechselspannung, bestehend aus zwei Gleichrichtern und zwei Kondensatoren. Man kann die Schaltung auch erweitern und eine Vervielfachung der gleichgerichteten Wechselspannung erzielen. Die Abbildung zeigt die grundsätzliche Schaltung für beide Fälle.

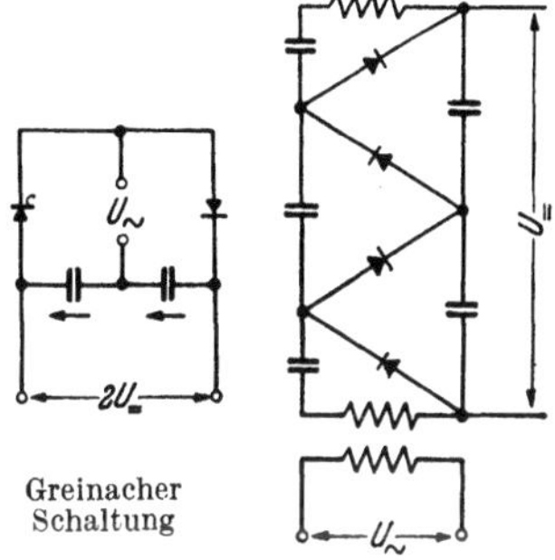

Greinacher
Schaltung

Grenzfrequenz — *limiting frequency, cut-off frequency* — fréquence de coupure, fréquence limite, fréquence critique

→ Siebkette.

Grenzkopplung

→ Koppelschwingungen.

Grobanlassen *full-voltage starting*

Unmittelbares Anschalten eines elektrischen Motors an das Netz ohne Zwischenschaltung von den Anlaßstrom schwächenden Widerständen (Anlassern).

Grobeinstellung — *coarse adjustment* — réglage gros, réglage approximatif

grobkörnig — *coarse-grained* — à gros grain

Größe (physikalische) — *quantity* — quantité, grandeur

Größen, bezogene

Bezogene Größen sind solche, die durch den Quotienten des jeweiligen Wertes der Größe zu einem Bezugswert derselben gebildet und dadurch dimensionslos gemacht werden. Die Wahl des Bezugswertes wird zweckmäßig von Fall zu Fall vorgenommen; bevorzugt eignen sich hiefür Sollwerte, Grenzwerte, Normalwerte, Gesamtausschläge u. dgl.

Größengleichung

Gleichung zwischen (physikalischen) Größen, die als Produkt aus Zahlenwert (Betrag) und Einheit eingeführt werden. Die Verwendung von Größengleichungen macht von einem besonderen Maßsystem unabhängig. [OI. L]

Größenordnung, in der —— von — *of the order of, ordre of magnitude* — ordre de grandeur

Großoberflächenplatte — *plate with large surface* — plaque à grande surface

Meist positive Elektrode eines Bleiakkumulators, bei der das aktive Material in dünner Schicht in den Plattenvertiefungen aufgetragen ist. Sie wird in Betrieben mit starken Stoßbelastungen verwendet, wie als Hilfsbatterien in Schutz- und Signalanlagen, bei Elektrokarren, Verschiebe- und Grubenlokomotiven, elektrischen Booten usw.

Die positiven Platten haben eine Lebensdauer von etwa 1000 Entladungen, die negativen das Doppelte. Gewicht und Raumbedarf ist vergleichsweise groß.

Grunddimensionen — *fundamental dimensions* — dimensions fondamentales

Jene frei wählbaren Dimensionen eines abgeschlossenen physikalischen Gebietes, die notwendig sind, um mit ihrer Hilfe alle anderen Größen dimensionsmäßig abzuleiten (abgeleitete Dimensionen). Die gewählten Grunddimensionen bestimmen ein Dimensionssystem. In der Mechanik sind drei, in der Elektrotechnik vier Grunddimensionen erforderlich. Man wählt mit Vorteil (nach Kalantaroff ↑) in der Mechanik

$[l]$ Länge,
$[t]$ Zeit,
$[H]$ Wirkung,

in der Elektrotechnik

$[l]$ Länge,
$[t]$ Zeit,
$[Q]$ Ladung,
$[\Phi]$ Magnet. Fluß

als Grunddimensionen, wobei $[H] = [Q\Phi]$ ist. Bisher üblich waren in der Mechanik die Systeme $[l]$, $[t]$, $[m]$ und $[l]$, $[t]$, $[P]$, worin

$[m]$ die Masse und
$[P]$ die Kraft bedeuten.

(S. a. Maßsysteme.) [G. Oberdorfer: Das natürliche Maßsystem. Wien: Springer-Verlag, 1949. L]

Grundgebührentarif — *two part tariff* — tarif binôme

Elektrische Erzeuger- und Verteilungsanlagen müssen für den Höchstbedarf bemessen sein, auch wenn dieser nur für kurze Zeit benötigt wird. Die festen Kosten, das sind die Kosten für das Kapital, das in den gesamten Anlagen investiert wurde, bilden daher einen wesentlichen Teil der Verkaufspreise der elektrischen Energie. Da nun für jede Anschlußanlage eine entsprechende Maschinenleistung bereit stehen muß, gleichgültig, ob elektrische Energie verbraucht wird oder nicht, entstehen im Elektrizitätswerk bestimmte feste Kosten allein für die Bereitschaft. Im Grundgebührentarif werden vom Verbraucher bestimmte, dem Anschlußwert seiner Anlage oder der wirklich erreichten Höchstlast entsprechende Gebühren verlangt. Die Höhe dieser neben einer Arbeitsgebühr für die tatsächlich verbrauchte Energie geforderten Gebühr (Grundgebühr) wird nach der Zahl oder Größe der Zimmer, dem Zähleranschlußwert, Zahl der Brennstellen od. dgl. errechnet. Eine einwandfreie Bestimmung erfolgt unter Heranziehung der Angaben eines Höchstlast-Tarifzählers, der den in einem Monat erreichten Höchstwert der mittleren Belastungen anzeigt, die sich bei einer periodischen Auslösung des Registrierwerkes nach 10, 15, 30 oder 60 Minuten ergeben.

Grundeinheiten — *fundamental units* — unités fondamentales

Die zur einheitenmäßigen Darstellung der Größen eines abgeschlossenen, physikalischen Gebietes erforderlichen, im übrigen aber frei wählbaren

Einheiten, mit denen die Einheiten aller übrigen Größen abgeleitet werden können. Die letzteren heißen dann **abgeleitete Einheiten**. In der Mechanik sind drei, in der Elektrizitätslehre vier Grundeinheiten zur eindeutigen, einheitenmäßigen Darstellung aller Größen erforderlich. [OI.L]

Grundfläche — *base* — base

Grundlast — *base load* — charge de base
Jener Teil der Belastung eines Versorgungsgebietes, der möglichst über das ganze Jahr in gleicher Höhe anfällt (s. a. Laufwerk).

Grundriß — *(ground) plan, plot* — plan, trace

Grundschwingung — *fundamental oscillation* — oscillation fondamentale
→ Oberschwingung.

Grundschwingungsgehalt
Verhältnis des Effektivwertes der Grundschwingung einer nichtsinusförmigen, periodischen Schwingung zum vollen Effektivwert

$$g = \frac{C_1}{\sqrt{\sum\limits_{n=1}^{\infty} C_n^2}} \cdot$$

Diese Größe wurde früher Verzerrungsfaktor genannt. Sie steht mit dem Oberschwingungsgehalt ↑ k im Zusammenhang $g^2 + k^2 = 1$.

Gruppenfrequenz — *group frequency* — fréquence de groupe
Zahl der Wellenzüge je Sekunde bei einer Übertragung, bei der die Energiezufuhr nicht dauernd, sondern in regelmäßigen Zwischenräumen erfolgt, wobei die angestoßenen Schwingungskreise in den Zwischenräumen gedämpft ausschwingen.

Gruppenlaufzeit — *groupe delay, envelope delay* — temps de propagation de groupe
Bei der Übertragung eines Schwingungsgebildes (Impulses) erfährt jede Frequenz eine bestimmte Phasenverschiebung. Ist diese für die Oberschwingung n-ter Ordnung φ_n, so ist

$$\frac{\varphi_n}{n\omega} = t_n$$

die zeitliche Verzögerung der betreffenden Frequenz. Dieser Ausdruck, der dann als Gruppenlaufzeit bezeichnet wird, muß frequenzunabhängig sein, wenn ein aufgegebenes Zeichen seine Form beibehalten soll (phasenrichtige Wiedergabe).

Gruppenschalter — *group switch* — interrupteur de groupe, commutateur de couplage
Installationsschalter zur Umschaltung von zwei Stromkreisen mit zwei Unterbrechungen.

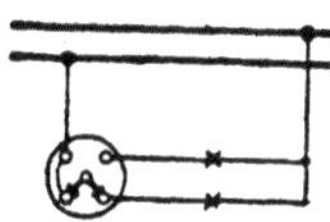

Gruppenschalter

Gummi — *(india-) rubber* — gomme, caoutchouc

Gußeisen — *cast iron* — (fer de) fonte

Gußstahl — *cast steel* — fonte d'acier

Gütefaktor — *coil constant* — constante de bobine

Das Verhältnis des induktiven zum Ohmschen Widerstand einer Spule. Er ist der Kehrwert der Tangente des „Verlustwinkels"

$$\varrho = \frac{\omega L}{R} = \frac{1}{tg\,\delta} = \frac{1}{R/\omega L}$$

H

H

Kurzbezeichnung für die Induktivitätseinheit Henry ↑ .

Hängeisolator — *suspension insulator, chain insulator* — isolateur de suspension, isolateur suspendu

halbieren — *to bisect* — partager en deux

In zwei gleiche Teile teilen.

Halbkreis — *hemicycle, semicircle* — demi-cercle

Halbleiter — *semi-conductor, poor conductor, partial conductor* — semiconducteur

Zwischen gutem Leiter und Nichtleiter liegender, schlechter leitender Körper, dessen Leitungsmechanismus wesentlich verwickelter und zum Teil noch ungeklärt ist.

Halbmesser — *radius* — rayon

Haltepotential — *work function*

Potential nahe an der Oberfläche eines Leiters, das dem Austritt von freien Leitungselektronen aus der Leiteroberfläche entgegenwirkt (s. a. Glühemission und Dushmann-Formel). Zahlenwerte nennt die folgende Tabelle.

Stoff	ζ_0 Volt	Stoff	ζ_0 Volt
Barium	1,5	Thorium	3,0
Bariumoxyd	1,0	Uran	3,3
Kalzium	2,2	Wolfram	4,6
Molybdän	4,3	Zer	3,1
Platin	5,0	Zirkon	3,3
Tantal	4,1		

Handgriff — *handle, grip, grasp* — manette, poignée, manche

Handregel — *hand rule, Flemings's rule* — règle de la main

Richtungsregel, für die die gegenseitige Lage der inneren Handfläche und des Daumens zu Hilfe gezogen wird. Man erhält auf diese Weise eine rechte und eine linke Handregel:

Legt man die r e c h t e H a n d so in die Richtung eines in einem magnetischen Feld bewegten Leiters, daß die Feldlinien auf den Handteller auftreffen und der rechtwinkelig abgebogene Daumen in die Bewegungsrichtung zeigt, so weisen die Fingerspitzen der übrigen Finger in die Richtung der nach dem Induktionsgesetz im Leiter induzierten EMK. Legt man andererseits die l i n k e H a n d so in die Richtung eines stromdurchflossenen, sich in einem magnetischen Feld befindlichen Leiters, daß die Fingerspitzen in die Richtung des Stromes weisen und die Feldlinien auf den Handteller auftreffen, so zeigt der rechtwinkelig abgebogene Daumen in die Richtung der Kraft, mit der der Leiter im Feld beansprucht wird.

Einfacher ist die Zuordnung: Ursache (Bewegung bzw. Strom), Feld und Wirkung (induzierte EMK bzw. Kraft), die immer ein Rechtssystem bilden.

Hanf — *hemp* — chanvre

Hartgummi — *hard rubber, ebonite* — caoutchouc durci, ébonite → Kautschuk.

hart löten — *to braze* — braser

Hartpapier — *hard paper, Manila paper* — papier dur, papier fort, carton
Papiermasse, die unter Zusatz von Bakelit mit Wärme und Druck zu Platten gepreßt und zu Stangen und Röhren gewickelt werden kann. Hartpapier ist als geschichtetes Material spaltbar und zeichnet sich durch große mechanische und in der Richtung senkrecht zur Schichtung bedeutende Durchschlagsfestigkeit aus. Bei hohen Frequenzen wachsen die Verluste so stark an, daß Hartpapier nicht mehr als Isoliermaterial geeignet erscheint. Es wird aber als Baustoff vielfach verwendet. Hartpapierarten sind Pertinax, Hares usw.

Hauptsatz der Funktionentheorie — théorème de Cauchy
Auch Cauchyscher Integralsatz genannt. Er lautet: Ist eine komplexe Funktion $f(z)$ in einem einfach zusammenhängenden Bereich analytisch ↑ und eindeutig und ist der Bereich von regulären Kurven berandet, so ist das über den ganzen Rand gebildete Linienintegral Null,

$$\oint f(z)\, dz = 0. \qquad \text{[OII]}$$

Hauptschlußmotor — *series(-wound)motor, main current motor, series motor* — moteur série
→ Gleichstrommotoren.

Hautwirkung — *skin effect* — effet pelliculaire, effet de peau
Erscheinung, daß bei wechselstromdurchflossenen Leitern der Strom an die Oberfläche des Leiters verdrängt wird (Stromverdrängung). Sie tritt um so stärker auf, je höher die Frequenz des Wechselstromes und je größer der Leiterquerschnitt ist. Bei zylindrischen Leitungen ist die Stromdichte in Abhängigkeit vom Achsenabstand r gegeben durch

$$\mathfrak{G} = \frac{KI}{2\,a\pi}\,\frac{J_0\,(Kr)}{J_1\,(Ka)}.$$

$(K^2 = -j\omega\varkappa\mu$; $\varkappa$ Leitfähigkeit, μ Permeabilität des Leitermaterials; a Leiterdurchmesser; J_0, J_1 Besselfunktionen erster Art, nullter und erster Ordnung). Infolge der Stromverdrängung tritt gegenüber Gleichstrom eine Widerstandserhöhung ein vom Ausmaß ($R_0 = l/a^2\pi\varkappa$ Gleichstromwiderstand)

$$\frac{R}{R_0}\ \begin{cases} \approx 1 & \text{für kleine Werte von } Ka, \\[1ex] \approx \dfrac{a}{2\,|\overline{2}}\,\sqrt{\omega\varkappa\mu} & \text{für große Werte von } Ka. \end{cases}$$

Daneben tritt noch ein induktiver Widerstand von der Größe

$$\frac{\omega L}{R_0}\ \begin{cases} \approx \dfrac{a^2\pi}{4}\,f\varkappa\mu = \dfrac{a^2}{8}\,\omega\varkappa\mu & \text{für kleine Werte von } Ka, \\[1ex] \approx \dfrac{a}{2\,|\overline{2}}\,\sqrt{\omega\varkappa\mu} & \text{für große Werte von } Ka \end{cases}$$

auf. [OI]

Heavisidesche Formel — *Heaviside's formula* — formule d'Heaviside
Die Gleichung

$$S_1(t) = \frac{1}{H\,(0)} + \sum_n \frac{e^{j\omega_n t}}{\omega_n \left(\dfrac{dH}{d\omega}\right)_{\omega_n}},$$

die zur Ermittlung des zeitlichen Ablaufes der gesuchten Größe $S_1(t)$ eines Ausgleichsvorganges dient, wenn das untersuchte System im Zeitpunkt $t = 0$ von der Einheitsfunktion $\uparrow$ erregt wird. Dabei ist $H(\omega)$ die sogenannte **Stammfunktion**, das ist der Quotient aus der den Ausgleichsvorgang bewirkenden Ursache (z. B. Spannung) und der gesuchten Größe (z. B. Strom). ω_n sind die Wurzeln der „Stammgleichung" $H(\omega) = 0$. [OII]

Heavisideschicht — *(Kennely-) Heaviside layer* — couche de Heaviside

Der Erde zugewandte Begrenzung der Ionosphäre $\uparrow$.

Hebel — *lever* — levier

Hebelschalter — *lever switch* — interrupteur à levier

Leistungsschalter für niedrige Spannungen, dessen Schaltmesser in Form eines Hebels meist von Hand aus betätigt wird.

Heft (Griff) — *handle, holt* — manche, manette

Heinisch-Riedl-Schalter

→ Schutzschaltung.

Heißwasserspeicher, elektrischer — *hotwater-apparatus, water heater* — chauffe-eau électrique

Allseitig geschlossener Behälter zur Aufnahme des zu erhitzenden Wassers, mit an der Unterseite angeordnetem elektrischen Heizkörper und selbsttätigem Temperaturregler. Die Speicher werden als Überlaufspeicher, Entleerungsspeicher und Hochdruckspeicher ausgeführt. Überlauf- und Entleerungsspeicher sind Niederdruckspeicher.

Zweipoliger Hebelumschalter

Beim **Überlaufspeicher** reicht das Überlaufrohr, das keinen Absperrhahn besitzt, bis an die höchste Stelle im Speicher. Wird der Zulaufhahn geöffnet, so tritt kaltes Wasser in den unteren Teil des Speichers, so daß oben das heiße Wasser durch das Überlaufrohr abfließt. Der Speicherinnenbehälter steht also nicht unter Wasserdruck, sondern ist offen mit der Außenluft verbunden. Der Speicher bleibt stets gefüllt.

Der **Entleerungsspeicher** ist grundsätzlich gleich ausgeführt; das heiße Wasser wird jedoch nicht durch das Überlaufrohr abgelassen, sondern durch das unten angebrachte Speiserohr, das also noch einen Ablaufhahn bekommen muß.

Der **Hochdruckspeicher** steht unter Wasserleitungsdruck und besitzt einen Absperrhahn in der Überlaufleitung mit der auch die Heißwasserentnahme erfolgt. Er wird hauptsächlich dort verwendet, wo heißes Wasser an mehreren, auch in verschiedener Höhe befindlichen Zapfstellen benötigt wird, also für die zentrale Versorgung verzweigter Heißwasseranlagen. Er benötigt aus Sicherheitsgründen und zur betriebsmäßigen Abfuhr des Ausdehnungswassers während der Heizperiode ein Sicherheitsventil.

Außerdem erhalten die Heißwasserspeicher vorschriftsgemäß ein Rückschlagventil.

Heizmaß

Der auf die Heizleistung bezogene Sättigungsstrom einer Elektronenröhre. Man bezeichnet den Wert auch als spezifische Emission.

Heizspannung — *filament voltage* — tension de chauffage

Die an den Heizfaden von Elektronenröhren anzulegende Spannung. Sie ist für Empfängerröhren genormt und beträgt

bei direkt geheizten Röhren 1,2, 2, 4, 6 oder 13 Volt,
bei indirekt geheizten Röhren 2, 4, 6 oder 12 Volt,
bei Hochvoltröhren 220 Volt (Netzheizung);
Serienheizungsröhren werden für Stromstärken genormt, und zwar für
50, 100...180 und 200 mA.

Heizstromquelle — *filament current source, A power supply* — source de
courant de chauffage

Stromquelle, die die Leistung zur Heizung der Kathoden von Elektronenröhren liefert.

Heiztransformator — *heating current transformer, filament transformer* —
transformateur de chauffage

Hilfstransformator zum Anschluß des Heizfadens einer indirekt geheizten
Kathode einer Elektronenröhre an das speisende Netz.

Heizung, direkte — *direct heating* — chauffage direct

Heizung von Elektronenröhren, bei der der Heizfaden gleichzeitig die
Kathode der Röhre ist. Er besteht aus einer Platin- oder Wolframseele
mit einem Überzug aus einer Mischung von Oxyden der Erdalkalien (vor
allem Barium, Strontium und Kalium). Die spezifische Emission beträgt
etwa 30 mA/W, die Steilheit direkt geheizter Röhren 1...6 mA/V.

Heizung, indirekte — *indirect heating* — chauffage indirecte

Heizung von Elektronenröhren, bei der der Heizfaden von der Kathode
galvanisch getrennt ist. Wie die nebenstehende Abbildung zeigt, ist dabei
der vom Wechselstrom durchflossene Heizfaden F zur Vermeidung des
Auftretens eines magnetischen Störfeldes, innerhalb der Kathode hin- und
rückgeführt. Er wird von einem Isolier-
körper J umgeben, auf dem eine Metallhülse M mit der die Emission erzeugenden Schicht K befestigt ist. Die Anheizzeit beträgt 15...20 s. Die indirekte Heizung wird stets bei Wechselstromheizung
angewandt, um das Brummen zu vermeiden, das sonst dadurch auftreten würde,
daß das eine Heizfaden-(Kathoden-)ende

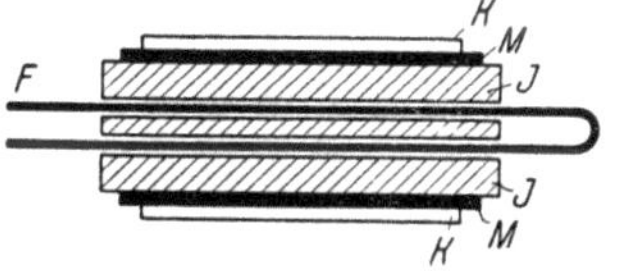

Indirekte Heizung

gegenüber dem Gitter eine dem Wechselspannungsabfall am Heizfaden entsprechende Potentialschwingung aufweisen würde. Der Heizenergiebedarf,
der selbstverständlich größer ist als bei den direkt geheizten Röhren ↑,
beträgt etwa 4...6 W.

Henry — *henry, secohm* — Henry, secohm

Einheit der Induktivität ↑, und zwar jene Induktivität, bei der bei
der Änderung eines Stromes von der Stärke 1 A/s ein magnetischer Fluß
von 1 Vs entsteht

$$1\,\text{H} = 1\,\frac{\text{Vs}}{\text{A}} = 1\,\Omega\text{s}.$$

Der Zusammenhang mit der elektromagnetischen und der elektrostatischen
Einheit ist gegeben durch die Entsprechungen

$$1\,\text{H} \mathrel{\widehat{=}} 10^9\,\text{cm},$$

$$1\,\text{H} \mathrel{\widehat{=}} \frac{1}{9}\,10^{-11}\ \text{el. stat. Einh.}$$

Hertz — *periods per second, cycles per second* — périodes par seconde

Einheit der Frequenz

$$1\,\text{Hz} = 1\ \text{Periode/Sekunde.}$$

Heulschwingung

→ Frequenzmodulation.

Hewlett-Isolator — *Hewlett insulator* — isolateur Hewlett

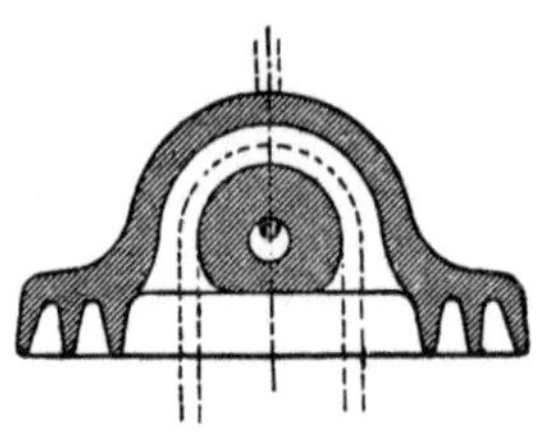

Hewlett-Isolator

Ausführungsform eines Kettenisolators, die es ermöglicht, die Isolatorkette so zu bilden, daß die einzelnen Isolatoren kettenartig miteinander verbunden werden. Dazu erhält der Isolator, wie das nebenstehende Bild zeigt, entsprechende Aussparungen, in die die Befestigungsseile in Schlingen (daher auch die Bezeichnung Schlingenisolator) eingelegt werden können.

Die unsymmetrische Form ergibt Schwierigkeiten in der Erzeugung und ungünstige elektrische Beanspruchungen, wobei insbesondere auch die Verbindungsseile durch sich bildende Lichtbogen gefährdet erscheinen. Diese Isolatorform gilt daher heute als überholt.

Hexode — *hexode* — hexode

Mehrgitterröhre mit zwei getrennten, den Anodenstrom steuernden Gittern. Sie wird zur Überlagerung zweier Frequenzen benutzt. Für Empfangszwecke wird z. B. dem ersten Gitter die Empfangsfrequenz, dem zweiten die Hilfsfrequenz zugeführt. An der Anode entstehen dann aus dieser multiplikativen Mischung in erster Ordnung die Differenzfrequenzen $f_E + f_H$ und $f_E - f_H$. Die letztere wird bei einem Überlagerungsempfänger als Zwischenfrequenz weiter verstärkt. Zur Beseitigung der Rückwirkung der Hilfsfrequenz auf das erste Gitter liegt das zweite Steuergitter zwischen zwei Schirmgittern, so daß die Röhre sechs Elektroden enthält. Das Kennlinienfeld einer Hexode zeigt Abb. b.

H F

Abkürzung für Hochfrequenz oder haute fréquence.

Hilfsrelais — *auxiliary relay* — relais auxiliaire

Relais, das seine Kontakte im allgemeinen unmittelbar

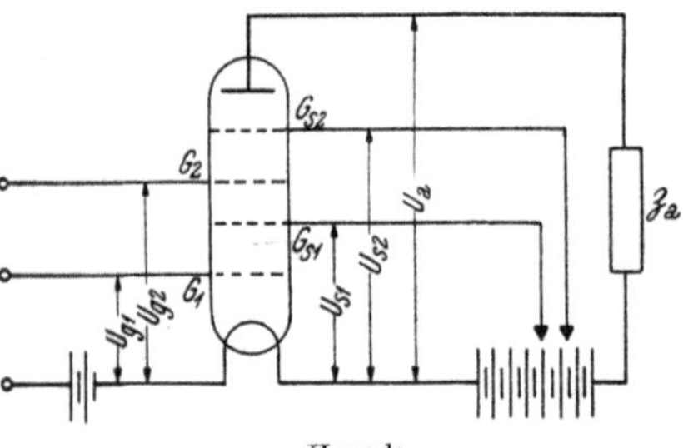

a. Hexode

b. Kennlinien der Hexode

nach der Impulsgabe betätigt; meist zur Erzielung einer Schaltleistungsverstärkung oder zur Vervielfachung der von einem einzigen Impulskreis beeinflußten Betätigungskreise durch Anordnung einer Vielzahl von Kontakten (Vielfachrelais).

Hilfssammelschienen — *auxiliary bus-bars* — barres omnibus auxiliaires

Nicht der Hauptverteilung dienende Sammelschienen, die dazu dienen, fallweise notwendig werdende Hilfsschaltungen durchführen zu können.

Hintereinanderschaltung — *series connection* — montage en série

Hintermaschine

→ Kaskadenschaltung.

Hittorfscher Dunkelraum — *primary dark space* — première chambre sombre de Hittorf

Erster, von der Kathode einer Glimmentladung ↑ aus gesehener, nicht leuchtender Raumteil, an dem der Hauptteil des Kathodenfalles liegt. In ihm werden die aus der Kathode austretenden Elektronen beschleunigt, bis sie die erforderliche Energie erhalten haben, die sie zur Anregung und Stoßionisation befähigen. [OI]

Hitzdrahtinstrument — *hot-wire instrument, expansion instrument* — instrument à fil chaud, appareil à dilatation (à fil chaud)

→ Thermisches Meßgerät.

Hobelmaschine — *planing machine, planer* — raboteuse

Hochantenne — *high antenna, elevated aerial, free antenna* — antenne aérienne, antenne haute

In vergleichsweise größerer Höhe über dem Erdboden verlegte oder in solche Höhen reichende Antenne in T-, L- oder Reusenform. Die Antennenform bestimmt vorerst den Wechselstromwiderstand der Antenne, ihre Kapazität und Induktivität. Die Antenne kann eindrahtig oder mehrdrahtig sein. Mit der Drahtzahl wächst die Kapazität und sinkt die Induktivität. Je höher die Antenne, desto größer die von ihr abgegriffene und dem Empfangsapparat zugeführte EMK.

Hochdruckspeicher — *high-pressure water heater* — chauffe-eau à haute pression

→ Heißwasserspeicher, elektrischer.

Hochfrequenzofen — *high frequency furnace* — four haute fréquence

Auf die Wirkung höher frequenter Wechselströme beruhender elektrischer Schmelzofen, dessen Wirkung darin besteht, daß der von einer Spule ohne Kern erzeugte magnetische Wechselfluß im Schmelzgut Wirbelströme erzeugt, durch die das Schmelzgut erhitzt und zum Schmelzen gebracht wird. Je nach der Beschaffenheit des Schmelzgutes haben sich dabei Frequenzen zwischen 500 und 2000 Hz besonders bewährt. Seit man betriebssichere und preiswerte Kondensatoren herstellt, haben sich die Hochfrequenzöfen vielfach eingebürgert und werden heute für Einsatzgewichte von 6 t und mehr gebaut.

Den Querschnitt eines Hochfrequenzofens mit zylindrischem Tiegel zeigt die Abb. a. Die Spule besteht aus mit Wasserkühlung versehenen Kupferrohren und ist von einem Joch aus lamelliertem Eisen umgeben, das den Rückschluß des Feldes ermöglicht.

Für viele metallurgische Zwecke hat sich eine konische Tiegelform besser bewährt, die sich dem Betrieb eines Lichtbogenofens mehr anlehnen läßt. Sie eignet sich besonders gut für Schlackenarbeiten. Die Zunahme des Schmelzequerschnittes vom Ofenboden zur Badoberfläche ist besonders

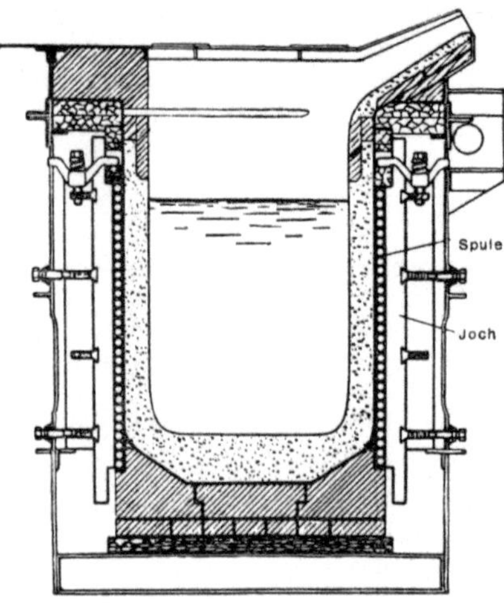

a. Hochfrequenzofen, Bauart Asea

beim Frischen vorteilhaft, da man bei ihr die Frischungsgeschwindigkeit steigern kann. Die konische Bauart weist aber gegenüber der zylindrischen höhere Verluste auf. Abb. b zeigt die Ansicht einer Ofenspule für einen konischen Ofen.

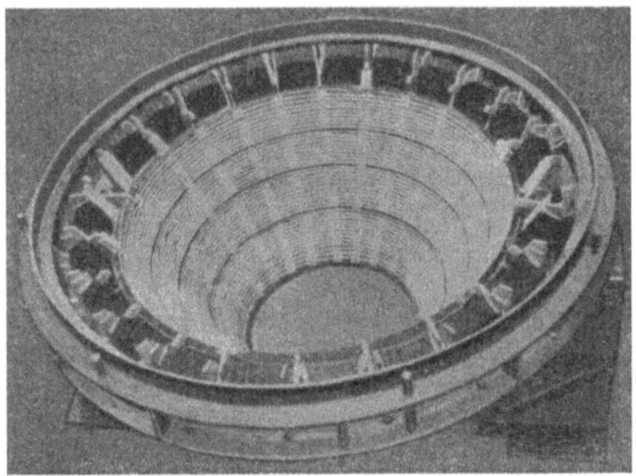

b. Ofenspule eines konischen Hochfrequenzofens (Asea)

Die elektrischen Verhältnisse in der Schmelze bewirken eine kräftige Umrührbewegung des Schmelzgutes, die lokale Überhitzungen vermeidet und eine gleichmäßige chemische Zusammensetzung des Bades gewährleistet. Um auch Frischen und Feinen zu können, muß das Umrühren der Schmelze noch verstärkt werden. Man trennt dann vorteilhaft Badbewegung und Wärmeerzeugung durch Anwendung zweier Frequenzen im Doppel-

frequenzofen, dessen Spule gleichzeitig mit dem hochfrequenten Heizstrom (500...2000 Hz) und einem niederfrequenten Rührstrom ($16^2/_3$... 50 Hz) gespeist wird. Das Umrühren wird dann in 2-, 3-, 4- oder 6-phasiger Ausführung angewendet. Ein großer Vorteil dieser Anordnung liegt darin, daß Wärmeerzeugung und Umrührung unabhängig voneinander feinstufig geregelt werden können.

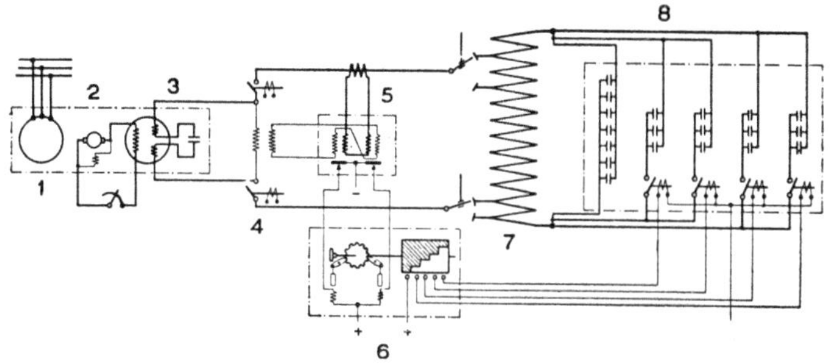

c. Prinzipschema einer Hochfrequenzofen-Anlage (Asea)

1. Motor. 2. Erregermaschine. 3. Hochfrequenzgenerator mit Serienkondensator. 4. Hauptschalter. 5. Balancerelais. 6. Autom. Umschalter. 7. Ofenspule. 8. Kondensatorbatterie mit Schützen

Der Hochfrequenzofen ist ein idealer Umschmelzungs- und Legierungsofen und liefert auch bei hochlegierten Stählen ein absolut homogenes Material.

Hochfrequenzofen-Anlagen erhalten meist eine eigene Stromquelle und Schaltanlage mit teilweiser Automatisierung. Die Anlage ist dann etwa nach Abb. c geschaltet. Die Kondensatorbatterie wird notwendig zur Deckung der Blindlast des Ofens, so daß der Hochfrequenzgenerator nur die Wirkleistung des Ofens und die Verluste zu bestreiten hat. Der Serienkondensator im Hauptstromkreis bewirkt, daß die einmal eingestellte Generatorspannung von der Belastung unabhängig, praktisch konstant bleibt.

Hochfrequenztelephonie — *carrier current telephony, high frequency telephony* — téléphonie à haute fréquence

Nachrichtenübermittlung mittels hochfrequenter Trägerströme längs Hochspannungsleitungen, meist zur Nachrichtenverbindung zwischen den Kraftwerken und Schaltstationen größerer Überlandnetze. Wegen der geringen Dämpfung dieser Leitungen können hiebei Frequenzen zwischen 50 und 300 kHz zur Anwendung kommen. Zur Ausschaltung der störenden Dämpfungseinwirkung von Stichleitungen, Transformatoren, Schaltern usw. werden Hochfrequenzsperrkreise notwendig. Die Ankopplung der Trägerfrequenzgeräte an die Hochspannungsleitung erfolgt mit Kondensatoren mit einer Kapazität von etwa 1 nF. Zur Überbrückung von Unterstationen mit wechselndem Schaltzustand werden diese zunächst durch Sperrkreise abgeriegelt und über Kondensatorketten ein Umgehungsweg für die Trägerfrequenz geschaffen.

Hochfrequenzverstärker — *high frequency amplifier* — amplificateur à haute fréquence

→ Selektivverstärker.

Hochpaß — *high pass, infra-filter* — filtre passe-haut

Ein Vierpol ↑, der hohe Frequenzen ungedämpft hindurchläßt, hingegen Frequenzen unterhalb einer bestimmten Grenzfrequenz mehr oder minder stark abdämpft. Die Wirkung wird durch Hintereinanderschaltung mehrerer solcher Vierpole verstärkt (s. a. Kettenleiter).

Für die beiden nebenstehenden Schaltungen erhält man für die Dämpfung b die Gleichung

$$\pm \mathfrak{Cos}\, b = 1 - 2\left(\frac{\omega_0}{\omega}\right)^2,$$

worin die Grenzfrequenz

$$\omega_0 = \frac{1}{2\sqrt{LC}}.$$

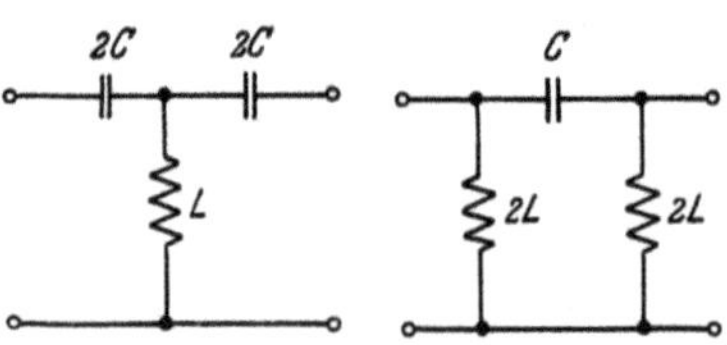

a. Einfache Hochpaß-Schaltungen

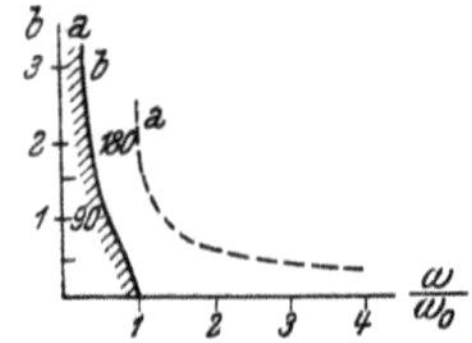

b. Dämpfung und Phasenverschiebung des Hochpasses nach Abb. a

Die Dämpfungsabhängigkeit zeigt Abb. b, in der auch die Phasenverschiebung a zwischen Eingangs- und Ausgangsgrößen eingetragen ist. [OII]

Hochspannung — *high tension* — haute tension

Hochstabläufer

→ Wirbelstromläufer.

Höchstlasttarifzähler — *maximum tariff meter* — compteur de tarif de maximum

→ Grundgebührentarif.

Höchstwert — *peak value, maximum (value)* — valeur maximum, valeur de crête

→ Scheitelwert.

Hörbereich — *audibility range, audio range* — portée audible, zone d'audibilité

Der hörbare Frequenzbereich von 20 bis 20000 Hz.

Hörempfang — *audible reception, aural reception, reception by sounder* — réception au son

Telegraphieempfang, bei dem die Morsezeichen im Kopfhörer als Tonzeichen erscheinen. Der Funker hört diese Zeichen ab und schreibt die dafür bekannten Buchstaben sofort auf. Die meisten Telegraphieempfänger sind für Hörempfang eingerichtet; sie erlauben eine durchschnittliche Telegraphiergeschwindigkeit von 80...100 Buchstaben in der Minute.

Hörnerableiter — *horn(-shaped) arrester* — parafoudre à cornes

Überspannungsschutzgerät in Form zweier aus Kupferleitern gebildeter, einander gegenüberstehender Hörner. An der engsten Stelle schlägt bei Überspannungen ein Funke über, der in einen Lichtbogen übergeht, welcher infolge der Erwärmung der umgebenden Luft und infolge elektrodynamischer Wirkung nach aufwärts steigt, wegen des sich öffnenden Hornes auseinander gezogen wird und schließlich abreißt. Das eine Horn liegt an der zu schützenden Leitung, während das zweite geerdet ist. Beim Ansprechen des Ableiters wird also die Leitung zuerst geerdet und mit dem Erlöschen des Lichtbogens von der Erdverbindung wieder abgetrennt.

Zur Verbesserung der Löschwirkung hat man die Hörnerableiter auch mit selbsttätiger Widerstandszuschaltung gebaut, bei der unmittelbar nach dem Ansprechen in die Erdleitung ein zusätzlicher Widerstand eingeschaltet wurde, um den Entladestrom zu verkleinern (Bendmannableiter).

Heute werden die Hörnerableiter immer mehr von den präziser wirkenden Ventilableitern ↑ verdrängt.

Hörschall — *audible sound*

Schwingungen mechanischer Natur, deren Frequenzen in das Gebiet der Hörbarkeit des menschlichen Ohres fallen, also zwischen etwa 20 und 20 000 Hz liegen. Schwingungen geringerer Frequenzen werden als Infraschall, solche höherer Frequenzen als Ultraschall bezeichnet.

Hohlwelle — *hollow shaft, tubular shaft* — arbre creux

Holmgreen-Schaltung
→ Erdschlußrelais.

homogen — *homogeneous* — homogène, uniforme

Honigwabenspule — *honeycomb coil, lattice-wound coil* — bobine en forme de rayon de miel, bobine en nid d'abeille
→ Wabenspule.

horizontal — *horizontal* — horizontal

Hornblendeasbest — *hornblende asbestos* — amphibole
→ Asbest.

Horse-Power
Englische Leistungseinheit
$$1 \text{ HP} = 76 \text{ mkp/s} = 1{,}0139 \text{ PS} = 745{,}56 \text{ Nm/s}.$$

HP
Kurzzeichen für die englische Leistungseinheit Horse-Power ↑ .

Hubmagnet — *lifting magnet, vertical magnet* — aimant de levage, aimant vertical

Elektromagnet zur Ausübung vertikaler (Hub-)kräfte. Das Rückfallen des Ankers wird meist durch das Eigengewicht desselben bewerkstelligt.

Hüllung

Maßnahme zur Verringerung des Einflusses elektrischer Störfelder in Röhrenanordnungen, bei der der zu schützende Apparat zur Gänze in eine Nullpotential führende (mit der Kathode in Verbindung stehende) Hülle eingeschlossen ist.

Hufeisenmagnet — *horse-shoe magnet* — aimant en fer à cheval
Permanenter Magnet in Form eines Hufeisens.

hundredweight (Zentner)
Gewichtseinheit, in England und Amerika verschieden
$$1 \text{ engl. cwt.} = 8 \text{ stone} = 50{,}81 \text{ kp,}$$
$$1 \text{ US-cwt.} = 0{,}893 \text{ engl. cwt.} = 45{,}36 \text{ kp.}$$

Hupe — *horn, siren, hooter, trumpet* — corne, cornet, trompe à signaux, claxon

Elektrisch betätigtes, akustisches Signalgerät mit schwingender Membrane.

Hydrierung — *hydrogenation* — hydrogénation

Verbindung eines Stoffes oder einer Verbindung mit Wasserstoff.

hygroskopisch — *hygroscopic* — hygroscopique

wasseranziehend.

Hypotenuse — *hypotenuse* — hypoténuse

Längste Seite eines rechtwinkeligen Dreieckes.

Hysteresemotor — *hysteresis motor*

Induktionsmotor, dessen Drehmoment allein durch die Hysteresekraft gebildet wird, die dadurch besonders stark gemacht wird, daß der wicklungslose Läufer aus massiven hysteretischen Stoffen ↑ oder aus Schichten von hysteretischen und gut permeablen Stoffen besteht.

Hysteresis — *hysteresis* — hystérésis, hystérèse

Erscheinung an ferromagnetischen Stoffen, die sich darin äußert, daß nach erfolgter Erregung die magnetische Induktion beim Zurückgehen der Erregung gegen diese nachhinkt (zurückbleibt). Die Magnetisierungslinie besteht demgemäß aus einem auf- und einem absteigenden Ast (→ Hysteresisverluste), die die „Hysteresisschleife" einschließen, die für die bei der Ummagnetisierung auftretenden Verluste (Hysteresisverluste ↑) kennzeichnend ist. [OI]

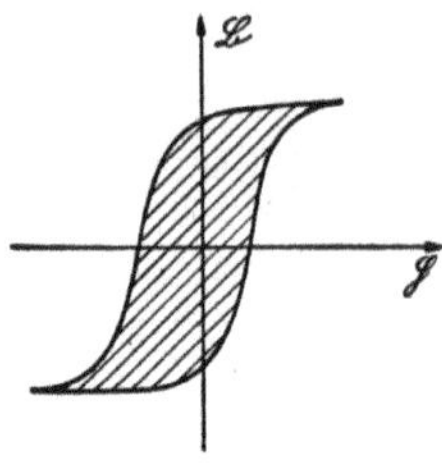

Hysteresisschleife

Hysteresisschleife — *hysteresis loop* — cicle d'hystérésis

→ Hysteresis.

Hysteresisverluste — *hysteresis losses* — pertes par hystérésis

Durch die Ummagnetisierung in Wechselstromapparaten und Maschinen, die ferromagnetische Kreise enthalten, infolge der Hysteresis ↑ auftretende Verluste, die als Wärmeverluste in Erscheinung treten. Ein Maß für dieselben bildet die von der Hysteresisschleife eingeschlossene Fläche F. Bei der Frequenz f und einem Eisenvolumen V sind daher die Verluste

$$N_h = VfF.$$

Bei kleinen Feldstärken sind die Hysteresisverluste angenähert proportional $B^{1,6}$; bei Feldstärken über 10 000 Gauß gilt

$$N_h = c_h f B^2,$$

worin c_h eine Materialkenngröße bedeutet. Für in elektrischen Maschinen und Transformatoren vorzugsweise verwendetes Dynamoblech ist $c_h =$ $= (2\dots 4{,}4) . 10^{-10}$ Ws G^{-2}, entsprechen deiner Verlustleistung von $(1\dots 2{,}2)$ W/kg.

Hysteretische Stoffe — *material hysteretic* — substance hystérétique

Stoffe mit besonders breiter Hysteresisschleife ↑ und großen Hysteresisverlusten.

Hz

Kurzzeichen für die Frequenzeinheit Hertz ↑ .

I

Ignitron — *ignitron* — ignitron

Gasentladungsrohr, meist mit Quecksilberkathode, in die eine Zündelektrode taucht, die zur Steuerung der Zündung jeder aktiver Periode dient und dazu meist an einen eigenen Hilfsstromkreis angeschlossen wird.

Ikonoskop — *iconoscope* — iconoscope

An Stelle der früher angewandten Nipkowschen Scheibe beim Fernsehen verwendetes Aufnahmegerät, das ähnlich gebaut ist wie eine Braunsche Röhre und als wesentlichsten Bestandteil die Impulsplatte trägt, das ist eine aus einer großen Zahl von winzigen Photozellen ↑ bestehende Schicht, auf die das zu übertragende Bild geworfen wird. An den hellen Stellen entstehen dann elektrische Ladungen, die beim zeilenweisen Abtasten der Platte durch einen Elektronenstrahl positive Elektrizität über einen Verstärker zum Sender fließen lassen.

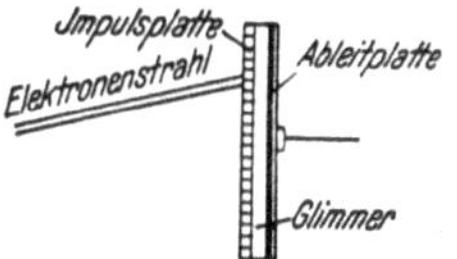

a. Impulsplatte eines Ikonoskopes

Die Photozellen der Impulsplatte entstehen aus einem hauchdünnen Auftrag einer Silber-Cäsium-Verbindung, die nach dem Trocknen an den Korngrenzen einreißt, so daß jedes einzelne Körnchen eine Photozelle bildet. Das belichtete Körnchen emittiert Elektronen, so daß die als zweiter Belag des Kondensators Impulsplatte/Ableitplatte erscheinende metallene Ableitplatte sich positiv auflädt. Der abtastende Elektronenstrahl hebt die Elektronenemission der Mikrophotozelle auf und die Ladung der Ableitplatte kann abfließen.

Die beim Ikonoskop erreichte Bildpunktzahl beträgt derzeit etwa bis zu 400 Zeilen mit je 400 Bildpunkten, das ist also $4 \cdot 10^6$ Bildpunkte/Sekunde, was eine zu übertragende Bandbreite von 8000 kHz erfordert. Derartig breite Bänder lassen sich nur auf einem ultrakurzen Wellenbereich (Wellen

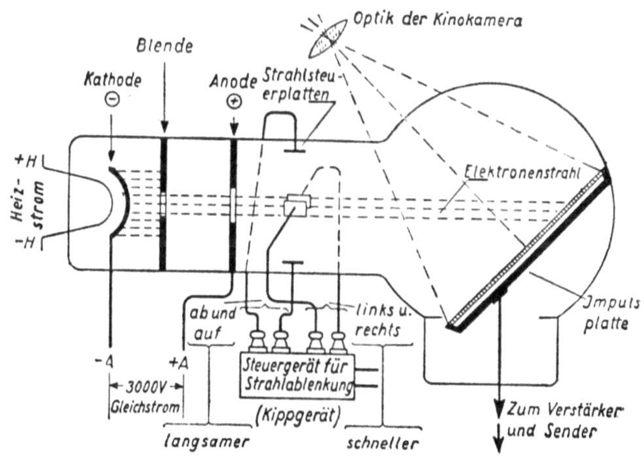

b. Grundsätzlicher Aufbau eines Ikonoskopes

länge 1 bis 10 m) unterbringen, wodurch die Reichweite derzeit noch auf etwa 100 km beschränkt bleibt.

Ilgner-Umformer — *Ilgner Ward-Leonard set* — montage Ilgner-Leonard

Der Ilgner-Umformer ist ein Leonard-Aggregat ↑ , das zum Ausgleich von Belastungsstößen mit einem großen Schwungrad gekuppelt ist.

imaginäre Zahl — *imaginary number* — nombre imaginaire

Wurzel aus einer reellen, negativen Zahl.

Impedanz — *impedance* — impédance

Fremdwort für Scheinwiderstand ↑ .

Impedanzrelais — *impedance relay*

Relais zur selektiven Erfassung von Kurzschlüssen in Starkstromleitungen. Das Meßwerk mißt die Impedanz ↑ vom Einbauort (Schaltstation) bis zur Fehlerstelle und veranlaßt einen Kontaktschluß und damit die Auslösung der Leistungsschalter nach einer Zeit, die der gemessenen Impedanz, das ist gleichzeitig der Fehlerentfernung proportional ist (daher auch der Name Distanzrelais). Um kürzeste Abschaltzeiten mit einer sicheren Staffelung der Relaisauslösungen zu verbinden, können den Relais bei neuzeitlicher Ausführung noch eine Grundzeit, eine Grenzzeit, und gegebenenfalls auch Einschnitte in

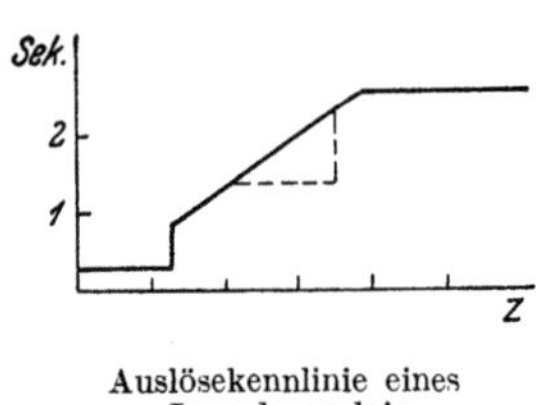

Auslösekennlinie eines Impedanzrelais

der Charakteristik erteilt werden. Alle diese Größen, sowie die Steilheit der Auslösekurve müssen weitgehend einstellbar sein. Zur gleichzeitigen Erfassung von zwei- und dreipoligen Kurzschlüssen, sowie kombinierten Kurz- und Erdschlüssen und Doppelerdschlüssen werden kunstvolle Hilfsschaltungen angewendet. Zur Erfassung der zweipoligen Kurzschlüsse können mit Vorteil Relais benützt werden, die auf das Gegensystem ↑ ansprechen.

Impedanzschutz

Selektive Schutzeinrichtung unter Verwendung von Impedanz- (Distanz-) Relais ↑ , zur selektiven Abschaltung gestörter Leitungsteile oder defekter Generatoren oder Apparate.

imprägnieren — *to impregnate* — imprégner

Impuls — *momentum, impulsion, pulse, impulse* — impulsion, choc, pouls

Mit Impuls wird das Produkt aus Masse und Geschwindigkeit eines bewegten Körpers definiert. Er spielt bei allen ruck- und stoßartigen Bewegungen eines Körpers eine Rolle, indem für ihn ein Erhaltungssatz existiert (Impulssatz). Er besagt, daß in irgend einem System beliebig bewegter Körper ohne die Einwirkung äußerer Kräfte die Summe aller Impulse konstant bleibt, womit leicht eine Beziehung der Geschwindigkeiten sich stoßender Körper vor und nach dem Stoß gefunden werden kann.

Bei der Drehbewegung tritt an Stelle der Masse das Trägheitsmoment θ und an die Stelle der Bahngeschwindigkeit die Winkelgeschwindigkeit ω. Das Produkt $\theta\omega$ wird jetzt Drehimpuls oder Drall genannt. Für den Impuls war früher auch die Bezeichnung „Bewegungsgröße" gebräuchlich.

In der Funktechnik bezeichnet man als Impulse periodisch wiederkehrende Stromstöße, die sowohl Gleich- als auch gedämpfte oder ungedämpfte Wechselströme sein können. Der Kehrwert der Periodendauer der Stoßfolgen heißt Impuls- oder Taktfrequenz.

Impulsfrequenz — *pulse frequency* — fréquence d'impulsion

→ Impuls.

Impulsplatte — *mosaic*

→ Ikonoskop.

Impulssatz

→ Impuls.

in

Kurzzeichen für die englische Längeneinheit inch ↑ .

inch (Zoll)

Englische Längeneinheit

$$1 \text{ inch} = 2{,}54 \text{ cm}$$

Induktion — *induction* — induction

Erscheinung zwischen elektrischem und magnetischem Feld, bei der durch Änderung des einen das andere ebenfalls eine Änderung erfährt, wobei sich die Feldlinien senkrecht, in Form der Glieder einer Kette durchsetzen. Meist bezeichnet man damit aber schon den speziellen Fall, daß sich ein elektrischer Leiter in einem Magnetfeld befindet und in ihm dadurch eine Spannung induziert wird, daß sich das ihn durchsetzende magnetische Feld zeitlich oder infolge einer Relativbewegung zwischen Leiter und Feld ändert. Die Größe der induzierten Spannung wird durch das Induktionsgesetz angegeben (→ Induktionsformel).

Induktion, magnetische — *magnetic induction, magnetic flux density* — induction magnétique

Die Größe $\mathfrak{B} = \mu \mathfrak{H}$, die die Stärke des magnetischen Feldes beschreibt und daher in neuerer Zeit vielfach und besser **m a g n e t i s c h e F e l d s t ä r k e** genannt wird und sich als Folge der „Erregung" aus dieser durch Multiplikation mit der Permeabilität ↑ μ ergibt. [OI]

Induktionsformel — *induction formula* — formule d'induction

Gleichung, die den Zusammenhang zwischen magnetischem Feld und von diesem induzierter EMK in den Wicklungen elektrischer Maschinen angibt.

Beim **T r a n s f o r m a t o r** ist bei sinusförmigem Feldverlauf

$$E = 4{,}44 f w \Phi_h \cdot 10^{-8} \text{ Volt},$$

worin

Φ_h der mit beiden Wicklungen verkettete maximale Hauptfluß in Maxwell,

w die Windungszahl der induzierten Wicklung,

f die Frequenz in Hz und

$4{,}44 = \sqrt{2\pi}$

bedeuten.

Bei **r o t i e r e n d e n M a s c h i n e n** ist

$$E = 4{,}44 f w \Phi \xi \cdot 10^{-8} \text{ Volt}.$$

Darin bedeuten

Φ den magnetischen Fluß eines Poles (Maximalwert) in Maxwell

w die Windungszahl der induzierten Spule,

f die Frequenz in Hz,

ξ den Wicklungsfaktor ↑ .

Bei allgemeiner zeitlicher Flußänderung gilt je Windung

$$E = -\frac{d\Phi}{dt}$$

oder
$$E = Blv,$$
wenn ein Leiter von der Länge l durch ein Feld von der Stärke B mit der Geschwindigkeit v senkrecht zum Feld gezogen wird.

Erfolgt gleichzeitig eine Relativbewegung zwischen Leiter und Feld und eine zeitliche Änderung des Feldes, so ist

$$\frac{\mathrm{d}\Phi}{\mathrm{d}t} = \frac{\partial\Phi}{\partial t} + \frac{\partial\Phi}{\partial x}\frac{\mathrm{d}x}{\mathrm{d}t}$$

die Summe aus der „EMK der Ruhe" und der „EMK der Bewegung". [OI]

induktionsfrei — *non-inductive* — non-inductif, sans induction

Induktionskonstante — *permeability of the vacuum* — perméabilité du vide

Proportionalitätsfaktor im magnetischen Grundgesetz

$$\mathfrak{B} = \mu_0\,\mathfrak{H},$$

das die magnetische Feldstärke ↑ $\mathfrak{B}$ mit der magnetischen Erregung ↑ $\mathfrak{H}$ im Vakuum verbindet. Sie wird auch Permeabilität des leeren Raumes genannt und hat die Größe

$$\mu_0 = 1{,}256 \cdot 10^{-6}\,\frac{\mathrm{Vs}}{\mathrm{Am}}.$$

In einem Medium ist dieser Faktor M-mal so groß, wobei M Permeabilitätszahl genannt wird und eine Konstante des Materiales ist. Im magnetischen Grundgesetz ist dann μ_0 durch

$$\mu = M\mu_0$$

zu ersetzen. μ heißt die Permeabilität des betreffenden Stoffes. μ_0 und μ haben dieselbe Dimension $[Q]^{-1}[\Phi][l]^{-1}[t]$, M ist ein dimensionsloser Zahlenfaktor. Zahlenwerte für M nennt die untenstehende Tabelle.

Für M findet man auch häufig die Bezeichnung „relative Permeabilität", während μ und μ_0 „absolute Permeabilitäten" genannt werden. Statt M schreibt man dann auch μ_r.

Permeabilitätszahlen einiger wichtiger Stoffe:

	Stoff	M
diamagnetisch	Gold	$1— 35.10^{-6}$
	Kupfer	$1— 10.10^{-6}$
	Quecksilber	$1— 25.10^{-6}$
	Silber................	$1— 19.10^{-6}$
	Wasser	$1— 9.10^{-6}$
	Wismut	$1—170.10^{-6}$
	Zink.................	$1— 12.10^{-6}$
paramagnetisch	Aluminium...........	$1+ 22.10^{-6}$
	Luft (1 atm)	$1+ 0{,}4.10^{-6}$
	Palladium	$1+690.10^{-6}$
	Platin	$1+330.10^{-6}$
	Sauerstoff (1 atm)	$1+ 1{,}8.10^{-6}$
ferromagnetisch	Eisen Kobalt .... Nickel	bis zu einigen 10.000

In der älteren Elektrizitätslehre wurde μ_0 und damit auch μ dimensionslos erklärt. Es war dies die Folge der willkürlichen Festsetzung, den Proportionalitätsfaktor

$$K_m = \frac{1}{4\,\pi\,\mu_0}$$

im Coulombschen Gesetz ↑ gleich 1 (also dimensionslos) zu setzen. Das daraus abgeleitete Maßsystem ist das elektromagnetische Maßsystem. [OI]

Induktionsmaschinen — *induction machines* — machines d'inductions

Elektrische Maschinen, deren Ständer über eine ein-, zwei- oder dreiphasige Wicklung ein Drehfeld erzeugt, das in der Läuferwicklung Ströme induziert, die mit dem Drehfeld zusammen das Drehmoment der Maschine ergeben. Die Induktionsmaschinen werden vorzugsweise als Motoren verwendet. Bei übersynchronem Antrieb werden sie zu Generatoren, benötigen aber zur Drehfelderzeugung stets den Anschluß an ein bestehendes Wechselstromnetz, dem sie die (induktive) Magnetfeldenergie entziehen.

Induktionsmeßgerät — *induction instrument* — instrument d'induction

Das Induktionsmeßgerät ist ein Drehfeldmeßgerät mit feststehenden und beweglichen Stromleitern (z. B. Scheiben, Trommeln), bei denen mindestens in einem dieser Stromleiter Strom durch elektromagnetische Induktion hervorgerufen wird.

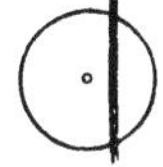

Induktivität — *inductance* — inductance

Kurze Bezeichnung für das Vorhandensein eines induktiven Widerstandes
(s. a. Selbstinduktionskoeffizient).

Kennzeichen des Induktionsmeßgerätes

Induktivitätsbelag — *inductance per unit length* — inductance linéique, inductance unitaire

Auf die Längeneinheit und Phase einer Leitung bezogene Induktivität derselben.

induzieren — *to induce* — induire

Influenz, elektrische — *electrostatic induction, influence* — influence électrique.

Erscheinung vorzugsweise des elektrostatischen Feldes, an vorher neutralen Elektrizitätsleitern ungleichnamige Elektrizitätsmengen voneinander zu trennen. Beschreibung durch den Vektor der elektrischen Verschiebung ↑ .

Influenzkonstante — *dielectric constant of the vacuum* — constante diélectrique du vide

Proportionalitätsfaktor im elektrostatischen Grundgesetz

$$\mathfrak{D} = \varepsilon_0\,\mathfrak{E},$$

das die elektrische Verschiebung ↑ $\mathfrak{D}$ mit der elektrischen Feldstärke ↑ $\mathfrak{E}$ im Vakuum verbindet. Sie wird auch Dielektrizitätskonstante des leeren Raumes genannt und hat die Größe

$$\varepsilon_0 = 8{,}859 \cdot 10^{-12} \frac{As}{Vm}\,.$$

In einem Medium (Dielektrikum) ist dieser Faktor E-mal so groß, wobei E **Dielektrizitätszahl** genannt wird und eine Konstante des Materiales ist. Im elektrostatischen Grundgesetz ist dann ε_0 durch

$$\varepsilon = E\varepsilon_0$$

zu ersetzen. ε heißt die **Dielektrizitätskonstante** des betreffenden Stoffes. ε_0 und ε haben dieselbe Dimension $[Q]\,[\varPhi]^{-1}\,[l]^{-1}\,[t]$, E ist ein dimensionsloser Zahlenfaktor.

Für E findet man auch häufig die Bezeichnung „relative Dielektrizitätskonstante", während ε_0 und ε „absolute Dielektrizitätskonstante" genannt werden. Statt E schreibt man dann auch ε_r.

In der älteren Elektrizitätslehre wurde ε_0 und damit auch ε dimensionslos erklärt. Es war dies die Folge der willkürlichen Festsetzung, den Proportionalitätsfaktor

$$K_e = \frac{1}{4\pi\varepsilon_0}$$

im Priestleyschen Gesetz ↑ gleich 1 (also dimensionslos) zu setzen. Das daraus abgeleitete Maßsystem ist das elektrostatische Maßsystem.   [OI]

Influenzstrom — *influenced current* — courant à influence

Strom, der in einem äußeren Stromkreis durch Influenz ↑ dadurch entsteht, daß sich zwischen zwei Elektroden dieses Stromkreises elektrische Ladung (Elektronen) bewegt. Er spielt bei allen Laufzeitröhren ↑ eine entscheidende Rolle.

Infraschall — *infrasound* — infrason

→ Hörschall.

Inklination — *inclination* — inclinaison

Innenanlage — *internal plant* — installation interne

In einem Gebäude untergebrachte Anlage.

Innendurchmesser — *inner diameter, internal diameter* — diamètre intérieur

Innenraumisolator — *floor insulator* — isolateur de chambre

Nur im Inneren von Gebäuden verwendbarer Isolator.

Installationsschalter — *switch* — interrupteur d'installation

In elektrischen Installationen verwendete Schalter in ein- oder mehrpoliger Ausführung. Nach Art der Schaltbewegung unterscheidet man zwischen Drehschaltern, Kippschaltern und Druckknopfschaltern. Je nach der inneren Schaltung der Pole und dem Verwendungszweck des Schalters baut man Ausschalter, Gruppenschalter ↑, Kreuzschalter ↑, Serienschalter ↑ und Wechselschalter ↑. Die Schalter können ferner für Aufbau oder Einbau im Mauerwerk (unter Putz) ausgeführt werden. Bei Anlagen mit erhöhter Beanspruchung und im Freien werden die Schalter zweckmäßig mit starkwandigem, gut abgedichtetem Gußgehäuse ausgeführt.

Instandhaltung — *maintenance, upkeep* — intretien

Integration, partielle — *partial integration* — integration par parties

Die Entwicklung

$$\int u\,dv = uv - \int v\,du,$$

wobei u und v Funktionen von x sind $\left(u = f(x),\; v = g(x)\right)$.   [OII]

Integrationssatz

In der Laplacetransformation ↑ der Satz

$$\mathfrak{L}\left\{ \int_0^t F(\tau)\, d\tau \right\} = \frac{1}{p}\, \varphi(p).$$

[OII]

Interferenzschwund — *interference fading* — fading d'interférence
→ Fading.

intermittierend — *intermittent, interrupted, tapping* — intermittent, intermettant
Ständig unterbrochen und wiederkehrend.

interpolieren — *to interpolate* — interpoler
Aufsuchen von Zwischenwerten.

Intrittkommen — *picking-up* — accrochage, captition
Einschwingen zweier elektrischer Maschinen in den Gleichlauf (Synchronismus).

Ion — *ion* — ion
Positiv oder negativ geladenes materielles Elementarteilchen; entsteht bei der Dissoziation ↑ in wässerigen Lösungen und der Ionisation ↑ in Gasen. Bei Bewegung liefern Ionen einen Anteil zum elektrischen Strom.

Ionenbeweglichkeit — *ionic mobility* — mobilité ionique
→ Beweglichkeit.

Ionenrauschen

Störerscheinung bei schlecht evakuierten Elektronenröhren, hervorgerufen durch die unregelmäßigen Stoßionisationen der im Vakuum vorhandenen Gasteilchen.

Ionisation — *ionisation* — ionisation
Entfernung eines oder mehrerer Elektronen aus den, die äußere Hülle eines Atomes oder Moleküles bildenden Elektronenschalen (→ periodisches System). Der verbleibende Rest erscheint dann positiv geladen und wird Ion genannt. Die häufigste Art der Ionisation ist die durch Stoß (Stoßionisation), bei der die Elektronenentfernung durch aufprallende, entsprechend energiereiche (rasche) Elementarteilchen erfolgt. Bei der Stoßionisierung durch Elektronen entstehen bei jedem Ionisierungsakt ein neues Elektron (neben dem stoßenden) und ein Ion. Das stoßende Elektron muß eine Mindestenergie U_i haben, um zur Ionisation befähigt zu sein. Sie wird Ionisierungsspannung oder Ionisierungsarbeit genannt und bestimmt nach der Gleichung $U_i = |\mathfrak{E}|\, l$ die zur Ionisation mindest erforderliche Feldstärke (l ist die mittlere freie Weglänge ↑ des Gases, in dem die Ionisation stattfindet).

Die Ionisation kann auch durch einfallende Lichtquanten erfolgen, wenn deren Energieinhalt hf größer ist als die Ionisierungsarbeit eU_i (Photoionisierung). Die Quanten werden dann unter Bildung von Ionen und Elektronen vom Gas absorbiert. Ist λ die Wellenlänge des Lichtes in Å ($\lambda = c/f$), so ist die größte, zu einer Photoionisierung führende Wellenlänge aus $\lambda = 12\,340/U_i$ für $U_i = 3{,}88\ V$ (bei Cäsium) $\lambda_m = 3184\ \text{Å}$; sie liegt also bereits im Ultravioletten.

Die nachstehende Tabelle gibt die Ionisationsspannungen für einige technisch wichtige Gase an.

Element	Ionisations-spannung in Volt
Alkalien	3,9...5,2
Erdalkalien	6,0...7,6
Quecksilber	10,4
Krypton	14,0
Argon	15,7
Neon	21,5
Helium	24,5

ionisieren — *to ionise* — ioniser

→ Ionisation.

Ionisierungszahl

Kennzahl, die die Stärke der durch Stoßionisation in einem Gas oder durch Auslösung aus der Kathodenoberfläche bei einer Gasentladung erzeugten Elektronen angibt. Es sind die drei folgenden Ionisierungszahlen gebräuchlich:

Die Ionisierungszahl α der Elektronen, die angibt, wieviel Ionenpaare je cm Weglänge in der Feldrichtung von einem Elektron durch Stoß erzeugt werden;

die Ionisierungszahl γ für die positiven Ionen, die die Zahl der von einem einzelnen positiven Ion beim Auftreffen auf der Kathode aus dieser ausgelösten Elektronen nennt; und

die Ionisierungszahl β der positiven Ionen, die die Anzahl der Ionenpaare angibt, die ein positives Ion je cm Weglänge durch Stoß erzeugt.

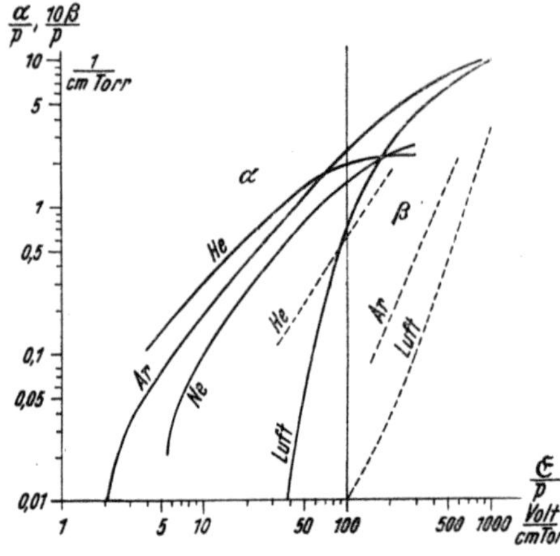

Ionisierungszahlen α und β für verschiedene Gase

Zahlenwerte für die Ionisierungszahlen α und β können der obenstehenden Kurvenschar entnommen werden; für γ findet man je nach dem Kathodenmaterial und der Gasart Werte zwischen 0,01 und 1,0.

Die Ionisierungszahl α ist eine Funktion des Gasdruckes und des Verhältnisses der Feldstärke zum Gasdruck. Man bezeichnet die Funktion

$$\frac{\alpha}{p} = f\left(\frac{\mathfrak{E}}{p}\right)$$

als Stoßfunktion ↑ des Gases. Für Luft ist bei auf $0°C$ reduziertem Druck

$\dfrac{\mathfrak{E}}{p} \quad \dfrac{V}{cm\ Torr}$	30	50	100	500	1000
$\dfrac{\alpha}{p} \quad \dfrac{1}{cm\ Torr}$	10⁻⁴	0,056	0,7	7,0	10,5

Die in der Abbildung genannten Werte für andere Gase gelten vorerst nur für Fälle, wo nur wenig Elektronen und Ionen im Gasraum vorhanden sind. Nach ausgebildeter Entladung treten zusätzliche Beeinflussungen der Ionisierung durch Ionen und Elektronen auf und ergeben im allgemeinen höhere Zahlenwerte. [OI]

Ionosphäre — *ionosphere* — ionosphère

Durch die intensive, vom Weltraum erfolgende Ultraviolettbestrahlung der äußeren Luftschicht der Erde wird diese ionisiert und dadurch elektrisch leitend. Von der Erde kommende Strahlen werden dann an der Unterseite der Schicht, die Heavisideschicht genannt wird, reflektiert und zur Erde zurückgeworfen (Ursache der Fading-Erscheinung ↑ beim Rundfunkempfang).

Die Ionisation erfolgt in drei Maxima, in einer sich in etwa 100 km Höhe befindlichen, E-Schicht genannten, unteren, und einer in 200...400 km Höhe liegenden F-Schicht genannten, oberen Schicht. Die F-Schicht kann weiters in eine F_1- und eine F_2-Schicht unterteilt werden. Man nimmt an, daß in der E-Schicht das O_2-Molekül, in der F_1-Schicht das N_2-Molekül und in der F_2-Schicht das O-Atom ionisiert wird.

Ipsophon — *ipsophone* — ipsophone

Zusatztelephongerät, das den Inhaber eines Telephonapparates örtlich und zeitlich von diesem unabhängig macht und Anrufe zu jeder Tages- und Nachtzeit auch bei Abwesenheit des Inhabers entgegennimmt. Das Gerät nimmt jeden Anruf, der nach mehreren Rufzeichen nicht direkt abgenommen wird, selbständig auf und stellt das aufgenommene Gespräch zur jederzeitigen Wiedergabe bereit. Es kann sowohl vom Hauptapparat des Inhabers oder einer beliebigen Telephonstation des internationalen Telephonnetzes abgenommen werden, wobei die Geheimhaltung der Mitteilungen Unberufenen gegenüber durch ein akustisches Geheimschloß sichergestellt wird.

Die Aufzeichnung der Gespräche erfolgt im Magnettonverfahren auf Stahldrähten, die über Elektromagnete magnetisiert werden, deren Erregung durch die Sprechströme erfolgt. Umgekehrt werden beim Ablauf der Drähte bei der Wiedergabe in den Magnetspulen Ströme induziert, die über einen Verstärker dem Kopfhörer zugeführt werden. Auf Wunsch können die aufgenommenen Gespräche jederzeit, auch von jeder beliebigen Telephonstation aus magnetisch gelöscht werden, worauf das Gerät sofort

Innenansicht eines Ipsophones bei abgenommener Schutzkappe (Ipsophon-Vertriebs A. G. Zürich)

wieder zur weiteren Gesprächsaufnahme bereitsteht. Sinnreiche Einrichtungen ermöglichen die sofortige Aufnahme- und Wiedergabebereitschaft, so daß die Wartezeiten auf ein Minimum reduziert sind.

Das umstehende Bild zeigt oben den Relaissatz der Schaltautomatik, darunter die Spulenpaare des Ansage- und der Aufnahmewerke und links die Nockenwalzen für die Aufnahmewerke, das Zeitwerk, den Ansagetext und das Geheimschloß.

Isolation — *insulation* — isolement

Isolationsfehler — *insulation failure, insulation fault* — défaut d'isolement

Isolationsprüfer — *insulation indicator, insulation tester* — indicateur d'isolement, essayeur d'isolement

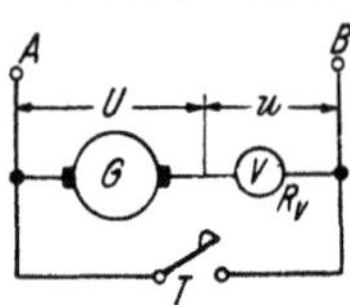

Schaltung eines Isolationsprüfers

Der Isolationsprüfer dient zur Überprüfung des Isolationszustandes von elektrischen Maschinen, Geräten und Leitungen. Er besteht aus einem von Hand angetriebenen Stromerzeuger (Induktor) G und einem hochohmigen Spannungsmesser. Nach nebenstehender Schaltung wird der Generator bei gedrückter Taste T so lange angetrieben, bis das Voltmeter die Prüfspannung anzeigt. Wird dann bei gleichbleibender Antriebsdrehzahl die Taste losgelassen, so zeigt das Voltmeter den an die Klemmen A-B angeschlossenen Isolationswiderstand R_i, da die an ihm liegende Spannung

$$u = U \frac{R_V}{R_i + R_V}$$

ist, woraus

$$R_i = R_V \frac{U - u}{u}$$

nur vom Ausschlag des Voltmeters abhängt, so daß dessen Skala direkt in Ohm geeicht werden kann.

Isolationsrauschen

Durch das Widerstandsrauschen ↑ der Isolation einer Elektronenröhre bedingte Störerscheinung.

Isolator — *insulator* — isolateur

Nichtleiter, zur Befestigung eines Leiters, um dessen Spannung gegenüber seiner leitenden Umgebung sicherzustellen. Je nach dem Zweck und der Ausführung unterscheidet man Abspann- ↑, Durchführungs- ↑, Einführungs- ↑, Hänge- ↑, Hewlett- ↑, Ketten- ↑, Schirm- ↑, Stab- ↑, Stütz- ↑ Isolatoren.

Isolierband — *insulating tape, adhesive tape* — ruban isolant, toile isolante gommée

Mit Teerstoffen und Klebmasse getränktes Band zur Abisolierung von Leitungsverbindungen bei Licht- und Kraftinstallationen. Ein mit 70% Überlappung gewickeltes Band muß eine Spannung von 5 kV 5 min lang aushalten.

Isolierlack — *insulating varnish, isolac* — vernis isolant

Ofen- oder lufttrocknender Öllack, meist als Lösung von Harzen, Kunstharzen und Asphalt in Leinöl und Holzöl, denen ein Trockenstoff aus flüssigen Lösungsmitteln zugesetzt ist.

Schnelltrocknende Lacke enthalten als feste Bestandteile meist Schellack (Spirituslacke) oder Zelluloid (Zapon- und Cellonlacke). Lösungsmittel sind Spiritus und Holzgeist.

Lufttrocknende, schwarze Lacke sind meist nicht ölfest; gelbe Lacke dagegen gegen warmes Öl beständig. Ofentrocknende Lacke sind elastisch und widerstandsfähig gegen elektrische und chemische Angriffe.

Isoliermasse — *insulating compound, insulating paste, insulating composition* — masse isolante, pâte isolante, composition isolante

Isolieröl — *insulating oil* — huile isolante

Aus Erdöl hergestelltes, handelsübliches Gemisch von Kohlenwasserstoffen, das als flüssiges Dielektrikum für Zwecke der Isolation und Wärmeabfuhr in Transformatoren, Schaltern und anderen elektrischen Apparaten verwendet wird. Es hat für diesen Zweck eine Reihe von Eigenschaften aufzuweisen, wie gute dielektrische Festigkeit, Reinheit, Oxydationsbeständigkeit (Alterungsbeständigkeit), Säurefreiheit, gute Wärmeleitfähigkeit usw.

Die Alterungsbeständigkeit, das ist die Widerstandsfähigkeit gegen oxydative Einflüsse, hängt sehr stark von der Zusammensetzung und Herkunft des Rohöles, dem angewandten Raffinationsverfahren und dem Grad der Ausraffinierung ab. Entscheidend ist ferner die chemische Zusammensetzung der Ölinhaltsstoffe. Dagegen ist die elektrische Durchschlagsfestigkeit in erster Linie vom Reinheitszustand des Öles abhängig. Während absolut reine und wasserfreie Öle unter Luftabschluß (da sie stark hygroskopisch sind) Durchschlagsfestigkeiten bis zu 300 kV/cm aufweisen können, sinkt diese bei einem Feuchtigkeitsgehalt von etwa 0,05% auf ein Fünftel oder ein Sechstel und geht schließlich bei weiterer Feuchtigkeitszunahme auf 30 kV/cm zurück. Daraus folgt, daß jedes Isolieröl vor seiner Füllung getrocknet und von Verunreinigungen befreit werden muß (Trocknen, Filtern, Schleudern).

Weitere Eigenschaften guter Isolieröle sind Leichtflüssigkeit auch bei tieferen Temperaturen, nicht zu niedriger Flammpunkt (über 145° C), Wichte bei 20° C unter 0,895 p/cm³, Freiheit von Mineralsäuren und freiem Alkali sowie von freien organischen Säuren. [Skala F.: Grundsätzliches zu Isolierölfragen. E u. M 1946, H. 5, S. 98.]

Isolierrohr — *insulation tube* — tube isolant

Gefalzte Installationsrohre aus verbleitem Eisen mit Papierauskleidung zur Aufnahme von Gummiaderleitungen. Die Isolierrohre werden sowohl über als auch unter Putz verlegt.

Isolierwandler — *insulating transformer* — transformateur isolé

Meßtransformator (→ Wandler) mit einem Übersetzungsverhältnis von 1 : 1 oder nahezu 1 : 1, der zwischen zwei Meßkreisen zu dem Zwecke eingeschaltet wird, um sie voneinander galvanisch zu isolieren. Dies ist öfter erforderlich, um bei Erdungen, die in den beiden Kreisen gemacht werden müssen, zu vermeiden, daß sich diese gegenseitig stören oder eine unerwünschte Kurzschlußverbindung über Erde machen, wenn die Erdungen in den Teilnetzen in verschiedenen Phasen vorgenommen werden mußten. Gleichzeitig kann dann wohl auch eine Spannungs- oder Stromübersetzung vorgenommen werden, so daß der Isolierwandler dann auch ein von 1 abweichendes Übersetzungsverhältnis bekommt.

Isotopie — *isotopy* — isotopie

Erscheinung, daß sich Elemente sonst völlig gleicher Eigenschaften, die sich also durch die normalen physikalischen und chemischen Methoden nicht trennen lassen, durch ihr Atomgewicht unterscheiden. Die einzelnen Isotopen eines Elementes zeigen dann (auf 0 = 16 bezogen) ein ganzzahliges, das in der Natur vorkommende Element, das ein Isotopengemisch ist, entsprechend dem Mischungsverhältnis ein von der Ganzzahligkeit abweichendes Atomgewicht.

So gibt es beispielsweise zwei Chlorisotope mit den Atomgewichten 35 und 37, die im gewöhnlichen Chlor im Verhältnis 3,2 : 1 vermischt sind und damit das bekannte Atomgewicht 35,46 ergeben.

Istwert — *actual value, real value* — valeur effective

Der Istwert einer veränderlichen (zu regelnden) Größe ist ihr jeweiliger wirklicher Wert.

J

j

In der Elektrotechnik übliche Bezeichnung für die imaginäre Einheit $\sqrt{-1}$.

J

Kurzzeichen für die Einheit Joule ↑ .

jährlich — *annual* — annuel

Joch — *yoke* — culasse, joug

Unbewickelter Rückschluß des Eisenkernes eines Transformators oder Magneten.

Jonasspule — *Jonas coil* — bobine de Jonas

Erdschlußlöschspule ähnlich der Petersenspule ↑ , jedoch absichtlich nicht vollständig abgestimmt, um eine Spannungsverlagerung bei Netzunsymmetrien zu vermeiden (→ Erdschlußlöschung).

Joule — *joule* — joule

Arbeits- und Energieeinheit,

$$1 \text{ Joule} = 10^7 \text{ Erg} \uparrow = 1 \text{ Nm.}$$

Joulesches Gesetz — *Joule's law* — loi de Joule

Gesetz, das die in einem elektrischen Stromkreis in seinem Widerstand durch den Strom i entwickelte Wärmemenge angibt. Es ist in der Zeit t

$$A = i^2 R t. \qquad\qquad \text{[OI]}$$

justieren — *to adjust, to set* — ajuster

Jute — *jute* — jute

K

k

Kurzzeichen für Kilo (→ Dekadenzeichen).

Kabel — *cable* — câble

Mit kompakter Isolation umgebene elektrische Leitungen, die im Erdboden oder in Gebäudeteilen direkt verlegt werden können. Sie werden dort verwendet, wo Freileitungen ↑ infolge starker Verbauung oder mit Rücksicht auf besondere Betriebssicherheit nicht angewendet werden können. Das Kabel kann einen (Einleiterkabel) oder mehrere Leiter (Zweileiter-, Dreileiter-, Mehrleiterkabel) enthalten. Fernsprechkabel können auch sehr viele Drähte (Adern) haben und zur Übertragung mehrerer gleichzeitiger Gespräche, Impulse oder Kommandos verwendet werden. Je nach der Betriebsspannung und dem Verwendungszweck sind die einzelnen Adern gegeneinander und gegen den sie gemeinsam umhüllenden Mantel isoliert. Bei Höchstspannungskabeln verwendet man auch Öl als Isolation (Ölkabel), das unter kleinem Überdruck gehalten wird.

Der Kabelmantel trägt oft zum Schutz gegen mechanische Verletzung und chemische Beeinflussung eine „Armierung" aus Blei oder Eisenband (armiertes Kabel).

Die Kosten einer Kabelleitung betragen ein Mehrfaches jener der üblichen Freileitungen.

Für Niederspannung werden gummiisolierte Kabelleitungen oder Drähte mit einer Isolation aus Bitumenmassen verwendet, die häufig für Verlegung in feuchten Räumen noch mit einem Blechmantel umgeben werden (Rohrdraht ↑ Anthygonleitung ↑).

Hochfrequenzleitungen werden in verschiedenen Sonderformen ausgeführt.

Kabel, flexibles — *flexible cable, BX, BX cable* — câbles souple

In flexibler Metallumhüllung angeordnete isolierte Leiter zur Leistungszuführung für elektrische und besonders Elektronengeräte.

Kabelboden — *cable cellar, distribution chamber, jointing chamber* — cave des câbles, chambre de soudure

Meist unter der Schaltwarte ↑ einer elektrischen Anlage gelegener Raum, in dem die Kabelleitungen von den einzelnen Maschinen und Apparaten zentral zusammenlaufen und den Bedienungs- und Meßgeräten (Schalttafeln) der Schaltwarte zugeführt werden.

Kabelendverschluß — *sealing end, terminal box, box head, cable terminal* — tête de câble, boîte d'extrémité, boîte terminale

Abschluß eines Kabelendes mit Isolatoren und Klemmen zum Anschluß an elektrische Maschinen oder Geräte, oder zum Anschluß einer Freileitung.

Kabelgraben — *troughing, trench, ditch, cable channel* — canal de câble, tranchée de câbles, caniveau de câble

Graben, in welchem eine oder mehrere Kabelleitungen verlegt sind.

Kabelmantel — *cable sheath(ing)* — enveloppe de câble

→ Kabel.

Kabelmuffe — *cable sleeve, joint box, splice box* — manchon de câble

Verbindungsstück zwischen zwei Kabelleitungen.

Kabelnetz — *cable system, cable plant* — réseau de câbles

Aus Kabelleitungen gebildetes, elektrisches Verteilnetz.

Kabelschuh — *thimble, cable eye, lug, cable socket* — soulier de câble, cosse de câble

Anschlußstück am Ende eines einadrigen Niederspannungskabels, das an den Kabeldraht angelötet wird und zum Anklemmen an Geräte und Klemmen dient.

Kabeltrommel — *cable reel, cable drum* — tambour d'enroulement, bobine de câble

Vorrichtung zur Aufbewahrung und für den Transport von Kabelleitungen in Form großer hölzerner Trommeln, auf denen die Kabelleitungen aufgewickelt werden.

Käfiganker — *(squirrel-)cage rotor* — induit de cage

→ Käfigwicklung.

Käfigwicklung — *squirrel cage, cage winding* — cage d'écureuil, enroulement en forme de cage

Wicklung eines Kurzschlußläufermotors, bei der in den halb- oder ganz geschlossenen Nuten blanke Kupferstäbe eingelegt werden, die an den Stirnseiten des Läufers durch Kupferringe mittels Hartlötung oder Schweißung miteinander verbunden werden. Bei einer anderen Ausführung kann der Läuferkäfig auch aus Aluminium oder einer Aluminiumlegierung unter

hohem Druck unmittelbar in die Läufernuten gegossen und die Kurzschlußringe mit angegossen werden.

Kalander — *calender* — calandre

Aus übereinanderliegenden, heizbaren, rotierenden Metallwalzen bestehende Maschine zum Glätten von Stoff und Papier.

Kalantaroff'sches Dimensionssystem — *Kalantaroff's system of dimension* — système des dimensions de Kalantaroff

Dimensionssystem ↑ , bei dem nach Kalantaroff als Grunddimensionen
Länge $[l]$, Zeit $[t]$, Ladung $[Q]$ und Magnet. Fluß $[\Phi]$ gewählt wurden.
[G. Oberdorfer: Das natürliche Maßsystem. Wien: Springer-Verlag, 1949.]

Kalium — *potassium* — potassium

Kalk — *lime* — chaux

Kalorie — *calorie, calory* — calorie

Einheit der Wärmemenge, und zwar jene Wärmemenge, die 1 kg Wasser
bei Atmosphärendruck von 14,5 auf 15,5° C erwärmt. Sie ist der mittleren
Kalorie gleich, das ist der hundertste Teil der Wärmemenge, die 1 kg Wasser
von 0 auf 100° C erwärmt, und wird mit cal bezeichnet.

Da die Wärmemenge eine Form der Energie ist, bestehen die Zahlenverhältnisse

1 kcal = 1000 cal = 4184 J = 4184 Ws = 1,16 Wh = 4184 Nm = 427 mkp.

Umgekehrt ist

$$1 \text{ J} = 1 \text{ Ws} = 1 \text{ Nm} = 0,24 \text{ cal,}$$

beziehungsweise

$$1 \text{ mkp} = 2,34 \text{ cal.}$$

Dabei ist bei der Umrechnung auf mkp für die Erdbeschleunigung der
Wert 9,81 m/s² eingesetzt worden.

Kalzium — *calcium* — calcium

Kanal — *channel* — canal

Allgemeine Bezeichnung für einen Stromzweig zur Übermittlung eines
Signales.

Kanalstrahlen — *canal rays, positive rays* — rayons positifs, rayons canaux

Aus positiv geladenen Atomen oder Molekülen bestehende Strahlen, die
in bestimmten Röhren in der Richtung von der Anode zur Kathode laufen
und dann nach Passieren einer Öffnung (Kanal) in der Kathode im Raum
dahinter beobachtet werden können.

Kante — *border, edge* — arrête, bord, tranche

Kapazität — *capacitance, capacity* — capacité, capacitance

1. Kenngröße eines Kondensators ↑ , die dessen Fähigkeit beschreibt, beim
   Anlegen an eine Gleichspannung elektrische Ladung aufzunehmen. Diese
   ist gegeben durch $Q = CU$, worin C die Kapazität bedeutet. Einheit:
   1 Farad (F) ↑ .

2. Kenngröße eines Akkumulators, die angibt, welche Ladungsmenge der
   Akkumulator bis zur Entladung auf die kleinste zulässige Entladespannung abgeben kann. Die Kapazität ist abhängig von der Entladezeit;
   sie sinkt mit abnehmender Entladezeit, also mit zunehmendem Entladestrom.

Kapazitätsbelag — *capacitance per unit length* — capacité linéique, capacité unitaire

Die auf die Längeneinheit und je Phase bezogene Kapazität einer Leitung.

Kapazitätseinheit

→ Farad.

kapazitiv — *capacitive* — capacitif

Kappsches Dreieck

Das aus den Kurzschlußwiderständen eines Transformators (→ Kurzschlußspannung) oder den durch Multiplikation mit dem Strom entstehenden Spannungen gebildete Dreieck. Es stellt bei Vernachlässigung des Magnetisierungsstromes unter Erhalt des nebenstehenden, einfachen Ersatzschaltbildes des Transformators, den Spannungsabfall im Transformator dar, wenn bei diesem die Sekundärseite auf die Primärseite reduziert ist

$$\left(U_2' = U_2 \frac{w_1}{w_2},\right.$$

$$\mathfrak{J}_2' = \mathfrak{J}_2 \frac{w_2}{w_1} = \mathfrak{J}_1,$$

$$\left.R_2' = R_2 \frac{w_1^2}{w_2^2}\right).$$

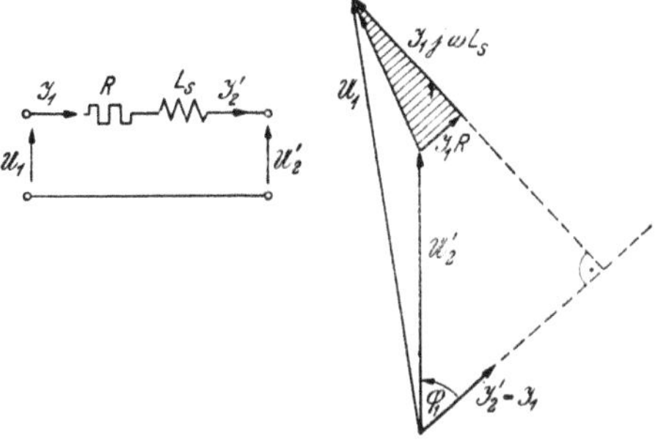

Vereinfachtes Ersatzschaltbild und Vektordiagramm des Transformators

Das Vektordiagramm des Transformators vereinfacht sich dann auf die gezeichnete Form, in der das Kappsche Dreieck schraffiert eingetragen ist.

Projiziert man U_2' auf U_1, dann erhält man für den Spannungsverlust die Näherungsformel

$$\Delta U = U_1 - U_2' \approx I_1 R \cos \varphi_1 + I_1 j \omega L_s \sin \varphi_1,$$

oder für Nennbelastung mit $\varphi_1 \approx \varphi_2 = \varphi$

$$\frac{\Delta U}{U_n} = u_\varphi \approx u_r \cos \varphi + u_s \sin \varphi.$$

Ein Höchstwert tritt dabei auf, wenn $\varphi = \varphi_k$ ist; dann wird

$$u_\varphi \max = u_k$$

[VDE-Vorschrift 0532].

Kardangelenk — *Cardan joint, Hook's joint* — joint à la Cardan, articulation de Cardan

Kardiogramm — *cardiogram* — cardiogramme

→ Kardiographie.

Kardiographie — *cardiography* — cardiographie

Aufzeichnung der Herzmuskelbewegungen durch Messung und oszillographische Aufnahme der durch sie entstehenden Ströme und der hörbaren Schallimpulse. Das erhaltene Bild, K a r d i o g r a m m genannt, liegt im Frequenzbereich von etwa 20 bis 300 Hz.

Kaskadenschaltung — *cascade connection, tandem connection* — connexion en cascade, couplage en tandem

Hintereinanderschaltung elektrischer, mechanisch gekuppelter Maschinen, derart, daß der Primärkreis der zweiten Maschine an den Sekundärkreis der ersten Maschine angeschlossen ist. Die erste, am Netz liegende Maschine heißt dann Vordermaschine, die zweite Hintermaschine. So wird beispielsweise die nebenstehende Kaskadenschaltung zweier Drehstrominduktionsmaschinen zur Einstellung dreier Drehzahlbereiche benützt, nämlich der synchronen Drehzahl $n_1 = f/p_1$ bei Anschluß der Vordermaschine allein, der synchronen Drehzahl $n_2 = f/p_2$ bei alleinigem Anschluß der Hintermaschine und der synchronen Drehzahl $n = f/(p_1 + üp_2)$, wenn beide Maschinen in Kaskadenschaltung arbeiten. p_1 und p_2 sind dabei die Polpaarzahlen der Vorder- und Hintermaschine, $ü$ das mechanische Übersetzungsverhältnis von Hinter- zu Vordermaschine.

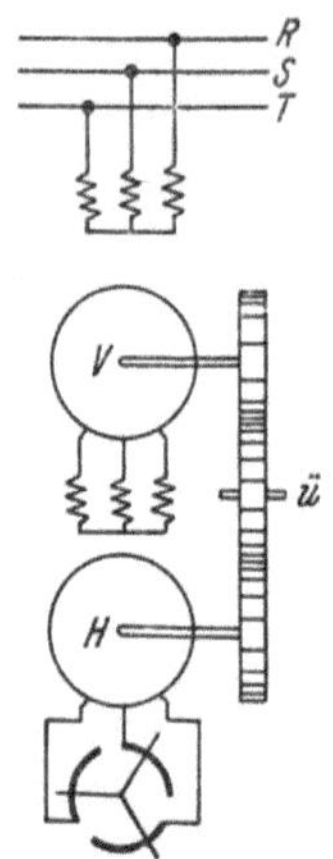

Kaskadenschaltungen werden außer zur Drehzahlregelung noch zur Verbesserung und Regelung des Leistungsfaktors, zur Regelung der Wirk- und Blindleistung, zur Leistungsumformung usw. verwendet; sie werden auch bei Gleichstrommaschinen angewendet. Da sie in den meisten Fällen auf eine Regelung hinauslaufen, werden die in Kaskade laufenden Maschinensätze auch Regelsätze genannt.

Kaskadenschaltung zweier Drehstrominduktionsmaschinen

Kassierstationen — *prepayment coin boxes* — stations à prépayement

Selbstkassierende Telephonanlage, die erst nach Einwurf der Sprechgebühr den Anschluß vermittelt.

Katalysator — *catalyser, catalyzer* — catalyseur

Substanz, die eine chemische Reaktion hervorruft, ohne dabei selbst eine chemische Veränderung zu erleiden.

Katenoid — *catenary* — chaînette

→ Kettenlinie.

Katheten — *perpendicular sides* — côtés de l'angle droit

Die beiden kürzeren Seiten eines rechtwinkeligen Dreieckes.

Kathode — *cathode* — cathode

Negative Elektrode.

Kathodenfall — *cathode fall (of potential), cathode trop* — chute cathodique

Potentialgefälle vor der Kathode einer Gasentladung. Er nimmt den größten Teil der an der Entladung

Selbstkassierender Telephonapparat (Hasler)

liegenden Spannung in Anspruch und stellt sich so ein, daß die von der Kathode austretenden Elektronen so stark beschleunigt werden, daß sie eine ausreichende kinetische Energie erhalten, um soviel positive Ionen durch Stoßionisation zu erzeugen, daß diese beim Aufprallen auf die Kathode wiederum die gleiche Anzahl Elektronen auslösen, wodurch sich die Entladung selbständig aufrecht erhält.

Kathodenfall, abnormaler — *anomalous cathode fall* — chute cathodique anormale
→ Glimmentladung.

Kathodenfall, normaler — *normal cathode fall* — chute cathodique normale
→ Glimmentladung, normale.

Kathodenfleck — *dark space, cathode spot* — tache cathodique
→ Quecksilberdampf-Gleichrichter.

Kathodenstrahloszillograph — *cathode-ray oscillograph* — oscillographe cathodique

Sehr rasch schreibendes Meßgerät, das auf der Ablenkung von Elektronenstrahlen in magnetischen oder elektrischen Feldern beruht. Zu diesem Zwecke wird eine Entladungsröhre mit Glühkathode und Anode verwendet und der zwischen den Elektroden auftretende Elektronenstrahl durch geeignete (elektrische oder magnetische) Linsen zunächst gebündelt (→ Elektronenoptik). Der gebündelte Elektronenstrahl tritt durch eine (blendenförmige) Öffnung der Anode in den Ablenkungsraum, wo er zwischen zwei hintereinander liegenden und gegenseitig um 90^0 versetzten Ablenkplatten hindurchtreten muß, um dann auf die als Leuchtschirm ausgebildete Vorderseite der Röhre aufzutreffen, wobei der Auftreffpunkt aufleuchtet. Werden die Ablenkplatten an Spannung gelegt, so wird eine zweidimensionale Ablenkung erzielt und am Leuchtschirm sichtbar gemacht. Dadurch sind grundsätzlich zwei Darstellungen möglich: Einmal die funktionelle Abhängigkeit zweier Größen voneinander (z. B. die Magnetisierungslinie B = f(H) und zweitens die Abhängigkeit einer veränderlichen Größe von der Zeit (z. B. die Kurvenform einer Spannung). Für den ersten Fall müssen nur den abzubildenden Größen verhältnisgleiche Spannungen zugeordnet werden, an die die Ablenkplatten anzuschließen sind; für den zweiten Fall muß das eine Plattenpaar an eine der Zeit proportionale Spannung angeschlossen werden, die immer wieder mit einer zur Frequenz der darzustellenden Größe in ganzzahligem Verhältnis stehenden Frequenz von einem unteren Grenzwert beginnt (→ Kippschwingung). Die grundsätzliche Schaltung für diesen Fall zeigt die nebenstehende Abb. a für eine Spannungsmessung.

Die Ablenkung des Elektronenstrahles kann auch durch magnetische Felder vorgenommen werden. An Stelle der innerhalb der Röhre angeordneten Ablenkplatten treten dann

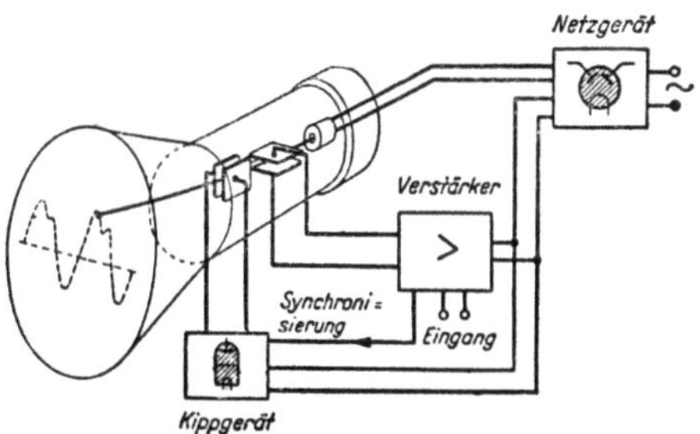

a. Aufbau eines Kathodenstrahloszillographen

außen aufgeschobene Spulen, die im Ablenkraum geeignete Felder erzeugen.

Die Ausbildung der Kathodenstrahloszillographen ist sehr verschieden und richtet sich nach dem Verwendungszweck, wobei die Zeitdauer der aufzunehmenden Erscheinung, ihre Periodenzahl, die gewünschte Schreibgeschwindigkeit, die Spannungshöhe usw. eine Rolle spielen. Die Geräte

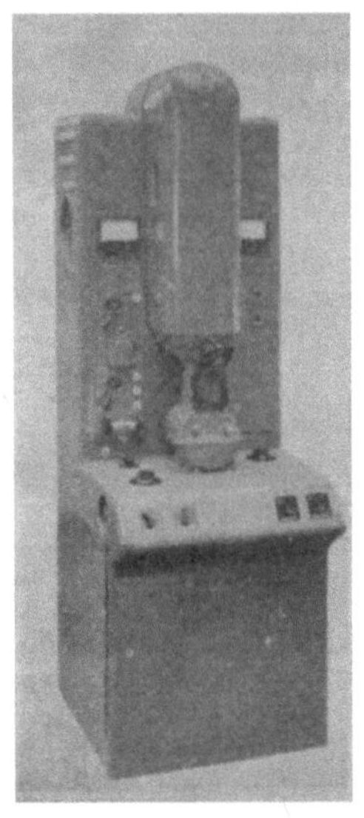

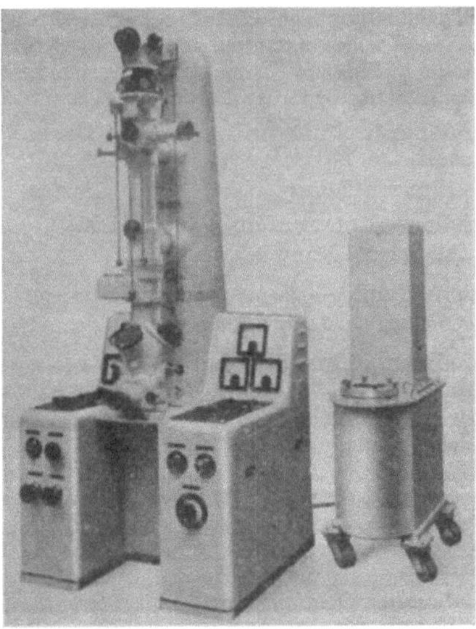

b. Einstrahl-Hochspannungs-
kathodenstrahloszillograph

(Täubner)

c. Mehrstrahl-Hochspannungskathodenstrahl-
oszillograph

d. Niederspannungs-Kathodenstrahloszillograph
(Braunsche Röhre) (Philips)

werden mit Glühkathode, mit kalter Kathode, evakuiert, leicht gasgefüllt,
für Niederspannung und für Hochspannung ausgeführt. Auch Ausführungen
mit mehreren Kathodenstrahlen (zwei oder vier) zur gleichzeitigen Aufnahme mehrerer Vorgänge werden gebaut. Ansichten einiger Geräte zeigen

die nebenstehenden Abb. [Brüche/Recknagel: Elektronengeräte. Berlin: J. Springer, 1941. L]

Kathodenzerstäubung — *cathode disintegration, sputtering* — sublimation, évaporation cathodique

Durch das Bombardement von positiven Ionen auf die Kathode verursachte Abnutzung der Kathode, indem aus ihr Atome herausgeschleudert werden. Sie verkürzt die Lebenszeit der Röhre, wird dagegen mit Vorteil zum Aufbringen einer feinen Metallschichte auf Oberflächen verwendet.

Kautschuk — *rubber, caoutchouc* — caoutchouc, gomme élastique

Aus dem Gummibaum gewonnenes Ausgangsprodukt für Weichgummi, das vielfach zur Leitungsisolation verwendet wird. Durch 25...40%-igen Schwefelzusatz entsteht Hartgummi. Die Isolationsfestigkeit ist sehr groß, er ist aber weder licht- noch wärmebeständig.

Kegel — *bevel, cone* — cône

Kegelrad — *bevel wheel, cone wheel, mitre wheel* — roue conique, pignon conique, roue d'angle

Kehrwert — *reciprocal* — valeur réciproque

Man erhält den reziproken oder Kehrwert einer Größe, wenn man 1 durch diese Größe dividiert. Bei komplexen Vektorgrößen

$$\mathfrak{A} = A e^{j\alpha}$$

ist der Kehrwert

$$\mathfrak{A}^* = \frac{1}{\mathfrak{A}} = \frac{1}{A} e^{-j\alpha}$$

das Spiegelbild des Vektors gegenüber der reellen Achse und mit dem reziproken Wert des Betrages des ursprünglichen Vektors (komplexe Inversion). [G. Oberdorfer, Die Ortskurventheorie der Wechselstromtechnik. Wien: Deuticke, 1950.]

Kennfarben — *identification colours* — voyants de couleur

Blanke Leitungen werden zur Kennzeichnung ihrer Polarität oder ihrer Phase mit Farben bezeichnet, und zwar erhält

bei Gleichstrom { die positive Leitung / die negative Leitung } die Farbe { Rot 25, / Ublau 54,

bei Drehstrom { die Phase R / die Phase S / die Phase T } die Farbe { Gelb 00, / Laubgrün 88, / Violett (Veil) mit Weiß 38 1 a,

bei Wechselstrom { die Phase R / die Phase T } die Farbe { Gelb 00, / Violett (Veil) mit Weiß 38 1 a.

Die Farbenauswahl erfolgt nach der Ostwaldschen 100teiligen Farbenskala.

Für geerdete positive und negative Leiter bei Gleichstrom, Phasenleitungen bei Drehstrom und Wechselstrom sowie für geerdete Nulleiter bei allen Stromarten sind die Farben weiß, hellgrau oder schwarz zu wählen, die mit einem laubgrünen (88) Querstrich zu versehen sind.

Für ungeerdete Nulleiter erhalten dieselben Kennfarben einen roten (25) Querstrich.

Kenotron — *kenotron* — kénotron

Hochvakuumgleichrichter, bestehend aus einem hochevakuierten Gefäß mit Glühkathode und einer oder zwei Anoden. Sie verbrauchen eine vergleichsweise hohe Heizleistung und haben einen größeren Spannungsabfall als gasgefüllte Gleichrichterröhren.

Kerbe — *nick, slot* — entaille, encoche, coche

Kern — *nucleus* (Mehrzahl: *nuclei*) — noyau

Der innerste, positiv geladene Teil eines Atoms. Er wurde lange Zeit als unteilbar angesehen, bis man erkannte, daß er selbst wieder aus Elektronen ↑, Positronen ↑ und Neutronen ↑ zusammengesetzt ist und durch geeignete Methoden, vor allem durch Beschießen mit energiereichen (sehr rasch bewegten) Elementarteilchen (Elektronen, Ionen, Kernen, Lichtquanten) in seine Bestandteile zerlegt werden kann (Atomzertrümmerung). Da der Kern die materiellen Eigenschaften eines Elementes bestimmt, entstehen bei der Atomzertrümmerung oder Anlagerung von Elementarteilchen an Kerne neue Elemente (Elementumwandlung). Alle mit den Kernen in Verbindung stehenden Untersuchungen und Methoden bilden den Inhalt der Kernphysik.

Kernladung — *nuclear charge* — charge nucléaire

Positive Ladung des Kernes eines Atoms. Sie ist ein ganzzahliges Vielfaches (Kernladungszahl) der Elementarladung. Die Kernladungszahl fällt mit der Ordnungszahl des Atoms im periodischen System zusammen.

Kernphysik — *nuclear physics* — physique nucléaire

→ Kern.

Kerntransformator — *core type transformer* — transformateur à colonnes

Transformator, bei dem zum Unterschied vom Manteltransformator ↑ keine unbewickelten Schenkel vorhanden sind. Der Drehstromkerntransformator wird damit bei der üblichen Ausführung nach der nebenstehenden Abb. im magnetischen Kreis unsymmetrisch. Die drei Phasen sind magnetisch verkettet, der magnetische Fluß hat keinen freien

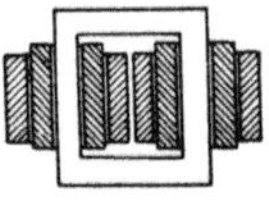
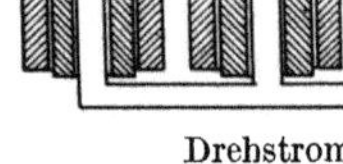

Einphasen-   Drehstrom-
Kerntransformator

Rückschluß. Oberschwingungen ↑ dritter Ordnung und Nullkomponenten ↑ können sich nur durch Luft oder Öl, bzw. zum Teil über den Transformatorkessel von Joch zu Joch schließen.

Kerzenstärke — *candle-power* — intensité en bougies, pouvoir de bougie

Einheit der Lichtstärke ↑. Sie wurde auf verschiedene Art gewonnen, so daß es mehrere Definitionen gibt. Seit 1941 wird nach zwischenstaatlicher Einigung die Neue Kerze (NK) verwendet. Sie wird aus der Leuchtdichte des schwarzen Körpers bei der Erstarrungstemperatur des Platins gewonnen, die zu 60 NK/cm² festgesetzt wurde. In neuerer Zeit wurde die Bezeichnung Neue Kerze in Candela geändert und mit cd abgekürzt. Daneben besteht noch die Hefnerkerze (HK), die als horizontal ausgestrahlte Lichtstärke der „Hefnerlampe" definiert wird, einer Amylacetatlampe mit einem Dochtrohr von 8 mm Innendurchmesser und einer Flammenhöhe von 40 mm. Es ist dann

$$1 \text{ NK} = (1{,}11 \ldots 1{,}16) \text{ HK} \approx 1 \text{ int. Kerze,}$$

wobei die „internationale Kerze" vor Anerkennung der NK bereits nahezu deren Wert besessen hat. Hefnerkerze und internationale Kerze sollen in Hinkunft als Lichtstärkeneinheiten entfallen.

Kettenleiter — *recurrent network, iterativ network, chain system* — réseau récurrent, système itératif

Hintereinanderschaltung von (meist gleichartigen) Vierpolen (s. a. Siebkette).

Kettenlinie — *catenary* — chaînette, courbe funiculaire

Kurve, welche ein schwerer, vollkommen biegsamer Faden annimmt, wenn er an seinen Enden frei aufgehängt wird. Freileitungsdrähte nehmen angenähert diese Kurvenform an.

Die Gleichung der Kettenlinie lautet

$$y = \frac{1}{a} \mathfrak{Cos}\, ax.$$

Die Kettenlinie wird auch K a t e n o i d genannt.

Kettenrad — *pinion, sprocket* — pignon, roue de chaîne

Kilo — *kilo* — kilo

→ Dekadenzeichen.

kinetisch — *kinetic* — cinétique

Kippgerät — *saw-tooth generator, relaxations oscillator* — générateur d'oscillations en dents de scie, générateur d'oscillations de relaxation

Gerät zur Erzeugung von Kippschwingungen, vorzugsweise für die Zeitablenkung von Kathodenstrahloszillographen. Dabei soll die an die Ablenkplatten des Oszillographen angelegte Spannung der Zeit proportional ansteigen und nach Erreichen des für die maximale Ablenkung des Elektronenstrahles in der einen Richtung erforderlichen Höchstwertes plötzlich auf den für die Ablenkung in der anderen Richtung erforderlichen Mindestwert springen (kippen). Es ergibt sich damit die in der Abb. a gezeigte Sägezahnkurve für die Zeitablenkspannung.

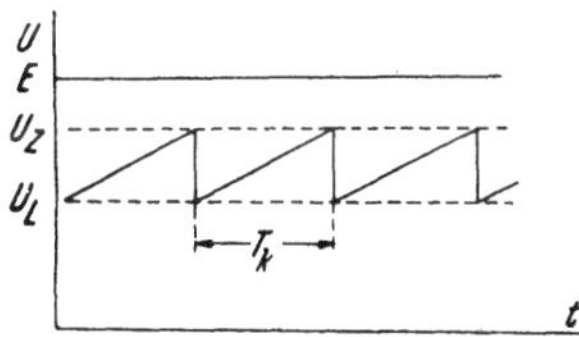

a. Verlauf der Kippspannung für die Zeitablenkung eines Kathodenstrahloszillographen

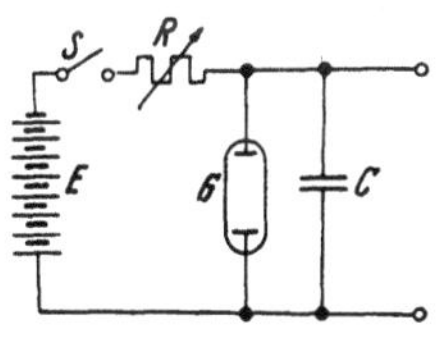

b. Erzeugung von Kippschwingungen mit Hilfe einer Glimmlampe

Die Erzeugung der Kippschwingung kann auf verschiedene Weise erfolgen. Eine grundsätzliche Schaltung unter Verwendung einer Glimmlampe zeigt die Abb. b. Nach Schließen des Schalters S lädt sich zunächst der Kondensator C auf, wobei die Spannung an seinen Klemmen linear mit der Zeit ansteigt. Sobald diese die Zündspannung der Glimmlampe G erreicht hat, spricht die Lampe an und schließt den Kondensator kurz, wobei er sich mit gleichzeitigem Spannungsrückgang entladet. Sinkt die Spannung unter den Wert U_L, dann reißt die Entladung in der Glimmröhre ab und der Kondensator wird wieder aufgeladen, worauf sich das Spiel wiederholt. Der Spannungsrückgang während der Entladezeit des Kondensators erfolgt wegen des kleinen Widerstandes der Röhre so rasch, daß die Entladezeit gegenüber der Ladezeit verschwindend klein ist, so daß die Kennlinie nach Abb. 1 zustande kommt.

Die der Ladezeit T_k entsprechende Frequenz der Kippschwingung ergibt sich zu

$$f_k = \frac{1}{T_k} = \frac{1}{RC \ln \dfrac{E - U_L}{E - U_Z}}.$$

Zur Verbesserung der Schaltung kann die Glimmlampe durch ein Thyratron ersetzt werden, dessen Zündspannung durch Regeln der Gittervorspannung leicht verändert werden kann.

Den nicht vermeidbaren Zündverzug, der durch die endliche Aufbauzeit der Glimmentladung bedingt ist und der häufig stören würde, umgeht man durch eine Röhrenschaltung. Diese hat auch den Vorteil der Frequenzunabhängigkeit, während die Glimmlampenschaltungen wegen Änderung ihrer Kennlinien nur bis etwa 6 kHz verwendet werden können. Es sind eine ganze Reihe von Kippschaltungen entwickelt worden, die mit zwei und mehreren Elektronenröhren arbeiten [ATM, J 834].

Kippmoment — *pull-out torque, tilting moment* — moment de renversement, moment basculant

Größtes Drehmoment, das eine elektrische Maschine abzugeben imstande ist. Es ist beim Asynchronmotor verkehrt proportional dem Kurzschlußblindwiderstand des Läufers, kann also durch Einschalten von Ohmschen Widerständen im Läufer nicht beeinflußt werden. Es ist dagegen proportional dem Quadrat der Primärspannung, solange die Sättigung im Eisen nicht merklich ansteigt. Zum Kippmoment gehört ein „Kippschlupf" von der Größe

$$s_k \approx \frac{R_2}{X_{k2}},$$

worin R_2 der sekundäre Ohmsche und X_{k2} der sekundäre Kurzschlußblindwiderstand ist.

Beim Überschreiten des Kippmomentes fällt die Maschine (meist unter Erscheinungen kurzschlußartigen Charakters) aus dem stabilen Drehzahlbereich (sie „kippt ab") und nimmt entweder eine unzulässig hohe Drehzahl an oder bleibt stehen (s. a. Asynchronmotor und Synchronmaschine).

Kippschalter — *toggle switch, tumbler switch* — interrupteur à bascule
Installationsschalter mit kurzem Handhebel.

Kippschwingung — *relaxation oscillation* — oscillation de relaxation

Schwingung, die so entstanden ist, daß nach Erreichen eines bestimmten Zustandes der Ausgangszustand plötzlich (durch „Kippen") wieder angenommen wird, worauf sich das Spiel in gleicher Form immer von neuem wiederholt. In elektrischen Kippschwingungskreisen wird dies meist durch Aufladen eines Kondensators erreicht, dessen bei der Ladung wachsende Spannung oder abnehmender Strom eine aus Glimmröhren ↑, Thyratrons ↑ oder Elektronenröhren bestehende Schaltung so beeinflußt, daß sie in einem bestimmten Ladezustand die Entladung des Kondensators in mehr oder minder kurzer Zeit bewirkt und die anschließende Wiederladung einleitet (→ Kippgerät).

Kippzündung — *tilting ignition*

Zündungseinrichtung von Quecksilberdampf-Gleichrichtern ↑, bei der das Gleichrichtergefäß gekippt wird, so daß eine leitende Verbindung zwischen Kathode und Zündanode durch das Quecksilber geschaffen ist, die beim Zurückkippen durch das zurückfließende Quecksilber wieder unterbrochen wird, wobei sich ein Hilfslichtbogen bildet, über dessen Brennfleck die Hauptentladung eingeleitet wird.

Die Kippzündung wird nur bei kleinen Glasgleichrichtern angewandt.

Kirchhoffsche Gesetze — *Kirchhoff's laws* — lois de Kirchhoff

Es bestehen deren zwei, und zwar:

Erstes Kirchhoffsches Gesetz: Die Summe aller, einem Knotenpunkt zufließender Ströme ist gleich Null;

Zweites Kirchhoffsches Gesetz: Längs eines geschlossenen Weges ist die Summe aller Spannungen (EMKe) gleich Null.

Sie gelten bei Gleich- und Wechselstrom für die Augenblickswerte, bei Wechselstrom überdies für die komplexen Vektorsymbole. [OI]

Kitt — *cement, putty mastic, lute* — mastic, lut, ciment

Klangblende — *tone regulator* — dispositif de réglage de tonalité

Auch Tonblende oder Klangregler genannt. Elektrische Vorrichtung zur wahlweisen Einregulierung einer Bevorzugung oder Unterdrückung der tiefen und hohen Töne. (Besonders in Rundfunkgeräten.) Sie besteht in ihrer einfachen Form aus einer Reihenschaltung eines Kondensators und veränderlichem Widerstand parallel zum Verbraucher, wodurch eine stetige Schwächung der höheren Frequenzen möglich wird. Durch Verwendung einer Drossel an Stelle des Kondensators können in ähnlicher Weise die tiefen Töne beeinflußt werden.

Der Kondensator wird meist mit einer Kapazität von der Größenordnung von 20 nF, der Widerstand mit einem Höchstwert von etwa 50 kΩ ausgeführt.

Klassenzeichen

Kennzeichen für die Genauigkeit ↑ von Meßgeräten. Diese wird angegeben in % der Abweichung von der tatsächlichen Meßgröße bei Vollausschlag.

Klassen- zeichen	Zulässiger Anzeigefehler in % bei Vollausschlag	Bemerkungen
0,2	± 0,2	} Feinmeßgeräte
0,5	± 0,5	
1,0	± 1,0	} Betriebsmeßgeräte
1,5	± 1,5	
2,5	± 2,5	

Klauenkupplung — *claw clutch* — accouplement à griffes

Klemme — *terminal, clamp* — borne

Klemmen sind Schraub- oder Steckkontakte elektrischer Geräte. Sie dienen zum Anschluß an Stromquellen oder andere Geräte.

Klemmenleiste — *connection strip, terminal board* — tablette à borne de jonction, réglette de raccordement

Klingeltransformator — *bell transformer* — transformateur de sonnerie

Kleintransformator, vorzugsweise zum Betrieb von Klingelanlagen für meist 220/110/3...30 V.

Klinke — *jack, detent, pawl* — jack, loquet, cliquet

Klirrdämpfung

Der natürliche Logarithmus des Kehrwertes des Klirrfaktors (→ Oberschwingungsgehalt).

Klirrfaktor — *distortion factor, non-linear distortion* — coefficient de distorsion

→ Oberschwingungsgehalt.

klöppeln — *to braid* — tresser, guiper

Klydonograph — *clydonograph, klydonograph* — klydonographe

Auf der Erscheinung der Lichtenbergschen Figuren beruhendes Registrier-
gerät zur Aufzeichnung von Überspannungen. Er besteht im wesentlichen
aus einer Spitzenelektrode, die unter Zwischenschal-
tung eines photographi-
schen Films einer leitenden
Walze gegenübersteht. Beim
Auftreten einer Überspan-
nung entsteht eine Entla-
dung, die am Film charak-
teristische Figuren zurück-
läßt, aus deren Form und
Größe auf die Amplitude
der Entladung, ihre Polarität und die Steilheit der
Wellenstirn geschlossen werden kann. Bei der prak-
tischen Ausführung (Abb. a)
wird die Walze mit dem
Film durch ein Uhrwerk angetrieben, so daß auftreten-

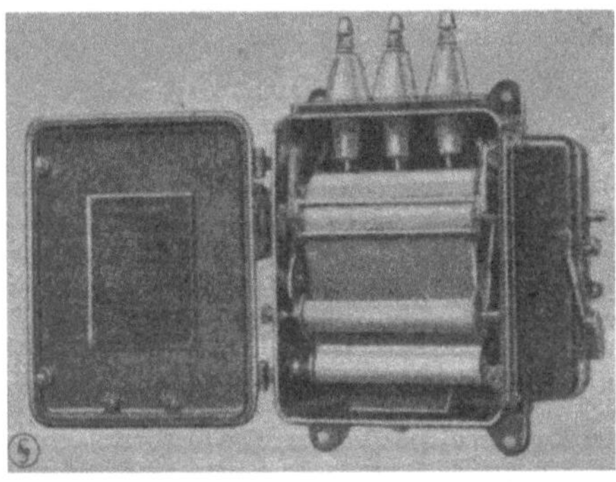

a. Äußere Ansicht eines Klydonographen

de Überspannungen dauernd registriert werden können.

Das Gerät wird über meist kapazitive Spannungsteiler direkt an die Leitung
angeschlossen und zeichnet sich durch Einfachheit und Billigkeit aus. Die
Genauigkeit beträgt etwa 15...30%.

Typische Figurenformen zeigt die Abb. b.

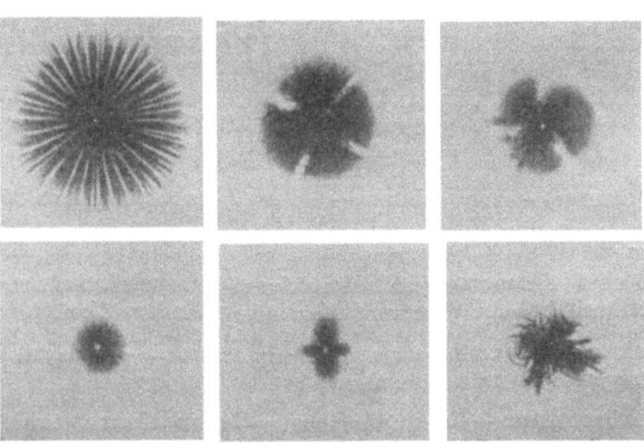

b. Negative, mit dem Klydonographen aufgenommene Entladungen

Knick (in einer Kurve) — *bend* — angle, boucle

Kniegelenk — *knuckle joint* — articulation

Knopfröhre — *acorn tube* — lampe acorn

Elektronenröhre für Frequenzen über 60 MHz (Wellenlängen unter 5 m) mit extrem kleinen Abmessungen, aber sonst grundsätzlich gleichen Elektrodenanordnungen wie bei den gebräuchlichen Röhren. Dagegen werden die Zuleitungen direkt in den Glaskörper eingeschmolzen, so daß kein Sockel erforderlich ist. Diese Röhren zeichnen sich durch besonders niedrige Elektrodenkapazitäten, kleinste Zuleitungsinduktivitäten und geringe Elektronenlaufzeiten aus. Die Abmessungen liegen bei 2...3 cm im Durchmesser.

Knotenpunkt — *node, point of junction* — nœud, point de jonction

Verzweigungspunkt in einem linearen Netzwerk, wo sich der oder die zufließenden Ströme teilen können.

Köpsel-Gerät — *Köpsel magnetising apparatus* — perméamètre de Köpsel

Magnetisierungsapparat zur Untersuchung von ferromagnetischen Stoffen auf ihre magnetischen Eigenschaften. (Aufnahme der Hysteresis-Kurve.) Es besteht aus einem U-förmigen Joch (J), zwischen dessen beiden Enden die Probe (P) untergebracht ist, womit ein geschlossener magnetischer Kreis entsteht. Eine Magnetisierungsspule (S) ist auf dem Joch und der Probe angeordnet und erzeugt im magnetischen Kreis einen Fluß. In der Mitte des Joches befindet sich eine Bohrung, in der eine Drehspule (s) mit Zeiger untergebracht ist. Schickt man durch die Spule einen konstanten Hilfsstrom, so wird diese je nach der Größe des Flusses mehr oder weniger ausgelenkt.

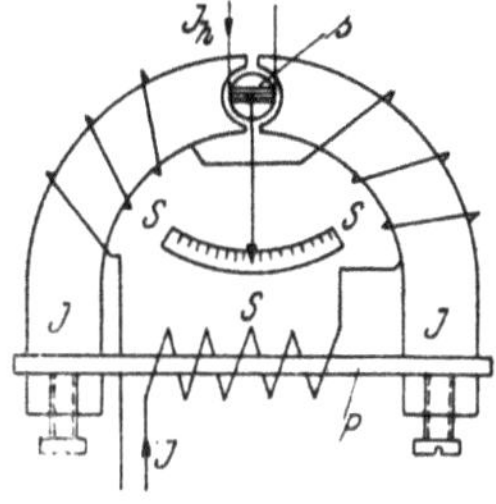

Schematische Darstellung des
Köpsel-Gerätes

Koerzitivkraft — *coercitive force, retentivity* — force coercitive, champ coercitif

Magnetische Erregung (Feldstärke), die notwendig ist, um die Remanenz ↑ des Probekörpers zu beseitigen.

Kohärente Einheiten — *coherent units* — unités cohérentes

Einheiten eines Einheitensystems, die so gewählt sind, daß in den physikalischen Gleichungen keine Zahlenfaktoren auftreten, die nicht physikalisch begründet sind. Man nennt sie auch abgestimmte Einheiten und das System ein kohärentes System. Man erhält die kohärenten Einheiten, indem man unter Weglassung aller Zahlenfaktoren in den Grundgleichungen oder in den Dimensionsgleichungen die gewählten Grundeinheiten ↑ einsetzt. [G. Oberdorfer: Das natürliche Maßsystem. Wien: Springer-Verlag 1949.   L]

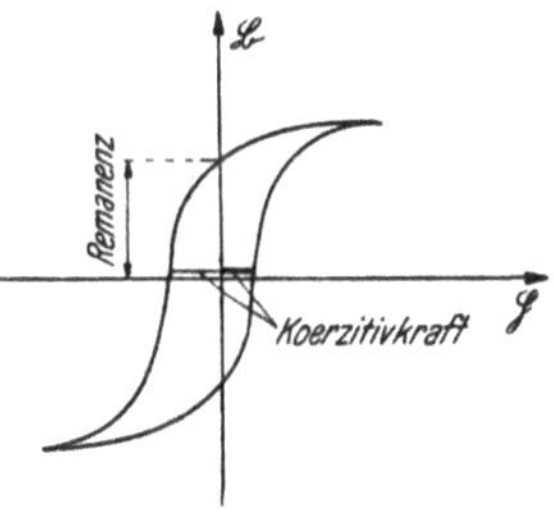

Koerzitivkraft

Kohärer — *coherer* — cohéreur

auch Fritter genannt; Glasröhre mit zwei eingepreßten Metallelektroden, zwischen denen sich Metallfeilspäne befinden. Die Anordnung hat einen großen inneren Widerstand. Hochfrequente Wechselströme können jedoch die kleinen Abstände zwischen den Spänen durchschlagen und schweißen dabei die Körner zusammen, so daß eine gut leitende Verbindung entsteht.

Durch Klopfen muß dann die Verschweißung wieder beseitigt werden. Kohärer wurden früher in Telegraphen-Empfangsstationen zur Auslösung der Schreibgeräte verwendet.

Kohäsion — *coherence, cohesion* — cohésion

Kohle — *coal, carbon* — charbon

Kohledruckregler — *carbon-pile regulator*

Zu einer Säule vereinigte Kohlenscheiben, deren Widerstand durch Verändern des auf die Säule ausgeübten Druckes zu dem Zwecke variiert wird, daß der durch die Säule fließende Strom in bestimmter Form geändert wird. Kohledruckregler werden mit gutem Erfolg als Spannungsregler für elektrische Generatoren verwendet (s. a. Schnellregler).

Kohlefadenlampe — *carbon (filament) lamp* — lampe à filament de charbon
→ Temperaturstrahler.

Kohlenbürsten — *carbon brushes* — balais en charbon

Die Kohlenbürsten dienen zur elektrischen Verbindung zwischen festen Leitern und umlaufenden Stromwendern ↑ oder Schleifringen ↑. Sie gehören zu den wichtigsten Konstruktionselementen der umlaufenden Generatoren und Motoren, da von ihren Eigenschaften das einwandfreie Arbeiten dieser Maschinen wesentlich abhängt. Die wichtigsten dieser Eigenschaften sind:

1. der Verlauf der Übergangsspannung in Abhängigkeit vom Strom;
2. der elektrische Widerstand;
3. der Reibungskoeffizient und die Reibungswärme beim Lauf auf dem Kollektor oder Schleifring, die im allgemeinen vom Material der letzteren abhängig sind (das ist meist Kupfer, Bronze, Messing, Gußeisen oder Stahl);
4. die Härte der Kohle;
5. die Belastbarkeit und Überlastbarkeit der Kohle.

Die äußeren Abmessungen und Formen der Kohlen werden durch deren „Type", der Werkstoff durch die „Marke" gekennzeichnet. Es stehen vier Hauptgruppen von Bürstenmarken im Gebrauch, und zwar:

a) Graphitmarken aus Naturgraphit;
b) Reinkohlen oder harte Kohlen aus amorphem Kohlenstoff, wie z. B. Ruß- oder Koks-Arten;
c) Elektrographitmarken aus Baustoff wie unter b), die jedoch noch einem Elektrographitierungsverfahren unterworfen werden, wobei durch Stromwärme im Graphitierungsofen eine Umwandlung des amorphen Kohlenstoffes in Elektrographit erreicht wird;
d) Metallhaltige Kohlen aus Graphit und Metall, dessen Anteil $20\ldots90\%$ beträgt. Als Bindemittel wird dabei hauptsächlich Teer verwendet.

Die Übergangsspannung wird für die positive und negative Bürste zusammen angegeben und beträgt im Mittel etwa $2\ldots3$ Volt, bei metallhaltigen Bürsten etwa 0,5 Volt. Sie soll mit zunehmendem Strom ansteigen, weil sonst die Bürsten nur schlecht oder gar nicht parallel arbeiten, da die stärker belastete Bürste mehr und mehr Strom zieht, bis sie schließlich ausglüht (labiles Verhalten). Eine hohe Übergangsspannung ist zur Unterdrückung des Bürstenfeuers bei schwer kommutierenden Maschinen (→ Kommutierung) erwünscht (elektrographitierte Kohle). Niedrige Übergangsspannung (metallhaltige Bürsten) wird bei Schleifringbetrieb verlangt, sowie bei niedervoltigen Maschinen (Galvanisierungsbetrieb).

Die Reibungsziffer ist am niedrigsten bei den Naturgraphit enthaltenden Bürstenmarken, weshalb diese für hohe Umfangsgeschwindigkeiten besonders geeignet sind.

Die **Härte** der Bürsten spielt für die Abnützung des Stromwenders keine wesentliche Rolle, da rein graphitische Kohlen den Stromwender häufig stärker abnützen als harte Bürsten. Wichtig ist eine entsprechende Härte dagegen bei Bahnmotoren (insbesondere im Straßenbahnbetrieb), wo man wegen der sonst möglichen Verschmutzung und der Schwierigkeiten der Demontage auf das Aussägen der Glimmerlamellen verzichtet und das Abschleifen der hervortretenden Lamellen den Bürsten überläßt.

Als **Belastbarkeit** kann angenommen werden:

$$\begin{aligned}
&\text{für harte Kohlenmarken} \ldots\ldots\ldots\ldots & 6\ldots\ & 7 \text{ A/cm}^2, \\
&\text{für Naturgraphitmarken} \ldots\ldots\ldots\ldots & 8\ldots & 10 \text{ A/cm}^2, \\
&\text{für Elektrographitmarken} \ldots\ldots\ldots & & 10 \text{ A/cm}^2, \\
&\text{für metallhaltige Marken} \ldots\ldots\ldots\ldots & 12\ldots & 15 \text{ A/cm}^2.
\end{aligned}$$

Der **Bürstendruck**, der mit eigenen Federwagen eingestellt wird, wird gewöhnlich in der Größenordnung von $180\ldots200$ p/cm^2 gewählt. Bei Bahnmotoren und ähnlichen nicht ortsfesten Anordnungen muß man manchmal bis auf den doppelten Wert gehen, um ruhigen Lauf zu erzielen.

Kolben 1. Maschinenteil — *piston, plunger* — piston, plongeur
2. Glasbirne — *bulb* — ampoule

Kolbenstange — *piston rod* — tige de piston

Kollektor — *collector* — collecteur
Anderer Name für Stromwender ↑ .

Kollektorlamelle — *collector segment, commutator bar* — lamelle de collecteur
→ Stromwender.

Kolophonium — *colophony, rosin* — colophane, résine
Destillationsprodukt aus Fichtenharz.

Kombinationstöne — *combination tones* — sons combinés, sons de combinaison
Zusätzlich neben den normalen Oberschwingungen (der Ordnung n) einer aufgedrückten Schwingung auftretende Ober- (und Unter)schwingungen, die beim Vorhandensein nichtlinearer Übertragungsmittel (z. B. Verstärker) entstehen und deren Frequenzen durch die Summen und Differenzen der Frequenzen der aufgedrückten Oberschwingungen bestimmt werden.

Werden beispielsweise gleichzeitig die beiden Frequenzen ω_1 und ω_2 übertragen, so entstehen bei nichtlinearer Verzerrung Kombinationstöne mit den Frequenzen

$$(n - m)\,\omega_1 \pm m\omega_2 \qquad (m \leqq n)$$

Die Zahl der Kombinationstöne wächst mit der Anzahl der zu übertragenden Frequenzen stark an.

Kommutator — *commutator* — commutateur, collecteur
→ Stromwender.

Kommutatormaschine — *commutating machine* — machine à collecteur, machine commutatrice
Sammelname für alle, einen Kommutator tragenden Maschinen.

Kommutatormotor — *commutator motor* — moteur commutateur
Sammelname für alle mit Kommutatoren ausgestatteten Motoren.

Kompensationswicklung — *compensating winding* — enroulement de compensation
Hilfswicklung bei Kollektormaschinen, die die feldverzerrende Wirkung der Ankerrückwirkung (→ Gleichstrommaschine) aufheben soll. Sie wird in

Nuten der Polschuhe untergebracht und in Reihe mit der Ankerwicklung geschaltet. Kompensationswicklungen werden bei allen Stromwendermaschinen mit Vorteil angeordnet.

Komponente — *component* — composante
flüchtige — *transient component* — composante transitoire
imaginäre — *imaginary component* — composante imaginaire
reelle — *real component* — composante réelle

Kompoundmaschine — *compound (-wound) machine* — machine compound
→ Gleichstrommaschinen.

Kompressor — *compressor* — compresseur

Kondensator — *condenser, capacitor* — condensateur
Gerät mit definierter, konstanter oder veränderlicher Kapazität ↑. Bei vernachlässigbaren Verlusten nimmt der Kondensator einen um 90⁰ gegen die angelegte Wechselspannung vorauseilenden Strom auf, dessen Größe durch $I = U/\omega C$ gegeben ist. Für Gleichstrom bedeutet der Kondensator eine Unterbrechung. Die Kapazität hängt von den geometrischen Abmessungen und der Dielektrizitätskonstanten ↑ des verwendeten Dielektrikums ab. [OI]

Konduktanz — *conductance* — conductance
Fremdwort für Wirkleitwert ↑ .

Konduktor — *conductor* — conducteur
Fremdwort für Elektrizitätsleiter.

konjugiert komplex — *conjugate complex* — complexe conjugé

konkav — *concave* — concave

Konstantan — *constantan* — constantan
Von der Temperatur weitgehend unabhängiges Widerstandsmaterial mit einem spezifischen Widerstand von 0,49 . . . 0,51 Ωmm²/m und einem Temperaturkoeffizienten (→ spezifischer Widerstand) von —0,005.10⁻³ bei 20⁰ C. Es ist eine Legierung aus 60% Kupfer und 40% Nickel.

Konvektionsstrom — *convection current* — courant de convection
Elektrischer Strom, der dadurch zustande kommt, daß ein elektrisch geladener Körper bewegt wird.

Koordinaten — *coordinates* — coordonnées

Kopfhörer — *earphone, head receiver, headphone* — (casque) serre-tête, écouteur, casque d'écoute
Der (elektromagnetische) Kopfhörer dient als Schallgeber zur Umwandlung elektrischer Wechselströme in hörbare Schallwellen. Er besteht aus einem permanenten Magnet, auf dem zwei bewickelte Polschuhe befestigt sind. Durch die, die Wicklungen durchfließenden Wechselströme werden die Polschuhe zusätzlich magnetisiert und damit die in geringer Entfernung befindliche Membran aus legiertem Eisenblech (Membranblech) mehr oder weniger angezogen und in Schwingungen versetzt. Die Empfindlichkeit des Kopfhörers nimmt dabei mit der Größe der Vormagnetisierung zu, während gleichzeitig die Verzerrungen abnehmen.

Koppelschwingungen — *oscillations in coupled circuits* — oscillations de circuits couplés

Kopplungsschwingungen entstehen bei der Kopplung zweier Schwingkreise. Diese kann induktiv (Abb. a1) oder kapazitiv (Abb. a2) sein. Wird ein Koppelschwingungskreis zu einer gedämpften Schwingung erregt, so ergibt sich ein Hin- und Herpendeln der Schwingungsenergie von einem Kreis zum anderen. Das Verhalten bei ungedämpften Schwingungen wird zur Abstimmung eines Schwingungskreises auf ein bestimmtes Frequenzband verwendet. Je nach der Größe der Kopplung ergeben sich Resonanzkurven mit einer oder mit zwei Resonanzspitzen (Abb. b). Der Übergang ergibt sich bei der Grenzkopplung (oder „kritischen" Kopplung)

a. Koppelschwingungskreis mit
1 induktiver }
2 kapazitiver } Kopplung

$$k_{gr} = R_2 \sqrt{\frac{L}{C}} = \frac{R_2}{\omega_0 L}.$$

[Benz, F.: Einführung in die Funktechnik. Wien: Springer-Verlag, 1943.]

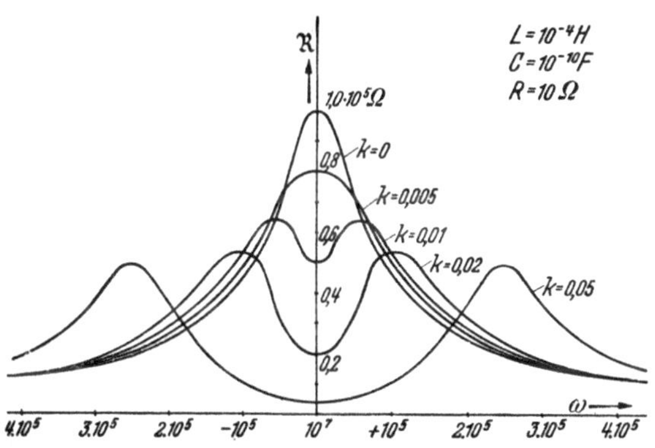

b. Resonanzkurven eines Koppelschwingungskreises nach
Abb. a1 für $R_1 = R_2 = R$

Kopplungsfaktor — *coupling factor* — coefficient de couplage
→ Kopplungskoeffizient.

Kopplungskoeffizient — *coefficient of coupling, coupling coefficient* — coefficient de couplage

Bei transformatorisch gekoppelten Systemen das Verhältnis von Gegeninduktivität zur Selbstinduktivität, also

$$k_1 = \frac{M}{L_1} \text{ primärer}$$
$$k_2 = \frac{M}{L_2} \text{ sekundärer}$$

Kopplungskoeffizient.

Mit den Streuziffern ↑ hängen die Kopplungskoeffizienten wie folgt zusammen

$$\frac{w_1}{w_2}\, k_1 = \frac{1}{1 + \sigma_1} \quad \text{und} \quad \frac{w_2}{w_1}\, k_2 = \frac{1}{1 + \sigma_2}.$$

Daraus wird der „Kopplungsfaktor"

$$k^2 = \frac{1}{(1 + \sigma_1)\,(1 + \sigma_2)} = 1 - \sigma.$$

Kordelwiderstand

Drahtwiderstand für hohe Widerstandswerte, der in Form einer Kordel gewickelt ist.

Korona — *corona (effect)* — corona, effet de couronne

Mischung zwischen Glimm- und Dunkelentladung; wird meist an Hochspannungsleitungen in Form eines leuchtenden Kranzes beobachtet, aus dem einzelne Büschel herauswachsen. Die Korona verursacht bei der Großkraftübertragung beträchtliche Verluste, die man durch Anwendung von Leitern mit entsprechend großem Durchmesser (Hohlleiter) zu verhindern trachtet, da dann die Oberflächenspannung, wenigstens bei Normalbetrieb unterhalb der Zündspannung der Entladung bleibt. Die Koronaverluste können aus der Gleichung

$$N = KU^2 \,(U - U_o)$$

errechnet werden, worin für Wechselstrom

$$K = \frac{\Lambda \sigma}{\delta D^2}$$

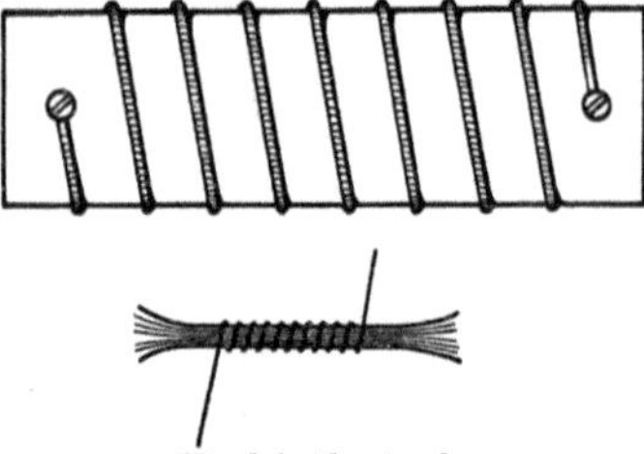

Kordelwiderstand

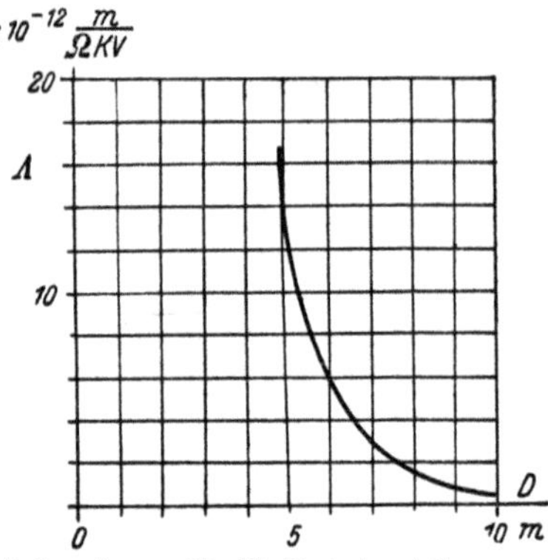

Leitwertkenngröße für Drehstromleitungen

ist. Darin bedeuten σ den Scheitelfaktor der Spannung, δ die Luftdichte, D den Leiterabstand und Λ die sogenannte Leitwertkenngröße, für die obenstehende Kennlinie Zahlenwerte für Drehstromleitungen gibt. [OI. L]

Korrosion — *corrosion* — corrosion

Kosten — *cost* — frais

Kräftepaar — *couple* — couple

Zwei parallele, aber entgegengesetzt gerichtete, gleich große Kräfte. Ist ihr Normalabstand a, so wird das von ihnen gebildete Drehmoment Pa auch als Moment des Kräftepaares bezeichnet.

Kraft — *power, force* — force, puissance

Angenommene Ursache für eine nicht gleichförmige Bewegung. Einheit: bisher 1 Kilogramm(gewicht) (kg); zur Unterscheidung von der Kilogrammmasse in neuerer Zeit Kilopond (kp) genannt. Für das Giorgische Maßsystem ↑ wurde als Einheit das Newton (N) angenommen, wobei

1 kp = 9,81 N. [G. Oberdorfer: Das natürliche Maßsystem. Wien: Springer-Verlag, 1949.]

Kraftmaschine — *prime mover* — machine-motrice

Kraftschalter

Bei Reglern jenes Glied, das die Hilfsenergie zur Betätigung des Stellgliedes ↑ gemäß der vorhandenen Regelspanne ↑ einstellt. Er erhält häufig einen Kraftverstärker zur Verstärkung der eingestellten Hilfsenergie.

Kraftübertragung — *power transmission* — transmission de puissance

Übertragung elektrischer Energie auf Leitungen über mehr oder minder große Entfernungen.

Krarupkabel — *Krarup cable, continuously loaded cable* — câble Krarup câble à charge continue

Fernmeldekabelleitungen, mit ihrer vergleichsweise kleinen Selbstinduktion und großen Kapazität zeigen starke Widerstandsdämpfung (→ Fortpflanzungskonstante) $\beta_R = \dfrac{R}{2}\sqrt{\dfrac{C}{L}}$. Sie kann wesentlich herabgesetzt werden, wenn die Selbstinduktion vergrößert wird, was nach Krarup durch spiralige Umwicklung dünner Eisendrähte um die Einzeladern vorgenommen wird. Anwendung hauptsächlich bei Seekabeln.

Kreis 1. mathematisch — *circle, cyrcle* — cercle, cycle
2. Stromkreis — *circuit* — circuit

Kreisbogen — *(circular) arc* — arc (de cercle)

Teil des Kreisumfanges.

Kreisfrequenz — *pulsation, angular frequency, circular frequency* — pulsation, fréquence angulaire, fréquence circulaire

Die Kreisfrequenz ist das 2π-fache der Frequenz ↑ ; $\omega = 2\,\pi f$.

Kreisumfang — *circumference* — circonférence

Kreuzschalter — *staircase switch* — interrupteur pour escalier

Installationsschalter, der in Verbindung mit Wechselschaltern ↑ das Ein- und Ausschalten eines Stromkreises von mehr als zwei Stellen aus ermöglicht.

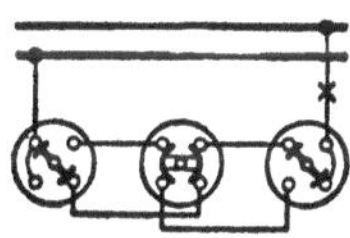

Kreuzschalter

Kreuzspulinstrument — *crossed-coil instrument* — instrument à bobine en croix

Zwei auf gleicher Achse befestigte und starr miteinander verbundene Spulen, deren Windungsebenen einen bestimmten Winkel bilden, sind frei drehbar im Felde eines Dauermagneten gelagert. Die sich einstellende Richtung des Spulensystems ist durch die Resultierende der beiden Magnetfelder der Spulen gegeben. Deshalb auch Quotientenmesser genannt. Verwendung hauptsächlich als Widerstandsmesser.

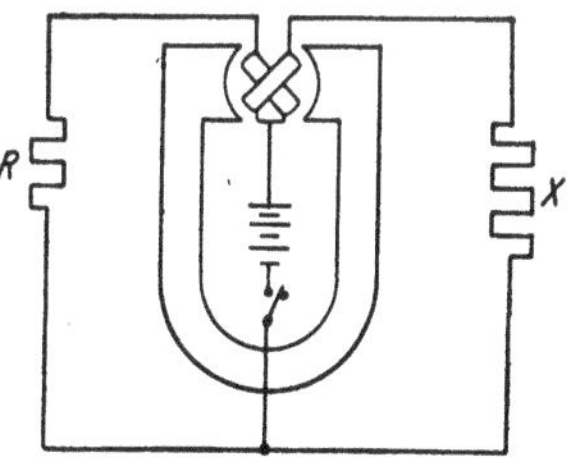

R bekannter ⎫ Widerstand
X gesuchter ⎭

Kreuzspulinstrument als
Widerstandsmesser

Kreuzung — *traverse, crossing* — traversée, croisement

Kreuzwicklung

Kreuzwicklung

Wicklung von Wechselstromwiderständen mit geringer Selbstinduktion, bei der zwei parallelgeschaltete Widerstandsdrähte in entgegengesetzter Richtung auf dem Spulenträger aufgewickelt werden.

Kriechstrecke — *creeping distance, (surface) leakage path* — chemin de fuite, voie de grimpement

Kriechstrecke ist die kürzeste Entfernung längs der Oberfläche eines Isolierkörpers zwischen Metallteilen, auf der ein Stromübergang stattfinden kann, wenn zwischen den Metallteilen Spannung liegt.

Kristalldetektor — *crystal detector, galena detector* — détecteur à cristal, détecteur à galène

Aus zwei Elektroden bestehender Detektor ↑, von denen entweder beide aus Mineralien (z. B. Graphit/Bleiglanz) oder die eine aus einem Mineral und die andere aus einer Metallspitze (z. B. Pyrit/Bronzedraht) bestehen, und dessen Gleichrichterwirkung sich aus der Unsymmetrie der Kennlinie ergibt. Wurden früher vielfach in der Rundfunk- und Hochfrequenztechnik zur Gleichrichtung schwacher Ströme verwendet.

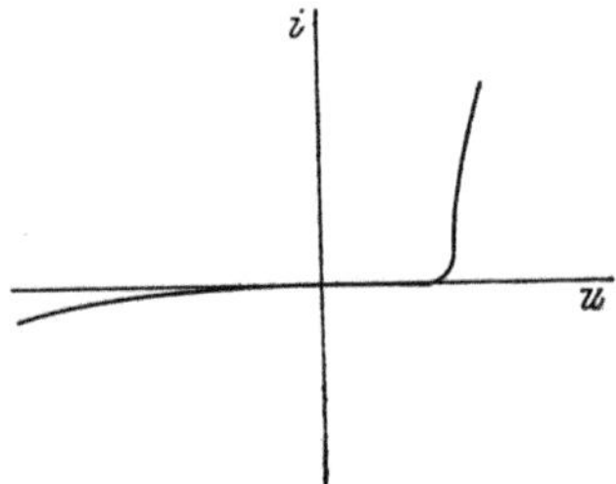

Kennlinie eines Kristalldetektors

Krümmung — *buckling, bend, curvature* — courbure, cintre, coude, gauchissement

Kühlrippe — *cooling flange* — ailette de refroidissement

Zwecks besserer Kühlung durch Oberflächenvergrößerung an Gehäusen von Maschinen oder Geräten angebrachte Rippe.

Kühlwasser — *cooling water* — eau de refroidissement

Kugel 1. Gegenstand — *ball* — bille, boule

2. mathematisch — *sphere* — sphère

Kugelfunkenstrecke —

sphere gap, balls, ball spark gap — éclateur à sphères

Anordnung zur Messung hoher Spannungen. Besteht aus zwei Kugeln, deren Abstand veränderlich ist. An die Kugeln wird die zu messende Spannung gelegt und ihr Abstand soweit verringert bis ein Überschlag eintritt. Aus dem Kugel-

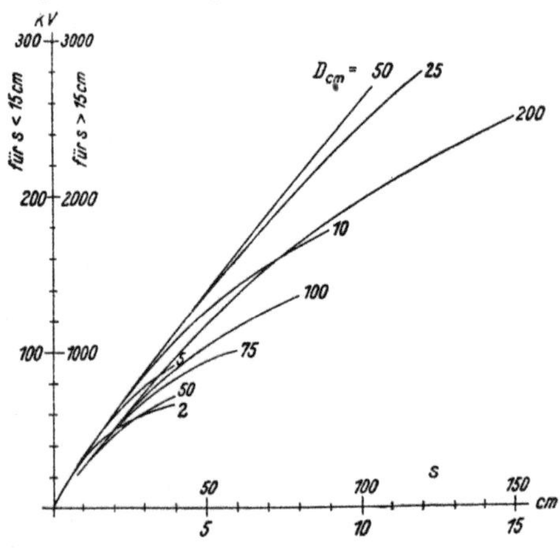

Überschlagspannung von Kugelfunkenstrecken in Luft bei Normaldruck in Abhängigkeit von der Schlagweite s und dem Kugeldurchmesser D

abstand und einer der Anordnung charakteristischen Konstanten errechnet
sich die Spannung. Es wird der Scheitelwert angezeigt. Zahlenwerte zeigt
die nebenstehende Kurventafel. [OI. L]

Kugelgelenk — *globe joint, ball joint, Hooke's joint* — joint sphérique,
joint à boules, joint à rotule

Kugelkondensator — *spherical condenser* — condensateur sphérique

Aus zwei konzentrischen Kugeln gebildeter Kondensator. Seine Kapazität
ist

$$C = 4\pi\varepsilon\,\frac{R_a R_i}{R_a - R_i},$$

worin R_a der Innenhalbmesser der äußeren und R_i der Außenhalbmesser
der inneren Kugel bedeuten. Die Feldstärke hat einen Höchstwert an der
Oberfläche der inneren Kugel und ist dort

$$|\mathfrak{E}_{max}| = \frac{U}{R_a - R_i}\,\frac{R_a}{R_i}.$$

Kugelkoordinaten

Vorteilhaft bei in kugelförmigen
Körpern sich abspielenden Vorgängen
verwendetes Koordinatensystem. Zusammenhang mit kartesischen Koordinaten

$$x = r \sin\vartheta \cos\varphi, \qquad r = \sqrt{x^2 + y^2 + z^2},$$

$$y = r \sin\vartheta \sin\varphi, \qquad \varphi = \operatorname{arctg}\frac{y}{x},$$

$$z = r \cos\vartheta, \qquad \vartheta = \arccos\frac{z}{r}.$$

[OII]

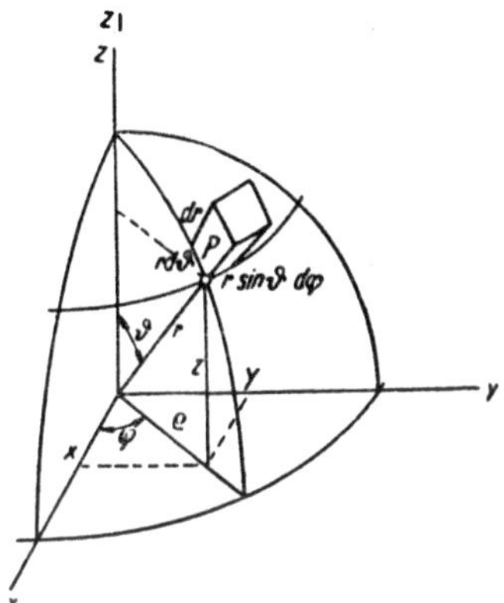

Kugelkoordinaten

Kugellager — *ball bearing* — palier à
billes, roulement à billes

Kupfer — *copper* — cuivre
Technisch wichtigstes Leitungsmaterial mit einem spezifischen Widerstand von im Mittel 0,0175 Ω mm^2/m, einem Temperaturkoeffizienten von
$+3,9.10^{-3}$ bei 20°C und der Wichte 8,9...9,0 p/cm^3.

Kupferoxydulgleichrichter — *copper-oxide rectifier* — redresseur a oxyde
de cuivre

→ Trockengleichrichter.

Kupfervitriol — *cupric sulphate, copper sulphate, blue vitriol* — sulfate de
cuivre, vitriol bleu

Kupplung — *coupling, clutch* — accouplement, embrayage

Kurbel — *crank* — manivelle

Kurbelinduktor — *hand generator, magneto (generator)* — magnéto-
générateur à manivelle, magnéto d'appel

Kleine, von Hand aus angetriebene Dynamomaschine für Prüfzwecke
oder als Rufstromgeber bei Fernsprechgeräten.

Kurbelwiderstand — *lever resistance-box* — rhéostat à manivelle
Dekadenwiderstandskasten, bei dem die Widerstandseinstellung über
Kontaktkurbeln erfolgt.

kurzschließen — *to short-circuit, to short, to close* — court-circuiter

Kurzschluß — *short-circuit* — court-circuit

Praktisch widerstandslose Verbindung zweier, unter verschiedenem Potential stehender Punkte mit meist unzulässig hoher Stromfolge. In der Starkstromtechnik als Leitungs- oder Maschinendefekt wegen der dynamischen und Wärmewirkungen gefürchteter Fehler. In Dreiphasenanlagen kann er je nach der betroffenen Phasenzahl einphasig (einpolig), zweiphasig (zweipolig) und dreiphasig (dreipolig) auftreten.

Kurzschlußanker — *squirrel-cage rotor, short-circuited armature* — induit à court-circuit

→ Käfigwicklung.

Kurzschlußbremsung — *short circuit braking* — freinage à court-circuit

Kann ein selbst- oder fremderregter Motor bei mechanischem Antrieb nicht als Generator in das vorher speisende Netz zurückarbeiten (Nutzbremsung ↑), so kann man ihn zur Abbremsung der bewegten mechanischen Massen vom Netz abtrennen und über Widerstände kurzschließen. Diese Bremsung nennt man Kurzschluß- oder Widerstandsbremsung.

Kurzschlußdreieck

1. Bei Transformatoren → Kurzschlußspannung und Kappsches Dreieck.
2. Bei Synchronmaschinen → Synchronmaschine.

Kurzschlußkreis

In der Fernmeldetechnik ein zum Verbraucher parallel geschalteter Reihenschwingkreis, der auf die kurz zu schließende Frequenz abgestimmt ist und diese auf solche Art vom Verbraucher fernhält.

Um bei nichtsinusförmigen Schwingungen die Grundschwingung möglichst wenig zu schwächen, kann die nebenstehende Schaltung verwendet werden, wobei für die n-te Oberschwingung

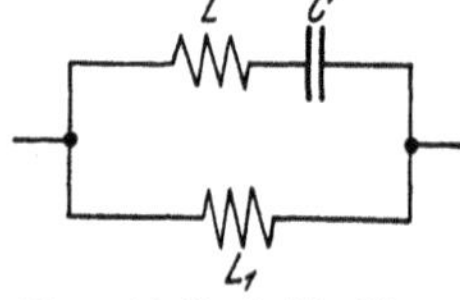

Kurzschlußkreis für Oberschwingungen

$$n\omega = \frac{1}{\sqrt{CL}} \quad (\omega \text{ Frequenz der Grundschwingung})$$

und

$$\frac{L_1}{L} = n^2 - 1 \quad \text{(s. a. Sperrkreis)}.$$

Kurzschlußläufer — *short-circuited rotor* — induit à cage d'écureuil

Läufer eines Induktionsmotors, dessen Wicklung kurzgeschlossen ist. Er zeichnet sich durch einfache und robuste Bauart aus, hat aber gegenüber dem Schleifringläufer ↑ ein vergleichsweise nur geringes Anlaufdrehmoment.

Kurzschlußleistung

Bei einem Kurzschluß ↑ verbrauchte Leistung. Gleichzeitig Kenngröße elektrischer Apparate und Anlagenteile, bezogen auf die Nennspannung, die das Verhalten ganzer Anlagen oder deren Teile besser kennzeichnet als ihre Widerstände, da sie bei zusammengesetzten Anlagen nicht auf eine gemeinsame Spannung umgerechnet zu werden brauchen. Es errechnen sich die Kurzschlußleistungen von Leitungen aus

$$\mathfrak{N}_k = \frac{U^2}{\mathfrak{Z}} \quad (\mathfrak{Z} \text{ Scheinwiderstand der Leitung}),$$

von Transformatoren aus

$$N_k = \frac{N_n}{u_k}\,100 \quad (N_n \text{ Nennleistung, } u_k \text{ Kurzschlußspannung in \%}).$$

Bei der Parallel- und Reihenschaltung von Anlagenteilen sind dann die Kurzschlußleistungen oder ihre Kehrwerte unter Beachtung der Phasenwinkel zur Gesamtkurzschlußleistung zu addieren. [OIII]

Kurzschlußspannung — *short-circuit voltage* — tension de court-circuit

Beim Transformator die an den Eingangsklemmen anzulegende Spannung, bei der bei kurzgeschlossenen Ausgangsklemmen im Eingangskreis gerade der Nennstrom fließt. Sie wird meist in Prozenten der Nennspannung angegeben $u_k = |u_k| = U_k/U_n \cdot 100$ und liegt in der Größenordnung von etwa $4 \ldots 12\%$.

Die Kurzschlußspannung setzt sich aus dem Wirkspannungsverlust U_r (prozentualer Wert $u_r = U_r/U_n \cdot 100$) und einem, gegen diesen um 90^0 phasenverschobenen Streuspannungsverlust U_s (prozentualer Wert $u_s = U_s/U_n \cdot 100$) zusammen. Der erstere ist gleichbedeutend mit dem Spannungsverlust im Transformator bei induktionsfreier Vollast, der letztere beschreibt die Streuspannung des Transformators beim Nennstrom I_n. Für beide gelten die Gleichungen

$$U_r = I_n R,$$

$$U_s = I_n X,$$

worin R den Ohmschen Widerstand und X den induktiven Streuwiderstand bedeuten. Mit der Nennleistung N_n des Transformators findet man für diese

$$R = \frac{U_r}{I_n} = \frac{U_n^2}{N_n}\,\frac{u_r}{100},$$

$$X = \frac{U_s}{I_n} = \frac{U_n^2}{N_n}\,\frac{u_s}{100},$$

als Phasenwerte, wenn die U bei Drehstrom als Dreieckspannungen, bei Einphasenstrom als Netzspannungen eingesetzt werden.

Es gilt ferner

$$\mathfrak{U}_k = \mathfrak{U}_r + \mathfrak{U}_s,$$

$$u_k = u_r + u_s$$

$$\mathfrak{Z}_k = R + jX = R + j\omega L_s.$$

Das durch diese Komponenten beschriebene Dreieck wird Kurzschlußdreieck oder „Kappsches Dreieck" genannt. Es beschreibt gleichzeitig den Kurzschlußleistungsfaktor $\cos\varphi_k$, der in der Größenordnung von $0,4 \ldots 0,8$ liegt.

Liegt der Transformator bei kurzgeschlossener Sekundärwicklung primär an der Nennspannung, so nimmt er einen Dauerkurzschlußstrom

$$\mathfrak{I}_k = \frac{\mathfrak{U}_n}{\mathfrak{Z}_k \sqrt{3}} = \frac{I_n}{u_k}$$

auf. [DIN VDE-Normblatt 2600 und 2601].

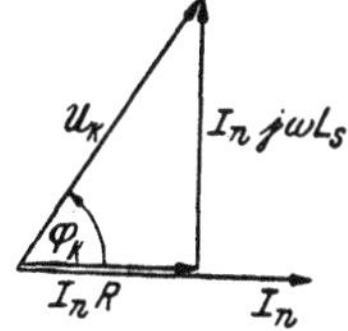

Kurzschlußdreieck
des Transformators

Oberdorfer, Lexikon

13

L

Lack — *varnish, lac* — laque, vernis

Lackdraht — *varnished wire, lacquered wire* — fil verni, fil émaillé
→ Draht-Emaille.

Lackmus — *litmus* — tournesol

Lackwiderstände

Hochohmige Widerstände, die so hergestellt werden, daß auf hochwertige Isolationskörper dünne Lack- oder Kohleschichten aufgetragen werden, deren Dicke und Zusammensetzung die Größe des Widerstandswertes bestimmt. Eine darüber noch aufgebrachte Emailschicht dient als Schutz gegen mechanische Beanspruchungen. Diese Widerstände werden auch Emailwiderstände genannt.

Ladegerät — *battery charger* — chargeur pour batteries
Gerät zur Ladung einer Akkumulatorbatterie.

Lademaschine — *charging generator* — dynamo de charge
Zur Ladung von Akkumulatorenbatterien bestimmter Gleichstromgenerator. Er ist für die bei der Ladung maximal auftretende Spannung (etwa 2,8 V je Zelle) zu bemessen.

Ladestrom — *charging current* — courant de charge

Ladung — *charge* — charge
Die Bezeichnung Ladung wird häufig statt Elektrizitätsmenge gebraucht, insbesondere bei den auf Kondensatorbelegungen befindlichen Elektrizitätsmengen. Einheit: 1 Coulomb = 1 Amperesekunde.

Ladungseinheit — *unity of charge* — unité de charge
→ Priestley.

Längsfeld — *longitudinal field* — champ longitudinale

Läufer — *rotor* — rotor
Der sich drehende Teil einer rotierenden elektrischen Maschine; wird auch Rotor genannt.

Lagenwicklung

einer Spule ist eine nach dem nebenstehenden Schema durchgeführte Wicklung mit zwei oder mehreren Lagen. Dabei können die Lagen abwechselnd entgegengesetzt (wie in der Abb.) oder gleich gerichtet gewickelt werden. Lagenwicklungen haben eine vergleichsweise hohe Spulenkapazität (z. B. etwa 195 pF und 120 pF bei einer 2-lagigen Zylinderspule mit 0,64 Ω Gleichstrom-Widerstand) (s. a. Stufenwicklung).

Lagenwicklung

Lager — *bearing* — palier, coussinet

Lagerschale — *bearing bush, brass* — coussinet

Lagezeichen — *angle of tilt*
Meßgeräte für bestimmte Gebrauchslagen ↑ erhalten ein Kennzeichen, welches angibt, in welcher Lage die Bestimmungen über die Genauigkeit

eingehalten werden. Bei Meßgeräten ohne Lagezeichen müssen die Bestimmungen in jeder Gebrauchslage erfüllt werden.

Lamelle — *lamination, segment* — lamelle, segment

lamelliert — *laminated* — laminé, feuilleté
geblättert, aus Lamellen bestehend.

Lampe — *lamp* — lampe

Lampenwiderstand — *lamp resistance* — résistance de lampe
Aus Glühlampen zusammengesetzter und damit stufenweise regelbarer Belastungswiderstand.

Laplacesche Gleichung — *Laplace's equation*
→ Potentialgleichung.

Laplacescher Operator — *Laplace's operator*
Zweiter Differentialquotient einer skalaren Ortsfunktion von der Form

$$\triangle = \nabla\nabla = \nabla^2 = \text{div grad} = \frac{\partial^2}{\partial x^2} + \frac{\partial^2}{\partial y^2} + \frac{\partial^2}{\partial z^2}\,.$$

[OII]

Laplace-Transformation — *Laplace transformation* — transformation de Laplace
Zuordnung zweier Bereiche (Oberbereich und Bildbereich) mit Hilfe der Laplaceschen Integrale

$$\mathfrak{L}\{f(t)\} = \int_0^\infty f(t)\, e^{-pt}\, dt = \varphi(p),$$

vorzugsweise zur Lösung von durch lineare Differentialgleichungen beschriebenen Ausgleichs- und Schaltvorgängen. Dabei wird die Differentialgleichung zuerst aus dem Ober(t-)- in den Bild(p-)bereich transformiert, wobei gewöhnliche Differentialgleichungen in algebraische Gleichungen und partielle Differentialgleichungen in gewöhnliche übergehen. Nach Lösung im Bildbereich erfolgt Rücktransformation in den Oberbereich, meist mit Hilfe von tabellarischen Zusammenstellungen. [OII. L]

Lasche — *butt strap, clip, bond, fishplate* — éclisse, couvre-joint, patte, flasque

Lastschalter — *load-ratio-controller*
→ Stufentransformator.

Lastwähler — *tap-changer, selector switch*
→ Stufentransformator.

Lastwinkel
→ Synchronmaschine.

Lauf — *running, motion, action* — marche, mouvement, course

Laufwerk
Ein Wasserkraftwerk, das bis zum Ausbaugrad das gesamte, jeweilig anfallende Wasser verarbeitet. Es übernimmt dann häufig auch die Grundlast eines Versorgungsgebietes und verträgt damit höhere Anlagekosten, da diese an den gesamten Stromkosten in diesem Falle nur einen vergleichsweise geringen Anteil haben.

Laufzeit — *transit time, transmission time, delay* — temps de propagation

Zeit, die vergeht, bis ein sich fortpflanzender Zustand vom Ausgangsort bis zum Bestimmungsort vorgedrungen ist. Die Laufzeit elektrischer Wellen auf Leitungen ist bestimmt durch $t_0 = \sqrt{LC} \cdot l$, wobei L und C den Induktivitäts- und Kapazitätsbelag ↑ und l die Leitungslänge bedeuten. Bei Starkstromleitungen kann für die Fortpflanzungsgeschwindigkeit $v = 1/\sqrt{LC}$ etwa die Lichtgeschwindigkeit eingesetzt werden.

Laufzeitröhren — *drift tube, velocity modulated tube* — tube à modulation de vitesse, tube à glissement

Elektronenröhren zur Erzeugung von Dezimeter- und Zentimeterwellen, deren Anfachung auf einer mit der Periodendauer vergleichbaren Laufzeit der Elektronen zwischen den einzelnen Elektroden beruht. [Hollmann, H. E.: Erzeugung und Verstärkung von Dezimeter- und Zentimeterwellen. R. Dietze, Leipzig. 1943. L]

Lautsprecher — *loudspeaker, megaphone* — haut-parleur

Gerät zur Umwandlung elektrischer Schwingungen in akustische. Allgemeine Verwendung finden heute die dynamischen Lautsprecher. Das Feld wird entweder durch einen Elektromagneten (elektrodynamischer Lautsprecher) oder einen Dauermagneten (permanent dynamischer Lautsprecher) erzeugt. Am spitzen Ende der Membrane befindet sich die vom tonfrequenten Wechselstrom durchflossene Schwingspule, welche in den topfförmig ausgebildeten Erregermagneten eintaucht.

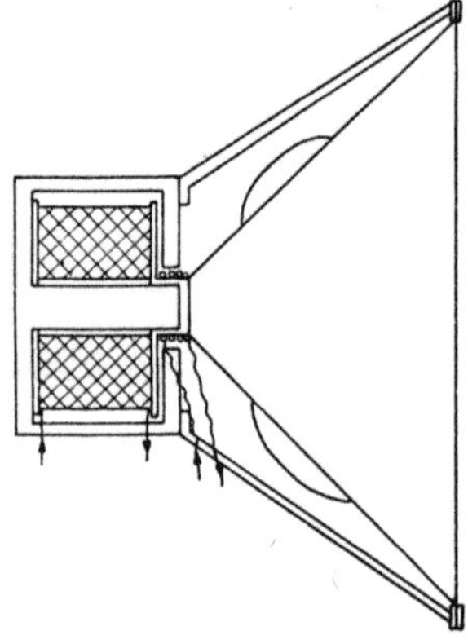

Elektrodynamischer Lautsprecher

Lautstärkenregler — *volume regulator, gain controler* — régulateur de volume

Ein nach nebenstehendem Schaltbild angeschlossener Regelwiderstand zur Einstellung der Leistung (Lautstärke) eines Radioempfängers.

Leckstrom — *leakance current* — courant de fuite

Unerwünschter Verluststrom, wie der Kriechstrom an der Oberfläche eines Isolators, der durch einen Kondensator fließende Gleichstrom, der zwischen den Elektroden einer Röhre übergehende Strom, der nicht den normalen Weg im Vakuum nimmt u. ä. m.

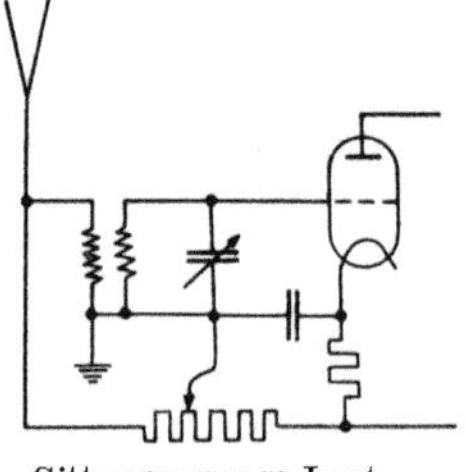

Gitterspannungs-Lautstärkenregler

Leerlaufstrom — *no-load current* — courant à vide

In elektrischen Maschinen, Apparaten, Vierpolen usw. auch bei nicht angeschlossener Nutzlast fließender Strom, der durch die Verlustwiderstände, Magnetisierungsströme und Eigenkapazitäten bedingt ist.

legieren — *to alloy, to compound* — allier

Legierung — *alloy, composition* — alliage

Lehmannsches Verfahren

Verfahren zur graphischen Ermittlung des ebenen Feldlinienbildes eines elektrostatischen Feldes. Darnach werden zunächst die Äquipotentiallinien nach Gefühl gezeichnet und hierauf die Feldlinien als orthogonale Trajektorien ↑ gezogen, wobei die Mittelstrecken a und b (die am besten gleich groß gewählt werden) immer im gleichen Verhältnis stehen sollen, was durch fortlaufendes Korrigieren der Linien erreicht werden kann. [R. Richter: Das magnetische Feld in den Lufträumen elektrischer Maschinen. A. f. E. 1922, H. 3, S. 85.]

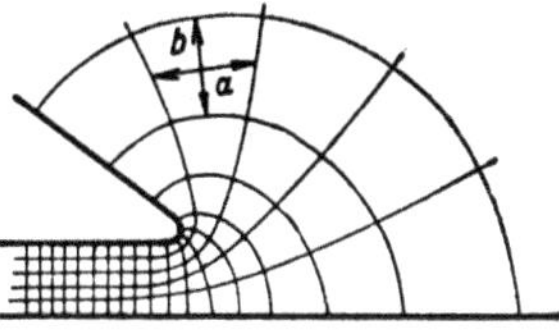

Graphische Ermittlung eines ebenen Feldlinienbildes

Leim — *glue* — colle

Leiste — *border, strip, ledge* — liteau, bord, arête

Leistung — *power* — puissance

Die in der Zeiteinheit geleistete Arbeit. In elektrischen Stromkreisen das Produkt aus den Augenblickswerten von Strom und Spannung $n = ui$. Bei Wechselstrom ist die Leistung ebenfalls eine Wechselstromgröße mit einem, im allgemeinen von Null verschiedenen Mittelwert. Bei periodischem Wechselstrom schwingt die Leistung mit der doppelten Frequenz von Strom und Spannung. Bei sinusförmig veränderlichem Wechselstrom ist sie ebenfalls eine sinusförmige Schwingung (s. a. Wirk-, Blind-, Schein-, Schwingleistung). [OI]

Leistung, abgegebene — *(energy) output, delivered power* — débit

Leistung, aufgenommene — *(power) input* — puissance absorbée

Leistung, natürliche — *surge impedance loading* — charge naturelle

Optimal übertragbare Leistung einer langen Starkstromleitung bei Belastung mit dem Wellenwiderstand Z ↑ (Anpassung ↑). Dabei haben die Verluste ein Minimum, der Leistungsfaktor ist nahezu 1 und die Spannung bleibt entlang der Leitung fast konstant.

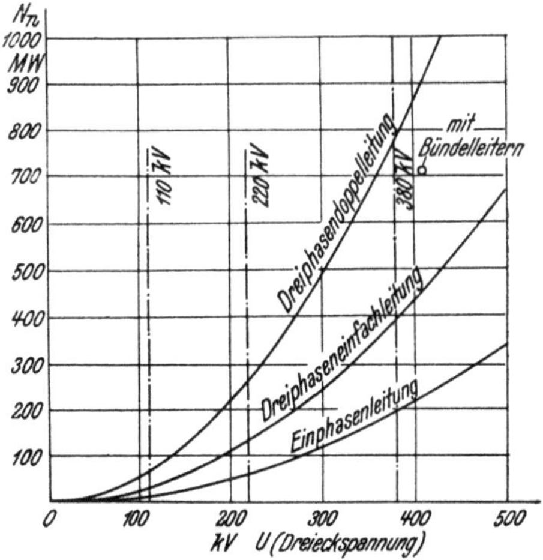

Natürliche Leistung von Starkstromleitungen

Bei Einphasenstrom ist $N_n = \dfrac{U^2}{2Z}$, bei Drehstrom $N_n = \dfrac{U^2}{Z}$. Die Abhängigkeit von der Spannung zeigt die vorstehende Abbildung.   [OIII. L]

Leistungsfaktor — *power factor* — facteur de puissance

Verhältnis der Wirklast zur Scheinlast

$$\cos \varphi = \frac{N_w}{N_s}.$$

Er ist bei sinusförmigen Wechselstromgrößen dem Kosinus des Phasenwinkels zwischen Strom und Spannung gleich.

Leistungsfaktormesser — *power-factor meter* — mètre du facteur de puissance

Meßgerät zur Anzeige und Messung des Leistungsfaktors ↑. Er wird gewöhnlich als eisengeschlossenes, elektrodynamisches Gerät ausgeführt. Der ringförmige Eisenrückschluß trägt zwei feststehende Spulen, durch die ein dem Strom verhältnisgleicher Meßstrom fließt. Im Luftspalt sind weitere zwei um 90⁰ gegeneinander versetzte Spulen mit gemeinsamer, drehbarer Achse angeordnet und an die Spannungen angeschlossen. Die in diesen Spulen fließenden Ströme sind proportional den verketteten Spannungen. Es entstehen zwei verschieden große und entgegengesetzt gerichtete, sich mit der Lage der Spulen ändernde Drehmomente, unter deren Einfluß sich die Spulen soweit verdrehen, bis die Momente gleich sind. Diese Ruhestellung ist ein Maß für den Leistungsfaktor. Eine Federkraft besitzt das System nicht, so daß der Zeiger im Ruhezustand jede beliebige Lage einnehmen kann. Man kann dem Gerät auch eine 360⁰-Teilung geben, so daß es auch anzeigt, ob eine Lieferung oder ein Bezug von induktiver oder kapazitiver Leistung vorliegt.

Leistungsschalter — *power switch* — interrupteur de puissance

Schalter zur Unterbrechung von Leistungen.

Leistungsschild — *rating plate, name plate* — plaque signalétique, écusson

An elektrischen Maschinen und Geräten angebrachtes Schild, das deren Betriebsgrößen (Spannung, Strom, Leistung, Drehzahl, Frequenz usw.) enthält, für die die Maschine oder das Gerät ausgelegt sind. Diese Größen werden dann auch „Nenngrößen" genannt.

Leistungsverstärker — *power amplifier, output amplifier* —- amplificateur final, amplificateur d'énergie

Verstärker, bei dem eine möglichst große Ausgangsleistung angestrebt wird. Er wird meist als Übertragungsverstärker ausgeführt, bei dem die Kopplung durch einen entsprechend abgestimmten Übertrager mit großem Übersetzungsverhältnis bewirkt wird.

Leistungsverstärker werden gewöhnlich als Endstufe eines Mehrröhrenverstärkers angeordnet, kommen aber fallweise auch in Zwischenstufen zur Anwendung. Ein Maximum der Leistungsabgabe wird erzielt, wenn der äußere Widerstand (im Anodenkreis) gleich dem inneren Widerstand der Röhre gemacht wird. Dabei ist für die Endleistung nur die letzte Röhre des Verstärkers maßgebend. Die Vorröhren dienen nur zur

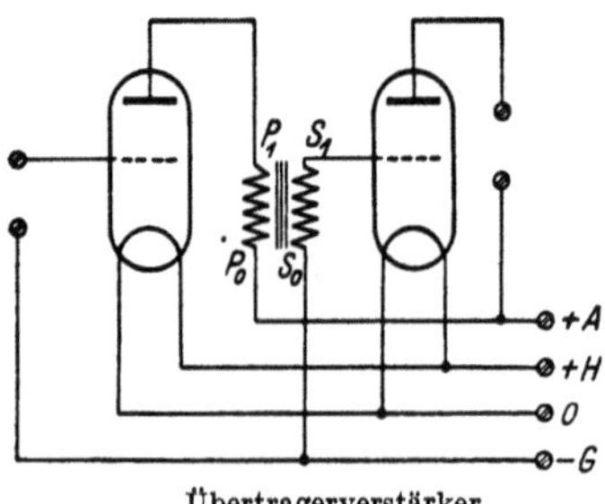

Übertragerverstärker

Verstärkung der Eingangsspannung auf einen zur Aussteuerung der End-röhre günstigen Wert.

leitend — *conductive* — conductif

Leiter — *conductor* — conducteur
 guter — *good* — bon
 schlechter — *poor* — mauvais

Leiterspannung
Spannung zwischen zwei Außenleitern eines n-Phasensystems; heißt auch n-Eckspannung.

Leitfähigkeit — *conductance, conductivity* — conductivité, conductance, conductibilité

Kehrwert des spezifischen Widerstandes ↑ . Für Kupfer ist bei 20°C im Mittel $\varkappa = 57\ \mathrm{S}\ \dfrac{\mathrm{m}}{\mathrm{mm}^2}$. Für Elektrolyte hängt die Leitfähigkeit stark vom Konzentrationsgrad ab. Die folgende Tabelle nennt Werte in S/cm für wässerige Lösungen bei 18°C.

Lösung in %	NaCl	ZnSO$_4$	CuSO$_4$	AgNO$_3$	KOH	HCl	HNO$_3$	H$_2$SO$_4$
5	0,067	0,019	0,019	0,026	0,172	0,395	0,258	0,209
10	0,121	0,032	0,032	0,048	0,315	0,630	0,461	0,392
15	0,164	0,042	0,042	0,068	0,425	0,745	0,613	0,543
20	0,196	0,047	—	0,087	0,499	0,762	0,711	0,653
25	0,214	0,048	—	0,106	0,540	0,723	0,770	0,717
30	—	0,044	—	0,124	0,542	0,662	0,785	0,740
40	—	—	—	0,157	0,450	0,515	0,733	0,680
50	—	—	—	0,186	—	—	0,631	0,541
60	—	—	—	0,210	—	—	0,513	0,373
70	—	—	—	—	—	—	0,396	0,216
80	—	—	—	—	—	—	0,267	0,111
Maxi-mum bei	—	—	—	—	0,544 28%	0,767 18,3%	—	0,740 30,0%

Leitung — *(electric) line* — ligne (électrique)

Leitung, künstliche — *artificial line* — ligne artificielle
 → Leitungsnachbildung.

Leitungsbelag — impedance line'ique
 → Fortpflanzungskonstante.

Leitungskapazität — *line capacity* — capacité de ligne
Die Kapazität zweier paralleler Zylinder mit den Halbmessern r und dem gegenseitigen Abstand D ist je Längeneinheit

$$C = \frac{\pi\varepsilon}{\ln\left[\dfrac{D}{2r} + \sqrt{\left(\dfrac{D}{2r}\right)^2 - 1}\right]}$$

Daraus wird die gegenseitige Kapazität der Leiter einer **Einphasen-leitung** $\left(\text{bei } \dfrac{D^2}{4r^2} \gg 1\right)$ je Längeneinheit (Belag ↑)

$$C = \frac{\pi\varepsilon_0}{\ln \dfrac{D}{r}}$$

Für einen einzelnen, in der Höhe H über Erde verlegten Draht wird damit je Längeneinheit

$$C = \frac{\pi\,\varepsilon_0}{\ln \dfrac{2H}{r}}.$$

Die Betriebskapazität ↑ der Einphasenleitung ergibt sich zu

$$C_b = \frac{\pi\varepsilon_0}{\ln \dfrac{2H}{r} - \ln \dfrac{D}{d}} \approx \frac{\pi\varepsilon_0}{\ln \dfrac{d}{r}},$$

jene der symmetrischen Drehstromleitung zu

$$C_b = \frac{2\,\pi\varepsilon_0}{\ln \dfrac{d}{r}} \quad \text{je Phase.}$$

Darin bedeuten D den Abstand eines Leiters vom Spiegelbild zur Erde des anderen Leiters, und d den Abstand zweier Leiter voneinander.

Die Teilkapazitäten von Leiter zu Leiter sind

$$C_g = \frac{2\,\pi\,\varepsilon_0 \ln \dfrac{2H}{d}}{\ln \dfrac{8H^3}{r\,d^2} \ln \dfrac{d}{r}},$$

und von Leiter zur Erde

$$C_e = \frac{2\,\pi\,\varepsilon_0}{\ln \dfrac{8H^3}{r\,d^2}}.$$

[OIII]

Leitungsnachbildung — *balance, balancing network, artificial line* — équilibreur, ligne artificielle

Aus konzentrierten Wirk- und Blindwiderständen zusammengesetzte, meist in Form eines Kettenleiters gehaltene Schaltung, die zur Untersuchung eines bestimmten Problems angenähert dieselbe Eigenschaft aufweist wie die zu untersuchende Leitung.

Leitungsnetz — *main system, network* — réseau, canalisation

Leitungsschleife — *looped ciruit* — ligne bouclée, boucle de ligne

Leitwert — *conductance* — conductance

Kehrwert des elektrischen Widerstandes $G = 1/R$.

Einheit: 1 Siemens (S): $1\,\text{S} = 1/\Omega$.

Leonardschaltung — *Ward-Leonard control* — groupe Leonard

Besondere Art der Schaltung eines fremderregten Gleichstrommotors, die zur Drehzahlregelung in weiten Grenzen dient. Dazu wird der Motor M_2 von einem eigenen Generator G_1, dem Steuergenerator, gespeist, der seinerseits von einem, mit Nebenschlußcharakter arbeitenden Motor (Drehstrommotor) M_1 angetrieben wird. Die Spannung des Steuergenerators kann durch einen Feldregler geregelt werden. Dieser ist so ausgebildet, daß man die Richtung des Erregerstromes verändern kann, so daß man damit auch die Drehrichtung des Hauptmotors M_2 umkehren kann. Der Hilfsgenerator G_2 ist

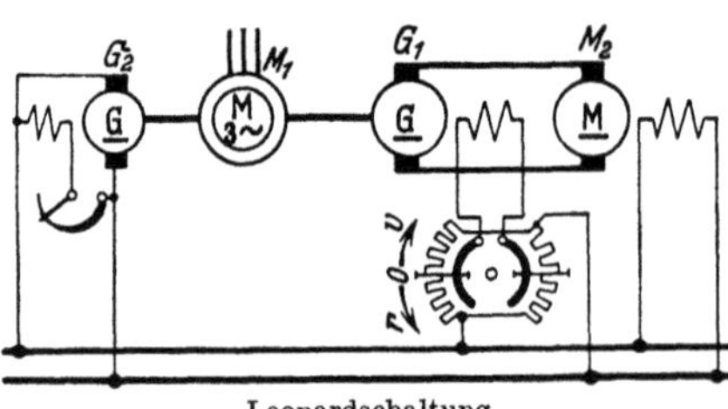

Leonardschaltung

erforderlich, wenn kein Gleichstromnetz für die Erregung des Hauptaggregates vorhanden ist.

Die Leonardschaltung ermöglicht eine verlustarme Drehzahlregelung in weiten Grenzen und wird demgemäß zum Antrieb von Walzenzugsmotoren, Werkzeugmaschinen, Förderanlagen, Seilbahnen usw. verwendet.

Leuchtdichte — *brightness* — densité lumineuse, brillance

Lichtstärke ↑ der Flächeneinheit einer nicht punktförmigen Lichtquelle.

$B = \dfrac{J}{f \cos \varepsilon}$, Einheit: 1 Stilb. ($\varepsilon$ Ausstrahlungswinkel, f strahlende Fläche senkrecht zur Strahlungsrichtung).

Leuchte — *ligthing fitting* — lumineur

Andere Bezeichnung für Beleuchtungskörper.

Leuchtschaltbild — *luminous circuit diagramm* — diagramme lumineux

In der Schaltwarte eines größeren Elektrizitätswerkes angeordnetes, die Schaltung der Anlage darstellendes Schaltbild, dessen Teile aus farbigem und durchsichtigem Werkstoff (Cellon, Glas, Kunststoff) bestehen und die von hinten beleuchtet werden können. Die Beleuchtung wird über Hilfskontakte der Hochspannungsgeräte so gesteuert, daß jene Teile erleuchtet sind, die unter Spannung stehen, während die übrigen dunkel bleiben. Es ist so eine sehr gute Übersicht über den Schaltzustand der Anlage gewährleistet.

Meist sind dann die Schaltersymbole als Kommandoschalter ausgebildet, so daß die Schalter direkt von der Leuchtschaltbildtafel aus fernbedient werden können (Steuerschalter).

Stimmt die Stellung der Schalter im Leuchtschaltbild mit der tatsächlichen nicht überein, so werden häufig die Schaltersymbole und die von ihnen abhängigen Anlagenteile auf Blinklicht umgeschaltet, so daß selbsttätige Abschaltungen von Leistungsschaltern augenfällig gemeldet werden und vom Wärter durch Berichtigung der Stellung des Schaltersymboles zur Kenntnis genommen werden müssen. Die stattgefundene selbständige Schaltung muß also auf diese Weise quittiert werden (Quittungsschalter).

Ist der Steuerschalter so ausgerüstet, daß er zuerst in die neue Schalterstellung gebracht werden kann, ohne daß damit noch ein Fernschaltimpuls abgeht (etwa durch Verdrehen in die neue Stellung), und daß zur Fernbetätigung des Hochspannungsschalters erst eine zweite Impulsbewegung notwendig ist (etwa Hineindrücken in die Tafel), so kann eine vorzunehmende Schaltung zur Überprüfung vorbereitet und erst geschaltet werden, wenn die Prüfung der Folgen der geplanten Schaltung zur Zufriedenheit ausgefallen ist (Steuerquittungsschalter). Während der Vorbereitungszeit leuchten dann jene Teile des Leuchtschaltbildes mit Blinklicht auf, die nach endgültiger Durchführung der Schaltung unter Spannung stehen werden.

Ein so ausgeführtes Leuchtschaltbild gibt dann auch in unübersichtlichen Anlagen genügend Übersicht und vermeidet weitgehend ungewollte Fehlschaltungen, erkauft dies aber mit einer vergleichsweise komplizierten Hilfsanlage.

Leuchtschirm — *fluorescent screen, actinic screen, luminous screen* — écran fluorescent, écran luminescent

Die Vorderfläche von Braunschen Röhren ↑ ist mit einer Schichte überzogen, die beim Auftreffen des Elektronenstrahles aufleuchtet und kurze Zeit nachleuchtet und damit das Aufzeichnen der darzustellenden Abhängigkeiten ermöglicht. Diese Schichte wird Leuchtschirm genannt.

Leydener Flasche — *Leyden jar* — bouteille de Leyden

Zylinderkondensator in Flaschenform.

Libelle — *level, bubble level* — niveau d'eau

Licht — *light* — lumière

Lichtantenne — *socket antenna, light antenna, antenna adapter* — antenne-secteur

Das als Antenne benützte Lichtleitungsnetz. Der Anschluß des Empfangsgerätes erfolgt über einen kleinen Blockkondensator von etwa 50…250 pF (Netzanschlußkondensator).

Lichtausbeute — *efficiency (of the luminous source), photometric efficiency* — rendement lumineux, coefficient d'efficacité lumineuse

Das Verhältnis des Lichtstromes einer Lichtquelle in Lumen ↑ zur aufgewendeten Leistung in Watt (also eine Art Wirkungsgrad).

Lichtbogen — *arc* — arc

→ Bogenentladung.

Lichtbogengleichrichter — *arc rectifier* — redresseur à arc

Wird eine heiße und eine kalte Elektrode einander gegenübergestellt, so emittiert die heiße Elektrode Elektronen, die zur positiven, kalten Elektrode fließen. Ist jedoch die kalte Elektrode negativ, so stoßt sie die Elektronen ab, und es kommt keine Elektrizitätsströmung zustande. Eine solche Anordnung kann also als Gleichrichter ↑ verwendet werden (s. Glühkathodengleichrichter und Quecksilberdampf-Gleichrichter).

Lichtbogenofen — *arc furnace* — four à arc

Elektrischer Ofen, bei dem die Wärme durch einen oder mehrere, im Ofeninneren entstehende Lichtbögen erzeugt wird.

lichtempfindlich — *light sensitive, photo-sensitive* — photo-sensitif, sensible à la lumière

Lichtgeschwindigkeit — *velocity of light* — vitesse de la lumière

Die Fortpflanzungsgeschwindigkeit des Lichtes in einem Medium mit der Dielektrizitätskonstanten ε und der Permeabilität μ ist

$$v = \frac{1}{\sqrt{\varepsilon\mu}}.$$

Im Vakuum ist sie

$$c = \frac{1}{\sqrt{\varepsilon_0\mu_0}} = 2{,}998 \cdot 10^{10} \text{ cm s}^{-1}.$$

Lichtmenge — *quantity of light, luminous output* — quantité de lumière

Der während einer bestimmten Zeit ausgesandte Lichtstrom ↑, $Q = \int \Phi\, dt$.

Lichtstärke — *luminous intensity, candle power* — intensité lumineuse

In die Einheit des Raumwinkels ausgestrahlter Lichtstrom ↑. $J = \dfrac{d\Phi}{d\omega}$. Einheit: 1 Kerzenstärke ↑.

Lichtstrahl — *beam, light ray* — rayon de lumière, faisceau lumineux

Lichtstrom — *luminous flux* — flux lumineux

Von einem Körper (Lichtquelle) in Form von sichtbarer Strahlung ausgesandte Leistung; Produkt $\Phi = J\omega$ aus Lichtstärke ↑ und Raumwinkel. Bei einer nach allen Richtungen mit der gleichen Lichtstärke ausstrahlenden Lichtquelle ist der gesamte Lichtstrom $\Phi_g = 4\pi J$. Einheit: 1 Lumen ↑.

Lichtverteilungslinie — *polar curve of light distribution, luminous intensity distribution curve* — courbe polaire de distribution des intensités lumineuses, courbe photométrique

Polardiagramm, das die Lichtstärke einer Lichtquelle in Abhängigkeit vom Ausstrahlwinkel angibt. Je nach Verwendungszweck der Lichtquelle wird dieser Verteilung eine ganz bestimmte Form gegeben, was sowohl durch Ausbildung des Leuchtkörpers selbst als auch durch Anwendung von spiegelnden Flächen und Abschirmungen er reicht werden kann.

liefern — *to supply, to deliver* — livrer

Lineal — *rul* — règle

Linie — *line* — ligne

dünne — *light line* — ligne fine
gestrichelte — *dashed line, dash-line* — ligne en traits interrompus
punktierte — *dotted line* — ligne pointillée
strichpunktierte — *stroke-dotted line, chain-dotted line, dash-dotted line* — ligne en traits mixtes

Linienintegral — *line integral* — intégrale de ligne

Das längs einer Linie genommene Integral $\int f(\mathfrak{r})\, d\mathfrak{r}$. Beispiel: Arbeit einer Kraft $\mathfrak{P}$ längs eines Weges s,

$$A = \int_{1}^{2} \mathfrak{P}\, d\mathfrak{s}.$$

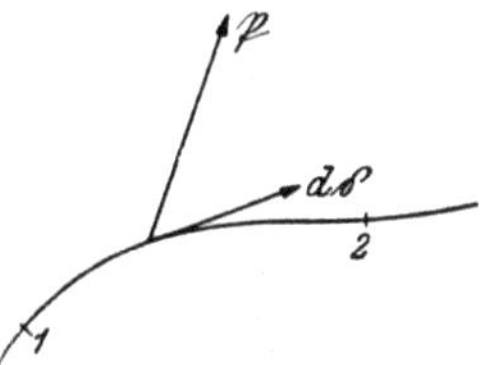

Zum Linienintegral der Kraft

Linienrelais — *line relay, main relay* — relais de ligne

Relais mit geringem Leistungsbereich zum Empfang telegraphischer Zeichen.

linksgängig — *left-handed, counter-clockwise* — pas à gauche

Spulen werden in Schaltbildern immer als rechtsgängig angenommen. Soll ausnahmsweise eine linksgängige Spule angegeben werden, so versieht man sie mit negativer Windungszahl, um für die Rechnung zu erreichen, daß die gegenüber der rechtsgängigen Wicklung umgekehrte Richtung des magnetischen Flusses bei gleichbleibender Stromrichtung automatisch berücksichtigt wird.

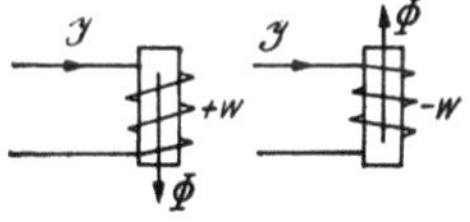

rechts- und links-gängige Spule

Linse — *lens* — lentille

Lissajousche Figuren — *Lissajous curves* — figures de Lissajous

Kurven, die dadurch entstehen, daß zwei physikalisch miteinander verbundene Funktionen als Koordinaten eines rechtwinkeligen Systems verwendet werden. Solche Figuren können leicht mit Hilfe des Kathodenstrahloszillographen dargestellt werden. Im einfachsten Falle zweier Sinusschwingungen gleicher Frequenz (z. B. Abhängigkeit des Stromes von der Spannung in einem Wechselstromkreis) entstehen Ellipsen von der Form

$$\left(\frac{y}{B}\right)^2 - 2\,\frac{x}{A}\,\frac{y}{B}\,\cos\varphi + \left(\frac{x}{A}\right)^2 = \sin^2\varphi,$$

worin A und B die Höchstwerte der Teilschwingungen und φ die gegenseitige Phasenlage bedeutet. Die Neigung der Hauptachse ist dann gegeben durch

$$\operatorname{tg} 2\alpha = \frac{2\,AB\cos\varphi}{A^2 - B^2}.$$

Sind die Teilschwingungen phasengleich, so entsteht eine schräge Strecke. Bei 90°iger Phasenverschiebung haben die Ellipsen Hauptlage.   [OII]

Litzendraht — *litz-wire, twisted wire, composite wire, stranded wire* — fil à toron, fil de litz

Aus dünnen, durch Lack voneinander isolierten Einzeldrähten zusammengeflochtener Leiter, dessen Einzelleiterquerschnitte so klein sind, daß die durch die Stromverdrängung (→ Hautwirkung) verursachte Widerstandserhöhung in zulässigen Grenzen bleibt.

lm

Kurzzeichen für die lichttechnische Einheit Lumen ↑ .

Loch — *hole* — trou

Lochblende — *perforated screen, diaphragm* — diaphragme

Eine aus einem einfachen Loch bestehende, also nicht veränderbare Blende.

Löschfunkenstrecke — *quenched-spark gab, quench(ing) gap* — éclateur à étincelles interrompues. éclateur pour étincelle étouffée

Meist aus mehreren, hintereinander geschalteten Plattenelektroden bestehende Funkenstrecke, in der sich nach dem Ansprechen eine stromstarke Glimmentladung ausbildet, deren wohl definierte Löschspannung ein sicheres Abschalten des hinter der Funkenstrecke liegenden Gerätes nach Unterschreiten dieser Spannung bewirkt. Die möglichst rasche Löschung der Entladung wird begünstigt durch sehr kleine Elektrodenabstände, gute Kühlung und gegebenenfalls durch Anwendung rotierender Elektroden und magnetischer Blasfelder.

Löschkammer — *explosions chamber* — chambre d'explosion

Kammerartige Umschalung der festen Kontakte eines Flüssigkeitsschalters (Ölschalter, Wasserschalter), in der beim Herausziehen der stiftförmig ausgebildeten, beweglichen Kontakte beim Öffnen des Schalters (Leistungsabschaltung) durch den sich bildenden Lichtbogen so hohe Gasdrücke erzeugt werden, daß das Löschen des Lichtbogens in kürzester Zeit erfolgt. Eine Verbesserung führt zur elastischen Löschkammer, die bei den verschieden starken Abschaltströmen einen Druckausgleich dadurch erzielt, daß sie nach Überwindung von Gummi- oder Federkräften noch geeignet bemessene Nebenwege für die sich im Lichtbogen bildenden Gase freigibt.

Löschkennlinie

→ Gittersteuerung.

Löschtransformator — *neutral compensator, Bauch transformer* — transformateur d'amortissement

Dreiphasiger Transformator, dessen Sekundärwicklung nach Bauch in offenem Dreieck über eine geeignet bemessene Spule geschlossen ist, so daß er für das Mitsystem ↑ wie ein offener und für das Nullsystem ↑ wie ein induktiv belasteter Transformator erscheint. Bei Sternpunktsbelastung nimmt er dann einen induktiven Strom entsprechender Größe auf und kann so vorteilhaft zur Erdschlußlöschung herangezogen werden, auch wenn keine Leitungstransformatoren vorhanden oder diese oberspannungsseitig nicht im Stern geschaltet sind. Das Herausführen der ankommende Wanderwellen reflektierenden Transformatorsternpunkte wird damit vermieden. Die Bauleistung beträgt dagegen etwa das 2,5fache der einer normalen Petersenspule.

Das grundsätzliche Schaltbild des Löschtransformators zeigt die Abbildung c unter Erdschlußlöschung ↑. Durch den Schalter Sch kann der Transformator jederzeit auf der Unterspannungsseite gefahrlos abgeschaltet werden [G. Oberdorfer: Der Erdschluß und seine Bekämpfung. Wien: J. Springer, 1930.]

löslich — *soluble* — soluble

Lösung (chemisch) — *dissolution, solution* — dissolution, solution

löten — *to solder* — souder

Logarithmus

    Briggscher — *common logarithm, Brigg's logarithm* — logarithme décimal, logarithme vulgaire

    natürlicher — *natural logarithm* — logarithme naturel

Loschmidtsche Zahl — *Loschmidt number*
Anzahl der Moleküle (Atome) in einem Mol (Grammatom) eines Stoffes. Ihre Größe ist $L = 6{,}027 \cdot 10^{23}$.

Luftblase — *air bladder, air bubble* — bulle d'air

luftdicht — *air proof, hermetical* — hermétique, étanche à l'air

Luftdrosselspule — *air core choke* — bobine de choc à air
Drosselspule ↑ ohne Eisenkern.

Luftkanal — *air duct* — conduit à air
Zur Führung von Kühlluft in Maschinen- und Schaltanlagen vorgesehener Kanal.

luftleer — *vacuous, evacuated* — vide(d'air), évacué

Luftlinie — *slant range, line-of-sight range, crow-fly distance* — distance à vol d'oiseau
Kürzester, geradliniger Abstand zwischen zwei Punkten.

Luftpumpe — *air pump* — pompe à air

Luftschlitz — *ventilating duct, ventilating slot* — fente de ventilation
Öffnungen und Kanäle in stärkerer Erwärmung ausgesetzten Maschinenteilen zwecks Kühlung oder Führung der Kühlluft.

Luftspalt — *air gap* — entrefer, fente
Zwischenraum zwischen Ständer und Läufer einer elektrischen Maschine. Die Größe des Luftspaltes beeinflußt wesentlich die Charakteristik der Maschine. Je kleiner der Luftspalt, um so kleiner der erforderliche Magnetisierungsstrom, um so größer aber der Einfluß der Nutung hinsichtlich der auftretenden Feldschwankungen und der durch diese hervorgerufenen zusätzlichen Verluste. Bei Induktionsmaschinen mit ihrem kleinen Luftspalt werden daher nur halb- oder ganzgeschlossene Nuten, offene Nuten dagegen nur bei Höchstspannungen verwendet. Bei Synchronmaschinen, die einen größeren Luftspalt bekommen, würden offene Nuten zusätzliche Wirbelstromverluste und Spannungsverzerrungen zur Folge haben. Um dennoch Formspulen ↑ verwenden zu können, hilft man sich durch besondere Maßnahmen, wie Abschrägen der Polschuhkanten, Schrägstellen der Zahnflanken, Bruchlochwicklungen ↑ usw.

Lumen (lm) — *lumen* — lumen

Einheit des Lichtstromes ↑; der Lichtstrom einer Lichtquelle, die in den Raumwinkel 1 gleichmäßig mit 1 Kerze ausstrahlt. 1 Lumen ist als Leistungseinheit äquivalent mit etwa 1,44 mW.

Lumineszenzstrahler — *body that radiates by luminescence* — radiateur de luminescence

Lichtquellen, bei denen die Lichterscheinung einer Gasentladung zu Beleuchtungszwecken ausgenützt wird. Zum Unterschied von den Temperaturstrahlern ↑ tritt dabei nur eine unwesentliche Erwärmung ein. Das auf diese Weise erzeugte Licht ist monochromatisch; seine Farbe hängt vom Gas ab, mit dem die Leuchtröhren gefüllt sind. So gibt

Neon	orangerotes,
Helium	lichtrosa,
Argon	weißblaues,
Neon mit	Quecksilberzusatz blaues,
dasselbe	in braunen Röhren grünes und
Xenon	violettes

Licht.

Zum Betrieb der Leuchtröhren sind Spannungen in der Größenordnung von 500...2000 V je Meter Rohrlänge erforderlich. Der Leistungsverbrauch beträgt etwa 25...50 W/m. Die Lichtausbeute ist besser als bei den Glühlampen.

Bei einer anderen Ausführungsform werden Metalldämpfe zum Leuchten gebracht. Hieher gehören die Natriumdampf- und die Quecksilberdampflampe.

Lux (lx) — *lux* — lux

Einheit der Beleuchtungsstärke ↑.

$$1 \text{ lx} = 1 \text{ lm/m}^2.$$

Je nach Wahl der Lichtstärkeneinheit ergibt sich

$$1 \text{ Neues Lux} = (1,11...1,16) \text{ Hefner Lux} = 1 \text{ int. Lux.}$$

Folgende Beleuchtungsstärken werden üblicherweise als ausreichend angesehen:

Straßen je nach Verkehrsdichte	3...	30 Lux,
Wohn- und Aufenthaltsräume	40...	150 Lux,
Arbeitsplätze je nach Feinheit der Arbeit....	100...5000 Lux.	

lx

Kurzzeichen für die lichttechnische Einheit Lux ↑.

M

m

1. Kurzzeichen für die Längeneinheit Meter.
2. Kurzzeichen für Milli (→ Dekadenzeichen).

M

Kurzzeichen für die Einheit Maxwell ↑ des magnetischen Flusses.

Mac-Laurinsche Reihe — *Mac Laurin's series* — série Mac Laurin

Entwicklung von der Form

$$f(x) = f(o) + \frac{(x)}{1!} f'(o) + \frac{x^2}{2!} f''(o) + \ldots \frac{x^n}{n!} f^{(n)}(o),$$

wobei ein Restglied

$$R_n = \frac{x^{n+1}}{(n+1)!}\, f^{(n+1)}(\vartheta x)$$

für $n \to \infty$ gegen Null gehen muß.

Beispiele:

$$e^x = 1 + \frac{x}{1!} + \frac{x^2}{2!} + \frac{x^3}{3!} + \cdots,$$

$$\ln(1 \pm x) = \pm x - \frac{x^2}{2} \pm \frac{x^3}{3} - \frac{x^4}{4} \pm \cdots,$$

$$\sin x = \frac{x}{1!} - \frac{x^3}{3!} + \frac{x^5}{5!} - \frac{x^7}{7!} + \cdots,$$

$$\cos x = 1 - \frac{x^2}{2!} + \frac{x^4}{4!} - \frac{x^6}{6!} + \cdots,$$

$$\mathfrak{Sin}\, x = \frac{x}{1!} + \frac{x^3}{3!} + \frac{x^5}{5!} + \cdots,$$

$$\mathfrak{Cos}\, x = 1 + \frac{x^2}{2!} + \frac{x^4}{4!} + \cdots$$

Magisches Auge — *magic-eye* — œil magique

Kleine Glimmlampe, die durch ihre Helligkeit die Güte der Abstimmung eines Resonanzkreises anzeigt. Dabei wird die Erscheinung ausgenützt, daß sich im Gebiet der normalen Glimmentladung ↑ die Entladung proportional mit der Entladestromstärke über die Kathodenoberfläche ausbreitet, so daß sich bei günstigster Abstimmung ein Maximum der von der Entladung bedeckten (leuchtenden) Kathodenoberfläche ausbildet.

Magnet — *magnet* — aimant

Magnetfeld — *magnetic field* — champ magnétique

Magnetisierbarkeit — *magnetisability, magnetizability* — aimantabilité

Das Verhältnis der magnetischen Polarisation ↑ zur magnetischen Erregung ↑

$$\chi = \frac{\mathfrak{M}}{\mathfrak{H}} = \mu_0\, \varkappa.$$

Ihre Kenntnis erlaubt die unmittelbare Bestimmung der durch das Vorhandensein von Materie bedingten zusätzlichen Feldstärke (magnetischen Polarisation ↑) aus der vorhandenen Erregung.

magnetisieren — *to magnetise, to magnetize* — aimanter, magnétiser

Magnetisierung — *magnetisation, magnetization* — aimantation, magnétisation

Vergrößerung der magnetischen Erregung ↑ gegenüber dem Vakuum durch die Anwesenheit von Materie

$$\mathfrak{J} = \frac{\mathfrak{B}}{\mu_0} - \mathfrak{H}. \qquad\qquad (\mathfrak{B} = \mu_0\,[\mathfrak{H} + \mathfrak{J}])$$

(s. a. magnetische Polarisation). [OI]

Magnetisierungsstrom — *magnetizing current, polarising current* — courant magnétisant, courant d'aimantation

Strom, der zur Erzeugung des magnetischen Flusses einer Spule, insbesondere einer Transformatorwicklung erforderlich ist. Bei Überschreiten der Sättigung ↑ im magnetischen Kreis enthält der Magnetisierungsstrom Oberschwingungen ↑ ungerader Ordnung, wenn der magnetische Fluß — etwa durch Anschluß an eine sinusförmige Spannung — zeitlich sinusförmig verlaufen soll (Abb.). Kann der Strom die Schwingungen höherer Ordnung nicht aufbringen — wie etwa bei einer im Stern geschalteten

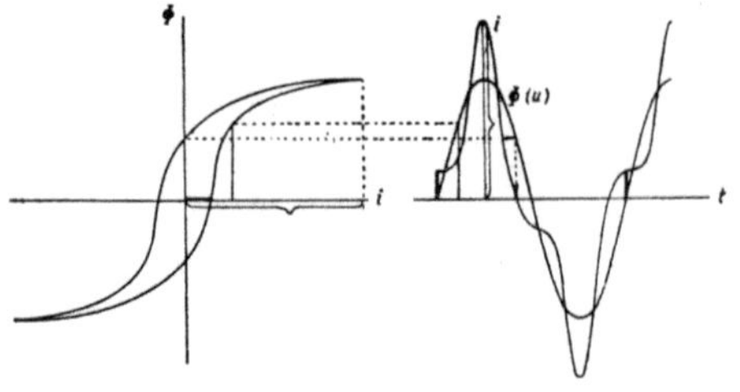

Magnetisierungsstrom einer Spule mit sinusförmigem Fluß

Drehstromwicklung die Oberschwingung dritter Ordnung —, dann bilden sich diese Oberschwingungen im magnetischen Fluß aus. Die Spule (Transformator) wird damit zur Quelle solcher Oberschwingungen (Oberschwingungsgenerator) für das Netz. Die Ausbildung magnetischer Flüsse dritter Ordnung wird bei Drehstromtransformatoren durch magnetische Rückschlüsse (s. Mantel- und Fünfschenkeltransformatoren) begünstigt.

Magnetismus, remanenter — *residual magnetism, remanence, remanent magnetism* — magnétisme résiduel, magnétisme rémanent

Nach dem Aufhören der magnetisierenden Erregung in einem magnetisierbaren Körper verbleibender Magnetismus (→ Koerzitivkraft).

Magnetnadel — *magnetic needle* — aiguille aimantée

Magnetomotorische Kraft — *magnetomotive force* — force magnétomoteure

Der elektromotorischen Kraft formal entsprechende magnetische Größe, die durch den magnetischen Widerstand

$$R_M = \frac{l}{\mu\, F}$$

des betrachteten magnetischen Kreises dividiert, den in diesem vorhandenen magnetischen Fluß

$$\Phi = \frac{MMK}{R_M}$$

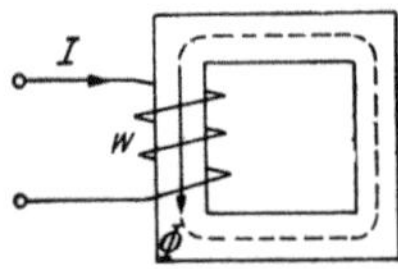

Magnetischer Kreis

ergibt. Da hiebei aber nichts in Bewegung versetzt wird, ist die Bezeichnung irreführend und sollte durch den treffenderen Ausdruck „Durchflutung" ↑ ersetzt werden, der mit der *MMK* identisch und der Strommenge gleich ist, die durch das Innere einer geschlossenen magnetischen Feldlinie tritt,

$$MMK = \Sigma\, I.$$

Bei einer Spule ist dann die Durchflutung Iw. [Ol]

Magneton — *magneton* — magneton

Die magnetischen Momente ↑ der Atome lassen sich als ganzzahlige Vielfache einer bestimmten Einheit darstellen, die Magneton genannt wird und nach Bohr den Wert

$$M_B = 0{,}9275 . 10^{-30}\ \text{Wb m} = 0{,}9275 . 10^{-20}\ \text{G cm}^3$$

hat.

Magnetron — *magnetron* — magnétron

Elektronenröhre mit einer durch magnetische Felder bewirkten Elektronensteuerung. Das einfache Magnetron besteht aus einer geraden, fadenförmigen Kathode und einer diese umgebenden zylindrischen Anode. Das Magnetfeld verläuft parallel zur Röhrenachse. Ein aus der Kathode austretendes Elektron wird seitlich abgelenkt und durchläuft eine gekrümmte

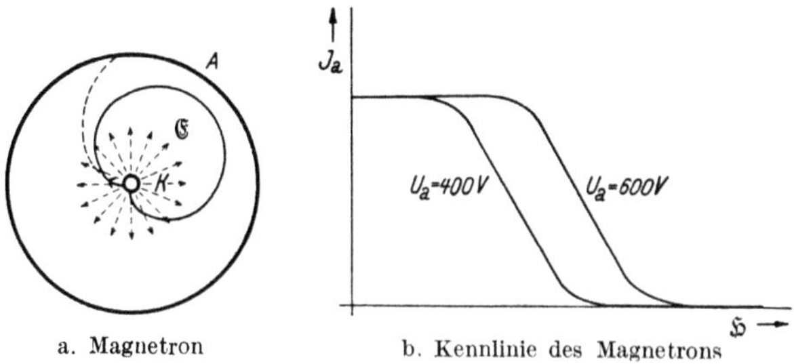

a. Magnetron   b. Kennlinie des Magnetrons

Bahn mit anfangs größerer, später aber wegen der größeren Geschwindigkeit geringerer Krümmung. Je nach der Größe der magnetischen Feldstärke kehrt das Elektron nach Durchlaufen einer Herzkurve wieder zur Kathode zurück (ausgezogene Kurve in der obenstehenden Abb.) oder es trifft die Anode (strichlierte Kurve). Die Abb. b zeigt die damit erreichbaren Kennlinien einer solchen Röhre.

Ist r der Halbmesser des Anodenzylinders, so tritt das Gebiet des starken Anodenstromabfalles bei einer magnetischen Feldstärke von

$$ H = k \, \frac{\sqrt{U_a}}{r} $$

auf, wobei $k = 5{,}35 \, \dfrac{\text{A}}{\sqrt{\text{V}}}$.

Magnettonverfahren

Verfahren zum Schallaufzeichnen, wo ein aus Stahldraht oder Stahlband bestehender Tonträger mit gleichförmiger Geschwindigkeit an einem Elektromagneten vorbeigeführt wird, in dem ein der Sprache oder Musik proportionaler Wechselstrom fließt. Dieser Wechselstrom ruft in dem Tonträger eine bleibende, dem Schall entsprechende Magnetisierung hervor. Durch das Vorbeiführen des Tonträgers an einer zweiten Spule wird in dieser eine dem Schall proportionale Wechselspannung induziert, die entsprechend verstärkt dem Lautsprecher zugeführt wird.

Malteserkreuz — *Geneva wheel, Maltese cross* — croix de Malte

Mangan — *manganese* — manganèse

Manganin — *manganin* — manganine

Aus einer Legierung von 84% Kupfer, 12% Mangan und 4% Nickel bestehendes Widerstandsmaterial mit kleinem Temperaturkoeffizienten. Spezifischer Widerstand 0,42 Ω mm²/m; Temperaturkoeffizient bei 20° C + 0,01 . 10⁻³.

Manteltransformator — *shell (type) transformer, ironclad transformer, Berry transformer* — transformateur cuirassé, transformateur à enveloppe, transformateur Berry

Transformator, bei dem die Primär- und Sekundärwicklungen auf Mittelschenkeln liegen, die durch Außenschenkel mantelartig umgeben sind. Dabei erhalten die, den gesamten magnetischen Fluß führenden Mittelschenkel ungefähr den doppelten Querschnitt wie die Außenschenkel und Joche. Der magnetische Fluß jeder Phase kann sich frei ausbilden, er findet einen „magnetischen Rückschluß"vor.

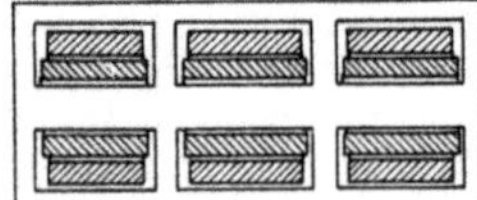

Einphasen-   Drehstrom-
Manteltransformator

Oberschwingungen ↑ dritter Ordnung und Nullkomponenten verlaufen geschlossen im Eisen.

Marconi-Antenne — *Marconi antenna* — antenne de Marconi

Über entsprechende Abstimmreaktanzen geerdete Vertikalantenne, bei der also die Erde einen Teil des Antennensystems bildet.

Marmorschalttafel — *marble switch-board* — tableau de distribution en marbre

Masche — *mesh* — maille

Maschennetz — *mesh network* — réseau à mailles

Ein Maschennetz oder vermaschtes Netz ist ein Versorgungsnetz, dessen Abschnitte jeweils von beiden Seiten gespeist werden und so ein zusammenhängendes Netz bilden, das aus geschlossenen Maschen besteht.

Da damit jeder Netzteil von zwei Seiten mit Strom versorgt wird, ist die Betriebssicherheit eines solchen Netzes viel größer als bei den nicht vermaschten Strahlennetzen ↑, weshalb es heute bei Stadt- und Großversorgungen fast ausschließlich zur Anwendung kommt. Infolge der doppelten Stromspeisung ist auch die Leiterbelastung geringer, die Leiterquerschnitte können kleiner bemessen werden und die Spannungshaltung ist wegen der geringeren Spannungsabfälle leichter zu beherrschen. Maschennetze erfordern allerdings eine weitgehendere Selektivschutzeinrichtung als Strahlennetze, bei denen gewöhnlich mit zeitgestaffelten Überstromrelais oder stromabhängigen Sicherungen das Auslangen gefunden werden kann. In Maschennetzen werden meist Impedanzschutzeinrichtungen ↑ oder ähnliche Selektivschutzschaltungen erforderlich sein (s. a. Maschennetzschalter). Als Folge davon kann aber erreicht werden, daß im Störungsfall nur der defekte Leitungsteil abgeschaltet wird.

Maschine — *machine, engine* — machine

Maschinenhaus — *power house* — bâtiment des machines, chambre des machines

Maschinensender — *machine transmitter* — émetteur à machine

Sender, bei dem die elektrische Energie auf maschinellem Wege von Hochfrequenzmaschinen erzeugt wird. Sie bestehen aus dem auf konstante Drehzahl regulierten Generator, den Frequenzwandlern (sofern erforderlich), den Abstimmkreisen, dem Antennenkreis, den Tastdrosseln und gegebenenfalls den zur Unterdrückung der störenden Oberschwingungen erforderlichen Zwischen- oder Siebkreisen.

Masse — *(material) mass* — masse (matérielle)

Proportionalitätsfaktor in der dynamischen Grundgleichung

$$P = m\,b = m\,\frac{d^2s}{dt^2}.$$ Einheit : 1 Kilogramm(masse). (kg).

Nach der Relativitätstheorie ändert sich die Masse mit der Geschwindigkeit nach der Gleichung

$$m = \frac{m_0}{\sqrt{1 - \left(\frac{v}{c}\right)^2}},$$

worin c die Lichtgeschwindigkeit und m_0 die sogenannte Ruhemasse (für
$v = o$) ist.

Massekern — *compressed iron, powder core, dust core* — noyeau de ferrocart,
noyau en poudre de fer comprimée

Bei Hochfrequenzspulen und Hochfrequenztransformatoren verwendeter
Kern aus einer eisenhaltigen Masse, die meist aus einer Mischung von Eisenpulver mit einem Bindemittel besteht, das getrocknet und dann gepreßt
wird. Er wird verwendet, um möglichst kleine Wirbelstromverluste zu erzielen.

Masseplatte — *mass-type plate, paste plate* — plaque à masse, plaque
empâtée

Elektrode eines Bleiakkumulators, bei der die Öffnungen zum Einfüllen
der aktiven Masse sehr weit sind. Diese Platten sind daher sehr empfindlich gegen Stöße und werden demgemäß nur in ortsfesten Anlagen und für
mehr gleichmäßige Belastung und kleinere Strombelastung verwendet.
Da die Masseplatten infolge der großen Öffnungen die Form von Rahmen
erhalten, werden sie auch häufig Rahmenplatten genannt.

massiv — *massive, strong, solid* — massif, plein, solide

Maßstab — *scale, rate* — échelle, graduation

Maßsystem — *system of measurement* — système de mesure

Zusammenfassung eines Dimensions- ↑, Einheiten- ↑ und Urmaße-
systems ↑ zu einem alle Dimensions-, Einheiten- und Urmaßefragen eines
abgeschlossenen, physikalischen Gebietes eindeutig umfassenden System.

Maßsystem, absolutes — *system of absolute units* — système de mesure
absolu

Maßsystem, das auf den sogenannten absoluten Grundeinheiten, Centimeter, Gramm und Sekunde aufgebaut ist, aus diesem Grunde auch
cgs-System genannt. In der Elektrotechnik gehört hiezu das elektrostatische ↑, das elektromagnetische ↑ und das Gaußsche Maßsystem ↑
(s. a. Naturmaße). [OI]

Maßsystem, elektromagnetisches — *system of electromagnetic units* —
système de mesure électromagnétiques

Maßsystem, das aus dem Coulombschen Gesetz ↑ dadurch abgeleitet
wurde, daß in ihm der Proportionalitätsfaktor eins und dimensionslos
gesetzt wurde. Damit erhielt man Dimensionsausdrücke für die „magnetische Menge" und die anderen elektromagnetischen Größen, die nur die
Grunddimensionen ↑ [l], [t], [m] enthielten. Die Unrichtigkeit dieses Vorganges ergibt sich schon aus dem Auftreten gebrochener Exponenten bei
den Dimensionsausdrücken, die physikalisch unerklärbar bleiben. In neuerer
Zeit kommt man von diesem Maßsystem immer mehr ab, seit die Erkenntnis der Notwendigkeit von vier Grunddimensionen in der Elektrizitätslehre
mehr und mehr durchdringt (s. umstehende Tabelle). [G. Oberdorfer:
Das natürliche Maßsystem. Wien: Springer-Verlag, 1949.]

Maßsystem, elektrostatisches — *system of electrostatic units* — système
de mesure électrostatique

Maßsystem, das aus dem Priestleyschen Gesetz ↑ dadurch abgeleitet
wurde, daß in ihm der Proportionalitätsfaktor eins und dimensionslos

Elektromagnetisches

Größe		Dimension
Name	Symbol	
Grundgrößen		
Länge	l	$[l]$
Zeit	t	$[t]$
Masse	m	$[m]$
Mechanische Größen		
Kraft	P	$[m]\,[l]\,[t]^{-2}$
Arbeit, Energie	$A,\ W$	$[m]\,[l]^2\,[t]^{-2}$
Leistung	N	$[m]\,[l]^2\,[t]^{-3}$
Elektromagnetische Größen		
Magnetischer Fluß	$\varPhi$	$[m]^{1/2}\,[l]^{3/2}\,[t]^{-1}$
Elektrische Ladung	Q	$[m]^{1/2}\,[l]^{1/2}$
Magnetische Feldstärke	$\mathfrak{H}$	$[m]^{1/2}\,[l]^{-1/2}\,[t]^{-1}$
Elektrische Feldstärke	$\mathfrak{E}$	$[m]^{1/2}\,[l]^{1/2}\,[t]^{-2}$
Stromstärke	I	$[m]^{1/2}\,[l]^{1/2}\,[t]^{-1}$
Elektrische Spannung	U	$[m]^{1/2}\,[l]^{3/2}\,[t]^{-2}$
Magnetische Induktion	$\mathfrak{B}$	$[m]^{1/2}\,[l]^{-1/2}\,[t]^{-1}$
Verschiebung	$\mathfrak{D}$	$[m]^{1/2}\,[l]^{-3/2}$
Feldparameter		
Elektrischer Widerstand	R	$[l]\,[t]^{-1}$
Induktivität	L	$[l]$
Kapazität	C	$[l]^{-1}\,[t]^2$
Feldkonstante im Vakuum		
Permeabilität	μ_0	1
Dielektrizitätskonstante	ε_0	$[l]^{-2}\,[t]^2$

M a ß s y s t e m

Einheit		In natürlichen Einheiten
Name	Ab-kürzung	
Zentimeter	cm	$1\ \text{cm} = 10^{-2}\ \text{m}$
Sekunde	s	—
Gramm	g	$1\ \text{g} = 10^{-3}\ \text{kg}$
Dyne	dyn	$1\ \text{dyn} = 10^{-5}\ \text{N}$
Erg	—	$1\ \text{Erg} = 10^{-7}\ \text{J}$
Erg/Sek.	—	$1\ \text{Erg/s} = 10^{-7}\ \text{W}$
el. magn. Einheit	—	$1\ \text{el. magn. Einh.} = 10^{-8}\ \text{Wb}$
„ „ „	—	$1\ \text{el. magn. Einh.} = 10\ \text{As}$
„ „ „	—	$1\ \text{el. magn. Einh.} = \dfrac{1}{4\,\pi}\ 10^{7}\ \text{A/m}$
„ „ „	—	$1\ \text{el. magn. Einh.} = 10^{6}\ \text{V/m}$
„ „ „	—	$1\ \text{el. magn. Einh.} = 10\ \text{A}$
„ „ „	—	$1\ \text{el. magn. Einh.} = 10^{-8}\ \text{V}$
„ „ „	—	$1\ \text{el. magn. Einh.} = 10^{-4}\ \text{Wb/m}^2$
„ „ „	—	$1\ \text{el. magn. Einh.} = 10^{5}\ \text{As/m}^2$
„ „ „	—	$1\ \text{el. magn. Einh.} = 10^{-9}\ \Omega$
Zentimeter	cm	$1\ \text{cm} = 10^{-9}\ \text{H}$
el. magn. Einheit	—	$1\ \text{el. magn. Einh.} = 10^{9}\ \text{F}$

$$\mu_0 = \frac{1}{4\,\pi}\ \text{(dimensionslos!)}$$

$$\varepsilon_0 = \frac{1}{4\,\pi\,c^2}\ (c \ldots \text{Lichtgeschwindigkeit})$$

Größe		Dimension
Name	Symbol	
Grundgrößen		
Länge	l	$[l]$
Zeit	t	$[t]$
Masse	m	$[m]$
Mechanische Größen		
Kraft	P	$[m][l][t]^{-2}$
Arbeit, Energie	$A,\ W$	$[m][l]^2[t]^{-2}$
Leistung	N	$[m][l]^2[t]^{-3}$
Elektromagnetische Größen		
Elektrische Ladung	Q	$[m]^{1/2}[l]^{3/2}[t]^{-1}$
Magnetischer Fluß	$\varPhi$	$[m]^{1/2}[l]^{1/2}$
Elektrische Feldstärke	$\mathfrak{E}$	$[m]^{1/2}[l]^{-1/2}[t]^{-1}$
Magnetische Feldstärke	$\mathfrak{H}$	$[m]^{1/2}[l]^{1/2}[t]^{-2}$
Elektrische Spannung	U	$[m]^{1/2}[l]^{1/2}[t]^{-1}$
Stromstärke	I	$[m]^{1/2}[l]^{3/2}[t]^{-2}$
Verschiebung	$\mathfrak{D}$	$[m]^{1/2}[l]^{-1/2}[t]^{-1}$
Magnetische Induktion	$\mathfrak{B}$	$[m]^{1/2}[l]^{-3/2}$
Feldparameter		
Elektrischer Widerstand	R	$[l]^{-1}[t]$
Kapazität	C	$[l]$
Induktivität	L	$[l]^{-1}[t]^2$
Feldkonstante im Vakuum		
Dielektrizitätskonstante	ε_0	1
Permeabilität	μ_0	$[l]^{-2}[t]^2$

Maßsystem

Einheit		In natürlichen Einheiten
Name	Ab-kürzung	
Zentimeter	cm	$1\ \text{cm} = 10^{-2}\ \text{m}$
Sekunde	s	—
Gramm	g	$1\ \text{g} = 10^{-3}\ \text{kg}$
Dyne	dyn	$1\ \text{dyn} = 10^{-5}\ \text{N}$
Erg	—	$1\ \text{Erg} = 10^{-7}\ \text{J}$
Erg/Sek.	—	$1\ \text{Erg/s} = 10^{-7}\ \text{W}$
el. stat. Einh.	—	$1\ \text{el. stat. Einh.} = \dfrac{1}{3}\,10^{-9}\ \text{As}$
,, ,,	—	$1\ \text{el. stat. Einh.} = 3.10^{2}\ \text{Wb}$
,, ,,	—	$1\ \text{el. stat. Einh.} = 3.10^{4}\ \text{V/m}$
,, ,,	—	$1\ \text{el. stat. Einh.} = \dfrac{1}{12\,\pi}\,10^{-7}\ \text{A/m}$
,, ,,	—	$1\ \text{el. stat. Einh.} = 3.10^{2}\ \text{V}$
,, ,,	—	$1\ \text{el. stat. Einh.} = \dfrac{1}{3}\,10^{-9}\ \text{A}$
,, ,,	—	$1\ \text{el. stat. Einh.} = \dfrac{1}{3}\,10^{-5}\ \text{As/m}^2$
,, ,,	—	$1\ \text{el. stat. Einh.} = 3.10^{6}\ \text{Wb/m}^2$
,, ,,	—	$1\ \text{el. stat. Einh.} = 9.10^{11}\ \Omega$
Zentimeter	cm	$1\ \text{cm} = \dfrac{1}{9}\,10^{-11}\ \text{F}$
el. stat. Einh.	—	$1\ \text{el. stat. Einh.} = 9.10^{11}\ \text{H}$

$$\varepsilon_0 = \frac{1}{4\,\pi}\ \text{(dimensionslos!)}$$

$$\mu_0 = \frac{1}{4\,\pi\,c^2}\quad (c \ldots \text{Lichtgeschwindigkeit})$$

gesetzt wurde. Damit erhielt man Dimensionsausdrücke für die elektrische Ladung und die anderen elektromagnetischen Größen, die nur die Grunddimensionen $\uparrow$ $[l]$, $[t]$, $[m]$ enthielten. Die Unrichtigkeit dieses Vorganges ergibt sich schon aus dem Auftreten gebrochener Exponenten bei den Dimensionsausdrücken, die physikalisch unerklärbar bleiben. In neuerer Zeit kommt man von diesem Maßsystem immer mehr ab, seit die Erkenntnis der Notwendigkeit von vier Grunddimensionen in der Elektrizitätslehre mehr und mehr durchdringt (s. vorstehende Tabelle). [G. Oberdorfer: Das natürliche Maßsystem. Wien: Springer-Verlag, 1949. L]

Maßsystem, Gaußsches — *Gauss system of units* — système de mesure Gauss

Überbestimmtes, elektromagnetisches Maßsystem mit fünf Grunddimensionen, von denen μ_0 und ε_0 die Dimension 1 haben (dimensionslos sind). Demgemäß erscheint in den Grundgleichungen ein, die Rolle einer Naturkonstanten spielender Ausgleichsfaktor, der hier mit der Lichtgeschwindigkeit identisch, physikalisch aber unbegründet ist. Im Gaußschen Maßsystem ist $\mu_0 = \varepsilon_0 = \dfrac{1}{4\pi}$. Es wird heute noch vielfach in der theoretischen Physik verwendet, aber immer mehr vom natürlichen System $\uparrow$ verdrängt. [G. Oberdorfer: Das natürliche Maßsystem. Wien: Springer-Verlag, 1949. L]

Maßsystem, internationales — *international system of units* — système de mesure international

$\rightarrow$ Naturmaße.

Maßsystem, Lorentzsches — *Lorentz system of units* — système de mesure de Lorentz

Das Lorentzsche Maßsystem ist ein rational geschriebenes Gaußsches Maßsystem $\uparrow$, das heißt, es erscheint in ihm der Kugelflächenfaktor 4π nur im Nenner der Punktkraftgesetze. Dies wird dadurch bewirkt, daß der Einheit der elektrischen Ladung und der magnetischen „Menge" der $\dfrac{1}{\sqrt{4\pi}}$ -fache Wert erteilt wird wie im „nichtrationalen" Gaußschen Maßsystem. Im Lorentzschen Maßsystem ist $\varepsilon_0 = \mu_0 = 1$.

Maßsystem, natürliches — *natural system of units* — système de mesure naturel

Modernes Maßsystem nach den Vorschlägen von Bodea, Giorgi, Kalantaroff, Mie und Oberdorfer, das auf den Grunddimensionen Länge $[l]$, Zeit $[t]$, magnetischer Fluß $[\Phi]$, elektrische Ladung $[Q]$ und die kohärenten Grundeinheiten Meter m, Sekunde s, Volt V und Ampere A aufgebaut ist (s. Tab. S. 218 u. 219). [E. Bodea: Giorgis rationales MKS-MaßSystem mit Dimensionskohärenz, Verlag Birkhäuser, Basel, 1949 und G. Oberdorfer: Das natürliche Maßsystem. Wien: Springer-Verlag, 1949.]

Maßsystem, technisches — *practical system of measurement* — système de mesure technique

Aus Zehnerpotenzen der elektromagnetischen Einheiten gebildetes Einheitensystem. Als Dimensionssystem ist es mit dem elektromagnetischen identisch. Die wichtigsten neuen Einheiten sind (Zentimeter und Sekunde bleiben):

1 Joule	$= 10^7$	Erg
1 Watt	$= 10^7$	Erg/s
1 Coulomb	$= 10^{-1}$	elektromagnet. Ladungs-Einh.
1 Maxwell	$= 1$	elektromagnet. Fluß-Einh.

1 Gauß	=	1	elektromagnet. Induktions-Einh. ($\mathfrak{B}$)
1 Oersted	=	1	elektromagnet. Feldstärken-Einh. ($\mathfrak{H}$)
1 Ampère	=	10^{-1}	elektromagnet. Stromstärke-Einh.
1 Volt	=	10^{8}	elektromagnet. Spannungs-Einh.
1 Ohm	=	10^{9}	elektromagnet. Widerstands-Einh.
1 Henry	=	10^{9}	Zentimeter
1 Farad	=	10^{-9}	elektromagnet. Kapazitäts-Einh.

Mast — *mast, tower, pole* — mât, pylône, poteau

Mastschalter — *pole switch* — interrupteur (sur) poteau

Auf Masten (im Freien) montierte Schalter.

Masttransformator — *pole transformer* — transformateur de poteau

Meist für kleine Ortsversorgung verwendete Transformator-Freilufttype, die zur Ersparung besonderer Anlagenbauten auf einem Leitungsmast montiert wird, der dann auch noch das erforderliche Schalt- und Schutzgerät erhält.

Materie — *matter* — matière

Matrize — *matrix* — matrice

mattieren 1. (allgemein) *to dull* — rendre mat
        2. (eine Lampe) *to frost, to matt* — dépolir, mater

Maximumtarif — *maximum tariff* — tarif maximum

Bei dieser Tarifform wird der Energiepreis nicht von vorneherein festgelegt, sondern davon abhängig gemacht, wie hoch die größte Belastung während des laufenden Betriebsmonates war.

Maxwell — *maxwell* — maxwell

Einheit des magnetischen Flusses von der Größe

$$1\ \text{M} = 1\ \text{G cm}^2 = 10^{-8}\ \text{Wb}.$$

Maxwellsche Gleichungen — *Maxwell's equations* — équations de Maxwell

Grundgleichungen der elektromagnetischen Feldtheorie, aus denen sich alle übrigen ableiten lassen. Es sind dies die beiden, das Durchflutungs- und das Induktionsgesetz in allgemeiner Form darstellenden Gleichungen

$$\text{rot}\ \mathfrak{H} = \varkappa\mathfrak{E} + \frac{\partial\mathfrak{D}}{\partial t} \quad \text{in der Differentialform}$$

erste Maxwellsche Gleichung,

$$\int \mathfrak{H}\,\mathrm{d}\mathfrak{s} = \int\left(\varkappa\mathfrak{E} + \varepsilon\,\frac{\partial\mathfrak{E}}{\partial t}\right)\mathrm{d}\mathfrak{f} \quad \text{in der Integralform}$$

$$\text{rot}\ \mathfrak{E} = -\frac{\partial\mathfrak{B}}{\partial t} = -\mu\,\frac{\partial\mathfrak{H}}{\partial t} \quad \text{in der Differentialform}$$

zweite Maxwellsche Gleichung.

$$\int \mathfrak{E}\,\mathrm{d}\mathfrak{s} = -\frac{\partial\Phi}{\partial t} \quad \text{in der Integralform}$$

Dabei ist angenommen, daß sich die Leiter und Ladungen in Ruhe befinden. Bei bewegter Raumladung tritt in der ersten Maxwellschen Gleichung noch der Summand

$$\mathfrak{v}\ \text{div}\ \mathfrak{D},$$

bei bewegtem geladenen Leiter noch der Summand

$$\text{rot}\ [\mathfrak{D}\ \mathfrak{v}]$$

Natürliches

Mechanik						Elektrizi-		
Größe		Dimension	Einheit		Gebräuchliche andere Einheiten	Größe		Dimension
Name	Symbol		Name	Symbol		Name	Symbol	
Länge	l	$[l]$	Meter	m				
Zeit	t	$[t]$	Sekunde	s		ma-gnet. Fluß	Φ	$[\Phi]$
Wirkung	H	$[H] = [\Phi][Q]$	Planck	P	$1\ P = 1\ Ws^2$			
Arbeit, Energie	A W	$[H][t]^{-1}$	Joule	J	$1\ J = 1\ Ws$ $1\ Erg = 10^{-7}\ J$	El. Spannung	U	$[\Phi][t]^{-1}$
Leistung	N	$[H][t]^{-2}$	Watt	W	$1\ PS = 75\ mkp/s = 736\ W$			
Kraft	P	$[H][l]^{-1}[t]^{-1}$	Newton	N	$1\ N = 1\ kgm/s^2 = \dfrac{1}{9,81}\ kp$ $1\ dyn = 10^{-5}\ N$ $1\ kp = 9,81^*)\ N$	El. Feldstärke	$\mathfrak{E}$	$[\Phi][l]^{-1}[t]^{-1}$
Masse	m	$[H][l]^{-2}[t]$	Kilogramm	kg		Magn. Feldstärke	$\mathfrak{B}$	$[\Phi][l]^{-2}$
Feldparameter						Feld-		
El. Widerstand	R	$[\Phi][Q]^{-1}$	Ohm	Ω	$1\ \Omega = 1\ V/A$	Gravitationskonstante		
Leitwert	G	$[\Phi]^{-1}[Q]$	Siemens	S	$1\ S = 1\ A/V$	Dielektrizitätskonst. des leeren Raumes (Influenzkonstante)		
Induktivität	L	$[\Phi][Q]^{-1}[t]$	Henry	H	$1\ H = 1\ \Omega\ s$			
Kapazität	C	$[\Phi]^{-1}[Q][t]$	Farad	F	$1\ F = 1\ S\ s$	Permeabilität des leeren Raumes (Induktionskonstante)		

M a ß s y s t e m

tätslehre			Magnetismus				
Einheit		Gebräuchliche andere Einheiten	Größe		Dimension	Einheit		Gebräuchliche andere Einheiten
Name	Symbol		Name	Symbol		Name	Symbol	
Weber	Wb	$1\ \mathrm{Vs} = 1\ \mathrm{Wb}$ $1\ \mathrm{M} = 10^{-8}\ \mathrm{Wb}$ (M…Maxwell)	El. Ladung	$\mathbf{Q}$	$[\mathbf{Q}]$	Coulomb	C	$1\ \mathrm{As} = 1\ \mathrm{C}$
Volt	V		El. Stromstärke	I	$[Q]\,[t]^{-1}$	Ampere	A	$1\ \mathrm{Gilbert} =$ $= 10\ \mathrm{A}$
V/m			Magn. Erregung	$\mathfrak{H}$	$[Q]\,[l]^{-1}\,[t]^{-1}$	A/m		$1\ \mathrm{Oersted} =$ $= 1\ \ddot{\mathrm{O}} =$ $= \dfrac{10^3}{4\pi}\ \mathrm{A/m}$
Wb/m²		$1\ \mathrm{Gauß} = 1\ \mathrm{G} =$ $= 10^{-4}\ \mathrm{Wb/m^2} =$ $= 10^4\ \mathrm{M/m^2} =$ $= 1\ \mathrm{M/cm^2}$	Verschiebung	$\mathfrak{D}$	$[Q]\,[l]^{-2}$	As/m²		

k o n s t a n t e

$[H]^{-1}\,[l]^{5}\,[t]^{-3}$	$K = 0{,}0665 \cdot 10^{-9}\ \dfrac{\mathrm{m^3}}{\mathrm{kg\,s^2}}$
$[\varPhi]^{-1}\,[Q]\,[l]^{-1}\,[t]$	$\varepsilon_0 = 8{,}859 \cdot 10^{-12}\ \dfrac{\mathrm{As}}{\mathrm{Vm}}$ $\left(= \dfrac{10^7}{4\pi c^2}\ \dfrac{\mathrm{Am}}{\mathrm{Vs}}\right)$
$[\varPhi]\,[Q]^{-1}\,[l]^{-1}\,[t]$	$\mu_0 = 1{,}256 \cdot 10^{-6}\ \dfrac{\mathrm{Vs}}{\mathrm{Am}}$ $\left(= 4\pi 10^{-7}\ \dfrac{\mathrm{Vs}}{\mathrm{Am}}\right)$

*) $9{,}81\ \mathrm{m/s^2}$ …. Erdbeschleunigung

$c = 2{,}99776 \cdot 10^{8}\ \mathrm{m/s}$

Anm.:

Fettdruck…. Grundgrößen

Eingerahmte Einheiten …. Grundeinheiten

hinzu. Bei einer Relativbewegung zwischen Leiter und Magnetfeld erfährt ferner der rechte Ausdruck der zweiten Gleichung einen Zuwachs um

$$- \operatorname{rot} [\mathfrak{v}\,\mathfrak{B}].$$

$\mathfrak{v}$ bedeutet dann jedesmal die auftretende Relativgeschwindigkeit.

In anderen Maßsystemen schreiben sich die Gleichungen wie folgt

$$\left.\begin{aligned} \operatorname{rot}\mathfrak{H} &= 4\,\pi\,\varkappa\,\mathfrak{E} + \varepsilon\,\frac{\partial\mathfrak{E}}{\partial t}\\[2mm] \operatorname{rot}\mathfrak{E} &= -\frac{\partial\mathfrak{B}}{\partial t} = -\frac{\mu}{c^2}\,\frac{\partial\mathfrak{H}}{\partial t}\end{aligned}\right\}\ \text{im elektrostatischen Maßsystem}\ \uparrow,$$

entsprechend den Punktgesetzen ($\rightarrow$ Coulombsches und Priestleysches Gesetz)

$$P_e = \frac{Q_1\,Q_2}{E\,r^2}\qquad\text{und}\qquad P_m = \frac{1}{c^2}\,\frac{\Phi_1\,\Phi_2}{M\,r^2}\,;$$

$$\left.\begin{aligned} \operatorname{rot}\mathfrak{H} &= 4\,\pi\,\varkappa\,\mathfrak{E} + \frac{\varepsilon}{c^2}\,\frac{\partial\mathfrak{E}}{\partial t}\\[2mm] \operatorname{rot}\mathfrak{E} &= -\frac{\partial\mathfrak{B}}{\partial t} = -\mu\,\frac{\partial\mathfrak{H}}{\partial t}\end{aligned}\right\}\ \text{im elektromagnetischen Maßsystem}\ \uparrow,$$

entsprechend den Punktgesetzen

$$P_e = \frac{1}{c^2}\,\frac{Q_1\,Q_2}{E\,r^2}\qquad\text{und}\qquad P_m = \frac{\Phi_1\,\Phi_2}{M\,r^2}\,;$$

$$\left.\begin{aligned} c\,\operatorname{rot}\mathfrak{H} &= 4\,\pi\,\varkappa\,\mathfrak{E} + \varepsilon\,\frac{\partial\mathfrak{E}}{\partial t}\\[2mm] c\,\operatorname{rot}\mathfrak{E} &= -\frac{\partial\mathfrak{B}}{\partial t} = -\mu\,\frac{\partial\mathfrak{H}}{\partial t}\end{aligned}\right\}\ \text{im Gaußschen Maßsystem}\ \uparrow,$$

entsprechend den Punktgesetzen

$$P_e = \frac{Q_1\,Q_2}{E\,r^2}\qquad\text{und}\qquad P_m = \frac{\Phi_1\,\Phi_2}{M\,r^2}\,;$$

$$\left.\begin{aligned} c\,\operatorname{rot}\mathfrak{H} &= \varkappa\,\mathfrak{E} + \varepsilon\,\frac{\partial\mathfrak{E}}{\partial t}\\[2mm] c\,\operatorname{rot}\mathfrak{E} &= -\frac{\partial\mathfrak{B}}{\partial t} = -\mu\,\frac{\partial\mathfrak{H}}{\partial t}\end{aligned}\right\}\ \text{im Lorentzschen Maßsystem}\ \uparrow,$$

entsprechend den Punktgesetzen

$$P_e = \frac{1}{4\,\pi}\,\frac{Q_1\,Q_2}{E\,r^2}\qquad\text{und}\qquad P_m = \frac{1}{4\,\pi}\,\frac{\Phi_1\,\Phi_2}{M\,r^2}.$$

(c Lichtgeschwindigkeit). [OI]

Mechanismus — *mechanism* — mécanisme

Mega — *mega* — mega

 $\rightarrow$ Dekadenzeichen.

mehrdeutig — *ambignity* — équivoque

Mehrfachkäfigankermotoren

 Asynchronmotoren mit mehreren Käfigwicklungen im Läufer. Gegenüber dem Doppelkäfigankermotor $\uparrow$ mit zwei Käfigwicklungen treten durch die

Vermehrung der Käfigwicklungen Verbesserungen (Verflachungen) im Drehmomentenverlauf, hauptsächlich beim Anlauf des Motors ein.

Mehrfachtarif — *multiple tariff* — tarif multiple

Gestaffelter Tarif zur besseren Ausnützung der elektrischen Erzeugeranlagen, bei dem der Strompreis in Zeiten geringer Belastung der Maschinen verringert, in Zeiten starker Belastung erhöht wird.

Die zeitabhängige Strompreisbemessung erfordert die getrennten Aufzeichnungen der in bestimmten Zeitgrenzen auftretenden Verbrauchswerte, für die also je ein getrenntes Zählwerk angeordnet werden muß. Die Umschaltung der Zählwerke wird durch eine Schaltuhr bewerkstelligt.

Ein Mehrfachtarif ist auch der Nachttarif, bei dem von einer Schaltuhr die für den Nachtstromtarif bestimmten Geräte in den Nachtstunden in den Meßkreis des Nachtstromzählers eingeschaltet werden.

Mehrfachtelegraph — *multiplex telegraph, multi-channel telegraph, multiple-way telegraph* — télégraphie multiple

Telegraph, bei dem mehrere Geber und Empfänger paarweise zusammenwirken, wobei sie durch je einen umlaufenden Schalter, dem Verteiler, der Reihe nach mit der Leitung verbunden werden. Telegraphiergeschwindigkeit der Teilapparate etwa 180...300 Buchstaben je Minute. Die Verteiler müssen im Gleichlauf und in gleicher Phase erhalten werden.

mehrphasig — *multiphase, polyphase* — polyphasé

Mehrpolröhre — *multielectrode tube* — tube multipolaire

Elektronenröhre mit mehr als zwei Elektroden. Die außer Anode und Kathode vorhandenen Elektroden, die meist zur Steuerung oder Abschirmung dienen, werden Gitter genannt. Je nach Anzahl der Elektroden spricht man von Triode ↑ , Tetrode ↑ , Hexode ↑ usw.

mehrstufig — *multistage* — à plusieurs étages

mehrteilig — *multisectional* — en plusieurs parties

Meldelampe — *alarm lamp, pilot lamp* — lampe de signalisation, lampe d'alarme

Melderelais — *record relais, annunciator* — relais de signalisation

Relais, das zur Meldung einer vollzogenen Schaltung dient.

Meldetafel — *indicator* — tableau indicateur

Tafel zur Unterbringung der Melderelais ↑ .

Membran — *diaphragm, membrane* — diaphragme, membrane

Meßbereich — *effective part of scale, (measuring) range* — étendue de mesure, portée de mesure

eines Meßgerätes ist bei Meßgeräten, die zur Messung von Augenblicks- oder zeitlichen Mittelwerten dienen, der Teil des Anzeigebereiches ↑ , oder bei zählenden Meßgeräten der Bereich von Belastungen, innerhalb dessen der Betrag des Fehlers ↑ oder des relativen Fehlers des Gerätes unter einer festgesetzten Grenze bleibt. Häufig unterscheidet man mehrere aneinander anschließende Meßbereiche, in denen die obere Grenze für den Betrag des Fehlers oder des relativen Fehlers verschiedene Werte hat. [DIN 1319, Juli 1942.]

Meßbrücke — *(measuring) bridge* — pont (de mesure)

Anordnung zur Messung von Widerständen, Kapazitäten und Induktivitäten. Grundschaltung ist die Wheatstonesche Brücke, bestehend aus drei bekannten und einem unbekannten Widerstand R_x. Dieser läßt sich bestimmen aus

$$R_x = R_2 \frac{R_3}{R_4}$$

für den Fall, daß das Galvanometer G stromlos ist. Aus der Wheatstoneschen Brücke wurde eine Vielzahl anderer Brückenschaltungen entwickelt, um eine größere Empfindlichkeit zu erreichen und Störfaktoren auszuschalten (Eigenkapazität, Erdeinfluß usw.) oder die Brücke einem speziellen Meßzweck besonders anzupassen. Dazu gehören die Thomsonbrücke, Wagnersche, Wiensche Brücke usw.

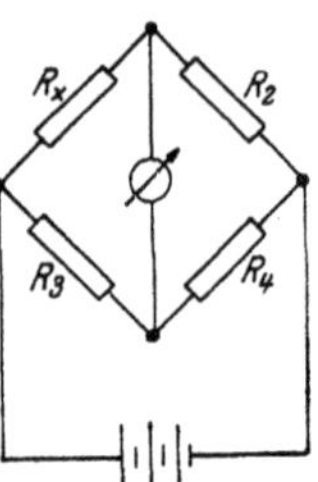

Wheatstonesche Brücke

Meßergebnis — *measurement, test result* — mesure

Endergebnis einer Messung; muß nicht mit dem Meßwert ↑ zusammenfallen, sondern wird häufig aus einem oder mehreren Meßwerten erst errechnet. [DIN 1319, Juli 1942.]

Meßfunkenstrecke — *spark gap* — éclateur

Zur Messung von Hochspannungen dienende, meist aus Kugeln bestehende Funkenstrecke mit einstellbarer Schlagweite. Die zur Schlagweite gehörige Überschlagsspannung ist aus theoretischen und experimentellen Untersuchungen bekannt und tabellarisch zusammengestellt. Die Messung erfolgt so, daß entweder die Schlagweite auf die dem Prüfling aufzudrückende Spannung eingestellt und der Prüftransformator langsam solange erregt wird, bis die Funkenstrecke überschlägt, oder daß man bei schon angelegter Spannung den Kugelabstand solange verkleinert, bis der Überschlag eintritt. Aus der dann meßbaren Schlagweite kann an Hand der Tabellen die Überschlagsspannung ermittelt werden.

Die Abmessungen der Meßfunkenstrecken sind genormt.

Meßgenauigkeit — *precision of the test, testing accuracy* — précision de mesure

Die Meßgenauigkeit gibt an, inwieweit der gemessene Wert von dem tatsächlichen Wert abweicht. Sie wird angegeben in % des Endausschlages (s. a. Klassezeichen).

Meßgerät — *measuring instrument, meter* — instrument de mesure

Apparat zum Messen irgendeiner elektrischen Größe. Das Meßgerät umfaßt ein oder mehrere Meßwerke ↑ und das eingebaute, angebaute, lösbar oder unlösbar verbundene Zubehör.

Meßgröße — *quantity to be measured* — grandeur de mesure

Meßgröße ist die von einem Meßgerät zu messende Größe, die meist eine Eigenschaft des „Meßgegenstandes" (Meßling) ist.

Messing — *brass* — laiton, cuivre jaune

Legierung aus Kupfer und Zink, wobei je nach dem Verwendungszweck etwa 56...68% Kupfer genommen wird. Bei einem Kupfergehalt von 67...90% spricht man von Tombak. Zusammensetzung und Verwendung sind genormt (DIN 1709).

Meßleitung — *measuring circuit, testing wire* — ligne de mesure

Ihrem Widerstand nach, zur Erhöhung der Meßgenauigkeit geeichte Leitung zwischen Meßstelle und Meßgerät.

Meßreihe

Aufeinanderfolge von zusammenhängenden Messungen an einem Ver-

suchsobjekt, zwecks statistischer Untersuchung oder Aufnahme einer Kennlinie.

Meßtechnik — *technique of measurement, testing technique* — technique de
mesure

Meßverfahren — *method of measurement* — méthode de mesure

Meßwandler — *instrument transformer* — transformateur de mesure
→ Wandler.

Meßwerk — *measuring device, measuring movement* — système de mesure,
mouvement

Das Meßwerk besteht aus den eine Bewegung erzeugenden, zueinander
gehörenden Teilen des Meßgerätes.

Meßwert — *measured value, test value* — valeur mesurée

Der Meßwert einer Größe ist der jeweilig von der Meßeinrichtung fest-
gestellte Wert der Meßgröße, der infolge Verzögerungen, elektrischer
oder mechanischer Trägheitseinwirkung, Reibung usw. vom Istwert ↑
abweichen kann.

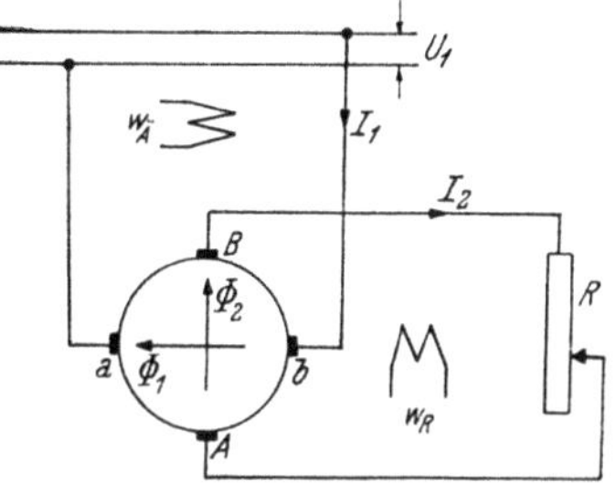

Schaltung der Metadyne

Metadyne — *metadyne* — métadyne

genauer Metadyne-Umformer. Als Umformer arbeitende Zwischenbürstenmaschine ↑, bei der laut nebenstehendem Schaltbild der primäre
Bürstenkreis *(a—b)* an ein Netz mit der konstanten Spannung U_1 angeschlossen ist, während der sekundäre Nutzbürstenkreis *(A—B)* den
Verbraucher R speist. Die Maschine nimmt primär Leistung mit der
konstanten Spannung U_1
auf und gibt sekundäre
Leistung mit konstantem
Strom I_2 ab.

Die Metadyne wird meist
noch mit anderen Hilfs-
wicklungen ausgerüstet, so
vor allem mit der „Ände-
rungswicklung" W_A, die
die Einstellung des Sekun-
därstromes, und der „Re-
gulierwicklung" W_R, die
die Festlegung der primären
Gegen-EMK bewirkt.

Schaltung   Kennlinien
des Metadynegenerators

Die Metadyne benötigt zum Betrieb einen Antriebsmotor zur Deckung
der Leerlaufverluste.

Durch Anbringung weiterer Hilfswicklungen kann man der Metadyne
die verschiedensten Kennlinien verleihen.

Metadynegenerator — *metadyne generator* — génératrice métadyne

Zwischenbürstenmaschine ↑ zur Erzeugung konstanter Ströme. Sie
besteht aus einem normalen Metadyne-Umformer, der zusammen mit
einem Nebenschlußgenerator auf gleicher Achse angetrieben wird. Mit der

konstanten Spannung der Nebenschlußmaschine wird der Zwischenbürstenkreis erregt (Φ_1), der ferner durch eine Hilfswicklung W_H verstärkt ist. Im Nutzkreis *(A—B)* wird dann konstanter Strom erzeugt, dessen Größe durch die Änderungswicklung $W_{\ddot{A}}$ noch eingestellt werden kann. Der Nutzstrom bleibt auch bei Kurzschluß konstant. Dagegen zeigt eine Entlastung im Nutzkreis an der Primärspannung U_1 einen kurzschlußartigen Anstieg.

Metadynemotor — *metadyne motor* — moteur métadyne

Zwischenbürstenmaschine ↑ für konstanten Strom; sie benötigt für den Anlauf eine Erregerwicklung W_E. Der aufgenommene Ankerstrom liefert zusammen mit Φ_E ein Drehmoment, wobei beim Hochlaufen der Maschine das Erregerfeld Φ_E dadurch geschwächt wird, daß die Zusatzwicklung W_Z das Ankerfeld Φ_q erhöht und auf diese Weise I_n und damit Φ_n vergrößert. Dabei entstehen Kennlinien, wie sie die Abb. b zeigt.

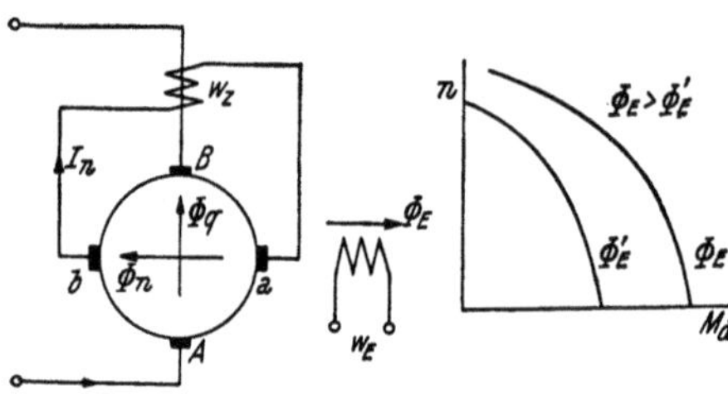

a. Schaltung   b. Kennlinien
des Metadynemotors

Metall — *metal* — métal

Metalldrahtlampe — *metal filament lamp* — lampe à filament métallique
→ Temperaturstrahler.

Metallwiderstände — *metallic resistances* — résistances métalliques

Hochohmige Widerstände, die so hergestellt werden, daß auf hochwertige Isolationskörper ganz dünne Metallschichten aufgetragen werden. Je nach der Stärke dieser Schichten erhält man größere oder kleinere Widerstandswerte. Wegen der Dünne der Schicht sind diese Widerstände empfindlich gegen Überlastungen.

Meter — *metre* — mètre

Längeneinheit, Grundeinheit im natürlichen Maßsystem.

Mho — *mho* — mho

Früher an Stelle des Siemens ↑ gebrauchte und mit diesem identische Leitwerteinheit (Umkehrung des Wortes Ohm).

Mignonfassung — *miniature base, midget base* — douille miniature

Genormte Lampenfassung mit gegenüber der Standardausführung des Edisongewindes ↑ verkleinerten Abmessungen. Die Mignonfassung erhält die Bezeichnung E 14.

Mikanit — *micanite* — micanite

Mit Schellack geklebter Glimmer.

Mikro — *micro* — micro
→ Dekadenzeichen.

Mikron — *micron* — micron

Längeneinheit von der Größe $1\,\mu = 10^{-4}$ cm $= 10^{-6}$ m.

Mikrophon — *transmitter, microphone* — microphone

Gerät zur Umwandlung akustischer Schwingungen in elektrische. Dies geschieht im allgemeinen durch Umwandlung des Schalldruckes in eine Widerstandsänderung, (Kohlenmikrophon), in eine Kapazitätsänderung (Kondensatormikrophon) oder in eine Induktionsänderung (Induktionsmikrophon).

Mikroton — microton

Gerät zur Erzeugung extrem rascher Elektronen, das dem Zyklotron nahe verwandt ist. Die Anordnung ist zunächst dieselbe wie beim Zyklotron ↑, nur liegt die Elektronenquelle mit einem Hochfrequenzresonator seitlich in der evakuierten Kammer. Die emittierten Elektronen bewegen sich in Kreisbahnen und passieren immer wieder den Oszillator, wobei sie jedesmal beschleunigt werden. Dabei werden die Bahnen immer weiter bis sie schließlich die Kammerwandung erreichen.

Milli — *milli* — milli

→ Dekadenzeichen.

Mischlicht — *mixed light* — lumière composée

→ Quecksilberdampflampe.

Mitimpedanz — *positive phase-sequence impedance* — impédance directe

Im Mitsystem ↑ wirksamer Scheinwiderstand $\mathfrak{Z}_1 = \dfrac{\mathfrak{U}_1}{\mathfrak{J}_1}$

Mitkomponente — *positive phase-sequence component* — composante directe

Komponente des Mitsystems ↑.

Mitnehmerstift — *driving pin* — cheville d'entrainement

Mitsystem — *positive phase-sequence system* — système direct

Eines der drei symmetrischen Komponentensysteme, in die jedes unsymmetrische Dreiphasensystem zerlegt werden kann. Es ist durch gleich große, in normaler Phasenfolge um je 120° verschobene Phasengrößen gekennzeichnet. Man erhält es aus den Phasengrößen durch den Ausdruck

$$\mathfrak{R}_1 = \frac{1}{3}\,(\mathfrak{R} + a\,\mathfrak{S} + a^2\,\mathfrak{T}), \qquad \mathfrak{S}_1 = a^2\,\mathfrak{R}_1, \qquad \mathfrak{T}_1 = a\,\mathfrak{R}_1,$$

worin $a = -\dfrac{1}{2} + j\,\dfrac{1}{2}\,\sqrt{3}$. Das Mitsystem hat dieselbe Phasenfolge wie jene

der das Dreiphasensystem speisenden Generatoren. [OII]

Mittelanzapfung — *center tap* — prise médiane, branchement central

Im Mittelpunkt einer elektrischen Anordnung angebrachte Klemme.

Mittellinie — *axis, median, centre line* — ligne centrale, médiane

Mittelwert — *mean value, average* — valeur moyenne

quadratischer — *square mean value, root-mean-square (value)* — valeur quadratique moyenne

mmf

Abkürzung für den englischen Ausdruck magnetomotive force (→ magnetomotorische Kraft).

MMK

Abkürzung für magnetomotorische Kraft ↑.

Modulation — *modulation* — modulation

Periodische Änderung einer der Kenngrößen: Amplitude, Frequenz oder Phase einer sinusförmigen Schwingung (s. a. Amplitudenmodulation,

Frequenzmodulation). Die ursprüngliche Schwingung wird dann Trägerschwingung, ihre Frequenz Trägerfrequenz genannt. Die Modulation einer Hochfrequenzschwingung verfolgt meist den Zweck, die Übertragung eines niederfrequenten Signals (Zeichen, Sprache, Musik) durch Verlagerung in das Hochfrequenzgebiet zu ermöglichen. Bei der Demodulation ↑ wird nach der Übertragung das Signal vom Träger wieder getrennt.

Modulationsfrequenz — *modulating frequency* — fréquence de modulation

→ Amplitudenmodulation.

Modulationsgrad — *amount of modulation, degree of modulation* — degré de modulation

→ Amplitudenmodulation und Frequenzmodulation.

moduliert — *modulated* — modulé

Mol — *gramme molecule, mol* — moléculegramme, gramme molécule

Masseneinheit eines Stoffes, und zwar soviel Gramm desselben, als sein Molekulargewicht angibt.

Molekül — *molecule* — molécule

Kleinstes, durch mechanische Teilung erhaltbares Teilchen einer Verbindung. Es kann chemisch noch in seine Atome ↑ zerlegt werden.

Molekulargewicht — *molecular mass* — poids moléculaire, masse moléculaire

Als Molekulargewicht bezeichnet man etwas irreführend das Verhältnis der Molekülmasse eines Stoffes zur Masse des Wasserstoffatomes. Dabei wird in neuerer Zeit richtiger auf das Sauerstoffmolekül O_2 bezogen, dem man das Molekulargewicht 32,00 beilegt (s. a. Atomgewicht).

Moment, elektrisches — *electrical moment* — moment électrique

→ Dipol, elektrischer.

Moment, synchronisierendes — *synchronising moment* — moment synchronisant

→ Synchronmaschine.

Momentanwert — *instantaneous value* — valeur instantanée

In einem (beliebigen) Augenblick gemessener Wert einer zeitlich veränderlichen Größe.

Montage — *erection, fitting, mounting* — montage

Bauliche Erstellung einer Anlage oder einzelner Teile derselben. Die richtige Einschätzung ihrer Kosten und der erforderlichen Montagezeiten ist für die Projektierung elektrischer Anlagen von großer Bedeutung.

Die Montagezeiten hängen sehr von den örtlichen Verhältnissen auf der Anlage ab, von den vorhandenen Behelfen, der Qualität der zugeteilten Hilfsarbeiter, der Reihenfolge der Lieferungen, Wetter, Anmarschwege usw. Zur Abschätzung der Zeiten werden Erfahrungswerte angegeben, die häufig an charakteristische Kenngrößen des zu montierenden Gegenstandes geknüpft werden. Solche Kenngrößen sind beispielsweise die Anzahl von Auslässen der verlegten Leitungslängen, der Quotient aus Leistung und Umdrehungszahl bei Maschinenmontagen u. a. m. Meist werden dann Grenzkurven angegeben, die die erfahrungsgemäß auftretenden kürzesten und längsten Montagezeiten nennen. So liegen beispielsweise bei Turbogeneratoren mit der Kenngröße

$$K = \frac{N_{KW}}{n_{min}}$$

die kürzesten Montagedauern bei

    150 Stunden für $K = 0{,}8$
    230 Stunden für $K = 6{,}5$,

die längsten Montagedauern bei

    270 Stunden für $K = 0{,}4$
    330 Stunden für $K = 6{,}5$.

Zwischenwerte können in erster Näherung verhältnisgleich ermittelt werden. Dabei ist lediglich die Arbeit des Maschinenmonteurs berücksichtigt. Die Anzahl der im Mittel notwendigen Hilfsarbeiter beträgt etwa

    1 Hilfsarbeiter bei $K = 0{,}1$
    2 Hilfsarbeiter bei $K = 0{,}5$
    4 Hilfsarbeiter bei $K > 0{,}5$.

Nicht berücksichtigt ist der Transport auf den Arbeitsplatz.
Für Synchronmaschinen liegen die Werte bei etwa

    120 Stunden für $K = 2$
    350 Stunden für $K = 10$ bei kürzester Montagedauer,
    330 Stunden für $K = 20$
    400 Stunden für $K = 30$

beziehungsweise

    335 Stunden für $K = 2$
    500 Stunden für $K = 10$ bei längster Montagedauer.
    600 Stunden für $K = 20$
    670 Stunden für $K = 30$

Für die Montage einer **Niederspannungsfreileitung** aus Kupferdraht gelten folgende mittlere Bauzeiten:
1. Verlegen, Abspannen, Ausrichten, Abbinden bei einem Querschnitt von

4	16	25	70	95	120	150 mm²
9	11	12	20	23	27	32 Stunden/100 m.

2. Montieren der Porzellanisolatoren mit Stütze auf Holzmast für die Isolatortype

N 60	N 80	N 95
0,4	0,5	0,6 Stunden.

3. Aufstellen eines Holzmastes im fertigen Loch, bei einer Mastlänge von

7	8	9	10	11	12 m
2,4	2,7	3	3,2	3,5	3,8 Stunden.

Diese Zeiten beziehen sich dabei auf einen Monteur mit einem Helfer. In Wirklichkeit werden bei Freileitungsmontagen stets mehrere Helfer beschäftigt, was üblicherweise durch entsprechende Wahl der Zeiten berücksichtigt wird.

Für **Hochspannungsleitungen** lassen sich schwer allgemein gültige Werte angeben, da sie zu sehr von den örtlichen Verhältnissen und der Ausführung der Leitung abhängen. Als Richtschnur sei etwa angegeben, daß man zum Aufstellen eines Gittermastes bis 2000 kg einschließlich Erdarbeiten etwa 11 Monteurstunden und 112 Hilfsarbeiterstunden benötigt. Zur Anbringung der Armierung (Traversen mit Isolatoren) rechnet man etwa 3 Monteurstunden und 25 Hilfsarbeiterstunden. Diese Werte können aber leicht bis auf das Doppelte ansteigen.

Für größere Montagearbeiten werden auch Gruppen von Montagezeiten zu gemeinsamen Erfahrungswerten zusammengezogen. So rechnet man beispielsweise für eine Einheitstransformatorenstation in fertigem Gebäude mit 50-kVA-Transformator, Isolatoren, Durchführungen, Trennschaltern, Drosselspulen, Ölschalter, Überspannungsschutz, Zähler, Niederspannungs-Schalttafel, Erdleitung und Kleinmaterial eine mittlere Montagezeit von 210 Stunden.

Die Ermittlung der Montagekosten kann im vorhinein zur Erstellung der Angebote, oder im nachhinein zur Bestimmung der tatsächlich aufgelaufenen Kosten erforderlich sein. Im ersten Fall werden sie meist in Prozenten vom aufgewendeten Material angegeben. Im zweiten Fall werden sie nach tatsächlich erfolgtem Zeitaufwand ermittelt oder nach „Aufmaß" verrechnet, das heißt, es werden im vorhinein die Montagekosten verschiedener Einzelleistungen vereinbart, welche dann nach erfolgter Montage durch „Aufmaß" festgestellt werden, zum Beispiel bei Hausinstallationen je Auslaß, bei Fabriksinstallationen je angeschlossener Maschine. [O. Graf: Elektrotechnische Bauzeiten, Frankfurt, Verband d. Deutschen Elektro-Inst.-Gewerbes.]

Morsealphabet — *Morse alphabet, Morse code* — alphabet Morse

Aus Punkten und Strichen zusammengesetztes Alphabet zur Nachrichtenübertragung in der Telegraphentechnik.

·—	a	···	s
—···	b	—	t
—·—·	c	··—	u
—··	d	···—	v
·	e	·——	w
··—·	f	—··—	x
——·	g	—·——	y
····	h	——··	z
··	i	·————	1
·———	j	··———	2
—·—	k	···——	3
·—··	l	····—	4
——	m	·····	5
—·	n	—····	6
———	o	——···	7
·——·	p	———··	8
——·—	q	————·	9
·—·	r	—————	0

Morsealphabet

Morsepunkt — *dot* — point (Morse)

Morsestrich — *dash* — trait

Motor — *motor, mover* — moteur

Motorantrieb — *motor drive* — commande par moteur

Motor-Generator — *motor generator, rotary transformer* — motor-générateur

Maschinensatz, bestehend aus zwei oder mehreren miteinander gekuppelten Motoren und Generatoren, die elektrisch voneinander unabhängig sind. Es wird dann elektrische Energie vollständig in mechanische, und diese wieder in elektrische Energie umgeformt.

Häufige Bauarten sind die mechanische Kupplung eines Synchronmotors mit einem Gleichstromgenerator oder eines Gleichstrommotors mit einem Synchrongenerator zur Umformung von Drehstrom in Gleichstrom oder umgekehrt; an Stelle des Synchronmotors kann auch ein Induktionsmotor genommen werden.

Muffe — *box, muff, socket, bush(ing)* — manchon

Muffelofen — *muffle furnace* — four(neau) à moufle

Multiplikation, komplexe — *complex multiplication* — multiplication complèxe

→ Produkt, komplexes.

Multiplikationssatz

In der Laplace-Transformation ↑ der Satz

$$\mathcal{L}\,\{\,(-t)^n\,F(t)\,\} = \frac{\mathrm{d}^n}{\mathrm{d}p^n}\,\varphi(p).$$

[OII]

Multizellularvoltmeter — *multicellular-voltmeter* — voltmètre multicellulaire

Elektrostatischer Spannungsmesser mit feststehendem und gegen dieses beweglichem Scheibensystem, die an die zu messende Spannung gelegt werden und durch die Anziehungskräfte die Gegenkraft einer Feder überwinden.

Mumetall — *mumetal* — mumétal

Magnetischer Werkstoff mit hoher Permeabilitätszahl und geringen Hysteresisverlusten. Es ist eine Legierung aus etwa 75% Nickel und 25% Eisen mit kleinsten Zusätzen von Kupfer und Mangan.

Muschel (am Hörer) — *cap* — coquille

Mutter — *nut* — écrou

Mycalex — *mycalex* — micalex

Bei hoher Temperatur in Formen oder zu Platten gepreßtes, aus Glimmerstückchen und Glas bestehendes Isoliermaterial, das auch bei Hochfrequenz gute Isolation und geringe Verluste aufweist.

N

n

Kurzzeichen für Nano (→ Dekadenzeichen).

N

1. Kurzzeichen für die Dämpfungseinheit Neper ↑ .
2. Kurzzeichen für die Krafteinheit Newton ↑ .

Nabe — *bass, nave, hub* — moyeu

Nabla — Del, Nabla

Differentialoperator als gemeinsames Symbol für alle Vektordifferentiationen. Es bedeutet

$$\nabla\,\varphi = \mathrm{grad}\,\varphi, \qquad \nabla\,\mathfrak{A} = \mathrm{div}\,\mathfrak{A}, \qquad [\nabla\,\mathfrak{A}] = \mathrm{rot}\,\mathfrak{A},$$

wobei der Operator ∇ formal wie ein Vektor behandelt wird. Im besonderen

ist $\nabla^2 = \triangle = \dfrac{\partial^2}{\partial x^2} + \dfrac{\partial^2}{\partial y^2} + \dfrac{\partial^2}{\partial z^2}$ (Laplacescher Operator).

[OII]

Nachbeschleunigung — *post-acceleration* — post-accélération

Für photographische Aufnahmen sehr rascher Vorgänge, und für das Fernsehen benötigt man in den Elektronenstrahlröhren große Schirmhelligkeiten, die aber nur durch hohe Elektronengeschwindigkeiten erreicht werden können. Um dabei zu hohe Anodenspannungen zu vermeiden, die auch eine nur geringe Ablenkempfindlichkeit mit sich brächten, ordnet man zwischen Anode und Schirm noch eine Hilfselektrode (Nachbeschleunigungsanode) an und gibt ihr ein hohes Potential gegen die Anode. Dadurch wird der bereits abgelenkte Elektronenstrahl nachträglich so beschleunigt, daß die erforderliche Helligkeit erzielt wird.

nacheilen (um) — *to lag (by)* — être en retard (de)

nacheilend — *lagging* — retardant

Nacheilung — *lag, lagging* — déphasage en arrière, retard de phase

Nacheilwinkel — *angle of lag* — angle de retard

Winkel, um den eine elektrische Wechselstromgröße zeitlich einer anderen nacheilt, ausgedrückt in Winkeleinheiten.

nachgiebig — *yielding, flexible, pliable* — souple, flexible, pliable

Nachhallzeit — *time of reverberation, reverberating time* — temps de réverbération

Zeit, die nach dem Abschalten einer Schallquelle vergeht, bis diese in dem sie umgebenden Raum unhörbar geworden ist. Sie ist um so kleiner, je größer die „Schallabsorption" durch schallverzehrende Körper ist.

Nachleuchten — *afterglow, persistance* — lueur après une décharge, phosphorescence, trainage lumineux

Erscheinung bei phosphoreszierenden Körpern, bei der diese nach Bestrahlung oder Erregung noch eine Zeitlang im Finstern kaltes Licht ausstrahlen. Farbe und Dauer des Nachleuchtens hängt von der Zusammensetzung des Körpers ab. Es werden Nachleuchtzeiten zwischen einigen Zehntel Sekunden und mehreren Jahren beobachtet. Bei den nachleuchtenden Kathodenstrahlröhren-Leuchtschirmen wird die Erscheinung praktisch ausgenützt.

Nachrichtenübertragung — *transmission of signals* — transmission de communications

Nachttarif — *night tariff* — tarif de nuit

→   Mehrfachtarif.

Nachwirkung, dielektrische — *dielectric viscosity, dielectric hysteresis* — viscosité diélectrique, hystérésis diélectrique

Erscheinung bei festen Isolierstoffen, daß der Isolationsstrom bei angelegter Gleichspannung anfangs stärker ist, dann abnimmt und erst nach gewisser (manchmal sehr langer) Zeit einen konstanten Endwert annimmt, beziehungsweise bei Wechselstrom größer ist als bei Gleichstrom. Als Ursache werden die Inhomogenitäten im Isolierstoff und seine Hygroskopie angesehen.

Nadel — *needle* — aiguille

Nahpeilung — *short-distance navigation, short-bearing* — navigation à petite distance

Verfahren zur Entfernungsmessung auf Schiffen, bei dem von dem anzupeilenden Sender ein in regelmäßigen Zeitintervallen unterbrochenes Radiosignal und gleichzeitig ein Unterwasserschallsignal ausgesendet wird. Aus der Differenz der Empfangszeit der beiden Signale kann die Entfernung berechnet werden. Erfolgt die Sendung der Radioimpulse in genau gleichen Abständen von 1,25 s, dann ergibt die Anzahl der bis zum Eintreffen des Unterwasserschallimpulses erhaltenen Radiozeichen direkt die Entfernung in Seemeilen.

nahtlos — *seamless* — sans soudure, sans couture

Nahtschweißung — *continuous welding, seam welding* — soudure continue, soudage des joints

Schweißung nach Art der Punktschweißung, bei der die Punkte unmittelbar nebeneinander liegen und eine Naht bilden oder bei der die Schweißelektroden als Rollen ausgebildet sind, die eine fortlaufende Schweißnaht ermöglichen.

Nano

→ Dekadenzeichen.

Nase (Mitnehmer) — *catch, cog* — prisonnier, toc d'entraînement

Natrium — *natrium, sodium* — sodium, natrium

Natriumdampflampe — *sodium vapour lamp* — lampe à vapeur de natrium

Auf der Leuchtwirkung einer elektrischen Entladung in Natriumdampf beruhende Lichtquelle. Sie wird meist aus zwei ineinanderliegenden Glasröhren gebildet, von denen die innere, aus natriumfestem Glas bestehende, mit Neon gefüllt ist, während der Zwischenraum zwischen Innen- und Außenrohr zum Zwecke eines Wärmeschutzes luftleer gemacht wird. Das Innenrohr enthält ferner eine kleine Natriummenge, die kurze Zeit nach dem Einschalten der Lampe verdampft und gelbes Natriumlicht ausstrahlt. Beim Einschalten der Lampe leuchtet diese zuerst in der roten Neonfarbe, bis das Natrium verdampft ist, was etwa drei bis fünf Minuten dauert. Das Natriumlicht hat als monochromatisches Licht große Durchdringungsfähigkeit bei Nebel und Dunst. Es erhöht die Sehschärfe um 10...20% und ermüdet das Auge weniger als mehrfarbiges Licht. Infolge der vergleichsweise geringen Lichtdichte von 10...12 sb ist auch die Blendungsgefahr gering.

Die Natriumdampflampen ergeben bessere Lichtausbeute als gewöhnliche Glühlampen. Der Lichtstrom ist bei gleicher Wattzahl etwa der 2,5...4-fache und liegt einschließlich der zum Betrieb erforderlichen Drosseln bei etwa 50...70 hLm/W.

Wegen des rein gelben Lichtes ist das Anwendungsgebiet der Natriumdampflampen beschränkt. Sie eignen sich besonders gut für die Beleuchtung von Autobahnen, Hafen, Schleusen, in Gießereien, Materialprüfräumen und allen Betrieben, wo eine Farbenerkennung wie bei Tageslicht nicht gefordert wird.

Naturmaße

→ Urmaße.

Nebenschluß — *shunt, leakance* — shunt, dérivation

Nebenschlußerregermaschine — *shunt-wound exciter* — excitatrice shunt, excitatrice en dérivation

Als Erregermaschine verwendeter Nebenschlußgenerator (→ Gleichstromgenerator).

Nebenschlußerregung — *shunt excitation* — excitation en dérivation

In Nebenschlußschaltung durchgeführte Erregung (s. a. Nebenschlußerregermaschine).

Nebenschlußmaschine — *shunt-wound machine* — machine en dérivation, machine shunt

Elektrische Maschine, deren Erregerwicklung im Nebenschluß zur Ankerwicklung geschaltet ist (→ Gleichstrommaschinen).

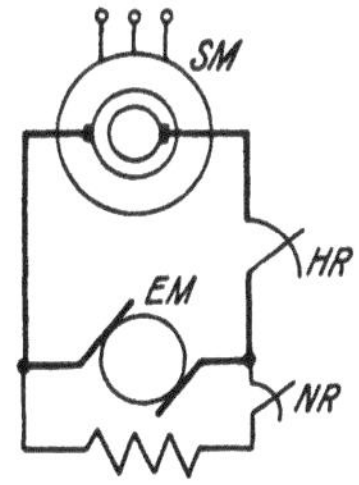

Erregerschaltung einer Synchronmaschine

SM = Synchronmaschine
EM = Erregermaschine
HR = Hauptstromregler
NR = Nebenschlußregler

Nebenschlußregler — *shunt regulator* — régulateur shunt

Im Feldkreis einer Nebenschlußmaschine ↑ angeordneter, regelbarer Widerstand, der zur Änderung der Erregung der Hauptmaschine dient (s. a. Nebenschlußerregermaschine).

Nebenwiderstand — *shunt* — shunt, résistance en dérivation

Der Nebenwiderstand ist ein geeichter, vom Hauptstrom durchflossener Widerstand, der zu einem Meßgerät parallel geschaltet wird und zur Erweiterung des Meßbereiches ↑ dient. Seine Größe errechnet sich aus:

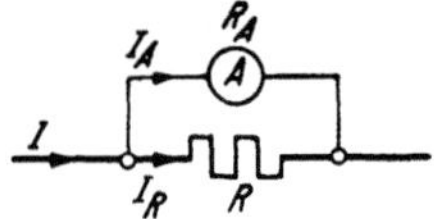

Nebenwiderstand

$$I = I_A \frac{R + R_A}{R}$$

I_A = Meßbereich des Gerätes an sich,
R_A = Widerstand des Strommessers,
I = gewünschter Meßbereich.

Soll also der k-fache Strom gemessen werden, so ist $R = \dfrac{R_A}{k-1}$ zu machen.

Nebenwinkel — *contiguous angle, adjacent angle, adjoining angle* — angle adjacent

Nennbürde — *rated burden* — charge nominale

Die Nennbürde eines Stromwandlers ist die auf dem Leistungsschild in Ohm angegebene, unter Berücksichtigung der Bestimmung über die Fehlergrenzen festgesetzte Bürde ↑.

Nenner — *denominator* — dénominateur

Nennfrequenz — *nominal frequency, rated frequency* — fréquence nominale

Nennfrequenz ist die auf Maschinen und Geräten angegebene Frequenz, für die die Bestimmungen über die Genauigkeit eingehalten werden.

Nennfrequenzbereich ist der auf einem Meßgerät angegebene Frequenzbereich. Fehlen beide Angaben, so gilt als Nennfrequenzbereich der Bereich 15...60 Hz.

Nennfrequenzbereich — *rated frequency range* — zone nominale de fréquence

→ Nennfrequenz.

Nennspannung — *rated voltage, nominal voltage* — tension nominale

Nennspannung ist die auf einem elektrischen Gerät angegebene Spannung, für die das betreffende Gerät ausgelegt ist.

Nennspannungsabfall — *nominal voltage drop* — chute de voltage nominal

In bezug auf Meßgeräte ist der Nennspannungsabfall der auf den Nebenwiderständen angegebene Spannungsabfall, der bei Durchgang des Nennstromes ↑ auftritt.

Nennstrom — *rated current, nominal current* — courant nominal

Nennstrom ist der auf elektrischen Geräten angegebene Strom, für den das Gerät bemessen ist.

Nenn-Überstromziffer

Das Vielfache des Primär-Nennstromes eines Stromwandlers, bei dem der Stromfehler ↑, der mit zunehmendem Strom anwächst, bei Nennbürde ↑ 10% beträgt.

Neper — *neper* — néper

Einheit der Dämpfung in logarithmischem Maß. Das in Neper angegebene Dämpfungsmaß ist der Exponent der e-Potenz, als welche sich das Verhältnis der Beträge zweier Größen gleicher Dimension darstellen läßt. Beim Vergleich z. B. der Spannungen eines Vierpoles bedeutet also 1 Neper, daß das Amplitudenverhältnis Ausgangsspannung zur Eingangsspannung gleich e = 2,718 ist. Man erhält also die Dämpfung in Neper durch Bilden des Logarithmenwertes $\ln \dfrac{|\mathfrak{A}_2|}{|\mathfrak{A}_1|}$. Es ist demnach beispielsweise

$$0,69 \text{ N} = e^{0,69} = 2; \qquad 2,30 \text{ N} = e^{2,30} = 10.$$

0,69 Neper bedeutet also eine Dämpfung auf den halben Betrag.

Netz — *network* — réseau

Netzanschlußgerät — *power unit, power pack* — appareil d'alimentation, appareil de secteur

Gerät zur Speisung von Verstärkern aus dem Wechselstromnetz, meistens bestehend aus dem Netztransformator, einer (Zweiweg-) Gleichrichterröhre und dem Ladekondensator. Dahinter wird noch ein IC-Filter geschaltet, das den dem Gleichstrom überlagerten Wechselstrom abdämpft und meist noch von einem weiteren RC-Filter gefolgt wird, das eine Entkoppelung der angeschlossenen Anodenkreise und eine weitere Verminderung der überlagerten Wechselspannung (Brummspannung) bewirkt. Soll die Gleichspannung unabhängig von Netzspannungsänderungen bleiben, so wird noch eine Edelgasglimmstrecke (Stabilisator) und ein Eisenwasserstoffwiderstand vorgeschaltet.

Netzgleichrichter — *mains rectifier* — redresseur de secteur

Zweipolröhre zur Gleichrichtung der Netzspannung, um die für den Betrieb von Röhren erforderlichen Gleichspannungen herzustellen. Sie werden für Leistungen von wenigen Watt bis zu mehreren Kilowatt und Spannungen bis zu 20 kV und mehr gebaut.

Netzumwandlung

Verfahren, bei dem eine allgemeine n-fache Sternschaltung in eine gleichwertige n-Eckschaltung umgewandelt wird, zum Zwecke, ein vereinfachtes Ersatzschaltbild zu finden. Es ist dann

$$R_{\mu\nu} = \frac{R_\mu \, R_\nu}{R_0},$$

mit

$$\frac{1}{R_0} = \sum \frac{1}{R_\nu} \quad \text{(Sternleitwert)}.$$

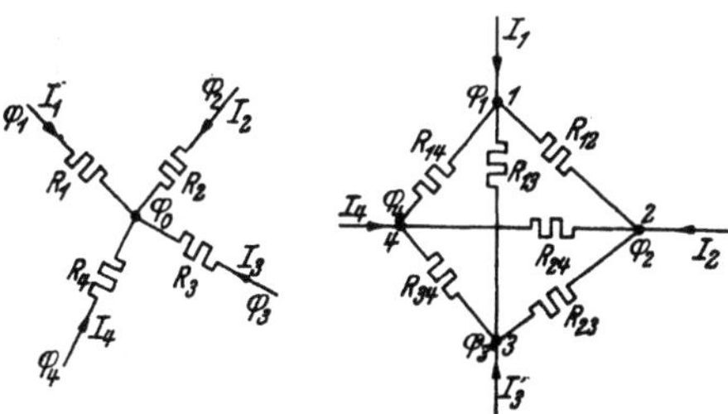

a. Netzumwandlung

Die Seitenwiderstände $R_{\mu\nu}$ des äquivalenten n-Eckes sind gleich dem Produkt der gleichnamigen Sternwiderstände $R_\mu\,R_\nu$ und dem Sternleitwert $\frac{1}{R_0}$.

$R_{ab} = \,?$

$$\frac{1}{\overline{R}_{a1}} = \frac{1}{R_{a1}} + \frac{R_0}{R_{2a}\,R_{21}} \qquad \frac{1}{\overline{\overline{R}}_{ab}} = \frac{1}{\overline{R}_{ab}} + \frac{R_0}{\overline{R}_{1a}\,\overline{R}_{1b}} \qquad \frac{1}{\overline{\overline{\overline{R}}}_{ab}} = \frac{1}{\overline{\overline{R}}_{ab}} + \frac{1}{\overline{\overline{R}}_{a2} + \overline{R}_{2b}}$$

$$\frac{1}{\overline{R}_{ab}} = \frac{1}{R_{ab}} + \frac{R_0}{R_{2a}\,R_{2b}} \qquad \frac{1}{\overline{\overline{R}}_{a2}} = \frac{1}{\overline{R}_{a2}} + \frac{\overline{R}_0}{\overline{R}_{1a}\,\overline{R}_{12}}$$

$$\frac{1}{\overline{R}_{1b}} = \frac{1}{R_{1b}} + \frac{R_0}{R_{21}\,R_{2b}} \qquad \frac{1}{\overline{\overline{R}}_{2b}} = \frac{1}{\overline{R}_{2b}} + \frac{\overline{R}_0}{\overline{R}_{12}\,\overline{R}_{1b}}$$

$$\frac{1}{\overline{R}_{12}} = \frac{1}{R_{13}} + \frac{R_0}{R_{21}\,R_{23}}$$

Beispiel einer Netzumwandlung

Das obenstehende Bild zeigt die Anwendung des Verfahrens an einem einfachen Beispiel. [K. Küpfmüller: Einführung in die theoretische Elektrotechnik. Berlin: J. Springer, 1941.]

Neukurve — *initial curve, virgin curve* — courbe initiale, courbe primitive
→ Hysteresis.

Neutrodyneempfänger — *neutrodyne receiver* — récepteur neutrodyne
Bezeichnung für einen Empfänger mit Hochfrequenzverstärkung, bei dem durch Neutralisation die schädliche Wirkung der Gitteranodenkapazität kompensiert wird. Diese Röhrenkapazität bewirkt eine Rückkopplung, die meist positiv ist und daher zur Selbsterregung der Verstärkerstufe führen kann. Wird ein Teil der Anodenwechselspannung auf das Gitter zurückgeführt, so entsteht bei entgegengesetzter Phasenlage eine Gegenkopplung (→ Rückkopplung), die die Selbsterregung unterbindet. Die Neutralisation wird hauptsächlich in Hochfrequenzleistungsverstärkern angewendet und war früher, vor Einführung der Mehrgitterröhren, auch bei

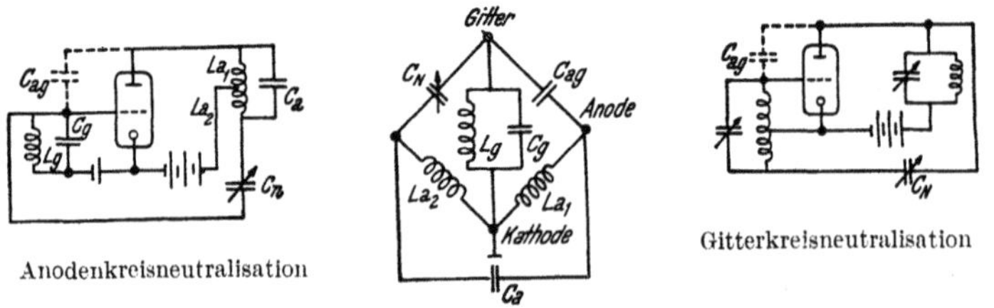

Anodenkreisneutralisation

Gitterkreisneutralisation

Ersatzschaltbild
Neutrodyneempfänger

Empfangshochfrequenzverstärkern mit Trioden üblich. Das Schaltbild einer neutralisierten Hochfrequenzverstärkerstufe kann man auch in eine Brückenschaltung umzeichnen, so daß Bedingungen für die Neutralisation (Gleichgewicht der Brücke) aufgestellt werden können.

Neutron — *neutron* — neutron

Elektrisch neutrales Kleinstteilchen von der Masse des Protons ↑ .

Newton — *newton* — newton

Kohärente Einheit ↑ der Kraft im natürlichen Einheitensystem. Es ist

$$1\,\mathrm{N} = 1\,\mathrm{kgm/s^2} = \frac{1}{9,81}\,\mathrm{kp}.$$

[OI]

NF

Abkürzung für Niederfrequenz.

nichtrostend — *rust-proof, rustfree* — inoxydable, antirouille

Nickel — *nickel* — nickel

Nickelin — *nickelin, nickeline* — nickéline

Widerstandsmaterial mit kleinem Temperaturkoeffizienten, aus einer Legierung von Messing und 10...20% Nickel bestehend. Spezifischer Widerstand $0{,}42\,\Omega\,\dfrac{\mathrm{mm^2}}{\mathrm{m}}$, Temperaturkoeffizient $0{,}2.10^{-3}\,\dfrac{1}{{}^\circ\mathrm{C}}$.

Niederdruckkraftwerk — *low head water power station* — station centrale hydraulique à faible pression

Wasserkraftanlage mit niedrigem Gefälle bis etwa 25 m und vergleichsweise großen Wassermengen.

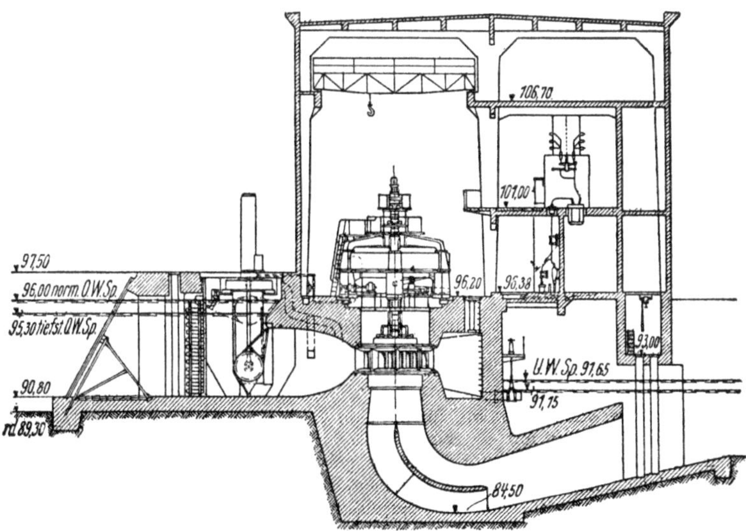

Niederdruckwerk, H = 4,85 m

Niederdruckspeicher

→ Heißwasserspeicher, elektrischer.

Niederfrequenz — *low frequency* — basse fréquence

Frequenz von vergleichsweise kleiner Periodenzahl ↑. Die in der Starkstromtechnik üblichen Frequenzen unterhalb 100 Hz werden stets zur Niederfrequenz gerechnet.

Niederfrequenzverstärker — *audio-frequency amplifier, low-frequency amplifier* — amplificateur à basse fréquence

→ Breitbandverstärker.

Niederschlag, galvanischer — *electro-deposit(ion)* — précipité galvanique, dépôt électrolytique

Niet — *rivet* — rivet

nieten — *to rivet* — river

Nipkowsche Scheibe — *Nipkow disk, apertured disk* — disque de Nipkow

Beim Fernsehen verwendete, mit 25 U/s umlaufende, spiralig gelochte Scheibe, mit deren Hilfe das fernzusendende Bild abgetastet wird. Die Nipkowsche Scheibe ist heute verdrängt durch das Ikonoskop ↑ und das Isoskop ↑. Sie hat 180 Löcher für 180 Bildzeilen und wird zwischen Bild und Photozelle geschaltet. Je nach der Helligkeit der Bildpunkte werden diese durch die Photozelle in verschieden starke Stromstöße umgewandelt, die der Stärke der Beleuchtung proportional sind. Diese Stromstöße steuern im Empfänger die Lichtstärke der das Bild entwickelnden Braunschen Röhre. Die bei der Nipkowschen Scheibe erreichte Bildpunktzahl ist 810.000 Bildpunkte/Sekunde.

Nippel — *nipple* — raccord, mamelon

Zwischenstück mit Schraubengewinde zur Befestigung einer Lampenfassung einerseits, und andererseits der ganzen Armatur an einem Haken, an der Wand, an einer Schnur oder an anderen Gegenständen.

Nocke — *cam, tappet, lifter* — came, taquet, toc

Nomogramm — *straight-line chart, self-computing chart, nomogram* — nomogramme, abaque

Rechentafel, bei der die gegebenen und zu suchenden (skalaren) Größen derart auf Funktionsleitern ↑ aufgetragen sind, daß zusammengehörige Werte auf bestimmten Kurven, vorzugsweise Geraden (Fluchtlinien) liegen (Fluchtlinientafeln). [OII. L]

Normale — *normal* — normal

Normalgenerator — *standard generator* — oscillateur étalon

Zwischenstaatlich vereinbarte Vergleichsstromquelle zur Erleichterung der Bestimmung von Dämpfungswerten. Der Normalgenerator gibt bei 600 Ω innerem Widerstand an einen gleich großen, äußeren Widerstand eine Leistung von 1 mW ab. Er hat im Leerlauf eine Spannung von 1,55 V, bei Belastung also 0,775 V, und liefert im letzteren Fall einen Strom von 1,29 mA.

Notstromaggregat — *emergency generating set* — génératice de secours

Hilfsaggregat, bestehend aus einem Benzin- oder Dieselmotor und einem elektrischen Generator, das im Falle einer Stromstörung des allgemeinen Netzes möglichst selbständig zur Aushilfe einspringen soll und daher mit der erforderlichen Automatik für Selbstanlauf und Betriebsführung ausgerüstet ist.

Nullachse — *zero axis* — zéro axe

Zur Zeitachse parallele oder mit ihr zusammenfallende Achse, die durch eine besondere physikalische Eigenschaft (gewählter „Nullwert") des dargestellten schwingenden Systems ausgezeichnet ist.

Nulleiter — *neutral wire, zero conductor* — conducteur neutre, ligne neutre

Meist auf Erdpotential gehaltener Mittelleiter eines Mehrleiter- oder Mehrphasensystems.

Nullimpedanz — *zero phase sequence impedance*

Im Nullsystem ↑ wirksamer Scheinwiderstand. $\mathfrak{Z}_0 = \dfrac{\mathfrak{U}_0}{\mathfrak{J}_0}.$

[OII]

Nullinstrument — *balance galvanometer* — galvanomètre d'équilibrage

In Kompensations- und Brückenmeßschaltungen ist die Messung meist so durchzuführen, daß der Strom in einem Zweig der Meßschaltung durch Verstellen von Meßwiderständen auf Null zu bringen ist. Das hiefür verwendete, empfindliche Meßgerät heißt Nullinstrument. Es ist vorzugsweise ein Galvanometer oder ein Telephonhörer.

Nullkomponente — *zero phase sequence component* — composante zéro de la séquence de phase

Komponente des Nullsystems ↑ .

Nullphasenwinkel

Phase, → Phasenwinkel.

Nullpunkt — *neutral point, zero (point)* — point neutre, point zéro

Nullpunkt ist der Teilstrich der Skala, auf den der Zeiger einspielen soll, wenn das Meßgerät nicht eingeschaltet ist. Skalen mit unterdrücktem Nullpunkt beginnen nicht mit dem Teilstrich Null, sondern mit einem höheren Wert.

In einem Netz ist der Nullpunkt der Punkt mit der Potentialdifferenz Null gegen Erde.

Nullsystem — *zero phase-sequence system* — système zéro de la séquence de phase

Eines der drei symmetrischen Komponentensysteme, in die jedes unsymmetrische Dreiphasensystem zerlegt werden kann. Es ist durch gleich große und gleichphasige Phasengrößen gekennzeichnet. Man erhält es aus den Phasengrößen durch den Ausdruck

$$\mathfrak{R}_0 = \frac{1}{3}\,(\mathfrak{R} + \mathfrak{S} + \mathfrak{T}), \qquad \mathfrak{S}_0 = \mathfrak{R}_0, \qquad \mathfrak{T}_0 = \mathfrak{R}_0.$$

Tritt das Nullsystem im Strom auf, dann bedarf es zu seiner Ausbildung eines vierten (Rück-)leiters. Wichtig bei der rechnerischen Behandlung und Beurteilung aller Erdschlußprobleme. [OII]

Nullung

Schutzmaßnahme zur Vermeidung gefährlicher Berührungsspannungen in elektrischen Anlagen, bei der alle der Berührung zugänglichen, normalerweise nicht spannungführenden Anlageteile an die Nulleitung des speisenden Stromsystems angeschlossen sind, das ist die zum Sternpunkt des speisenden Transformators führende und dort selbst geerdete Leitung. Dadurch wird erreicht, daß bei einem Spannungsübertritt auf einen genullten Anlageteil ein einphasiger Kurzschluß entsteht, der über die Sicherungen oder Selbstschalter den defekten Anlagenteil selbsttätig abschaltet. Im Nulleiter dürfen daher keine Sicherungen angeordnet werden.

Bedingungen zur Durchführung der Nullung sind, daß bei einphasigem Kurzschluß ein genügend großer Kurzschlußstrom zustande kommt, der die nächsten vorgeschalteten Sicherungen sicher zum Durchschmelzen bringt (2,5-facher Nennstrom dieser Sicherungen), daß der Nulleiter geerdet ist, und zwar in der Nähe der Station und in den Netzen noch mindestens an den Enden der Netzausläufer, und daß schließlich der Nulleiter ebenso sorgfältig verlegt wird wie die Außenleiter.

Nullvoltmeter — *central zero voltmeter* — voltmètre à zéro, zéro-voltmètre

 → Synchronisieren.

Nummernscheibe — *dial, selector plate, dial switch, number plate* — disque de sélecteur, plaque numérique, disque d'appel

Nuten — *slots* — rainures, encoches

 —, **geschlossene** — *closed slots* — encoches fermées

 —, **halbgeschlossene** — *semi-closed slots* — encoches repercée, encoches demi-fermées, rainures semi-ouvertes

 —, **offene** — *open slots* — encoches ouvertes

 —, **schwalbenschwanzförmige** — *dovetail slots* — rainures en queue d'aronde

Ausgestanzte Öffnungen in den Dynamoblechen elektrischer Maschinen zum Einlegen der Wicklungen. Sie können offen, halbgeschlossen oder ganz geschlossen sein. Offene Nuten werden meist in Ständern von Hochspannungsmaschinen verwendet, in die Formspulen ↑ eingelegt werden. In halbgeschlossene Nuten erfolgt das Einlegen durch Einträufeln, wobei durch den Schlitz der Nut die Drähte einer auf einer Schablone hergestellten Spule eingelegt werden, während Maschinen mit geschlossenen Nuten durch Einfädeln bewickelt werden, wobei der Draht durch die Nutisolationshülsen durchgezogen und an der Maschine selbst zu Spulen geformt wird.

offene halbgeschlossene geschlossene
Nuten

Nutenkeil — *slot wedge* — cale d'encoche

Keilförmiges Verschlußstück aus Holz oder geblättertem Eisen zum Verschluß von offenen Nuten ↑ in elektrischen Maschinen.

Nutzarbeit — *useful work* — travail utile

Die abzüglich der Verluste geleistete Arbeit.

Nutzbremsung — *regenerative braking* — freinage par récupération

Kann eine elektrische Maschine, die normaler Weise als Motor verwendet wird, ohne wesentliche Änderung ihrer Schaltung durch Antrieb als Generator arbeiten, so kann durch deren Leistungsabgabe an das vorher speisende Netz eine Bremsung des Antriebes erreicht werden, die man Nutzbremsung nennt. Die Nutzbremsung wird hauptsächlich angewandt bei Bergbahnmotoren bei der Talfahrt, wo der Motor als Generator in das Netz zurückliefert und dadurch das Fahrzeug bremst (s. a. Kurzschlußbremsung).

O

Oberfläche — *surface* — surface

Oberflächenionisierung — *surface ionisation* — ionisation superficielle
→ $\alpha\gamma$-Hypothese.

oberirdisch — *overhead, aerial* — aérien

Oberleitungsomnibus — *trolleybus* — trolleybus

Elektrisch angetriebenes, oberirdisch verkehrendes öffentliches Verkehrsmittel ohne Schienen, bei dem der Strom zweier Fahrdrähte durch Stromabnehmer zugeführt wird. Der Oberleitungsomnibus (auch kurz Obus genannt) tritt in Konkurrenz zur Straßenbahn, zum dieselelektrischen und zum dieselmechanischen Omnibus. Maßgebend für die Wirtschaftlichkeit des Einsatzes dieser vier Verkehrsmittel sind im wesentlichen die Verkehrsdichte und die Streckenlängen.

Der Straßenbahn-Triebwagen ist wegen der hohen Anlagekosten bei schwachem Verkehr unwirtschaftlich. Er wird erst bei starkem Verkehr durch die hohe Wagenausnützung und infolge der vergleichsweise niedrigen beweglichen Kosten und Erneuerungsrücklagen wirtschaftlich. Im Gegensatz hiezu sind die Anlagekosten beim Obus niedrig, die beweglichen (Betriebs-)kosten und Erneuerungsrücklagen hoch, so daß er bei nicht zu kurzen Wagenfolgen im allgemeinen wirtschaftlicher arbeitet als der Straßenbahn-Triebwagen. Bei sehr großen Wagenfolgen sind auch die geringeren Anlagekosten des Obus noch ausschlaggebend und es erweist sich dann der dieselelektrische und dieselmechanische Omnibus als wirtschaftlicher. Auf Grund von Betriebserfahrungen sind die wirtschaftlichen Arbeitsgebiete der genannten Verkehrsmittel etwa folgende:

Oberleitungsomnibus für 61 Plätze, max. Geschwindigheit 45 km/h, 550 . . . 600 Volt (Sécheron)

Wagenfolge	Verkehrsmittel
bis 7½ Minuten	Straßenbahn
von 7½ bis 30 Minuten	Oberleitungsomnibus
von 30 bis 60 Minuten	dieselelektrischer Omnibus
über 60 Minuten	dieselmechanischer Omnibus

Es werden also die den Massenverkehr aufweisenden Hauptverkehrslinien im Stadtverkehr den Straßenbahnen vorbehalten sein, während für die Einrichtung von Zubringerlinien zu diesen Hauptlinien, zumindest im reinen Stadtverkehr ausschließlich der Oberleitungsomnibus in Betracht kommt, sowohl wegen seiner gegenüber dem Autobus größeren Lebensdauer, als auch wegen der verhältnismäßig geringen Haltestellenentfernungen, die ein häufiges Anfahren zur Folge haben.

Gebräuchliche Obus-Fahrdrahtspannungen sind 500 . . . 600 V und 1000 . . . 1500 V.

Oberschwingung — *harmonic (oscillation), overtone* — (oscillation) harmonique, harmonique (supérieure)

Nichtsinusförmige, periodische Schwingungen lassen sich in eine Reihe sinusförmiger Schwingungen mit ganzzahlig wachsender Frequenz zerlegen

$$c = \sum_{n=0}^{\infty} C_n \sin (n\omega t + \varphi_n),$$

oder

$$c = B_0 + \sum_{n=1}^{\infty} A_n \sin n\omega t + \sum_{n=1}^{\infty} B_n \cos n\omega t,$$

worin n die Ordnung der Teilschwingung und nach Fourier

$$B_0 = \frac{1}{T} \int_0^T c \, dt,$$

$$A_n = \frac{2}{T} \int_0^T c \sin n\omega t \, dt,$$

$$B_n = \frac{2}{T} \int_0^T c \cos n\omega t \, dt,$$

$$C_n = \sqrt{A_n{}^2 + B_n{}^2}, \qquad tg \, \varphi_n = \frac{B_n}{A_n}.$$

Die Schwingung n = 1 heißt Grundschwingung, die Schwingungen n > 1 Oberschwingungen. [OII]

Oberschwingungsgehalt — *(coefficient of) non-linear distortion* — coefficient de distortion (non-linéaire)

Verhältnis des Effektivwertes der sämtlichen Oberschwingungen ↑ zum vollen Effektivwert ↑

$$k = \frac{\sqrt{\sum_{n=2}^{\infty} C_n{}^2}}{\sqrt{\sum_{n=1}^{\infty} C_n{}^2}}.$$

In der Fernmeldetechnik vielfach auch als Klirrfaktor bezeichnet. Er ist dort ein Maß für die durch Oberschwingungen verursachten nichtlinearen Verzerrungen.

Er wird dann oft nicht auf den vollen Effektivwert, sondern auf die Grundschwingung bezogen, also

$$\bar{k} = \frac{\sqrt{\sum_{n=2}^{\infty} C_n{}^2}}{C_1}.$$

Es besteht dann der Zusammenhang

$$k = \frac{\bar{k}}{\sqrt{1 + \bar{k}^2}}; \qquad \bar{k} = \frac{k}{\sqrt{1 - k^2}}.$$

Obus

→ Oberleitungsomnibus.

Ocelit — *ocelit* — océlite

Aus Siliziumkarbid und keramischen Zusätzen durch Brennen gewonnenes Material, das vor allem für Hochohmwiderstände verwendet wird. Der spezifische Widerstand beträgt je nach dem Mischungsverhältnis 7000 bis 700 000 000 Ω mm²/m. Er ist spannungsabhängig und fällt mit zunehmender Spannung. Ocelitwiderstände finden Verwendung in Überspannungsableitern, als Dämpfungs-, Glättungs- und Schutzwiderstände zur Überbrückung von Spulen (Relais, Stromwandler usw.).

Ö

Kurzzeichen für die Einheit Oerstedt ↑ der magnetischen Erregung.

Öffnungsfunke — *break spark, spark at break* — étincelle de rupture

Beim Unterbrechen eines Kontaktes können Funken oder Lichtbögen auftreten, die sich um so stärker ausbilden, je stärker die induktive Belastung des zu unterbrechenden Stromkreises ist, da sich die im Magnetfeld aufgespeicherte Energie über den Funken entladen muß. Durch den Öffnungsfunken werden die Kontakte stark beansprucht, verschmutzen und setzen Metallperlen an, so daß sie bald nicht mehr einwandfrei arbeiten. Bei unrichtiger Bemessung kann auch ein Verschweißen der Kontakte eintreten. Abhilfe schaffen parallel zu den Kontakten geschaltete (Lösch-) Kondensatoren.

Öl — *oil* — huile

ölarme Schalter — disjoncteur d'huile reduit

a. Ölarme Schalter   b. Ölstrahlschalter

Leistungsschalter, bei denen im Gegensatz zu den Ölschaltern ↑ das Öl nicht als Isolationsmittel, sondern nur zum Kühlen des Lichtbogens im Momente des Ausschaltens benützt wird, so daß wegen der jetzt geringen Ölmenge keine Gefahr einer Explosion oder eines Ölbrandes entsteht.

Die Konstruktion und Wirkungsweise der am Markt befindlichen ölarmen Schalter weicht in Einzelheiten voneinander ab; im wesentlichen handelt es sich aber immer um die Beaufschlagung des Lichtbogens mit frischem, unter Druck stehendem Öl, so daß eine intensive Kühlung desselben erfolgt und er dadurch in einer oder wenigen Halbperioden zum Erlöschen gebracht wird.

Ölausdehnungsgefäß — *oil conservator* — conservateur d'huile

Bei ölgekühlten Transformatoren über dem Ölkessel angeordnetes Gefäß, das einerseits die ständig komplette Füllung des Kessels unabhängig von der Temperatur gewährleistet und andererseits die Berührung des Transformatoröles mit Luft auf ein Mindestmaß herabsetzt und an einen geeigneten Ort verlegt.

Ölkabel — *oil filled cable* — câble à huile fluide

Höchstspannungskabel, dessen Isolation unter Öldruck steht und daher eine Hohlraumbildung ausschließt. Das meist als Einleiterkabel gebaute Kabel ist so ausgeführt, daß der Hohlleiter den zentralen Ölkanal einschließt, durch den das Öl in die Leiterisolation dringt. Außen folgt dann ein Bleimantel und eine Bewehrung aus unmagnetischem und nicht oxydierendem Eisen.

Ölkondensator — *oil condenser* — condensateur à huile

Mit Öl als Dielektrikum gefüllter Kondensator.

Ölnut — *oil groove, oilrun* — patte d'araignée, chéneau à huile

Ölschalter — *oil switch, oil circuit-breaker* — interrupteur à (bain d')huile

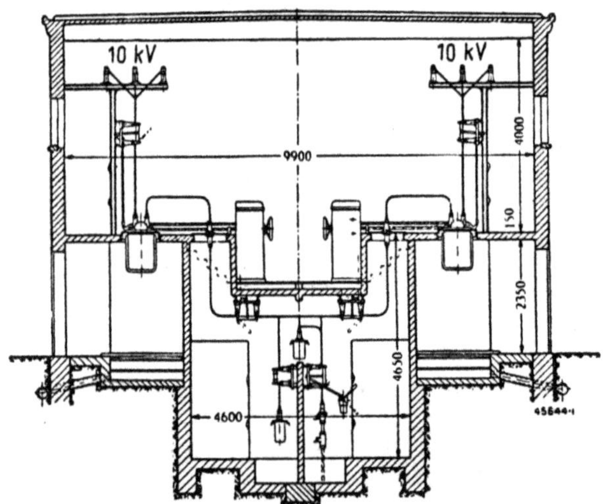

Hallenanlage mit versenkten Ölschaltern

Älteste Form des Leistungsschalters, wobei die Schaltkontakte in einem Kessel mit geeigneter Ölfüllung untergebracht sind. Das Öl dient dann gleichzeitig als Isolation und zur Aufnahme der bei der Stromunterbrechung entwickelten Wärme.

Die ursprünglich offen im Öl liegenden Messerkontakte wurden später in Löschkammern ↑ untergebracht, wodurch eine präzisere Beherrschung des Ausschaltvorganges und damit eine wesentliche Steigerung des Ausschaltvermögens erzielt werden konnte.

Mit zunehmender Spannung erhalten die Ölschalter sehr große Abmessungen und nehmen unwirtschaftlich viel Öl auf. Der damit erforderliche große Platzbedarf verteuert die Schaltanlagen wesentlich, wozu noch Schwierigkeiten oder Beschränkungen in der Leitungsführung treten. Dazu kommt noch, daß die beim Schalten entstehenden Ölgase bei Zutritt an Luft explosiv sind und bei schweren Schaltungen schon des öfteren zu Explosionen und schwersten Ölbränden geführt haben. Man hat dann die Anlagen so gebaut, daß die Ölschalterkessel versenkt montiert wurden, indem sie in getrennte Räumen hingen, die sie mit ihren Kesseldeckel selbst abschließen (Abb.). Eine eventuelle Explosion oder ein Ölbrand kann sich dann in diesen Räumen austoben, ohne daß die Schaltanlage gefährdet wird.

Aus den angeführten Unzulänglichkeiten ist man daher in neuerer Zeit — hauptsächlich in Europa — an die Verwendung von öllosen Leistungsschaltern geschritten, wobei das Schaltmittel (Wasser, Druckluft, kleinste Ölmengen usw.) nur zur Kühlung verwendet werden, während zur Isolation bewährte feste Isoliermaterialien herangezogen werden (s. a. Druckluftschalter ↑, ölarme Schalter ↑, Wasserschalter ↑).

Ölstandzeiger — *oil level gauge* — indicateur d'huile

Öltransformator — *self-cooled oil transformer* — transformateur à l'huile à ventilation naturelle

Transformator in Ölkessel mit oder ohne Ölumlauf. Die Kühlung erfolgt durch Kühlrippen oder Taschen, oder Kühlrohre am Transformatorkessel.

Oerstedt — *oersted* — oersted

Einheit der magnetischen Erregung von der Größe

$$1 \text{ Oe} = \frac{1}{0{,}4\,\pi}\,\frac{\text{A}}{\text{cm}}.$$

Ofen — *furnace, stove, oven* — four, poéle, fourneau

Ohm — *ohm* — ohm

Einheit des elektrischen Widerstandes.

$$1\,\Omega = 1\,\frac{\text{V}}{\text{A}}.$$

Ohmsches Gesetz — *Ohm's law* — loi d'Ohm

Grundlegendes Gesetz der Elektrotechnik, das die Proportionalität zwischen Strom und Spannung in einem Stromkreis angibt

$$I = \frac{U}{Z}.$$

Z ist dabei der (konstante) Widerstand ↑, der bei Gleichstrom Ohmscher Widerstand ↑, bei Wechselstrom Scheinwiderstand ↑ genannt wird. Der Scheinwiderstand (Wechselstromwiderstand) ist immer größer oder höchstens gleich dem Gleichstromwiderstand (Ohmschen Widerstand).

16*

Oktavsieb — *octave filter* — filtre octave

Ein zur Frequenzanalyse und zu elektroakustischen Messungen benutztes Bandfilter ↑ , das für die Frequenzen einer Oktave durchlässig ist. (Meistens für mehrere Oktaven umschaltbar.)

Oktode — *octode* — octode

Mehrgitterröhre, die zur Überlagerung zweier Frequenzen benutzt wird. Dieser Vorgang erfolgt im Prinzip folgendermaßen:

Als erste Elektrode nach der Kathode liegt ein Steuergitter, das mit einer Hilfselektrode zusammen eine Triode zur Hilfsschwingungserzeugung bildet. Dieser so modulierte Elektronenstrom durchläuft ein Schirmgitter und wird dann an einem vierten Gitter durch die Signalfrequenz beeinflußt. Darauf folgt dann wie bei einer Pentode ↑ ein Schirmgitter, ein Bremsgitter und die Anode. Der Anodenstrom enthält jetzt das Produkt der beiden Frequenzen, wobei die Differenzfrequenz wieder die Zwischenfrequenz bildet.

Operator — *operator* — opérateur

Mathematisch-physikalische Größe, die auf eine (physikalische) Größe „angewandt", diese in eine andere verwandelt oder mit ihr eine bestimmte mathematische Operation vornimmt. Im wesentlichen also ein symbolisches Kurzzeichen für diese Operation, wobei der Vorgang der Anwendung formal als Multiplikation mit dem Symbol dargestellt und das Zeichen selbst unter gewissen Vorsichtsmaßregeln wie eine algebraische Zahl verwendet werden kann.   [OII]

Operatorenrechnung — *operational calculus* — calcul opérationnel

Wird eine funktionale Zuordnung zwischen zwei Größen durch ein Symbol (Operator genannt) dargestellt, so kann dieses nach bestimmten Regeln wie eine algebraische Zahl behandelt werden. Unabhängig von der durch den Operator geforderten Rechenoperation lassen sich für die Rechnung mit Operatoren allgemeine Grundregeln ableiten, wovon die wichtigsten die folgenden sind (A, B, C...Operatoren).

$$(A + B)\ f(x) = Af(x) + Bf(x),$$

$$A(B + C) = AB + AC,$$

$$A[B\ f(x)] = (AB)\ f(x) \neq B[A\ f(x)].$$

In der Elektrotechnik wurde am bekanntesten die Heavisidesche Operatorenrechnung zur Behandlung von Ausgleichs- und Einschwingvorgängen; sie ist heute durch die präzisere Laplace-Transformation ersetzt worden.

Ordinate — *ordinate* — ordonnée

Ortsfunktion

Mathematische Darstellung der Abhängigkeit einer (physikalischen) Größe vom Ort. Sie kann eine skalare oder vektorielle Funktion sein und stellt dann das skalare oder vektorielle Feld der Größe dar.

Ortskurve — *locus diagram, circle diagram* — diagramme circulaire

Verbindungslinie der Endpunkte eines parametrisch veränderlichen (Zeit-) Vektors ↑ in komplexer Darstellung. Bei zwei Parametern entstehen Scharendiagramme. [Oberdorfer, G.: Die Ortskurventheorie der Wechselstromtechnik. Wien: 1950. Verlag Deuticke,   L.]

Ortskurvenschreiber

Apparat zur Aufzeichnung von Ortskurven ↑ . Er enthält zwei elektrodynamische Meßwerke, deren Achsen senkrecht aufeinanderstehen und je einen Spiegel tragen. Werden die beiden Systeme nach nebenstehender Schaltung angeschlossen, so liefert bei konstanter Spannung das eine System einen dem Wirk-, das andere einen dem Blindstrom proportionalen Ausschlag. Ein auf die Spiegel geworfener Lichtstrahl beschreibt dann etwa die Ortskurve des Stromes bei willkürlichen Änderungen im Stromkreis dieses Stromes.

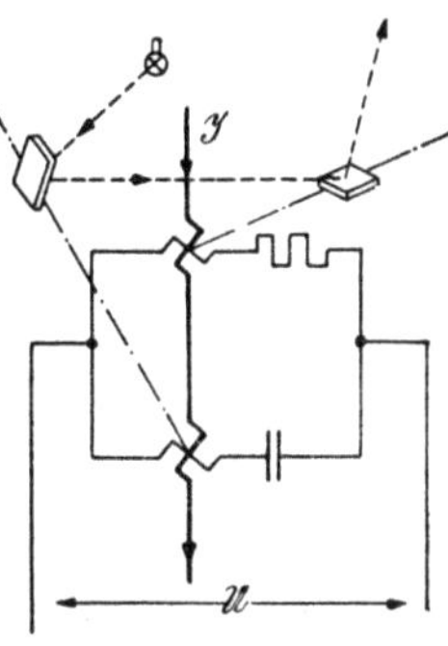

Ortskurvenschreiber

Osmose — *osmosis, osmose* — osmose

Ossannakreis — *Ossannas' circle diagram* — cercle d'Ossanna

Die Ortskurve des Primärstromes einer Asynchronmaschine ↑ in Abhängigkeit vom Schlupf ↑ ist ein Kreis. Die Ermittlung und Untersuchung dieses Kreisdiagrammes wurde erstmalig von Ossanna und Heyland durchgeführt. Seither sind viele Konstruktionsverfahren angegeben worden. Die folgerichtigste und einfachste Ermittlung wird nach den Regeln der Ortskurventheorie durchgeführt. Dazu benützt man etwa die komplexe Form der Kreisgleichung

$$\mathfrak{J}_1 = \frac{R_2 + jsX_2}{R_2\,\mathfrak{Z}_{11} + jsX_2\,(R_1 + jsX_1)}\,\mathfrak{U}_1,$$

worin

$\mathfrak{U}_1$ die angelegte Primärspannung,

$\mathfrak{Z}_{11} = \mathfrak{Z}_1 + \mathfrak{Z}_0 = R_1 + j\,X_{1\sigma} + jX_h = R_1 + jX_1$ den primären Leerlaufscheinwiderstand,

R_1 den primären Wicklungswiderstand,

$X_{1\sigma} =$ den primären Streublindwiderstand,

X_h den Blindwiderstand des Hauptfeldes,

$X_1 = X_h + X_{1\sigma}$ den primären Gesamtblindwiderstand,

R_2 den auf die Primärseite umgerechneten sekundären Wirkwiderstand,

X_2 den sekundären Blindwiderstand,

σ die gesamte Streuziffer und

s den Schlupf

bedeuten.

Der Kreis kann auch aus ausgezeichneten Punkten bestimmt werden, wie aus dem Leerlauf-, Kurzschluß- und dem ∞-Punkt, deren zugehörige Ströme:

der Leerlaufstrom $\quad \mathfrak{J}_0 = \dfrac{\mathfrak{U}_1}{\mathfrak{Z}_{11}},$

der Kurzschlußstrom $\quad \mathfrak{J}_k = \dfrac{\mathfrak{U}_1}{R_{k1} + j\sigma X_1},$

der Strom $\quad \mathfrak{J}_\infty = \dfrac{\mathfrak{U}_1}{R_1 + j\sigma X_1}$

sind. Dabei ist

$$R_{k1} = R_1 + R_2/(1 + \sigma_2)^2 \qquad\qquad (\sigma_2\ \text{sekundäre Streuziffer}).$$

Die Mittelpunktskoordinaten des Kreises ergeben sich zu

$$x_m = \frac{1+\sigma}{\sigma + r_1^2}\, \frac{U_1}{2X_1}$$

und

$$y_m = \frac{2r_1}{\sigma + r_1^2}\, \frac{U_1}{2X_1},$$

mit $r_1 = R_1/X_1$.

Ein vereinfachtes Kreisdiagramm ergibt sich aus

$$\mathfrak{I}_0 = \frac{\mathfrak{U}_1}{\mathfrak{Z}_{11}}, \qquad \mathfrak{I}_\infty = \frac{1-jr_1}{\sigma - jr_1}\, \mathfrak{I}_0$$

aus dem Kreisdurchmesser

$$D = \frac{1-\sigma}{\sigma}\, I_0$$

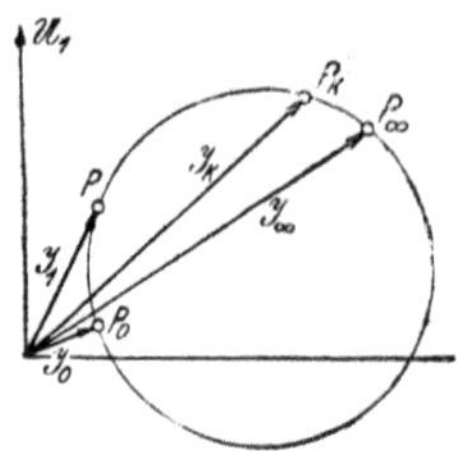

a. Ossannakreis

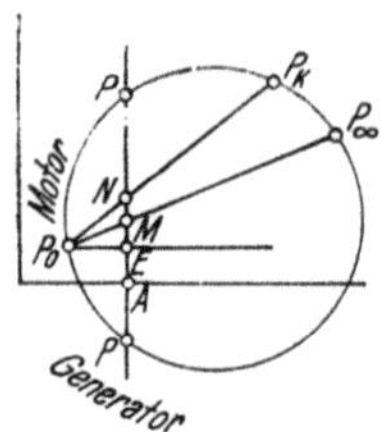

b. Leistungs- und Drehmomentenkennlinien im Ossannadiagramm

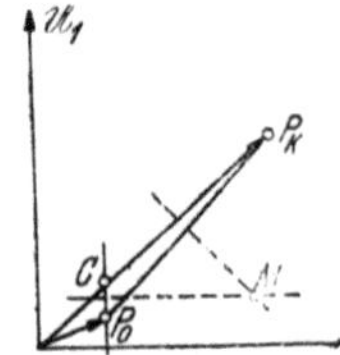

c. Konstruktion des Kreismittelpunktes

Zur Ablesung der Schlüpfung, der Leistungen und der Drehmomente, werden im Kreisdiagramm entsprechende Skalengerade eingetragen, wie die Schlupflinie, die Leistungslinien und die Drehmomentenlinien. Sie sind in obenstehender Abb. b angegeben. Es sind dann

$\overline{PM}$ das abgegebene Motordrehmoment, bzw. das aufzuwendende Generatordrehmoment,

$\overline{PN}$ die abgegebene mechanische Motorleistung, bzw. die zuzuführende mechanische Leistung des Generators,

$\overline{PA}$ die vom Motor aufgenommene elektrische Leistung, bzw. die vom Generator abgegebene elektrische Leistung,

$\overline{AE}$ die Eisenverluste (für alle Betriebszustände der Maschine in erster Annäherung als gleichbleibend angenommen),

$\overline{EM}$ die Ständerwärmeverluste,

$\overline{MN}$ die Läuferwärmeverluste.

Aus einer Messung des Leerlauf- und Kurzschlußstromes findet man das Kreisdiagramm wie folgt (siehe Abb. c). Man zieht die Symmetrale zu $\overline{P_0P_k}$ und bringt sie zum Schnitt mit der Symmetralen von $\overline{P_0C}$, wobei $\overline{P_0C} \parallel \mathfrak{U}_1$ ist. Der Schnittpunkt M ist der Kreismittelpunkt. [Bödefeld-Sequenz, Elektrische Maschinen. Wien: Julius Springer, 1944.]

Oszillograph — *oscillograph* — oscillographe

Elektrisches Gerät zur Sichtbarmachung von elektrischen und mechanischen Schwingungen. Ältere Ausführung als Schleifenoszillograph mit einem, an einer Drahtschleife drehbar angebrachten Spiegel. Die Schleife befindet sich in einem Magnetfeld und wird bei Stromdurchgang ausgelenkt. Ein, von dem Spiegel reflektierter Lichtstrahl beschreibt Kurven, die durch einen Drehspiegel und eine Mattscheibe sichtbar gemacht werden. Verwendung für niedrigere Frequenzen. Die Schleifen können als

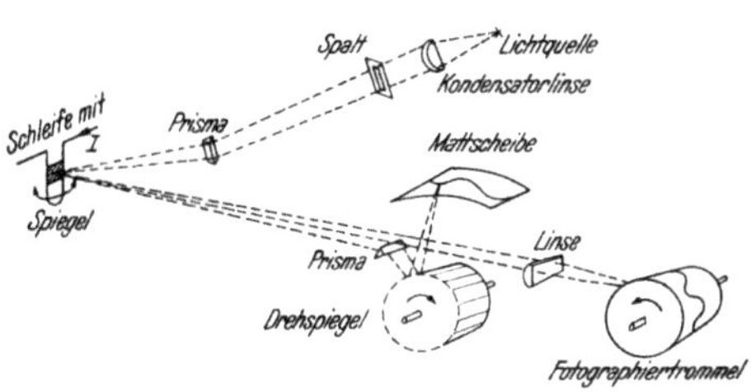

Schematische Darstellung eines Schleifenoszillographen

Strom-, Spannungs- und Leistungsschleifen ausgeführt werden. Für höhere Frequenzen eignet sich der moderne Kathodenstrahloszillograph besser. Die Schwingungen werden mit Hilfe einer Braunschen Röhre ↑ sichtbar gemacht. Er kann für hohe Frequenzen gebraucht werden, da er trägheitslos arbeitet. Der Kathodenstrahloszillograph ermöglicht auch die Aufnahme nichtzeitlicher Abhängigkeiten.

ounze (Unze)

Englische Gewichtseinheit.

$$1 \text{ oz} = 16 \text{ dram} = 28{,}35 \text{ p.}$$

Ozon — *ozone* — ozone

Modifikation des Sauerstoffes von der Form O_3.

P

p

1. Kurzzeichen für Pico (→ Dekadenzeichen).
2. Kurzzeichen für die Krafteinheit Pond ↑ .

Panoramagerät — *plan position indicator, panoramic viewer* — radar panoramique, oscillographe panoramique

Auch Rundsichtgerät genannt, ist ein auf Echolotung ↑ beruhendes Ortungsgerät, bei dem stark gebündelte Sektor-Impulswellen von einem umlaufenden Sender ausgesandt werden und das so die Abtastung des ganzen Raumes rund um das Meßgerät erlaubt. Es wird vorzugsweise zur Orientierung von Flugzeugen bei Nacht und Nebel verwendet, wobei Umlaufgeschwindigkeiten von etwa 1 Umdrehung/Sekunde derzeit üblich sind.

Panzerplatte

Akkumulatorenelektrode in ähnlicher Ausführung wie die Großoberflächenplatte ↑, jedoch mit dickerem Materialauftrag, so daß die aktive Schicht stärker und das Gesamtgewicht und der Raumbedarf bei gleicher Kapazität kleiner ist als bei der Großoberflächenplatte. Das Anwendungsgebiet ist dasselbe wie bei der Großoberflächenplatte; die erforderliche Ladezeit steigt fast auf das Doppelte an.

Papier — *paper* — papier

In der gesamten Elektrotechnik verwendeter, aus Zellulose durch Pressen und Leimen erzeugter Isolierstoff. Bei hohen Frequenzen nehmen die dielektrischen Verluste stark zu und die Isolierfestigkeit ab, so daß das Papier dann vorteilhaft paraffiniert wird.

Papierkondensator — *paper condenser* — condensateur à papier

Fester Kondensator für größere Kapazitätswerte, bei dem die Isolation zwischen den Belegungen aus paraffiniertem Papier gebildet wird (s. a. Wickelkondensator).

Pappe — *pasteboard, cardboard, millboard* — carton (glacé)

Parabel — *parabola* — parabole

Kurve zweiter Ordnung. Ihre Gleichung lautet in kartesischen Koordinaten:

$$y^2 = 2px \ldots \text{Scheitelgleichung};$$

$$\left. \begin{array}{l} a_{11}x^2 + 2a_{12}\,xy + a_{22}y^2 + 2a_1x + 2a_2y + a_3 = 0 \\[4pt] \quad \text{mit} \quad a_{11}\,a_{22} = a_{12}{}^2 \end{array} \right\} \text{allgemeine Gleichung};$$

in komplexer (Ortskurven-) Darstellung:

$$\mathfrak{P} = \mathfrak{A} + p\mathfrak{B} + p^2\mathfrak{C}.$$

paraffiniert — *paraffined* — paraffiné

Mit Paraffin getränkt.

parallel — *parallel, equidistant* — parallèle

Parallelbetrieb — *parallel working, parallel operation* — marche en parallèle

Parallelschaltung — *parallel connection* — montage en parallèle

Parallelschwingkreis — *parallel-resonance circuit, rejector circuit, antiresonance circuit* — circuit oscillant parallèle, circuit antirésonnant

Aus einer Parallelschaltung von induktiven und kapazitiven Widerständen bestehender, elektrischer Stromkreis. Bei Anschluß an eine Wechselspannung entstehen in ihm Schwingungen von der Frequenz der Wechselstromquelle (erzwungene Schwingung), die bei einer bestimmten Frequenz (der Resonanzfrequenz ↑) optimales Verhalten zeigen. Beim Selbstüberlassen des Kreises schwingt er mit einer von der Resonanzfrequenz abweichenden Frequenz (der Eigenfrequenz ↑) aus. Dabei wirken die vorhandenen Wirkwiderstände als Dämpfung.   [OI]

Paramagnetismus — *paramagnetism* — paramagnétisme

Eigenschaft bestimmter Körper, eine konstante Permeabilitätszahl ↑ aufzuweisen, die nur wenig über 1 liegt. Diese Eigenschaft erklärt sich daraus, daß die Moleküle der paramagnetischen Stoffe bereits im unerregten Zustand magnetische Dipole sind, die, in ein äußeres Magnetfeld gebracht, ausgerichtet werden und dieses damit verstärken.

Paramagnetische Körper sind:

Aluminium . . . . mit einer Permeabilitätszahl von	$1+ 22.10^{-6}$,
Luft (bei Atm. druck). . . . . „ „ „ „	$1+ 0{,}4.10^{-6}$,
Platin . . . . „ „ „ „	$1+330.10^{-6}$,
Sauerstoff (bei Atm. druck) „ „ „ „	$1+ 1{,}8.10^{-6}$.

[OI]

Partialbruchzerlegung

Zerlegung einer gebrochenen rationalen Funktion in eine Summe einfacherer Brüche (Partialbrüche), deren Nenner sich aus den Wurzeln ($a, b, c\ldots$) des Nennerpolynoms f(x) ergeben. Man findet die Zerlegung durch den Ansatz

$$y = \mathrm{F}(x) = \frac{\varphi(x)}{\mathrm{f}(x)} = \frac{A_\alpha}{(x-a)^\alpha} + \frac{A_{\alpha-1}}{(x-a)^{\alpha-1}} + \cdots + \frac{A_1}{x-a} +$$

$$+ \frac{B_\beta}{(x-b)^\beta} + \frac{B_{\beta-1}}{(x-b)^{\beta-1}} + \cdots + \frac{B_1}{x-b} + \cdots$$

Die Konstanten $A, B\ldots$ findet man nach Erweitern mit f(x) durch Koeffizientenvergleich. Dabei ist a eine α-fache, b eine β-fache, $\ldots$ Wurzel. [OII]

Paschensches Ähnlichkeitsgesetz — *Paschen's law*

→ Ähnlichkeitsgesetz.

Patent — *patent* — brevet

Patrone — *cartridge* — cartouche

Geschützter und auswechselbarer Innenteil einer Patronensicherung, der die Schmelzstreifen oder Schmelzdrähte enthält.

Pauschaltarif — *restricted tariff, bulk tariff* — tarif à forfait, tarif forfaitaire

Pauspapier — *tracing paper* — papier calque, papier à calquer

Peeksche Formel

Ältere Formel zur Ermittlung der Koronaverluste ↑ an Leitungen. Sie lautet:

$$N = \frac{244}{\delta} \sqrt{\frac{r}{D}}\,(f+25)\,(U-U_0)^2 \cdot 10^{-15}\,\frac{\mathrm{kW}}{\mathrm{km}}.$$

Darin bedeuten:

δ die auf 20° C und 760 Torr bezogene Luftdichte,
r den Leiterhalbmesser,
D den Leiterabstand,
f die Frequenz,
U den Effektivwert der Netzspannung in kV,
U_0 den Effektivwert der Anfangsspannung ↑ in kV.

Pegel — *level* — niveau

Größenangabe für längs eines Übertragungssystems veränderliche Größen, wobei auf einen Normalwert dieser Größen bezogen wird. In der Fernmeldetechnik sind diese Bezugswerte durch den Normalgenerator ↑ gegeben, dem der Pegelwert Null zugeordnet wird. Der Pegelwert an irgend einer Stelle des Übertragungssystems in Neper ↑, bedeutet dann, daß dieser Punkt um diesen Pegelwert über dem Normalpegel liegt.

Ist z. B. an einem Punkt eines Übertragungssystems der Spannungspegel —4,6 N, so bedeutet dies, daß dort nur 1/100 der Normalspannung, also bei Anpassung 7,75 mV vorherrscht.

Peilrahmen — *directional loop, direction finder aerial* — cadre goniométrique, cadre radiogoniométrique

Um eine vertikale Achse drehbar angeordnete Rahmenantenne zur Verwendung in Peilanlagen in Verbindung mit Hoch- und Niederfrequenzverstärkern oder Überlagerern. Meist wird der Rahmen auf Verschwinden der Zeichen eingestellt und der dabei auftretende Richtungswinkel abgelesen (s. a. Peilung).

Peilung — *bearing* — repérage, relèvement

Aufsuchen von nicht sichtbaren Körpern (Flugzeugen in der Dunkelheit oder bei unsichtigem Wetter, Peilstationen vom Schiff aus usw.) durch Richtungs- und Entfernungsmessung, wobei die Laufzeiten von elektrischen oder Schallwellen oder deren Differenz in die Messung eingehen. Meist unter Verwendung einer Rahmenantenne ↑, die bei zur Verbindungslinie zum Sender senkrechten Lage ein scharfes Empfangsminimum ergibt, was eine Peilgenauigkeit von etwa 1…2° ermöglicht.

Pendelgleichrichter — *tuned reed rectifier, vibrating rectifier, pendulum rectifier* — redresseur à pendule, redresseur à vibrateur

Elektromechanischer Gleichrichter, unter Verwendung eines mit Kontakten versehenen, mit der Netzfrequenz schwingenden Metallpendels (s. a. Pendelumformer).

Pendelrückkopplung — *superregeneration* — superréaction, super-régénération

Die Pendelrückkopplungsschaltung ist eine normale Audionschaltung ↑, bei der die Rückkopplung ↑ so stark ist, daß Eigenschwingungen einsetzen. Durch eine Hilfsfrequenz (Pendelfrequenz) wird aber diese Selbstschwingung periodisch unterbrochen. Diese Hilfsschwingung liegt über der oberen Hörgrenze, muß aber weit unterhalb der Empfangsfrequenz liegen, damit diese in der Rückkopplungsperiode Zeit genug hat, voll anzuschwingen. Grundsätzlich kann man mit diesem Verfahren noch Schwingungen empfangen, die gerade über dem Störpegel liegen.

Pendelumformer — *vibrating converter* — vibrateur

Der Pendelumformer ist ein mechanischer Wechselrichter ↑, der Gleichspannung durch Zerhacken in Wechselspannung umformt. Demgemäß wird das Gerät auch Z e r h a c k e r oder V i b r a t o r genannt. Die grundsätzliche Schaltung zeigt die nebenstehende Abbildung.

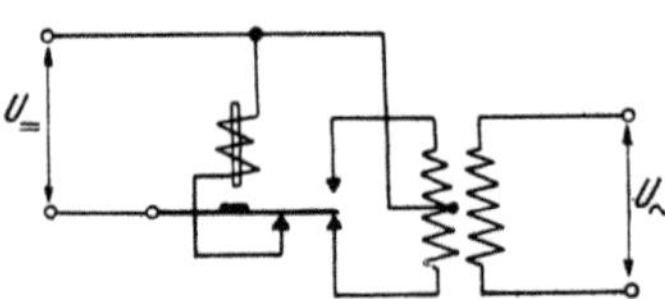
Schaltung eines Pendelumformers

Die üblichen Ausführungsformen haben Leistungen in der Größenordnung von etwa 100 Watt.

Der Pendelumformer kann auch in der umgekehrten Richtung als Gleichrichter verwendet werden, wenn der Unterbrecher mit der Frequenz des Wechselstromes schwingt.

Pentode — *pentode* — pentode

Wenn bei der Schirmgitterröhre die Anodenspannung kleiner wird als die Schirmgitterspannung, so verringert sich der Anodenstrom durch die beim Aufprall der von der Kathode kommenden Elektronen entstehenden und zum positiven Schirmgitter abfließenden Sekundärelektronen so stark,

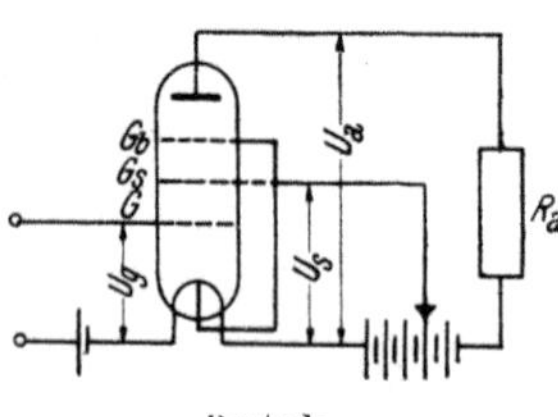
Pentode

daß die Kennlinie der Schirmgitterröhre stark verzerrt wird, wenn die Anodenspannungen kleiner als die Gitterspannung ist. Die Schirmgitterröhre kann dann für Verstärker nicht mehr benützt werden. Durch Einschalten eines weiteren Gitters, des B r e m s g i t t e r s, kann die Strömung der Sekundärelektronen von der Anode zum Schirmgitter unterbunden werden, wenn das Bremsgitter eine negative Spannung gegen die kleinstmögliche Anodenspannung der Röhre erhält, was zum Beispiel der Fall ist, wenn das Bremsgitter auf

Kathodenpotential liegt oder eine kleine Vorspannung hat. Oft wird das Bremsgitter bereits innerhalb der Röhre mit der Kathode verbunden. Wegen der Elektrodenzahl wird eine solche Röhre Pentode genannt.

Die Pentode wird vorzugsweise in Hochfrequenzverstärkern wegen ihres hohen Verstärkungsfaktors, der geringen Rückwirkung der Anodenwechselspannung auf die Gitterwechselspannung und des hohen Innenwiderstandes verwendet, der die zusätzliche Dämpfung eines angeschlossenen Resonanzkreises verringert. In Leistungsverstärkern wird die Pentode hauptsächlich wegen ihres besseren Wirkungsgrades und des höheren Verstärkungsgrades benutzt.

Perbunan

Polymerisationsprodukt geringerer Hitzebeständigkeit und Isolierfähigkeit, aber großer Quellbeständigkeit gegen Benzin und Öle.

Pergament — *parchment, vellum* — parchemin, vélin

Periodendauer — *(duration of) period, periodic time* — durée de période, période

Dauer einer vollen Schwingung (Periode) einer periodischen Wechselstromgröße.

Periodenkontrolluhr

Elektrische Uhr, die die Zeitangabe einer an ein Wechselstromnetz angeschlossenen Synchronuhr ↑ mit der Anzeige einer hochwertigen astronomischen Uhr vergleicht. Der Gangunterschied der beiden Uhren wird von einem eigenen Zeiger angezeigt, der bei Abweichungen Kontakte schließt, die ein Nachregulieren der Drehzahlen der das Netz speisenden Generatoren veranlassen.

Periodenzahl — *frequency, number of cycles, periodicity* — fréquence, nombre des périodes, périodicité

Zahl der in der Zeiteinheit erfolgenden vollen Schwingungen einer periodischen Schwingung. Einheit: Hertz ↑.

Periodisches System

Tabellarische Zusammenstellung der Elemente in sieben Zeilen und acht Spalten mit steigendem Atomgewicht. Untereinanderstehende Elemente zeigen dann ähnliche chemische Eigenschaften und bilden die Spalten der Alkalien, Erdalkalien, Edelmetalle usw. bis zu den Edelgasen. Von Element zu Element nimmt die Kernladungszahl um 1 zu und damit auch die Zahl der um den Kern kreisenden Elektronen, die im allgemeinen in einer schalenförmigen Umgebung um den Kern angesiedelt werden. Nach dem Durchlaufen einer Zeile (Periode) ist eine Schale abgesättigt, und es wird eine neue Schale gebildet. Es entstehen so acht Schalen, die mit K, L, M . . . Schale bezeichnet werden. Abgesättigte Schalen verleihen dem Element eine besonders starke chemische Stabilität und Inaktivität (Edelgase). Fehlen der äußeren Schale nur wenig Elektronen zur Absättigung, so nehmen sie leicht Elektronen auf, wobei das Atom negativ geladen wird (elektronegativer Charakter); hat die äußere Schale nur wenig Elektronen, so gibt das Element diese leicht ab, worauf die positive Kernladung durchdringt (elektropositives Verhalten). (Tafel des Periodischen Systems s. S. 412.)

Permalloy — *permalloy* — permalloy

Weicheisen-Nickellegierung mit einem Nickelgehalt von 78,5% von sehr hoher Permeabilitätszahl, die bis auf 600.000 ansteigen kann. Wird als Kernmaterial für hochwertige Transformatoren und Drosselspulen in der Hochfrequenz- und der Stromwandlertechnik verwendet.

Permeabilität — *permeability* — perméabilité
→ Induktionskonstante.

Permeabilität, relative *(relative) permeability* — pérmeabilité relative
Andere Bezeichnung für Permeabilitätszahl (→ Induktionskonstante).

Permeabilität, reversible — *reversible permeability* — perméabilité réversible

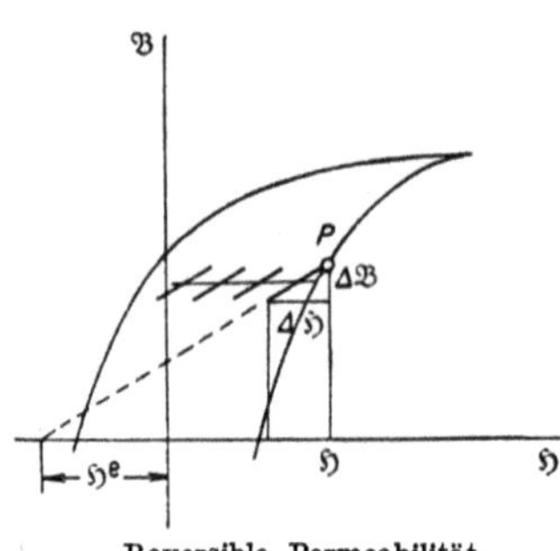
Reversible Permeabilität

Bei sehr kleinen Änderungen der magnetischen Erregung ↑ ändert sich die Induktion linear mit der Erregung und folgt bei Umkehr derselben, dem gleichen, geraden Kennlinienstück. Das Verhältnis $\Delta B / \Delta H = \mu_u$ ist die reversible Permeabilität.

Manchmal wird auch das Verhältnis μ_u / μ_o dieses Wertes zur Induktionskonstanten als reversible Permeabilität definiert.

Die reversible Permeabilität ist stets kleiner als die Permeabilität an den Punkten der Hysteresisschleife. Alle Punkte mit gleicher Induktion haben dieselbe reversible Permeabilität. [OI]

Permeabilitätszahl
→ Induktionskonstante.

Permutation — *permutation* — permutation
Anordnung von n Elementen in jeder möglichen Reihenfolge. Sind unter den n gegebenen Elementen p gleiche einer Art, q gleiche einer anderen Art usf., so ist die Anzahl der Permutationen

$$P = \frac{n!}{p!\, q!\, r! \ldots}$$

Sind nur voneinander verschiedene Elemente vorhanden, so ist

$$P = n!.$$

Pertinax — *pertinax* — pertinace, pertinax
Hartpapierart.

Petersenspule — *Petersen coil* — bobine de Petersen
→ Erdschlußlöschung.

Petroleum — *petrol, petroleum* — pétrole, huile minéral

Pfeifen (eines Verstärkers) — *singing, howling, squealing* — sifflement

Pferdestärke — *horse power* — cheval-vapeur
Leistungseinheit,
$$1\ \text{PS} = 736\ \text{Watt}$$
(s. a. horse power).

Pfund — *pound* — livre
→ pound.

Phantomschaltung — *phantom circuit* — circuit combiné, circuit fantôme

Zur besseren Ausnützung von Fernmeldeleitungen getroffene Schaltung, bei der zwei Doppelleitungen — auch Stammleitungen oder Stämme genannt — als Hin- und Rückleitung eines dritten Sprechkreises verwendet werden, der dann Phantomkreis genannt wird. Die Schaltung erfolgt nach nebenstehendem Schaltbild über abgeglichene Übertrager; sie ermöglicht bei symmetrischen Leitungen eine unbeeinflußte Gesprächsübermittlung. Dabei steht dem Phantomkreis der doppelte Leiterquerschnitt zur Verfügung als den Stammkreisen.

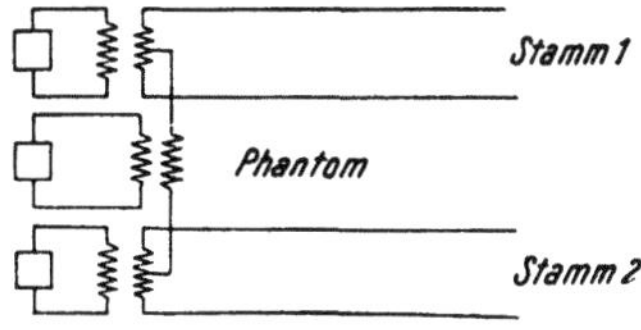

Phantomschaltung

Sinngemäß lassen sich Phantomschaltungen auch bei Vierfach- und Achtfachleitungen anwenden.

Phasenbelag — *phase constant, phase-change coefficient* — constante de déphasage

→ Fortpflanzungskonstante.

Phasengleichheit — *phase coincidence* — coïncidence de phases, concordance de phases

Zeitliche Lage von periodischen Schwingungen, bei der diese gleichzeitig durch Null gehen.

Phasenlaufzeit — *time of phase transmission, phase delay* — temps de la progression de phase, temps de propagation de phase

Zeit, die vergeht, bis eine Schwingung der Kreisfrequenz ω den Übertragungsabschnitt mit dem Phasenmaß ↑ a durchlaufen hat; $t = \dfrac{a}{\omega}$.

Phasenmaß — *phase constant* — déphasage caractéristique

Winkel, um den eine Übertragungsgröße (Strom, Spannung) beim Durchtritt durch eine Übertragungseinheit (Leitung, Verstärker usw.) phasenverdreht wird. Bei einer Leitung wird das auf die Längeneinheit bezogene Phasenmaß Phasenbelag genannt (s. a. Fortpflanzungskonstante und Verstärkung).

Phasenmodulation — *phase modulation* — modulation de phase

Art der Trägerfrequenzmodulation ↑ , bei der die Phase der modulierten Schwingung gegenüber der Trägerschwingung in Übereinstimmung zur Hörfrequenz oder Frequenz des zu übertragenden Signals von Augenblick zu Augenblick geändert wird. Wegen der dabei unveränderlich bleibenden Belastung ist der Wirkungsgrad dieser Modulationsart vergleichsweise hoch.

Phasenregler

→ Phasenschieber.

Phasenschieber — *compensator, phase shifter, phase changer* — compensateur, régulateur de phase, changeur de phases

Maschinen oder Apparate, die zur Verbesserung oder willkürlichen Veränderung des Leistungsfaktors ↑ dienen. Sie können ruhende Kondensatoren (→ Starkstromkondensator) oder rotierende Maschinen sein.

Die Kondensatoren werden meist in einer größeren Anzahl zu Batterien vereinigt und mit Schaltapparaten derart versehen, daß deren Kapazität den jeweiligen Bedürfnissen von Hand aus oder selbsttätig angepaßt werden kann.

Die rotierenden Phasenschieber sind meistens entsprechend erregte Synchronmaschinen ↑, die bei Übererregung als Kondensatoren, bei Untererregung als Induktivitäten wirken. Es können aber auch Regelsätze und Stromwendermaschinen ↑ als Phasenschieber verwendet werden.

Phasenschieber werden verwendet, um durch Verkleinern des Leistungsfaktors die energetische Ausnützung einer Anlage zu verbessern, den Spannungsabfall in einer Übertragungsleitung zu verkleinern oder die Aufteilung von Wirk- und Blindlasten in gewünschte Abhängigkeiten zu bringen. Auch eine Spannungsregelung ist durch Phasenschiebung möglich (siehe Einankerumformer).

Synchronmaschinen können neben ihrem Normalbetrieb als Phasenschieber arbeiten; oft werden sie aber auch lediglich zur Blindstromlieferung herangezogen, ohne daß sie Wirk- oder mechanische Leistung aufnehmen oder abgeben.

Phasenspannung — *star voltage, phase voltage* — tension de phase

→ Sternspannung.

Phasensprung — *phase change, phase reversal* — discontinuité du au changement de phase

Plötzliche Änderung, im besonderen Umkehr der Phasenlage, wie sie beispielsweise bei der Schwebung ↑ auftritt.

Phasenverschiebung — *phase displacement, phase delay, lag* — décalage, déphasage

Differenz der Nullphasenwinkel zweier, im allgemeinen gleichfrequenter Schwingungen. Ist die Phasenverschiebung Null, dann heißen die Schwingungen phasengleich. Sind sie außerdem frequenzgleich, so nennt man sie synchron.

Phasenverzerrung — *phase distortion* — distorsion de phase

In Verstärkern auftretende Verzerrungen der Form oberschwingungsreicher Schwingungen (Impulse), die dadurch entstehen, daß die Phasenverschiebungen der einzelnen Oberschwingungen verschieden sind. Solange das nicht der Fall ist, spricht man von phasenrichtiger Widergabe. Das menschliche Ohr zeigt keine Empfindlichkeit für Phasenverschiebungen.

Phasenwinkel — *phase angle* — angle de phase

Das Argument $\omega t + \varphi$ einer Sinusschwingung $c = C_m \sin(\omega t + \varphi)$. Der konstante Anteil φ heißt Nullphasenwinkel; er kennzeichnet die Schwingung im Zeitpunkt $t = 0$.

Philips-Miller-Verfahren

Ein Schallaufzeichnungsverfahren, in dem als Schallschriftträger ein schmaler, mit einer lichtundurchlässigen Schicht überzogener Filmstreifen dient. Mit Hilfe eines stumpfwinkeligen Saphirs wird die lichtundurchlässige Schicht im Takte der Tonfrequenz ausgeschnitten, wobei die Ausschnitthäufigkeit der Tonfrequenz und die Ausschnittweite der Tonamplitude proportional ist. Die Tonabnahme erfolgt mittels einer Photozelle ↑ auf lichtelektrischem Wege.

Phon — *phon* — phon

Einheit der Lautstärke, die der „logarithmischen Empfindlichkeit" des menschlichen Ohres angepaßt ist, die sich so äußert, daß die n^k-fache Schallstärke nur um einen k-fachen Einheitswert lautstärker empfunden wird als der Anfangswert. Man unterteilt demgemäß die Schallstärke nach einem logarithmischen Gesetz in Lautstärkestufen, wobei die untere Grenze jene Schallstärken bilden, die bei den verschiedenen Frequenzen gerade noch wahrgenommen werden. Diese Grenze wird als Reizschwelle

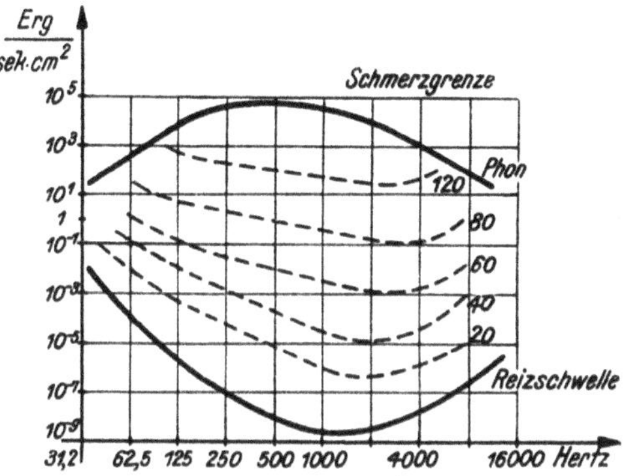

Empfindlichkeit des Ohres

oder Schwellwert bezeichnet. Die Schallstärke ist dabei der zeitliche Mittelwert des Energiestromes durch die Flächeneinheit, also die Schallleistung je Flächeneinheit. Der Schwellwert wurde mit 10^{-16} Wcm^{-2} festgesetzt. Ein oberer Grenzwert wurde dort festgelegt, wo das menschliche Ohr eine Zunahme der Schallstärke nicht mehr als solche wahrnimmt, sondern einen Schmerzeindruck erhält. Wird dazwischen die Schallstärke jeweils auf das 1,26-fache erhöht, so sagt man, daß die Lautstärke um ein Phon erhöht wird. Bei einer Frequenz von 1000 Hz liegt die Schmerzgrenze bei etwa $1{,}2 \cdot 10^{-3}$ Wcm^{-2}, was einen Empfindlichkeitsbereich des menschlichen Ohres von etwa 130 Phon ergibt.

Phosphorbronze — *phosphor bronze* — bronze phosphoreux

Legierung aus Kupfer, Zinn und Phosphor, die sich durch Härte und Elastizität auszeichnet. Sie ist unmagnetisch und wird in der Elektrotechnik vielfach für Kontaktfedern, vor allem in Relais verwendet.

Phosphoreszenz — *phosphorescence* — phosphorescence

Nachleuchtzeit leuchtfähiger Substanzen, deren Dauer in der Größenordnung von Sekunden und Stunden liegt.

Photoelement — *photocell, photo-electric cell* — cellule photo-électrique

auch Sperrschichtzelle genannt, erzeugt beim Auftreffen von Licht eine elektromotorische Kraft in der Größenordnung von etwa 500 mV/lm. Die Kurzschlußstromempfindlichkeit beträgt etwa 1 mA/lm. Verwendung im Zusammenhang mit einem Meßgerät als Belichtungsmesser, Beleuchtungsmesser, Photometer und ähnlichen Geräten. Die Spektralempfindlichkeit ist ungefähr dieselbe wie die des menschlichen Auges.

Photon — *photon* — photon

Nach der Quantentheorie kann Energie, die in Form von Strahlung mit der Schwingungszahl f auftritt, nur dann zustande kommen, wenn dem emittierenden Körper ein bestimmter Mindestbetrag an Energie, nämlich das „Energiequant" $\varepsilon = hf$ (h..Wirkungsquantum ↑)

zur Verfügung steht, das dann als Ganzes auf einmal ausgestrahlt wird. Diese ausgestrahlten Energiequanten werden beim Licht Lichtquanten oder Photonen genannt. Die Lichtaussendungen verlaufen darnach nicht stetig, sondern nur während sehr kurzer Zeitspannen, welche durch viel längere Pausen unterbrochen sind, in denen die erforderliche Energie wieder gesammelt wird.

Lichtausstrahlung nach der Quantentheorie

Die Ausstrahlung eines Photons erfolgt zum Beispiel bei einem angeregten (→ Anregung) Atom, wenn ein aus seiner Bahn gehobenes Elektron wieder in seine Ausgangslage zurückkehrt.

Da sich das Photon stets mit Lichtgeschwindigkeit bewegt, kann ihm eine Masse

$$m = \frac{hf}{c^2}$$

zugeordnet werden.

Photozelle — *photo-electric cell, phototube* — tube photoélectrique, cellule photoélectrique

Lichtempfindliche Substanz, deren Lichtabhängigkeit zu Meß- oder Schaltzwecken ausgenützt wird. Je nach Aufbau und Verwendungszweck unterscheidet man Alkalizellen ↑ , Selenzellen ↑ und Photoelemente ↑ (Sperrschichtzellen).

Pico — *pico* — pico

→ Dekadenzeichen.

Piezoelektrizität — *piezoelectricity* — piézoélectricité

Manche Kristalle haben die Eigenschaft, daß bei aus ihnen, in der Richtung der elektrischen Achsen herausgeschnittenen Plättchen durch Druck oder Zug eine Aufladung der Kristallflächen zustande kommt. Umgekehrt entstehen beim Anlegen einer Spannung Dehnungen. Dies ist nicht der Fall in der optischen Hauptachse. Die Kristallplättchen haben auch eine mechanische Eigenschwingungsfrequenz

$$f = \frac{\sqrt{E/\delta}}{2\,d},$$

worin d die Stärke des Plättchens, δ die Dichte und E den Elastizitätsmodul bedeuten.

Spezielle elektrische Eigenschaften zeigen die Kristalle von Quarz, Turmalin, Zinkblende, Seignettesalz usw. Für Quarz gilt

$$f = \frac{2725}{d}\ \text{kHz} \quad \text{(für } d \text{ in mm).}$$

Ist die Frequenz der angelegten Spannung identisch mit der mechanischen Eigenschwingung, so ergeben sich hohe Spannungen, die zum Steuern von Sendern benützt werden. (Quarzoszillatoren, Quarzresonatoren.)

Plasma — *plasma* — plasme

Dichtes Gemenge von positiv und negativ geladenen Kleinstteilchen einer Gasentladung ↑. Es bildet den Stoff der positiven Säule und der Bogensäule einer Glimm-, bzw. Lichtbogenentladung und entsteht durch das Nebeneinanderbestehen von durch Stoßionisation erzeugten positiven Ionen und Elektronen. Wegen des Vorhandenseins dieser großen Zahl von Elektrizitätsträgern ist das Plasma gut leitend und verbraucht nur einen geringen Teil der für die Entladung erforderlichen Spannung.

Platin — *platinum* — platine

Schweres, weißes Metall, das von Säuren praktisch nicht angegriffen wird. Es verträgt ferner hohe Temperaturen, wie sie in Lichtbögen auftreten und wird daher gerne als Kontaktmaterial in kleineren Schaltern und Relais verwendet.

Plattenkondensator — *disc condenser, plate condenser* — condensateur à plaques

Aus zwei parallelen Platten bestehender Kondensator. Seine Kapazität ist

$$C = \varepsilon \cdot \frac{F}{d},$$

worin F die Plattenoberfläche und d den Plattenabstand bedeuten. Das Feld ist im Plattenkondensator bis auf die Randzone homogen und hat die Stärke

$$|\mathfrak{E}| = \frac{U}{d}.$$

Polarisation, dielektrische — *dielectric polarisation* — polarisation diélectrique

Zuwachs des dielektrischen Feldes gegenüber dem Vakuum, hervorgerufen durch die Anwesenheit von Materie

$$\mathfrak{D} = \mathfrak{D}_0 + \mathfrak{P} = \mathfrak{D}_0 (1 + \xi)$$

$$\mathfrak{P} = \mathfrak{D}_0 \, \xi = \varepsilon_0 \, \mathfrak{E} \, \xi$$

(s. a. Suszeptibilität, elektrische). [OI]

Polarisation, magnetische — *magnetic polarisation* — polarisation magnétique

Zuwachs des magnetischen Feldes, gegenüber dem Vakuum, hervorgerufen durch die Anwesenheit von Materie

$$\mathfrak{B} = \mathfrak{B}_0 + \mathfrak{M} = \mathfrak{B}_0 + \mu_0 \, \mathfrak{J},$$

$$\mathfrak{M} = \mu_0 \, \mathfrak{J}.$$

(s. a. Magnetisierung). [OI]

Polarität — *polarity* — polarité

Polarkoordinaten — *polar coordinates* — coordonnées polaires

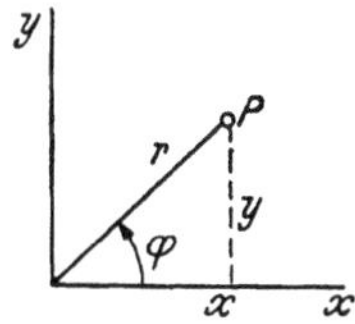

Kartesische und
Polarkoordinaten

Radiusvektor r und Richtungswinkel φ als Bestimmungsstücke eines Punktes einer Funktion in der Darstellungsebene. Der Zusammenhang mit den kartesischen Koordinaten ist

$$x = r \cos \varphi \quad \text{und} \quad y = r \sin \varphi$$

Polbedeckungsfaktor — *ratio: pole arc/pole pitch* — rapport de la largeur circonférentielle des pôles au pas polaire

Ist der gesamte, von einem Pol einer elektrischen Maschine ausgehende, magnetische Fluß Φ, mit dem Höchstwert der magnetischen Feldstärke (Induktion) B_m, und verwandelt man die, die Verteilung von B über der Polteilung τ angebende Kurve in ein flächengleiches Rechteck, so ist dessen Grundlinie $\alpha\tau$ kleiner als die Polteilung. $\alpha\tau$ heißt dann **ideeller Polbogen**, α **Polbedeckungsfaktor**.

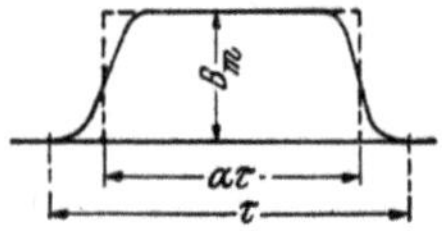

Zur Definition des Polbedeckungsfaktors

Polbogen, ideeller — *ideal pole arc* — arc polaire théorique

→ Polbedeckungsfaktor.

Polschuh — *pole shoe, lug, pole piece* — épanouissement polaire, pièce polaire, cosse

Dem Anker zugewandter Teil der Magnetpole elektrischer Maschinen, der meist zur Vermeidung der Entstehung von durch die Zahnung des Ankereisens verursachten Wirbelströmen aus Blechen aufgebaut (geblättert) wird.

Polstärke — *pole strength* — intensité de pôle

Die in den Polen von Magneten vorhanden gedachte „magnetische Menge". Genauer der von den Polen ausgehende magnetische Fluß ↑ .

Polteilung — *pole pitch* — pas polaire

Winkel, den die Achsen zweier benachbarter Pole einer elektrischen Maschine miteinander einschließen.

Polumschaltung — *pole changing* — changement du nombre de pôles

Verfahren zur Drehzahlregelung von Asynchronmotoren ↑ , bei denen die Polzahl der Ständerwicklung durch Umschalten geändert werden kann, wodurch die Drehzahl nach der Gleichung

$$n = \frac{f}{p}\,(1-s)$$

bei gleichbleibender Primärfrequenz stufenweise regelbar ist. Dabei wird der Läufer meist als Käfigläufer ↑ ausgebildet, da dieser für jede Polzahl unverändert geeignet ist, während ein Schleifringläufer ↑ ebenfalls umgeschaltet werden müßte.

Die Ausnutzung der Wicklung ist für die verschiedenen Polzahlen verschieden; sie wird durch den jeweiligen Wicklungsfaktor ↑ bestimmt.

Polystrol — *trolitul* — trolitul

Durch Polymerisation von Kohlenwasserstoffen entstehendes Isoliermaterial. Es erweicht bei 80° C. Geringe Festigkeit, jedoch gute dielektrische Werte ($E = 2,2$, $tg\delta = 2.10^{-4}$). Im Handel unter dem Namen Trolitul bekannt.

Hiezu gehören das **Styroflex** und **Amenit**, letzteres ist mit Quarzmehl vermengtes Polystrol und zäher und wärmefester als Trolitul.

[Matheson L. A. u. Goggin W. C., Ind. Engng. Chem. Bd. 31 (1939) S. 334.]

porös — *porous, spongy* — poreux

Porzellan — *porcelain, china* — porcelaine

Aus 50% Kaolin, 25% Feldspat und 25% Quarz hergestellte, keramische Substanz, die bei niedrigen Frequenzen als Isoliermittel verwendet wird.

Potential — *potential* — potentiel

Skalare Ortsfunktion eines wirbelfreien Feldes, dessen Feldvektor sich als deren Gradient darstellen läßt. Im besonderen die auf die Ladungseinheit bezogene potentielle Energie eines elektrischen Feldes, dessen Feldvektor die Feldstärke $\mathfrak{E}$ ist.

$$\mathfrak{E} = -\operatorname{grad} \varphi, \qquad \operatorname{rot} \mathfrak{E} = 0.$$

Die Potentialdifferenz zwischen zwei Punkten des Feldes (= elektrische Spannung) gibt die Arbeitsfähigkeit der Ladungseinheit an, wenn diese sich von dem einen Punkt zum zweiten (auf einem beliebigen Weg) bewegen kann. Sie ist dem Linienintegral der Feldstärke längs des gewählten Weges gleich.

$$U_{12} = \varphi_1 - \varphi_2 = \int\limits_1^2 \mathfrak{E}\,d\mathfrak{s}.$$

[OI]

Potentialgleichung

Die für das Potential des elektrostatischen Feldes mit Ausnahme der Orte der Ladungen geltende Gleichung

$$\triangle \varphi \equiv \frac{\partial^2 \varphi}{\partial x^2} + \frac{\partial^2 \varphi}{\partial y^2} + \frac{\partial^2 \varphi}{\partial z^2} = 0,$$

die auch Laplacesche Gleichung genannt wird.

In Zylinder- und Kugelkoordinaten nimmt die Gleichung die Formen

$$\triangle \varphi \equiv \frac{\partial^2 \varphi}{\partial r^2} + \frac{1}{r}\frac{\partial \varphi}{\partial r} + \frac{1}{r^2}\frac{\partial^2 \varphi}{\partial \alpha^2} + \frac{\partial^2 \varphi}{\partial z^2} = 0$$

beziehungsweise

$$\triangle \varphi \equiv \frac{1}{r^2}\left[\frac{\partial}{\partial r}\left(r^2 \frac{\partial \varphi}{\partial r} \right) + \frac{1}{\sin \vartheta}\frac{\partial}{\partial \vartheta}\left(\sin \vartheta \frac{\partial \varphi}{\partial \vartheta} \right) + \frac{1}{\sin^2 \vartheta}\frac{\partial^2 \varphi}{\partial \alpha^2} \right] = 0$$

an. [OII]

Potentiometer — *potentiometer* — potentiomètre

→ Spannungsteiler.

Potenz — *power* — puissance

Potenzreihe

Reihe von der Form $\sum\limits_{n=0}^{n} a_n x^n = a_0 + a_1 x + \ldots + a_n x^n$.

Potiersches Dreieck

→ Synchronmaschine.

pound (libre) — (Pfund)

Englische Gewichtseinheit

$$1\,\text{lb} = 16\,\text{oz} = 453{,}6\,\text{p}.$$

Poyntingscher Vektor — *Poynting's vector* — vecteur de Poynting

Auch Strahlungsvektor genannt, beschreibt die Energieströmung im elektromagnetischen Feld. Er ist gegeben durch das Vektorprodukt

$$\mathfrak{S} = [\mathfrak{E}\mathfrak{H}]$$

aus elektrischer Feldstärke und magnetischer Erregung. Seine Divergenz

17*

gibt die in der Zeiteinheit aus der Raumeinheit austretende Energie an

$$-\operatorname{div}\mathfrak{S}=\mathfrak{E}\mathfrak{G}+\mathfrak{E}\,\frac{\partial\mathfrak{D}}{\partial t}+\mathfrak{H}\,\frac{\partial\mathfrak{B}}{\partial t}.$$

Das Hüllenintegral

$$\oint\mathfrak{S}\,d\mathfrak{f}=\frac{\partial}{\partial t}\,(W_e+W_m)+N_w$$

ist dann die durch die Oberfläche des von der Hülle eingeschlossenen Raumteiles nach innen tretende Energieströmung, die der im Raumteil auftretenden, elektromagnetischen Energiezunahme, vermehrt um die Joulesche Wärmeleistung, gleich ist. [OI]

Pr

Kurzzeichen für die Ladungseinheit Priestley ↑ .

Präzisionsinstrument — *precision instrument* — instrument de précision

Preßglasröhre

Elektronenröhre, bei der durch besondere Form des Glaskolbens ein gedrängter Aufbau mit kurzen Zuleitungen ermöglicht wird. Es werden vor allem Kurzwellenröhren in dieser Bauart verwendet.

Preßspan — *pressboard, strawboard* — presspan

Besonders stark gepreßte Papierart.

Priestley

Einheit der Ladung, die auf eine gleich große, im Abstand von 1 cm befindliche mit der Kraft von 1 Dyne wirkt. Im elektrostatischen Maßsystem auch elektrostatische Ladungseinheit genannt

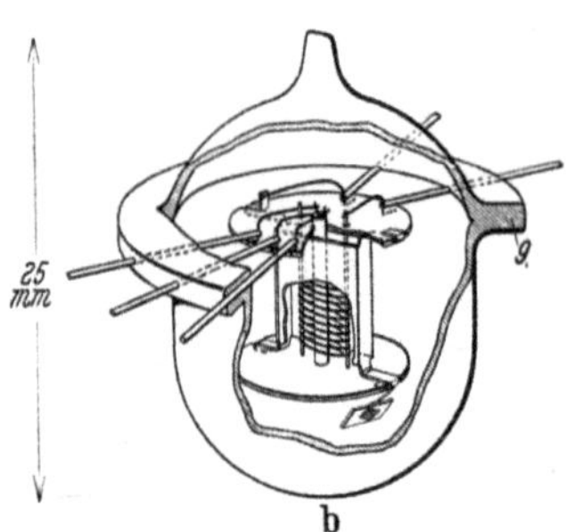
Aufbau einer Preßglasröhre

$$1\ \mathrm{As}=3.10^9\ \mathrm{Pr.}$$

Im elektromagnetischen Maßsystem wird eine elektromagnetische Ladungseinheit

$$1\ \text{el. magn. Ladungseinh.}=3.10^{10}\ \mathrm{Pr}=10\ \mathrm{As}$$

definiert. [OI]

Priestleysches Gesetz

Kraftgesetz für die gegenseitige Beeinflussung zweier elektrischer Ladungen,

$$\mathfrak{P}=\frac{1}{4\,\pi\varepsilon}\,\frac{Q_1\,Q_2}{r^3}\,\mathfrak{r}.$$

Darin sind $Q_1\,Q_2$ die Ladungen und ε die (absolute) Dielektrizitätskonstante.

Das Gesetz wird in Anlehnung an das analoge magnetische meist als Coulombsches Gesetz ↑ für Elektrizität bezeichnet. [OI]

primär — *primary* — primaire

Primärwicklung — *primary (winding)* — enroulement primaire

Jene Wicklung einer Anordnung mit mehreren Wicklungen (z. B. Transformator), der vorzugsweise Leistung zugeführt wird.

Primfaktor — *submultiple* — facteur premier

Prinzip, dynamoelektrisches — *dynamoelectric principle* — principe dynamoélectrique

Prinzip, das den remanenten Magnetismus (→ Remanenz) im Magnetsystem einer elektrischen Maschine zu ihrer Selbsterregung ausnützt. Wird der Anker einer elektrischen Maschine mechanisch angetrieben, so wird in seiner Wicklung durch das remanente Magnetfeld eine Spannung induziert, die durch die, an den Ankerklemmen (meist im Nebenschluß) angeschlossene Erregerwicklung einen Erregerstrom treibt. Dadurch wird das Magnetfeld verstärkt und damit auch wieder die Ankerspannung usw. Der Kreis schaukelt sich so auf immer höhere Spannungen hoch, bis schließlich ein, durch die Sättigung und die Widerstände im Erregerkreis bestimmter, stabiler Betriebspunkt erreicht wird.

Probe — *trial, test* — épreuve, essai

Produkt, komplexes — *complex product* — produit complexe

In der komplexen Rechnung definiertes Produkt zweier komplexer Zahlen (Zeitvektoren ↑, Strahlen ↑), definiert durch

$$\mathfrak{P} = \mathfrak{A}\mathfrak{B} = A e^{j\alpha}\, B e^{j\beta} = P e^{j\gamma} = AB e^{j(\alpha+\beta)}$$

(Produkt der Beträge, Summe der Richtungswinkel).   [OII]

Produkt, skalares — *scalar product* — produit scalaire

Auch inneres Produkt genannt, ist eine Form des Produktes zweier Vektoren ↑, definiert durch den Skalar $\mathfrak{A}\mathfrak{B} = AB$, cos α; in Komponentenform $\mathfrak{A}\mathfrak{B} = A_x B_x + A_y B_y + A_z B_z$.

Das Doppelprodukt $\mathfrak{A}.\mathfrak{B}\mathfrak{C}$ ist ein Vektor in der Richtung von $\mathfrak{A}$.   [OII]

Produkt, vektorielles — *vector product* — produit vectoriel

→ Vektorprodukt.

Proton — *proton* — proton

Kern des Wasserstoffatoms; der leichteste aller Atomkerne mit der 1840-fachen Masse eines Elektrons. $m_H = 1,66.\ 10^{-24}\ g$.

Prototyp

→ Urmaße.

Prozent — *percent* — pour cent

Prozentsatz — *percentage* — pourcentage

prozentual — *percentage* — selon un pourcentage

prüfen — *to test, to prove* — éprouver, essayer

Prüffeld — *testing room, test floor* — salle d'essais

Prüfling — *test object, test piece* — pièce d'essai, test-objet

Ein auf seine mechanischen, elektrischen oder magnetischen Eigenschaften zu untersuchender Gegenstand.

PS

Abkürzung für Pferdestärke ↑.

Pufferbatterie — *buffer battery, boosting battery, floated battery* — batterietampon, batterie de choc

Zu einem Gleichstromgenerator parallel geschaltete Akkumulatorenbatterie, die bei Leistungsstößen einen Teil dieser Stöße abfängt und bei Unterbelastung des Netzes automatisch vom Generator aufgeladen wird. Dadurch wird eine wesentlich bessere Spannungshaltung des Netzes erreicht.

pulsierend — *pulsating* — pulsatoire

Punkt — *dot, point* — point

punktförmig — *punctual, lumped* — ponctuel

Punktschweißung — *spot welding* — soudre par point

Schweißverbindung zwischen Blechen und blech-förmigen Werkstücken, wobei diese überlappt und zwischen die unter Druck stehenden Schweiß-elektroden gebracht werden. Die im Übergangs-widerstand vom Strom erzeugte Wärme ergibt dann eine punktförmige Schweißstelle.

pupinisieren — *to coil-load, to pupinise* — pupiniser

→ Pupinspule.

Pupinspule — *load(ing) coil, Pupin coil* — bobine Pupin

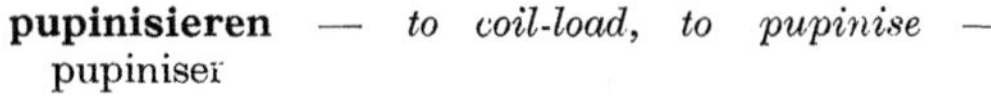

Punktschweißung

Fernmeldekabelleitungen, mit ihrer vergleichsweise kleinen Selbstinduktion und großen Kapazität, zeigen starke Widerstandsdämpfung (→ Fortpflanzungskonstante)

$\beta_R = \dfrac{R}{2} \sqrt{\dfrac{C}{L}}$. Sie kann wesentlich herabgesetzt werden, wenn die Selbstinduktion nach Pupin dadurch vergrößert wird, daß man in bestimmten Abständen Selbstinduktionsspulen in die Adern ein-schaltet. Die Wirkung ist angenähert die einer homogen verteilten Selbst-induktion, wenn auf die übertragene Wellenlänge mehrere Spulen kommen. Tatsächlich wirkt die pupinisierte Leitung aber wie ein Kettenleiter, der bei steigender Frequenz eine Grenzfrequenz (→ Siebkette) $\omega_0 = 2/\sqrt{CsL_p}$ besitzt, oberhalb der praktisch keine Energie mehr durchgelassen wird (s Spulen-abstand, L_p Spulenselbstinduktivität). Für eine ausreichende Sprachver-ständigung muß $\omega_0 > 14\,000$ s^{-1} bleiben, woraus sich der größte zulässige Spulenabstand

$$s = \frac{10^{-6}}{49\,CL_p}$$

ergibt. L_p wird dabei nur so groß gewählt, daß der zulässige Wert des Wellen-widerstandes ↑ erreicht wird.   [OII, OIII]

Pyrex

In der Hochspannungstechnik verwendete, hochwertige, alkalienarme und kieselsäurereiche Borosilikatglassorte mit ausgezeichneten Isolations-eigenschaften.

Zusammensetzung:

81% Silikate,
12% Borate,
7% Oxyde und Verschiedenes.

Der Ausdehnungskoeffizient ist $3,34 \cdot 10^{-6}$, die Dielektrizitätszahl 5,4, die Wichte $2,5 \ \dfrac{\text{p}}{\text{cm}^3}$.

Qu

Quadrat — *square* — carré

Quadratwurzel — *square root* — racine carrée

quadrieren — *to square* — élever au carré

Quarz — *quartz* — quartz

Bestes Isoliermaterial für Hochfrequenz, das auch geringe Verluste zeigt. Er wird gegossen und geschliffen.

Quasistationäre Schwingung — *quasi-stationary oscillation* — oscillation quasi-stationnaire

Schwingung, bei der die veränderliche Größe nur von der Zeit, nicht aber vom Ort abhängt, also in jedem Augenblick an allen Stellen des Leitersystems den gleichen Wert hat. Dies ist in erster Annäherung immer dann der Fall, wenn die Abmessungen der Leitergebilde klein sind gegenüber der Wellenlänge ↑ der Schwingung.

Quecksilberdampf-Gleichrichter — *mercury (arc) rectifier, mercury vapour rectifier* — redresseur à vapeur de mercure

Gleichrichter ↑ mit Quecksilberdampffüllung, wobei der Quecksilberdampf durch Verdampfen des als Kathode verwendeten flüssigen Quecksilbers entsteht. Sie werden bei höheren und höchsten Leistungen verwendet, wo eine Glühkathode zu geringe Lebensdauer hätte. Die Verdampfung des Quecksilbers geht vom Ansatzpunkt des Lichtbogens, dem auf Weißglut befindlichen Kathodenfleck aus. Der Quecksilberdampf schlägt sich an den kalten Gefäßwänden nieder und fließt so wieder der Kathode zu, wodurch sich diese also stets von selbst erneuert. Zur ersten Einleitung der Entladung wird eine eigene Zündung (Kippzündung ↑, Tauchzündung ↑, Spritzzündung ↑) angeordnet. Damit der Brennfleck erhalten bleibt, auch wenn der Betriebsstrom zeitweilig unterbrochen wird, sind noch Hilfsanoden (Erregeranoden) vorgesehen, die von einem Hilfsstromkreis gespeist werden.

Sehr wichtig für den Gleichrichterbetrieb ist die Erhaltung eines entsprechend niedrigen Dampfdruckes durch sorgfältige Kühlung, da bei zu hohem Dampfdruck die Ventilwirkung verlorengeht und sich Ströme

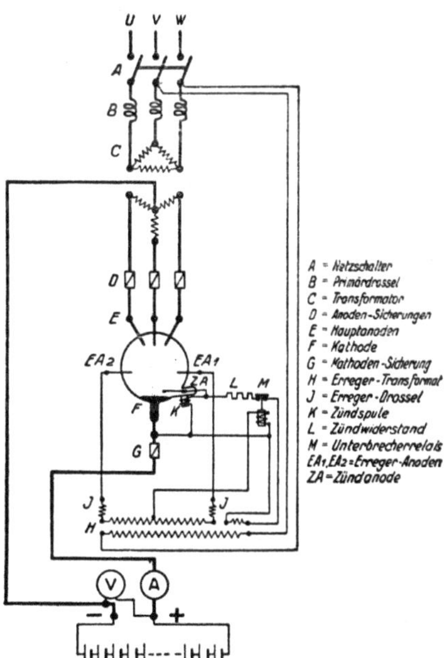

a. Schaltung eines dreiphasigen Quecksilberdampf-Gleichrichters für Batterieladung

zwischen den Anoden und von der Kathode zur Anode in der Sperrichtung ausbilden können, eine Erscheinung, die man Rückzündung nennt und die gleichermaßen Störungen im Gleichstromkreis als auch Kurzschlüsse in den Transformatorphasen hervorrufen.

Gleichrichter mit Glasgefäßen bis etwa 60 A werden durch natürlichen Luftzug gekühlt, größere Glasgleichrichter und die kleinsten Eisengleichrichter (Gleichrichter mit Eisengefäßen) erhalten einen eigenen Lüfter. Größere Eisengleichrichter sind mit einem Kühlmantel versehen, durch den während des Betriebes dauernd Wasser strömt. Die Kühlung soll so eingestellt werden, daß der Gleichrichter die günstigste Temperatur annimmt, die aber von der Belastung abhängt. Auch zu große Abkühlung wirkt sich ungünstig aus, da sie den Gasdruck beeinflußt und durch Mangel an genügend Quecksilberionen im Entladungsraum den Spannungsabfall zu sehr vergrößert.

b. Großgleichrichter mit Eisengefäß (AEG)

1 Vakuummeßlampe. *2* Hauptabsperrventil. *3* Zündeinrichtung. *4* Anodenkühler. *5* Anodenanschluß. *6* Gitteranschluß. *7* Temperaturkontakt. *8* Druckkontakt. *11* Hauptpumpe. *12* Kühlwasserrohr. *14* Vorpumpenmotor. *15* Vorpumpe. *17* Kathode.

Die für das richtige Arbeiten der Gleichrichter notwendige Luftleere wird bei den luftgekühlten Gleichrichtern schon bei der Erzeugung in der Fabrik ein für allemal hergestellt. Die wassergekühlten Eisengleichrichter erhalten eine angebaute Pumpeinrichtung, mit der auch im Betrieb die beste Luftleere immer wieder hergestellt werden kann. Sie besteht aus einer umlaufenden Vorpumpe und einer Quecksilber-Dampfstrahlpumpe als Feinpumpe.

Die Gleichrichter belasten das Wechselstromnetz unsymmetrisch und mit hohem Oberschwingungsgehalt. Der letztere wird um so geringer, je größer die Phasenzahl des Gleichrichters wird. In Drehstromnetzen führt man daher größere Gleichrichter in 6-, 12- und 24-phasiger Ausführung aus. Der Netzanschluß erfolgt stets über eigene Transformatoren, die auch die Spannungsregelung über Anzapfungen oder Stufenschalter, bzw. als Regeltransformatoren oder Drehregler besorgen, da das Spannungsverhältnis zwischen Gleich- und Wechselspannung ansonsten festliegt (z. B. beim Dreiphasen-Gleichrichter $U_{Gl} = 1{,}17\, U_{Ph}$). In neuerer Zeit erfolgt auch eine Spannungsregelung durch Gittersteuerung ↑ am Gleichrichter.

Der Wirkungsgrad der Gleichrichter wird in erster Linie durch deren Lichtbogenspannung bestimmt, er ist also um so besser, je höher die Gleichspannung ist. Der Wirkungsgrad bleibt bis auf etwa $\frac{1}{4}$ Last konstant und fällt erst bei Lasten unter $\frac{1}{10}$ der Vollast stärker ab.

Der Leistungsfaktor ↑ des Gleichrichters ergibt sich als Produkt aus dem „Verschiebungsfaktor" und dem „Verzerrungsfaktor". Der erstere ist der $\cos \varphi$ der Grundschwingung, der letztere der Anteil der Stromgrundwelle am gesamten Stromeffektivwert.

Quecksilberdampflampe — *mercury-vapour lamp* — lampe à vapeur de mercure

Auf der Leuchtwirkung einer elektrischen Entladung in Quecksilberdampf beruhende Lichtquelle. Sie besteht aus einem Röhrenkolben aus Glas mit zwei Haupt- und einer Zündelektrode. Beim Einschalten entsteht zuerst eine Glimmentladung zwischen der Zündelektrode und der ihr benachbarten Hauptelektrode. Nach erfolgter Vorzündung verdampft das Quecksilber und leitet damit die Hauptentladung ein. Nach einigen Minuten hat sich die volle, bläulichweiße Entladung ausgebildet. Die Leuchtdichte beträgt etwa $200 \ldots 500$ sb.

Die Lichtausbeute beträgt etwa das $2 \ldots 3$-fache gewöhnlicher Glühlampen und liegt einschließlich der zum Betrieb erforderlichen Drosseln bei etwa $35 \ldots 45$ HLm/W.

Bei Innenanlagen ist reine Quecksilberdampfbeleuchtung bei Anwesenheit von bewegten Gegenständen wegen des störenden Flimmerns nicht zu empfehlen. Man kann aber Quecksilberdampflampen mit gewöhnlichem, trägem Glühlampenlicht mischen (Mischlicht), wodurch auch die roten Farben richtig wiedergegeben werden. Man mischt gewöhnlich im Verhältnis $1:2$ bis $1:4$. In besonderen Fällen kann man die Glühlampenbeimischung auf $1:1$ erhöhen. Das damit erzielte Mischlicht ist wesentlich wirtschaftlicher als das mit den sogenannten „Tageslichtleuchten" hergestellte, die mit farbigen Filtern arbeiten.

Quelle — *source* — source

Ausgangspunkt einer physikalischen Feldgröße. Die Ergiebigkeit einer Quelle wird durch die Divergenz ↑ der Feldgröße angegeben. So gilt beispielsweise für das elektrostatische Feld

$$\operatorname{div} \mathfrak{D} = Q$$

Die Quellen der Verschiebungsdichte $\mathfrak{D}$ sind die elektrischen Ladungen Q.

Eine negative Quelle wird auch **Senke** genannt.

quellenfrei — *without source* — sans source

Queramperewindungen — *cross-ampere-turns* — ampère-tours transversaux

Zu einer Hauptrichtung senkrecht stehende Erregung.

Querfeld — *transverse field, cross field* — champ transversal

Zu einem Hauptfeld räumlich senkrecht stehendes Feld.

Querfelddynamo

Ältere Ausführungsform einer Zwischenbürstenmaschine ↑ nach umstehendem Schaltbild zur vorzugsweisen Verwendung in elektrischen Schweißanlagen. Ihre Wirkungsweise erfolgt so, daß das vorhandene Remanenzfeld Φ_R im Zwischenbürstenkreis (a—b) eine geringe Spannung induziert, die über die kurzgeschlossenen Bürsten einen Strom treibt, der das Querfeld Φ_Q erzeugt. Das Querfeld induziert seinerseits im Nutzkreis (A—B) eine Spannung, die den Laststrom in die äußere Belastung treibt. Der Laststrom durchfließt die Erregerwicklung E und erzeugt damit das eigentliche Erregerfeld Φ_E. Andererseits entsteht im Anker das Ankerfeld Φ_A, das dem gesamten Erregerfeld entgegenwirkt. Der Unterschied dieser beiden Felder bestimmt den Kurzschlußstrom im Zwischenbürstenkreis und damit die Spannung an den Maschinenklemmen. Zur Regulierung wird ein Pol als Sättigungspol derart ausgeführt, daß durch Änderung der Sättigung der wirksame Feldunterschied auf verschiedene Werte eingestellt werden kann.

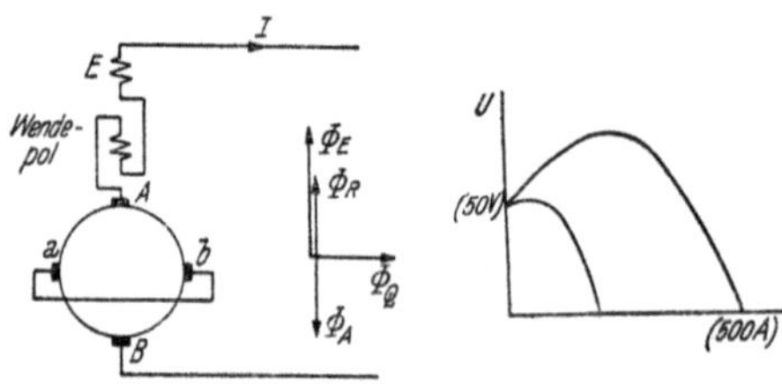

a. Schalt- und Vektordiagramm   b. Kennlinien
der Querfelddynamo

Mit im Nebenschluß geschalteter Erregerwicklung wird die Querfeldmaschine mit Vorteil als Generator in Zugbeleuchtungsanlagen im Parallelbetrieb mit einer Pufferbatterie verwendet.

Die dynamischen Eigenschaften der Querfeldmaschine sind sehr beachtenswert. Die Rückkehr zur Leerlaufspannung nach Aufhebung der Kurzschlußbelastung erfolgt etwa 20mal so rasch als wie bei einer normalen Nebenschlußmaschine.

Querschnitt — *section, cross-section* — section, coupe transversale

Quote — *quota, amount for* — taux, quote-part

Quotient — *quotient* — quotient

R

Rad — *wheel* — roue

Radar — *radar* — radar

Name für eine elektromagnetische Echolotung ↑, bei der ein hochfrequenter Schwingungsimpuls ausgesendet und die Zeit bis zum Eintreffen des Echos gemessen wird, aus der dann die Entfernung bestimmt werden kann. Das Verfahren wurde im zweiten Weltkrieg von den kriegführenden Großstaaten zu großer Vollkommenheit entwickelt und aus den bestehenden Verfahren (in Frankreich die Détection électromagnétique — abgekürzt D.E.M. —; in England die Radiolocation; in den Vereinigten Staaten von Amerika die Radio Detection and Ranging — abgekürzt Radar) schließlich nach gemeinsamer Weiterentwicklung die Bezeichnung des amerikanischen allgemein eingeführt.

Das Radar-Gerät besteht im wesentlichen aus einer Sender-Empfänger-Anordnung, mit der ein elektromagnetischer Schwingungsimpuls in der Dauer von der Größenordnung von 10^{-6} Sekunden ausgesendet und nach Reflexion an dem zu messenden Gegenstand als Echo wieder empfangen wird. Um dabei noch halbwegs kräftige Echozeichen zu erhalten — die dann noch verstärkt werden müssen —, muß das Impulszeichen mit Leistungen

von mehreren hundert Kilowatt gesendet werden. Sende- und Empfangs-
impuls werden in einem Kathodenstrahloszillographen aufgezeichnet. Der
Abstand dieser beiden Zeichen voneinander ist ein Maß für die zu bestimmende Entfernung. Er kann beispielsweise durch Überlagerung und Vergleich mit einer normalisierten Quarzschwingung gemessen werden. Eine
Mikrosekunde entspricht dann einer Objektentfernung von 150 Meter.

Die Genauigkeit der Entfernungsmessung liegt dabei je nach Ausführung
des Gerätes zwischen einigen Metern und etwa 100 Meter, jene der Richtungs-
ermittlung bei einigen Bogenminuten.

Zur Bestreichung eines ganzen Gebietes (Panoramagerät ↑) wird die
Richtantenne um eine vertikale Achse drehbar ausgeführt und das Signal
mehrere hundert Male in der Sekunde gesendet.Die Aufzeichnung am Leuchtschirm des Kathodenstrahloszillographen erfolgt dann in Form von Polarkoordinaten, wozu das System der Ablenkplatten um die Achse des Oszillographen drehbar angeordnet wird. Die Drehung wird durch ein außen an der
Röhre erzeugtes Drehfeld besorgt; sie erfolgt synchron mit der Richtantenne,
also auch mit dem Impulsstrahl. Jeder, eine Reflexion verursachende Gegenstand ergibt dann am Leuchtschirm einen verstärkten Lichtfleck, dessen
Entfernung vom Mittelpunkt proportional der Entfernung des Gegenstandes
vom Radargerät ist. Man erhält so auf dem Leuchtschirm eine richtige
Landkarte, deren Maßstab leicht bestimmt werden kann.

Um die notwendige starke Richtwirkung zu erreichen, muß eine besonders
kurzwellige Strahlung angewendet werden. Auch zur Erfassung von Gegenständen kleinerer Abmessungen sind kleine Wellenlängen notwendig. Für
die Erfassung von Flugzeugen haben sich Wellenlängen im Meterbereich,
zur Erfassung von Schiffen, Schiffsteilen (Periskope), Bojen usw. Wellenlängen im Zentimeterbereich bewährt, da im letzteren Fall das elektrische
Feld von Null an der Wasseroberfläche, bei gleichem Abstand von derselben,
um so rascher ansteigt, je kürzer die Wellenlänge ist.

Zur Erzeugung der Zentimeterwellen wurden leistungsfähige Magne-
trone ↑ mit einer Leistung von mehreren hundert Kilowatt und Klystrone
entwickelt. In den Empfängern wurden stellenweise Kristalldetektoren
(Wolfram/Silizium) mit Erfolg eingebaut, da diese im Bereiche ultrakurzer
Wellen besser arbeiten als die klassischen Röhren mit Glühemission.

Ein besonderer Vorteil der Radargeräte ist, daß ihre Verwendung unabhängig vom Wetter ist und bei klarem oder bedecktem Himmel gleich gute
Ergebnisse liefert. Die Reichweite beträgt bei den heutigen Ausführungen
etwa 500...600 km.

Radarme — *spider* — croisillon

radial — *radial* — radial

Radiant — *radian* — radian

Winkeleinheit im Bogenmaß

$$1 \text{ rad} \equiv 1 = 57{,}29578^0 = 57^011'44{,}8''$$

Radio — *radio, wireless* — radio, sans fil

radioaktiv — *radioactive* — radioactif

Radiusvektor — *radius vector (radii vectores)* — rayon vecteur

Radkranz — *rim* — jaute, couronne

Rahmenantenne — *frame aerial (mit einer Windung: loop)* — cadre

Antenne in Rechteckform mit ausgesprochener Richtwirkung, die insbesondere zur Peilung ↑ ausgenützt wird. Die in einer Windung erzeugte Spannung ist gegeben durch

$$U = 2\mathfrak{E}h\,\frac{\varphi}{2} = \frac{2\,\pi b \cos \alpha}{\lambda}\,\mathfrak{E}h,$$

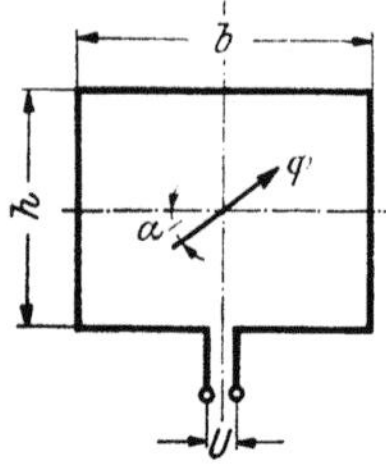

Rahmenantenne

worin φ die Phasenverschiebung zwischen den Feldstärken in den beiden lotrechten Stücken, und λ die Wellenlänge bedeutet. Die übrigen Größen sind in der nebenstehenden Abbildung ersichtlich. Bei Resonanzabstimmung ist dann mit w Windungen

$$U = \mathfrak{E} \cos \alpha \, \frac{2\pi w F}{\lambda}\,\frac{\omega L}{R}.$$

Rahmenplatte — *paste plate* — plaque à cadre

→ Masseplatte.

Randintegral — *circulation* — circulation

Längs einer geschlossenen, die Umrandung einer Fläche bildenden Linie genommenes Wegintegral einer Vektorgröße. Es wird durch einen Kreis am Integralzeichen gekennzeichnet und auch Umlaufintegral genannt. Beispiel: Das Durchflutungsgesetz

$$\oint \mathfrak{H}\,d\mathfrak{s} = \Sigma I$$

Rauhreif — *ice deposit* — givre

Rauminhalt — *volume* — volume

Raumladegitterschaltung — *space-charge grid circuit, control grid circuit* — connection à grille auxiliaire, connection à grille de charge d'espace

Schaltung einer Tetrode ↑, bei der das äußere Gitter als Steuergitter verwendet wird, während das innere, hier Raumladegitter genannte Gitter an eine konstante, positive Spannung angeschlossen ist. Dieses Gitter hat die Aufgabe, die sich sonst, wegen des im allgemeinen negativen Potentials bildende Raumladung schon bei kleinen Spannungen zu beseitigen. Man benötigt dann wesentlich geringere Anodenspannungen als bei der Dreipolröhre und erreicht somit größere Steilheiten. [F. Benz: Einführung in die Funktechnik.]

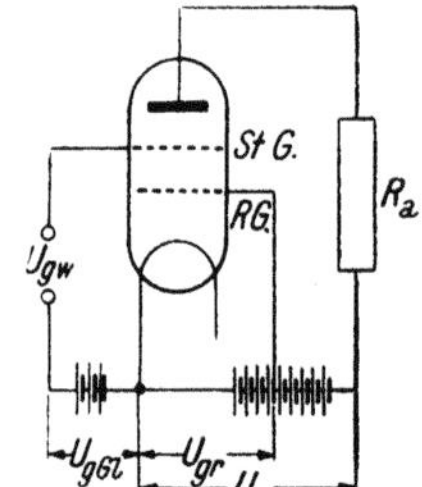

Doppelgitterröhre in Raumladeschaltung

Raumladung — *space charge* — charge d'espace, charge spatiale

Räumlich verteilte Ladung.

Raumladungsfeld — *space charge field* — champ à charge d'espace

Elektrostatisches Feld, zu dessen Ausbildung räumlich verteilte Ladung beiträgt. Ist deren Dichte ϱ, so gelten für die Verschiebung und das Potential die Gleichungen

$$\operatorname{div} \mathfrak{D} = \varrho \quad \text{und} \quad \Delta \varphi = -\frac{\varrho}{\varepsilon}.$$

In Kondensatoren stärkt die Raumladung das elektrische Feld vor der ungleichnamigen und schwächt es vor der gleichnamigen Elektrode.

Beim Plattenkondensator, dessen eine Platte als Glühkathode ausgebildet wird, ergibt sich eine Potentialverteilung

$$\varphi = U \left(\frac{x}{d}\right)^{\frac{4}{3}}$$

und eine Feldstärkenverteilung

$$|\mathfrak{E}| = -\frac{4}{3} U \sqrt[3]{\frac{x}{d^4}}.$$

Bei zylindrischer Anordnung mit einer Anode vom Halbmesser r_A und einem konzentrisch angeordneten Heizdraht als Glühkathode, wird

$$\varphi = U \left(\frac{r}{r_A}\right)^{\frac{2}{3}} \qquad \text{und} \qquad |\mathfrak{E}| = -\frac{2}{3} \frac{U_a}{\sqrt[3]{r\, r_A^2}}.$$

[OI]

Raumtemperatur — *ambient temperature* — température de l'air ambiant
Die bei einer Messung die Umgebung des Meßlings aufweisende (Luft-) Temperatur.

Rauschen — *noise, hiss* — bruit, souffle
In Wirkwiderständen und Röhren auftretende *EMK*, die durch die thermische Bewegung der Elektronen hervorgerufen wird. Sie macht sich bei Rundfunkempfängern durch „Rauschen" im Lautsprecher bemerkbar.

Rauschspannung — *fluctuation voltage, noise potential* — tension de bruit
→ Wärmerauschen.

RC-Kopplung — *RC-coupling* — couplage RC
→ Spannungsverstärkung.

Reagenzpapier — *test paper, pole finding paper* — papier réactif
Chemisch behandelte Papierstreifen, die sich bei Stromdurchgang je nach der Stromrichtung verfärben.

Reaktanz — *reactance* — réactance
Fremdwort für Blindwiderstand ↑.

Reaktanzschutz
Selektiver Leitungsschutz, der im wesentlichen so arbeitet wie der Impedanzschutz ↑, dessen Hauptrelais aber auf die Leitungsreaktanz ansprechen. Er wird verwendet, um den Einfluß des (ohmschen) Lichtbogenwiderstandes an der Fehlerstelle auf die Auslösezeiten der Relais auszuschalten. Anwendung bei Höchstspannungsleitungen von etwa 110 kV aufwärts.

Reaktanzvierpol
→ Siebkette.

Rechenschieber — *slide-rule* — règle à calcul

Rechteck — *rectangle* — rectangle

Rechtehandregel — *Fleming's second rule* — règle de la main droite

Richtungsregel für das Induktionsgesetz, wonach die ersten drei Finger der rechten Hand in Form eines rechtwinkeligen, räumlichen Achsenkreuzes gehalten werden. Es weist dann der Daumen in die Richtung des magnetischen Feldes, der Mittelfinger in die Richtung der Leiterbewegung und der Zeigefinger in die Richtung der im Leiter bei der Bewegung induzierten elektromotorischen Kraft.

Eine einfachere Merkregel ist die Schraubenregel, wonach der Vektor der Ursache (Geschwindigkeit), in die Richtung des Feldvektors (magnetisches Feld) verdreht, in der Fortschreitungsrichtung einer Rechtsschraubung nach der Richtung der Wirkung (elektromotorische Kraft) weist.

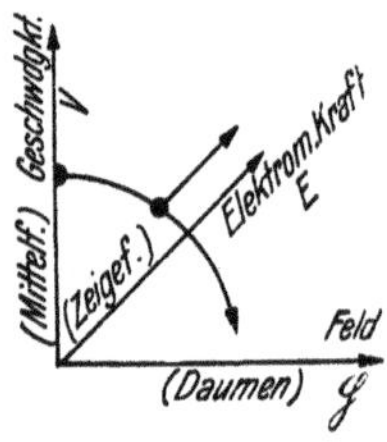

Rechtehandregel

rechtsdrehend — *clockwise* — à droite

Im Uhrzeigersinn.

Rechtsgewinde — *right-handed thread* — filet à droite, pas à droite

Reflektorantenne — *reflector antenna* — antenne réflecteur

Die Reflektorantenne besteht aus einer oder mehreren Dipolantennen mit einem Reflektor, der bei sehr kurzen Wellen als Reflektorspiegel aus Blech oder engem Drahtgeflecht bestehen kann und in dessem Brennpunkt die Dipolantenne angeordnet ist.

Reflexionsfaktor — *reflection factor* — facteur de réflexion

Wird an eine Leitung mit dem Wellenwiderstand $\mathfrak{Z}$ ↑ eine Belastung vom Scheinwiderstand $\mathfrak{W}$ angeschlossen, so wird eine zum Leitungsende laufende Welle ($\mathfrak{U}_{2v}$) dort reflektiert (auf $\mathfrak{U}_{2r}$). Das Verhältnis der rückwärts laufenden zur vorwärts laufenden Welle

$$\frac{\mathfrak{U}_{2r}}{\mathfrak{U}_{2v}} = \frac{\mathfrak{W} - \mathfrak{Z}}{\mathfrak{W} + \mathfrak{Z}}$$

heißt Reflexionsfaktor. Dieser ist also von der Belastung abhängig, im Leerlauf gleich +1, bei Kurzschluß und bei Anpassung ↑ ($\mathfrak{W} = \mathfrak{Z}$) Null.
[OIII]

Reflexionswinkel — *angle of reflection* — angle de réflexion

Winkel zwischen einem, eine Fläche verlassenden Strahl oder einer solchen Welle und der Normalen zur Fläche.

Reflexschaltung — *reflex connection* — connection réflex

Dieser Schaltungsart liegt der Gedanke zu Grunde, eine Röhre für mehrere Zwecke gleichzeitig auszunützen, und zwar so, daß zum Beispiel zuerst die modulierte Hochfrequenzspannung in der betreffenden Stufe verstärkt wird, in einer folgenden Röhre gleichgerichtet und die so erhaltene Modulationsspannung nochmals in der ersten Röhre verstärkt wird. Diese Rückführung muß solche Schaltelemente enthalten, daß keine

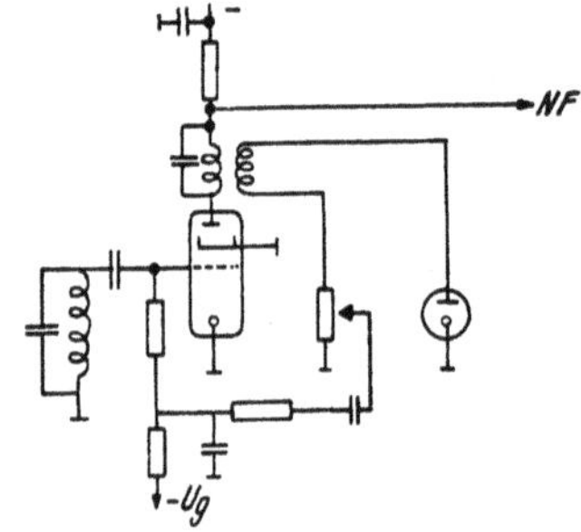

Beispiel einer Reflexschaltung

Rückkopplung weder für die Hochfrequenzspannung noch für die Niederfrequenz auftreten kann. Wegen dieser möglichen Unstabilität ist die Verwendung dieser Schaltung selten.

Regelabweichung

Die Abweichung des Istwertes einer Regelgröße ↑ von ihrem Reglersollwert ↑. Sie kann vorübergehend oder bleibend sein. Die vorübergehende Regelabweichung tritt während des Verlaufes des Regelungsvorganges auf, die bleibende ist die am Ende des Regelungsvorganges noch vorhandene Regelabweichung. Häufig wird die Regelabweichung auch vom Aufgabensollwert angegeben.

Regelgröße

Bei einem Regler ↑ die zu regelnde Größe.

Regelkreis

Der aus Regelstrecke ↑ und Regler ↑ gebildete, geschlossene Kreis, bei dem der Regler mit dem Fühler ↑ und dem Stellglied ↑ in die Regelstrecke eingreift.

Regelröhren — *valve with variable slope* — lampe à pente variable

Elektronenröhren, die in selbsttätigen Regeleinrichtungen verwendet werden, wie z. B. bei der selbsttätigen Lautstärkeregelung. Diese geschieht meist so, daß der Arbeitspunkt der Röhre auf der Kennlinie von einem weniger steilen zu einem steileren Teil oder umgekehrt verschoben wird. Zur Erzielung eines großen Regelbereiches werden für diesen Zweck Röhren gebaut, deren Steilheit innerhalb eines großen Bereiches der Gitterspannung gleichmäßig geändert werden kann. Diese „Regelröhren" oder „Exponentialröhren" weisen einen nahezu exponentiell verlaufenden Kennlinienanstieg auf, der durch verschieden große Gittermaschenweite erzielt wird. Kennlinienverlauf und Röhrenaufbau zeigen die beiden obenstehenden Abbildungen. Die Röhren werden auch manchmal als Selektoren bezeichnet.

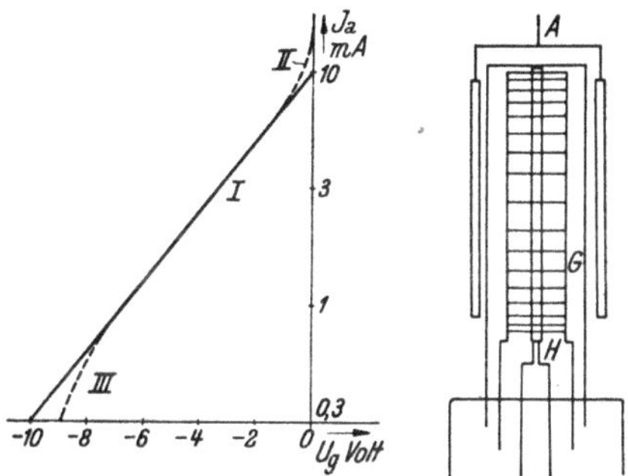

Kennlinie und Aufbau einer Regelröhre

Regelsatz — *regulating set* — groupe de réglage

→ Kaskadenschaltung.

Regelspanne

Wird bei einem Regler der Regelungsvorgang nicht allein durch den in der Meßeinrichtung festgestellten Wert der Regelabweichung ↑ angeregt, sondern werden auch noch andere Anregungsgrößen herangezogen, wie z. B. zeitliche Ableitungen der Regelgröße, das zeitliche Integral über die Regelabweichung oder eine Rückführung ↑, so wird die Differenz der Summe der Meßwerte, bzw. von Teilen der Meßwerte, aller Anregungsgrößen vom Sollwert → Regelspanne genannt. Dabei müssen im allgemeinen sämtliche Anregungsgrößen durch ein und dieselbe Vergleichsgröße dargestellt werden.

Regelstrecke

Jenes System, in dem eine Zustandsgröße als Regelgröße ↑ durch einen Regler beeinflußt wird, also z. B. die Kraftmaschine bei einer Drehzahlregelung oder der Generator bei einer Spannungsregelung.

Regeltransformator — *regulating transformer* — transformateur de réglage

Transformator, der zur Vornahme einer Spannungsregelung eine Veränderung des Übersetzungsverhältnisses zuläßt. Diese kann in Stufen oder kontinuierlich erfolgen. Im ersten Fall wird die Transformatorwicklung mit Anzapfungen versehen (→ Stufentransformator), die entweder im Leerlauf oder auch unter Last geschaltet werden können, im zweiten Fall wird die gegenseitige Lage zwischen Primär- und Sekundärwicklung und damit ihr Kopplungsgrad geändert (→ Schubtransformator, → Drehtransformator).

Regelung — *regulation, control* — régulation, réglage, contrôle

Eine Regelung liegt vor, wenn ein vorgegebener Wert einer Größe oder eines Zusammenhanges mehrerer Größen (meist selbständig) hergestellt oder aufrechterhalten wird, falls dies auf Grund der Messung der zu beeinflussenden Größen gelöst wird. Die herzustellenden Werte dieser Größen können dabei von der Zeit oder einer anderen Größe abhängig gemacht (gesteuert) werden. Wird eine Messung der zu beeinflussenden Größen nicht vorgenommen, dann liegt eine Steuerung vor. Für die Regelung ist die Geschlossenheit des Vorganges wesentlich, indem auf Grund der Messung einer Größe durch den Regelvorgang dieselbe Größe wieder beeinflußt wird (s. a. Regelkreis). [Regelungstechnik, VDI-Verlag, Berlin, 1944.]

Registriergerät — *self-recording instrument* — instrument enregistreur

Meßgerät, das die jeweiligen Messungen auf einem Papierstreifen aufzeichnet, so daß sie beliebige Zeit später ausgewertet werden können.

Regler — *regulator, governor* — régulateur

1. Bei der selbsttätigen Regelung ↑ ist der Regler die gesamte Einrichtung, die den Regelvorgang bewirkt. Sie besteht im allgemeinen aus einer Reihe von Einzelteilen, wie dem Fühler ↑, dem Meßwerk ↑, dem Sollwerteinsteller ↑, dem Kraftschalter ↑, dem Stellmotor ↑ und der Beruhigungseinrichtung ↑. Der Regler ist entweder unmittelbar oder mittelbar wirkend. Beim ersteren besteht eine direkte Verbindung zwischen Meßeinrichtung und Stellglied, bei letzterem werden noch Kraftschalter, Stellmotor und unter Umständen weitere Verstärker und Beruhigungsglieder zugeschaltet. Im allgemeinen spielt sich dann der Regelvorgang wie folgt ab: Die vom Fühler erfaßte Meßgröße wird dem Meßwerk zugeführt und gegebenenfalls unter Zwischenschaltung eines Verstärkers mit dem vom Sollwerteinsteller gelieferten Wert verglichen. Nach Bildung der Regelspanne ↑ wird ein Kraftschalter betätigt, der seine Energie von außen oder von der Regelstrecke selbst bezieht und gegebenenfalls wieder unter Zwischenschaltung eines Verstärkers den Stellmotor in Tätigkeit setzt, der nun seinerseits das Stellglied solange verstellt, bis die Regelspanne Null wird.

2. Veränderlicher Widerstand zur Einstellung des Erregerstromes elektrischer Maschinen (s. a. Gleichstromgeneratoren und Gleichstrommotoren).

Regulierkurve — *control characteristic* — caractéristique de réglage

→ Synchronmaschine.

Reguliertransformator — *regulation transformer* — transformateur de réglage

→ Regeltransformator.

Regulierwicklung — *regulatrice* — régulatrice
→ Metadyne.

Reibung 1. gleitende: *sliding friction* — frottement de glissement
2. rollende: *rolling friction* — frottement de roulement

Reibungselektrizität — *frictional electricity* — éléctricité par frottement

Reibungskupplung — *friction clutch* — accouplement à friction

Reibungsverlust — *frictional loss* — perte par friction
In Maschinen und Apparaten durch Reibung beweglicher Teile entstehende
Verluste; sie verschlechtern deren Wirkungsgrad.

Reichweite — *range* — portée

Reihe, arithmetische — *arithmetical series* — progression arithmétique
Reihe, bei der jedes folgende Glied um denselben Betrag d größer ist als
das vorhergehende. Die Summe einer n-gliedrigen Reihe ist

$$S_n = n \, \frac{a_1 + a_n}{2} = n \left(a_1 + \frac{n-1}{2} \, d \right) \quad (a_1, \, a_n \text{ erstes, n-tes Glied}).$$

Reihe, Fouriersche — *Fourier's series* — série de Fourier
Entwicklung einer periodischen, endlichen Funktion in eine Summe von
Sinusgliedern ganzzahliger Frequenzen und verschiedener Phasenlagen. Die
Funktion kann dabei innerhalb der Periode eine endliche Zahl von Sprung-
stellen besitzen. Die Fouriersche Reihenentwicklung wird in der Elektro-
technik vielfach zur Zerlegung einer vorhandenen nichtsinusförmigen
Schwingung in ihre „Oberschwingungen" verwendet. → Oberschwingung.
[OII]

Reihe, geometrische — *geometric(al) series* — progression géométrique
Reihe, bei der jedes folgende Glied aus dem vorhergehenden durch Multiplikation mit einem konstanten Faktor r gewonnen wird. Die Summe der
n-gliedrigen Reihe ist

$$S_n = a \, \frac{1 - r^n}{1 - r} \quad (a \text{ erstes Glied}).$$

Reihenparallelschaltung — *series-parallel transition* — transition série-
parallèle, couplage mixte, montage en série-parallèle
Schaltung, bei der parallel geschaltete Kreise in Reihe, oder in Reihe
geschaltete Kreise parallel liegen.

Reihenschaltung — *series connection* — montage en série

Reihenschlußmotor — *series motor, main current motor* — moteur
(en) série
Motor, dessen Erregerwicklung mit der Ankerwicklung in Reihe liegt
(→ Gleichstrommaschinen).

Reihenschwingkreis — *series oscillatory circuit* — circuit oscillatoire en
série
Reihenschaltung von induktiven und kapazitiven Widerständen. Bei
Anschluß an eine Wechselspannung treten in ihm Schwingungen mit der
Frequenz dieser Spannung auf (erzwungene Schwingung), die bei einer
bestimmten Frequenz (der Resonanzfrequenz ↑) ein optimales Verhalten
zeigen. Bei Kurzschluß des Kreises entstehen Eigenschwingungen mit einer
von der Resonanzfrequenz abweichenden Frequenz (Eigenfrequenz ↑).
Die im Schwingungskreis vorhandenen Wirkwiderstände bewirken eine
Dämpfung der Eigenschwingung. [OI]

Reizschwelle — *threshold of response, threshold of sensation* — limite d'excitation, limite inférieur de sensibilité
→ Phon.

Relais — *relay* — relais

Apparat zum Ein-, Aus- oder Umschalten eines äußeren Stromkreises (Arbeitskreis) von einem anderen Stromkreis (Impulskreis) aus, sei es, um ein Kommando zu verstärken oder um bei einem besonderen, vom Meßwerk des Relais festgestellten Zustand ein Kommando zwecks Meldung oder Schaltung auszulösen. Der Großteil der Relais arbeitet auf elektromagnetischer Grundlage, indem durch eine oder mehrere Spulen ein Eisenanker oder ein Ferraristrieb bewegt wird, der seinerseits die erforderlichen Kontakte betätigt. Als praktisch trägheitslose Relais können mit Vorteil Elektronenröhren oder Entladungslampen verwendet werden.   [OIII]

Remanenz — *residual magnetisation, remanence* — rémanence, aimantation résiduelle

Restflußdichte, die im Eisen verbleibt, sobald keine äußere magnetisierende Kraft mehr auf das Eisen wirkt. Bei Stahl hoch, bei Weicheisen niedrig (s. a. Koerzitivkraft).

Rentabilität — *productiveness* — rendement, productivité

Reparaturkosten — *cost of repairs* — frais de réparation

Repulsionsmotor — *repulsion motor* — moteur à répulsion

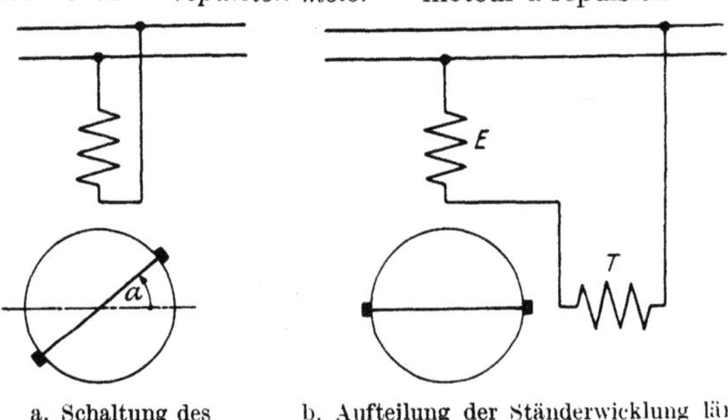

a. Schaltung des
Repulsionsmotors

b. Aufteilung der Ständerwicklung längs
und quer zur Bürstenachse

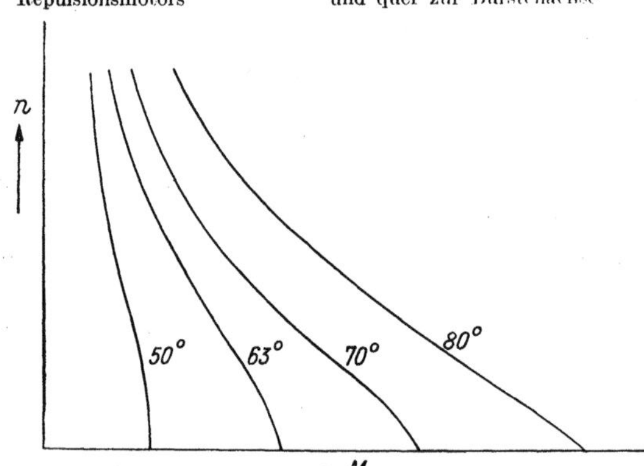

c. Kennlinien des Repulsionsmotors bei verschiedenen
Bürstenstellungen

Einphasenmotor kleiner und mittlerer Leistung, dessen Ständer direkt am Netz liegt, während der Läufer davon getrennt über Stromwender und Bürsten kurzgeschlossen ist (s. vorstehendes Schaltbild). Er zeichnet sich durch einfache und weitgehende Drehzahlregelung aus, die durch Bürstenverschiebung erzielt wird, erkauft dies aber durch schlechtere Stromwendung. Das Anzugsmoment ist vergleichsweise groß und liegt je nach Ausführung zwischen dem 2,5- bis 8-fachen Nennmoment. Ein Anlasser wird nicht benötigt. Der Repulsionsmotor zeigt Hauptschlußverhalten; Kennlinien sind in der Abb. c angegeben. [Bödefeld/Sequenz: Elektrische Maschinen. Wien: Springer-Verlag, 1949.]

Reservefaktor — *reserve factor* — facteur de réserve

Verhältnis der Ausbaugröße eines Kraftwerkes zur Höchstbelastung. Er liegt in der Größenordnung von 1...1,7 und kann bei Großstädten bis auf 2 ansteigen.

Reserveteile — *spare parts, spares* — pièces de rechange, rechanges, pièces de réserve

Resistanz — *resistance* — résistance

Fremdwort für Wirkwiderstand ↑ .

Resonanz — *resonance, syntony* — résonance, syntonie

Zustand eines von außen erregten Schwingungskreises (erzwungene Schwingung ↑), bei dem die Erregerquelle lediglich die Verlustleistungen aufzubringen hat, während die Hauptenergieschwingungen durch abwechselndes, gegenseitiges Laden und Entladen zweier energiespeichernder Gebilde zustande kommen, nämlich eines durch die Eigenschaft Elastizität ausgezeichneten (Feder, elektrisches Feld, Kondensator), und eines durch die Eigenschaft Trägheit ausgezeichneten (Schwungrad, magnetisches Feld, Spule) Gebildes. Eine wesentliche Folge in Resonanz befindlicher Systeme ist also, daß die die Resonanz kennzeichnende Schwingungsgröße einen Höchstwert aufweist, obwohl die entsprechende erregende Größe vergleichsweise klein ist, oder daß die in Schwingung befindlichen Energiemengen sehr groß sein können, ohne daß die den Resonanzkreis speisende Energiequelle mehr als die vergleichsweise kleine Verlustenergie aufzubringen hätte. Dabei zeigt sich noch, daß die die Resonanz kennzeichnende Betriebsgröße (Ausschlag, Stromstärke) im schwingenden Kreis gegenüber der erregenden Betriebsgröße (Kraft, Spannung) zeitlich um 90^0 vor- oder nacheilt, während ihr von der Erregerquelle gelieferter Anteil mit ihr in Phase liegt.

Elektrische Schwingungskreise bestehen in der Reihenschaltung (Spannungsresonanz ↑) oder Parallelschaltung (Stromresonanz ↑) von Kapazitäten (Kondensatoren) und Induktivitäten (Spulen). Die vorhandenen Wirkwiderstände ergeben die Verluste, für die allein die Stromquelle Leistung aufzubringen hat. Ein Kriterium für das Vorhandensein von Resonanz ist im elektrischen Resonanzkreis die Phasengleichheit des von der Stromquelle gelieferten Stromes mit der von ihr dem Kreis aufgedrückten Spannung (reiner Wirkstrom).

Resonanz kann zustande kommen entweder bei feststehender Periodenzahl der Erregerquelle, wenn die beiden Energieträger des Schwingungssystems (Elastizität/Trägheit, Kapazität/Induktivität) so aufeinander „abgestimmt" sind, daß sie gerade zur gegenseitigen, vollen Energiebelieferung ausreichen, oder wenn durch Änderung der Frequenz der Erregerquelle bei unveränderlichen Energieträgern eine solche Abstimmung erreicht wird ($\to$ Abstimmung). Bei einer nichtsinusförmigen Erregerschwingung kann dann Resonanz mit einer ihrer Oberschwingungen stattfinden. [OI]

Resonanzbedingung — *condition for resonance* — condition de résonance

Bedingung, unter welcher in einem Schwingungskreis Resonanz $\uparrow$ auftritt.

Resonanzfrequenz — *resonant frequency, resonance frequency* — fréquence de résonance

Frequenz einer einem Schwingungskreis aufgedrückten Schwingung, bei der der Kreis in Resonanz $\uparrow$ kommt.

In elektrischen Schwingungskreisen ist die Resonanzfrequenz (als Kreisfrequenz) gegeben durch

$$\omega_0 = \frac{1}{\sqrt{LC}},$$

worin L die Induktivität und C die Kapazität des Schwingungskreises bedeuten. Bei der Widerstandsresonanz $\uparrow$ ist die Resonanz von der Frequenz der aufgedrückten Schwingung unabhängig. [OI]

Resonanzverstärker — *resonance amplifier* — amplificateur à résonance

$\to$ Selektivverstärker.

Reststrom

Der bei der Erdschlußlöschung $\uparrow$ an der Fehlerstelle noch verbleibende Erdschlußstrom. Bei vollkommener Abstimmung der Löscheinrichtung, die durch die normalen Mittel nicht löschbare, durch die Verluste des Löschers und der Leitung bedingte Wattkomponente des Erdschlußstromes. Erfahrungsgemäß darf zu einer sicheren Löschung des Erdschlußstromes der Reststrom bis etwa 2 A betragen.

Reuse — *squirrel cage* — cage

Anordnung von n auf einem Kreis symmetrisch verteilten, parallelgeschalteten Leitern. Mit den Bezeichnungen der nebenstehenden Abbildung ist die Induktivität der Reuse in Henry

$$L = 2\,l\left(\ln \frac{2\,l}{\sqrt[n]{0{,}7788\,\text{r}\,\text{n}\,\varrho^{n-1}}} - 1\right)\cdot 10^{-9}$$

$(\varrho$ und $r \langle\langle\, l)$

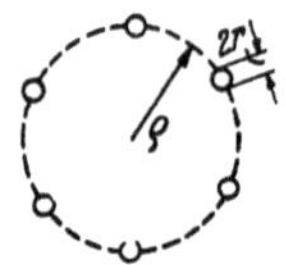

Sechsteilige Reuse

reziprok — *reciprocal* — réciproque

s. a. Kehrwert.

Rhombus — *rhombus, lozenge* — rhombe, losange

Richardsonsches Gesetz — *Richardson's equation, Richardson effect* — effet de Richardson

Das die Elektronenemission durch Erhitzung eines Metalls darstellende Gesetz

$$\mathfrak{G} = AT^2\mathrm{e}^{-\frac{e\varphi_0}{kT}} = AT^2\mathrm{e}^{-\frac{A_0}{kT}}.$$

Darin bedeuten

$\mathfrak{G}$ die Dichte des thermischen Elektronenstromes (Sättigungsstrom),

A eine Konstante, die für reine Metalloberflächen den Wert

$$60\ldots100\ \frac{\text{A}}{\text{cm}^2\text{Grad}^2}\ \text{hat,}$$

A_0 die Austrittsarbeit $\uparrow$,
φ_0 das Haltepotential $\uparrow$ und
k die Boltzmannsche Gaskonstante.

Richtkraft — *directing force* — force directrice

Richtkraft ist die Kraft, die die Anzeigevorrichtung von Meßgeräten nach dem Abschalten wieder in die Ausgangslage zurückführt. Sie wird meist durch Federn oder die Erdschwere erzeugt.

Richtungsrelais — *directional relay*

Relais, das nur in einer bestimmten Richtung wirksam ist. Es wird vorzugsweise in Selektivschutzschaltungen verwendet, um die Richtung, in der die Fehlerenergie fließt, festzustellen.

Ricinusöl — *castor-oil* — huile de ricin

Riemenantrieb — *belt drive, rim drive* — transmission par courroie

Riemenscheibe — *pulley* — poulie

Rille — *groove, slot* — rainure, félure, gorge

Ringanker — *ring armature* — armature en anneau

Ältere Ausführungsform des Ankers einer elektrischen Maschine in Form eines bewickelten, rotierenden Ringes.

Ringleitung — *ring main* — conducteur de bouclage

In sich geschlossene Leitung, von der die Abnehmer stets von beiden Seiten gespeist werden.

Ringschaltung — *ring connection, loop circuit* — branchement en polygone

Schaltung eines Mehrphasensystems, bei der je ein Anfangspunkt einer Phase mit dem Endpunkt der vorangehenden verbunden ist, einen geschlossenen Ring bildend. Im Dreiphasensystem auch D r e i e c k s c h a l t u n g genannt.

Ringschmierlager — *oil ring bearing* — palier graisseur à bagues

Gleitlager $\uparrow$ für die horizontale Welle sich drehender Maschinen oder Apparateteile, bei dem die ein- oder zweiteilige Lagerbüchse auf der Oberseite ein oder mehrmals so geschlitzt ist, daß ein in den Schlitzen eingelegter Ring (Schmierring) frei auf der Welle aufliegt, die ihn bei der Drehung mitbewegt und dadurch das Öl aus dem Ölraum auf die Welle befördert.

Ringschmierung — *ring lubrication* — graissage à bagues

Lagerschmierung, bei der ein Schmierring im Lager locker auf der Welle liegt und durch seine Drehung das Schmieröl, in das er mit seinem unteren Teil eintaucht, auf die Welle hebt.

Ringspule — *toroidal coil* — bobine annulaire, bobine toroïdale

Spulenförmig gewickelter Ring. Bei Stromfluß entsteht im Innern ein nahezu homogenes Feld von der Stärke

$$\mathfrak{B} = \mu \, \frac{wl}{2R\pi}.$$

[OI]

Ringübertrager — *toroidal transformer, hybrid transformer, ring transformer* — transformateur toroïdal, transformateur annulaire

Übertrager $\uparrow$ mit ringförmigem Kern.

Rippe — *rib, fin* — nervure, ailette

Riß (bei Holz)   — *rent* — crevasse
(bei Metall) — *crack, fissure* — fente, fissure

Ritzel — *pinion* — pignon
Kleines Zahnrad bei einer Zahnradübertragung.

r. m. s. value
Abkürzung für root mean square value (Effektivwert).

Roebelstab — *Roebel transposition*
Unterteilter und verdrillter Leiter für die Wicklung großer Wechselstrommaschinen, zur Verminderung der zusätzlichen Stromwärmeverluste,

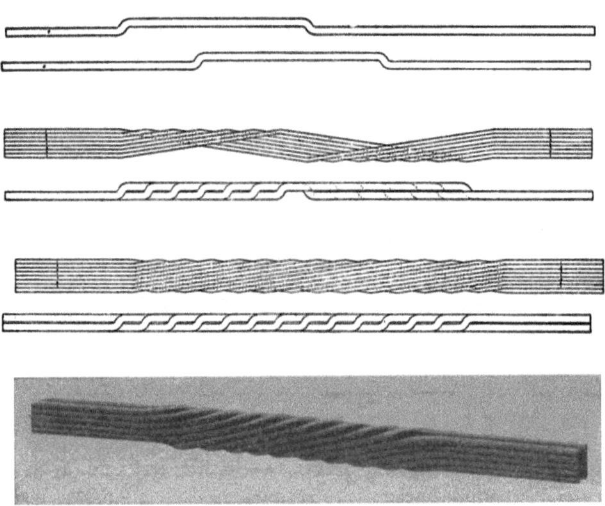

Roebelstab (Aufbau und fertiger Stab)

die durch die vom Nutenfeld hervorgerufene Stromverdrängung in den Spulenseiten verursacht wird. Unter den zusätzlichen Stromwärmeverlusten versteht man dabei den Unterschied der Stromwärmeverluste, wenn die Wicklung einmal von Wechsel- und dann von Gleichstrom durchflossen wird, wenn der gleiche Effektivwert des Stromes vorliegt.

Röhrchenzelle
↑ Akkumulator, alkalischer.

Röhrengalvanometer — *valve galvanometer* — galvanomètre à lampe
Anordnung zur Messung von Strömen der Größenordnung 10^{-10} bis 10^{-13}A durch einen Zeigerstrommesser. Die schwachen

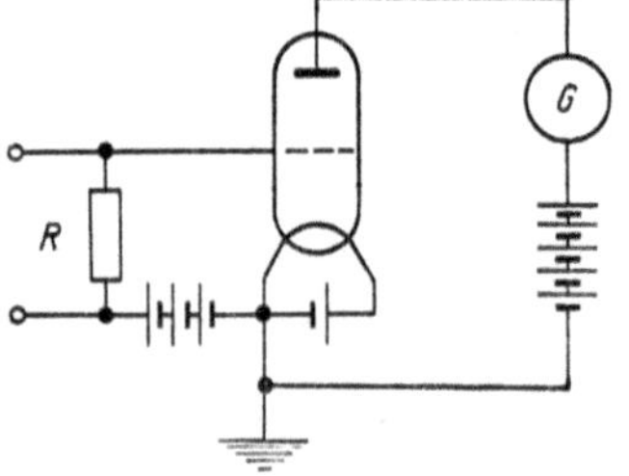

Röhrengalvanometer

Ströme werden mit Hilfe einer Glühkathodenröhre verstärkt und können so mit Zeigerinstrumenten gemessen werden.

Röhrengleichung

Als Röhrengleichung wird meist die Abhängigkeit des Anodenstromes von der Gitterspannung einer Elektronenröhre bezeichnet. Liegt am Gitter der Röhre die Vorspannung U_g und die Wechselspannung u_g, und wird in den Anodenkreis der Wechselstromwiderstand $\mathfrak{Z}_a = R_a + jX_a$ geschaltet, so fließt im Anodenstromkreis ein allgemeiner Wechselstrom mit dem Gleichstromanteil (Anodenruhestrom genannt, weil er bei $u_g = 0$ als gesamter Anodenstrom auftritt)

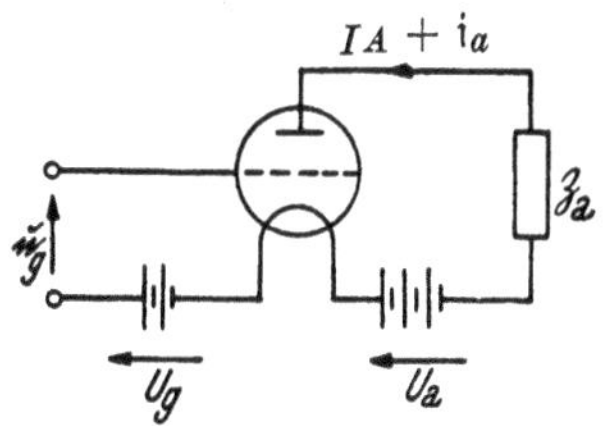

Grundschaltung einer Dreipolröhre

$$I_a = \frac{S\,(U_g + DU_a)}{1 + SDR_a}$$

und dem Wechselstromanteil

$$i_a = \frac{1 + SD\mathfrak{Z}_a}{S}\,u_g = \mathfrak{S}u_g.$$

Diese Gleichung wird Röhrengleichung genannt (s. a. Steilheit).

Röhrenrauschen — *tube noise, valve hiss, shot noise* — bruit de fond de tube

Durch unerwünschte Vorgänge in einer Elektronenröhre hervorgerufene Schwingungen, die sich besonders bei größeren Verstärkungen durch ein störendes Rauschen bemerkbar machen. Als Ursache kommen vor allem der Schroteffekt ↑, der Funkeleffekt ↑, das Widerstandsrauschen ↑ und das Ionenrauschen ↑ in Frage.

Röhrensockel — *valve socket, tube holder* — support de lampe, socle de lampe, douille de lampe

Die Sockel der Elektronenröhren werden in grundsätzlich drei verschiedenen Ausführungen gebaut, die in der folgenden Abbildung gezeigt

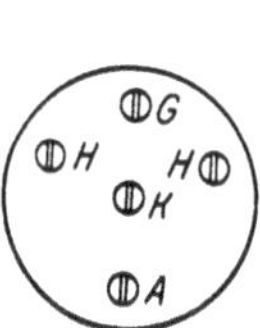

Europafassung

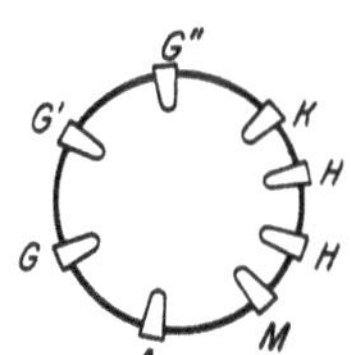

Kapazitätsarmer Sockel
(Außenkontaktsockel)

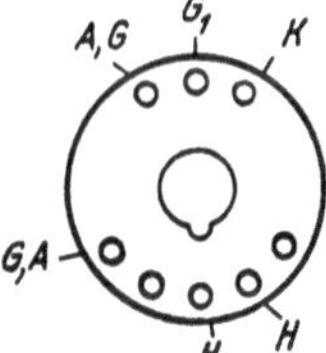

Achtpoliger
Stiftsockel

sind. Davon ist der Europasockel heute nur noch bei alten Röhren anzutreffen. Die Abbildung zeigt die Anordnung bei Draufsicht auf den Sockel. Es bedeuten ferner A Anode, G Gitter, H Heizung, K Kathode und M Abschirmung.

Röntgenröhre — *X-ray tube, Roentgen tube* — ampoule de Roentgen, tube Roentgen

Hochevakuierte Entladungsröhre, die neben Kathode und Anode noch eine Antikathode besitzt, von der die Röntgenstrahlung ↑ ausgeht. Die

Kathode ist meist als Glühkathode ausgebildet. Die Anodenspannung wird bis zu 10^6 V und mehr gewählt.

Röntgenstrahlen — *X-rays, Roentgen rays* — rayons X, rayons Roentgen

Hochfrequente, in den Röntgenröhren ↑ gewonnene, nicht einheitliche Wellenstrahlung, die sich aus der Bremsstrahlung und der Eigenstrahlung zusammensetzt. Die Bremsstrahlung entsteht durch das Abbremsen der von der Kathode kommenden Elektronen, wobei der größte Teil der Energie in Wärme umgesetzt wird. Etwa $0{,}1\ldots1\%$ der Energie wird als primäre Röntgenstrahlung verschiedenster Wellenlängen ausgesandt. Diese Strahlung ist um so durchdringender („härter"), d. h. um so kurzwelliger, je höher das Vakuum und je höher die Anodenspannung ist. Die Eigenstrahlung ist monochromatisch und entstammt der Anregung ↑ der Atome der Antikathode. Sie ist um so härter, je höher das Atomgewicht des Antikathodenmaterials ist.

Die Wellenlängen der Röntgenstrahlen liegen im Gebiete von $(0{,}05\ldots2000) . 10^{-8}$ cm ($f = 1{,}5\ldots6000 . 10^{16}$ Hz). Die Röntgenstrahlen erregen manche Stoffe zur Fluoreszenz. Gase werden durch Röntgenstrahlen ionisiert.

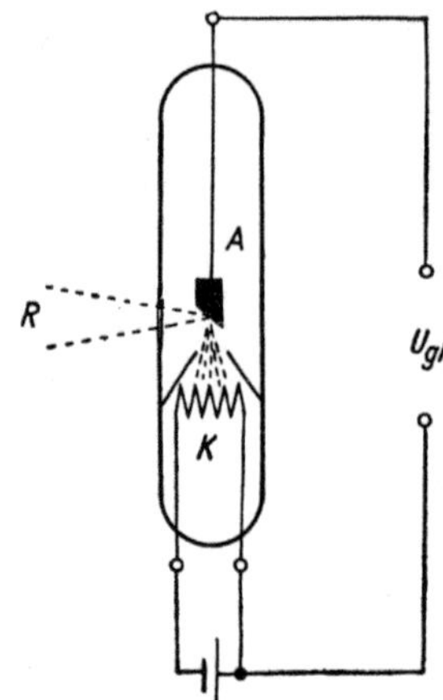

Röntgenröhre
K Kathode
A Antikathode = Anode
R Röntgenstrahlen

Rohgefälle — *gross head* — chute brute

Rohrdraht — *conduit wire* — fils dans tubes

Installationsdraht mit äußerem, gefalztem Metallmantel, der so schmiegsam ist, daß er von Hand aus gebogen werden kann. Er wird zur Verlegung über Putz verwendet, wo eine Isolierrohrverlegung zu sehr auffallen würde. Der Rohrdraht wird ohne (Kennzeichen NRA) oder mit blankem Beidraht (Kennzeichen NRAN), der zur Erdung ↑, Nullung ↑ oder Schutzschaltung ↑ verwendet werden kann, ausgeführt. Der Mantel allein darf für die Schutzerdung nicht verwendet werden.

Rollenlager — *roller bearing* — palier à rouleaux, roulement à galets

→ Wälzlager.

rosten — *to rust* — se rouiller

Rotationsfläche — *surface generated by rotation* — surface de révolution

Durch Rotation einer Kurve um eine Drehachse entstandene Fläche.

Rotglut — *red heat* — chaleur rouge

Rotguß — *red brass* — bronze rouge

rotieren — *to rotate, to turn, to revolve* — tourner, circuler

Rotor 1. (Math.) — *curl, rotation* — rotation
2. (Masch.) — *rotor* — roteur, rotor

1. Der Grenzwert für das Linienintegral eines Vektors längs einer geschlossenen Linie bei gegen Null gehendem, eingeschlossenem Flächeninhalt

$$| \operatorname{rot} \mathfrak{A} | = \lim_{F \to 0} \frac{1}{F} \oint \mathfrak{A} . d\mathfrak{s} .$$

Er ist ein Maß für die Stärke der Wirbelung im betrachteten Punkt. Ein Feld mit $\mathrm{rot}\,\mathfrak{A} = 0$ heißt wirbelfrei.

In kartesischen Koordinaten ist

$$\mathrm{rot}\,\mathfrak{A} = \begin{vmatrix} \mathfrak{i} & \mathfrak{j} & \mathfrak{k} \\ \dfrac{\partial}{\partial x} & \dfrac{\partial}{\partial y} & \dfrac{\partial}{\partial z} \\ A_x & A_y & A_z \end{vmatrix};$$

in Zylinderkoordinaten

$$\mathrm{rot}_r\,\mathfrak{A} = \frac{1}{r}\,\frac{\partial A_z}{\partial \varphi} - \frac{\partial A_\varphi}{\partial z},$$

$$\mathrm{rot}_\varphi\,\mathfrak{A} = \frac{\partial A_r}{\partial z} - \frac{\partial A_z}{\partial r},$$

$$\mathrm{rot}_z\,\mathfrak{A} = \frac{1}{r}\left[\frac{\partial}{\partial r}(rA_\varphi) - \frac{\partial A_r}{\partial \varphi}\right];$$

in Kugelkoordinaten

$$\mathrm{rot}_r\,\mathfrak{A} = \frac{1}{r\sin\vartheta}\left[\frac{\partial A_\vartheta}{\partial \varphi} - \frac{\partial}{\partial \vartheta}(\sin\vartheta\,A_\varphi)\right],$$

$$\mathrm{rot}_\varphi\,\mathfrak{A} = \frac{1}{r}\left[\frac{\partial A_r}{\partial \vartheta} - \frac{\partial}{\partial r}(rA_\vartheta)\right],$$

$$\mathrm{rot}_\vartheta\,\mathfrak{A} = \frac{1}{r}\left[\frac{\partial}{\partial r}(rA_\varphi) - \frac{1}{\sin\vartheta}\,\frac{\partial A_r}{\partial \varphi}\right].$$

[OII]

2. → Läufer.

Rückführung

Einrichtung an mittelbar wirkenden Reglern ↑, durch die durch Einführung der Stellung des Stellgliedes ↑ (Stellungsrückführung) oder des Wertes der Stellgröße ↑ in die Regelspanne ↑ (Stellgrößenrückführung) eine Beruhigung ↑ des Reglers durch Statisierung (Dämpfung) herbeigeführt wird. Die Rückführung kann starr oder nachgiebig ausgeführt sein.

Bei der starren Rückführung wird jeder Stellung des Stellgliedes bzw. jedem Wert der Stellgröße ein bestimmter Sollwert ↑ der Regelgröße ↑ zugeordnet, so daß ein zeitlich konstanter Ungleichförmigkeitsgrad vorhanden ist.

Bei der nachgiebigen Rückführung ist ein nachgiebiges Glied eingeschaltet, das den wirksamen Ungleichförmigkeitsgrad während des Regelungsvorganges zeitlich verändert und nach seiner Beendigung ganz oder teilweise zum Verschwinden bringt oder auch gegebenenfalls negativ werden läßt. [Regelungstechnik, Berlin: VDI-Verlag, 1944.]

Rückkopplung — *retroaction, reaction coupling, back coupling, regeneration* — réaction, couplage de réaction, régénération

Mit Rückkopplung wird die Rückführung eines Teiles der Ausgangsspannung oder auch des Ausgangsstromes auf den Eingang eines Verstärkers über einen Rückkopplungsweg bezeichnet. Der erste Fall ist eine Spannungsrückkopplung, der zweite eine Stromrückkopplung. Der Rück

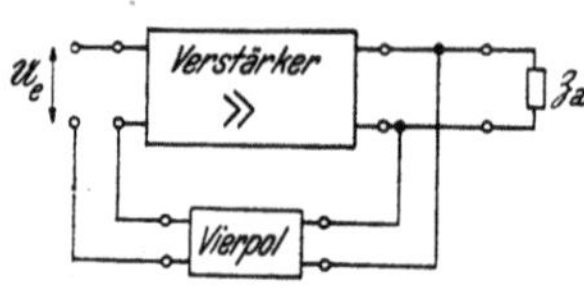

Spannungsgegenkopplung.
Reihenschaltung am Eingang

kopplungsweg ist im allgemeinen Fall ein Vierpol, der sowohl die Phasenlage als auch den Betrag der abgegriffenen Ausgangsspannung verändert, wobei beide noch frequenzabhängig sein werden. Liegen die Eingangsspannungen des Verstärkers und die rückgeführte Spannung in Reihe, so muß man zwischen äußerer und innerer Eingangsspannung unterscheiden. Entsprechendes gilt für die Ströme auf der Eingangsseite, wenn eine Nebenschlußrückkopplung vorliegt. Wird durch die rückgeführte Spannung infolge ihrer Phasenlage die innere Eingangsspannung vergrößert, so spricht man von positiver Rückkopplung oder Mitkopplung oder auch von Rückkopplung im engeren Sinn. Liegen äußere Eingangsspannung und rückgeführte Spannung in Gegenphase, so liegt eine negative Rückkopplung oder Gegenkopplung vor. Der erste Fall bedeutet eine Heraufsetzung der Verstärkung, der zweite eine Verminderung.

Eine starke Gegenkopplung wird angewendet

1. zur Herabsetzung der Schwankungen des Verstärkungsgrades, bei Betriebsspannungsänderungen, Röhrenalterung und Röhrenaustausch,

2. zur Verkleinerung der Frequenzabhängigkeit des Verstärkungsgrades (lineare Verzerrung),

3. zur Verkleinerung der nichtlinearen Verzerrung unterhalb der Aussteuerungsgrenze der Röhre,

4. zur Erniedrigung des Innenwiderstandes des Verstärkerausganges (kleine Spannungsänderungen bei Belastungsschwankungen).

Ist die Größe der rückgeführten Spannung frequenzabhängig, so wird auch z. B. der Verstärkungsfaktor frequenzabhängig. Liegen im Zuge des Verstärkers und des Rückkopplungsweges mehrere phasendrehende Koppelglieder, so kann die Phasenlage der an den Eingang rückgeführten Spannung derart sein, daß bei bestimmten Frequenzen die Gegenkopplung positiv werden kann. Dies trifft z. B. für einen dreistufigen Verstärker immer zu. Diese Unstabilitäten müssen daher durch besondere phasenrückdrehende Glieder beseitigt werden.

Eine positive Rückkopplung (Mitkopplung) führt zu den entgegengesetzten Eigenschaften der Gegenkopplung. Am gebräuchlichsten ist diese Mitkopplung zur Entdämpfung eines Schwingungskreises, z. B. im Fall des „Audion mit Rückkopplung". Wird die positive Rückkopplung stärker, so tritt schließlich Selbsterregung ein, d. h. auch nach Fortnahme der Eingangsspannung schwingt der Resonanzkreis infolge der Verstärkereigenschaften der Röhre weiter. Dies ist das Prinzip des Röhrengenerators und der auf gleichem Prinzip beruhenden Senderschaltungen.

Die Zahl der in Verwendung stehenden Rückkopplungsschaltungen ist sehr groß und abhängig vom Verwendungszweck der Schaltung. [Barkhausen H.: Elektronenröhren, Bd. 3, Rückkopplung.]

Rückleiter — *return circuit, return (wire)* — conducteur de retour

Rückstrom — *return current* — courant de retour

In zur normalen Leistungsrichtung entgegengesetztem Sinne fließender Strom.

Rückstromrelais — *reverse power relay, reverse current relay* — relais à retour de courant, relais d'inversion de courant

Relais zur Erfassung von Rückströmen, bei deren Auftreten sie eine Meldeeinrichtung betätigen oder den zu schützenden Anlageteil selbsttätig abschalten.

Rückzündung — *arcback, backfire* — retour d'arc, allumage en retour

Plötzliches Versagen der Sperrwirkung eines Quecksilberdampfgleichrichters infolge eines inneren Fehlers. Rückzündungen treten häufig auf, wenn die Dampfdichte infolge Überhitzung der Kathode zu groß wird (→ Quecksilberdampf-Gleichrichter).

Ruhekontakt — *rest contact, spacing contact* — contact de repos

Kontakte eines Relais oder Schaltapparates, die bei Impulsgabe öffnen und damit einen Ruhestromkreis ↑ unterbrechen.

Ruhemasse — *rest mass* — masse de repos

Masse eines in Ruhe befindlichen Körpers. Nach der Relativitätstheorie verändert sich die Masse mit der Geschwindigkeit v nach

$$m = \frac{m_0}{\sqrt{1 - \left(\dfrac{v}{c}\right)^2}}$$

($c = 3 . 10^{10}$ cm s^{-1} Lichtgeschwindigkeit).

Ruhestrom — *closed circuit current, rest current* — courant permanent, courant de repos

Strom, der im Normalzustand fließt und elektromagnetische Geräte in angezogenem Zustand erhält. Soll eine Schaltung vorgenommen werden, so muß der Stromkreis unterbrochen werden, worauf das Schaltorgan abfällt und die Schalthandlung ausführt. Im Gegensatz zu den Arbeitsstromkreisen betätigen die Ruhestromkreise die ihnen zugeordneten Schaltorgane sofort beim Auftreten einer Leitungsunterbrechung oder eines Kurzschlusses. Sie können also auch zur Überwachung eines wichtigen Hilfsstromkreises dienen. Ruhestromkreise ergeben aber dauernde Verluste.

Ruhestromkreis — *closed circuit* — circuit fermé

Mit Ruhestrom ↑ arbeitender Stromkreis.

Rundfeuer — *flash(ing)-over* — crachement périphérique, contournement

Erscheinung bei Stromwendermaschinen, wobei es zu einem Überschlag zwischen den ungleichnamigen Bürsten über den ganzen Stromwenderumfang kommt. Es tritt bei Gleichstrommaschinen dann auf, wenn die Spannung zwischen benachbarten Lamellen des Stromwenders den Betrag von 25...50 Volt übersteigt, so daß durch den Kohlenstaub, der vom Betrieb her zwischen den Stromwenderlamellen abgelagert wird, ein kleiner Lichtbogen eingeleitet werden kann, der sich zu einem Kranz von Lichtbögen und schließlich zu einem einzigen großen Lichtbogen zwischen den Bürstenhältern ausbilden kann und dann das Netz kurzschließt. Da die Lamellenspannung mit der magnetischen Feldstärke proportional wächst, wirkt die durch die Ankerrückwirkung (→ Gleichstrommaschine) hervorgerufene Feldverzerrung begünstigend auf die Ausbildung eines Rundfeuers, denn der einmal eingeleitete Lamellenlichtbogen erlischt nicht mehr, auch wenn die zugehörige Spule anschließend in ein Feld geringerer Stärke kommt.

Rundfunk — *broadcasting, radio, wireles* — radiodiffusion, radio

Die Übermittlung von Nachrichten und Musik an eine größere Zahl von mit Empfängern ausgerüsteten Teilnehmern von einer Sendestelle aus.

Rundsichtgerät
→ Panoramagerät.

Rutschkupplung — *slipping clutch, slipping coupling* — accouplement progressif, embrayage progressif

S

s
Kurzzeichen für Sekunde.

Sägezahnkurve — *saw-tooth diagramm* — diagramme de dent de scie
Kurve von der idealen Form der nebenstehenden Abbildung. Sie wird vorzüglich für die Spannung der Zeitablenk-platten von Kathodenstrahloszillographen oder Fernsehröhren angestrebt und meist aus einer Kippschwingung ↑ erhalten. Höhe und Perio-dendauer werden dann einstellbar gemacht.

Sägezahnkurve

Sättigungsstrom — *saturation current* — courant de saturation
Ein elektrischer Strom wird gebildet durch bewegte Elektronen. Werden die Elektronen, wie beispielsweise bei der Glühemission an der Kathode einer Elektronen-röhre ↑ durch Bildung und Ansammlung von Elektronenwolken zur Ver-fügung gestellt, und diese Ansammlungen in ein elektrisches Feld gebracht, dann werden durch die Feldstärke Elektronen aus der Wolke gezogen unter Bildung eines elektrischen (Elektronen-) Stromes. Dieser Strom wächst mit zunehmender Feldstärke so lange, bis die in der Zeiteinheit gebildeten Elektronen in derselben Zeit zur Gänze abgezogen werden. Der dabei auf-tretende, bei konstanter Emission höchstmögliche Strom wird Sättigungs-strom genannt. Er bleibt bei weiterer Feldstärkensteigerung unverändert.

Säule, positive — *positive column* — colonne positive
Aus dem Plasma ↑ bestehender Teil einer Glimmentladung, der sich als leuchtende Schichte zwischen Faradayschem Dunkelraum und Anode ausbreitet, und in dem die Elektronen der Entladung eine Beschleunigung erfahren, die sie zur neuerlichen Anregung bzw. Stoßionisation befähigt. Sie verhält sich wie ein guter Leiter und stellt damit eine Art Verlängerung der Anode in Richtung zur Kathode dar, die den zur Aufrechterhaltung der Entladung erforderlichen Kathodenfall sicherstellt. Die positive Säule ist damit zwar ein wichtiger, aber unwesentlicher Bestandteil der Glimm-entladung, was sich auch darin zeigt, daß jede Verkürzung der Entlade-strecke auf Kosten der positiven Säule geht, so daß diese auch gänzlich verschwinden kann. [OI]

Salmiak — *sal-ammoniac, salmiac* — sel ammoniaque

Salpetersäure — *nitric acid* — acide nitrique, acide azotique

Salz — *salt* — sel

Salzsäure — *muriatic acid, hydrochloric acid* — acide hydrochlorique, acide muriatique

Sammelschienen — *bus bars, collecting bars* — barres omnibus, barres collectrices

In elektrischen Anlagen angeordnete, meist als entsprechend bemessene Kupferschienen ausgebildete Leiter, die über die stromzuführenden Leiter gespeist werden und von denen die Verbraucher- oder Verteilleitungen abgezweigt sind. Je nach Bedeutung der Anlage werden Einfach- oder Mehrfachsammelschienen, insbesondere Doppelsammelschienen angeordnet, die eine Unterteilung des Betriebes, aber auch deren Kopplung ermöglichen.

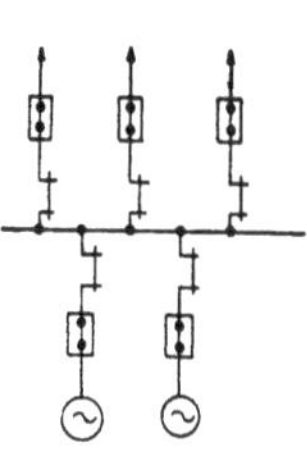

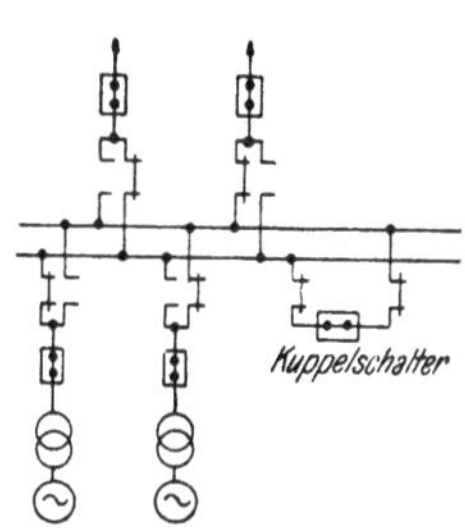

Einfachsammelschiene   Doppelsammelschienen

Sammler — *accumulator, storage cell* — accumulateur

Weniger gebräuchliche Bezeichnung für Akkumulator ↑.

Saphir — *sapphire* — saphir

Sattdampf — *saturated steam* — vapeur saturé

Ein Dampf wird gesättigt genannt, wenn eine beliebig kleine Senkung der Temperatur genügt, um ihn zu verflüssigen. Im Sättigungszustand sind Dampf und Flüssigkeit miteinander im Gleichgewicht.

Satz — *group, set, bank* — groupe, jeu

Eine Anzahl gleichartiger und zusammengeschalteter Geräte, die dann als Einheit verwendet werden, wie zum Beispiel eine aus einer Reihe von Lampen zusammengeschaltete und als Belastungswiderstand verwendete Lampenbatterie.

Sauerstoff — *oxygen* — oxygène

Saugdrossel — *sucking solenoid* — bobine suceuse

→ Gleichrichter-Transformator.

Schablone — *mould, model, former* — forme, gabarit, moule

Schablonenwicklung — *former-wound coil, former winding* — enroulement fait sur gabarit

Aus auf Schablonen außerhalb einer elektrischen Maschine gewickelten Spulen aufgebaute Wicklung. Die Spulen werden dann im fertigen Zustand in die Maschinennuten eingelegt und miteinander verbunden.

Schall — *sound* — son

Schallaufzeichnung, lichtelektrische — *photoelectric sound recording* — enregistrement photoélectrique du son

Die von einem Schallaufnahmegerät kommenden, in Lichtschwankungen umgewandelten Schallimpulse werden über ein Lichtsteuerorgan und nach entsprechender Verstärkung auf ein mit konstanter Geschwindigkeit laufendes Filmband photographiert, das bei der Wiedergabe durchleuchtet wird, worauf die entstehenden Lichtschwingungen über eine Photozelle ↑ in Wechselspannungsschwankungen umgesetzt und nach Verstärkung in einem Lautsprecher hörbar gemacht werden. Dabei stehen drei Verfahren in Verwendung: Sprossenschrift ↑, Einzackenschrift und Vielzackenschrift (→ Zackenschrift).

Schallfilmverfahren

Tonaufzeichnungsverfahren, in dem als Schallschriftträger Normalfilm benutzt wird, der an Stelle der lichtempfindlichen Schicht auf beiden Seiten eine Gelatineschicht trägt. Der Film ist dabei als endloses Band gekreuzt zusammengeklebt und wird mit Hilfe einer besonderen Vorrichtung aufgewickelt. Die Schallaufzeichnung erfolgt mit einem normalen Schallplattenschreiber in Seitenschrift. Es ist möglich, bis zu 100 Tonrillen nebeneinander in die Gelatineschicht jeder Seite des Films einzuschneiden. Die Tonabnahme erfolgt mit einem normalen Tonabnehmer, der jedoch eine möglichst kleine Nadelrückstellkraft haben muß.

Schallplatte — *disc record* — plaque de phonographe, disque (de gramophone)

Schallstärke — *sound intensity* — intensité de son
→ Phon.

Schaltbild — *diagramm of connections, circuit diagramm* — schéma de connections

schalten — *to join, to connect, to switch* — connecter, coupler, brancher

Schalter — *switch, (circuit-)breaker* — interrupteur, disjoncteur
Gerät zum Unterbrechen oder Schließen eines Stromkreises.

Schaltfunktion

Funktion, die den zeitlichen Verlauf einer Schalthandlung durch ein mathematisches Gesetz oder an Hand einer Kurve darstellt und die zur rechnerischen Erfassung von Schaltvorgängen bekannt sein muß.

Schaltgruppen

Einheitliche Benennung und Tabulierung der verschiedenen gebräuchlichen Schaltungen von Transformatoren zum Zwecke der leichteren Beurteilbarkeit ihrer Parallellaufeigenschaften. Die nach VDE 0532/VI verbindlichen Bezeichnungen zeigt die Aufstellung auf der nächsten Seite, in der in der Spalte V auch die Bezeichnungen nach den IEC-Regeln (Internationale elektrotechnische Commission) angeführt sind.

Schaltpult — *(switch)desk, operating board* — pupitre (de commande) pupitre de distribution

Pultförmiger Aufbau aus Marmor oder Eisenblech zur Aufnahme der für die Betriebsführung und Überwachung erforderlichen Schaltgeräte, Instrumente, Signal- und Bedienungseinrichtungen. Wird vorzugsweise in Zusammenbau mit Schalttafeln dort verwendet, wo ein Schalttafelfeld zur Aufnahme aller Geräte des zugehörigen Anlagenteiles nicht ausreicht. Das Schalttafelfeld wird dann zweckmäßig unmittelbar hinter dem Schaltpultfeld angeordnet.

Schalttafel — *switchboard, board, distribution panel* — tableau (de commande), tableau de distribution

Senkrecht angeordnete Tafel aus Marmor, Eisenblech oder Kunststoff, die zur Aufnahme der für die Betriebsführung und Überwachung erforderlichen Schaltgeräte, Instrumente, Signal- und Bedienungseinrichtungen dient.

Schaltung — *connection* — connection, connexion

Schaltvorgang — *switching operation* — mise en circuit
→ Ausgleichsvorgang.

I	II	III	IV	V
VDE-Bezeichnung		Vektorbild Ober- Unter- spannung	Schaltungsbild Ober- Unter- spannung	IEC-Bezeichnung der Schaltungen
Schaltgruppe	Schaltung			
I. Dreiphasen-Transformatoren				
	A 1	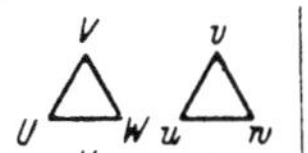	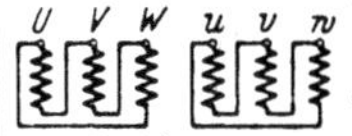	Dd 0
A	A 2	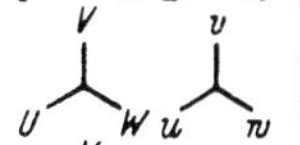	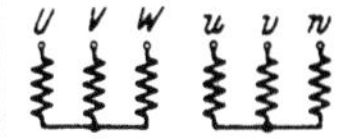	Yy 0
	A 3	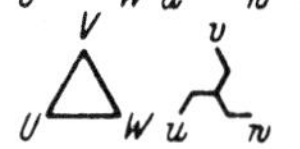	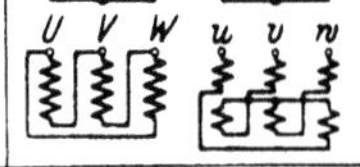	Dz 0
	B 1	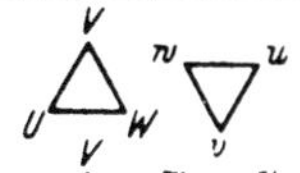	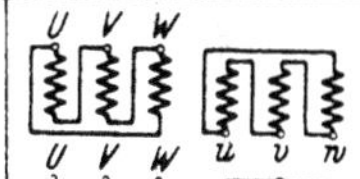	Dd 6
B	B 2	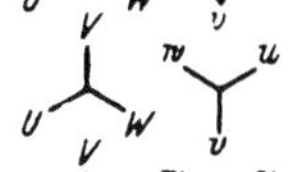	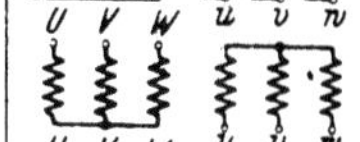	Yy 6
	B 3	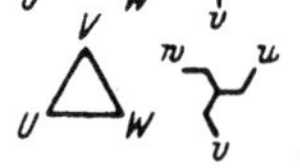	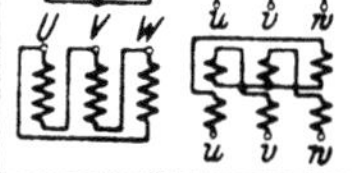	Dz 6
	C 1	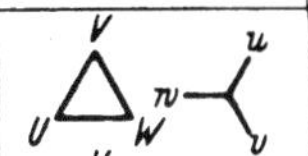	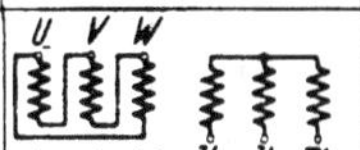	Dy 5
C	C 2	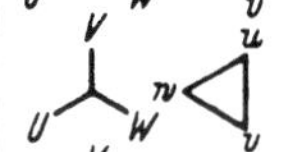	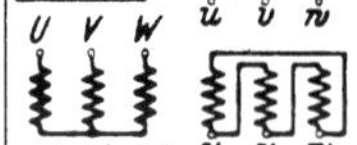	Yd 5
	C 3	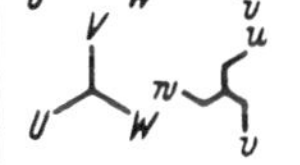	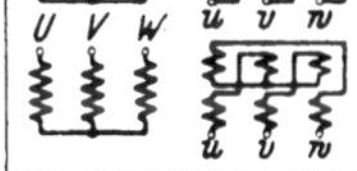	Yz 5
	D 1	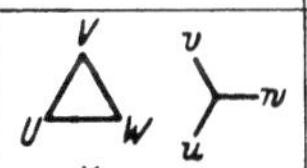	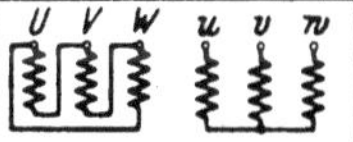	Dy 11
D	D 2	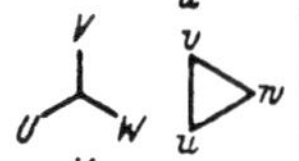	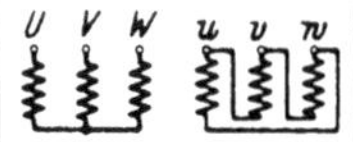	Yd 11
	D 3	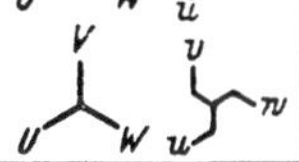	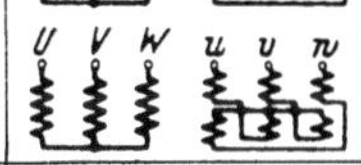	Yz 11
II. Einphasen-Transformatoren				
E	—	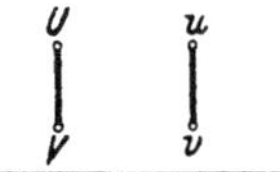	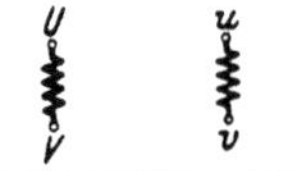	—

Schaltwarte — *switch room* — salle de distribution, poste de manoeuvre

Zentral gelegener Raum eines elektrischen Kraftwerkes, einer Umspann- oder Verteilstation, in dem sämtliche zur Betriebsführung und Überwachung erforderlichen Meßgeräte, Betätigungseinrichtungen und Signalaggregate auf Schalttafeln und Schaltpulten untergebracht sind. Sie bildet, mit Telephon und sonstigen Übermittlungseinrichtungen ausgerüstet, das betriebliche Zentrum der Anlage, von dem aus jede Schaltung befohlen, gegebenenfalls fernbetätigt, quittiert und überwacht wird und wo alle betrieblich notwendigen Messungen durchgeführt werden. In größeren Anlagen heute meist mit Leuchtschaltbild ↑ ausgerüstet.

Schaltzellen — *regulating cell* — élément de réglage, élément de reduction

Jene Zellen einer Akkumulatorenbatterie, die durch einen Zellenschalter zu den Stammzellen ↑ zu- oder abgeschaltet werden können. Ihre Zahl ist bei der konstant zu haltenden Batteriespannung von U Volt.

$$\text{bei Einfachzellenschaltern} \quad ↑ \quad n_{Sch} = U/27{,}6,$$
$$\text{bei Doppelzellenschaltern} \quad ↑ \quad n_{Sch} = U/5{,}47.$$

Schaulinie — *graph, curve, diagramm* — diagramme, courbe

Graphische Darstellung der Abhängigkeit einer Größe von einer zweiten.

Schauzeichen — *signal, annunciator, indicator, visual signal* — voyant, indicateur optique

Sichtbares Zeichen zur Anzeige des Ansprechens eines Relais oder selbsttätigen Schaltgerätes, insbesondere bei Melderelais.

Scheinleistung — *apparent power* — puissance apparente

Bei Wechselstrom das Produkt aus Strom und Spannung

$N_s = UI$ bei Einphasenstrom,

$N_s = UI\sqrt{3}$ bei Drehstrom.

Die Scheinleistung ist eine Rechengröße und ein Maß für die Dimensionierung elektrischer Maschinen und Geräte, die der Spannung gemäß isoliert und dem Strom gemäß (Erwärmung) bemessen werden. Sie ist gleichzeitig die größte Wirkleistung ↑, die die Maschine bei sonst gleicher Erwärmung abgeben kann (wenn der Leistungsfaktor ↑ gleich 1 ist).   [OI]

Scheinleitwert — *admittance* — admittance

Verhältnis von Strom zu Spannung in einem Wechselstromkreis.

Bei der Reihenschaltung von Widerständen gegeben durch

$$Y = \frac{1}{\sqrt{R^2 + \left(\omega L - \dfrac{1}{\omega C}\right)^2}},$$

oder in komplexer Form

$$\mathfrak{Y} = \frac{1}{R + j\omega L + \dfrac{1}{j\omega C}};$$

bei der Parallelschaltung durch

$$Y = \sqrt{\left(\frac{1}{R}\right)^2 + \left(\frac{1}{\omega L} - \omega C\right)^2},$$

oder in komplexer Form

$$\mathfrak{Y} = \frac{1}{R} + \frac{1}{j\omega L} + j\omega C.$$

[OI]

Scheinwiderstand — *impedance* — impédance

Verhältnis von Spannung zu Strom in einem Wechselstromkreis.
Bei der Reihenschaltung von Widerständen gegeben durch

$$Z = \sqrt{R^2 + \left(\omega L - \frac{1}{\omega C}\right)^2}$$

oder in komplexer Form

$$\mathfrak{Z} = R + j\omega L + \frac{1}{j\omega C} \, ;$$

bei der Parallelschaltung durch

$$Z = \frac{1}{\sqrt{\left(\dfrac{1}{R}\right)^2 + \left(\dfrac{1}{\omega L} - \omega C\right)^2}} \, ,$$

oder in komplexer Form

$$\mathfrak{Z} = \frac{1}{\dfrac{1}{R} + \dfrac{1}{j\omega L} + j\omega C} \, .$$

[OI]

Scheitelfaktor — *amplitude factor, crest factor, peak factor* — facteur de
pointe, facteur de crête

Verhältnis des Scheitelwertes ↑ zum Effektivwert ↑ einer periodischen
Wechselstromschwingung. Er ist bei sinusförmiger Schwingung gleich $\sqrt{2}$.

Scheitelwert — *amplitude, peak, crest* — amplitude

Größter auftretender Wert einer periodischen Wechselstromgröße. Er
wird auch Amplitude genannt.

Schellack — *shellac* — gomme-laque, laque en feuilles

Harz eines ostindischen Feigenbaumes, das in Weingeist gelöst und als
Isolierlack verwendet werden kann.

Schenkelpolläufer — *acyclic rotor, homopolar rotor* — roteur apériodique
→ Synchronmaschine.

Scherenstromabnehmer — *pantograph* — pantographe

Zur gegenüber anderen Stromab-
nehmern günstigeren Stromabnahme
eines elektrischen Fahrzeuges von
der Fahrdrahtleitung in Form eines
Parallelogrammes gebauter Stromabnehmer, dessen Anstelldruck leicht
geregelt werden kann und der wegen
seiner Formgebung den Schleifbügel
unmittelbar über dem Fahrzeug
stehen hat.

Scheringbrücke — *Schering bridge*
— pont de Schering

Sonderfall einer Wheatstoneschen
Brücke nach nebenstehendem Schalt-

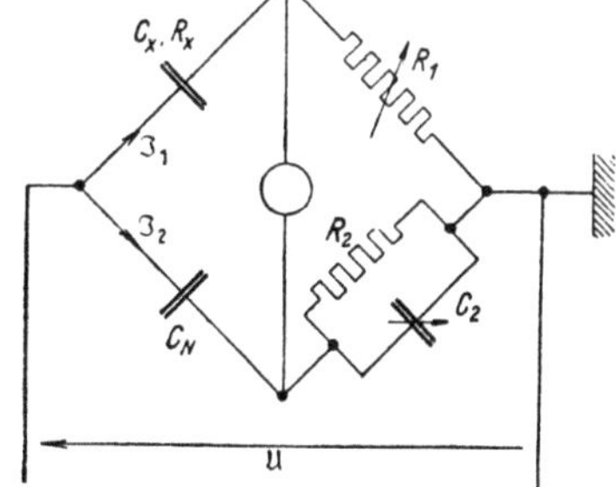

Scheringbrücke

bild, die in erster Linie zur Messung der Kapazität und Ableitung, bzw.
des Verlustwinkels von Kondensatoren für hohe Spannung dient. Nach

erfolgtem Abgleich durch den Widerstand R_1 und die Kapazität C_2 wird für den zu messenden Kondensator C_x, R_x

$$\delta = \frac{1}{R_x \omega C_x} = R_2 \omega C_2$$

$$R_x = R_1 \frac{C_2}{C_N} \frac{1 + \delta^2}{\delta^2} \; ; \quad C_x = C_N \frac{R_2}{R_1} \frac{1}{1 + \delta^2} \approx C_N \frac{R_2}{R_1} \, .$$

Schiebekontakt — *cursor, sliding contact* — contact glissant

Schiebewiderstand — *slide rheostat* — rhéostat à curseur

Veränderlicher Widerstand, dessen Widerstandswert über einen Schiebekontakt eingestellt wird.

schiefwinkelig — *screw, oblique* — oblique

Schienenstoß — *rail bond* — joint de rail

Verbindungsteil zwischen zwei Schienen.

Schirmantenne — *umbrella antenna* — antenne en parapluie

Antenne, deren Drähte von der Spitze eines zentralen Turmes oder Mastes nach allen Seiten ähnlich den Schienen eines geöffneten Schirmes gegen den Boden herabgezogen sind, zum Zwecke der Erhöhung der Kapazität der Antenne, insbesondere an ihren Enden.

Schirmgenerator — *vertical generator* — alternateur à axe vertical

a. Geschweißte Schirmgeneratoren, 20 500 kVA, 18 kV, 136 U/min,
(Bauart Sechéron)

Synchrongeneratoren mit vertikaler Welle; werden heute bei Antrieb durch Franzisturbinen vorzüglich für große Leistungen gebaut. Das Traglager kann oben oder unten angeordnet werden. Die Montage wird je nach der Art der Kühlung so durchgeführt, daß die Maschine entweder am

Maschinenhausboden in der Nähe einer Wand aufgestellt wird, die dann die Luftkanäle enthält, oder in einer Grube des Maschinenhauses versenkt wird.

Schirmgeneratoren werden heute fast ausschließlich in geschweißter Bauart ausgeführt.

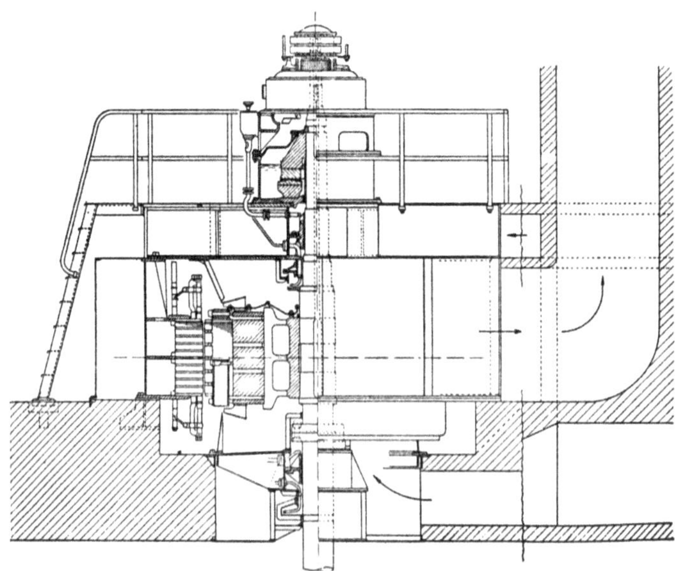

b. Schirmgenerator (Bauart Oerlikon)

Schirmgitter — *screen grid* — grille-écran
  → Schirmgitterröhre.

Schirmgitterröhre — *screen-grid tube* — tube à grille-écran

Tetrode ↑ in Schutzgitterschaltung ↑, deren jetzt Schirmgitter genanntes Schutzgitter so ausgebildet ist, daß eine wesentliche Verminderung der Gitter-Anoden-Kapazität erzielt wird, was durch die Abschirmung des gesamten, von der Anode ausgehenden Feldes erreicht werden kann. Dazu ist es zweckmäßig, die Anode an das obere Ende des Glaskolbens und das Gitter an den Sockel anzuschließen oder umgekehrt. Weiterhin ist es erforderlich, daß die Abschirmung zwischen den Anodenzuleitungen und den Gitterleitungen auch außerhalb der Röhre fortgesetzt wird. Häufig wird auch die Röhre mit einer Metallhülle umgeben, die mit der Kathode verbunden ist.

Der Durchgriff der Schirmgitterröhre liegt gewöhnlich im Bereich von 0,02…1%. Kennlinien einer Schirmgitterröhre zeigt die Abbildung b auf Seite 292.

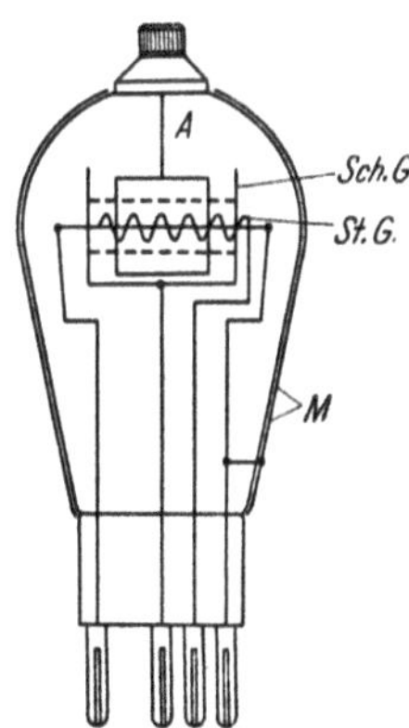

a. Aufbau einer Schirmgitterröhre

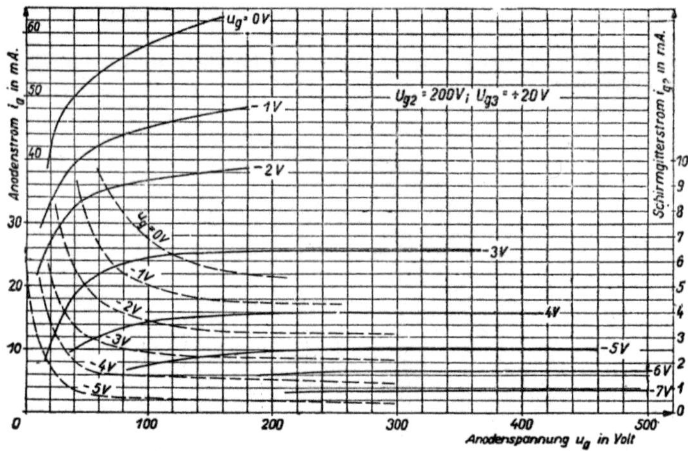

b. Kennlinienfeld einer Schirmgitterröhre

Schirmisolator — *umbrella insulator* — isolateur en parapluie

Schirmwirkung — *screening effect* — effet d'écran

Wirkung eines für das betrachtete Feld leitenden Körpers, der ein vorhandenes Feld kurzschließt und damit den Raum dahinter feldfrei hält.

Schlacke — *cinder, scoria, slag* — scorie, crasse

Schlagweite — *spark length* — longueur d'étincelle

Kürzeste Entfernung zwischen zwei spannungsführenden Metallteilen, zwischen welchen ein Überschlag auftreten kann.

schlagwettersicher — *gas-proof, flame proof* — anti-grisou

Maschinen und Geräte mit Funkenbildung (Schalter, Kommutatoren usw.) müssen bei Verwendung in schlagwettergefährdeten Räumen gasdicht ausgeführt werden, so daß die Funkenbildung ohne Gefahr bleibt. Man nennt diese Ausführung schlagwettersicher.

Schleichdrehzahl — *crawling speed* — vitesse d'accrochage

Drehzahl eines Asynchronmotors, bei der ein Schleichen ↑ des Motors eintritt.

Schleichen — *crawling* — accrochage

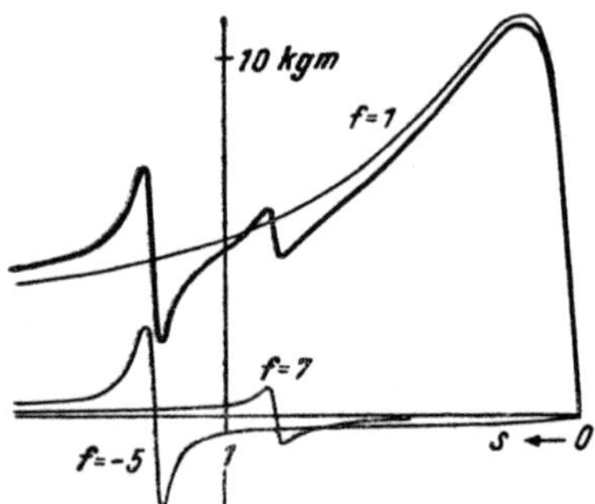

Asynchrone Oberschwingungsmomente und resultierendes Drehmoment des Asynchronmotors

eines Asynchronmotors ist das Hängenbleiben des Motors beim Hochlaufen unterhalb der Betriebsdrehzahl, hervorgerufen durch Einsattelungen der Drehmomentenkurve, die durch die entstehen, das sind solche, die „asynchronen Oberwellendrehmomente" von den Oberwellen der Ständer- und

Läuferwicklung gebildet werden, deren Polzahl gleich ist und die relativ zum Ständer bei jeder Läuferdrehzahl mit der gleichen Geschwindigkeit umlaufen. Zum Schleichen des Motors kommt es dann, wenn bei der Schleichdrehzahl das resultierende Drehmoment kleiner wird als das Lastmoment. [Bödefeld-Sequenz: Elektrische Maschinen. Wien: J. Springer, 1944. S. 184.]

Schleifdraht — *slide wire* — fil glissant, fil coulissant

Blanker oder an einer Seite blank gemachter Draht, längs dessen zwecks Spannungsteilung oder veränderbarer Potentialabnahme ein Schleifstück gleitet.

Schleifenoszillograph — *bifilar oscillograph* — oscillographe bifilaire

→ Oszillograph.

Schleifenwicklung — *lap winding* — enroulement imbrique, enroulement à boucles

Art der Spulenschaltung in der Wicklung einer elektrischen Maschine, bei der beim Fortschreiten von Spulenseite zu Spulenseite gemäß der gewählten Verbindungen die Fortschreitungsrichtung sich dauernd umkehrt, im Gegensatz zur Wellenwicklung, bei der dieser Fortschreitungssinn immer der gleiche bleibt.

Schleifkontakt — *rubbing contact, sliding contact* — curseur, contact glissant

Längs einer Kontaktbahn gleitender Kontakt.

Schleifringe — *slip rings, sliding rings* — bagues (glissantes)

Ringe aus gut leitendem Material, vorzugsweise Kupfer, die auf der Achse eines drehbaren Maschinen- oder Geräteteiles aufgebracht sind, zum Zwecke, diesem Teil Strom zu entnehmen oder zuzuführen, wozu auf den Ringen feststehende Schleifkontakte (Bürsten) gleiten, die meist aus Kohle mit Metallzusatz oder Metallband bestehen.

Schleifringläufer — *wound otor, slip-ring rotor* — roteur à bagues collectrices

Läufer eines Induktionsmotors, dessen Wicklung zu Schleifringen geführt ist, an die während des Anlaufvorganges ein veränderlicher Anlaßwiderstand angeschlossen ist und die nach beendetem Anlauf kurzgeschlossen wird. Dabei werden meist die Bürsten von den Schleifringen abgehoben.

Schleudergrube — *overspeed testing pit* — puits d'essai à l'emballement

Grube zur Ausführung der Schleuderprobe ↑ von Läufern elektrischer Maschinen, in die diese aus Sicherheitsgründen versenkt werden.

Schleuderprobe — *overspeed test* — essai d'emballement

Beanspruchungsprobe rasch umlaufender Maschinenteile bei Überdrehzahl (z. B. Durchgangsdrehzahl bei Antrieb durch Dampf- oder Wasserturbinen).

Schließungsfunke — *closing spark, spark at make* — étincelle de fermeture

Beim Schließen eines Kontaktes auftretender Überschlagsfunken.

Schlingenisolator

→ Hewlett-Isolator.

Schlüpfung — *slip* — glissement

→ Schlupf.

Schlupf — *slip* — glissement

auch Schlüpfung genannt, ist das Verhältnis der „Schlupfdrehzahl" n_2, das ist jene, um die die Drehzahl eines (Asynchron-) Motors $\uparrow$ gegenüber der synchronen Drehzahl ($n_s = f/p$) zurückbleibt, zur synchronen Drehzahl

$$ s = \frac{n_2}{n_s} = \frac{n_s - n}{n_s} = \frac{f_2}{f} $$

(f..Frequenz, p..Polpaarzahl). Bei Stillstand der Maschine ist mit $n = 0$, $s = 1$, bei synchronem Lauf $s = 0$. Bei übersynchronem Lauf wird der Schlupf negativ, bei Antrieb des Läufers gegen das Drehfeld ist $n > 1$.

Schmelzpunkt — *fusing point, melting point* — point de fusion

Temperatur, bei der der betrachtete Körper schmilzt, also vom festen in den flüssigen Zustand übergeht (oder umgekehrt). Die folgende Tabelle nennt die Schmelzpunkte einiger, für die Elektrotechnik wichtiger Stoffe:

Stoff	Schmelzpunkt in ^{0}C
Aluminium	$+ \ 658$
Argon	$- \ 189{,}6$
Barium	$+ \ 704$
Blei	$+ \ 327{,}4$
Eisen	$+1130 \dots 1530$
Gold	$+1063$
Kohle	rd. $+4000$
Kupfer	$+1043$
Molybdän	$+2600$
Platin	$+1767$
Quecksilber	$- \ 38{,}87$
Silber	$+ \ 960{,}5$
Tantal	$+3000$
Wolfram	$+2900$
Zink	$+ \ 419{,}4$

Schmelzsicherung — *fuse, fus(ible) cut-out* — coupe-circuit (à) fusible, fusible

Schutzeinrichtung für elektrische Anlagenteile gegen Kurzschluß- und Überströme, bei der infolge Durchschmelzens eines den Belastungsstrom führenden Schmelzdrahtes der Stromkreis selbsttätig unterbrochen wird. Für Licht- und Kraftanlagen hat sich hiefür das Diazed-Sicherungssystem eingebürgert. Schmelzeinsätze und Paßschrauben sind auf Schmelzstromstärken genormt, so daß ein unbeabsichtigtes Auswechseln des Einsatzes gegen einen mit höherer Abschmelzstromstärke verhindert ist. Der zeitliche Schmelzablauf kann durch Dimensionierung und Ausführung der Einsätze in weiten Grenzen verändert werden; man unterscheidet demgemäß „flinke" und „träge" Sicherungen.

Schmiedeeisen — *forged iron, wrought iron* — fer forgé, fer de forge

schmieren — *to grease, to oil, to lubricate* — graisser, lubrifier, huiler

Schmieröl — *lubricating oil* — huile de graissage

Schmierring — *oil ring* — bague de graissage, anneau de graissage

   → Ringschmierlager.

Schnarre — *buzzer* — trembleur, sonnerie ronflante

Wecker, der an Stelle eines Glocken- oder Tonsignals ein schnarrendes Geräusch erzeugt.

Schnecke — *worm, endless screw* — vis sans fin

Schnelldistanzschutz

Distanzschutz ↑ mit besonders rasch arbeitenden Distanzrelais. Abschaltzeiten in der Größenordnung von 1/10 Sekunde.

Schnellentregung

→ Aberregung.

Schnellregler — *high-speed regulator, quick-acting regulator* — régulateur rapide, régulateur à grande vitesse

Schnell arbeitender Spannungsregler für Synchrongeneratoren, der den Widerstand des Erregerkreises direkt oder unter Zuhilfenahme von elektrischen oder mechanischen Servoantrieben (→ Stellmotor) verändert. Dies kann geschehen durch Abwälzen einer Kontaktscheibe an einem kollektorartigen Ring, an dessen Lamellen die Widerstandsstufen angeschlossen sind (Wälzregler), oder durch mehr oder weniger starkes Zusammendrücken einer Widerstandssäule aus Kohlescheiben (Kohledruckregler), oder durch zeitveränderliches, periodisches Öffnen und Kurzschließen der Erregerwicklung oder eines Vorwiderstandes derselben (Vibrations-, Tirillregler), oder durch Verstellen des Nebenschluß- oder Hauptschlußreglers über ein hydraulisches Getriebe (Öldruckregler). In allen Fällen soll der gesamte Regelweg in spätestens einigen Sekunden durchlaufen werden können. Bei längerer Dauer spricht man von Eilreglern.

Die Betätigung des Reglers erfolgt von einem Spannungsmeßglied aus, das entweder als Betätigungsspule für den mechanischen Antrieb oder als Ferraristrieb ausgebildet ist.

Schnelltelegraphie — *high-speed telegraphy* — télégraphie rapide

Telegraphische Nachrichtenübermittlung mit einer Leistung von mehr als 150 Buchstaben in der Minute gegenüber etwa 100...120 beim Morse-Handbetrieb. Im Dauerbetrieb nur mit automatischer Zeichengebung und mit Schreib- oder Druckempfang zu erreichen.

Schnurschalter — *suspension switch, pendant switch* — interrupteur sur fil

Installationsschalter, der in der Zuleitungsschnur zu elektrischen Geräten frei eingebaut ist.

Schrägnuten — *skewed slot* — rainure en biais

Zur Vermeidung der durch Oberschwingungen in den Feldern einer Asynchronmaschine bedingten Störwirkungen im Drehmomentenverlauf werden die Läufernuten schräg gestellt. Darüber hinaus kann beim „Staffelläufer“ die Wicklung noch in achsialer Richtung in zwei oder mehrere, gegeneinander versetzte Teile unterteilt und zwischen den Teilen weitere Kurzschlußringe angeordnet werden.

schraffieren — *to shade, to hatch* — hach(ur)er, égratigner

Schraube — *screw, bolt* — vis

schraubenförmig — *helical, helicoid* — hélicoïde, hélicoïdal

Schraubenlinie — *helix, helical curve* — hélice

Schraubenmutter — *(screw) nut, femal screw* — écrou, vis femelle

Schreibempfang — *visual reception* — réception sur bande

Telegraphiersystem, bei dem zur Erzeugung einer gegenüber dem Hörempfang ↑ höheren Telegraphiergeschwindigkeit der zu telegraphierende

Text vorher in Papierstreifen gestanzt wird, die dann durch Kontaktgebung den Stromkreis betätigen. Es kann damit eine Telegraphiergeschwindigkeit von etwa 300 Buchstaben und mehr in der Minute erzielt werden. Empfangsseitig ist dann noch ein besonders konstruierter Schreibapparat erforderlich, der die Stromstöße in eine einwandfrei lesbare Zeichenschrift umwandelt.

Schroteffekt — *Schrot effect, shot noise* — effet de grenaille, effet de Schottky

Die durch das unregelmäßige Austreten der Elektronen aus der Kathode einer Elektronenröhre hervorgerufenen Anodenstromschwankungen ergeben ein störendes Geräusch, das sich mit großer Gleichmäßigkeit über ein sehr großes Frequenzgebiet erstreckt.

Schubbeanspruchung — *sheaving stress* — effort de cisaillement

Schubtransformator

Regeltransformator mit kontinuierlicher Spannungsregelung, bei dem einem feststehenden Kern K mit der festen Sekundärwicklung 2 ein verschiebbares Joch J mit den parallelgeschalteten Primärwicklungen 1a und 1b gegenübersteht. Da die beiden Primärwicklungen entgegengesetzte Flüsse erzeugen, ist die Zusatzspannung in den beiden Endstellungen entgegengesetzt gerichtet. In der Mittelstellung ist die induzierte Spannung Null.

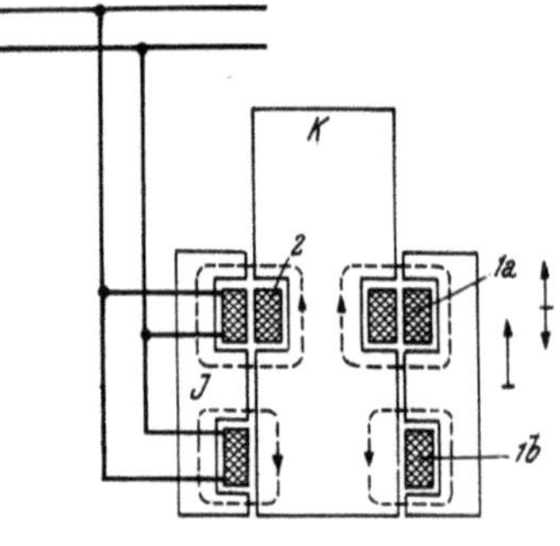

Schubtransformator

Schütz — *contactor, relay* — contacteur, relais

Ein dem Hilfsrelais ↑ in der Wirkung gleiches Schaltgerät, das aber im Gegensatz zum Relais, das nur vergleichsweise leistungsschwache (Hilfs-)kreise betätigt, leistungsstarke (Haupt-)kreise schaltet.

Schützensteuerung — *contactor equipment, contactor control* — équipement à contacteurs, commande par relais

Steuerung einer elektrischen Schaltanlage unter Verwendung von Schützen ↑. Heute in großem Ausmaße in der elektrischen Traktion (Elektrolokomotiven, Straßenbahnwagen, Obus), beim elektrischen Antrieb von Werkzeugmaschinen und in selbsttätigen Anlagen in Anwendung.

Schutzblech — *guard, protecting sheet* — plaque de sureté

Schutzerdung — *protective earth* — mise à terre de sureté

Leitende Verbindung eines normalerweise nicht spannungführenden Anlagenteiles zur Erde, um zu verhindern, daß dieser im Falle eines Schadens eine gefährliche Berührungsspannung ↑ annimmt. Der Widerstand der Erdverbindung soll so ausgelegt sein, daß die Fehlerstelle wegen des dann auftretenden Fehlerstromes durch die vorgeschalteten Sicherungen von der Stromquelle abgetrennt wird. Diesbezügliche Vorschriften sind in VDE 0140, § 8 angeführt. Die Erdung kann über eigene Einzelerder oder gegebenenfalls vorhandene, ausgedehnte, in der Erde liegende Leiter großer Oberfläche (wie z. B. Wasserleitungsnetze) erfolgen.

Schutzgitterschaltung — *screen grid connection* — connection à grille-écran

Schaltung einer Tetrode ↑, bei der das Innengitter als Steuergitter verwendet wird, während das Außengitter an eine konstante, positive Spannung angeschlossen ist. Dadurch wird der Einfluß der Anodenspannung auf den Anodenstrom weiter verringert, also der Durchgriff der Röhre verkleinert. Er kann unter 1% auf 0,1% und weniger gebracht werden.

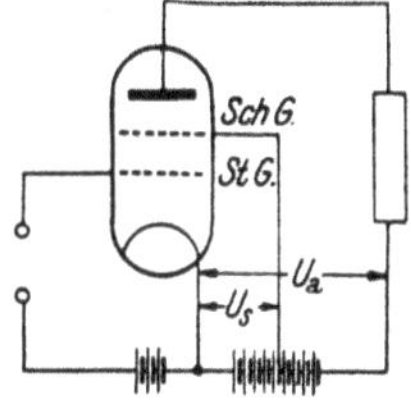

Doppelgitterröhre in Schutzgitterschaltung

Schutzleitungssystem — *guard wires* — conducteurs de protection

System zum Schutz begrenzter, einheitlicher Anlagen (z. B. Fabriken oder Industrieanlagen) gegen das Auftreten unzulässig hoher Berührungsspannungen ↑, bei dem alle zu schützenden Anlagenteile untereinander sowie mit den der Berührung zugänglichen Gebäudebauteilen, Rohrleitungen u. dgl. verbunden sind. Diese Verbindungsleitungen, die noch geerdet werden, bilden dann das Schutzleitungssystem (s. a. Nullung).

Schutzschaltung — *protection circuit* — circuit de protection

Schutzmaßnahme zur Vermeidung des Auftretens gefährlicher Berührungsspannungen in elektrischen Anlagen, bei der wie bei der Schutzerdung ↑ die zu schützenden Anlagenteile mit der Erde verbunden werden, aber diese Verbindung nicht unmittelbar, sondern über die Auslösespule eines Schutzschalters (Heinisch-Riedl-Schalter) erfolgt. Dieser Schalter besorgt dann die Abschaltung des kranken Anlagenteiles in kürzester Zeit.

schwalbenschwanzförmig — *dovetailed* — en queue d'aronde

Schwallwasserschutz

Schutz elektrischer Maschinen vor Wassertropfen oder Wasserstrahl ohne besonderen Druck aus beliebiger Richtung. Kennzeichnung durch die Bezeichnung P 33.

Schwebung — *beat, interference* — battement, interférence

Entsteht bei der Überlagerung zweier frequenznaher Schwingungen. Es bildet sich eine Sinusschwingung aus, deren Amplituden selbst wieder zeit-

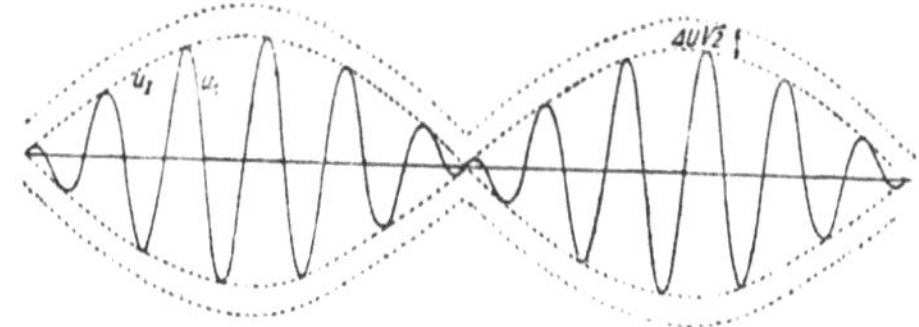

a. Schwebung bei gleicher Amplitude der Teilschwingungen

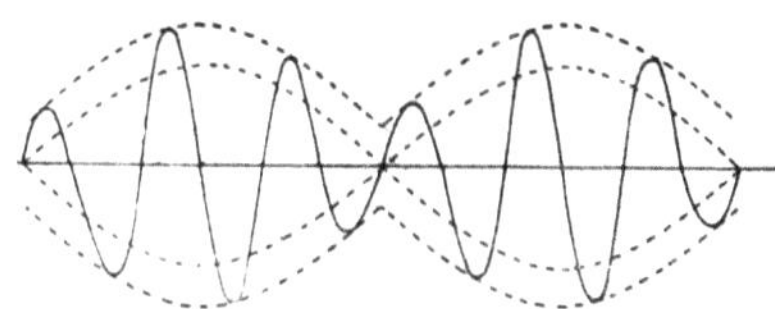

b. Schwebung bei ungleicher Amplitude der Teilschwingungen

lich sinusförmig veränderlich sind (einfache Schwebung bei amplituden-
gleichen Teilschwingungen) oder darüber hinaus noch ein von der Ampli-
tudendifferenz abhängiges Zusatzglied besitzen (Allgemeiner Fall). Die
Schwebungsfrequenz ist die halbe Differenz der Frequenzen der Teilschwingungen.

Die Schwebung stellt einen Sonderfall der allgemeineren, amplitudenmodulierten ↑ Schwingung dar. [OI]

Schwefelsäure — *sulphuric acid* — acide sulfurique

schweißen — *to weld* — souder

Schwerpunkt — *centre of gravity* — centre de gravité

Schwimmerregel, Amperesche — *Ampere's rule* — règle d'Ampère
Richtungsregel zur Feststellung der Ablenkrichtung einer von einem
stromführenden Leiter beeinflußten Magnetnadel. Darnach wird deren
Nordpol für einen mit dem Strom Schwimmenden, der das Gesicht der
Magnetnadel zukehrt, nach seiner linken Hand abgelenkt.

schwinden — *to fade, to shrink* — s'évanouir, décroitre

Schwingung — *oscillation* — oscillation
Zeitliche Änderung einer Größe zwischen positiven und negativen oder
auch nur höheren und niederen Werten, im besonderen als periodische
Schwingung, wenn sich ein Schwingungsvorgang identisch immer
wiederholt. Die Schwingung kann erzwungen sein, wenn ihr das Zeit-
gesetz von außen aufgedrückt wird, sie ist eine Eigenschwingung, wenn
der Zeitablauf unabhängig von äußeren Einflüssen nur durch die Kenngrößen
des schwingenden Gebildes bestimmt wird. Voraussetzung hiezu ist das
Vorhandensein eines schwingungsfähigen Systems, das heißt eines Systems,
welches eine stabile Gleichgewichtslage besitzt, in die es nach Störungen
zurückzukehren trachtet. Die Schwingung heißt harmonisch, wenn sie
durch ein reines Sinusgesetz dargestellt werden kann (Sinusschwingung); sie
ist gedämpft, wenn ihre Scheitelwerte ↑ mit zunehmender Zeit (meist
nach der Exponentialfunktion) abklingen. Die aperiodische Schwingung
ist ein Grenzfall der gedämpften Schwingung, bei dem durch besondere
Größenverhältnisse der Kenngrößen des schwingenden Gebildes die Schwingung nur einseitig zur Zeitachse verläuft, ohne einen Nulldurchgang aufzuweisen.

Schwingung, aperiodische — *aperiodic oscillation* — oscillation apériodique
→ Schwingung.

Schwingung, erzwungene — *forced oscillation, constrained oscillation* —
oscillation forcée, oscillation contrainte
→ Schwingung.

Schwingung, sinusverwandte
Schwingung nach der Grundgleichung $x = A \sin(\omega t + \varphi)$, bei der sich
die Kenngrößen A, ω, φ mit der Zeit im Vergleich zu einer Einzelschwingung
so langsam ändern, daß sie für einen nicht zu langen Zeitabschnitt als
konstant angesehen, und auf die Schwingung die Begriffe der periodischen
Sinusschwingung angewandt werden können. [DIN 1311, Mai 1933]

Schwingungsbauch — *loop, antinode* — ventre de vibration
Höchster Wert einer stehenden Welle.

Schwingungsknoten — *nodal point, node, null point* — noeud de vibration
Nullstelle einer stehenden Welle.

Schwundregelung — *volum control, antifading device, fading regulation* —
régulateur de sensibilité, anti-fading, correcteur d'évanouissement

Unter Verwendung von Verstärkerröhren mit veränderlicher Steilheit ist
ein Ausgleich der schwankenden Eingangsspannung einer Antenne (Schwund)
möglich.

Vom Detektorkreis ↑ wird eine bei der Gleichrichtung ↑ der Hochfrequenz entstehende Gleichspannung den Gittern der Vorröhren (Rück-
wärtsregelung) oder zusätzlich auch dem Gitter der folgenden Röhre (Vor-
wärtsregelung) zugeführt, so daß der Arbeitspunkt und damit die Steilheit
geändert wird. Die Verstärkungsänderung beträgt je Röhre etwa
$1 : 100 \ldots 1 : 200$.

Schwungmoment — *moment of inertia* — moment d'inertie

Schwungrad — *balancing wheel, flywheel* — volant

Scottschaltung — *Scott system, Scott connection* — système Scott

Schaltung eines Trans-
formators nach neben-
stehendem Schaltbild und
mit den angegebenen Über-
setzungsverhältnissen, wodurch die Umformung
zwischen Zwei- und Drei-
phasenstrom ermöglicht
wird.

Seele (eines Kabels) —
core — âme

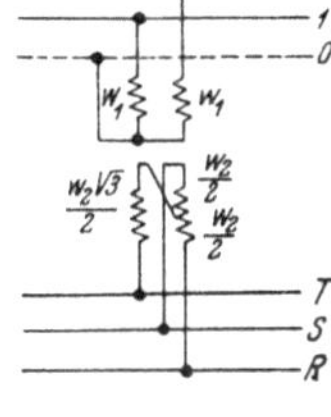
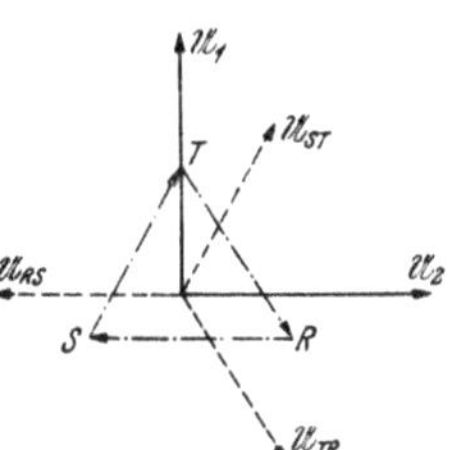

Scottschaltung

Sehnenwicklung —*drum
winding with fractional
pitch, chord winding, short pitch winding* — enroulement à pas fractionnaire,
enroulement par cordes

Wicklung einer elektrischen Maschine, bei der die Spulenweite ↑ von
der Polteilung ↑ abweicht.

Sehnung — *shortened winding pitch* — pas d'enroulement raccourci
Verkürzung des Wicklungsschrittes ↑ der Wicklung eines Synchronmaschinenankers auf Werte kleiner als die Polteilung ↑, wodurch die zusätzlichen Verluste verkleinert und die Kurvenform der Generatorspannung
verbessert wird.

Sehnungsfaktor
→ Wicklungsfaktor.

Seide — *silk* — soie

Seignettesalz — *Rochelle salt* — sel de Seignette, sel de Rochelle
Natriumkaliumtartrat $C_4H_4O_6KNa$.

Seilkurve — *catenary* — chainette, courbe funiculaire
→ Kettenlinie.

Seilpolygon — *link polygon* — polygone funiculaire

Seitenband — *side band* — bande latérale
→ Amplitudenmodulation.

Seitenfrequenz — *side frequency* — fréquence latérale
→ Amplitudenmodulation.

Seitenschwingung — *side oscillation* — oscillation latérale
→ Amplitudenmodulation und Frequenzmodulation.

Sekundärelektronen — *secondary electrons* — électrons secondaires
Elektronen, die beim Auftreffen von Ladungsträgern (Primärelektronen) auf Metall aus letzterem ausgelöst werden. Das Verhältnis der Zahl der Sekundärelektronen zu der der Primärelektronen wird Ausbeute genannt. Sie ist um so größer, je höher die Geschwindigkeit der aufprallenden Primärelektronen ist, und liegt im allgemeinen zwischen 2 und 10.

Sekundäremission — *secondary emission* — émission secondaire
→ Sekundärelektronen.

Sekundäremissionsröhre — *secundary-electron multiplier* — lampe à électrons secondaires
Verstärkerröhre, die die Erscheinung der Sekundäremission ausnützt und sich besonders auch zur Verstärkung kurzer Wellen eignet. Die Elektronenemission erfolgt zunächst von einer ersten Kathode über ein Steuer- und Schutzgitter nach einer zweiten Kathode, von der beim Auftreffen der Elektronen Sekundärelektronen erzeugt werden, die ihrerseits dann zur Anode gelangen, wobei ein Gitter den Einfluß der Anode auf die Raumladung der zweiten Kathode verringert. Eine Ausführung von Philips erreicht bei einer Anodenspannung von 250 V, einer Schirmgitter- und sekundären Kathodenspannung von 150 V und einer Gitterspannung von —2,5 V eine Steilheit von 14 mA/V bei einem Anodenstrom von 8 mA und einem inneren Widerstand von 75000 Ω.

Sekundärwicklung — *secondary winding* — enroulement secondaire
Jene Wicklung einer Anordnung mit mehreren Wicklungen (z. B. Transformator), der vorzugsweise der Hauptteil der Leistung entnommen wird.

Selbstanlauf, asynchroner — *self-starting, asynchronous starting* — démarrage asynchrone, autodémarrage
Verfahren für den Anlauf von Synchronmotoren, → Synchronmaschine.

Selbstanschlußfernsprechamt — *automatic telephone exchange, mechanical telephone office* — poste téléphonique automatique

Selbstausschalter — *automatic circuit breaker* — interrupteur automatique
Schalter, der beim Auftreten eines bestimmten Fehlerkriteriums (Überstrom, Überspannung, Rückstrom usw.) selbsttätig ausschaltet.

Selbsterregung — *self-excitation* — auto-excitation
Wird ein schwingungsfähiges Gebilde (elektrischer Schwingungskreis $\mathfrak{Z}$) periodisch mit der Frequenz ω_0 angestoßen (durch Anlegen an die Wechselspannung $\mathfrak{U}$), so entsteht neben einer stationären, erzwungenen Schwingung (stationärer Strom $\mathfrak{J} = \mathfrak{U}/\mathfrak{Z}$) eine freie Ausgleichsschwingung der Frequenz ω (Ausgleichsstrom $\mathfrak{J}_f$), die gedämpft sein oder theoretisch un-

begrenzt anwachsen kann. Die Gleichung der gesamten Schwingung lautet
also

$$\mathfrak{J} = \frac{\mathfrak{U}}{\mathfrak{Z}(\omega_0)} + I_f e^{-\delta t} e^{j\omega t}.$$

I_f ist dabei der Ausgangswert der Ausgleichsschwingung, der durch die
Anfangsbedingungen festgelegt ist, während δ die „Dämpfung" der Ausgleichsschwingung bedeutet. Bei positivem δ klingen die freien Schwingungen
exponentiell ab, bei negativen Werten steigen sie unbegrenzt an. Im ersten
Fall geht der Schwingungsvorgang in den stationären, erzwungenen Zustand über, im zweiten Fall kann der stationäre Anteil unwichtig werden
und der angefachte, überlagerte „Ausgleichsvorgang" das Bild der Schwingung vollständig beherrschen. Man spricht dann von einer „selbsterregten
Schwingung" oder „Selbsterregung". Vorausgesetzt ist dabei, daß sich die
Koeffizienten, die für die beiden Schwingungsanteile gemeinsam sind, nicht
ändern, wie es etwa durch Eisensättigungen der Fall sein kann.

Selbsthaltung

Einrichtung bei Relais oder Schaltapparaten, die nach dem Ansprechen
durch einen Stromimpuls vermittels eines Hilfskontaktes sich im ange-
sprochenen Zustand selbst erhalten, auch
wenn der Impuls wieder verschwindet. Ein
solches Relais kann nur durch Stromunterbrechung wieder zum Abfallen gebracht
werden.

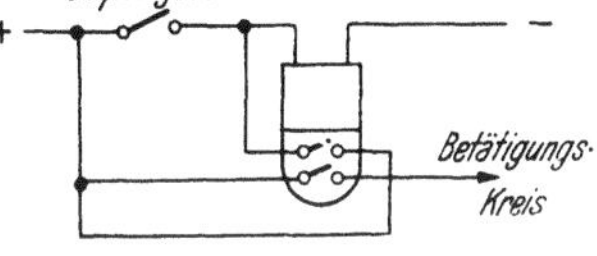

Relais mit Selbsthaltekontakt

Selbstinduktion — *self-induction* —
auto-induction, induction propre, self-
induction

Erscheinung, bei der in einem Stromkreis
durch das Fließen des eigenen Stromes,
infolge des durch ihn hervorgerufenen magnetischen Feldes eine Spannung
induziert wird. Die Größe dieser Selbstinduktionsspannung ist gegeben
durch die Gleichung

$$e_s = -L\,\frac{di}{dt}\,,$$

worin der Proportionalitätsfaktor L Selbstinduktionskoeffizient ↑ genannt
wird. Die induzierte Selbstinduktionsspannung eilt dem Strom um 90° nach.
Bei sinusförmigem Strom und komplexer Behandlung ist

$$\mathfrak{U}_s = -j\omega L\mathfrak{J}.$$

Dabei ist vorausgesetzt, daß L konstant ist. [OI]

Selbstinduktionskoeffizient — *coefficient of self-induction, self inductance*
— coefficient de self-induction, coefficient d'induction propre
→ Selbstinduktion.

Selbstkühlung — *self-cooling* — refroidissement naturel

Kühlung einer elektrischen Maschine, bei der die Kühlluft durch die
umlaufenden Teile der Maschine ohne Zuhilfenahme eines besonderen
Lüfters bewegt wird.

Selbstschalter — *auto-switch* — interrupteur automatique

Selbstschalter sind Schaltgeräte, die (meist betätigt durch eine elektromagnetisch arbeitende Auslösespule) durch einen elektrischen Impuls ausgeschaltet werden können. Sie werden meist zur selbsttätigen Unter-

brechung einer durch sie geschützten Anlage bei Störungen in derselben verwendet, wobei der Impuls von getrennt angeordneten (Selektivschutz-) Relais oder durch die auf oder in den Schaltern angeordneten Fehlererfassungseinrichtungen gegeben werden kann. Als einfachste solcher Fehlererfassungen sind die Erfassung von Überströmen oder unzulässigem Spannungsabfall zu erwähnen. Die Überstromschalter erfüllen dann gleichzeitig die Aufgaben von Schaltern und Sicherungen, haben aber gegenüber den letzteren den Vorteil der immer allpoligen Abschaltung. In der Hochspannungstechnik werden die Leistungsschalter (Öl-, Wasser-, Druckgasschalter) stets mit Auslösespulen ausgerüstet.

Einschraub-
automat

Durch Anbringen von Hilfskontakten können Signal- und Meldekreise zur Anzeige des erfolgten Ausschaltens oder auch elektrische Verriegelungen für die verschiedensten selbsttätigen Einrichtungen betätigt werden.

Häufig erhalten die Selbstschalter auch Einschaltspulen, so daß sie von ferne mittels handbetätigter Impulse oder automatisch geschlossen werden können.

Selbstschalter werden auch in Kleinstausführung einpolig hergestellt und mit Gewinde versehen, so daß sie an Stelle der Sicherungsstöpsel in die Sicherungselemente der normalen Abschmelzsicherungen eingeschraubt werden können, wodurch das lästige Auswechseln abgeschmolzener Stöpsel vermieden wird (Elfa-Automat).

Selektivität — *selectivity* — sélectivité

Fähigkeit zum Treffen einer Auswahl. Insbesondere bei elektrischen Schutzeinrichtungen das Vermögen, den gestörten Anlagen- oder Maschinenteil raschest abzuschalten, ohne den dabei noch möglichen Betrieb der übrigen Anlagenteile zu stören (→ Selektivschutz).

Selektivschutz — *selective protection* — système de protection sélectif

Schutzeinrichtung zur Erfassung von Fehlern in Leitungen, Generatoren und Apparaten, die bezweckt, den gestörten Anlageteil, und nur diesen, so rasch abzuschalten, daß der übrige Teil der Anlage den Betrieb ohne Unterbrechung weiterführen kann. Ein guter Selektivschutz benötigt Relais mit den erforderlichen Meßwerken zur Erfassung der Art der Fehler und eine so einstellbare Auslösekennlinie, daß eine befriedigende Staffelung hintereinander liegender Relais möglich ist, so daß das nächste Relais erst einspringt, wenn das zuständige versagen sollte. Dabei müssen aber die Abschaltzeiten tunlichst klein bleiben, (etwa 0,1 ... 3 s), um den Betrieb aufrecht erhalten zu können oder größere Zerstörungen an der Fehlerstelle zu verhindern (s. a. Generatorschutz, Erdschlußschutz). [OIII]

Selektivverstärker — *resonance amplifier, selective amplifier* — amplificateur à résonance, amplificateur sélectif

Verstärker, die ein Frequenzband übertragen, das wesentlich kleiner ist als eine Oktave. Sie heißen auch Resonanzverstärker und wurden früher wegen ihrer vorzugsweisen Verwendung in Funksende- und Empfangsanlagen Hochfrequenzverstärker genannt.

Selektoren — *regulating valve* — tube régulateur

→ Regelröhren.

Selenzelle — *selenium cell* — cellule en sélénium

Photozelle ↑ aus kristallinischem Selen, das die Eigenschaft hat, seinen Widerstand mit zunehmender Belichtung zu vermindern. Bei angelegter, konstanter Spannung ist der sich ausbildende Strom verhältnisgleich zur Lichtintensität. Die Empfindlichkeit beträgt etwa das zwei- bis dreifache der gasgefüllten Alkalizelle ↑. Die Frequenzabhängigkeit ist sehr stark.

senden — *to transmit, to send* — émettre, transmettre

Sender — *transmitter, emitter, sending station* — émetteur, transmetteur, poste émetteur

Mit Sender bezeichnet man im allgemeinen ein Gerät, das hochfrequente elektromagnetische Schwingungen erzeugt und ausstrahlt zum Zwecke der drahtlosen Übermittlung von Nachrichten und Signalen irgendwelcher Art. Die hauptsächlich an einen Sender zu stellenden Forderungen sind

1. Frequenzkonstanz,
2. Oberwellenfreiheit,
3. Störmodulationsfreiheit,
4. Naturgetreue Wiedergabe der Modulation.

Abgesehen von Kleinstsendern besteht ein Sender aus mehreren Stufen, wobei zwischen dem eigentlichen Hochfrequenzgenerator (Steuerstufe) und der Antenne noch eine Leistungsstufe und evtl. zwischen dieser und der Steuerstufe auch noch Verdoppler- oder Trennstufen liegen können, die die Aufgabe haben, die Rückwirkung der Antenne und der Leistungsstufe auf die Steuerstufe zu verhindern. Die Modulation kann in der Leistungsstufe oder auch in einer Zwischenstufe erfolgen.

Senke — *sink* — dépression

Negative Quelle ↑.

Serienschalter — *three-way switch, multicircuit switch* — commutateur multiple

Installationsschalter zum stufenweisen Ein- und Ausschalten von zwei Stromkreisen mit einer Unterbrechung. Er wird auch Kronenschalter genannt.

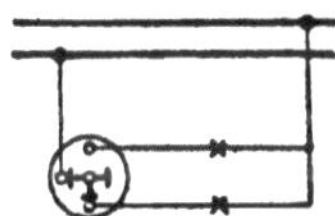

Serienschalter

Serienschaltung — *series connection* — couplage en série

→ Reihenschaltung.

Serpentinasbest — *chrysotile* — chrysotile

→ Asbest.

Servomotor — *servo motor* — servo-moteur

→ Stellmotor.

Sicherheitsvorschriften — *safety rules* — instructions de sûreté

Sicherung

→ Schmelzsicherung.

Siebkette — *wave filter, filter chain* — filtre en échelle

Kettenleiter aus möglichst reinen Blindwiderständen gebildet, haben die Eigenschaft, für bestimmte Frequenzbereiche keine (Durchlaßbereich), für andere große Dämpfung (Sperrbereich) aufzuweisen. Die Übergänge der Bereiche sind bestimmt durch die Grenzfrequenzen, die sich aus den Längs- und Querwiderständen der Vierpole errechnen lassen, aus denen der Kettenleiter zusammengesetzt ist. Bei der als Tiefpaß ↑ wirkenden Drosselkette mit induktiven Längs- und kapazitiven Querwiderständen ist die Grenzfrequenz $\omega_0 = \dfrac{2}{\sqrt{LC}}$, bei der als Hochpaß ↑ wirkenden Kondensatorkette mit kapazitiven Längs- und induktiven Querwiderständen ist sie $\omega_0 = \dfrac{1}{2\sqrt{LC}}$. (L, C gesamte Längs-, bzw. Querinduktivität oder -kapazität.)

Im allgemeinen erhält man die Grenzfrequenzen aus der Bestimmungsgleichung

$$\mathfrak{Y}\mathfrak{Z} = 0 \quad \text{und} \quad \mathfrak{Y}\mathfrak{Z} = -2,$$

worin $\mathfrak{Z}$ die Längswiderstände und $\mathfrak{Y}$ die Querleitwerte der symmetrisch angenommenen Teilvierpole sind, und vorausgesetzt wurde, daß diese praktisch reine Blindgrößen sind. Mit geringerer Dämpfung zeigen sich dann die wesentlichen Eigenschaften der Kette bereits an den Teilvierpolen. [OII]

Siedepunkt — *boiling point* — point d'ébullition

Siemens — *siemens* — siemens

Leitwerteinheit; reziproker Wert der Widerstandseinheit Ohm ↑ .

$$1\,\mathrm{S} = \frac{1}{\Omega}\,.$$

Signallampe — *signal lamp, alarm lamp, pilot lamp* — lampe de signalisation, lampe-signal, lampe d'alarme

Signalspannung — *signal voltage* — tension du signal

Bei der Anodengleichrichtung die dem Gitter der Gleichrichterröhre zugeführte Spannungskomponente, die gleichgerichtet werden soll.

Silber — *silver* — argent

Edelmetall mit besserer Leitfähigkeit als Kupfer, $\varkappa = 62\ \mathrm{Sm/mm^2}$. Es wird häufig als Kontaktmaterial in Relais und Schaltern verwendet, weil es weniger korrodiert als Kupfer. Seine Wichte ist $10{,}5\ \mathrm{p/cm^3}$. Das chemische Symbol ist Ag.

Siliziumbronze — *silicious bronze, silicon bronze* — bronze au silicium, bronze silicié

Bronze ↑ mit einem Gehalt von $0{,}5\ldots 4{,}5\%$ Silizium und Zuschlägen von Zinn, Nickel, Mangan, Eisen und Zink. Sie zeichnet sich durch Korrosionsbeständigkeit und hohe Festigkeit aus.

Simplexverkehr — *simplex operation* — communication simplex

→ Einfachverkehr.

Sinus — *sine* — sinus

sinusförmig — *sinusoidal, sine-shaped* — sinusoïdal

Sirufer-Spule — *sirufer iron-dust coil* — bobine à noyau sirofer

→ Eisenspule.

Skala — *scale* — échelle, gamme

Teil des Meßgerätes, auf dem die Meßgröße ↑ oder eine ihr entsprechende Größe verzeichnet ist. Sie ist nach einer bestimmten, dem Gerät charakteristischen Gesetzmäßigkeit geteilt.

Skalar — *scalar (quantity)* — grandeur scalaire
Größe ohne Richtung, die durch eine einzige Zahlenangabe bestimmt ist.

Skalenwert
Der Skalenwert eines Meßgerätes ist die Änderung der Meßgröße, die zur Verschiebung der Marke um einen Skalenteil (von einem Teilstrich zum nächsten) gehört.

Skineffekt — *skin effect* — effet de peau, effet Kelvin
→ Anderer Ausdruck für Hautwirkung.

Smaragd — *emerald* — émeraude

Sollwert — *rated value, nominal value, assigned value* — valeur nominale, valeur théoretique
Der Sollwert einer Größe ist jener vorgegebene Wert, den die Größe vermöge einer Aufgabenstellung (Aufgabensollwert) annehmen soll, oder den ein fehlerfreies, insbesondere reibungsfrei gedachtes Meßgerät (Meßsollwert) oder ein solcher Regler (Reglersollwert) unter Berücksichtigung seines Ungleichförmigkeitsgrades ↑ anzeigen oder herstellen und aufrecht erhalten würde.

Sollwerteinsteller
Der Sollwerteinsteller ist ein Gerät, das den Sollwert ↑ einstellt und in die Regelspanne ↑ einführt. Häufig wird als Sollwert ein fester Wert eingestellt (Festwertregler), er kann aber auch von einer anderen Größe (Folgeregler), insbesondere von der Zeit (Zeitplanregler) abhängig gemacht werden.

Sonde — *probe, search electrode, test prod, sound* — sonde
Hilfselektrode zur Ausmessung der Potentialverteilung in einem elektrischen Strömungsfeld. Wird häufig verschiebbar angeordnet, so daß der Ort der Messung variiert werden kann. Eine Erschwerung aller Sondenmessungen tritt durch die Beeinflussung der Entladung durch das Sondenpotential und die durch die Sonden fließenden Ströme auf.

Spaltglimmer — *muscovite* — muscovite, mica blanc

Spaltpol-Umformer — *split-pole converter* — commutatrice à poles fendus
Einanker-Umformer ↑, dessen Hauptpole in zwei oder mehrere Teile gespalten sind, um die Form der Feldkurve oder ihre Lage zu den Stromwenderbürsten ändern und damit die Übersetzung des Umformers regeln zu können. Anwendung wegen ungünstiger Bemessungsverhältnisse, namentlich bei 50 Hz, selten.
[R. Richter: Elektrische Maschinen, Band II. Berlin: Julius Springer.]

Spannung — *tension, voltage, pressure* — tension, voltage
Potentialdifferenz zwischen zwei Punkten $u_{12} = \varphi_1 - \varphi_2$, oder Linienintegral der elektrischen Feldstärke $u_{12} = \int_1^2 \mathfrak{E}\, d\mathfrak{s}$; wird vom höheren zum niedrigeren Potential positiv gezählt; oft auch in umgekehrter Richtung im Sinne einer EMK gebraucht. Einheit: 1 Volt (V). [OI]

Spannung, unter — *alive* — sous tension
An eine Spannungsquelle angeschlossen.

Spannungsabfall — *voltage drop, drop of potential, potential fall* — chute de tension, chute de voltage

Potentialverlust beim Durchfließen eines Stromes durch einen Widerstand (Impedanz). Er ist dem Produkt aus Stromstärke und Widerstand gleich.

Spannungserhöhung — *voltage increase* — élévation de la tension

Spannungsfehler — *error of voltage* — erreur de tension

Prozentuelle Abweichung der sekundären Klemmenspannung U_2 eines Spannungswandlers von ihrem Sollwert $U_1/\ddot{u}_n$ bei gegebener Primärspannung U_1 und dem Nennübersetzungsverhältnis $\ddot{u}_n$. Es ist dann

$$F_u = \frac{U_2\ddot{u}_n - U_1}{U_1}.$$

Für seine zulässigen Werte in Ansehung der Einteilung der Spannungswandler in Genauigkeitsklassen gelten die Bestimmungen VDE 0414/X. 40, § 13.

Der Spannungsfehler wird positiv gerechnet, wenn der Istwert der sekundären Spannung den Sollwert übersteigt.

Spannungspfad — *voltage circuit, voltage path* — parcours de la tension

Der Spannungspfad ist der Teil des Meßgerätes, der direkt oder indirekt an die zu messende Spannung angeschlossen ist.

Spannungsregelung — *voltage control* — régulation de tension

Willkürliches oder selbständiges Einregeln der elektrischen Spannung an einem bestimmten Ort einer elektrischen Anlage. Der Zweck der Spannungsregelung kann die Konstanthaltung der Spannung am Regelort oder an einem entfernten Ort, oder aber auch eine vorgeschriebene Spannungsänderung in Abhängigkeit von der Belastung oder der Zeit (etwa nach einem bestimmten Fahrplan) sein. Die Spannungsregelung kann durch Verstellung der Erregung elektrischer Generatoren, durch Änderung des Leistungsfaktors der Belastung (→ Blindstromkompensation) oder durch Änderung des Übersetzungsverhältnisses von Transformatoren (→ Regeltransformator, → Zusatztransformator) vorgenommen werden.

Spannungsresonanz — *series resonance, tension resonance* — résonance de tension, résonance série

Resonanz in einem Reihenschwingkreis ↑. Sie wird erreicht, wenn kapazitiver und induktiver Widerstand des Schwingungskreises gleich groß sind, was entweder durch Abstimmen dieser beiden Größen aufeinander oder durch Einstellung der speisenden Frequenz auf die Resonanzfrequenz ↑ des Schwingungskreises erfolgen kann.

Sind R, L, C der Wirkwiderstand, die Induktivität und die Kapazität des Schwingungskreises, so ist der von der Stromquelle zu liefernde Strom

$$\mathfrak{J}_0 = \frac{\mathfrak{U}}{R}$$

lediglich von der Größe des Wirkwiderstandes abhängig. Die Spannungen an den drei Widerständen sind gegeben durch

$$\mathfrak{U}_R = \mathfrak{U} \quad : \quad \mathfrak{U}_L = \mathfrak{U}\,\frac{j\omega L}{R} \quad ; \quad \mathfrak{U}_C = \mathfrak{U}\,\frac{1}{Rj\omega C} = -\mathfrak{U}_L.$$

Sie können also bei kleinem R an den Blindwiderständen ein großes Vielfaches der Netzspannung erreichen (s. untenstehendes Vektorbild).

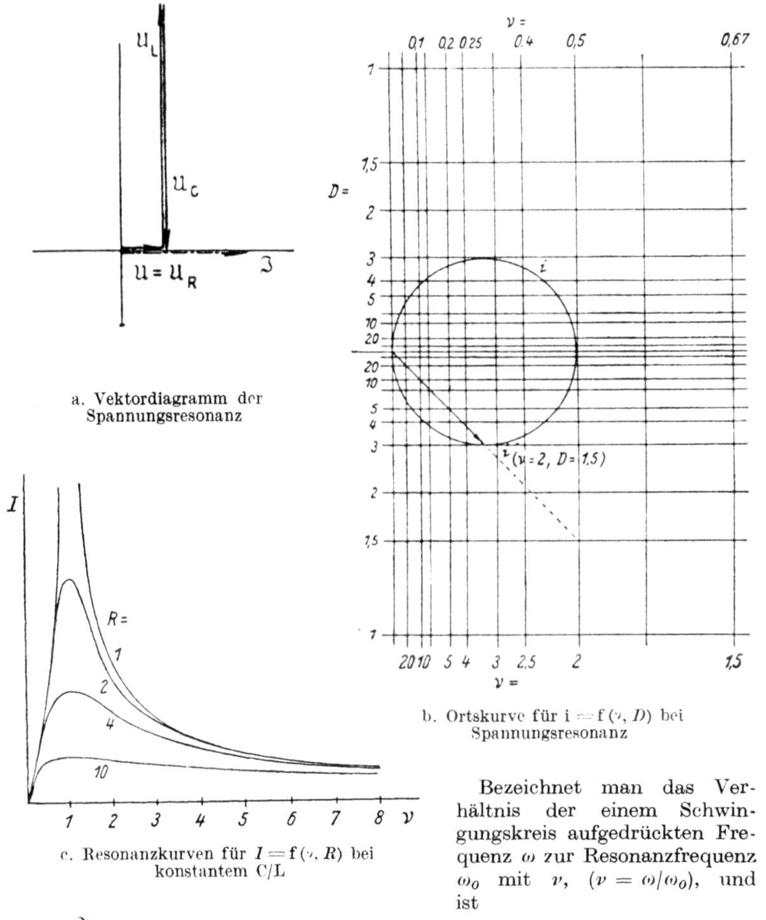

a. Vektordiagramm der
Spannungsresonanz

b. Ortskurve für i = f (ν, D) bei
Spannungsresonanz

c. Resonanzkurven für I = f (ν, R) bei
konstantem C/L

Bezeichnet man das Verhältnis der einem Schwingungskreis aufgedrückten Frequenz ω zur Resonanzfrequenz ω_0 mit ν, ($\nu = \omega/\omega_0$), und ist

$$i = \frac{\mathfrak{J}}{\mathfrak{J}_0}$$ das komplexe Verhältnis des Stromes zum Resonanzstrom und

$$D = R\sqrt{\frac{C}{L}}$$ der sogenannte Dämpfungsfaktor, so wird

$$i = \frac{j\nu D}{1 + j\nu D - \nu^2},$$

was sich leicht in einem Ortskurvendiagramm darstellen läßt (s. Abb. b). Aus diesem Diagramm können dann ohne Schwierigkeiten die üblichen Resonanzkurven in kartesischer Darstellung, wie etwa die Abhängigkeit des Stromes vom Frequenzverhältnis nach Abb. c entnommen werden. [OI]

Spannungsschwankung — *voltage fluctuation, voltage variation* — fluctuation de tension, variation de tension

Abweichung der Spannung vom Sollwert, in erster Linie hervorgerufen durch die Spannungsabfälle bei veränderlicher Belastung.

Spannungsteiler — *potential divider, potentiometer, voltage divider* — diviseur de tension, potentiomètre, réducteur

Auch Potentiometer genannt; Widerstand mit 3 Anschlüssen zur Spannungsregelung. Der Widerstand wird an die Spannung gelegt, während die gewünschte Regelspannung an einem der beiden Anschlüsse und am dritten, meist als Schleifkontakt ausgebildeten Kontakt abgegriffen wird. Die abgegriffene Spannung steht im Verhältnis der durch den Schleifkontakt abgegrenzten Widerstände, wenn der entnommene Strom gegenüber dem Hauptstrom vernachlässigbar klein ist. Ist

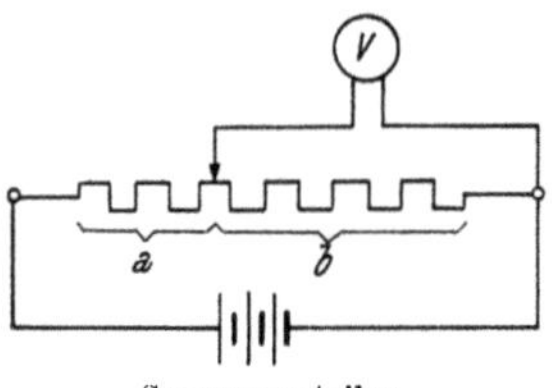
Spannungsteiler

dieses Teilungsverhältnis $t = \dfrac{b}{a+b}$, also im Leerlauf $U_{20}/U = t$, und bezeichnet man das Verhältnis des Belastungswiderstandes zum Gesamtwiderstand des Spannungsteilers mit b, so wird bei Belastung $U_2/U = \dfrac{bt}{1+b-t}$.

Spannungstransformator — *voltage transformer* — transformateur de tension

Transformator, dessen Primärspannung vom Primärnetz bestimmt wird, an das der Transformator angeschlossen ist. Er wird in erster Linie zur Leistungsübertragung verwendet. Dient er lediglich für Meßzwecke, so wird er Spannungswandler ↑ genannt.

Spannungsverstärker — *voltage amplifier* — amplificateur de tension

Hauptsächlich bei der Niederfrequenzverstärkung in Anfangs- oder Zwischenstufen von Mehrröhrenverstärkern benutzte Verstärker, mit der Aufgabe, ankommende Eingangsspannungen in möglichst hohe Ausgangsspannungen umzusetzen, also einen möglichst großen Spannungsabfall am Anodenwiderstand des Ausgangskreises zu erzielen, wobei auf die Größe des Anodenstromes kein Wert gelegt wird. Der Spannungsverstärker arbeitet demgemäß meist mit einem sehr hohen Anodenwiderstand, also praktisch im Leerlauf (Leerlaufverstärkung). Ist dieser Widerstand ein Ohmscher Widerstand, so spricht man von Widerstandsverstärkung, ist er ein induktiver Widerstand, so heißt der Verstärker Drosselverstärker.

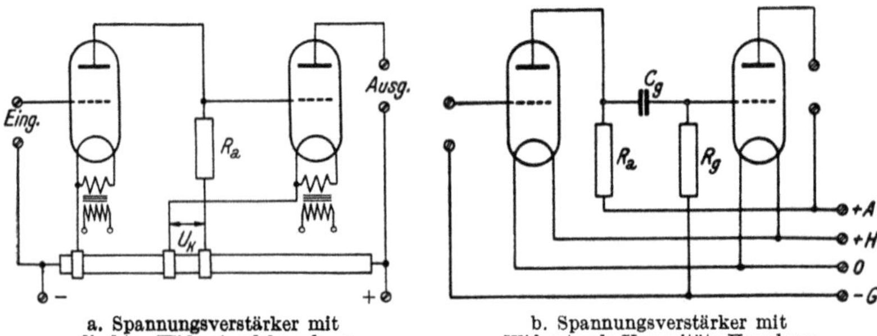

a. Spannungsverstärker mit direkter Widerstandskopplung   b. Spannungsverstärker mit Widerstands-Kapazitäts-Kopplung

Enthält der Verstärker mehrere Stufen, so können diese verschieden aneinander gekoppelt werden. Bei der **direkten Kopplung** (Auto-Kopplung) wird das Gitter der nächsten Stufe direkt an den Anodenwiderstand der vorangehenden Stufe angeschlossen (Abb. a). Diese Schaltung zeichnet sich wegen des Fehlens von Kondensatoren durch große Frequenzgetreuheit aus, hat aber den Nachteil, daß die Gittervorspannung vom Anodenstrom der vorhergehenden Röhren abhängig ist, so daß schon geringe Emissionsänderungen einer Röhre in der nächsten starke Verzerrungen infolge Verschiebens des Arbeitspunktes zur Folge haben können.

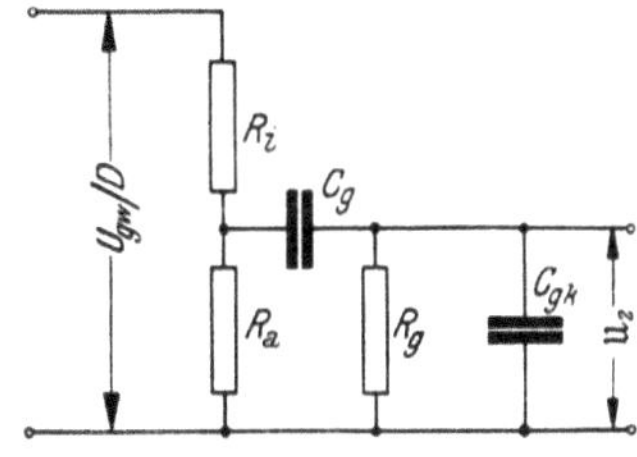

c. Ersatzschaltbild der RC-Kopplung

Bei der **Widerstands-Kapazitäts-Kopplung** (RC-Kopplung) können zum Unterschied von der direkten Kopplung gemeinsame Heiz-, Anoden- und Gitterbatterien verwendet werden (Abb. b). Der Spannungsabfall am Anodenwiderstand R_a wird hier durch den Kondensator C_g auf das Gitter

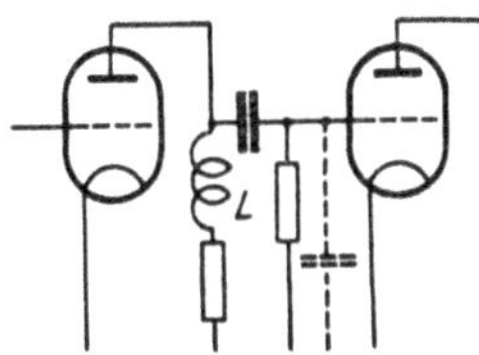

d. Erweiterung des Frequenz-
gebietes durch Paralleldrossel

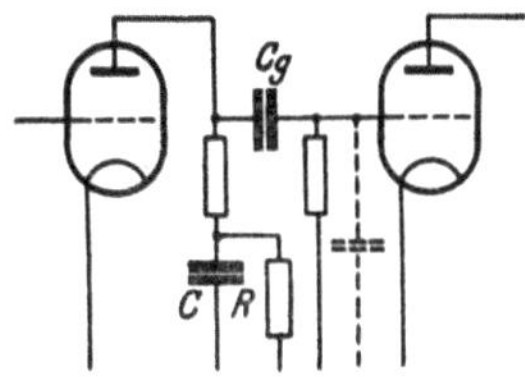

e. Erweiterung des Frequenz-
gebietes nach unten

der nächsten Röhre übertragen. Da dieses Gitter infolge Auftreffens von Elektronen sehr hohe negative Spannungen erreichen, oder, bei mangelhafter Isolation gegen die Anode, sich bis zur Anodenspannung aufladen könnte, muß es durch einen hohen Widerstand R_g — den Gitterableitwiderstand ↑ — mit der Kathode oder der Gitterbatterie verbunden werden. Die Kapazität des Gitterkondensators C_g soll so groß als möglich sein, damit der Wechselspannungsabfall an ihm möglichst klein bleibt. In der Regel genügen Kapazitäten von $2 \ldots 6$ nF.

Das Ersatzschaltbild der RC-Kopplung zeigt die Abb. c. Es liefert für mittlere Frequenzen für die Verstärkung die Beziehung

$$V = \frac{1}{D} \; ;$$

für kleine Frequenzen ist

$$V = \frac{R_g \omega C_g}{D \sqrt{1 + R_g^2 \omega^2 C_g^2}} ,$$

für große Frequenzen

$$V = \frac{1}{D \sqrt{1 + R_i^2 \omega^2 C_{gk}^2}} .$$

Sind breite Frequenzbänder möglichst gleichmäßig zu verstärken, so muß $\mathfrak{R}_a$ verhältnismäßig klein gemacht werden, so daß R_i groß gegen $\mathfrak{R}_a$ wird. Es sind dann die eben angegebenen Formeln noch mit R_a/R_i zu multiplizieren.

Mit Hilfe einer Drosselspule kann nach Abb. d das Frequenzgebiet noch nach oben, mittels einer Kondensatorschaltung nach Abb. e nach unten (die Anodenspannungszuführung erfolgt hier über den Widerstand R) erweitert werden. Es kann so eine angenähert frequenzunabhängige **Breitbandverstärkung** von 10 Hz bis 20 MHz erzielt werden.

In Spannungsverstärkern verwendet man meist Röhren mit kleinem Durchgriff (Dreipolröhren, Schirmgitter- und Mehrgitterröhren in Schutznetzschaltung). Bei Verwendung von Spezialröhren kann eine Verstärkung von etwa 300 in einer Stufe erreicht werden. [F. Benz: Einführung in die Funktechnik. Wien: Springer-Verlag, 4. Aufl. 1950.]

Spannungswandler — *voltage transformer* — transformateur de tension

Kleiner Transformator für Meßzwecke, zur Messung von Hochspannung. Er entspricht in seinem Aufbau im wesentlichen einem Leistungstransformator, mit dem er auch sein Ersatzschaltbild gemeinsam hat (→ Transformator). Die an den Sekundärklemmen gemessene Spannung ist demnach abhängig von der Größe und Art der Belastung (Bürde). Die dadurch am „Übersetzungsverhältnis" auftretenden Übersetzungs- und Winkelfehler sind vom VDE für die einzelnen, nach Genauigkeitsklassen eingeteilten Wandler durch Vorschriften begrenzt. (VDE-Vorschrift 0414/X. 40.)

Die Sekundärspannung der Spannungswandler wird meist mit 110 oder 100 V gewählt. Soll lediglich eine Isolierung eines Meßkreises von einem zweiten erfolgen, so kann der Wandler auch mit einem Übersetzungsverhältnis von 110/110 V ausgeführt werden. Solche Wandler heißen dann **Isolierwandler**.

Spartransformator — *auto-transformer* — auto-transformateur

Transformator ↑, bei dem nur die durch die zu- oder abzusetzende Spannung bestimmte **Zusatz-** oder **Eigenleistung** transformatorisch übertragen wird, während der Rest der in die Sekundärseite gelieferten **Durchgangsleistung** durch direkte, leitende Verbindung mit der Primärseite geliefert wird. Die Schaltung zeigt nebenstehende Abbildung. Bei Vernachlässigung der Spannungsverluste und des Magnetisierungsstromes wird dann

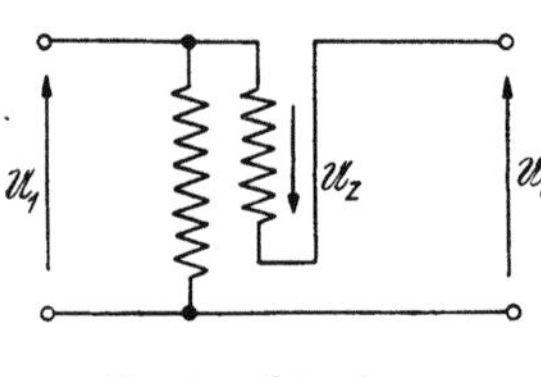

Spartransformator

$$U_2 = U_1 + U_z,$$

$$N_2 = U_2 I_2, \qquad N_z = U_z I_2,$$

$$\frac{N_z}{N_2} = 1 - \frac{U_1}{U_2}.$$

Die Typenleistung, für die der Transformator ausgelegt werden muß, erniedrigt sich also um $\dfrac{U_1}{U_2}$ 100% gegenüber der Normalausführung mit zwei vollen Wicklungen ohne Sparschaltung. Mit Rücksicht auf den bei Fehlern erleichterten Übergang der Oberspannung auf die Unterspannungsseite soll die Sparschaltung bei Transformatoren über 250 V nur bei einem Spannungsunterschied von weniger als 25% angewandt werden.

Speiseleitung — *feeder, supply circuit* — feeder, artère, ligne d'alimentation

Leitung ohne Verbraucherabzweigungen, deren Aufgabe es ist, die elektrische Leistung mit möglichst geringen Verlusten an einzelne Punkte eines Verbrauchernetzes zu liefern, die dann Speisepunkte genannt werden und eine gegen die Zentralenspannung nur wenig tiefere Spannung aufweisen.

Spektrum — *spectrum* — spectre

Graphische Darstellung der Abhängigkeit einer Zustandsgröße von der Frequenz. Es ist entweder ein lineares Spektrum, wenn die Zustandsgröße nur für ganze Periodenzahlen definiert ist, oder ein kontinuierliches Spektrum, wenn die Zustandsgröße auch für alle unendlichen Zwischenwerte der Frequenz existiert.

Sperrbereich — *suppression band, exclusion range* — bande d'affaiblissement, gamme d'affaiblissement

→ Siebkette.

Sperrkreis — *rejector circuit, rejective circuit, block circuit, suppression filter* — circuit réjecteur, circuit bouchon

Ein Sperrkreis ist eine in die Verbraucherleitung eingeschaltete Parallelschaltung von Induktivität und Kapazität, die auf die zu sperrende Frequenz abgestimmt sind. Die gesperrte Frequenz ist gegeben durch $\omega_0 = \dfrac{1}{\sqrt{LC}}$, das ist die Eigenfrequenz ↑ des Kreises. Da der Widerstand (Sperrwiderstand) des Sperrkreises durch

$$X = \omega_0 L \, \frac{v^2}{1 - v^2} \, , \qquad \left(v = \frac{\omega}{\omega_0} \right)$$

gegeben ist, so wird die Sperrwirkung um so selektiver (der Sperrbereich um so enger), je kleiner L oder je größer C bei gegebenem ω_0 (d. i. konstantem LC) ist. Als Sperrbereich bezeichnet man jenen Frequenzbereich, innerhalb welchem der Sperrwiderstand einen bestimmten Wert überschreitet. In L und C vorhandene Verluste verflachen die Kurven und verbreitern den Sperrbereich. Sind die Verluste

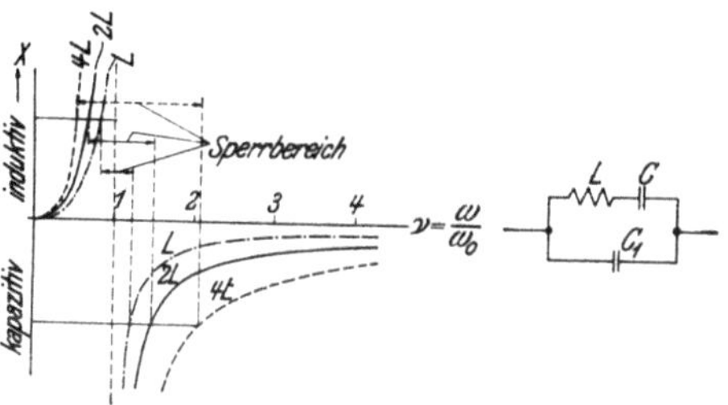

a. Frequenzabhängigkeit des Sperrwiderstandes eines Sperrkreises

b. Sperrkreis zur Sperrung von Oberschwingungen

gleich groß und werden sie je durch den Widerstand $R/2$ bezeichnet, so ist der Sperrwiderstand bei kleinen Verlusten für ω_0 angenähert gegeben durch

$$R_0 = \frac{L}{CR} .$$

Soll bei einem nichtsinusförmigen Strom eine n-te Oberschwingung gesperrt werden, so kann der Sperrkreis nach vorstehender Abbildung b verwendet werden. Dabei ist

$$\omega = \omega_1 = \omega_0 = \frac{1}{\sqrt{LC}} \quad \text{und}$$

$$C_1 = \frac{C}{n^2 - 1}$$

zu machen. Auch hier ist der Sperrbereich für die zu

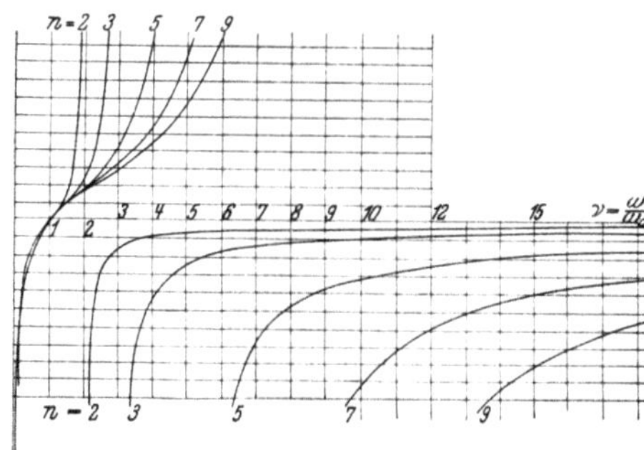

c. Sperrwiderstandskurven zum Oberschwingungssperrkreis

sperrende Frequenz um so enger, je kleiner L und je größer C bei konstantem LC ist. Der Widerstand des Sperrkreises ist jetzt

$$X = \frac{1}{\omega C}\, \frac{(1-\nu^2)\,(1-n^2)}{n^2-\nu^2} = \frac{1}{\omega_0 C}\, \frac{(1-\nu^2)\,(1-n^2)}{n^2-\nu^2}.$$

Die Frequenzabhängigkeit zeigen die umstehenden Kurven.

Sperrschicht — *barrier layer, insulating coating, blocking layer* — couche isolante, couche de barrage

Kontaktfläche zwischen einem Metall und einem Halbleiter ↑, die gegen Wechselstrom eine gleichrichtende Wirkung zeigt, oder bei Bestrahlung mit Licht eine kleine elektromotorische Kraft entwickelt (s. a. Photozelle). Besonders ausgeprägt ist die Erscheinung bei Aneinanderreihung von Kupfer und Kupferoxydul oder Selen (s. a. Trockengleichrichter).

Sperrschichtgleichrichter — *blocking layer rectifier, barrier-film rectifier* — redresseur à couche de barrage

Ein Gleichrichter ↑, in welchem an eine Metallplatte eine in einer Richtung stromundurchlässige Schicht angeschlossen ist, mit deren Hilfe die Gleichrichtung erfolgt. Ein Beispiel ist der Kupferoxyd-Gleichrichter.

Sperrschichtzelle — *barrier-layer cell, blocking-layer cell* — cellule à couche de barrage

Photozelle ↑, bei welcher durch Lichteinwirkung auf die Oberfläche einer Kupfer/Kupferoxyd-Schichte eine elektromotorische Kraft erzeugt wird.

Spiegelablesung — *mirror reading* — lecture au miroir

Ablesung an Meßgeräten, bei der unter dem Zeiger ein Spiegel zu dem Zwecke angebracht ist, daß die Blickrichtung möglichst senkrecht auf den Zeiger erfolgt und damit ein Höchstmaß der Ablesegenauigkeit erreicht wird.

Spiegelbild — *mirror image* — image reflétée

Spiegelgalvanometer — *mirror galvanometer* — galvanomètre à miroir

Galvanometer ↑ ohne materiellen Zeiger, der durch einen am drehbaren System angebrachten Spiegel ersetzt ist, der den Lichtstrahl einer im oder außerhalb des Meßgerätes angeordneten Lichtquelle auf eine Ableseskala wirft. Infolge der damit verbundenen Kleinhaltung der Massen der drehbaren Teile und der beliebig erreichbaren Lichtzeigerlänge kann ein Höchstmaß an Genauigkeit erreicht werden. Bei außenliegender Ableseskala muß der Nullpunkt stets neu adjustiert werden.

Spiel (toter Gang) — *play, back lash, gang* — jeu

Spielraum — *margin* — jeu libre

Spiralfeder — *spiral spring, helical spring* — ressort spiral, ressort à boudin

Spitzenbelastung — *peak load* — charge de pointe

Höchste Belastung während eines bestimmten Zeitabschnittes.

Spitzenkraftwerk — *peak load plant* — usine de charge maximum

Kraftwerk, das zum Unterschied vom „Laufkraftwerk" ↑ die Lieferung der Belastungsspitzen eines Versorgungsgebietes zur Hauptaufgabe hat. Demgemäß liegt der Belastungsfaktor ↑ hier bei etwa 0,05...0,15, entsprechend einer jährlichen Benutzungsdauer von 400...1300 Stunden.

Beim Spitzenkraftwerk spielen die sich aus dem Anlagekapital ergebenden festen Kosten eine ausschlaggebende Rolle für die gesamten Stromkosten.

Es ist daher eine möglichst billige Bauweise, selbst unter Hintansetzung des technischen Wirkungsgrades am Platze.

Spitzenleistung — *peak load, peak power* — puissance de crête

Über kurze Zeiten bestehende, über der Grundlast ↑ liegende Belastung eines Kraftwerkes oder Versorgungsgebietes, zum Beispiel hervorgerufen durch die abendliche Lichtbelastung (Abendspitze).

Spitzenwirkung — *point effect, needle effect* — effet des pointes

Erscheinung, daß bei elektrisch geladenen Leitern mit Spitzen, an diesen die elektrische Feldstärke besonders hoch wird und daher dort bevorzugt ein Durchschlag gegen das umgebende Isoliermittel eintritt. Ein geladener Leiter, der mit Spitzen versehen ist, verliert daher auch rasch seine Ladung.

Spitzenzähler — *excess-power meter, peak load meter* — compteur à dépassement, compteur à pointes

→ Überverbrauchtarif.

Splint — *cotter, splint pin* — goupille, clavette

Spritzguß — *die-cast* — coulée en coquille, coulée à injection

spritzwassergeschützt — *protected, splash proof* — protégé, inattaquable à l'eau projetée

→ Spritzwasserschutz.

Spritzwasserschutz — *spraying water protection* — protection contre jets d'eau

Schutz elektrischer Maschinen vor Wassertropfen von oben bis zur Waagrechten. Kennzeichnung durch die Bezeichnung P 02 (s. a. Tropfwasserschutz und Schwallwasserschutz).

Spritzzündung

Zündeinrichtung eines Quecksilberdampf-Gleichrichters ↑ , bei der durch Betätigung einer außerhalb des Gleichrichtergefäßes angebrachten Spule ein Quecksilberhilfsstrahl von der Kathode zu einer Hilfsanode gespritzt wird, der einen Hilfslichtbogen zündet, welcher dann den Hauptlichtbogen einleitet.

Sprossenschrift

Verfahren der lichtelektrischen Schallaufzeichnung ↑ , bei dem das aufzunehmende Licht durch einen Spalt konstanter Länge und Breite geführt, aber in seiner Intensität verändert wird (Intensitätsverfahren). Am Film entstehen dann parallele Streifen verschiedener Schwärzung. Im unmodulierten Zustand hat der Film an allen Stellen eine gleichmäßige Schwärzung, die Ruheschwärzung genannt wird. Sprossenschrift entsteht aber auch bei konstanter Lichtintensität und Spaltlänge, aber modulierter Spaltbreite (Longitudinalverfahren).

Sprungflächen — *plane of unsteadiness* — plan de discontinuité

Flächen, an denen skalare oder vektorielle Ortsfunktionen unstetig springen. An ihnen degenerieren die Differentialquotienten der Vektorrechnung zu den speziellen Werten

$$\text{Flächengradienten} \quad \text{Grad } \varphi = \mathfrak{n} \, (\varphi_2 - \varphi_1),$$
$$\text{Flächendivergenz} \quad \text{Div } \mathfrak{A} = \mathfrak{n} \, (\mathfrak{A}_2 - \mathfrak{A}_1),$$
$$\text{Flächenrotor} \quad \text{Rot } \mathfrak{A} = [\mathfrak{n}(\mathfrak{A}_2 - \mathfrak{A}_1)].$$

($\mathfrak{n}$ ist der Einheitsvektor in der Normalenrichtung.)
[OII]

Sprungpunkttemperatur

Temperatur, bei welcher der Zustand der Supraleitung ↑ sprungartig auftritt. Sie liegt in der Nähe des absoluten Nullpunktes.

Sprungwellenprobe — *impulse test, surge test* — essai aux ondes à front raide

Sie dient zur Prüfung von Transformatoren auf Überspannungswellenfestigkeit (s. a. schwingungsfreier Transformator) und besteht darin, daß bei Speisung der einen Wicklung, die zu prüfende Wicklung in jedem Strang so über eine Funkenstrecke auf einen Kondensator geschaltet wird, daß bei 1,3-facher Nennspannung am Transformator und 1,1-facher Nennspannung als Funkenspannung an den Funkenstrecken gerade noch ein, die ständige Auf- und Umladung der Kondensatoren bewirkendes Funkenspiel von 10 s Dauer bestehen bleibt. Da jeder Funke zu einer steilen, in die Wicklung eindringenden Sprungwelle führt, wird so die im Betrieb durch Wanderwellen auftretende Beanspruchung nachgeahmt und der Transformator damit auf seine Windungsisolation überprüft.

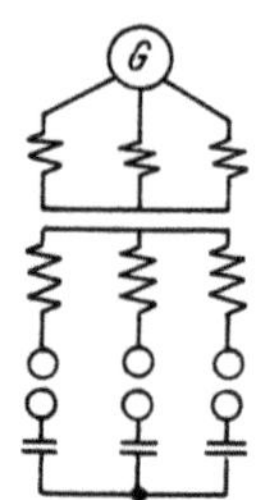

Spule — *spool, coil, bobbin* — bobine

Spulenweite

Winkel, den die Spulenseiten einer Spule einer elektrischen Maschine auf dem Ankerumfang bestimmen.

Spulenwicklung — *concentric coil winding* — enroulement à bobines concentriques

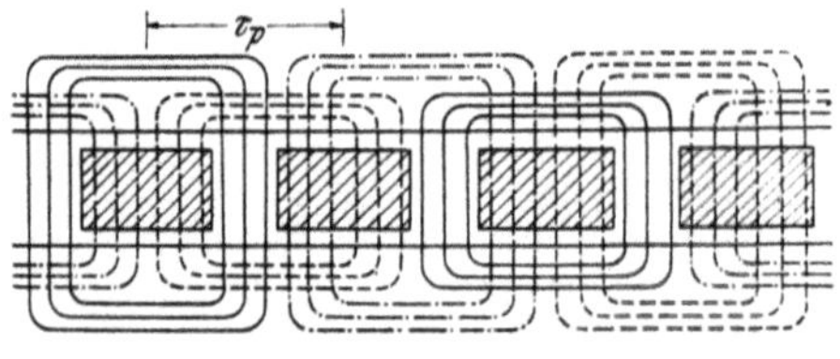

Art der Wicklung eines Synchronmaschinenankers, bei der für jede Phase mehrere Spulen konzentrisch angeordnet sind und diese Anordnung der Phasenzahl entsprechend für die anderen Phasen räumlich verschoben ist. Der Wicklungsschritt ↑ ist bei der Spulenwicklung gleich der Polteilung τp.

Spurweite — *gauge* — écartement de voies

Stabilität — *stability* — stabilité

Zustand eines ansonsten veränderlichen oder einstellbaren Kreises, bei dem eine ungewollt eintretende Änderung selbsttätig in den Ausgangszustand oder einen gewollten neuen (benachbarten) Zustand übergeht und nicht etwa zu unbeherrschten Ausschlägen, Aufschaukelungen, Schwingungen u. dgl. führt.

1. Die Stabilität von Antrieben ist gegeben, wenn das Lastmoment mit zunehmender Drehzahl über, mit abnehmender Drehzahl unter dem Antriebsmoment liegt.

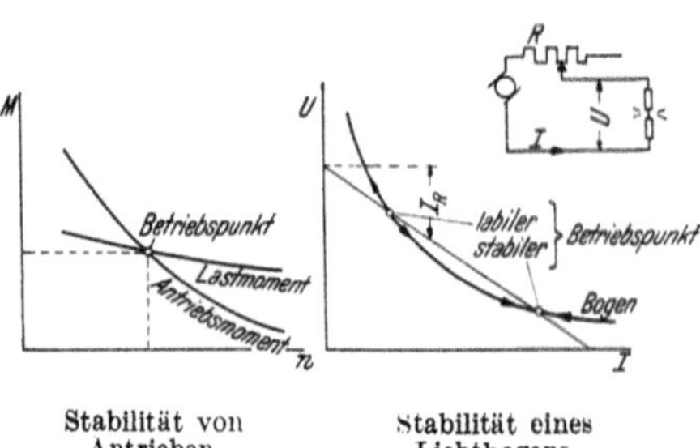

2. Ein Lichtbogen brennt stabil, wenn die Bogenkennlinie mit zunehmendem Strom über, mit abnehmendem Strom unterhalb der Kennlinie der aufgedrückten Spannung liegt.

Stabisolator — *stick insulator* — isolateur cylindrique, isolateur tibia

Hochspannungsisolator in Stabform, wodurch eine besonders hohe Festigkeit erzielt werden soll.

Stabmagnet — *bar magnet* — barreau aimanté, aimant droit

Magnet in Stabform. Die größte magnetische Wirkung geht von den „Polen", etwas innerhalb der Stabenden aus.

Stabwandler — *bar transformer* — transformateur en barreau

Stromwandler ↑, dessen Primärwicklung aus einem einzelnen Kupferstab gebildet ist. Wegen der vergleichsweise geringen Amperewindungszahl nur für größere Primärströme geeignet, zeichnet sich der Stabwandler durch absolute Kurzschlußsicherheit aus.

Ständer — *stator* — stator

Feststehender Teil einer rotierenden elektrischen Maschine; wird auch Stator genannt.

Staffelläufer

→ Schrägnuten.

Stahl — *steel* — acier

Stahlakkumulator — *alkaline accumulator* — accumulateur alcalin

→ Akkumulator, alkalischer.

Stahlguß — *steel cast* — acier moulé

Stahlpanzerrohr — *steel armoured conduit* — tube armé d'acier

Installationsrohre aus Stahl zur Verlegung von Gummiaderleitungen, die in sie eingezogen werden. Sie werden dort verwendet, wo ein erhöhter mechanischer Schutz der Leitungen erforderlich ist, wie er durch Isolierrohre ↑ nicht erreicht wird. Während die Stahlpanzerrohre früher mit einer Isolierauskleidung gebaut wurden, erhalten sie heute im Inneren meist nur einen Lacküberzug, wodurch ihre lichte Weite erhöht wurde. Maßgebend für die Auswahl der Rohrweite ist die Anzahl und der Durchmesser der im Rohr zu verlegenden Leitungen, worüber der VDE Normen ausgearbeitet hat.

Stahlröhre — *catkin valve, all-metal tube* — lampe tout-métal

Elektronenröhre, die an Stelle eines Glaskolbens eine Stahlkappe besitzt. Dadurch wird der Aufbau einfacher und ermöglicht vor allem besonders kurze Leitungsführungen.

Stahlröhre im Schnitt

Stammfunktion

→ Heavisidesche Formel.

Stammleitung — *side circuit* — ligne de base

Stammzellen — *stock cells* — éléments fixes

Jener Teil einer mit Zellenschalter ausgerüsteten Akkumulatorenbatterie, der nicht vom oder von den Zellenschaltern zu- oder abgeschaltet werden kann. Die Anzahl der Stammzellen ergibt sich bei der konstant zu haltenden Batteriespannung von U Volt zu

$$n_{St} = U/1{,}96 \text{ bei Einfachzellenschaltern und}$$
$$n_{St} = U/2{,}75 \text{ bei Doppelzellenschaltern } \uparrow .$$

Stanniol — *tin-foil* — feuille d'étain

stanzen — *to punch, to stamp* — poinçonner, estamper

Starkstromkondensator — *power-current condenser* — condensateur pour courants forts

Kondensator zum Anschluß an ein Starkstromnetz; meist in Verwendung als ruhender Phasenschieber $\uparrow$ zur Verbesserung des Leistungsfaktors $\uparrow$. Starkstromkondensatoren haben in dieser Eigenschaft gegenüber anderen Einrichtungen sehr kleine Verluste und sind für alle Spannungen und Leistungen erhältlich. Meist werden sie für bestimmte Leistungen typisiert und dann zu Batterien zusammengestellt. Jeder Kondensator besteht im wesentlichen aus einer größeren Zahl parallel geschalteter, über Sicherungsdrähte angeschlossener Wickel, die in einem mit Öl oder Clophen gefüllten eisernen Behälter untergebracht sind. Zur Erhaltung der Betriebssicherheit erhalten die größeren Einheiten Ölausdehnungsgefäße.

Starkstromleitung — *power line* — ligne à courant fort

Starkstromtechnik — *heavy-current engineering* — technique des courants forts

Teil der Elektrotechnik, der sich vorwiegend mit der Energieerzeugung, Fortleitung, Verteilung und Verwertung zur Energieumformung befaßt. Wesentliche Kennzeichen sind: konstante Periodenzahl (in Europa mit 50 Hz, in Amerika mit 60 Hz normalisiert), Bestreben nach hohen Wirkungsgraden und meistens Konstant-Spannungsbetrieb.

stationär — *stationary, steady* — stationnaire

Stator — *stator* — stator
$\rightarrow$ Ständer.

statute mile
Englische Längeneinheit
$$1 \text{ stat. mile} = 1760 \text{ yd} = 1{,}609 \text{ km}.$$

staubdicht — *dustproof* — étanche à la poussière

Staubsauger — *vacuum cleaner* — aspirateur (de poussière)

Staupunkte
Punkte eines Feldes, in denen die Feldstärke Null ist.

Steatit — *steatite* — stéatite
Überwiegend Magnesium enthaltendes, aus Speckstein gewonnenes, keramisches Isoliermaterial mit besonders kleinen Verlusten und großer mechanischer Festigkeit. Besondere Arten sind F r e q u e n t a mit großer Dielektrizitätskonstanten, C a l i t, C a l a n usw.

Steilheit — *slope* — pente
Wird in einer Elektronenröhre die Steuerspannung $\uparrow$ und damit der Anodenstrom nur ganz wenig geändert, so besteht Proportionalität zwischen diesen beiden Größen

$$i_a = S u_{St} = S (u_g + D u_a) . \quad \ldots (1)$$

Der Proportionalitätsfaktor S wird mit Steilheit der Röhre bezeichnet. Da die Kennlinie der Röhre $i_a = f(u_{St})$ im allgemeinen keine Gerade ist, ist die Steilheit der Röhre in jedem Punkt eine etwas andere.

Wird die Röhre durch einen Wechselstromwiderstand $\Im_a$ belastet und dem Gitter außer der Gleichstromvorspannung U_g noch eine Wechsel-spannung $\mathfrak{u}_g$ aufgedrückt, so ist der Anodenwechselstrom

$$\mathfrak{i}_a = \mathfrak{S}\mathfrak{u}_g , \quad \ldots (2)$$

worin

$$\mathfrak{S} = \frac{S}{1 + SD\Im_a} \ldots (3)$$

mit **Arbeitssteilheit** oder **dynamischer Steilheit** bezeichnet wird. Diese ist also außer von der Steilheit S und dem Durchgriff D noch vom äußeren Widerstand $\Im_a$ abhängig.

Da der Anodenstrom i_a der Röhre eine Funktion der Anodenspannung u_a und der Gitterspannung u_g ist, kann man auch das Differential

$$di_a = \frac{\partial i_a}{\partial u_a}\, du_a + \frac{\partial i_a}{\partial u_g}\, du_g \quad \ldots (4)$$

bilden. Darin ist

$$S = \frac{\partial i_a}{\partial u_g} , \quad u_a = \text{konst.} \quad \ldots (5)$$

nach der Definition die Steilheit, während

$$R_i = \frac{\partial u_a}{\partial i_a} , \quad u_g = \text{konst.} \quad \ldots (6)$$

der zwischen Anode und Kathode in die Röhre hineingemessene Wider-stand bei konstanter Gitterspannung, der sogenannte **innere Wider-stand der Röhre** ist.

Setzt man (5), (6) und den entsprechenden Ausdruck für den Durch-griff in (4) ein, so erhält man wieder die Beziehung (1). Multipliziert man die drei Gleichungen miteinander, so wird

$$S . R_i . D = 1.$$

Wenn also zwei der Röhrenkonstanten bekannt sind, kann die dritte daraus errechnet werden.

Steinkohle — *pitcoal* — charbon de terre

Geologisch der älteste, aus dem Zersetzungsprozeß pflanzlicher Reste hervorgegangene Brennstoff.

Der Heizwert der Steinkohle schwankt zwischen etwa 5500 und 8500 kcal/kg, der Aschengehalt zwischen 7 und 20%. Der Gehalt an flüchtigen Bestand-teilen, der für die Leichtigkeit der Entzündung (Brennbarkeit) maßgebend ist — besonders bei Kohlenstaubfeuerung — beträgt 15...25%.

Stellglied

Jener Teil des Reglers, durch dessen Verstellung er unmittelbar auf die Regelstrecke ↑ einwirkt. Die Stelle der Regelstrecke, an der das Stellglied angebracht ist, heißt Stellort.

Stellgröße

Stellgröße st diejenige Größe einer Regelstrecke ↑, die unmittelbar durch das Stellglied eines Reglers eingestellt wird.

Stellmotor — *servo motor* — servo-moteur

Bei mittelbar wirkenden Reglern das Glied, das zur Verstellung des Stellgliedes ↑ dient, was oft durch Zuschaltung eines besonderen Stellgetriebes erfolgt. Hiezu dient ein elektrischer, hydraulischer oder Spezial-motor anderer Art, der als eine Art mechanischen Relais die Umwandlung der kleinen Reglerimpulse in die erforderlichen großen Verstellkräfte durch-führt. Der Stellmotor wird vielfach auch Servomotor genannt.

Stellring — *adjusting ring, cursor, collar* — bague d'arrêt, curseur

Stern-Dreieck-Schaltung — *delta-star connection* — couplage en étoile-triangle

Anlaßschaltung bei Drehstromasynchronmotoren ↑ kleiner und mittlerer Leistung, bei der die Ständerwicklung für den Anlauf in Stern und bei Betrieb in Dreieck geschaltet wird. Dabei beträgt der Strom bei der Stern-schaltung in einem Strang nur das $1/\sqrt{3}$-fache des Strangstromes bei der Dreieckschaltung. Es wird ferner bei der Sternschaltung dem Netz nur 1/3 des Stromes entnommen, der bei Dreieckschaltung dem Ständer zu-fließen würde. Das Anlaufdrehmoment sinkt bei der Sternschaltung auf 1/3 des Wertes, den der Motor bei Dreieckschaltung entwickeln würde.

Sternpunkt — *neutral point, star-point* — point neutre

→ Sternschaltung.

Sternpunktleiter — *neutral conductor* — conducteur neutre

Leiter, der vom Sternpunkt ↑ eines Mehrphasensystems ausgeht.

Sternschaltung — *Y-connection, star connection* — couplage en étoile

Schaltung mehrerer Phasen oder Verbraucher, deren Enden einseitig in einem gemeinsamen Punkt, dem Sternpunkt zusammengeschaltet sind.

Sternspannung — *Y-voltage, star voltage* — tension en étoile, tension étoilée

Spannung zwischen einem Außenleiter und dem Sternpunktleiter eines Mehrphasensystems; früher meist Phasenspannung genannt.

Steuerdynamo — *control generator* — dynamo de commande

→ Steuergenerator.

Steuergenerator — *control generator* — dynamo de commande

In der Leonardschaltung ↑ ein dem Hauptmotor zugeordneter Generator, der für diesen die Spannung liefert, durch deren Regelung der Motor in der Drehzahl in weiten Grenzen geregelt werden kann.

Steuergitter — *control grid, signal grid* — grille de commande, grille de contrôle

Jenes Gitter einer Mehrpolröhre ↑, das in erster Linie der Steuerung des Anodenstromes dient.

Steuerkristalle — *control crystals* — contrôle par cristals

Auf bestimmte Wellenlängen abgestimmte Kristalle (→Piezoelektrizität), die die Frequenz bestimmter Schwingungskreise steuern (s. a. Gleichwellen-rundfunk).

steuern — *to control* — contrôler, gouverner, commander

Steuersender — *pilot oscillator, master ocsillator* — maître-oscillateur

→ Gleichwellenrundfunk.

Steuerspannung — *control voltage* — tension de contrôle

Die für die Ausbildung des Anodenstromes einer Mehrpolröhre maß-gebende Spannung. Sie wird bestimmt aus der Gitterspannung und jenem

Teil der Anodenspannung, der durch das oder die vorhandenen Gitter zur Kathode durchdringt. Bei der Dreipolröhre ist

$$\mathfrak{U}_{St} = \mathfrak{U}_g + D\mathfrak{U}_a,$$

wobei D den Durchgriff ↑ der Röhre bedeutet.

Steuerung — *control* — commande, contrôle

Einrichtung zur Herstellung oder Aufrechterhaltung des vorgegebenen Wertes einer Größe oder eines Zusammenhanges mehrerer Größen, ohne daß die zu beeinflussenden Größen oder sie genügend abbildende Ersatzgrößen gemessen werden. Ist eine solche Messung vorhanden, dann liegt eine Regelung ↑ vor.

Stichleitung — *open feeder, tie line, branch line* — artère ouverte, tronc, ligne d'embranchement

Einseitig gespeiste Leitung eines Verteilnetzes. Bei selektivem Kurzschlußschutz wird durch Abschalten des defekten Leitungsstückes der gesamte, vom Speisepunkt aus gesehen hinter dem Fehler liegende Teil der Leitung spannungslos (s. a. Ringleitung).

Stickstoff — *azote, nitrogen* — nitrogène, azote

Stielbüschel

→ Büschelentladung.

Stiftsockel — *base with pins* — culot à broches

→ Röhrensockel.

Stilb (sb) — *stilb* — stilb

Einheit der Leuchtdichte ↑ .

$$1\ sb = 1\ NK/cm^2 = 1,11\ldots1,16\ HK/cm^2 = 1\ int.\ K/cm^2.$$

Die Umrechnungszahlen hängen von der Farbtemperatur der Lichtquelle ab.

Stimmgabel — *forked reed, tuning-fork* — diapason

Stirn — *front, head* — front

Stöpsel 1. (einer Flasche) — *stopper* — bouchon

       2. (Stecker) — *plug, peg* — fiche, cheville

Stöpselmeßbrücke — *plug resistance bridge* — pont de mesure à fiches

Aus Stöpselwiderständen ↑ bestehende Widerstandsmeßbrücke.

Stöpselwiderstand — *rheostat with plug connections* — rhéostat à fiches, rhéostat à chevilles

Veränderlicher Widerstand, bei dem der Widerstandswert durch Kurzschließen von einzelnen Teilwiderständen mittels Stöpsel stufenweise geändert wird. Verwendung meist als Präzisionswiderstand.

Störgröße

Bei der Regelung ↑ wird unter Störgröße jede Größe verstanden, deren Änderung den Regelungsvorgang auslöst. Nach dieser Auslösung wirkt die Regelung dem Einfluß der Störgröße auf die Regelgröße ↑ entgegen, bis diese ihren Sollwert annimmt.

Störspannung — *disturbing voltage* — tension de perturbation, tension d'interférence

Effektivwert der Summe aller, das Störgeräusch eines Verstärkers verursachenden Spannungen (s. a. Wärmerauschen, Schroteffekt, Netzbrummen).

Stokesscher Satz

Die Identität

$$\int_F \mathrm{rot}\,\mathfrak{A}\cdot d\mathfrak{f} = \oint_S \mathfrak{A}\,d\mathfrak{s}\,,$$

wobei das Umlaufintegral über die die Fläche F einschließende Randkurve S zu bilden ist. [OII]

stone (Stein)

Englische Gewichtseinheit

$$1\ \text{stone} = 14\ \text{lb} = 6{,}35\ \text{kp}.$$

Stoppuhr — *seconds counter, stop watch* — compte-secondes, chronomètre à stop

Stoßerregung — *impulse excitation, shock excitation* — excitation par choc, excitation par impulsion

Spannungsregelvorgänge in elektrischen Maschinen gehen um so rascher vor sich, je höher der Erregerimpuls ist. Man drückt daher Synchrongeneratoren bei großem Spannungsregelbereich gerne eine erhöhte Erregerspannung in Form eines Spannungsstoßes auf, der dann langsam in den Sollwert rückgeführt wird. Zur Erzeugung der Stoßerregung müssen die Erregermaschinen entsprechend reichlich bemessen werden.

Stoßfunktion

1. → Einheitsfunktion.

2. Bei einer Gasentladung ↑ die Abhängigkeit des Verhältnisses der Ionisierungszahl α zum Gasdruck, vom Verhältnis der Feldstärke zum Gasdruck

$$\frac{\alpha}{p} = f\left(\frac{|\,\mathfrak{E}\,|}{p}\right).$$

Unter einer Reihe von vereinfachenden Annahmen gelingt es, für sie die Gleichung

$$\frac{\alpha}{p} = A\mathrm{e}^{-\dfrac{B}{\frac{|\,\mathfrak{E}\,|}{p}}}$$

abzuleiten, in der A und B experimentell zu bestimmende, für die einzelnen Gase charakteristische Konstante bedeuten. Die untenstehende Tabelle nennt Zahlenwerte für die verschiedenen Gase.

Gas	A cm^{-1}Torr^{-1}	B Vcm^{-1}Torr^{-1}	Gültigkeitsbereich $\dfrac{|\,\mathfrak{E}\,|}{p}$ in Vcm^{-1}Torr^{-1}
Luft	13,2	278	über 30
	14,6	365	150...800
Argon	13,6	235	100...600
Helium	2,8	34	20...150

Für Luft gilt also bei einem Druck von 1 Torr

$$\alpha = 14{,}6\,e^{-\dfrac{365}{\mathfrak{E}}} \qquad \left(\mathfrak{E}\ \text{in}\ \frac{V}{cm}\right).$$

[OI]

Stoßionisation — *ionisation by collision, ionisation by impact* — ionisation par choc

→ Ionisation.

Strahl — *vector* — vecteur

Synonym für Zeitvektor zur Unterscheidung von den räumlichen (echten) Vektoren. Vielfach auch Zeiger genannt.

Strahlablenkung — *ray deflection* — déflexion du rayon, balayage

Ablenkung des Kathodenstrahles in einer Kathodenstrahlröhre ↑ (Kathodenstrahloszillograph). Diese kann sowohl durch Anwendung elektrischer als auch magnetischer Felder erfolgen.

Bei der elektrischen Strahlablenkung ist die Tangente des Ablenkwinkels α gegeben durch

$$\mathrm{tg}\,\alpha = kU = \frac{1}{2}\,\frac{l}{d}\,\frac{U}{U_v},$$

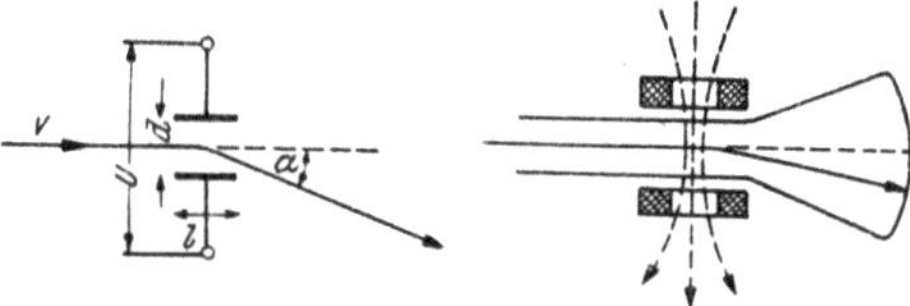

wobei

l die Länge der Ablenkplatte in der Strahlrichtung,
d der Plattenabstand und

$$U_v = \frac{1}{2}\,\frac{mv^2}{e}$$ die der Geschwindigkeit v der Elektronen entsprechende Spannung (Anodenspannung)

bedeuten (bei Vernachlässigung der Massenänderung nach der Relativitätstheorie).

Bei der magnetischen Strahlablenkung wird durch eine außerhalb der Röhre gelegene Spule ein Magnetfeld quer zur Röhre erzeugt, in dem der Strahl eine Ablenkung proportional dem Spulenstrom erfährt. Dadurch, daß hier die Spule außerhalb der Röhre liegt, kann einerseits eine Auswechslung bei geänderten Verhältnissen leicht vorgenommen, andererseits eine genauere Zentrierung stets nachgeholt werden. Allerdings verlangt die Spule höhere Leistungen und ist wegen ihrer Induktivität in der Frequenz nach oben nur begrenzt anwendbar.

Strahlenkonzentration — *ray-concentration* — concentration des rayons

Einrichtung, um den Elektronenstrahl einer Kathodenstrahlröhre so zu bündeln, daß der entstehende Elektronenstrahl eine scharfe Aufzeichnung auf dem Leuchtschirm vornimmt. Sie kann erreicht werden durch den Wehnelt-Zylinder ↑, durch Bildung eines Fadenstrahles ↑ oder durch elektronenoptische Maßnahmen.

Strahlung — *radiation* — rayonnement, radiation

Streifensicherung — *strip fuse, link fuse* — coupe-circuit à lamelle, lame fusible

Schmelzsicherung mit streifenförmigem Schmelzteil.

Streufeld — *stray field, leakage field* — champ de dispersion

Jener Teil eines von einem Stromkreis erregten Feldes, der einen zweiten Kreis nicht durchsetzt, für die Einwirkung des ersten Kreises auf den zweiten Kreis also verlorengeht. Spielt bei elektrischen Maschinen und Geräten (Generatoren, Transformatoren, Magnete usw.) eine wichtige Rolle bei der Bemessung der Erregungen und bei der Begrenzung der Kurzschlußströme, bei der deren induktiver Widerstand meist die Wirkwiderstände der Kurzschlußbahn um ein Vielfaches übersteigen, also praktisch oft die einzigen Kurzschlußwiderstände bilden.

Streukoeffizient — *leakage coefficient* — coefficient de dispersion

→ Streuziffer.

Streuung — *dispersion, straying, leakage* — dispersion, fuite

1. Streuung einer Meßreihe ist die mittlere Abweichung der Einzelwerte vom Durchschnitt, das ist vom arithmetischen (oder linearen) Mittelwert derselben, wenn die Messungen derselben Meßgröße ↑ an demselben Meßgegenstand mit demselben Meßgerät unter — soweit feststellbar — gleichen Bedingungen durchgeführt werden. Ist n die Anzahl der Einzelwerte und δ_n deren Abweichungen vom Durchschnitt, so ist die Streuung (als quadratisches Mittel der Einzelabweichungen vom Durchschnitt)

$$\sigma = \sqrt{\frac{\Sigma \delta_n^2}{n}}.$$

Das Verhältnis der Streuung zum Durchschnitt wird relative Streuung genannt.

2. In der Feldtheorie die Erscheinung, daß das von einem Kreis erregte Feld nicht zur Gänze einen zweiten Kreis durchsetzt (↑ Streufeld).

Streuziffer — *leakage coefficient* — coefficient de dispersion

Verhältnis der Streuinduktivität zur Hauptinduktivität eines Transformators. Dabei beschreibt die Streuinduktivität L_s den nur mit einer Transformatorenwicklung verketteten „Streufluß“, während die Hauptinduktivität L_h für den durch beide Wicklungen erzeugt gedachten „gemeinsamen Fluß“ maßgebend ist. Es ist dann

$$\sigma_1 = \frac{L_{1s}}{L_{1h}} = \tau_1 \quad \text{die primäre}$$

$$\sigma_2 = \frac{L_{2s}}{L_{2h}} = \tau_2 \quad \text{die sekundäre}$$

$\Big\}$ Streuziffer.

Statt Streuziffer wird auch häufig der Ausdruck Streukoeffizient gebraucht.

Mit den gesamten Selbstinduktivitäten $L = L_s + L_h$ und der Gegeninduktivität M zwischen Primär- und Sekundärwicklung werden ferner die Gesamtstreuziffern

$$\sigma = 1 - \frac{M^2}{L_1 L_2} \qquad \text{nach Blondel}$$

$$\text{und}$$

$$\tau = \frac{L_1 L_2}{M^2} - 1 \qquad \text{nach Heyland}$$

definiert. Es ist dann

$$\sigma = \frac{\tau}{1+\tau} = 1 - \frac{1}{(1+\tau_1)(1+\tau_2)} \quad \text{und} \quad \tau = \frac{\sigma}{1-\sigma} = \tau_1 + \tau_2 + \tau_1 \tau_2.$$

Bei kleinen Werten gilt angenähert

$$\sigma \approx \sigma_1 + \sigma_2 \approx \tau \approx \tau_1 + \tau_2 \, .$$

Strömungsdichte

Vektorgröße, die in einem Strömungsfeld Stärke und Richtung der Strömung angibt. Sie ist der treibenden Feldstärke $\mathfrak{E}$ verhältnisgleich

$$\mathfrak{G} = \varkappa \, \mathfrak{E} \qquad \text{(Ohmsches Gesetz).}$$

Der Proportionalitätsfaktor $\varkappa$ ist die Leitfähigkeit des Stoffes, in dem die Strömung stattfindet.

Der Zahlenwert der Strömungsdichte ist der Stromdichte ↑ gleich. [OI]

Strombelag — *current coverage* — densité périphérique

Der auf die Längeneinheit des Ankerumfanges einer elektrischen Maschine entfallende Teil der Durchflutung ↑. Er ist bei einer Spulenbreite S, der Windungszahl w der in Reihe liegenden Spulen eines Wicklungsstranges und der Polpaarzahl p gegeben durch

$$A = \frac{Iw}{Sp} \, .$$

Der Strombelag bildet ein bewährtes Vergleichs- und Entwurfsmaß für die Beanspruchung elektrischer Maschinen und liegt bei ausgeführten Maschinen in der Größenordnung von $200 \ldots 600$ A/cm.

Ist auf einem Anker bei einer Polteilung τ eine Spule mit gleichmäßiger Verteilung der Wicklungsdrähte, und der Spulenbreite S angeordnet, so ist bei **Wechselstromspeisung** die Durchflutung gegeben durch ein über der Spulenbreite S liegendes, in seiner Höhe zeitlich sinusförmig sich änderndes Rechteck. Die Grundschwingung dieser rechteckigen Verteilung wird durch die „stehende Stromwelle"

$$a_I = 2\sqrt{2} \; \frac{w\xi}{p\tau} \, I \cos \frac{x}{\tau} \pi \cos\omega t \, ,$$

beschrieben, worin ξ den Wicklungsfaktor ↑ der Spule, w deren Windungszahl und ω die Kreisfrequenz des Wechselstromes bedeuten. Die Ortskoordinaten x werden dabei von der Spulenmitte aus gezählt. Die Achse der Grundschwingung des Strombelages schließt dann mit der Feldachse einen rechten Winkel ein. Für die Oberschwingungen gilt die Gleichung

$$a_n = \pm 2\sqrt{2} \; \frac{w\xi n}{p\tau} \, I \cos n \frac{x}{\tau} \pi \cos\omega t \, ,$$

worin n die Ordnung der Oberschwingung bedeutet.

Bei einer gleichmäßig verteilten **Drehstrom**wicklung entsteht ein sich mit der Frequenz des Wechselstromes drehender, sinusförmig verteilter Strombelag. Seine Größe und Verteilung ist gegeben durch

$$a_{I3} = 3\sqrt{3} \; \frac{w\xi}{p\tau} \, I \sin \left(\frac{x}{\tau} \pi \mp \omega t \right) .$$

Die Achsen der Drehstromwelle (Grundwelle des Drehstrombelages) und des von ihr erzeugten Drehfeldes sind räumlich um 90 elektrische Grade gegeneinander verschoben.

Stromdichte — *current density* — densité de courant

Auf die Flächeneinheit bezogene Stromstärke

$$\sigma = \frac{dI}{df}$$

Sie ist zu unterscheiden von der Strömungsdichte ↑ $\mathfrak{G}$

$$|\mathfrak{G}| = \frac{\mathrm{d}I}{\mathrm{d}f},$$

die zwar den gleichen Zahlenwert besitzt, aber als Vektorgröße gleichzeitig die Richtung der Strömung angibt.

Stromdifferentialwandler

→ Stromwandler.

Stromfehler — *current error* — erreur de courant

Prozentuale Abweichung der sekundären Stromstärke I_2 eines Stromwandlers von ihrem Sollwert $I_1 ü_n$ bei gegebener primärer Stromstärke I_1 und dem Nennübersetzungsverhältnis $ü_n$. Es ist dann

$$F_i = \frac{I_2 ü_n - I_1}{I_1}.$$

Für seine zulässigen Werte in Ansehung der Einteilung der Stromwandler in Genauigkeitsklassen gelten die Bestimmungen VDE 0414/X. 40, § 12.

Der Stromfehler wird positiv gerechnet, wenn der Istwert der sekundären Stromstärke den Sollwert übersteigt.

Stromkraft

Kraft zwischen den stromführenden Windungen einer Spule und dem von der Spule erzeugten Magnetfeld.

Für zwei im Abstand a parallellaufende, gerade Stromleiter der Länge l wird beispielsweise

$$P = \frac{\mu_0}{2\pi} l \frac{i_1 i_2}{a}.$$

Stromkreis — *circuit* — circuit

Strompfad — *current path* — trajet du courant

Der Strompfad ist der vom Meßstrom ↑ oder einem Teil des Meßstromes durchflossene Teil des Meßgerätes (zum Unterschied vom Spannungspfad).

Stromquelle — *current source* — source de courant

Stromresonanz — *parallel resonance, current resonance* — résonance de courant

Resonanz ↑ in einem Parallelschwingkreis ↑. Sie wird erreicht, wenn der kapazitive Widerstand

$$\frac{1}{\omega C} = \frac{R_L^2 + \omega^2 L^2}{2\omega L} \pm \sqrt{\left(\frac{R_L^2 + \omega^2 L^2}{2\omega L}\right)^2 - R_C^2}$$

ist, was einem zufließenden Gesamtstrom von

$$\mathfrak{J}_0 = U \cdot \frac{R_L + R_C \omega^2 L C}{R_L^2 + \omega^2 L^2}$$

entspricht. Dabei sind R_L und R_C die im induktiven, beziehungsweise kapazitiven Zweig vorhandenen Wirkwiderstände.

Es sind nun mehrere Sonderfälle bemerkenswert:

1. $R_C = R_L = \dfrac{R}{2}$, beide Teilwiderstände gleich groß.

Die Resonanzbedingung liefert dann die Lösungen

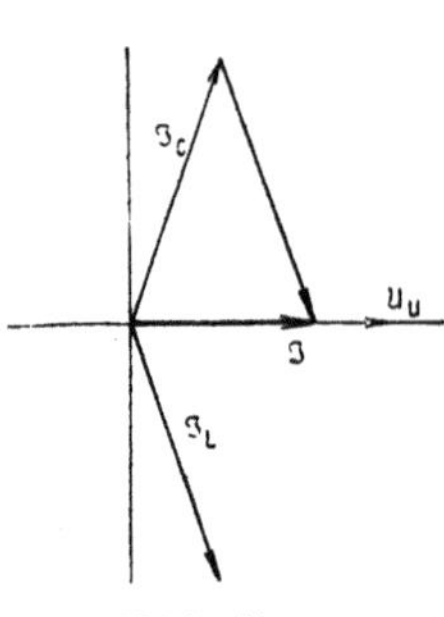

a. Vektordiagramm zur Stromresonanz

$$\omega = \omega_0 = \frac{1}{\sqrt{LC}} \qquad \text{und} \qquad R\sqrt{\frac{C}{L}} = D = 2.$$

Bei der ersten Lösung, die eine Resonanzfrequenz ω_0 definiert, werden die Ströme

$$\mathfrak{J}_0 = \frac{U}{R}\,\frac{4D^2}{D^2 + 4},$$

$$\mathfrak{J}_{oL} = \frac{U}{\dfrac{R}{2} + j\omega_0 L},$$

$$\mathfrak{J}_{oC} = \frac{U}{\dfrac{R}{2} - j\omega_0 L} = \overset{*}{\mathfrak{J}}_{oL}.$$

Bei der zweiten Lösung ist die Resonanz von der Frequenz unabhängig und nur durch das Verhältnis der Widerstände bestimmt; sie wird „Widerstandsresonanz" genannt. Bei ihr ergeben sich die Ströme zu

$$\mathfrak{J}'_o = \frac{2\mathfrak{U}}{R},$$

$$\mathfrak{J}'_{oL} = \frac{\mathfrak{U}}{\dfrac{R}{2} + j\omega L},$$

$$\mathfrak{J}'_{oC} = \frac{2\mathfrak{U}}{R}\cdot\frac{j\omega L}{\dfrac{R}{2} + j\omega L} = \mathfrak{J}'_{oL}\,\frac{2j\omega L}{R}.$$

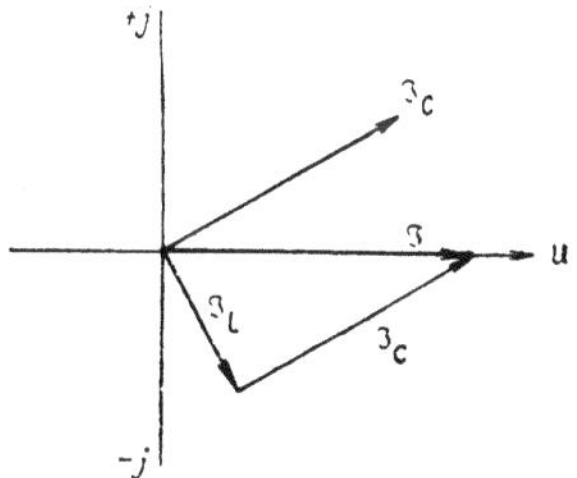

b. Widerstandsresonanz

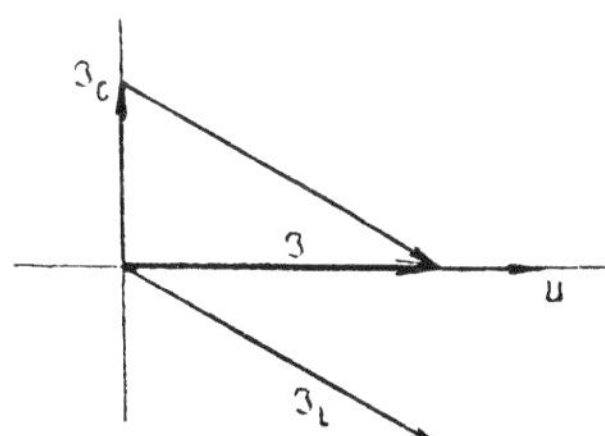

c. Stromresonanz bei Kondensatoren mit sehr kleinen Verlusten

2. $\underline{R_C = O}$, Kondensatorverluste vernachlässigbar klein.

Die Resonanzbedingung vereinfacht sich auf

$$\frac{1}{\omega C} = \frac{R_L^2 + \omega^2 L^2}{\omega L},$$

woraus der Gesamtstrom

$$\mathfrak{J}_o = \mathfrak{U}\,\frac{R_L}{R_L^2 + \omega^2 L^2}.$$

Ist R_L gegen ωL vernachlässigbar, so vereinfacht sich die Resonanzbedingung weiter auf wieder $\omega = \omega_0$, und es wird

$$\mathfrak{J}_0 = \mathfrak{U} R_L \frac{C}{L} = \frac{\mathfrak{U}}{R_L} D^2.$$

Die Vektordiagramme der angeführten Stromresonanzfälle zeigen die Abbildungen a bis c. Mit Ausnahme der Widerstandsresonanz können bei allen Stromresonanzfällen die Teilströme ein mehrfaches Vielfaches des von der Stromquelle zu liefernden Gesamtstromes ausmachen.

Für die Darstellung in Ortskurven ist es am vorteilhaftesten, die Kreisdiagramme für jeden Teilstromkreis getrennt zu ermitteln und die Teilwerte zu addieren. Es ist dann mit

$$D = R_L \sqrt{\frac{C}{L}}, \qquad \nu = \frac{\omega}{\omega_0}, \qquad \varrho = \frac{R_C}{R_L}$$

$$\mathfrak{J} = \frac{\mathfrak{U}}{R_L} D \left(\frac{1}{D + j\nu} + \frac{1}{\varrho D - j \frac{1}{\nu}} \right),$$

und die Resonanzfrequenz des Schwingungskreises

$$\overline{\omega} = \omega_0 \sqrt{\frac{D^2 - 1}{\varrho^2 D^2 - 1}}.$$

[OI]

Stromrichter — *current converter* — convertisseur de courant

Ruhende Umformer, die eine vorgegebene, periodisch veränderliche Spannung in eine solche anderer Periodizität oder in Gleichspannung umwandeln, wobei vorwiegend an die Verwendung von Gasentladungs- und Vakuumgefäßen gedacht wird. Je nach der Wirkungsweise unterscheidet man zwischen

Gleichrichtern ↑ , die Wechselstrom in Gleichstrom,
Wechselrichtern ↑ , die Gleichstrom in Wechselstrom, und
Umrichtern ↑ ,   die Wechselstrom einer Periodenzahl in Wechselstrom einer anderen Periodenzahl umwandeln.

Stromrichtermotor

An einen Stromrichter zu dem Zwecke angeschlossener Motor, um bei Entfall eines die Motorleistung führenden Kollektors bei feinstufiger Drehzahlregelung größte Leistungen zu erzielen. Als Motor kann dabei beispielsweise mit Vorteil ein Synchronmotor verwendet werden, dessen Ankerwicklung im richtigen Takt der gleichgerichtete Netzstrom zugeführt wird.

Ein nach diesem Prinzip ausgeführtes Beispiel zeigt die nachstehende Abbildung. Der Synchronmotor M erhält eine Dreiphasenwicklung mit 6 Enden und Mittelanzapfungen. Die ein Sechsphasensystem bildenden Spulenenden sind wie im Bilde gezeichnet an die Mittelpunkte der Sechsphasenwicklungen des Stromrichter-Transformators St.T. angeschlossen. Die Spulenmitten werden zur Verteiler-Saugdrossel S.D. geführt, die zur Vermeidung einer Gleichstrommagnetisierung im Zickzack geschaltet ist. Die Steuerung erfolgt durch Gitter, die von einer Steuereinrichtung St beaufschlagt werden, die selbst wieder von einem Laufteil L und einem Regelteil D beeinflußt wird. Der Laufteil L ist ein von der Motorachse betätigtes Steuerglied, das so wirkt, daß alle Steuergitter, die im Normallauf mit 50 Hz gesteuert werden, durch Zuführung negativer Gitterspannung unwirksam gemacht werden, bis auf das Gitter jener Anode, die gerade den Wicklungsteil des Motors mit Strom versorgt, der vor das Polrad zu liegen kommt (siehe eingezeichnete Strompfeile). Beim Weiterdrehen des Läufers wird dann durch L auf die nächste erforderliche Phase umgeschaltet usf. (strichlierte Strompfeile). Durch diese Laufsteuerung wird zunächst das Zustandekommen eines gleichgerichteten Drehmomentes überhaupt erst sichergestellt. Der Gleichrichter arbeitet als Kollektor und macht damit den Motor zu einem Gleichstrommotor.

Der Laufsteuerung ist eine Drehzahlsteuerung D überlagert, die eine normale netzfrequente Gleichrichter-, bzw. beim Bremsen eine Wechselrichtersteuerung mit Drehregler ist. Sie dient zum Anlauf des Motors und zur Drehzahlregelung, indem mit ihrer Hilfe die Spannung am Motor eingestellt werden kann. Der Motor

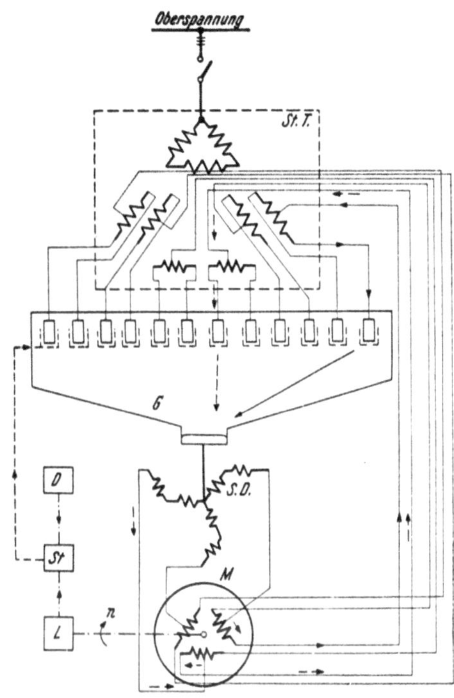

Prinzipschaltbild für eine Stromrichtermotorschaltung
(Hannover)

nimmt dann eine solche Drehzahl an, daß die vom Polrad in der Ankerwicklung erzeugte Gegen-EMK der eingestellten Spannung das Gleichgewicht hält.

Der also wie ein Gleichstrommotor arbeitende Stromrichtermotor kann wie jener eine Nebenschluß-, Hauptschluß- oder Verbundkennlinie erhalten.

Grundsätzlich ist auch die Verwendung einer Asynchronmaschine an Stelle der Synchronmaschine möglich.

Die Steuerorgane sind Röhrengeräte.

Stromschritt — *impulse of current, signal element, pulse* — émission de courant

Kürzester vorkommender Stromstoß einer Telegraphierschrift. Im (internationalen) Morsealphabet ↑ wird dargestellt

ein Punkt durch einen Stromschritt,
ein Strich durch drei Stromschritte,
der Abstand zwischen Punkten und Strichen durch einen Stromschritt,
der Buchstabenabstand durch drei Stromschritte,
der Wortabstand durch fünf Stromschritte.

Stromstärke — *amperage, current strength, current intensity* — intensité de courant, ampèrage

Die in der Zeiteinheit durch einen Leiterquerschnitt tretende Elektrizitätsmenge $i = \dfrac{dQ}{dt}$. Einheit: 1 Ampere (A)

Stromtor — *thyratron* — thyratron

→ Thyratron.

Stromtransformator — *current transformer* — transformateur de courant

Transformator, dessen Primärstrom vom Netz vorgeschrieben wird, in dessen Stromkreis er eingeschaltet ist. Dient er lediglich für Meßzwecke, so wird er Stromwandler ↑ genannt.

Stromverdrängung — *skin effect* — effet de peau, effet pelliculaire

→ Hautwirkung.

Stromverdrängungsmotor

Asynchronmotor, bei dem die Stromverdrängung in der Läuferwicklung bei der hohen Anlaufschlüpfung zur Verbesserung des Anlaufdrehmomentes ausgenützt wird (s. a. Wirbelstromläufer, Doppel- und Mehrfachkäfiganker).

Stromwärmeverluste, zusätzliche — *additional resistance losses* — pertes additionelles par effet Joule

Unterschied der Stromwärmeverluste der Wicklung einer elektrischen Maschine, wenn die Wicklung bei gleichem effektiven Strom einmal von Wechselstrom und dann von Gleichstrom durchflossen wird.

Stromwandler — *current transformer* — transformateur de courant, transformateur d'intensité

Hauptsächlich für Meßzwecke benützter Transformator kleiner Leistung, dessen Primärwicklung in den zu messenden Stromkreis eingeschaltet wird. Die Sekundärwicklung führt dann einen, dem Primärstrom gemäß dem Übersetzungsverhältnis des Wandlers entsprechenden Strom, der bei primärem Nennstrom gewöhnlich mit 5 oder 1 A gewählt wird. Das Verhältnis zwischen Primär- und Sekundärstrom zeigt von der Größe der Belastung (Bürde) des Wandlers abhängige Abweichungen im Zahlenwert (Übersetzungsfehler oder Stromfehler ↑) und in der Phasenlage (Winkelfehler), für die in den VDE-Vorschriften bestimmte, einzuhaltende Grenzwerte vorgeschrieben sind.

Das Verhalten des Stromwandlers läßt sich am besten an seinem Ersatzschaltbild und dem Vektordiagramm überblicken (Abb. a und b). Darin bedeuten

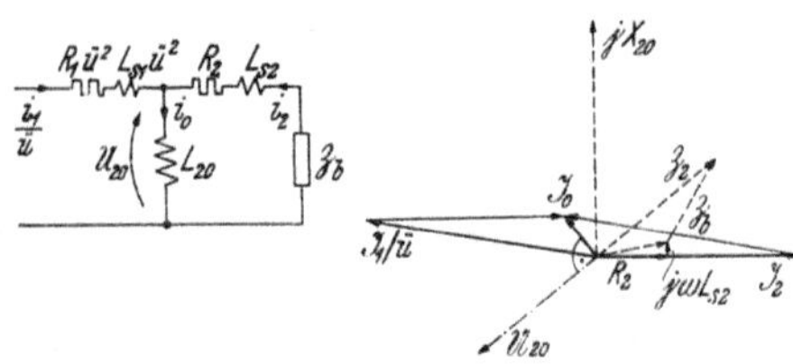

a. Ersatzschaltbild des Stromwandlers

b. Vektordiagramm des Stromwandlers

i_1 primärer $\}$ Strom,
i_2 sekundärer
$ü$ Übersetzungsverhältnis,
R_1 primärer $\}$ Wicklungswiderstand,
R_2 sekundärer

L_{20} Hauptinduktivität,

L_{81} primäre $\left.\begin{array}{l}\\\end{array}\right\}$ Streuinduktivität,
L_{82} sekundäre

$\mathfrak{Z}_b = R_0 + jX_b$ Scheinwiderstand der Bürde.

Aus dem Ersatzschaltbild ergibt sich

$$\mathfrak{J}_2 = \frac{\mathfrak{J}_1/\ddot{u}}{1 + \dfrac{(R_2 + j\omega L_{82}) + (R_b + j\omega L_b)}{j\omega L_{20}}},$$

woraus zu ersehen ist, daß die Übersetzungs- und Winkelfehler mit zunehmender Bürde wachsen und um so kleiner bleiben, je größer der Wert
von L_{20} ist. Gleichzeitig ist zu erkennen, daß beide Fehler frequenzabhängig
sind, was bei der Übertragung und Messung von Strömen bei Schaltvorgängen und von Fehlerströmen von Bedeutung ist. Für den Zusammenhang
zwischen Sekundär- und Primärstrom erhält man die allgemein gültige
Beziehung

$$i_2 = e^{-\frac{t}{T_2}}\left[C - \frac{L_{20}}{\ddot{u}\,(L_{20} + L_{82} + L_b)}\int e^{-\frac{t}{T_2}}\frac{di_1}{dt}\right],$$

worin die Zeitkonstante des Sekundärkreises

$$T_2 = \frac{L_{20} + L_{82} + L_b}{R_2 + R_b}.$$

Ist nun der primäre Stromverlauf

$$i_1 = I_0 \sin(\omega t + \alpha) - I_0 \sin\alpha\, e^{-\frac{t}{T}},$$

so wird der Sekundärstrom mehr oder weniger von seinem Sollwert abweichen. Er setzt sich zusammen aus einem Wechselstromglied und zwei
Gleichstromgliedern. Das Wechselstromglied

$$i_{2w} = -\frac{L_{20}}{L_{20} + L_{82} + L_b}\cdot\frac{I_0 \sin(\omega t + \alpha + \delta)}{\ddot{u}\sqrt{1 + \dfrac{1}{\omega^2 T_2^2}}}$$

zeigt einen (Übersetzungs-) Fehler — der übrigens auch schon bei der
Übertragung stationärer Wechselströme auftritt —, der um so kleiner ist,
je größer L_{20} gegenüber $L_{82} + L_b$ und je größer die Frequenz und die Zeitkonstante T_2 des sekundären Kreises ist. Der Winkelfehler

$$\delta = \frac{1}{\omega T_2},$$

der auch wieder beim stationären Betrieb des Wandlers schon auftritt,
sinkt ebenfalls mit zunehmender Frequenz und Zeitkonstanten. Beide
Fehler werden klein bei möglichst hohem L_{20}, niedrigem Ohmschen Widerstand R_2, kleiner Streuung und geringer Bürde (viele sekundäre Windungen,
kleiner Widerstand, hochpermeables Kernmaterial, Ringkern).

Das Gleichstromglied übersetzt sich in die Summe zweier Gleichstromglieder, von denen das eine mit der Zeitkonstanten T, das andere mit der
Zeitkonstanten T_2 abklingt.

Wesentlich schwieriger zu überblicken sind die Verhältnisse bei Wandlern
mit ferromagnetischem Kern wegen der mathematisch schwer erfaßbaren
Hysterese ↑. Eine Abschätzmethode zeigt hier ähnliche, aber noch
wesentlich unbefriedigendere Verhältnisse. Sollen daher vom Wandler Ein

schalt- oder Ausgleichsströme — etwa für Selektivschutzzwecke — möglichst genau übertragen werden, so sind hiezu Wandler mit ferromagnetischem Kern nur mit Vorsicht anzuwenden. Es wurden dafür auch Wandlerschaltungen ohne ferromagnetische Baustoffe entwickelt, bei denen nicht der Strom, sondern eine dem Differentialquotienten des Stromes nach der Zeit verhältnisgleiche Größe übertragen, und der Strom aus ihr durch Integration ermittelt wird, wobei die Integration zweckmäßig mit Hilfe eines Kondensators elektrisch vorgenommen wird. Die Schaltung eines solchen „Stromdifferentialwandlers" zeigt das nebenstehende Schaltbild. Darin bedeuten

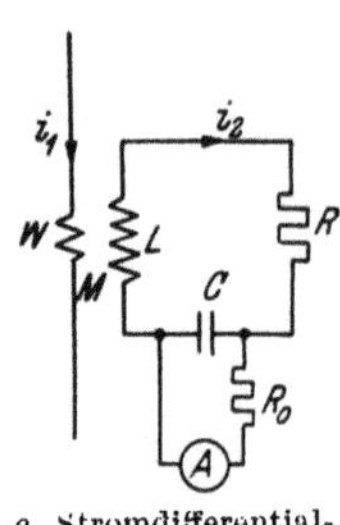

c. Stromdifferentialwandler

W   den Wandler ohne Eisenkern mit der gegenseitigen Induktivität M,

R   einen hochohmigen Widerstand im Vergleich zum Blindwiderstand ωL der Sekundärwicklung,

C   den Integrationskondensator und

R_0 einen Vorschaltwiderstand.

Der Wandler hat dann ein Übersetzungsverhältnis von

$$\ddot{u} = \frac{RR_0C}{M}.$$

[Klaudy, P.: Über das Verhalten von Stromwandlern bei Schaltvorgängen und damit zusammenhängende Fragen. A. f. E.]

Stromwender 1. *commutator* — commutateur, collecteur

                2. *reversing switch* — inverseur (du courant)

1. Wird eine Drahtschleife in einem magnetischen Feld um eine Achse senkrecht zur Feldachse gedreht, so wird in ihr eine Wechselspannung induziert, die man gemäß Abb. a über Bürsten von Schleifringen abnehmen kann, an die die Enden der Drahtschleife angeschlossen sind. Führt man hingegen die Wicklungsenden nach Abb. b an einen geteilten Ring, so erhält man nach jeder Halbperiode einen Wechsel der Anschlüsse und damit pulsierende Gleichspannung. Liegt nicht nur eine Windung, sondern — wie bei den Stromwendermaschinen — eine ganze Ankerwicklung mit vielen Spulen und Windungen im Feld, dann kann die Unterteilung vervielfacht werden, indem für jede Spule eine Lamelle vorgesehen wird. Damit erhält man den Stromwender oder Kommutator, der eine um so gleichmäßigere Gleichspannung abzugeben gestattet, je feiner die Unterteilung gewählt wird. Ein solcher Stromwender ist ein mechanisch und elektrisch heikles Konstruktionselement der Stromwender-

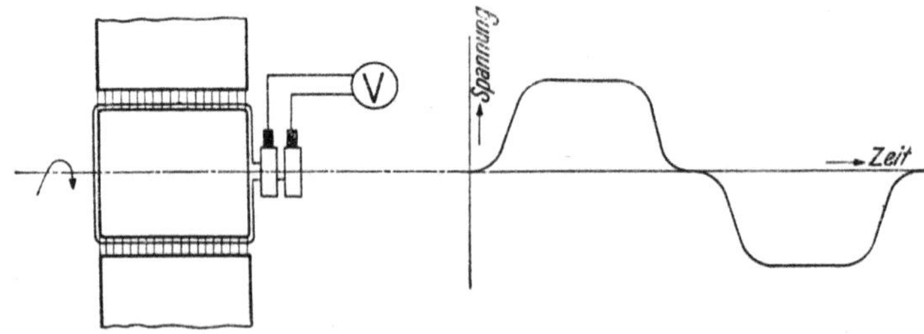

a. Abnahme der in einer sich in einem Magnetfeld drehenden Schleife induzierten Spannung über Schleifringe

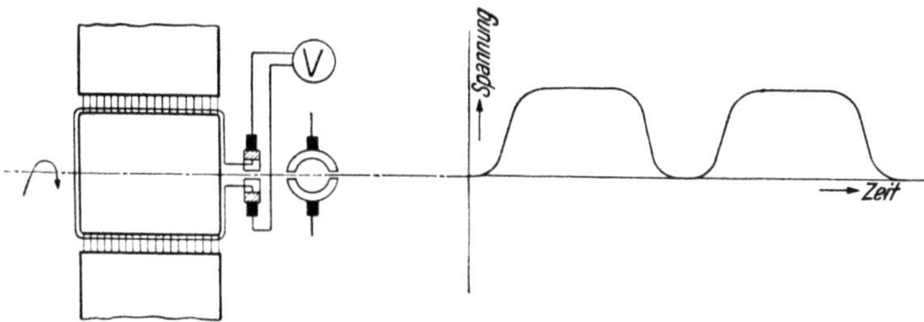

b. Spannung nach Abb. a nach Ersatz der Schleifringe durch einen Stromwender

maschinen (zu denen vorzugsweise alle Gleichstrommaschinen gehören), weil einerseits die Fliehkräfte infolge der Vielteiligkeit und der zwischen den Lamellen untereinander und den Lamellen und dem tragenden Eisen notwendigen Isolationseinlagen schwer zu beherrschen sind und andererseits durch Schleifen der Bürsten an der Oberfläche nicht nur mechanische Abnützungen (Rillen), sondern auch Ablagerungen der Kohlenbürsten und elektrolytische sowie vor allem auch Einwirkungen durch das Funken der Bürsten beim Übergang von Lamelle zu Lamelle eintreten. Auch die Erwärmung des Stromwenders im Betrieb führt leicht zum Unrundwerden desselben und damit zu einem schädlichen Tanzen der Bürsten. Der Kommutator muß also oft abgedreht werden und bedarf dauernder Wartung und Pflege. Da für die Isolation zwischen der Lamellen meist Glimme oder Mikanit gewähl wird und dieser härte ist als das Lamellen kupfer, so treten nach einer gewissen Betriebs zeit und Abnutzung de Lamellen Glimmerstege zwischen ihnen hervor, die einen Betrieb unmöglich machen würden. Diese Stege sind also

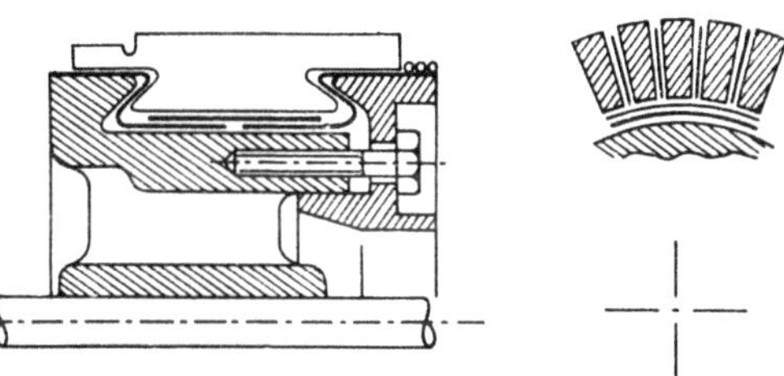

Konstruktiver Aufbau eines Stromwenders

von Zeit zu Zeit zu entfernen und die Rillen auszukratzen. Der gute Zustand eines Stromwenders hängt von seiner Belastung und der richtigen Auswahl der Bürsten (→ Kohlenbürsten) ab. Bei schlecht gewarteten oder unrichtig ausgelegten Kommutatoren und Bürsten kann es leicht zu Überschlägen zwischen den Lamellen, zu Anbrennungen und schließlich zu dem gefürchteten „Rundfeuer" oder Überschlägen über den ganzen Kommutator kommen. Bei richtiger Auslegung und Anordnung von Wendepolen läuft der Stromwender völlig ruhig und zeigt keinerlei Funken der Bürsten (s. a. Stromwendung). Der Aufbau eines Stromwenders ist aus obenstehender Zeichnung zu ersehen. Die einzelnen, voneinander isolierten Kupferlamellen sind durch Schwalbenschwänze in der Stromwendernabe und einem Druckring, unter Zwischenlage einer weiteren Kappe aus Mikanit befestigt. Die Wicklungsenden der Ankerwicklung werden mit den Lamellen des Stromwenders durch die sogenannten „Fahnen" verbunden.

Wichtig für die konstruktive Durchbildung des Stromwenders ist die Berücksichtigung der Wärmedehnungen. Man befestigt daher den Druckring bei größeren Stromwendern mit langen durchgehenden Schrauben, die durch die Wärmedehnung des Stromwenders nur innerhalb ihrer Elastizitätsgrenze beansprucht werden sollen. Sie müssen daher bei genügender Länge aus bestem Stahl sein und dürfen bei der Montage eine nicht zu hohe Vorspannung erhalten. Dies ist so wichtig, daß bei ganz großen Stromwendern Vorrichtungen vorgesehen werden, um durch Messung der Schraubenlängen deren Beanspruchung zu überwachen (s. a. Stromwenderpflege).

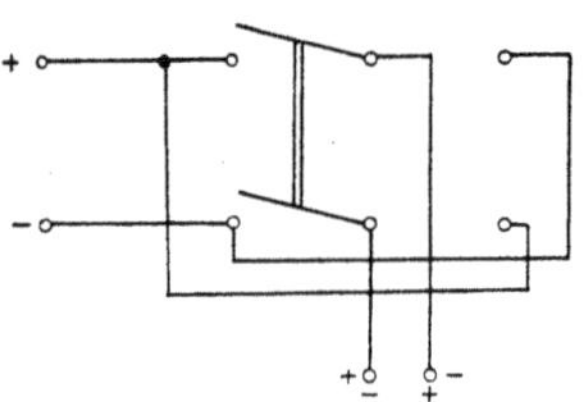

Stromwender (Umschalter)

2. Umschalter, durch den es möglich ist, die Stromrichtung zu ändern.

Stromwenderpflege

Die Stromwender müssen als heikle und wichtige Bestandteile jeder Stromwendermaschine einer laufenden, betriebsmäßigen Pflege unterzogen werden. Dabei ist für die Reinhaltung und periodische Instandsetzung zu sorgen, die je nach dem Zustand des Stromwenders in folgenden Maßnahmen besteht:.

1. Handpolierung mittels Schmirgelblockes, jedoch niemals mit nicht unterlegtem Schmirgelpapier (weil dadurch Unrundheiten hineingeschmirgelt würden);

2. Abschmirgeln mit rotierenden Schmirgelscheiben auf Support;

3. Abdrehen, ebenfalls mit Support, wozu die größeren Maschinen gewöhnlich Putzen am Grundrahmen oder den Lagerschildern haben, auf denen der Support zum Abdrehen befestigt werden kann.

Nach jeder derartigen Überholung, aber auch sonst fallweise bei Verwendung von weicheren Bürsten, ist ein Aussägen des Glimmers auf etwa 1...1,5 mm Tiefe notwendig. Danach müssen die Kanten der Lamellen gebrochen werden, wobei eventuell noch vorstehende Glimmerplättchen weggenommen werden. Es gibt Werkzeuge, die Säge und Schaber für das Brechen der Kanten in einem Gerät vereinigen.

Zur Stromwenderpflege gehört ferner auch das richtige Aufsetzen der Bürsten. Die Bürstenkanten müssen genau um die Polteilung voneinander entfernt sein. Da positive und negative Bürsten den Stromwender verschieden beanspruchen, sollen die Bürsten je zweier aufeinanderfolgender Bolzen (+ und −) am gleichen Umfangskreis einander decken, während die gleichnamigen Bürsten der Bolzenpaare bei mehrpoligen Maschinen gegeneinander versetzt sein sollen, derart, daß die Stromwenderbeanspruchung in achsialer Richtung gleichmäßig ist.

Bei den Bürstenhaltern sollen die Kasten nicht höher als 1,5 mm über dem Kommutator stehen, weil sonst bei abgenützten Kohlen ein Vibrieren derselben eintreten kann.

Vor Wiederaufnahme des Betriebes sind die Bürsten bei Wendepolmaschinen genau in die neutrale Zone zu stellen.

Stromwendermaschinen — *commutator machines* - machines à collecteur

Gleich- oder Wechselstrommaschinen, die mit einem Stromwender ↑ (Kommutator) ausgerüstet sind. Dabei ist die Ausführung der Ankerwicklung bei den Wechselstrom-Kommutatormaschinen im allgemeinen dieselbe wie bei den Gleichstrommaschinen; der Bürstensatz ist jedoch häufig ein anderer.

Wenn sich ein Stromwenderanker in einem Wechselfeld dreht, dann entstehen im allgemeinen zwei Spannungen. Die eine wird infolge der Rotation der Ankerleiter im Feld induziert und heißt „Spannung der Drehung" oder

„Spannung der Rotation", die andere wird infolge der transformatorischen Wirkung der Erregerwicklung auf die Ankerwicklung induziert und heißt „Spannung der Transformation".

Die Frequenz der an den Bürsten abgenommenen gesamten rotatorischen Spannung ist die gleiche wie die des Wechselfeldes. Sie ist dem Feld und der Drehzahl verhältnisgleich. Ihr Höchstwert tritt auf, wenn die Bürstenachse senkrecht zum Feld steht. Die transformatorisch induzierte Spannung ist proportional der Frequenz des Wechselfeldes und von der Drehzahl unabhängig. Ihr Höchstwert tritt auf, wenn die Bürstenachse mit der Feldachse zusammenfällt. Steht die Bürstenachse in irgend einer schrägen Lage, so treten beide Spannungen auf, in der ersten Hauptlage nur die Rotationsspannung, in der zweiten Hauptlage nur die transformatorische Spannung.

Das Drehmoment eines Stromwenderankers im Wechselfeld ist nicht konstant, sondern pulsiert nach einer, über der Nullinie liegenden Sinuslinie mit doppelter Frequenz.

Die Stromwendung ist bei den Wechselstrom- und Drehstromwendermaschinen wegen der, durch die zeitlichen Veränderungen bedingten, zusätzlichen Induktionen ungünstiger als bei den Gleichstrommaschinen. Sie wird meist durch Wendepole sichergestellt.

Stromwendung — *commutation* — commutation

Schaltvorgang, der sich unter den Bürsten von Stromwendermaschinen ↑ abspielt. Dabei werden beim Übergang der Bürsten von einer Stromwenderlamelle zur nächsten die an diesen Lamellen angeschlossenen Spulen der Ankerwicklung kurzgeschlossen. Nach dem Ablaufen der Bürste führt die Spule einen Strom in entgegengesetzter Richtung wie vor dem Kurzschluß. Ändert sich der Strom während der Stromwendeperiode linear mit der Zeit, so ist die Stromdichte in der Bürstenauflagefläche konstant. Dieser anzustrebende Verlauf wird geradlinige Stromwendung genannt. In Wirklichkeit ist die Stromdichtenverteilung ungleichmäßig und es wächst vor allem — wenn nicht entsprechende Maßnahmen ergriffen werden — die Stromdichte an der ablaufenden Bürstenkante gegen Ende der Stromwendeperiode häufig sehr stark an. Hervorgerufen ist diese Erscheinung durch die Widerstände im Kurzschlußkreis, ihre Selbstinduktionsspannung bei der Stromwendung und den Einfluß des durch die Ankerrückwirkung verzerrten Feldes bei Verbleib der Bürsten in der geometrisch neutralen Zone. Eine Verbesserung der Stromwendung kann erzielt werden durch Wahl großer Übergangswiderstände zwischen Bürste und Stromwender (Widerstandsstromwendung), durch Verschieben der Bürsten aus der geometrisch neutralen Zone beim Generator im Drehsinn des Ankers, beim Motor im entgegengesetzten Sinn, und vor allem durch Anordnung von Wendepolen ↑, die das Ankerfeld in den Wendezonen aufheben und in dieser Zone ein zusätzliches Feld erregen sollen, das in den kurzgeschlossenen Spulen eine Spannung induziert, welche die Änderung auf die künftige Stromrichtung begünstigt und die sich dieser Änderung widersetzende Selbstinduktionsspannung (Stromwendespannung) aufhebt. [Bödefeld-Sequenz: Elektrische Maschinen, 4. Aufl. Wien: Springer-Verlag, 1949.]

Stützisolator — *pin (type) insulator, spreader insulator* — isolateur de soutien, isolateur rigide

Stufe — *rank* — étage

Mehr oder minder für sich abgeschlossener Teil einer Hochfrequenzschaltung, der einer Spezialaufgabe der Gesamtschaltung dient, z. B. der Verstärkung einer der Schaltungsgrößen, oder deren Gleichrichtung od. dgl. (Verstärkerstufe, Gleichrichterstufe, Hochfrequenzstufe usw.).

Stufenregeleinrichtung — *step regulation* — régulation à plots

→ Stufentransformator.

Stufentransformator — *step transformer* — transformateur à plots

Zusatz- ↑ oder Regeltransformator ↑ , bei dem die Spannungsänderungen in Stufen durch Schalten von Anzapfungen der Transformatorwicklung durchgeführt wird. Eine solche Stufenregeleinrichtung wird häufig von Netztransformatoren gefordert, um die Spannung an bestimmten Stellen des Netzes konstant halten zu können, wenn sich die Belastung des Netzes ändert. Die Umschaltung kann bei Leerlauf vorgenommen werden und erfordert dann bloß die Anordnung eines einfachen, außerhalb oder innerhalb des Transformatorkessels angeordneten Spannungsumschalters. Ihren vollen Wert erhält sie aber erst, wenn sie unter Last erfolgen kann. Dazu muß durch einen Stufenwähler erst in stromlosem Zustand die gewünschte Anzapfung der Transformatorwicklung ausgewählt und dann durch den Lastschalter die Stromumleitung von der alten auf die neue Anzapfung vorgenommen werden.

Oft wird an Stelle eines Stufentransformators ein normaler Transformator ohne Anzapfungen und ein getrennt angeordneter Zusatztransformator verwendet, der dann mit Stufenregelung ausgerüstet ist.

Während der Überschaltung werden Schaltwiderstände oder Schaltdrosselspulen kurzzeitig zwischengeschaltet. Um die dadurch bedingten Spannungsverluste nicht zur Auswirkung kommen zu lassen, soll der Umschaltvorgang in Bruchteilen einer Sekunde (1/25 s) vollendet sein. Ein diesen Bedingungen genügender Stufenschalter mit getrenntem Wähler und Lastschalter ist von Jansen angegeben worden. Bei kleinen und mittleren Schaltleistungen übernimmt oft ein einziges Schaltorgan, der Lastwähler, die Funktion des Stufenwählers und Lastschalters [E u M, 1932. S. 85, S. 393.]

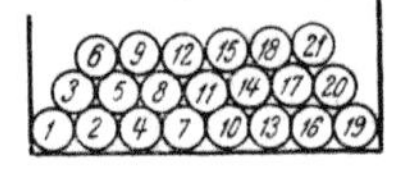

Stufenwähler — *tapping switch* — contacteur à plots

→ Stufentransformator.

Stufenwicklung — *bank winding*

einer Spule ist eine nach dem nebenstehenden Schema durchgeführte Wicklung, die durch geringe Spulenkapazität ausgezeichnet ist (z. B. etwa 16 pF bei einer 2-lagigen Zylinderspule mit 0,64 Ω Gleichstromwiderstand; s. a. Lagenwicklung).

Stufenwicklung

stumpfschweißen — *to butt-weld* — souder par rapprochement

Beim Stumpfschweißen werden die zu verbindenden Teile ohne Überlappung verschweißt.

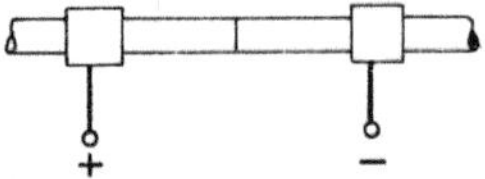

Styroflex

→ Polystrol.

Stumpfschweißung

Sulfatieren — *sulphation* — sulfatation

Wird ein Bleiakkumulator längere Zeit im entladenen Zustand gelagert, so entsteht auf den Platten eine isolierende, die Poren verstopfende Bleisulfatschicht, der Akkumulator „sulfatisiert". Er ist dann zwar weiter verwendbar, entlädt sich aber viel rascher (im fortgeschrittenen Zustand schon nach Minuten).

Sumpf, elektrischer — *swamp*

Schicht, mit der man elektrische Wellen reflektierende Körper umgibt und deren Wellenwiderstand man dem Wellenwiderstand des umgebenden Mittels (Luft, Wasser) zu dem Zwecke anpaßt, um den Körper für mit elektrischen (vorzugsweise hochfrequenten) Wellen arbeitenden, auf dem Prinzip des Echolotes ↑ beruhenden Messungen „unsichtbar" zu machen.

Superheterodyne-Empfänger — *superheterodyne (receiver)* — récepteur superhétérodyne

→ Überlagerungsempfänger.

Supraleitung — *supra conductivity* — superconductibilité

Eigenschaft einiger Metalle, bei denen in unmittelbarer Nähe des absoluten Nullpunktes der Widerstand praktisch verschwindet bzw. die Leitfähigkeit unendlich groß wird.

Suszeptanz — *susceptance* — susceptance

Fremdwort für Blindleitwert ↑ .

Suszeptibilität, elektrische — *electrostatic susceptibility* — susceptibilité électrique

Das Verhältnis der durch die Anwesenheit von Materie (Dielektrikum) zusätzlich auftretenden dielektrischen Verschiebung (Polarisation ↑) zur Verschiebung im leeren Raum bei gleichbleibender Feldstärke.

$$\varepsilon_s = \frac{\mathfrak{P}}{\mathfrak{D}_0} = \frac{\mathfrak{D} - \mathfrak{D}_0}{\mathfrak{D}_0} = E - 1 \, .$$

Sie ist der um 1 verminderten Dielektrizitätszahl gleich und wird auch **dielektrisches Aufnahmevermögen** genannt. [OI]

Suszeptibilität, magnetische — *magnetic susceptibility* — susceptibilité magnétique

Das Verhältnis der Magnetisierung ↑ zur magnetischen Erregung ↑

$$\varkappa = \frac{\mathfrak{J}}{\mathfrak{H}} = M - 1 \, .$$

Bei Zugrundelegung des elektromagnetischen Maßsystems erhält man

$$\varkappa_m = \frac{M - 1}{4\,\pi} \, ,$$

was für die meisten Zahlentafeln zugrunde gelegt wurde. [OI]

symmetrisch — *symmetrical* — symétrique

Synchrodyne-Empfänger

Eine vom Superheterodyneprinzip insofern verschiedene Empfängerschaltung, als der Mischröhre nicht wie dort eine Oszillatorfrequenz zugeführt wird, die um die Zwischenfrequenz höher oder tiefer liegt, sondern die Oszillatorfrequenz genau gleich der Empfangsfrequenz gemacht wird, wodurch sie auch die Demodulation bewirkt (Demodulationsfrequenz). Die Übereinstimmung mit der Empfangsfrequenz wird durch eine Synchronisation der Oszillatorfrequenz ähnlich der der Kippspannung bei einem Oszillographen erreicht. Zur Demodulation wird die synchronisierte Oszillatorfrequenz in Zweiwegschaltung über vier Kristalldioden in Graetzschaltung gleichgerichtet und der zu demodulierenden Empfangsfrequenz zugesetzt, wodurch die Demodulation erreicht wird. Etwa noch vorhandene Hochfrequenz wird durch ein nachgeschaltetes Tiefpaßfilter mit einer Grenzfrequenz von ungefähr 7 kHz weggesiebt und die Niederfrequenz normalerweise verstärkt.

Der Synchrodyne-Empfänger zeichnet sich durch große Trennschärfe und ausgezeichnete Wiedergabegüte aus.

synchron — *synchronous* — synchrone

Lauf mit absolut gleicher Geschwindigkeit.

synchronisieren — *to synchronise* — synchroniser

→ Synchronisierung.

Synchronisierung — *synchronisation* — synchronisation

Verfahren zur Herstellung gleicher Spannungen, gleicher Frequenz und gleicher Phasenlage zwischen Synchronmaschinen untereinander oder zwischen Synchronmaschine und einem von solchen gespeisten Netz, meist zum Zwecke der Ermöglichung des Parallelschaltens. Zur Überprüfung können zwei grundsätzlich verschiedene Schaltungen verwendet werden, die Dunkelschaltung und die Hellschaltung.

Bei der meist angewandten Dunkelschaltung wird zwischen die Klemmen des „Synchronosierschalters" in jeder Phase je eine Phasenlampe geschaltet. Ist die Phasenfolge im Generator und im Netz die gleiche und die Frequenz nahezu

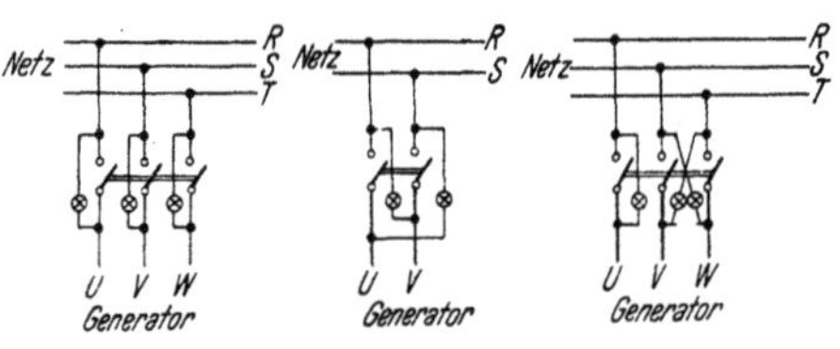

Dunkelschaltung   Hellschaltung   Gemischte Schaltung
Synchronisierung

gleich groß, dann entstehen an den Lampen Spannungsschwebungen, die sie zum gleichzeitigen, periodischen Aufleuchten und Erlöschen bringen. Mit zunehmender Gleichheit der Periodenzahl werden diese Schwebungen langsamer, so daß im besonderen die Lampen beim Nulldurchgang der Spannung, das ist also in der Zeit, wo vor und hinter dem Schalter nahezu das gleiche Potential herrscht, ausreichend lange dunkel bleiben. In diesem Augenblick kann der Schalter geschlossen werden.

Bei der Hellschaltung sind die Phasenlampen zwischen zwei Phasen geschaltet. Bei Einphasenstrom brennen sie also im Augenblick des Synchronismus mit größter Helligkeit. Da das Helligkeitsmaximum aber viel weniger ausgeprägt ist als das Verlöschen der Lampen, wird die Hellschaltung in der Praxis kaum angewendet. Für Drehstrom wäre sie überhaupt unbrauchbar, weil die größte Helligkeit nämlich bei einer Phasenverschiebung von 60⁰ zwischen Generator und Netzspannung eintritt.

Bei der Dunkelschaltung wird in größeren Anlagen meist an Stelle oder neben den Phasenlampen ein Nullvoltmeter verwendet, das mit in der Nähe des Nullpunktes auseinandergezogener Skala ausgeführt ist und damit ein sehr präzises Parallelschalten ermöglicht. Je präziser dieses erfolgt, das heißt je genauer der Zeitpunkt des Synchronismus und der Phasengleichheit beim Schalten getroffen wird, desto ruhiger erfolgt das Parallelschalten. Im Gegenfalle entstehen starke Leistungsstöße und Pendelungen.

Schaltet man eine Lampe in Dunkel- und die beiden anderen in Hellschaltung, dann entsteht die gemischte Schaltung. Bei dieser leuchten die Lampen nacheinander auf, so daß bei räumlicher Anordnung im Dreieck das Licht im Kreis herumwandert. Je nach dem Umlaufsinn kann daraus entnommen werden, ob der Generator zu schnell oder zu langsam läuft. Man kann die Differenzspannung auch einem Spulensystem zuführen und das dann umlaufende Drehfeld durch einen rotierenden Zeiger sichtbar machen. (Synchronoskop.)

Da das Synchronisieren an die Geschicklichkeit und Aufmerksamkeit des Bedienungspersonales immerhin einige Anforderungen stellt und bei schwankender Netzbelastung unter Umständen auch nur schwer einwandfrei und in erträglichen Zeiten durchgeführt werden kann, werden oft selbsttätige Synchronisierungseinrichtungen verwendet, die die manuellen Verrichtungen an selbsttätige Relais und Schaltapparate übertragen und auch bei schwierigen Verhältnissen ein stoßfreies und optimal kurzes Parallelschalten ermöglichen.

Synchronmaschine — *synchronous machine* — machine synchrone

Wechselstrommaschine mit meist feststehender Ankerwicklung und umlaufender Feldwicklung, die als gleichstromerregtes Polrad ausgeführt ist.

a. Polrad einer Schenkelpolmaschine

Sie heißt Synchronmaschine, weil das Polrad „synchron", das heißt mit gleicher Geschwindigkeit umläuft wie das vom Ständer herrührende

b. Polrad eines vierpoligen Turbogenerators

Drehfeld. Zwischen Netzfrequenz und Drehzahl der Maschine besteht die Beziehung $f = np$ (p Polpaarzahl).

Die Ausführung des Polrades hängt stark von der Drehzahl und den durch sie bedingten Fliehkräften ab. Während bei kleineren Drehzahlen die Pole als ausgeprägte Pole ausgeführt, mit Schrauben oder in schwalbenschwanzförmigen Nuten am Polradkörper befestigt werden (Schenkelpolläufer), wird das Polrad bei größeren Drehzahlen aus vollen aneinandergereihten Platten zusammengesetzt, während bei Drehzahlen von 1000, 1500 und 3000 U/min der Läufer als Volltrommel ausgeführt und nur mit Nuten zur Aufnahme der Erregerwicklung ausgestattet wird. Ein der

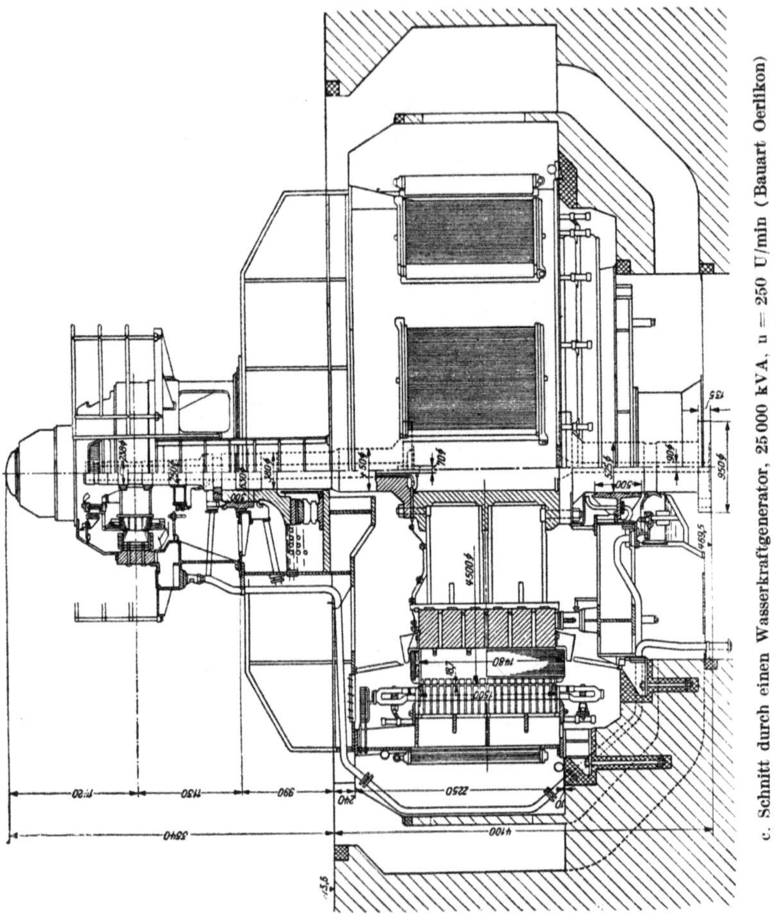

c. Schnitt durch einen Wasserkraftgenerator, 25 000 kVA, u = 250 U/min (Bauart Oerlikon)

artiger Läufer, der meist bei Antrieb durch schnellaufende Dampfturbinen verwendet wird, wird Zylinder-, Trommel- oder Turboläufer genannt.

Die Generatorspannung liegt je nach der Größe der Maschine, bei Netzspeisung über einen Transformator meist bei 5000 bis 10 000 Volt. Der Gleichstrom für die Erregung des Polrades wird gewöhnlich einer, auf der Generatorwelle sitzenden, eigenen Erregermaschine entnommen.

Im Leerlauf ist die Spannung an den Klemmen der Maschine durch die Erregung gegeben. Sie wächst zunächst proportional mit dem Erregerstrom und biegt dann gemäß der Magnetisierungslinie des Eisenkreises in das Sättigungsgebiet ab (siehe Abb. f). Bei Belastung

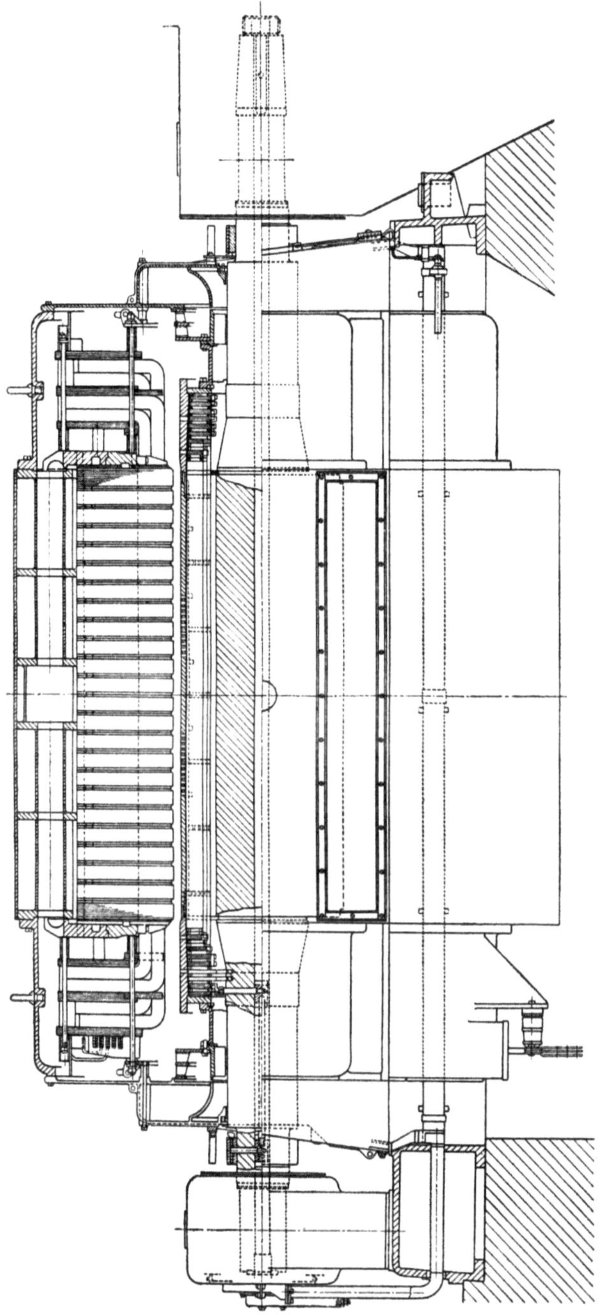

d. Schnitt durch einen Turbogenerator, 32 500 kVA, n = 3000 U/min (Bauart Oerlikon) erzeugt der im Anker fließende Drehstrom ein Drehfeld, das mit dem Polradfeld umläuft und sich mit diesem zu einem resultierenden Drehfeld zusammensetzt. Diese Rückwirkung des Ankerstromes auf das Polradfeld wird „Ankerrückwirkung" genannt. Je nach dem Betriebszustand der Maschine ist die Ankerrückwirkung verschieden. Bei induktiver Belastung erfolgt durch sie eine wesentliche Schwächung des Polradfeldes, so daß die Erregung gegenüber Leerlauf stark vergrößert werden muß.

Bei Belastung der Synchronmaschine ergibt sich das Vektordiagramm nach Abb. f, an dem in der Abb. g noch die Belastungskennlinie $U = f(I_E)$ angetragen ist. Der wirksame Erregerstrom I_μ erzeugt die innere EMK E, die gegen I_μ um 90° voreilt.

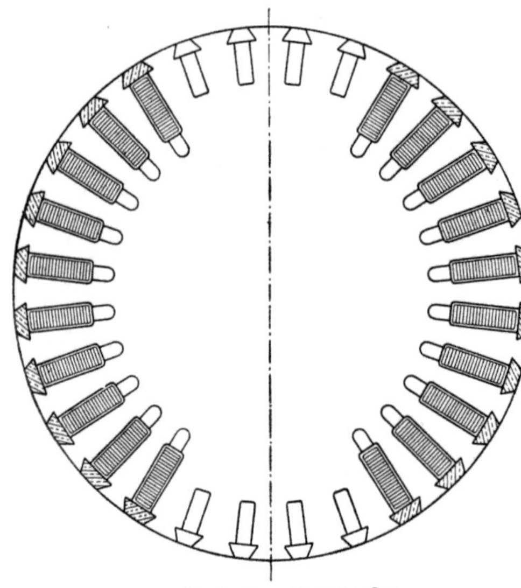
e. Zweipoliger Turboläufer

Dabei kommt I_μ zustande als Überlagerung der vom Erregerstrom I_E hervorgerufenen Gesamterregung und der Ankerrückwirkung I_R, die mit dem Belastungsstrom I in Phase liegt. Von E müssen die Streuspannungs- und ohmschen Spannungsabfälle $\Im j X_s$ und $\Im R$ abgezogen werden, um zur Klemmspannung $\mathfrak{U}$ des Generators zu

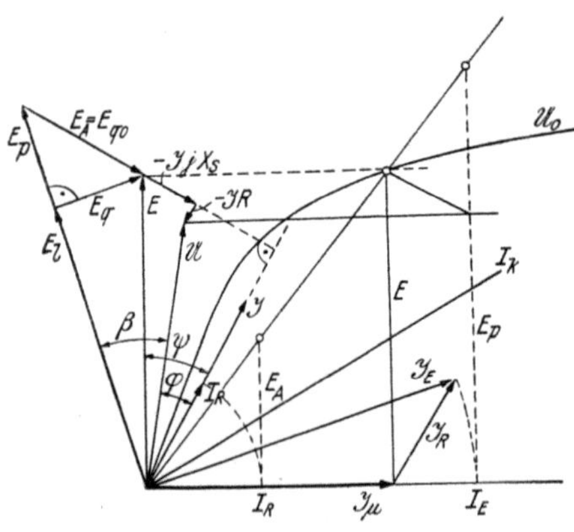
f. Vektordiagramm und Leerlaufkennlinie des Synchrongenerators

E_I .. Spannung des Ankerquerfeldes,
E_A .. Querfeldspannung, wenn der volle Strom in der Querachse magnetisieren würde,
E_l .. Längsfeld (Polradfeld + Ankerlängsfeld)

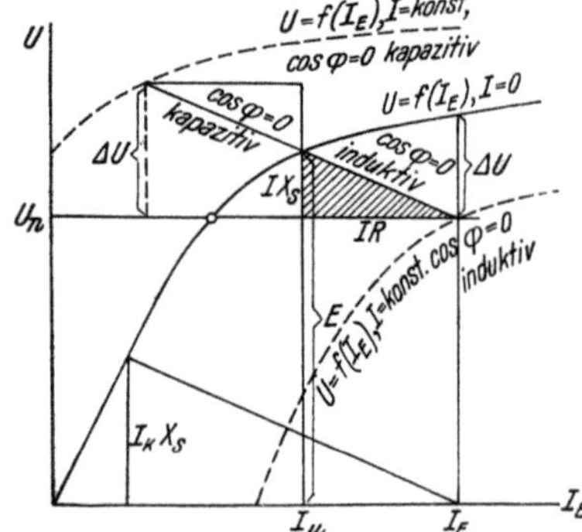
g. Belastungskennlinien, Potiersches Dreieck

kommen. Andererseits würde der volle Erregerstrom I_E die Polradspannung $E_p \perp I_E$ erzeugen, die aber um die vom Ankerstrom erzeugte Spannung $E_A = -\mathfrak{J}X_h$ zum E verkleinert wird. Der Winkel φ ist der Phasenwinkel der Belastung, β der sogenannte **Lastwinkel** der Maschine, das ist der Winkel, um den das Polrad bei elektrischer Belastung gegenüber dem Leerlauf vorauseilt (Generator) oder bei mechanischer Belastung nacheilt (Motor).

Die Kurzschlußkennlinie $I_k = f(I_E)$ ist, weil die Maschine dabei unterhalb des Sättigungsgebietes arbeitet, eine Gerade. Dabei ist bei Leerlauferregung das Verhältnis des Kurzschlußstromes zum Nennstrom $I_k/I_n = 0{,}5\ldots0{,}8$.

Ein wichtiges Element für die Beurteilung des Verhaltens einer Synchronmaschine ist das **Kurzschlußdreieck** oder **Potiersche Dreieck**. Es ist das aus den Katheten IX_s und I_R gebildete rechtwinkelige Dreieck, das gemäß der Abbildung in die Leerlaufkennlinie eingebaut wird. IX_s ist der Streuspannungsabfall, um den die im Anker induzierte EMK E bis zur Nennspannung U_n abfällt. Die hiezu erforderliche Erregung I_μ muß noch um den Betrag $\mathfrak{J}_R$ zur Überwindung der Ankerrückwirkung auf $\mathfrak{J}_E$ vergrößert werden. Läßt man das Potiersche Dreieck an der Leerlaufkennlinie entlanggleiten, dann beschreibt der zweite Endpunkt desselben eine **Belastungskennlinie**. Ermittelt man die Potierschen Dreiecke für verschiedene Leistungsfaktoren $\cos\varphi$, so kann man zu jedem eine Belastungscharakteristik zeichnen.

Vergrößert man das Kurzschlußdreieck für $\cos\varphi = 0$ bis zur gezeichneten Lage auf der I_E-Achse, dann sind dessen Seiten proportional dem Kurzschlußstrom I_k, da ja jetzt die Klemmenspannung Null ist, indem die ganze induzierte EMK zur Überwindung der Streuspannung $I_k X_s$ aufgebraucht wird.

Bei kapazitiver Belastung wirkt die Ankerrückwirkung verstärkend auf die Erregung, so daß das Potiersche Dreieck in diesem Falle nach der anderen Seite der Leerlaufkennlinie aufgetragen werden muß. Wird die Belastung abgeschaltet, dann entsteht eine Spannungserhöhung oder Absenkung um $\triangle U$.

Trägt man die Abhängigkeit der Spannung vom Belastungsstrom auf, so erhält man die **äußere Kennlinie** ↑.

Die die Abhängigkeit $I_E = f(I)$ des Erregerstromes vom Belastungsstrom bei konstanten Leistungsfaktoren darstellenden Kurven nennt man **Regulierkurven**.

Das Drehmoment ist proportional der Spannung, dem Kurzschlußstrom und dem Sinus des Lastwinkels β. Wird dieser größer als 90^0, zu welchem Wert das **Kippmoment** $M_k = 3pUI_k/\omega$ gehört, so fällt die Maschine „außer Tritt", wobei der Generator auf hohe Drehzahl geht, während der Motor stehenbleibt. Bei Nennlast beträgt der Lastwinkel mit Rücksicht auf die Ermöglichung einer Überlastung 30 bis 40^0.

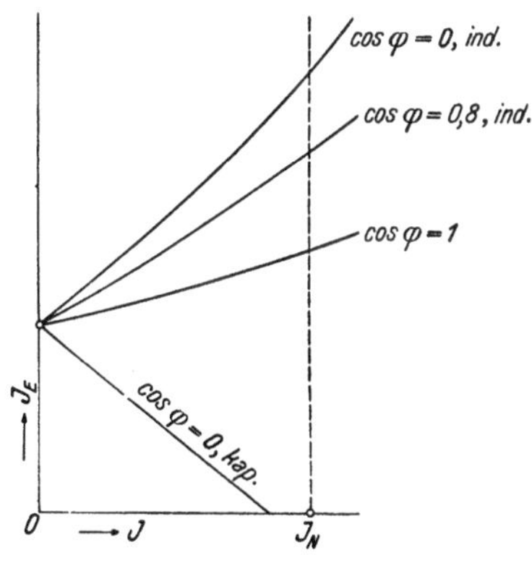

h. Regulierkurven

Die Synchrongeneratoren sind die Stromerzeuger der heutigen Elektrizitätswerke. Synchronmotoren verwendet man dort, wo es auf die genaue Einhaltung der Drehzahl ankommt. Synchronmotoren können nicht

ohne weiteres von selbst anlaufen, sondern müssen (von einem Anwurf-
motor) angeworfen und dann auf das Netz synchronisiert ↑ werden. Der
Anlauf kann aber auch durch asynchronen Selbstanlauf erfolgen,
indem mit Hilfe eines, in die Polschuhe eingebauten Käfigs ein Anlauf als
Asynchronmotor ermöglicht wird. Dabei wird die Erregerwicklung meist
über einen geeigneten Widerstand kurzgeschlossen, um zu vermeiden, daß
an deren Klemmen durch Induktion des über das Polrad hinweglaufenden
Ankerfeldes gefährliche Spannungen auftreten.

Unmittelbar nach dem Synchronisieren und Anschalten der Synchronmaschine an das Netz verhält sie sich zunächst als leerlaufende Maschine
ohne Motor- oder Generatorcharakter. Sie wird zum Generator, wenn sie
mechanisch angetrieben, zum Motor, wenn sie mechanisch belastet wird.
Die Belastung des mit einem Drehzahlregler ausgerüsteten Generators
erfolgt dann so, daß die Drehzahl vorübergehend erhöht und damit das
Polrad gegenüber dem Ankerfeld vorgedreht wird. Gleichzeitig gibt der
Generator wegen der auftretenden Differenzspannung $\triangle \mathfrak{U} = \mathfrak{J} j X = \mathfrak{U} - E_p$
zwischen Netzspannung $\mathfrak{U}$ und Polradspannung E_p einen Strom

$$\mathfrak{J} = -j \frac{\triangle \mathfrak{U}}{X}$$ ab, der mit der Spannung im wesentlichen gleichgerichtet ist,

den Generator also mit Wirklast belastet. Die Belastung erfolgt dabei
in einem solchen Ausmaß, daß sich wieder die synchrone Drehzahl einstellt.

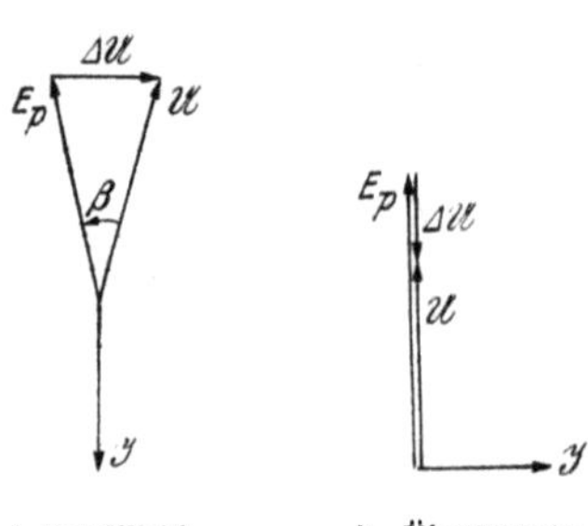

i. Zur Wirkbe-
lastung eines
Synchron-
generators

k. Übererregte,
blindbelastete
Synchron-
maschine

Der dann bestehenbleibende Voreilwinkel β ist der schon oben genannte
Lastwinkel. Beim Motorbetrieb liegen
die Verhältnisse sinngemäß, nur ist dort
der Lastwinkel negativ (das Polrad bleibt
zurück und wird „nachgezogen").

Eine Veränderung der Erregung des
Polrades hat keinen Einfluß auf die
Größe der Belastung, da sich dabei nur
die Größe der Polradspannung E_p, nicht
aber der Lastwinkel β ändert. Das ergibt
lediglich eine Blindstromabgabe, unabhängig von der gerade vorhandenen
Richtung des Wirkleistungsflusses. Eine
Verstärkung der Erregung liefert dann
induktiven, eine Schwächung unter den
Leerlaufwert kapazitiven Blindstrom. Un-
abhängig davon, ob die Synchronmaschine als Generator oder als Motor
läuft, wirkt sie also auf das Netz bei Übererregung als Kondensator,
bei Untererregung als Spule. Regelt man die mechanisch zu- oder ab-
geführte Leistung an der Maschinenwelle und die Erregung gleichzeitig,
so kann man jeden beliebigen Betriebszustand einstellen. Da die Dreh-
stromnetze meist erheblichen Bedarf an induktiver Blindlast haben, wird
die Synchronmaschine gewöhnlich übererregt betrieben. Oft werden solche
Maschinen dann auch lediglich zum Zwecke der Blindleistungslieferung
aufgestellt, ohne daß sie Wirkleistung abgeben oder aufnehmen (Phasenschieber ↑). Ihr Leistungsfaktor ist dann cos $\varphi \approx 0$. Die Abhängigkeit
des Stromes von der Erregung wird durch die wegen ihrer Form so
genannten V-Kurven dargestellt.

Ein einzelner, ein Netz speisender Synchrongenerator fällt bei zunehmender Belastung in der Drehzahl ab, oder erhöht sie bei Entlastung
so lange, bis durch Eingreifen von Hand aus oder mittels eines selbsttätigen
Drehzahlreglers die gewünschte Drehzahl wieder hergestellt wird. Arbeitet
der Generator aber auf ein schon von anderen Generatoren gespeistes Netz,
dann behält er seine synchrone Drehzahl bei. Sie ist gegeben durch die

Netzfrequenz und kann sich nur ändern, wenn die Drehzahl aller angeschlossenen Generatoren gleichzeitig geändert wird. Bei Lastschwankungen kann sich lediglich der Lastwinkel β ändern und während der Änderung eine kurzzeitige, vorübergehende Drehzahländerung vor sich gehen.

Der synchrone Parallellauf kommt durch das Auftreten des sogenannten synchronisierenden Moments zustande. Es ist dies ein Drehmoment, das infolge der bei Beschleunigungen oder Verzögerungen der Maschinen auftretenden Phasenverschiebungen in den Spannungen die Zurückdrehung des Polrades in die stabile Lage veranlaßt und das als das auf die Einheit des Lastwinkels bezogene Drehmoment definiert wird. Das synchroni-

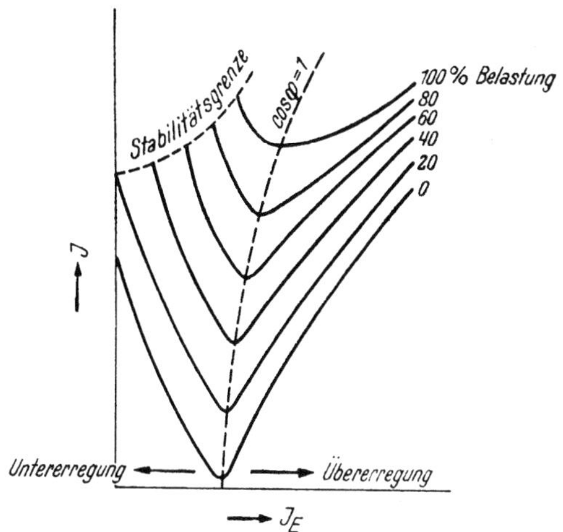

1. V-Kurven bei verschiedener Belastung

sierende Moment ist dem Kurzschlußstrom und dem Kosinus des Lastwinkels proportional. Arbeiten Synchronmaschinen über eine Fernleitung parallel, so muß auch der Leitungswiderstand zwischen den Generatoren berücksichtigt werden; das synchronisierende Moment wird dann entsprechend kleiner und der Parallellauf damit um so schwieriger, je weiter die Kraftwerke voneinander entfernt sind. [Bödefeld-Sequenz: Elektrische Maschinen, 4. Aufl. Wien: Springer-Verlag 1949.]

Synchronoskop — *synchronoscope* — synchronoscope

→ Synchronisieren.

Synchron-Stromrichtermotor

→ Stromrichtermotor.

Synchronuhr — *synchronous electric clock* — horloge électrique synchrone

Mit einem kleinen Synchronmotor angetriebene, elektrische Uhr, die direkt an das Wechselstromnetz angeschlossen wird und daher gemäß dessen Frequenz umläuft. Damit die Uhren richtig gehen, muß dann die Frequenz dieses Netzes überwacht und geregelt werden (→ Periodenkontrolluhr).

Beim Ausbleiben der Netzspannung bleibt die Synchronuhr stehen und muß neu angeworfen werden. Um das zu vermeiden, wird die Uhr häufig mit Selbstanlauf oder einer Gangreserve ausgerüstet, vermöge der sie über eine vom Synchronmotor aufgezogene Feder als selbständige Uhr eine gewisse Zeit weiterläuft.

Synchrotron — *synchrotron* — synchrotron

Gerät zur Erzeugung extrem rascher Elektronen. Es ist ähnlich gebaut wie ein Zyklotron ↑, hat aber vier viertelkreisförmige Elektroden. Dadurch wird erreicht, daß sich der Synchronismus zwischen der aufgedrückten

Hochfrequenzschwingung, dem Magnetfeld und der Winkelgeschwindigkeit der zu beschleunigenden Teilchen selbsttätig einstellt.

Die Beschleunigungskammer ist beim Synchrotron zum Unterschied vom Zyklotron ringförmig ausgebildet. Die Höhe des erforderlichen Magnetfeldes ist wegen der elektrostatischen Wirkung der vier Elektroden wesentlich kleiner als beim Betatron ↑, wo solche Elektroden fehlen. Dadurch werden natürlich auch die Kosten wesentlich herabgesetzt.

Für Elektronengeschwindigkeiten von über 300.10^6 Volt rechnet man mit einem Synchrotron von 2 m Durchmesser, einem Magnetfeld von weniger als 10000 Gauß und einer Frequenz für die Spannung an den Elektroden von etwa 48 MHz. Die Anfangsspannung der Elektronen beträgt etwa 300 kV.

System, balanciertes — *balanced system* — système équilibré

Mehrphasensystem, dessen (gesamte) Systemleistung zeitunabhängig ist (z. B. das Zweiphasen- und das Drehstromsystem).

T

Tabelle — *schedule, table, chart* — table, registre, tableau

Tachometer — *tachometer* — tachymètre

Taktfrequenz — *pulse frequency* — fréquence d'impulsion
→ Impuls.

Talwert

Kleinster Wert einer periodisch schwingenden Größe, gemessen von der Nullachse ↑.

Tangentenbussole — *tangent galvanometer* — boussole à tangentes

Anordnung zur Messung des Stromes in abs. Einheiten. Im Mittelpunkt eines in n Windungen kreisförmig gebogenen Leiters ist eine Magnetnadel aufgehängt. Die Windungsebene wird in den magnetischen Meridian gestellt, sie fällt also mit der Richtung der Magnetnadel zusammen, solange kein Strom fließt. Die Größe des Stromes ist dann nach dem Einschalten aus der sich ergebenden Nadelablenkung

$$I = \frac{r\mathfrak{H}}{2\pi n}\, \mathrm{tg}\,\alpha$$

wenn r der Radius der Windungen, $\mathfrak{H}$ die Horizontalkomponente des erdmagnetischen Feldes, n die Windungszahl und α der Ablenkungswinkel ist.

Tarifformen — *tariff* — tarif

Formen der elektrischen Energieverrechnung, die je nach der Art des dargebotenen Energieverlaufes und der Nachfrage verschieden gewählt werden (s. Festmengentarif, Grundgebührentarif, Maximumtarif. Mehrfachtarif, Überverbrauchtarif).

Taschenlampe — *flashlamp, pocket lamp* — lampe de poche

Kleine, mit einer Trockenbatterie oder einem kleinen Akkumulator gespeiste Handlampe.

Taschenzelle
→ Akkumulator, alkalischer.

Tastdrossel — *key-coil* — amortisseur à touche

In der Hochfrequenz-Telegraphentechnik bei Maschinensendern angewandte Drosselspulen zur Zeichentastung. Sie haben eine Hochfrequenz- und eine Gleichstromwicklung, von denen die erstere meist so unterteilt und auf zwei von der gemeinsamen Gleichstromwicklung vormagnetisierten Eisenkernen aufgebracht ist, daß eine Rückwirkung auf die Gleichstromwicklung dadurch vermieden wird, daß in dem einen Eisenkern der Wechselstrom- und der Gleichstromfluß in der gleichen Richtung, im zweiten Kern in der entgegengesetzten Richtung verlaufen. Die Selbstinduktion der im Hochfrequenzkreis liegenden Hochfrequenzwicklung ändert sich mit der Gleichstromvormagnetisierung, die durch die Tastung so verändert wird, daß bei gedrückter Taste (Zeichengabe) der Gleichstrom fließt, während er bei geöffneter Taste (Zeichenpause) unterbrochen ist. Die damit einhergehende Veränderung des induktiven Widerstandes ruft eine Verstimmung im Hochfrequenzkreis hervor, durch die der Antennenstrom gesteuert wird.

Taste — *(push) key, press key* — clé, touche, manipulateur, clavette, bouton
    Druckknopf.

Tastung — *control, keying* — manipulation

Unter Tastung eines Senders versteht man die Steuerung der die Signale kennzeichnenden Übertragungsgröße. Sie betrifft die Amplitude oder die Frequenz des Antennenstromes und kann beispielsweise erfolgen durch Unterbrechung des Anodengleichstromes bei Röhrensendern, durch Unterbrechung der Erregung der Hoch- oder Mittelfrequenzmaschine bei Maschinensendern, durch Verstimmung des Antennen- oder Zwischenkreises, durch Anordnung einer Tastdrossel ↑ oder eines Frequenzwandlers ↑, durch Kurzschließen von Kopplungsspulen u. a. m.

Tauchzündung — *plunger ignition* — anode mobile d'amorçage

Zündvorrichtung bei Quecksilberdampf-Gleichrichtern ↑, bei der eine Hilfsanode, die Zündanode, durch Betätigung einer außerhalb des Gleichrichtergefäßes angebrachten (Zünd-) Spule in das Anodenquecksilber getaucht und hierauf wieder herausgehoben wird, wobei sich ein Hilfslichtbogen bildet, der die Hauptentladung des Gleichrichters einleitet.

Taylorsche Reihe — *Taylor's series* — série Taylor
    Entwicklung von der Form

$$f(x) = f(a) + \frac{x-a}{1!} f'(a) + \frac{(x-a)^2}{2!} f''(a) + \ldots + \frac{(x-a)^n}{n!} f^{(n)}(a),$$

wobei ein Restglied

$$R_n = \frac{(x-a)^{n+1}}{(n+1)!} f(n+1)[a + \vartheta(x-a)] \quad (0 < \vartheta < 1)$$

für $n \to \infty$ gegen Null gehen muß. [OII]

Teer — *tar* — goudron

Teilchen — *particle* — particule

Telegramm — *telegram message* — télégramme, dépêche

telegraphieren — *to telegraph, to wire* — télégraphier

Telephon — *telephone* — téléphone

Tempa S

Keramisches, hohen Titangehalt aufweisendes Material mit Beimischung von Magnesium, mit mittlerer, temperaturunabhängiger Dielektrizitätskonstante und besonders geringen Verlusten.

Temperatur, kritische — *critical temperature* — température critique
→ spezifischer Widerstand.

Temperaturkoeffizient — *temperature coefficient* — coefficient de température

Für einen bestimmten Stoff charakteristische Größe, die angibt, wie sich eine elektrische oder mechanische Eigenschaft mit der Temperatur ändert (s. a. spezifischer Widerstand).

Temperaturregler — *thermostat* — thermostat

In elektrischen Wärmegeräten eingebautes, selbsttätiges Schaltorgan, das meist als ein in einem evakuierten Röhrchen untergebrachtes Bimetallrelais ↑ ausgeführt ist und den Heizstrom nach dem Erreichen der eingestellten Temperatur abschaltet.

Temperaturspannung

auch mittlere Anlaufspannung genannt, ist die der Temperatur T und der ihr entsprechenden mittleren Elektronengeschwindigkeit v_m zugeordnete Anlaufspannung ↑. Es ist

$$U_m = \frac{m v_m^2}{2e} = cT, \text{ wobei } c = 8{,}6 \cdot 10^{-5} \text{ V/Grad}$$

Temperaturstrahler

Lichtquelle, bei welcher eine Abstrahlung von sichtbarem Licht dadurch erreicht wird, daß die Temperatur entsprechend hoch getrieben ist. Der optische Nutzeffekt wird dabei um so größer, je höher die Temperatur des glühenden Körpers (im allgemeinen in Drahtform) ansteigt. Bei Kohlefadenlampen wurde die Temperatur auf etwa 1500^0 getrieben, bei den Wolframdrahtlampen in Doppelwendelausführung ↑ auf $2000\ldots2500^0$. Bei kleinen Leistungen bis etwa 40 W werden die Lampen meist luftleer gemacht, während man sie bei größeren Leistungen mit Stickstoff oder Argon und in neuerer Zeit auch mit Krypton füllt. Der optische Wirkungsgrad der Drahtlampen ist im allgemeinen recht schlecht; er beträgt bei den Metallfadenlampen etwa 3% entsprechend einer Lichtausbeute von 1,67 HK/W bei gleichmäßiger Ausstrahlung.

Tensor — *tensor* — tenseur

Größe höherer Ordnung, zu deren Bestimmung sechs Zahlenangaben erforderlich sind. Sie bestimmen drei aufeinander senkrecht stehende Richtungen, die Hauptachsen des Tensors und drei diesen zugeordnete Zahlenwerte, die Hauptwerte desselben. Die Bedeutung dieser Bestimmungsstücke ergibt sich aus der Produktbildung eines Tensors $\boldsymbol{\alpha}$ mit einem Vektor $\mathfrak{A}$. Hat der Vektor in den Hauptachsenrichtungen die Komponenten $\mathfrak{A}_1$, $\mathfrak{A}_2$, $\mathfrak{A}_3$, und sind die Hauptwerte des Tensors a_1, a_2, a_3, so wird

$$\boldsymbol{\alpha}\,\mathfrak{A} = a_1\,\mathfrak{A}_1 + a_2\,\mathfrak{A}_2 + a_3\,\mathfrak{A}_3 = \mathfrak{B}_1 + \mathfrak{B}_2 + \mathfrak{B}_3 = \mathfrak{B}.$$

Es entsteht ein neuer Vektor in geänderter Raumlage.

Ein Tensor ist beispielsweise die Dielektrizitätskonstante in einem nicht regulären Kristall. Es ist dann

$$\mathfrak{D} = \boldsymbol{\varepsilon}\,\mathfrak{E},$$

oder ausführlicher

$$\mathfrak{E} = \mathfrak{E}_1 + \mathfrak{E}_2 + \mathfrak{E}_3.$$
$$\mathfrak{D} = \varepsilon_1\,\mathfrak{E}_1 + \varepsilon_2\,\mathfrak{E}_2 + \varepsilon_3\,\mathfrak{E}_3.$$

In kartesischen Koordinaten wird

$$\mathfrak{B}_x = a_{11}\,\mathfrak{A}_x + a_{12}\,\mathfrak{A}_y + a_{13}\,\mathfrak{A}_z,$$
$$\mathfrak{B}_y = a_{12}\,\mathfrak{A}_x + a_{22}\,\mathfrak{A}_y + a_{23}\,\mathfrak{A}_z,$$
$$\mathfrak{B}_z = a_{13}\,\mathfrak{A}_x + a_{23}\,\mathfrak{A}_y + a_{33}\,\mathfrak{A}_z.$$

Die Koeffizientenmatrix

$$\begin{vmatrix} a_{11} & a_{12} & a_{13} \\ a_{12} & a_{22} & a_{23} \\ a_{13} & a_{23} & a_{33} \end{vmatrix} = \boldsymbol{\alpha}$$

bestimmt wieder den Tensor $\boldsymbol{\alpha}$. Seine Hauptwerte a_i ergeben sich als Wurzeln der Gleichung

$$\begin{vmatrix} (a_{11} - a_i) & a_{12} & a_{13} \\ a_{12} & (a_{22} - a_i) & a_{23} \\ a_{13} & a_{23} & (a_{33} - a_i) \end{vmatrix} = 0.$$

Für die Richtungskosinusse der Hauptachsen gelten die Gleichungen

$$(a_{11} - a_i)\cos \alpha_i + a_{12}\cos \beta_i + a_{13}\cos \gamma_i = 0,$$
$$a_{12}\cos \alpha_i + (a_{22} - a_i)\cos \beta_i + a_{23}\cos \gamma_i = 0,$$
$$a_{13}\cos \alpha_i + a_{23}\cos \beta_i + (a_{33} - a_i)\cos \gamma_i = 0.$$

Der Tensor ist ein Sonderfall der allgemeineren Größe mit drei nicht senkrecht aufeinanderstehenden Hauptachsen, die **Affinor** oder unsymmetrischer Tensor genannt wird und zu ihrer Bestimmung neun Zahlenangaben benötigt. [OII]

Tetrode — *tetrode* — tétrode, lampe bigrille

Verstärkerröhre mit einem Steuergitter und einem weiteren Hilfsgitter. Das innere Gitter besitzt die Hauptsteuerwirkung, während das äußere nur gemäß seines kleinen Durchgriffes auf den Elektronenstrom einwirkt. Es gilt dann die Gleichung

$$I = S\,(U_{gl} + D_h U_h + D_a U_a)$$

für den gesamten, von der Kathode ausgehenden Elektronenstrom. (D_h Durchgriff des Hilfsgitters, D_a Durchgriff der Anode.)

Für die Schaltung der Doppelgitterröhre kommen im wesentlichen zwei Möglichkeiten in Frage, die Raumladegitterschaltung ↑, bei der das Steuergitter das äußere und das Hilfsgitter (hier Raumladegitter genannt) das innere ist, und die Schutzgitterschaltung ↑ mit der speziellen Ausführungsform eines Schirmgitters ↑, bei der das Steuergitter das innere Gitter ist.

Thermisches Meßgerät — *thermal instrument* — instrument thermique

Das Thermische Meßgerät hat einen stromdurchflossenen Leiter, dessen von der Stromwärme hervorgerufene Längenänderung mittelbar oder unmittelbar auf ein bewegliches Organ übertragen wird. (Skala quadratisch.) Es wird auch als Hitzdrahtinstrument bezeichnet und hauptsächlich im Labora-

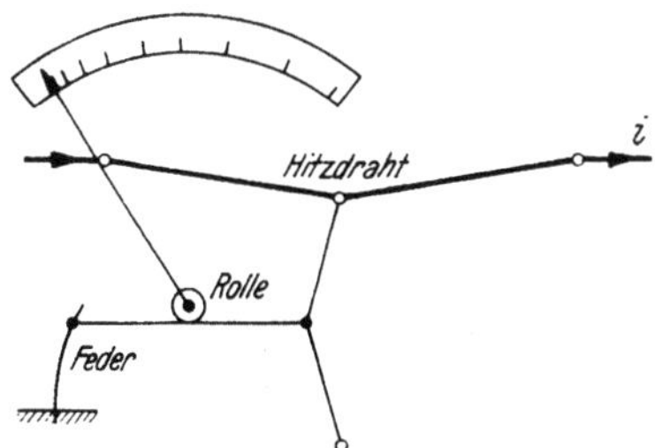

a. Schematische Darstellung eines Hitzdrahtgerätes

b. Kennzeichen eines thermischen Meßgerätes

torium zu Messungen hochfrequenter Ströme verwendet, da es eine geringe Induktivität aufweist.

Thermoelement — *thermocouple* — thermocouple

Zwei hart aneinandergelötete Metallteile (Drähte) haben die Eigenschaft, daß sie an ihren Enden eine Potentialdifferenz aufweisen, wenn die Lötstelle erwärmt wird; sie bilden ein Thermoelement. Die thermoelektrische Spannung ist gering und liegt in der Größenordnung von einigen Mikrovolt je Grad. Sie ist der Temperatur nicht proportional, steigt aber mit ihr nach etwa einer ganzen Funktion zweiten Grades.

Thermoelemente werden in der Meßtechnik vielfach für feine Messungen von Stromstärken, der Energie von Strahlungen und Temperaturmessungen verwendet. Häufig verwendet man die Kombination Kupfer/Konstantan, für hohe Temperaturen Platin/Platinrhodium. Zur Erzielung größerer Empfindlichkeiten wird eine größere Zahl von Thermoelementen zu einer „Thermosäule" zusammengeschaltet.

Thermoumformer - Meßgerät — *thermo-couple instrument* — appareil à thermocouple

Das Thermoumformer-Meßgerät hat ein Thermoelement ↑, das durch die elektrische Meßgröße mittelbar oder unmittelbar erwärmt, eine EMK liefert, die zur Messung herangezogen wird.

Kennzeichen eines Thermoumformer-Meßgerätes

Thomsonbrücke — *Thomson bridge* — pont de Thomson

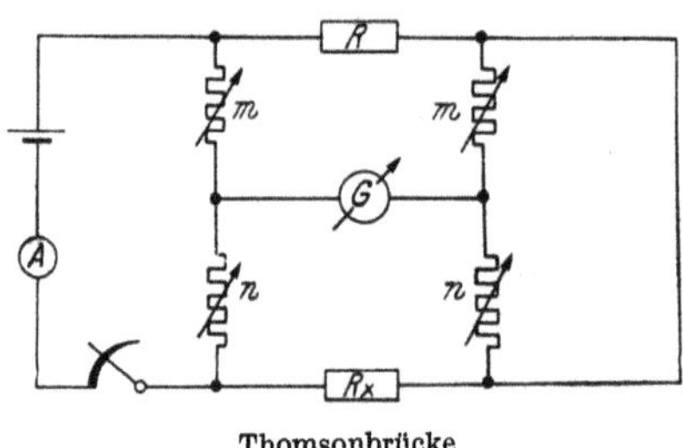

Thomsonbrücke

Widerstandsmeßbrücke zur Messung kleiner Widerstände mit Hilfe einer Nullmethode. Dabei werden störende Einflüsse von Widerständen der Zuführungsdrähte und Klemmanschlüsse ausgeschaltet. Bei Stromlosigkeit des Galvanometers G gilt die Beziehung

$$\frac{R}{R_x} = \frac{m}{n}$$

Thyratron — *thyratron* — thyratron

Gasentladungsröhre mit Glühkathode und einem oder mehreren Steuergittern, die aber nur die Zündung der Röhre steuern können. Ist die Entladung einmal eingeleitet, so zieht das negative Steuergitter aus dem Plasma ↑ soviel positive Ionen an sich, daß seine negative Ladung unwirksam wird. Eine Unterbrechung der Entladung ist daher nur möglich durch Senken der Anodenspannung unter die Löschspannung oder Unterbrechen des Anodenstromes. Bei Wechselstrombetrieb geht der Anodenstrom von selbst nach jeder Halbperiode durch Null, so daß dort mit Hilfe einer negativen Gitterspannung ein Löschen insofern veranlaßt werden kann, als die Röhre bei der nächsten

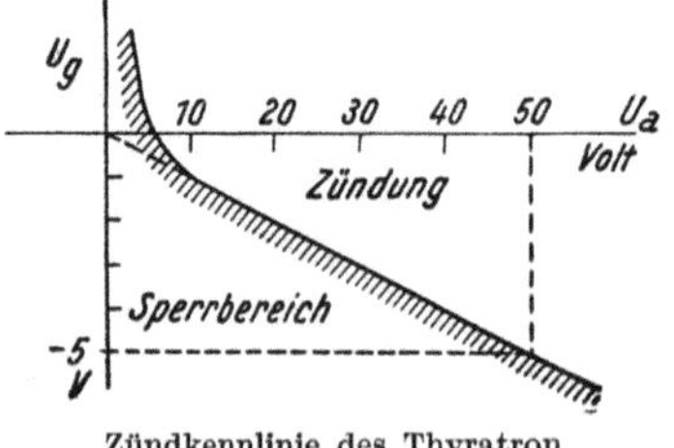

Zündkennlinie des Thyratron

Halbperiode nicht neuerlich zündet. Das Thyratron wirkt also wie ein trägheitsloser Schalter und wird demgemäß in vielen Regel- und

Steuerschaltungen als Schaltorgan benutzt. Man nennt es auch häufig **Stromtor**.

Tiefpaß — *low-pass filter* — filtre passe-bas

Ein Vierpol ↑, der tiefe Frequenzen durchläßt und die hohen Frequenzen abriegelt. Die Wirkung wird verstärkt durch Hintereinanderschaltung mehrerer Vierpole (s. Kettenleiter). Für die beiden nebenstehenden Schaltungen erhält man für die Dämpfung b die Gleichung

$$\pm \mathfrak{Cos}\, b = 1 - 2\left(\frac{\omega}{\omega_0}\right)^2,$$

worin die Grenzfrequenz

$$\omega_0 = \frac{2}{\sqrt{LC}}.$$

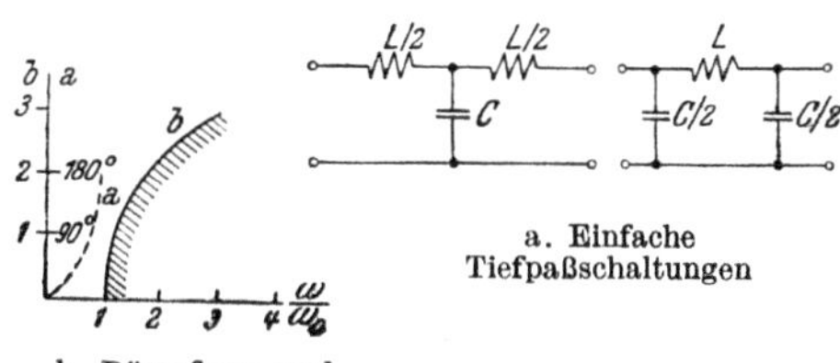

b. Dämpfung und Phasenverschiebung des Tiefpasses

a. Einfache Tiefpaßschaltungen

Die Dämpfungsabhängigkeit zeigt das zweite Bild, in dem auch die Phasenverschiebung a zwischen Eingangs- und Ausgangsgrößen eingetragen ist.

Tiefstrahler

Beleuchtungskörper mit einer Lichtverteilungskurve, die eine Bevorzugung der Bodenbeleuchtung unter der Lampe im Vergleich zur nackten Lampe aufweist, was durch Anordnung eines tiefen Blechschirmes erreicht wird.

Tilgung — *amortization* — amortissement

Tintenschreiber — *ink recorder, inker* — enregistreur à encre

Schreibendes Meßgerät zur Aufzeichnung des zeitlichen Verlaufes von vergleichsweise sich nur langsam ändernden Meßgrößen. Dabei erhält der Zeiger des Meßgerätes ein kleines Näpfchen, das mit Tinte gefüllt wird und mit einer auslaufenden Spitze ausgerüstet ist, die sich auf einem beweglichen Papierstreifen bewegt. Der Meßstreifen wird mit einer konstanten Ablaufgeschwindigkeit von 20/30/60/120 oder 240 mm/h vorgetrieben.

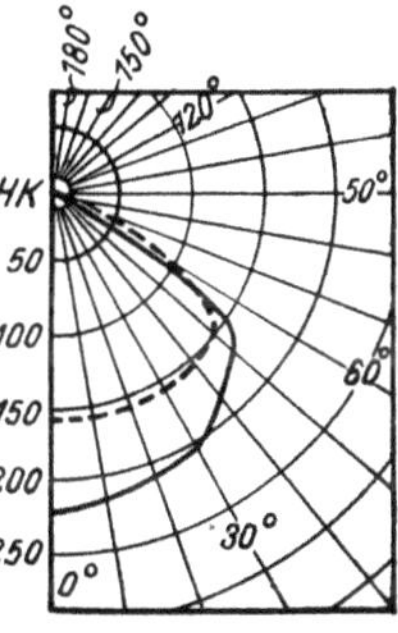

Lichtverteilungsdiagramm eines Tiefstrahlers

Tirillregler — *Tirill regulator* — régulateur Tirill, régulateur de vibration
→ Schnellregler.

Tombak — *red brass* — tombac
→ Messing.

ton (Tonne)

Gewichtseinheit, in England und Amerika verschieden:
1 engl. ton = 160 stone = 1016,1 kp,
1 US-ton = 0,893 engl. ton = 907,2 kp.

Tonabnehmer — *pick-up* — pick-up

Zum Abtasten von Schallplatten und Schallfolien benutzte Abnahmevorrichtung. Ihre Wirkungsweise beruht darauf, daß die durch die Rillenauslenkungen der Tonabnehmernadel aufgezwungene mechanische Bewegung in eine dieser Bewegung proportionale Wechselspannung umgesetzt wird. Entsprechend ihrer konstruktiven Ausführung werden hauptsächlich magnetische, dynamische und Kristalltonabnehmer angewendet.

Tonblende — *tone regulator* — dispositif de réglage de tonalité

  → Klangregler.

Tondehner — *expandor* — dispositif expanseur

  Der Tondehner, auch Dynamikdehner oder Expanderschaltung genannt, bewirkt das Schwächen der Pianostellen bei der Dynamikentzerrung ↑ .

Tonfrequenz — *musical frequency, audible frequency, audio-frequency, voice frequency* — fréquence musicale, fréquence sons. audio fréquence

  Frequenz innerhalb des Höhrbereiches.

Tonne — *ton* — tonne

  Mengen(Gewichts-)einheit

$$1 t = 10^3 \text{ kg}$$

Tonraffer — *(volume) compression* — compression (de volume)

oder Kompressorschaltung, bewirkt das Anheben der Pianostellen bei der Dynamikentzerrung ↑ .

Toroid — *toroid* — tore, toroïde

  Fremdwort für Ringspule ↑ .

Torr

  Druckeinheit, für den Druck einer Quecksilbersäule von 1 mm Höhe bei 0° C und bei dem Normwert der Fallbeschleunigung von 9,80665 m/s². 1 Torr $= 13,5951$ kp/m² $= 1,35951.10^{-3}$ kp/cm² (at) $= 1/760$ Atm $= 1,31579.10^{-3}$ Atm $= 1,33322.10^{-3}$ b.
  [DIN 1314, 3. Ausg. Juli 1942]

Torsionsfeder — *torsion spring* — ressort de torsion

Townsendentladung — *Townsend discharge* — décharge Townsend

  Form einer Gasentladung ↑ , bei der Raumladungen ohne wesentlichen Einfluß bleiben, da sie nur in unbedeutenden Mengen vorhanden sind. Das Feld ist dann in erster Linie durch die Ladungen auf den beiden Elektroden bestimmt und bleibt mit konstanter Spannung konstant. Damit bleibt auch in einem kleinen Bereich die Stromstärke ohne Einfluß auf die Spannung.
  Infolge der vorausgesetzten Vereinfachungen tritt die Townsendentladung in reiner Form praktisch kaum auf; sie bildet aber als erste Entwicklungsstufe den Ausgangspunkt aller übrigen Entladungsformen und kann daher für erste Annäherungen in der Theorie der Zündung mit Vorteil verwendet werden.
  In dieser handelt es sich im wesentlichen um die Bestimmung der Zündspannung ↑ , wofür zwei Hypothesen, die $\alpha\beta$-Hypothese ↑ und die $\alpha\gamma$-Hypothese ↑ entwickelt wurden.   [OI]

Trägerfrequenz — *carrier frequency* — fréquence porteuse. fréquence portable

  → Modulation.

Trägerschwingung — *carrier wave* — onde porteuse. onde de transport

  → Modulation.

Trägheit — *inertia* — inertie

tränken — *to impregnate, to inject, to soak* — imprégner, imbiber, mouiller

Trajektorien, orthogonale

Schar rechtwinkelig sich schneidender Kurven. Ist die gegebene Schar $F(x, y, p) = 0$, so findet man die Schar der orthogonalen Trajektorien durch Eliminieren von p aus

$$F(\xi, \eta, p) = 0 \quad \text{und} \quad \frac{\partial F}{\partial \eta}\, \mathrm{d}\xi = \frac{\partial F}{\partial \xi}\, \mathrm{d}\eta$$

und Integration der entstehenden Differentialgleichung $G\left(\xi, \eta, \dfrac{\mathrm{d}\eta}{\mathrm{d}\xi}\right)$. Die Integrationskonstante erscheint als neuer Parameter.

In Polarkoordinaten ↑ ist p aus

$$F(r, \varphi, p) = 0 \quad \text{und} \quad \frac{\partial F}{\partial \varphi} - r^2\, \frac{\partial F}{\partial r}\, \frac{\mathrm{d}\varphi}{\mathrm{d}r} = 0$$

zu eliminieren.

Transformator — *transformer* — transformateur

Anordnung zweier Wicklungssysteme auf einem Eisenkern, mit der unter Ausnutzung des Gesetzes der gegenseitigen Induktion Wechselspannungs- und Stromumformungen vorgenommen werden können. Dabei verhalten sich bei Vernachlässigung der Verluste die Spannungen wie die Windungszahlen und die Ströme verkehrt wie die Windungszahlen, so daß primär und sekundär dieselbe Leistung auftritt.

Für genauere Untersuchungen müssen die Verluste (Kupferverluste in den Widerständen der Wicklungen, Eisenverluste infolge der Ummagnetisierungen und Wirbelströme im Eisenkern) und die magnetische Streuung berücksichtigt werden. Unter Umständen ist auch die, für die Entstehung eines sinusförmigen magnetischen Flusses, der zur Erzeugung einer sinusförmigen Spannung notwendig ist, erforderliche Oberschwingung dritter Ordnung im Magnetisierungsstrom in Rechnung zu stellen. Für die Rechnung entwickelt man dann meist ein Ersatzschaltbild des Transformators, das den Einfluß aller Teilgrößen zu berücksichtigen gestattet und die leichte Ermittlung des Vektordiagrammes ermöglicht.

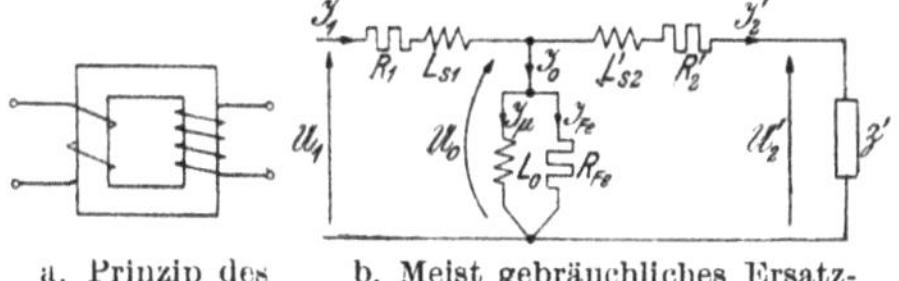

a. Prinzip des Transformators   b. Meist gebräuchliches Ersatzschaltbild des Transformators

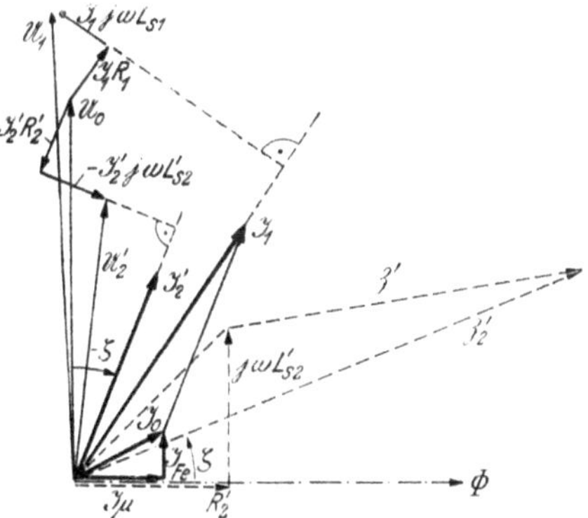

c. Grundsätzliches Vektordiagramm des Transformators gemäß Schaltbild b.

Das meist übliche, aber nicht einzig mögliche Ersatzschaltbild zeigt die Abb. b, in der

R_1 den primären   } Ohmschen Widerstand der Wicklung,
R_2 den sekundären }
L_{s1} die primäre   } Streuinduktivität,
L_{s2} die sekundäre }
L_0 die Hauptfeldinduktivität,
R_{Fe} den die Eisenverluste darstellenden Ersatzwiderstand,
$\mathfrak{Z}$ den Belastungswiderstand

bedeuten und die Striche bei den sekundären Größen angeben, daß diese auf die Primärseite umzurechnen sind, wobei die Spannungen verhältnisgleich zu den Windungszahlen, die Ströme im Gegenverhältnis und die Widerstände im Quadrat der Windungszahlen umgerechnet werden. Aus dem Schaltbild läßt sich leicht das Vektordiagramm, Abb. c, ableiten. Es vereinfacht sich stark, wenn der Magnetisierungsstrom vernachlässigt wird, worauf $\mathfrak{J}_2' = \mathfrak{J}_1$ wird und die vier Spannungsabfälle zu einem einzigen Dreieck, dem Kappschen Dreieck ↑, zusammenfallen.

Der Transformator kann als Kern- ↑ oder Manteltransformator ↑ ausgeführt werden. Bei Drehstrom treten noch zusätzliche Probleme auf (→ Drehstromtransformator).

Der Wirkungsgrad eines Transformators ist gegeben durch

$$\eta = \frac{bN_n \cos \varphi}{bN_n \cos \varphi + N_o + b^2 N_{Cu}}.$$

Dabei bedeuten
N_n die Transformatornennleistung,
$N_o = N_{Fe}$ die Leerlauf- = Eisenverluste,
N_{Cu} die Kupferverluste (Verluste in den Wirkwiderständen),
$\cos\varphi$ den Leistungsfaktor,

$b = \dfrac{N_w}{N_n}$ den Belastungsgrad (Verhältnis der Wirkleistung zur Nennleistung).

Ein Maximum des Wirkungsgrades tritt ein für

$$b^2 N_{Cu} = N_o.$$

Bei vorwiegender Vollbelastung macht man daher möglichst die Kupferverluste gleich den Eisenverlusten (Einheitstype); bei nur zeitweiser Vollbelastung trachtet man dagegen die Eisenverluste kleiner als die Kupferverluste zu machen (landwirtschaftliche Type).

Sonderausführungen des Transformators sind der Regeltransformator ↑, der Drehtransformator ↑, der Spartransformator ↑, der Zusatztransformator ↑ u. a. m. [OIII]

Transformator, oberwellenfreier

Transformator, der so ausgeführt ist, daß sein Magnetisierungsstrom keine Oberschwingungen dritter, fünfter und gegebenenfalls auch siebenter Ordnung enthält. Dazu werden beispielsweise nach Buch und Hueter die Joche eines sonst normalen Dreischenkeltransformators geschlitzt, so daß dort eine magnetische Dreieckschaltung entsteht. Es läßt sich dann nachweisen, daß infolge der auftretenden Phasenverschiebungen die Stromkomponenten fünfter und siebenter Ordnung einander entgegenwirken, während eine Komponente dritter Ordnung wegen der Sternschaltung der Wicklung nicht auftreten kann. Werden die Leitfähigkeiten von Joch und Schenkel so gewählt, daß

$$I_{S_5} = I_{J_5}\sqrt{3} \quad \text{und} \quad I_{S_7} = I_{J_7}\sqrt{3},$$

dann bleibt der Magnetisierungsstrom auch frei von Oberschwingungen der fünften und siebenten Ordnung.

Eine ähnliche Wirkung hat eine Parallel- oder Reihenschaltung von zwei Transformatoren, wenn ihre Sternspannungen um 30^0 gegeneinander phasenverschoben sind (Parallelschaltung, Stern-Dreieck oder Stern-Zickzack, Reihenschaltung Stern-Dreieck). [R. Buch u. E. Hueter, ETZ 1935, S. 933.]

Transformator, schwingungsfreier — *transformer without harmonic oscillations* — transformateur sans oscillations harmoniques

Da die Spulen von Transformatorwicklungen außer ihrer Induktivität auch Kapazitäten von Windung zu Windung und Windung gegen Erde aufweisen, bildet der Transformator als Kettenleiter ein schwingungsfähiges Gebilde, das durch hochfrequente Stoßvorgänge — wie z. B. beim Auftreten von Überspannungswellen — zu Schwingungen angeregt wird. Dabei verteilt sich die auftreffende Überspannung oft sehr ungleichmäßig über die Wicklung, so daß diese, vor allem am Wicklungsanfang, sehr hoch beansprucht werden kann. Die maximale Beanspruchung wandert dann im Laufe des Einschwingvorganges über die ganze Wicklung. Beim schwingungsfreien Transformator wird durch bewußte Steuerung der Wicklungsteilkapazitäten eine gleichmäßige Aufteilung auftretender Überspannungen auf die ganze Wicklung angestrebt. Dies wird durch eine möglichste Kleinhaltung des Verhältnisses von Erdkapazität zur Windungskapazität erreicht. Dazu werden die Eingangswindungen als flach übereinander gewickelte Leiter hergestellt und durch Stoffe hoher Dielektrizitätskonstante isoliert. Bei kleinen und mittleren Transformatoren begnügt man sich meist mit einer verstärkten Lagenisolation der Eingangswindungen. Mitunter werden auch Schutzringe und Schutzschirme zur Kapazitätssteuerung verwendet.

Treibriemen — *(driving) belt* — courroie de transmission

Trennschärfe — *selectivity, selectance* — sélectivité

ist die Fähigkeit eines Empfängers, aus der Vielzahl der von der Antenne aufgenommenen Frequenzen die Empfangsfrequenz hervorzuheben. Sie steigt mit wachsender Güte der Schwingungskreise und mit abnehmender Bandbreite. Die Abnahme der Ausgangsspannung für die Seitenbänder eines modulierten Senders bedeutet eine lineare Verzerrung.

Trennschalter — *disconnector* — sectionneur

Hochspannungsschalter, der zur Ab- oder Zuschaltung eines Gerätes dient, aber keine nennenswerten Leistungen schalten kann. Trennschalter dürfen demgemäß nur im stromlosen Zustand, wohl aber unter Spannung betätigt werden.

a. Einpoliger Trennschalter für Innenräume

b. Drehtrennschalter

Oberdorfer, Lexikon

23

Triebwagen — *motor coach, railcar* — automotrice

Auf Vollbahnen betriebene Wagen mit Triebwerk, die gleichzeitig der Personenbeförderung dienen. Das Triebwerk kann aus Benzinmotoren, Elektromotoren oder einem dieselelektrischen Antrieb bestehen.

Trimmer — *trimmer (capacitor)* — trimmer (condensateur)

Veränderliche Kondensatoren mit geringer Kapazität. Dienen zum Abgleichen von Schwingungskreisen auf bestimmte Frequenzen oder auf andere Schwingkreise.

Triode — *triode* — triode

Einfachste und älteste Form einer Verstärkerröhre. Sie enthält drei Elektroden in der folgenden Anordnung:

Kathode — Steuergitter — Anode.

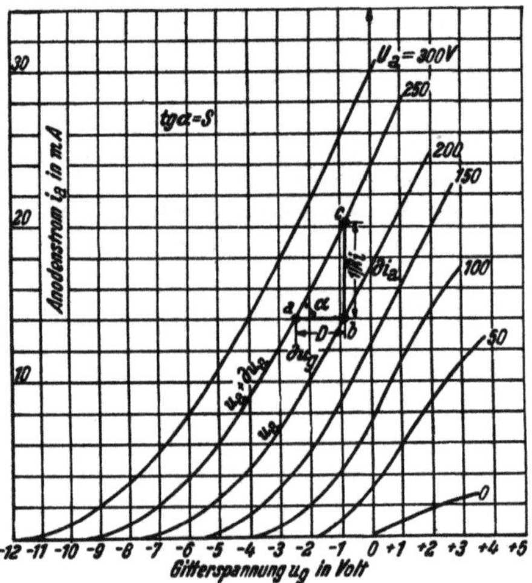

a. Kennlinien einer Dreipolröhre im $i_a = f(u_g)$-Diagramm

Die grundsätzlichen Kennlinienfelder einer Triode haben das Aussehen der nebenstehenden Abbildungen. Die für die Ausbildung des Anodenstromes maßgebende „Steuerspannung" ist gegeben durch

$$u_{St} = u_g + Du_a.$$
$$(D \ldots \text{Durchgriff} \uparrow)$$

Bei konstanter Anodenspannung U_a ist also eine Steuerung des Anodenstromes über die Gitterspannung u_g möglich. Im Anodenkreis kann dann an einem Widerstand eine Spannung abgenommen werden, die größer ist als die Gitterspannung (Verstärkung $\uparrow$).

Für die Wechselstromvorgänge kann die Dreipolröhre durch die untenstehenden Ersatzschaltbilder dargestellt werden, also entweder als Wechselstromgenerator mit der EMK $\dfrac{u_g}{D}$, der auf die Reihenschaltung: innerer Widerstand R_i plus Belastungswiderstand $\mathfrak{Z}_a$ arbeitet, oder in einer Schaltung, in der die Parallelschaltung von R_i und $\mathfrak{Z}_a$ vom Storm Su_g durchflossen wird. Su_g ist der bei $\mathfrak{Z}_a = 0$ fließende Kurzschlußstrom i_k.

b. Ersatzschaltbilder der Triode für Wechselstrom

Der Durchgriff der üblichen Dreipolröhren liegt in der Größenordnung von einigen Prozent. Ein Durchgriff von 1% ist schon recht schwierig herzustellen (s. a. Schutzgitterschaltung).

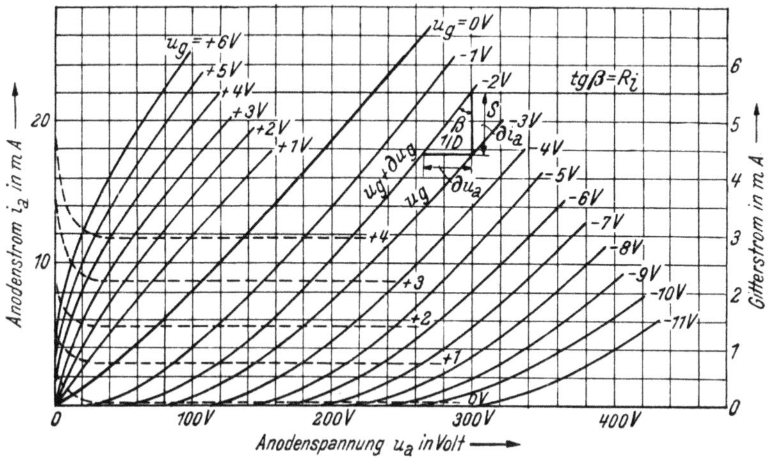

c. Kennlinien einer Dreipolröhre im $i_a = f(u_a)$ - Diagramm

Trockenelement — *dry cell* — pile sèche, élément sèc

Das Trockenelement ist ein Leclanché-Element, dessen positive Elektrode aus einem mit Graphit und Braunstein gefüllten Beutel besteht, der im Innern einen Kohlenstab enthält, während die negative Elektrode, die gleichzeitig das Elementgefäß bildet, aus Zink besteht. Als Elektrolyt dient eine Salmiaklösung, der etwas Mehl und Zusätze zur Verringerung des Austrocknens beigemengt wird. Die EMK beträgt im frischen Zustand rund 1,5 Volt. Wird die Entladung bis auf 40% der Anfangsspannung durchgeführt, so ergibt sich für die üblichen Ausführungsformen von Taschenlampenbatterien eine Kapazität von bis zu 2 Ah je Element.

Trockengleichrichter — *dry rectifier, metal rectifier* — redresseur sec

Gleichrichter ↑, bei denen die Eigenschaft von Sperrschichten, das sind zwei sich berührende, leitende Schichten, ausgenützt wird, den Strom in der einen Richtung zu sperren. Als sich berührende Platten verwendet man Kupfer und Kupferoxydul (Kupferoxydul-Gleichrichter) oder Selen und Kupfer (Selen-Gleichrichter). Da die Elektronen aus dem Kupfer leichter austreten als aus dem Kupferoxydul oder Selen, hat der entstehende Gleichstrom im Element stets die Richtung vom Oxydul bzw. Selen zum Kupfer. Die Kennlinie eines solchen Gleichrichters zeigt das nebenstehende Bild. Je nach der Größe der Spannung und des gewünschten Gleichstromes werden einzelne Gleichrichterelemente zu

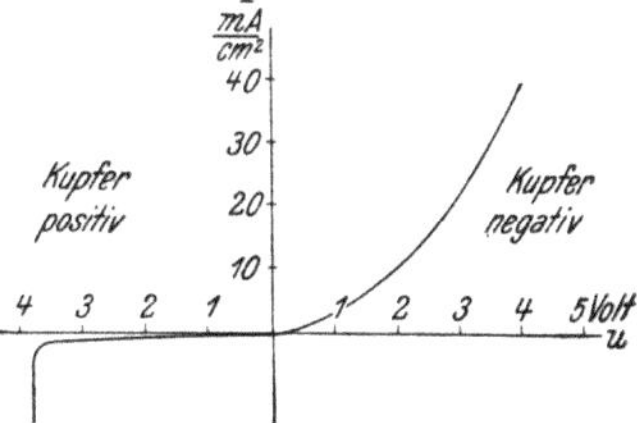

Kennlinie eines Trockengleichrichters

Säulen in Serie und die Säulen parallel geschaltet.

Der Spannungsabfall je Zelle liegt in der Größenordnung von etwa 1,2 Volt. Die Strombelastung hängt von der abgeführten Wärme ab. Die Zellen erhalten dazu meist Abkühlbleche mit größerer Oberfläche.

23*

Trockengleichrichter werden vorzugsweise bei Spannungen von 4 bis
etwa 80 V und Strömen von 0,05 bis zu mehreren 1000 A verwendet. Dabei
kann die Kupferoxydulzelle nicht mehr als etwa 5...6 Volt gleichrichten, so
daß bei höheren Spannungen entsprechend viele Zellen hintereinanderge-
schaltet werden müssen. Mit zunehmender Frequenz nimmt die Gleichrichterwirkung ab, was zum Teil durch die kapazitiven Nebenschlüsse bedingt sein
dürfte. Für Meßzwecke wird deshalb der Kupferoxydulgleichrichter über
5...10 kHz im allgemeinen nicht mehr verwendet.

Trog, elektrolytischer — *electrolytic tank* — cuve électrolytique

Mit leitender Flüssigkeit gefüllter Trog, in den Elektroden eingebracht
und das zwischen ihnen entstehende, elektrische Strömungsfeld durch
Sonden ausgemessen wird. Da dieses Strömungsfeld die gleiche Form hat
wie ein elektrostatisches Feld in einem beliebigen Dielektrikum bei gleichen
Elektrodenformen, wird auf diese Weise die Ermittlung elektrostatischer
Felder bei komplizierten Elektrodenformen sehr erleichtert.

Trolitul — *trolitul* — trolitul

→ Polystyrol.

Trommelläufer — *drum rotor* — roteur en tambour

→ Synchronmaschine.

Tropenausführung — *tropical finish* — équipement tropique

tropfwassergeschützt — *drip-proof* — abrité, étanche

→ Tropfwasserschutz.

Tropfwasserschutz — *protection from dripping water* — protection contre
l'eau dégouttante

Schutz elektrischer Maschinen vor senkrecht fallenden Wassertropfen.
Kennzeichnung durch die Bezeichnung P 01.

T-Schaltung — *T-network, Y-network* — montage en T, réseau en Y.

→ Vierpol.

Turboläufer — *turborotor* — turboroteur

→ Synchronmaschine.

U

Überblender — *fader, mixer* — mélangeur, fader

Schaltung, die gestattet, mehrere elektroakustische Stromquellen, wie
z. B. Mikrophone, Tonabnehmer usw. in einer Parallelschaltung oder
Reihenschaltung zu betreiben und wahlweise den Anteil der einen oder
der anderen zu schwächen oder anzuheben (Mischüberblender).

überbrücken — *to bridge* — ponter, franchir

Übererregung — *overexcitation* — surexcitation

→ Synchronmaschine.

Übergangsfunktion — *transfer function* — fonction de transfert

In einem durch Eingang und Ausgang gekennzeichneten mechanischen
oder elektrischen Gebilde ist die Übergangsfunktion der zeitliche Verlauf
der Ausgangsgröße nach einer sprunghaften Änderung der Eingangsgröße
um einen bestimmten Einheitsbetrag.

Übergangsspannung — *contact voltage* — tension au contact

Spannungsverlust beim Stromübergang zwischen zwei miteinander im Kontakt befindlichen Leitern, z. B. beim Stromübergang zwischen Kommutator oder Schleifring und den auf diesen schleifenden Bürsten (→ Kohlenbürsten).

Überhitzung — *overheating, superheating* — surchauffage

Erwärmung eines Dampfes über den gesättigten Zustand, bei dem alle Flüssigkeitsteilchen in den gasförmigen Zustand übergeführt sind.

Überholung — *overhaul(ing), revision* — réparation, mise en état

überlagern — *to superpose, to superimpose, to beat* — superposer, hétérodyner

Kombination zweier Schwingungen verschiedener Frequenz zur Erzeugung einer resultierenden Schwingung mit der Summen- oder Differenzfrequenz der ursprünglichen Frequenzen.

Überlagerungsempfänger — *heterodyne receiver, heterodyne oscillator, beat receiver* — (récepteur) hétérodyne

Empfänger, bei dem die ankommende Radiofrequenz mit der Frequenz eines örtlichen Schwingkreises derart überlagert wird, daß eine leicht verstärkbare Überlagerungsfrequenz entsteht. Haben die empfangenen Wellen gleichbleibende Amplitude, so kann die örtlich erzeugte Frequenz so gewählt werden, daß die als Differenzfrequenz auftretende Überlagerungsfrequenz im Hörbereich liegt. Sind die zu empfangenden Wellen moduliert, so wählt man eine über dem Hörbereich liegende Zwischenfrequenz, die wieder durch Überlagerung in einer Mischröhre erhalten wird. Der hinter dieser Röhre liegende Zwischenfrequenz-

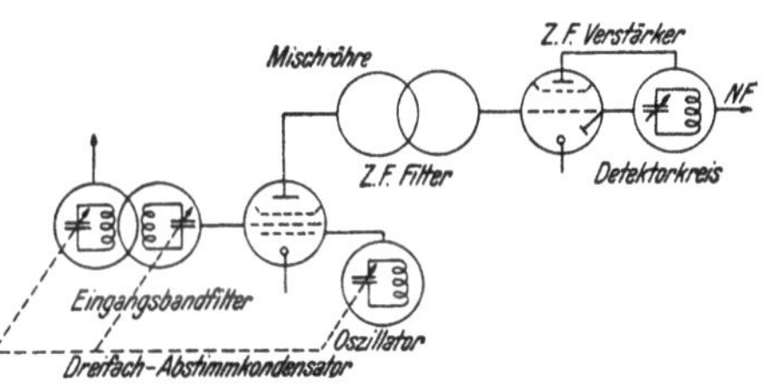

Überlagerungsempfänger

verstärker enthält im allgemeinen mehrere Stufen, die über Zwischenfrequenzfilter gekoppelt sind. Da die Zwischenfrequenz unabhängig von der Empfangsfrequenz konstant bleibt, läßt sich der Zwischenfrequenzverstärker mit einer für den gewünschten Zweck günstigen Selektionskurve herstellen. Es werden heute auch solche Filter verwendet, die eine Regelung der Bandbreite gestatten. Der Zwischenfrequenzkreis kann einen zweiten Überlagerer erhalten. Als letzte Stufe folgen dann der Demodulator und ein Niederfrequenzverstärker.

Der Überlagerungsempfänger wird auch Superheterodyneempfänger genannt.

Überlagerungsfrequenz — *heterodyne frequency, beat frequency* — fréquence hétérodyne

Eine der zwei zusätzlichen Frequenzen, die entstehen, wenn zwei Schwingungen verschiedener Frequenz überlagert werden und die entweder der Summe oder der Differenz der ursprünglichen Frequenzen gleich ist.

Überlappung — *(over)lapping, lap* — recouvrement, pli

Überlast — *overload* — surcharge

→ Überlastung.

Überlastbarkeit — *overload capacity* — capacité de surcharge

eines Asynchronmotors ↑ ist das Verhältnis des Kippmomentes zum Nenndrehmoment. Hiefür ist in den Normen je nach Leistung ein Wert von 1,6...2,5 vorgeschrieben (DIN-VDE 2650/2651).

Überlastung — *overloading* — surcharge

Überlastung ist die Belastung über den Nennwert hinaus.

Meßgeräte müssen im allgemeinen die 1,2fache Überlastung aushalten ohne Schaden zu erleiden.

Quecksilberdampfgleichrichter können die 5...15fache Belastung kurzzeitig ohne Schaden übernehmen. Dauerüberlastungen geben erhöhte Temperaturen und gefährden die Sperrfähigkeit (→ Rückzündung).

Asynchronmotoren haben eine Überlastbarkeit auf kurzzeitig das 1,6...2,5fache des Nenndrehmomentes.

Überlaufspeicher

→ Heißwasserspeicher, elektrischer.

Überschlag — *flashover, spark-over* — flash, décharge, jaillissement

Elektrische Entladung zwischen zwei spannungsführenden Teilen einer Anordnung.

Überschlagspannung — *breakdown voltage, spark-over voltage* — tension de rupture, tension d'amorcage

Spannung (Scheitelwert ↑), die notwendig ist, um einen Überschlag ↑ zwischen zwei spannungsführenden Teilen einer elektrischen Anordnung hervorzurufen.

Überschlagspunkte

einer Kugelfunkenstrecke sind diejenigen Punkte der Kugeloberflächen, zwischen denen der kürzeste Abstand besteht.

Übersetzung — *ratio* — rapport

eines Transformators ist das Verhältnis von Oberspannung zu Unterspannung bei Leerlauf.

Übersetzungsverhältnis — *ratio* — rapport

→ Übersetzung.

Überspannung — *overvoltage, excess voltage* — surtension

Spannung größer als die normale oder die Nennspannung.

Überspannungsableiter — *lightning arrester* — parafoufdre, écrêteur de tension

Gerät zum Schutz einer Anlage oder eines Anlagenteiles gegen Überspannungen (→ Überspannungsschutz).

Überspannungsschutz — *overvoltage protection* — protection contre les surtensions

Schutzeinrichtung an Freileitungen, die die schädlichen Auswirkungen von durch atmosphärische Beeinflussung oder durch Schalthandlungen auftretenden Überspannungen vorwiegend dadurch verhindern, daß sie die Leitung vorübergehend an Erde legen und den mit den Überspannungen verbundenen Ladungen einen Ausgleich über Erde ermöglichen. Als Schaltorgan diente ursprünglich ein Horn aus Kupferdraht (Hörnerableiter), das bei einer bestimmten Spannungserhöhung anspricht und den anschließend daran auftretenden Strom durch den am Horn aufsteigenden und schließlich abreißenden Lichtbogen unterbricht. In neuerer Zeit werden rascher ansprechende Geräte verwendet, die den fast verzögerungsfreien Überschlag zwischen entsprechend ausgebildeten Funkenstrecken oder Glimmentladungsbahnen ausnützen (Ventilableiter). Der beim Ansprechen eines Überspannungsableiters gegen Erde zugeschaltete Widerstand darf nicht beliebig klein gemacht werden, da sonst die Löschung des Lichtbogens nicht mehr gelingt oder der Ableiter durch den hohen Strom zerstört würde. Die Ableitungswiderstände wurden vielfach dem Wellenwiderstand der Leitung gleich gemacht, um Reflexionen der Überspannungswelle zu vermeiden; später wurden Ableiter mit zwei Widerstandsstufen gebaut, bei denen zuerst ein kleiner Widerstand eingeschaltet ist, dem über einen sofort ansprechenden Schalter ein Widerstand zugeschaltet wurde (Ableiter mit Widerstandszuschaltung, Bendmannableiter); in neuerer Zeit verwendet man vielfach spannungsabhängige Widerstände (SAW-Ableiter), deren Widerstand, mit abnehmender Spannung zunimmt.

Übersprechen — *crosstalk* — diaphonie, mélange de conversation

Übergang von Nachrichten oder Zeichenübermittlung zwischen Fernmeldeleitungen, verursacht durch gegenseitige Beeinflussung infolge galvanischer, induktiver oder kapazitiver Kopplung. Zur Vermeidung werden die Adern einer Leitung verdrillt und bei mehreren Leitungen der Drallschritt bei den einzelnen Leitungen verschieden gewählt, so daß sich die Kopplungen im ganzen gegenseitig nahezu aufheben.

Überstrom — *excess current* — surintensité de courant, surcourant

Strom größer als der normale oder der Nennstrom.

Überstromziffer

→ Nenn-Überstromziffer.

Übertrager — *transformer, repeating coil, translator, transducer* — transformateur, translateur, traducteur

In der Fernmeldetechnik und Elektroakustik benutzte Transformatoren ↑ zur Übertragung der Tonwechselspannungen. Sie müssen so bemessen sein, daß sie alle zugeführten Wechselspannungen in dem Frequenzbereich von 30 bis 10000 Hz so übertragen können, daß die linearen Abweichungen möglichst unterhalb des hörbaren Lautstärkeunterschiedes (1 db) liegen. Für die hohen Frequenzen hängt die Geradlinigkeit der übertragenen Spannungen im wesentlichen von der Streuinduktivität der Wicklungen und der Größe der Wicklungskapazität ab. Für die tiefen Töne ist die richtige Anpassung an den Generator und Verbraucher maßgebend.

Übertragerverstärker — *repeating amplifier* — amplificateur translatrice

Verstärker, bei dem die Kopplung zwischen den einzelnen Stufen durch Übertrager ↑ bewirkt wird (s. a. Leistungsverstärker).

Übertragungsgröße

Wird bei einem durch Eingang und Ausgang gekennzeichneten mechanischen oder elektrischen Gebilde die Eingangsgröße zeitlich sinusförmig geändert, so ändert sich bei linearen Abhängigkeiten in diesem Gebilde auch die Ausgangsgröße sinusförmig mit der gleichen Frequenz. Das vektorielle Verhältnis zwischen Ausgangs- und Eingangsgröße wird Übertragungsgröße genannt. Die Frequenzabhängigkeit derselben wird durch deren Frequenzgang beschrieben.

Überverbrauchtarif — *overload tariff, excess consumption tariff* — tarif à dépassement, tarif de surplus de consommation

Tarifform, bei der ein über einer, als normal vereinbarten Leistungsentnahme liegender Stromverbrauch verrechnet wird. Dieser Mehrverbrauch wird von einem Überverbrauch- oder Spitzenzähler angezeigt, dessen Drehmoment unterhalb der Pauschalgrenze durch das mechanische Gegendrehmoment einer einstellbaren Feder aufgehoben wird. Bei einer anderen Ausführung ist im Zähler ein Planetengetriebe vorgesehen, auf das einerseits die Zählertriebscheibe, andererseits ein der Pauschalleistung entsprechendes Zeitlaufwerk arbeitet. Der Unterschied der beiden entgegenwirkenden Umdrehungen nach der einen Seite wird als Überverbrauch auf einem Zählwerk registriert.

Der vom Spitzenzähler angezeigte Überverbrauch wird zu erhöhten Preisen abgegeben, während die Verbrauchswerte unterhalb der Grundlastgrenze meist pauschal abgegeben werden.

Überwurfmutter — *cap nut, screw cap* — écrou à chape, écrou à chapeau

U-Eisen — *channel-iron* — fer en U

Uhrzeigersinn, im — *clockwise, in clockwise direction* — dans le sens des aiguilles d'une montre
 —, entgegen dem — *anticlockwise, counter-clockwise* — en sens inverse des aiguilles d'une montre

Ultraschall — *ultra-sound* — ultra-son
 → Hörschall.

Umdrehung — *revolution, turn* — révolution, tour

Umdrehungszahl — *number of revolutions, speed* — nombre de tours

Umfangsgeschwindigkeit — *tip speed, peripheral speed, circumferential velocity* — vitesse périphérique, vitesse circonférencielle

umflechten — *to braid* — tresser

Umformer — *convertor, converter* — convertisseur

Maschinensatz oder Anordnung, mit deren Hilfe, zwecks technischer Auswertung, Energie gegebener Form in Energie anderer Form umgewandelt werden kann.

Umkehranlasser — *starting and reversing rheostat* — rhéostat démarreur-inverseur

Anlasser, mit dem gleichzeitig eine Umpolung des Motors in solchem Sinne durchgeführt werden kann, daß er seine Drehrichtung umkehrt.

umkehrbar — *reversible* — réversible

Umkehrspanne

Differenz der Anzeigen ↑ und Meßwerte ↑ einer Messung, wenn diese bei gleichbleibender Meßgröße einmal von kleineren zu größeren, das andere Mal von größeren zu kleineren Anzeigen angenähert werden. Der halbe Wert der Umkehrspanne heißt Umkehrhalbspanne.

umklöppeln — *to braid* — tresser

Umklöppelung — *braid(ing)* — tressage, tresse, guipage

Umlaufgeschwindigkeit

→ Umdrehungsgeschwindigkeit.

ummagnetisieren — *to reverse the magnetisation* — inverser l'aimantation, renverser l'aimantation.

Umpolung — *reversal of polarity* — inversion de la polarité

Umriß — *contour, outline* — contour, tracé

umschalten — *to change-over, to commutate* — commuter

Umschlagzeit — *transit time* — temps de transit

Zeit, die zum Umlegen des Ankers eines Relais von einem Anschlag zum anderen erforderlich ist.

umwickeln — *to rewind* — rebobiner

Ersetzen einer alten Wicklung durch eine neue.

undicht — *untight, leaky* — non étanche

undurchlässig — *impermeable* — imperméable

ungedämpft — *undamped* — non-amorti

ungeladen — *non-loaded* — sans charge

ungerade — *odd* — impair

ungleichnamig — *unlike* — inégal

Mit entgegengesetzter Polarität geladen.

Unipolarmaschine — *homopolar machine, unipolar dynamo* — machine unipolaire

Gleichstrommaschine ohne Stromwender ↑ mit nur einem Pol in der induzierenden Zone. Im Läufer sind isolierte Leiter verlegt, die abwechselnd mit zwei Schleifringpaaren verbunden sind, die parallel oder in Reihe geschaltet werden können. Da es nicht möglich ist, im Läufer Windungen oder Spulen unterzubringen, da in deren Seiten Spannungen entgegengesetzter Richtung entstehen und sich aufheben würden, kann die Unipolarmaschine nur für kleine Spannungen, aber große Ströme verwendet werden, auf welchem Gebiet sie in neuester Zeit mit der gewöhnlichen Gleichstrommaschine in Wettbewerb tritt (6...40 V, 6000...50000 A).

Bei neueren Ausführungen läßt man die isolierten Leiter und Schleifringe weg und nimmt den Strom einfach über Bürsten ab, die auf dem Läuferzylinder oder an den Stirnflächen zu beiden Seiten des Läufermittelteiles schleifen. [M. Zorn. EuM, 1942. S. 252.]

Unipolarmaschine

Universalmeßinstrument — *multimeter, voltameter* — multimètre

Meßgerät für mehrere Meßgrößen und Meßbereiche. Meist wird eine Strom- und Spannungsmessung für Gleich- und Wechselstrom kombiniert

Universalmotor — *universal motor* — moteur universel
Stromwendermotor ↑ für Gleich- und Wechselstrom. Er wird nur als Kleinstmotor gebaut für Leistungen von etwa 0,5...350 W bei Drehzahlen von 1500...18000 U/min. Der Magnetfeldkreis zeigt ausgeprägte Pole für eine konzentrierte Erregerwicklung. Eine Kompensationswicklung und Wendepole fehlen. Sämtliche Eisenwege sind aus Blechen zusammengesetzt. Die Bürsten können fest oder verschiebbar angeordnet werden.

Neben seiner gleichzeitigen Verwendbarkeit für Gleich- und Wechselstrom hat der Universalmotor den Vorteil eines großen Anzugsmomentes. Beim Übergang von Gleichstrom zu Wechselstrom ändert sich lediglich die Drehzahl. Bei gleichbleibendem Drehmoment sinkt die Drehzahl auf das $\cos\varphi$-fache, wenn $\cos\varphi$ den Leistungsfaktor bedeutet. Soll der Drehzahlabfall also klein bleiben, so muß der Leistungsfaktor hoch also die Streuung klein gewählt werden. Ebenfalls günstig wirkt

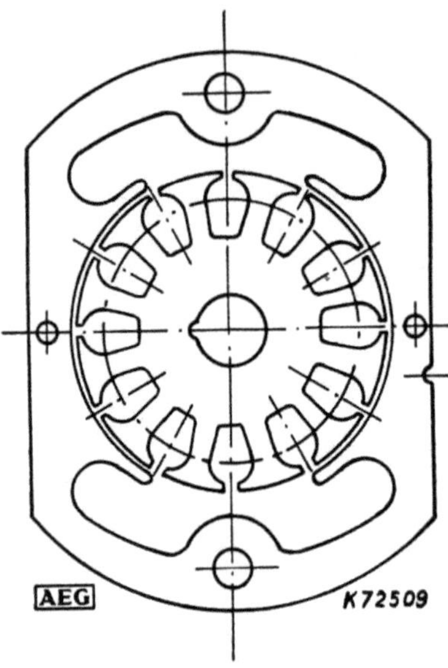

a. Blechschnitt eines Universalmotors

b. Ansicht eines Universalmotors ohne Gehäuse

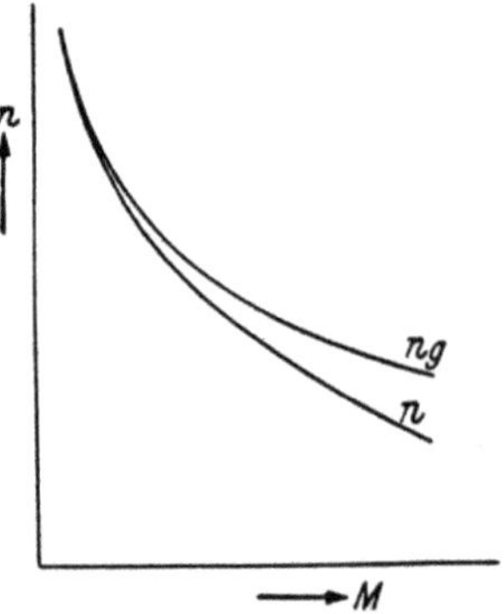

c. Kennlinien eines Universalmotors bei Betrieb mit Gleich- und Wechselstrom

sich eine hohe Betriebsdrehzahl aus. [Seidl, K.: Bemerkenswertes am Entwurf von Universalmotoren. AEG-Mitteilungen 1940, S. 273.]

Unkosten — *costs* — frais, dépenses

unlöslich — *insoluble* — insoluble

unscharf — *flat* — non-précis

Unsicherheit — *uncertainity* — incertainité

eines Meßergebnisses wird gekennzeichnet durch die Unsicherheit σ_D des Durchschnittes (→ Streuung) bei einer häufigen Wiederholung einer Meßreihe, bei der der Durchschnitt der einzelnen Meßreihen im Mittel um den Gesamtdurchschnitt streut. Werden n Meßreihen mit den Einzeldurchschnitten σ vorgenommen, so wird die Unsicherheit

$$\sigma_D = \frac{\sigma}{\sqrt{n}}$$

Das Verhältnis σ_D/D zum Durchschnitt heißt **relative Unsicherheit**. [DIN 1319, Juli 1941.]

Unsymmetrie — *asymmetrie, dissymmetrie* — asymétrie, dissymétrie

Unterbrechungsfunke — *break spark* — étincelle de rupture

Beim Unterbrechen eines Stromkreises an den Schaltkontakten durch die wiederkehrende Spannung verursachte Funkenüberschläge. Sie können durch einen Überbrückungswiderstand oder Kondensator verringert oder verhindert werden.

Untererregung — *underexcitation* — sousexcitation

→ Synchronmaschine.

Unterhaltungskosten — *maintenance charge, expenses of maintenance* — frais d'entretien

Die für den Unterhalt einer Anlage aufzuwendenden Kosten.

unterirdisch — *subterranean, underground* — souterrain

Unterlagscheibe — *collar, washer* — rondelle, collier

Untersuchung — *research, study, test* — recherche, étude, examen

Unterwasserschalltelegraphie — *hydrophonic telegraphy, subaqueous sound telegraphy* — télégraphie d'écoute sous l'eau

Nachrichtenübermittlung für den Verkehr von Schiffen untereinander und mit Signalstationen auf kürzere Entfernungen (Reichweite im Mittel etwa 20 km). Die Schiffe erhalten dabei herausfahrbare, aus mehreren Abstrahlsystemen bestehende Unterwasserschallsender und an jeder Schiffsseite einen Mikrophonempfänger, durch die sowohl die Schallrichtung festgestellt werden kann als auch durch einen Vergleich der beiden empfangenen Schallintensitäten ein Zielfahren mit einer Unsicherheit von 1 bis 2^0 möglich ist. Als Navigationsfrequenz hat sich die Frequenz von 1050 Hz als günstig erwiesen, bei der einerseits die Schiffs- und Fahrtgeräusche nicht mehr stören und andererseits bei höheren Frequenzen die Schallabsorption ansteigen würde.

unverwechselbar — *non-interchangeable* — non-interchangeable

unwirtschaftlich — *unthriftly* — dépensier, non-économique

Unze — *ounce* — once

Englische Gewichtseinheit von der Größe 28,35 g.

unzulässig — *unadmittable, undue* — inadmissible

Uran — *uranium* — uranium

Urmaße — *primary standards* — étalons primaires

Normale, die zur Darstellung von bestimmten Einheiten dienen und die die Grundlage zur Eichung der Etalons in den einzelnen Ländern bilden.

Diese Urmaße sollten ursprünglich bestimmten Größen in der Natur angepaßt und diesen möglichst gleich gemacht werden. Sie wurden dann als stoffliche Muster hergestellt und damit die Bindung an die Naturgrößen fallen gelassen. Als solche Urmaße stehen derzeit noch in Gebrauch:

1. Das Urmeter als Länge des bei Paris aufbewahrten Metallstabes aus einer Legierung von 90% Platin und 10% Iridium bei 0°C. Es sollte gleich dem 10—7ten Teil des Erdmeridianquadranten sein;

2. Das Urkilogramm als die Masse des bei Paris aufbewahrten Gewichtsstückes, das dem tausendfachen Gewicht eines Kubikzentimeters chemisch reinen Wassers bei 4°C und 760 Torr Luftdruck gleich sein sollte.

Darüber hinaus wird definiert:

3. Die Sekunde als der 86400ste Teil des mittleren Sonnentages;

4. das Ohm als der Widerstand einer Quecksilbersäule bei 0°C, die bei konstantem Querschnitt und einer Länge von 106,300 cm eine Masse von 14,4521 g besitzt.

Des weiteren war bis vor kurzem definiert:

5a. Das Ampere als die Stärke eines konstanten elektrischen Stromes, der in einer Sekunde aus einer wässrigen Silbernitratlösung 0,00111800 g Silber ausscheidet.

Abgesehen davon, daß durch diese fünf Definitionen das System der Urmaße überbestimmt ist, da deren nur vier notwendig und hinreichend sind, wurde durch die Definition 1. und 2. die Anknüpfung der Maßsysteme an Naturgrößen aufgegeben. Dementsprechend ist man in neuerer Zeit bestrebt, neuerlich eine solche Anknüpfung durchzuführen und so ein „absolutes", von der jeweilig möglichen Meßpräzision unabhängiges Maßsystem zu schaffen. Die an die Natur anknüpfenden Einheiten werden dann vorteilhaft Naturmaße genannt. Dem Rechnung tragend wurde bereits eine neue Definition des Ampere eingeführt und die Definition nach 5a aufgelassen, nämlich

5b. Das Ampere als die Stromstärke in zwei geradlinigen, unendlich dünnen Leitern von unendlicher Länge, die in einer Entfernung von einem Meter parallel zueinander im leeren Raum angeordnet sind, und die unverändert fließend bewirken würde, daß sich die beiden Leiter mit einer Kraft von 2.10—7 Newton ↑ je Meter Länge beeinflussen (s. a. Ampèresches Gesetz).

In dieser Definition ist stillschweigend für die Induktionskonstante der Wert

$$\mu_0 = 4\pi \, 10{-}7 \, \frac{\mathrm{Vs}}{\mathrm{Am}}$$

vorausgesetzt, so daß also letzten Endes diese letztere als Naturmaß fungiert.

Als zweites Naturmaß kann die Sekunde nach Definition 3. übernommen werden.

Die Wahl zweier weiterer Naturmaße steht noch offen. Eines davon dürfte die Wellenlänge einer bestimmten Linie eines Lichtspektrums werden (vorgeschlagen wird vor allem die Wellenlänge einer bestimmten Linie des Cadmiumlichtes).

Für den praktischen Gebrauch kann man von den Naturmaßen oder einem Vielfachen derselben stoffliche Muster herstellen, die nach Maßgabe der technischen Mittel und physikalischen Laboratoriumskunst den Urmaßen jeweils so genau als möglich anzugleichen sind. Diese stofflichen Muster sollen dann Prototype oder Urmaße heißen. Die unter 1. und 2. angeführten Größen sind dann solche Prototype.

Die aus den oben angeführten Urmaßen abgeleiteten Einheiten werden
internationale Einheiten genannt. Zu ihnen gehört auch das inter-
nationale Ampere nach Definition 5a. Diese Einheiten ergeben ferner einen
Unterschied zwischen dem mechanischen und dem elektrischen Watt.
Gleiche Werte hiefür liefern hingegen die aus den Naturmaßen abgeleiteten
absoluten Einheiten. Einige wichtige Zahlenverhältnisse nennen die
Tabellen auf S. 413 [G. Oberdorfer: Das natürliche Maßsystem, Wien:
Springer-Verlag. 1949.]

V

V

Kurzzeichen für die Spannungseinheit Volt ↑ .

Vakuum — *vacuum* — vide

Vakuumfaktor

Kenngröße einer Dreipolröhre, die die Güte ihres Vakuums beschreibt.
Bei schlechtem Vakuum entstehen durch Stoßionisation positive Ionen,
die vom negativ geladenen Gitter angezogen werden und einen negativen
Gitterstrom zur Folge haben. Dieser bildet somit ein Maß für die Güte
des Vakuums; sein Verhältnis zum Anodenstrom wird Vakuumfaktor
genannt

$$v = \frac{I_g}{I_a}.$$

Ein (ziemlich schlechtes) Vakuum von 10^{-5} Torr entspricht ungefähr einem
Vakuumfaktor von 0,1%. Ein gutes Rohr soll einen Vakuumfaktor von
höchstens 10^{-4} haben.

Vakuumröhre — *vacuum tube* — tube à vide

Anderes Wort für Elektronenröhre ↑ .

Valenz — *valency, valence* — valence

→ Wertigkeit.

Van de Graaffscher Generator

Elektrostatischer Generator für Höchstspannungen.
Er besteht im wesentlichen aus einem über die angetriebenen Walzen R_1 und R_2 laufenden Transportband
aus Isolierstoff, dem über eine Ladeeinrichtung, bestehend
aus dem Gleichrichter G und der Spitzenfunkenstrecke S_1,
fortlaufend Ladungen aufgedrückt werden. Das Band
läuft in das Innere der isoliert aufgestellten Kugel K, wo
die Ladungen über eine zweite Funkenstrecke S_2 wieder
abgenommen und der Kugel zugeführt werden. Theoretisch
könnte damit die Kugel auf beliebiges Potential aufgeladen werden. Praktisch ist dieses begrenzt durch die
Isolation und die Durchbruchsfeldstärke an der Kugel-
oberfläche. Durch verschiedene Maßnahmen, so vor allem
auch durch eine entsprechende Gasfüllung läßt sich die
Grenzspannung stark erhöhen. Für größere Stromstärken
werden mehrere Bänder parallel geschaltet und an Stelle
der Kugel eine Zylinderelektrode mit kugelförmigen Stirnflächen angeordnet. [U. Neubert: Elektrostatische Generatoren. München: Oldenbourg 1942.]

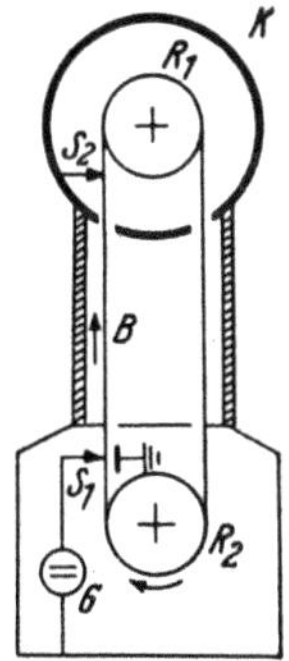

Van de Graaffscher
Generator

Variometer — *variometer* — variomètre

Apparat, der das stetige Verändern der Induktivität ohne die Änderung des ohmschen Widerstandes ermöglicht. Es besteht im Prinzip aus zwei Spulen, die in ihrer gegenseitigen Lage meßbar verändert werden können. (Drehung oder Verschiebung). Sind die Spulen in Reihe geschaltet, so spricht man von Variometern der Selbstinduktivität, sind sie voneinander isoliert, so sind es Variometer der Gegeninduktivität. Ist k die Kopplung der beiden hintereinander geschalteten Spulen, so ist die Induktivität des Variometers gegeben durch

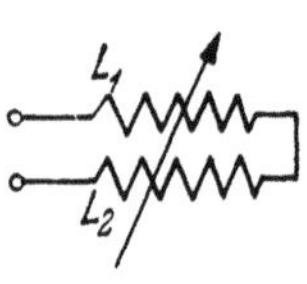

Variometer

$$L = L_1 + L_2 \pm 2k \sqrt{L_1 L_2}\,.$$

Vektor — *vector* — vecteur

Größe mit Betrag und Richtung. Zu seiner eindeutigen Bestimmung sind demnach drei Zahlenangaben erforderlich.

Vektordiagramm — *vector diagram* — diagramme-vecteur

Schaubildliche Zusammenstellung von zeitlich sinusförmig sich ändernden Wechselstromgrößen, die als Zeitvektoren ↑ dargestellt sind. Es wird besser und genauer Zeitdiagramm genannt, zum Unterschied vom Raumdiagramm, das die. räumliche Lage vektorieller Größen zeigt und besonders im Elektromaschinenbau verwendet wird.

Die rechnerische Behandlung der Vektordiagramme erfolgt am besten mit Hilfe der komplexen Rechnung. [OII]

Vektorpotential — *vector potential* — vecteur potentiel

Ein quellenfreier Feldvektor $\mathfrak{A}$, (div $\mathfrak{A} = 0$), ist stets als Rotor einer Vektorgröße $\mathfrak{B}$ darstellbar, $\mathfrak{A} = \mathrm{rot}\,\mathfrak{B}$. $\mathfrak{B}$ wird das Vektorpotential von $\mathfrak{A}$ genannt. So besitzt beispielsweise das magnetische Feld ein Vektorpotential. [OI]

Vektorprodukt — *vector product* — produit vectoriel

auch vektorielles oder äußeres genannt, ist eine Form des Produktes zweier Vektoren ↑, definiert durch den Betrag $[\mathfrak{A}\mathfrak{B}] = AB\,\sin\alpha$ und die Richtung senkrecht auf $\mathfrak{A}$ und $\mathfrak{B}$, so daß die Folge $\mathfrak{A}$, $\mathfrak{B}$, $[\mathfrak{A}\mathfrak{B}]$ eine Rechtsschraube ergibt. Das Vektorprodukt ist antikommutativ, $[\mathfrak{A}\mathfrak{B}] = -[\mathfrak{B}\mathfrak{A}]$. In Koordinatenform ist

$$[\mathfrak{A}\mathfrak{B}] = \begin{vmatrix} \mathfrak{i} & \mathfrak{j} & \mathfrak{k} \\ A_x & A_y & A_z \\ B_x & B_y & B_z \end{vmatrix}.$$

Das Doppelprodukt $[\mathfrak{A}[\mathfrak{B}\mathfrak{C}]] = \mathfrak{B}\cdot\mathfrak{A}\mathfrak{C} - \mathfrak{C}\cdot\mathfrak{A}\mathfrak{B}$ ist ein Vektor in der $\mathfrak{B},\mathfrak{C}$-Ebene. [OII]

Vektorrechnung — *vector calculus* — calcul vectoriel

Rechnung mit Vektoren ↑. Die Vektoralgebra befaßt sich mit den Grundoperationen, Addition, Subtraktion, Multiplikation; Die Vektoranalysis mit der Differentiation von Vektoren. [OII . L]

Ventil, elektrisches — *valve* — valve, soupape

→ Gleichrichter.

Ventilwirkung — *valve action* — effet en soupape

Erscheinung, bei der der elektrische Strom in der einen Richtung nach Überschreiten einer bestimmten Spannung durchgelassen, in der anderen gesperrt wird.

Veränderliche
—, **(un)abhängig** — *(in)dependent variable* — variable (in)dépendante

Verbraucher — *consumer* — consommateur

Verbrennungskraftmaschine — *combustion engine* — machine à combustion

Verbundmaschine — *compound (-wound) dynamo* — dynamo compound
→ Gleichstrommaschine.

Verbundröhren — *multiple valves, double tubes* — lampes multiples, lampes à deux systèmes

Elektronenröhren, bei denen mehrere Röhrensysteme in einem gemeinsamen Glaskolben vereinigt sind.

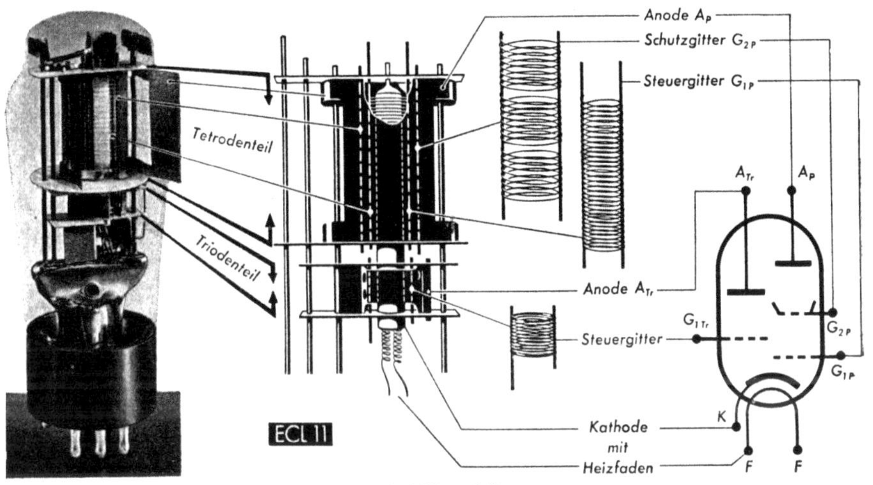

Dreipol-Vierpolröhre

verdrillen — *to twist* — torsader, tordre

Verdrillung — *transposition, twisting* — transposition, toronnage

Periodischer Wechsel der Lage der Phasen einer Mehrphasenleitung zu dem Zwecke, daß die Beeinflussung auf oder von einer zweiten Leitung, hervorgerufen durch die sonst ungleiche Lage der Phasen, möglichst aufgehoben wird.

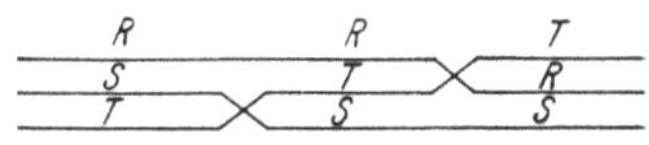

Verdrillung einer Drehstromleitung

Verdrillungsmast — *transposition pole* — poteau de transposition

Leitungsmast stärkerer Ausführung, auf dem eine Verdrillung ↑ der Leitungsphasen durchgeführt wird.

verdünnt

    -e Lösung — *weak solution* — solution diluée
    -e Luft — *rarefied air* — air raréfié
    -e Säure — *diluted acid* — acide dilué

verkettet — *linked, intermeshed* — à phases reliées

verkitten — *to cement, to putty* — mastiquer, luter, cimenter

verkupfern — *to copper* — cuivrer

Auf elektrolytischem Weg mit einem Kupferüberzug versehen (→ Galvanostegie).

Verlegung (einer Leitung) — *laying* — établissement, pose

Verluste — *losses* — pertes, fuites

Verlustwinkel — *loss angle, leakance constant* — angle de perte diélectrique, constante de perditance

Die Verluste eines Kondensators kennzeichnende Größe, gegeben durch das Verhältnis der Ableitung ↑ zum kapazitiven Leitwert, tg $\delta = G/\omega C$. Der Verlustwinkel nimmt im allgemeinen mit der Frequenz etwas zu, um bei manchen Stoffen nach Überschreiten eines Maximums wieder abzunehmen, während er bei anderen Stoffen bei hohen Frequenzen nahezu konstant bleibt. Seine Abhängigkeit von der Temperatur ist dabei ziemlich verwickelt. Im allgemeinen erfolgt mit steigender Temperatur eine Verschiebung der Kurve nach größeren Frequenzen hin.

Verlustziffer — *coefficient of loss* — coefficient de pertes

Zahlenwert der summierten Hysteresis- ↑ und Wirbelstromverluste ↑ von Dynamoblechen, bezogen auf 50 Hz und 10000 Gauß. Sie liegt bei den üblichen Blechen im Bereich von $V_{10} = (3,6 \ldots 1,0)$ W/kg.

vernickeln — *to nickel-plate* — nickeler

Auf elektrischem Weg mit einer Nickelschicht überziehen (→ Galvanostegie).

vernieten — *to rivet* — river

Verputz — *plaster* — enduit (de mur), crépi, plâtre

verriegeln — *to lock, to bolt, to latch, to block* — verrouiller, bloquer

versagen — *failure, break-down* — manque, panne

Verschiebung, (di)elektrische — *electrostatic induction, electric displacement* — induction électrostatique, déplacement diélectrique

Vektorgröße des elektrischen Feldes, die die Richtung und Stärke der größten Influenzwirkung ↑ angibt. Bei isotopen Medien besteht Verhältnisgleichheit mit der elektrischen Feldstärke ↑, $\mathfrak{D} = \varepsilon \, \mathfrak{E}$. ε ist die Dielektrizitätskonstante ↑. [OI]

Verschiebungssatz — *shifting theorem*

In der Operatorenrechnung ↑ folgender Satz, wenn D den Operator zur Bildung des ersten Differentialquotienten bedeutet,

$$f(D)(e^{ax}v) = e^{ax} f(a + D) v.$$

Bei der Anwendung der Laplacetransformation ↑ der entsprechende Satz

$$\mathfrak{L}\{F(t-a)\} = e^{-ap}\{F(t)\}.$$

[OII]

Verschiebungsstrom — *displacement current* — courant de déplacement

Die Influenzwirkung bei der dielektrischen Verschiebung kommt dadurch zustande, daß Ladungen in den Elementarteilchen des Dielektrikums etwas auseinandergeschoben werden. Dabei tritt also eine Bewegung elektrischer Ladungen auf, was mit dem Fließen eines elektrischen Stromes identisch ist; es entsteht ein echter Strom, der in diesem Zusammenhang Verschiebungsstrom genannt wird. Er tritt nur so lange auf, als die Ladungsverschiebung andauert, bei Gleichspannung also nur kurze Zeit nach dem Anlegen der Spannung oder deren Verschwinden (z. B. Lade- und Entladestrom eines Kondensators), bei Wechselspannung dauernd. Die Größe des Verschiebungsstromes ergibt sich aus

$$i_v = \int \mathfrak{G}_v \mathrm{d}\mathfrak{f} = \int \frac{\partial \mathfrak{D}}{\partial t}\,\mathrm{d}\mathfrak{f} = \varepsilon \int \frac{\partial \mathfrak{E}}{\partial t}\,\mathrm{d}\mathfrak{f},$$

worin $\mathfrak{G}_v$ die Stromdichte und $\mathfrak{E}$ die elektrische Feldstärke bedeuten.   [OI]

versilbern — *to silver-plate* — argenter

Auf elektrischem Weg mit einer Silberschichte überziehen (→ Galvanostegie).

versorgen — *to furnish, to supply* — alimenter, fournir, équiper

verstärken — *to amplify, to boost, to strengthen* — amplifier, augmenter, renforcer, élever

Verstärker — *amplifier, magnifier* — amplificateur

Gerät mit Elektronenröhren (Verstärkerröhren ↑) zur Erhöhung kleinster Spannungen und Leistungen auf betrieblich brauchbare und unmittelbar auswertbare Werte. Je nach Verwendungszweck unterscheidet man zwischen Spannungsverstärkern ↑ und Leistungsverstärkern ↑ . Nach der Frequenzabhängigkeit sind ferner Selektivverstärker ↑ von Breitbandverstärkern ↑ auseinander zu halten.

Verstärkerröhre — *amplifier valve, amplifying tube* — tube amplificateur, lampe amplificatrice

Mehrpolröhre, die als Schaltelement zum Aufbau von Geräten zur Verstärkung elektrischer Spannungen, insbesondere im Hochfrequenz- und Niederfrequenzbereich verwendet werden. Die zuerst hierfür vorgesehene Röhrentype war die Triode ↑ , während heute hierfür fast ausschließlich Pentoden ↑ benutzt werden. Die Verstärkungseigenschaften lassen sich anschaulich an Hand der Kennlinienfelder einer Röhre erläutern. Viel benutzt wird hierfür die Darstellung der Abhängigkeit des Anodenstromes von der Gitterspannung, $I_a = \mathrm{f}(U_g)$ mit der Anodenspannung U_a als Parameter. Diese Beziehung, auch statische Kennlinie genannt, gilt aber nur für einen Belastungswiderstand R_a, der klein ist gegenüber dem inneren Widerstand R_i der Röhre. Sie ist also nur für die Umformung einer

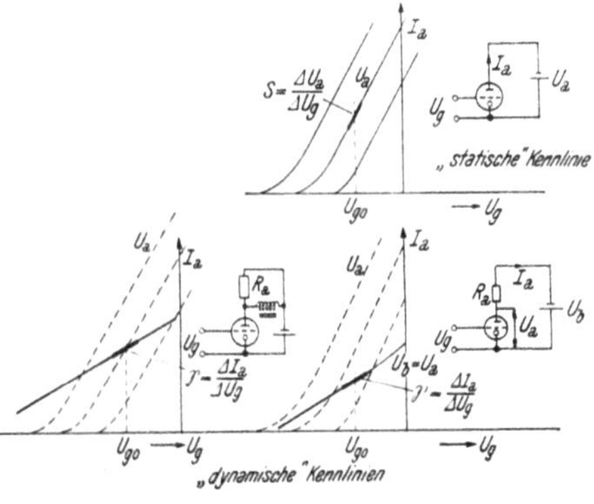

a. Anodenstrom/Gitterspannungs-Kennlinien

angelegten Gitterspannung in einen proportionalen Strom zu gebrauchen, z. B. bei Röhrenvoltmetern, Betrieb von Meßschleifen u. ä. Aus diesen Kennlinien sind die wichtigen Röhrengrößen Steilheit ↑ , Durchgriff ↑ und innerer Widerstand ↑ für jeden Punkt der Kennlinie ablesbar.

Ist ein Außenwiderstand vorhanden, so kann aus diesen Kennlinien die **Arbeitskennlinie** konstruiert werden, wobei folgende zwei Fälle wichtig sind:

1. **Rein ohmscher Außenwiderstand.**

Der Spannungsabfall an diesem Außenwiderstand setzt die an der Anode liegende Spannung und damit auch den Anodenstrom herab, so daß jede Kurve mit dem Parameter U_a — jetzt besser mit Anodenbetriebsspannung bezeichnet — flacher und auch geradliniger verläuft. Im Kennlinienfeld läßt sich leicht der günstigste Arbeitspunkt festlegen und auch die dynamische Steilheit $\mathfrak{S}$ (Arbeitssteilheit) ablesen. Hiemit kann die erzielte Spannungsverstärkung ermittelt werden. Es ist

$$i_a = \mathfrak{S}u_g$$

und

$$u_a = \mathfrak{S}u_g R_a$$

Der Verstärkungsfaktor v wird

$$v = \frac{u_a}{u_g} = \mathfrak{S}R_a.$$

Unter Benutzung des Wertes für $D = \dfrac{1}{SR_i}$ aus dem statischen Kennlinienfeld wird

$$v = \frac{u_a}{u_g} = \frac{1}{D}\,\frac{R_a}{R_a + R_i}.$$

2. **Außenwiderstand frequenzabhängig**, z. B. Stromresonanzkreis oder Zuführung der Gleichspannung über eine Drossel, wobei deren Blindwiderstand im betrachteten Frequenzbereich groß gegenüber dem ohmschen Außenwiderstand R_a ist.

Hierbei wird die für die Verstärkung einer angelegten Gitterwechselspannung maßgebende Kennlinie um den Arbeitspunkt gedreht. Die Steilheit dieser Kennlinie ist gegenüber der statischen Kennlinie verringert. Der Aussteuerbereich dagegen und damit die abgebbare Nutzleistung größer. Diese Schaltung wird daher hauptsächlich in Leistungsstufen benutzt.

Für die graphische Ermittlung des günstigsten Außenwiderstandes und der erreichbaren Endleistung ist das Kennlinienfeld $I_g = f(U_a)$ mit U_g als Parameter zweckmäßiger. In dieses Kennlinienfeld wird außerdem die durch die zulässige Anodentemperatur gegebene Anodenverlustleistung eingetragen. Der Arbeitspunkt liegt im allgemeinen unterhalb dieser Kurve für maximale

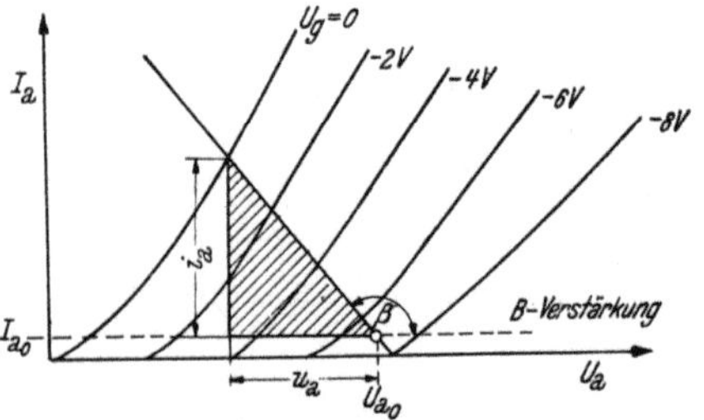

b. Anodenstrom/Anodenspannungs-Kennlinien bei vernachlässigtem Wirkwiderstand der Paralleldrossel für den **A- und B-Verstärker**

Verlustleistung, und die Arbeitskennlinie bei einem reellen Außenwiderstand R_a und $\omega L \gg R_a$ ist eine Gerade mit der Neigung $\operatorname{tg} \alpha = -\dfrac{1}{R_a}$ durch den gewählten Arbeitspunkt. Die abgegebene Leistung ist am größten für $R_a = R_i$. Sie ist gegeben durch $N = \dfrac{i_a \cdot u_a}{2}$.

Liegt der Arbeitspunkt in der Mitte des Aussteuerbereiches, so ergibt sich ein Betriebsfall, der mit „A-Verstärker" bezeichnet wird.

Die mittlere Anodenverlustleistung ist bei jeder Aussteuerung die gleiche. Mit Rücksicht auf die Verzerrungen, die die abgegebene Wechselspannung bei sinusförmiger Eingangsspannung enthält, wird der Außenwiderstand bei einem A-Verstärker mit Trioden größer als R_i gemacht.

Legt man den Arbeitspunkt tiefer, so wird die abgegebene Wechselspannung verzerrt, weil dann im Grenzfall nur noch die positiven Halbwellen der Gitterspannung den Anodenstrom steuern. Dieser Betriebsfall wird mit „B-Verstärker" bezeichnet und wird vorzugsweise in abgestimmten Verstärkern, insbesondere zur Leistungsverstärkung von Hochfrequenz benutzt, da die Abstimmung im Anodenkreis die entstehenden Oberwellen stark verringert. Die mit der gleichen Röhre abgebbare Wechselstromleistung steigt mit wachsender Verlagerung des Arbeitspunktes in den negativen Bereich. Liegt der Arbeitspunkt weit im negativen Gitterspannungsbereich, so daß der Anodenruhestrom $I_a = 0$ ist, so wird dieser Verstärker „C-Verstärker" genannt.

Schaltet man zwei gleiche Röhren parallel, wobei für jede Röhre die Gitterspannung gegenphasig ist, so verstärkt praktisch jede Röhre nur eine Halbwelle. Diese Schaltungsart ergibt einen Gegentaktverstärker der Klasse B, der den Vorteil hat, daß im unausgesteuerten Zustand der Leistungsverbrauch sehr klein ist. Außerdem ist die aus den gleichen Röhren

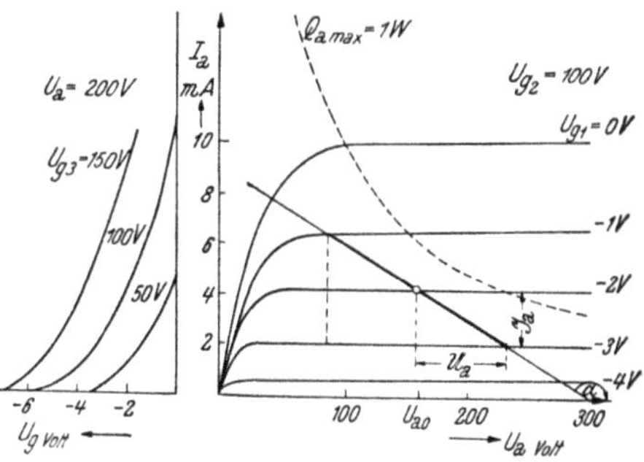

c. Kennlinienfeld einer Pentode

$R_{ao} = 33300\ \Omega = -\cot \alpha$

Gittersteuerspannung $U_g = 1{,}0$ V (Scheitelwert)

Anodenwechselstrom $\mathfrak{J}_a = 2{,}1$ mA (Scheitelwert)

Anodenwechselspannung $U_a = 70$ V

$$v = \frac{U_a}{U_g} = 70$$

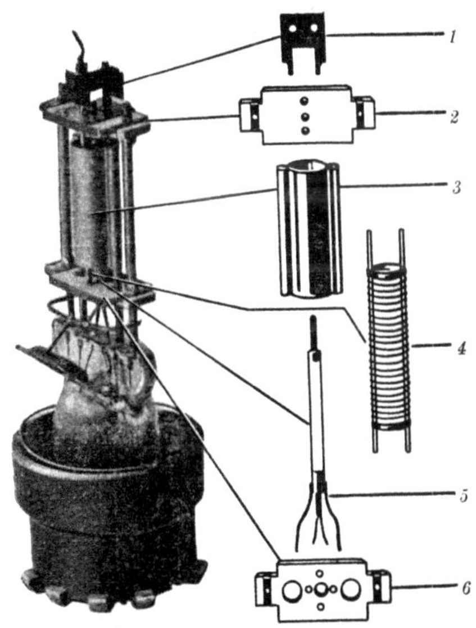

d. Neuzeitliche Verstärkerröhre

1 Gitterkühlflügel — *2* oberes Distanzplättchen — *3* Anode — *4* Gitter — *5* Kathode — *6* unteres Distanzplättchen

gibt einen Gegentaktverstärker der Klasse B, der den Vorteil hat, daß im unausgesteuerten Zustand der Leistungsverbrauch sehr klein ist. Außerdem ist die aus den gleichen Röhren entnehmbare Leistung größer als bei einem Gegentaktverstärker der Klasse A. Bei diesem liegt der Arbeitspunkt in der Mitte des Aussteuerbereiches, und durch die Gegentaktschaltung heben sich die entstehenden Harmonischen größtenteils auf. Diese Schaltung hat daher die geringsten Verzerrungen und außerdem ist die Ausgangsspannung symmetrisch zum Kathodenpotential.

Verstärkerstufe — *amplification stage* — étage d'amplification, étage amplificateur
  → Stufe.

Verstärkung — *amplification constant, gain* — coefficient d'amplification, gain

Nicht einheitlich definiertes Maß für die zahlenmäßige Wirkung eines Verstärkers ↑. Im einfachsten Fall das (komplexe) Verhältnis der Spannung an den Ausgangsklemmen zur Spannung an den Eingangsklemmen bei Belastung (v). Eine andere Definition verwendet das Verhältnis der im Ausgangskreis wirksamen EMK zur Spannung an den Eingangsklemmen (v_a). Es wird ferner auch das Verhältnis der Ausgangsklemmenspannung zur im Eingangskreis wirkenden EMK als Verstärkung definiert (v_e). Schließlich bezeichnet man als Betriebsverstärkung (v_b) das Verhältnis der Ausgangsspannung bei Betrieb mit Verstärker zur an gleicher Stelle auftretenden Spannung bei Betrieb ohne Verstärker.

Ist $\mathfrak{Z}_o$ der innere Widerstand des dem Verstärker vorgeschalteten Gerätes $\mathfrak{Z}_e$ der Eingangswiderstand des Verstärkers, $\mathfrak{Z}_a$ der Ausgangswiderstand desselben und $\mathfrak{W}$ der Belastungswiderstand, so ist

$$v_a = \frac{\mathfrak{E}_2}{\mathfrak{U}_1},$$

$$v = \frac{\mathfrak{U}_2}{\mathfrak{U}_1} = v_a \frac{\mathfrak{W}}{\mathfrak{Z}_a + \mathfrak{W}},$$

$$v_e = \frac{\mathfrak{U}_2}{\mathfrak{E}_o} = \frac{\mathfrak{Z}_e}{\mathfrak{Z}_o + \mathfrak{Z}_e} v = \frac{\mathfrak{Z}_e}{\mathfrak{Z}_o + \mathfrak{Z}_e} v_a \frac{\mathfrak{W}}{\mathfrak{Z}_a + \mathfrak{W}},$$

$$v_b = \frac{\mathfrak{U}_{2v}}{\mathfrak{U}_{2o}} = \frac{\mathfrak{Z}_o + \mathfrak{W}}{\mathfrak{W}} v_e = \frac{\mathfrak{Z}_e}{\mathfrak{Z}_o + \mathfrak{Z}_e} v_a \frac{\mathfrak{Z}_o + \mathfrak{W}}{\mathfrak{Z}_a + \mathfrak{W}}.$$

Die Verstärkung kann als komplexe Größe stets in der Form

$$v = e^g = e^{b + ja} = e^b e^{ja} = v e^{ja}$$

geschrieben werden, in der v ihren Betrag und a das **Phasenmaß** bedeuten, wobei dieses den Winkel angibt, um den die zu verstärkende Größe (Spannung) beim Durchtritt durch den Verstärker phasenverschoben wird.

Verstimmung — *detuning* — désaccord(age)
  Abweichung vom Resonanzzustand.

Verstrebung — *prop, strut* — contre-fiche, entretoisage

Versuch — *test, trial* — essai, épreuve

Verunreinigung — *impurity* — impureté

Verwerfung — *warping, deformation* — gauchissement, déformation

Verzerrungen, nichtlineare — *non-linear distortion, deformation* — distorsion non-linéaire, déformation

entstehen durch den Einschluß neuer Komponenten (Obertöne, Differenztöne, Summationstöne) in das Übertragungssystem, so daß die Nachbildung der Schwingungsvorgänge in der Kurvenform nicht den Originalschwingungen entspricht.

Während die Obertöne nur dann störend wirken, wenn ihre Stärke an die des Grundtones heranreicht, kann durch Differenz- und Summationstöne die Klangfarbe entscheidend beeinflußt werden. Als Maß für die durch Obertöne verursachten nichtlinearen Verzerrungen gilt der Klirrfaktor ↑ und der Verzerrungsfaktor ↑ .

Verzerrungsfaktor — *distortion factor* — facteur de distorsion

Erweiterter Klirrfaktor (→ Oberschwingungsgehalt), der das Verhältnis des Effektivwertes sämtlicher Oberschwingungen, einschließlich der Kombinationstöne ↑ zum Effektivwert des gesamten Frequenzgemisches angibt.

verzerrungsfrei — *distortionless, non-distorting* — sans distorsion

verziehen, sich — *to shrink, to buckle, to warp* — se déjeter, se fausser, se déformer

Verzweigung — *branch(ing)* — branchement

Verzweigungspunkt — *split, branching point, junction point* — (point de) branchement

Vibrationsmeßgerät — *vibration instrument* — instrument à vibration

Das Vibrationsmeßgerät hat ein schwingungsfähiges Anzeigesystem, dessen Eigenfrequenz innerhalb des Meßbereiches liegt und elektromagnetisch oder elektrostatisch in Resonanzschwingung versetzt wird (Frequenzmesser).

Vibrator — *vibrator* — vibrateur

→ Pendelumformer.

Vielfaches, ganzes — *integral multiple, whole multiple* — multiple entier

Vielfaches, gerades — *even multiple* — multiple pair

Vielfaches, ungerades — *odd multiple* — multiple impair

Vielfachverkehr — *multiplex transmission, multiple traffic* — communication multiple

Funkverkehr, bei dem gleichzeitig mit mehreren Gegenstationen Doppelverkehr ↑ durchgeführt werden kann, wozu die Sendeanlage mit mehreren, gleichzeitig auf eigene Antennen arbeitenden Sendern und die Empfangsanlagen mit mehreren, voneinander unabhängigen Empfangssystemen ausgerüstet sind. Zur Vermeidung der gegenseitigen Beeinflussung der Sender untereinander und der Sender auf die Empfänger sind geeignete Vorkehrungen zu treffen (Entkopplung der Antennen, entsprechende Wellenaufteilung u. a. m.). Oft werden Sende- und Empfangsstelle aus funktechnischen Gründen örtlich getrennt und über Fernsprechleitungen mit einer Betriebszentrale verbunden, von der aus die Sender durch Ferntastung betrieben und die Niederschrift der eingelangten Telegramme vorgenommen werden.

Vierpol — *quadripole, four-pole* — quadripôle

Anordnung von Widerständen, Kapazitäten und Induktivitäten, die nach außen hin durch vier Anschlüsse gekennzeichnet ist, von denen je zwei (zum Eingang bzw. zum Ausgang) zusammengehören. Ihrer inneren Schaltung entsprechend unterscheidet man bei einfachen Vierpolen eine T-, Π- und X- oder Kreuzschaltung.

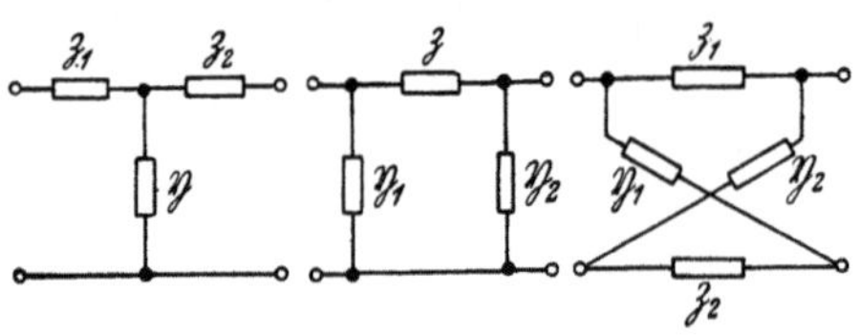

Sind die im Vierpol vorhandenen Kopplungswiderstände eindeutig (lineare Funktionen der Wechselstromwiderstände R, ωL, $1/\omega C$), dann gelten die Grundgleichungen

$$\left.\begin{aligned}\mathfrak{U}_2 &= \mathfrak{A}_2\mathfrak{U}_1 - \mathfrak{B}\mathfrak{J}_1\\\mathfrak{J}_2 &= \mathfrak{A}_1\mathfrak{J}_1 - \mathfrak{C}\mathfrak{U}_1\end{aligned}\right\}$$

$$\left.\begin{aligned}\mathfrak{U}_1 &= \mathfrak{A}_1\mathfrak{U}_2 + \mathfrak{B}\mathfrak{J}_2\\\mathfrak{J}_1 &= \mathfrak{A}_2\mathfrak{J}_2 + \mathfrak{C}\mathfrak{U}_2\end{aligned}\right\}$$

worin $\mathfrak{U}_1$, $\mathfrak{J}_1$, $\mathfrak{U}_2$, $\mathfrak{J}_2$ Spannung und Strom am Ein- und Ausgang des Vierpoles und $\mathfrak{A}$, $\mathfrak{B}$, $\mathfrak{C}$ die „Vierpolkonstanten" bedeuten.

Verhält sich der Vierpol unabhängig davon, von welcher Seite er gespeist wird, dann heißt er **symmetrisch**. Es ist dann $\mathfrak{A}_1 = \mathfrak{A}_2 = \mathfrak{A}$.

Leerlauf- und Kurzschlußwiderstände eines Vierpoles ergeben sich je nach der Richtung der Speisung zu

$$\mathfrak{W}_{10} = \mathfrak{A}_1/\mathfrak{C} \qquad \mathfrak{W}_{20} = \mathfrak{A}_2/\mathfrak{C}$$
$$\mathfrak{W}_{1k} = \mathfrak{B}/\mathfrak{A}_2 \qquad \mathfrak{W}_{2k} = \mathfrak{B}/\mathfrak{A}_1$$

Enthält der Vierpol elektromotorische Kräfte, dann wird er **aktiver Vierpol** genannt. [OII]

Vierpolröhre — *tetrode, four-electrode valve* — tetrode, lampe bigrille

→ Tetrode.

virtuell — *virtual* — virtuel

V-Kurven

→ Synchronmaschine.

Vollast — *full load* — pleine charge

Volt — *volt* — volt

Einheit der elektrischen Spannung. 1 Volt (V) liegt an einem Widerstand von 1 Ω, wenn er von 1 A durchflossen wird. 1 Volt entspricht $\frac{1}{3}10^{-2}$ elektrostatischen und 10^8 elektromagnetischen Spannungseinheiten.

Voltameter — *voltameter, coulometer* — voltamètre

Elektrisches Meßinstrument zur Messung von Strömen und zur Verwendung als Zähler auf elektrolytischer Grundlage (→ Elektrolyse). Am bekanntesten ist das Silber-Voltameter. Die erreichbare Genauigkeit ist so groß, daß bis vor kurzem mit seiner Hilfe die gesetzliche Einheit der

Stromstärke dargestellt wurde. Dieses Voltameter wird ergänzt durch eine Vielzahl von weiteren, deren bekannteste das Knallgas-, Kupfer- und Wasserstoffvoltameter sind.

Volumenionisierung

→ $\alpha\beta$-Hypothese.

Vordermaschine

→ Kaskadenschaltung.

voreilen — *to lead* — avancer

Voreilwinkel — *lead angle, angle of advance* — angle d'avance, angle de calage

Winkel, um den eine elektrische Wechselstromgröße zeitlich einer anderen vorauseilt, ausgedrückt in Winkeleinheiten.

Vorspannung — *bias* — tension de polarisation

Um bei einer Meßanordnung geeignete Arbeitsbereiche zu erhalten, wird manchmal der eine oder der andere Punkt von vorne herein auf einem bestimmten Potential gehalten, ihm also — etwa durch Anschluß an eine Batterie — eine „Vorspannung" erteilt. So wird im besonderen dem Gitter ↑ einer Verstärkerröhre ↑ eine negative Vorspannung erteilt, um den Arbeitsbereich der Röhre in den geradlinigen Teil ihrer Kennlinie zu verlegen.

vorübergehend — *transient* — transitoire

Vorverstärker — *input amplifier, preamplifier* — amplificateur d'entrée, préamplificateur

1. In der Nähe des Aufnahmeortes angeordneter Verstärker, der bei Übertragung einer Rundfunkdarbietung auf längere Übertragungsleitungen eine erste Verstärkung vornimmt.

2. → Spannungsverstärker.

Vorwiderstand — *series resistance* — résistance en série, résistance d'interposition

Widerstand zur Erweiterung des Meßbereiches von Spannungspfaden ↑. Er wird mit dem Spannungspfad in Reihe geschaltet. Seine Größe errechnet sich aus

$$U = U_v \frac{R_v + R}{R_v}$$

U = Gewünschter Spannungsbereich,
U_v = Meßbereich des Gerätes an sich,
R_v = Widerstand des Spannungsmessers.

Soll also die k-fache Spannung gemessen werden, so ist $R = R_v$ (k—1) zu machen.

Vorwiderstand

V-Schaltung

Hauptsächlich bei Spannungswandlern in Drehstromsystemen angewandte Schaltung, bei der nur zwei Wandler an zwei verkettete Spannungen geschaltet, sekundär aber alle drei Spannungen abgenommen werden.

Vulkanfiber — *vulcanized fibre, hard fibre* — fibre vulcanisée

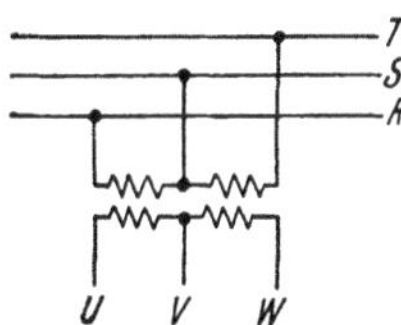

V-Schaltung

W

W

Kurzzeichen für die Leistungseinheit Watt ↑ .

Wabenspule — *honeycomb coil* — bobine en nid d'abeilles
Kapazitätsarme Spule, bei der dem Spulendraht während
des Aufwickelns nach dem nebenstehenden Schema eine hin
und her gehende Bewegung in der Achsenrichtung erteilt
wird, so daß ein rhombisches Maschenwerk entsteht. Die
Spule hat etwa die dreifache Eigenkapazität einer Spule
mit Stufenwicklung ↑ und die 1/2,5…1/4,5-fache einer
solchen mit Lagenwicklung ↑ bei ungefähr gleichen Abmessungen.

Wachs — *wax* — cire

Wachsdraht — *waxed wire* — fil ciré

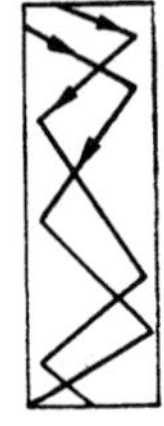

Wicklungs-
schema einer
Wabenspule

Wähler — *selector* — sélecteur
Selbsttätige Schalter zum Verteilen ankommender Signale
auf eine bestimmte unter vielen Leitungen; in der Fernsprechtechnik als wichtigstes Schaltorgan der Selbstanschluß-
technik in Verwendung stehend, durch das Prinzip gekennzeichnet, daß
die an die Adern angeschlossenen Kontaktarme durch eine Reihe bestimmt
ausgewählter Stromstöße schrittweise über Kontaktkränze geschaltet werden.
Die Betätigung erfolgt durch mehrere Stromstoßreihen, von denen beispielsweise beim Leitungswähler die erste über einen Hebemagnet eine
Achse mit Kontaktarmen um so viel Stufen hebt, wie die Anzahl der
Stromstöße beträgt, worauf die zweite Stromstoßreihe einen Dreh-
magneten betätigt, der eine Drehung der Achse um einen der Anzahl
der Stromstöße dieser Reihe entsprechenden Winkel bewirkt. Bei beispielsweise 10 Kontaktkränzen mit je 10 Kontakten kann so zwischen 100
Anschlußleitungen gewählt werden.

Wälzlager — *roller bearing* — palier à rouleaux
Lager, bei welchem keine gleitende, sondern nur eine rollende Reibung
stattfindet. Es hat besonders kleine Reibungsverluste und braucht wenig
Schmierung und Wartung. Wälzlager können als Kugel- oder Rollenlager
ausgeführt sein, je nachdem ob die Welle zwischen Kugeln oder zylindrischen Rollen gelagert wird.

Wälzregler
→ Schnellregler.

Wärme — *heat* — chaleur
Energieform; entsteht bei jeder elektrischen Strömung als Joulesche
Wärme

$$W = I^2Rt.$$

Als Einheit wird neben dem Joule die Kalorie ↑ definiert.

Wärmedurchschlag — *breakdown due to thermal instability* — charge
dû aux modifications par la chaleur
Art des Entstehens eines leitenden Pfades in einem Isolator, bei der die
Erwärmung des Dielektrikums zum Durchschlag führt. Infolge der in einem
solchen Körper vorhandenen, inhomogen verteilten Ionen entstehen zunächst an den Stellen größerer Ionenkonzentrationen schwache Ströme,
die eine Erwärmung dieser Stellen zur Folge haben. Dadurch sinkt aber
der Widerstand, so daß sich die Stromdichte und damit auch die Erwärmungen weiter steigern, so lange, bis bei einem bestimmten Wert der angelegten

Spannung der Vorgang aufhört, sich zu begrenzen. Das Material schmilzt und verdampft und es entsteht ein Durchschlag. Dabei spielt naturgemäß auch die Wärmeleitfähigkeit eine ausschlaggebende Rolle. Es wirkt auch eine größere zu durchschlagende Schicht in der Richtung auf eine Herabsetzung der Durchschlagsfestigkeit, weil bei ihr die Wärmeabfuhr erschwert ist.

Wärmeinhalt — *heat content* — contenu en chaleur

Wärmemenge — *quantity of heat* — quantité de chaleur

Wärmepumpe

Anordnung, die aus einem Wärmereservoir vergleichsweise niederer Temperatur (Fluß, See) durch mechanischen Aufwand Wärme entnimmt und einem System höherer Temperatur zuführt. Sie wird in erster Linie für Zwecke der Heizung verwendet und arbeitet wesentlich wirtschaftlicher als beispielsweise die direkte Wärmeerzeugung durch den elektrischen Strom. Während bei dieser aus 1 kWh höchstens 860 kcal Wärme gewonnen werden können, vermag man mit der Wärmepumpe mit demselben Aufwand aus Wärmeträgern bis zu 2000 kcal und mehr zu entnehmen. Der Unterschied liegt darin, daß bei rein elektrischer Wärmeerzeugung die elektrische in Wärmeenergie umgewandelt wird, also nicht mehr Energie gewonnen werden kann als aufgewendet wird, während bei der Wärmepumpe die Wärmeenergie als solche ja vorhanden ist und der Aufwand nur zu deren Freimachung und Überführung auf das höhere Wärmepotential erforderlich wird. In Verwendung stehen heute die Dampf- und die Luftwärmepumpe.

Die Wirkungsweise der **Dampfwärmepumpe** lehnt sich eng an die Wirkungsweise der Kältemaschinen an, die darauf beruht, daß jede Flüssigkeit beim Verdampfen ihrer Umgebung Wärme (die Verdampfungswärme) entzieht. Der abzukühlenden Flüssigkeit (z. B. Flußwasser) wird zunächst in einem Wärmeaustauscher A_1 vom Wärmeträger, der eine bei niedrigen Temperaturen verdampfende Flüssigkeit (Butan, Freon) ist, durch Verdampfen Wärme entzogen. Dies geschieht durch Verdünnung auf der Saugseite des Verdichters V. Der Dampf wird nun in

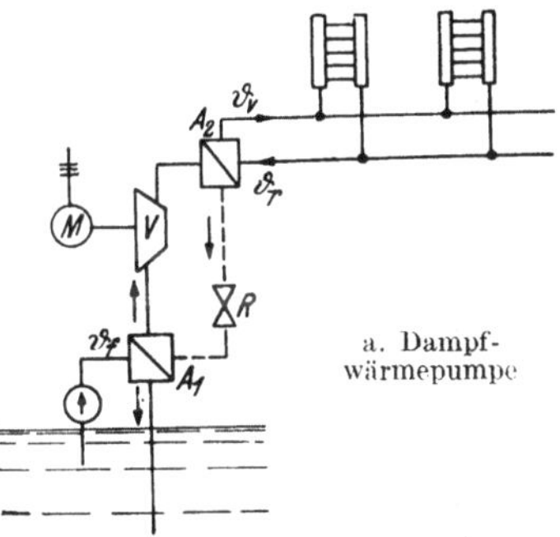

den Wärmeaustauscher A_2 gedrückt und dabei verdichtet und erwärmt. Er gibt dort die aufgenommene Verdampfungswärme und das Wärmeäquivalent der Verdichterarbeit an das Kühlmittel ab, das beispielsweise das Wasser einer Heizanlage sein kann. Dabei kondensiert der Dampf und fließt als Kondensat über ein Druckminderventil R wieder dem Austauscher A_1 zu.

Die Güte der Anlage, die die Wirtschaftlichkeit beurteilen läßt, wird beschrieben durch die Leistungsziffer, das ist das Verhältnis der in A_2 abgegebenen Wärme zum Wärmewert der aufgewandten Antriebsarbeit für den Verdichter. Die Wärmeziffer errechnet sich aus

$$\varepsilon = \frac{\vartheta_m + 273}{\vartheta_m - \vartheta_f}\, \eta,$$

worin

$\vartheta_m = \dfrac{\vartheta_v + \vartheta_r}{2}$ die mittlere Temperatur des Wärmespenders (Mittel aus Vorlauf- und Rücklauftemperatur), ϑ_f die Temperatur des Flußwassers und η den Gesamtwirkungsgrad der Anlage (etwa 0,5) bedeuten. Eine

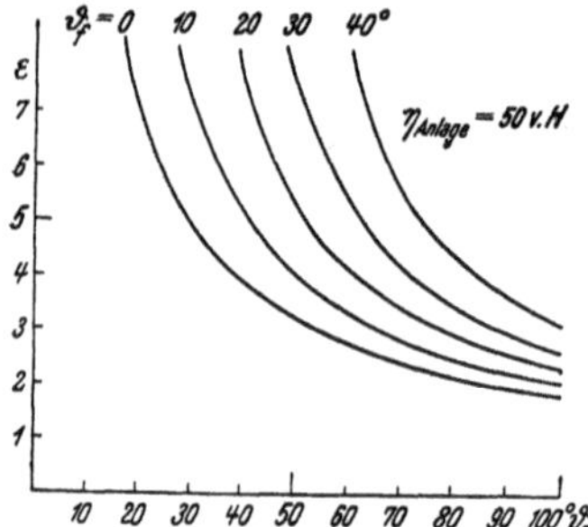

b. Abhängigkeit der Leistungsziffer ε von der Flußwasser- (ϑ_f) und Wärmespendertemperatur bei der Wärmepumpe

graphische Darstellung dieses Zusammenhanges zeigt für $\eta = 50\%$ die Abb. b).

Bei der **Luftwärmepumpe**, deren Entwicklung noch weniger weit vorgeschritten ist, wird die Abluft des zu heizenden Raumes in einem Verdichter verdichtet und dabei erwärmt. In einem Wärmeaustauscher gibt sie ihre Wärme an die Frischluft ab, die dem zu erwärmenden Raum zugeführt wird. Die abgekühlte Abluft wird in einer Gasturbine nahezu adiabatisch entspannt und dabei weiter stark abgekühlt und schließlich ins Freie ausgestoßen. Die Gasturbine bildet einen Teil des Antriebes zum vorerwähnten Verdichter. Die erforderliche Restenergie liefert ein (elektrischer) Antriebsmotor. [Elektrizitätswirtschaft 1943, S. 224.]

Wärmerauschen — *thermal agitation noise* — effet thermique, bruit de fond

Die Elektronenbewegung in elektrischen Leitern erfolgt nicht ganz regelmäßig; es ist demnach der einen Widerstand durchfließende Strom auch beim Anlegen an konstante Spannung ganz kleinen Schwankungen unterworfen, die sich auf ein sehr breites Frequenzband erstrecken und bei der Verstärkung durch Elektronenröhren als störendes Rauschen bemerkbar machen. Die durch die Wärmebewegung verursachte Rauschleistung kann nach der Formel

$$N_R = 4kT\Delta f = \frac{U_R^2}{R}$$

berechnet werden, worin k die Boltzmannsche Konstante und Δf die Breite des Frequenzbandes ist, innerhalb dessen das Rauschen zur Wirkung kommen kann. Man ordnet dieser Leistung gerne eine am stromdurchflossenen Widerstand wirkend gedachte Spannung U_R zu, die dann **Rauschspannung** genannt wird.

Wärmestrahlung — *heat radiation* — rayonnement de chaleur

Wagnersche Brücke

Wechselstrommeßbrücke für Präzisionsmessungen, insbesondere an Teil- bzw. Betriebskapazitäten. Durch einen Hilfszweig wird das Telephon auf Erdpotential gebracht und damit die Fehler durch Erdkapazitäten vermieden. [Brion u. Vieweg, Starkstrommeßtechnik S. 113, Springer, Berlin 1933.]

Wahrscheinlichkeitsrechnung — *calculus of probabilitys, probability theory* — calcul des probabilités

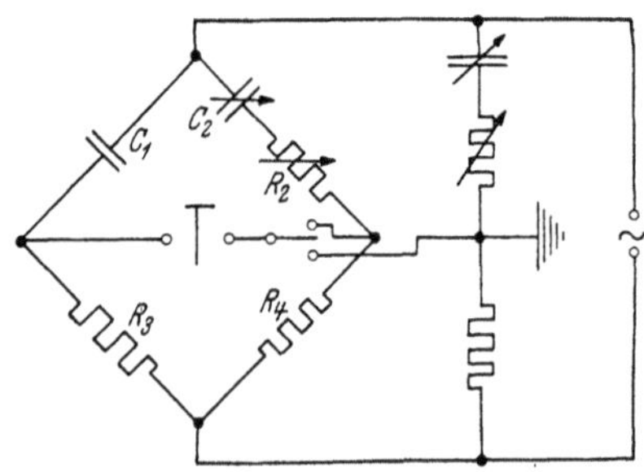

Wagnersche Brücke

Walzenschalter — *barrel switch, drum controller* — interrupteur en cylindre, inverseur à tambour

Drehschalter, dessen Kontaktlamellen am Umfang einer zylindrischen Walze angeordnet sind.

Walzwerk — *rolling mill* — laminoir

Wanderwelle — *moving wave, transient wave, travelling wave* — onde mobile, onde progressive, onde transitoire

Entlang einer Leitung bestehende Strom- und Spannungsverteilung, die sich der Leitung entlang mit nahezu Lichtgeschwindigkeit fortpflanzt und dabei mehr oder weniger gedämpft wird.

Jeder elektrische Zustand auf der Leitung kann durch Überlagern einer vorwärts- und einer rückwärtslaufenden Wanderwelle dargestellt werden. Ist die Leitung mit dem Wellenwiderstand belastet (→ Anpassung und natürliche Leistung), dann entfällt die rückwärtslaufende Welle und die Leitung führt nur vorwärtslaufende Wellen.

Die Wellendarstellung erweist sich besonders günstig bei der Untersuchung von Stoß- und Ausgleichsvorgängen, wie sie auf der Leitung beispielsweise bei atmosphärischen Entladungen auftreten.

Wandler — *instrument transformer* — transformateur de mesure

Für Meßzwecke bestimmte Kleintransformatoren, die entweder zur Übertragung einer Primärspannung beliebiger Höhe auf einen Meßkreis von meistens 110 V Spannung, oder zur Übertragung eines Primärstromes auf einen Meßkreis mit einer Übersetzung von meistens auf 5 A dienen. Im ersten Fall spricht man von Spannungs- ↑, im zweiten von Stromwandlern ↑. Spannungswandler können und werden auch öfter zur bloßen galvanischen Trennung zweier Meßstromkreise verwendet, meist um unerwünschten Verbindungen über die Erdleitungen zu entgehen, da jeder sekundäre Meßwandlerkreis vorschriftsgemäß geerdet sein muß. In letzterem Falle können die Spannungswandler auch ein Übersetzungsverhältnis 1 : 1 oder in der Nähe von 1 : 1 haben.

Die in der Fernmeldetechnik verwendeten Wandler werden Übertrager ↑ genannt.

Wandstärke — *thickness* — épaisseur

Wasserdicht — *water proof* — étanche à l'eau

Wasserfrei — *anhydrous* — anhydre

Wasserkraftwerk — *hydro electric generating station, water power station* — usine hydraulique

Wassermengendauerlinie

Kennlinie einer Wasserkraftquelle, die die dargebotene Wassermenge in Abhängigkeit von der Zeitdauer eines Jahres darstellt, innerhalb der eine bestimmte Wassermenge zur Verfügung steht. So findet man beispielsweise für den in der Abbildung gezeigten besonderen Fall, daß der betrachtete Fluß eine Wassermenge von 50 m³/s durch zwei Monate, 20 m³/s durch 9 Monate und das ganze Jahr hindurch eine Mindestdarbietung von 10 m³/s gibt. Zu

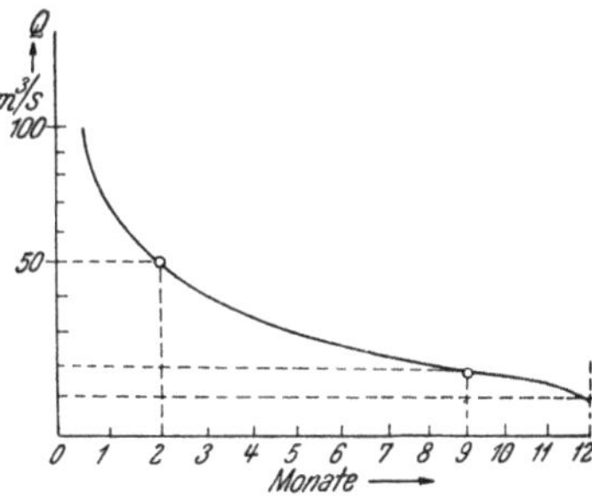

Wassermengendauerlinie

welchen Zeiten des Jahres die n-monatliche Wassermenge zur Verfügung steht, ist aus der Kurve nicht ersichtlich.

Wasserstandszeiger — *water gauge, water level indicator* — indicateur de niveau d'eau

Wasserstoff — *hydrogen* — hydrogène

Wasserwiderstand — *water rheostat, water resistance* — résistance liquide, rhéostat hydraulique

Vor- oder Belastungswiderstand aus Wasser, dessen Leitfähigkeit gegebenenfalls durch Zusätze von Salzen eingestellt werden kann.

Wasserwiderstände werden gerne in Kraftanlagen zur Prüfung der Generatoren verwendet (Belastungswiderstände) und dann meist in einem eigenen, wegen der Dampfentwicklung getrennt angeordneten Gebäude untergebracht. Die Einstellung der Belastung erfolgt durch Regelung des Wasserspiegels oder der Eintauchtiefe der Elektroden. Auch Anlasser zum Anlaufen von Motoren werden häufig als Wasserwiderstände ausgeführt.

In Höchstspannungslaboratorien werden Wasserwiderstände als induktionsfreie Beruhigungs- und Schutzwiderstände verwendet. Sie werden meist als wassergefüllte, mit zwei Stiftelektroden versehene Glasröhren ausgebildet.

Watt — *watt* — watt

Leistungseinheit,

$$1\ W = 1\ J/s = 1\ Nm/s$$

Wattstundenwirkungsgrad — *watthour efficiency*

Kenngröße von Akkumulatoren, und zwar das Verhältnis der bei der Entladung abgegebenen Energie zur bei der Ladung aufgenommenen Energie.

Wb

Kurzzeichen für die Einheit Weber ↑ des magnetischen Flusses.

Weber — *weber* — weber

Einheit des magnetischen Flusses von der Größe

$$1\ Wb = 1\ Vs = 10^8\ M.$$

Wechselfeld — *alternating field* — champ alternativ

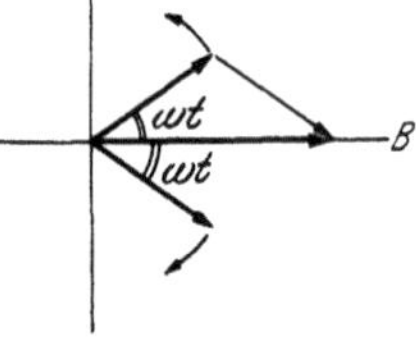

Zusammensetzung zweier Drehfelder zu einem Wechselfeld

Im Raum feststehendes, zeitlich veränderliches Feld. Bei zeitlich sinusförmigem Verlauf kann ein Wechselfeld als Überlagerung zweier gleich großer, in entgegengesetztem Drehsinn umlaufender Kreisdrehfelder aufgefaßt werden, in die also auch jedes Wechselfeld nach der Gleichung

$$B\cos\omega t = \frac{B}{2}e^{j\omega t} + \frac{B}{2}e^{-j\omega t}$$

zerlegt werden kann.

Wechselrichter — *inverter, invertor* — onduleur

Gittergesteuerter Stromrichter ↑ zur Umwandlung von Gleichstrom in Wechselstrom. Er bildet die Umkehrung eines Gleichrichters ↑ und wird meist zur Belieferung eines Wechselstromnetzes aus einem Gleichstromnetz oder zur Erzeugung periodischer Steuerimpulse für Steuer- und Regelkreise benützt (s. a. Umrichter).

Die Wirkungsweise des Wechselrichters geht aus der nebenstehenden Schaltung und den Diagrammen der Abb. b hervor. Wird nach der Zündpunktverzögerung α die Anode A_1 durchlässig, so fließt über sie ein Strom I aus dem Gleichstromnetz, der wegen der Kathodendrossel K.D. in erster Annäherung rechteckigen Verlauf hat und dessen Grundschwingung in ein Vektordiagramm eingezeichnet werden kann. Gleichzeitig liegt an den Transformatorklemmen vom Wechselstromnetz her die Wechselspannung U. Ist die Zündpunktverzögerung α größer als 90°, so überwiegt während der Brenndauer t_B die zur Stromrichtung entgegengesetzte Spannungsrichtung; es wird Strom (generatorisch) ins Netz geliefert. Wenn nun die zweite Anode A_2 freigibt, kommt es dort zur Zündung und es fließt im Transformator jetzt ein Strom

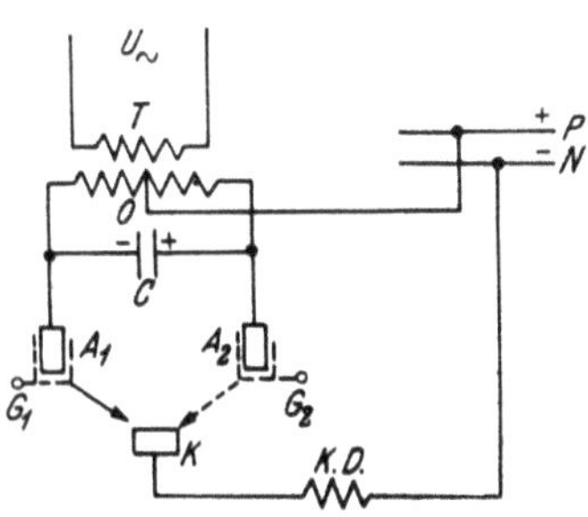

a. Grundsätzliche Schaltung eines Wechselrichters

A_1, A_2 Anoden
G_1, G_2 Gitter
    K   Kathode
 K.D.   Kathodendrossel
    T   Wechselrichter-Transformator
    C   Kondensator

in der entgegengesetzten Richtung. Gleichzeitig erhält G_1 Sperrpotential und würde eine Neuzündung von A_1 verhindern, falls der Bogen bei A_1 vorher erloschen ist. Um das zu erreichen, ist der Kondensator C vorgesehen.

Während der Brennzeit der ersten Anode liegt die linke Klemme des Kondensators an negativem Potential; der Kondensator lädt sich, wie eingezeichnet, auf. Kommt es nun nach Ablauf der Brennzeit zur Zündung der zweiten Anode, so ist der Kondensator über die beiden Lichtbögen kurzgeschlossen. Er entlädt sich und führt einen Entladestrom in der Richtung des zweiten Lichtbogens und in

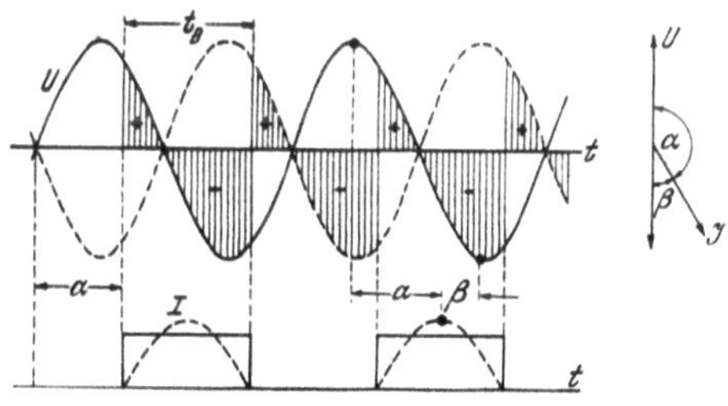

b. Strom- und Spannungsdiagramm beim einphasigen Wechselrichter

entgegengesetzter Richtung zum ersten Lichtbogen. Dieser wird damit ausgeblasen und eine Neuzündung wegen des negativen Potentiales am Gitter G_1 verhindert. Dadurch kann der Übergang des Lichtbogens auf die Anode A_2 genügend sichergestellt werden (Kommutierung). Durch das abwechselnde Arbeiten der Anoden A_1 und A_2 wird über den Transformator T Wechselstrom dem Wechselstromnetz zugeführt.

Bei Dreiphasen- oder Sechsphasenstrom ist der Vorgang im wesentlichen derselbe. Es muß nur wieder die Zündpunktverschiebung um mehr als 90° hinter dem „natürlichen Zündpunkt", das ist der Zündpunkt, der sich ohne Gittersteuerung einstellen würde, nacheilen.

Es gibt auch mechanische Ausführungsformen des Wechselrichters für kleine Leistungen (→ Pendelumformer).

Wechselschalter — *change-over (switch), double throw switch, pole changing switch* — commutateur, inverseur

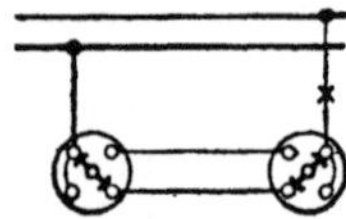

Wechselschalter

Installationsschalter zum Ein- und Ausschalten eines Stromkreises von zwei Stellen aus.

Wechselspannung — *alternating potential* — tension alternative

In Wechselstromsystemen auftretende Spannung, die bei linearem System den gleichen zeitlichen Verlauf hat, wie die Ströme (→ Wechselstrom).

Wechselsprechen — *intercommunication* — intercommunication

→ Einfachverkehr.

Wechselstrom — *alternating current* — courant alternatif

Abwechselnd in positiver und negativer Richtung fließender, vorzugsweise periodischer Strom. Bei den technischen Anwendungen wird häufig eine sinusförmige Zeitabhängigkeit (sinusförmiger Wechselstrom) angestrebt. Wo dies nicht der Fall ist, kann ein periodischer Wechselstrom aus Sinusströmen verschiedener Periodenzahl ↑ zusammengesetzt werden (→ Fouriersche Reihe) [OI, OII].

Wechselverkehr — *simplex operation, intercommunication* — communication simplex

→ Einfachverkehr.

Weglänge, freie — *free path*

Mittelwert aus den Wegen, die Elektronen oder Ionen durchlaufen, bis sie mit einem Molekül zusammenstoßen. Die freie Weglänge steht in engstem Zusammenhang mit der Beweglichkeit ↑. In metallischen Leitern liegt sie in der Größenordnung von einigen 10^{-7} cm.

Wehneltzylinder — *control electrode, Wehnelt cylinder* — (cathode) Wehnelt

Gegen die Kathode einer Kathodenstrahlröhre negativ geladener und sie umhüllender Metallzylinder, der das Feld zwischen Kathode und Anode so beeinflußt, daß der von der Kathode ausgehende Elektronenstrahl konzentriert wird.

Weicheisen — *ductile iron, soft iron* — fer doux

Eisen mit verschwindend kleiner Remanenz ↑, so daß es den Ummagnetisierungen eines erregenden Wechselstromes folgen kann und im linearen Teil seiner Magnetisierungslinie diesem proportional ist. Weicheisen wird wegen dieser Eigenschaften bevorzugt im Meßgerätebau verwendet.

Weicheiseninstrument — *moving-iron instrument* — instrument de mesure à fer doux

Meßgerät mit einer den zu messenden Strom führenden Spule, die einen meist drehbar gelagerten Kern aus Weicheisen erregt und entgegen einer Rückstellkraft bewegt. Da das entstehende magnetische Feld ebenfalls dem erregenden Strom proportional ist, ist der Ausschlagwinkel dem Quadrat des zu messenden Stromes verhältnisgleich. Das Instrument erhält demgemäß eine quadratische Skala, die aber durch entsprechende Formgebung des Weicheisenstückes vergleichmäßigt werden kann. Da somit das Gerät quadratische Mittelwerte angibt, kann es gleicherweise für Gleich- und Wechselstrom verwendet werden, in welch letzterem Falle es den Effektivwert anzeigt (s. a. Drehspulmeßgerät).

Kennzeichen des Weicheiseninstumentes

Weichgummi — *soft rubber* — caoutchouc doux
→ Kautschuk.

Weißglut — *incandescence, white heat* — incandanscence, chaleur blanche

Welle — *wave* — onde

Bewegungszustand eines aus vielen, schwingende Bewegungen ausführenden Elementen bestehenden Gebildes, wenn die Elemente untereinander durch ein Gesetz verbunden sind. Sie ist eine **stehende Welle**, wenn ihr Bild im Raum feststeht, oder eine **fortschreitende Welle**, wenn die Wellenform mit meist gleichförmiger Geschwindigkeit sich in den Raum ausbreitet. Im ersteren Fall können „Knotenpunkte" und „Schwingungsbäuche" auftreten, im zweiten Fall sind keine schwingungslosen Punkte vorhanden und das Schwingungsmaximum pflanzt sich mit der Welle in den Raum fort.

Welle, elektrische

Elektrisch derart gekoppelte Antriebsmotoren, daß deren absoluter Gleichlauf gewährleistet ist. Nach untenstehendem Schaltbild werden hiezu die beiden Antriebsmotoren M_1 und M_2 je mit einer Drehstrominduktionsmaschine mit Schleifringen starr gekuppelt. Die Schleifringe dieser die elektrische Welle bildenden Maschinen sind phasengleich miteinander verbunden, so daß beim Zurückbleiben der einen Maschine infolge der ent

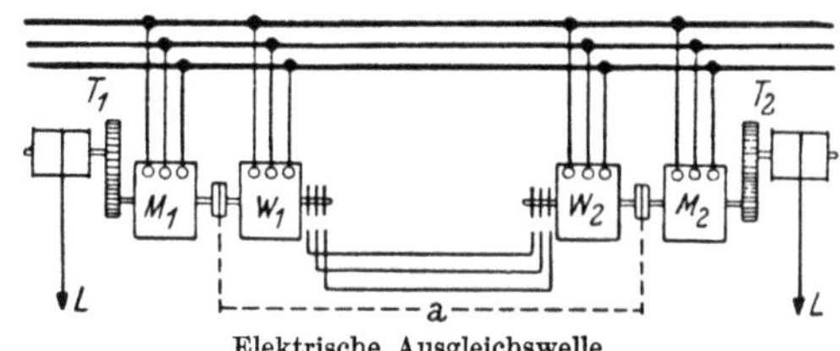

Elektrische Ausgleichswelle

stehenden Phasenverschiebung zwischen den Läuferspannungen, zwischen den Läufern Differenzspannungen auftreten, die einen Ausgleichsstrom zur Folge haben, der durch sein synchronisierendes Moment das stärker belastete und zurückgebliebene Triebwerk beschleunigt. Um ein möglichst großes synchronisierendes Moment zu erhalten, läßt man die Ausgleichsmotoren gegen ihr Drehfeld arbeiten oder wählt ihre Polzahl kleiner als die der Antriebsmotoren.

Welle, reflektierte — *reflected wave* — onde réflèchie

Welle, stehende — *stationary wave* —
onde stationnaire

Wellenschwingung, die ihre örtliche Verteilung beibehält, aber an jeder Stelle die gleiche zeitliche Veränderlichkeit aufweist. Bei sinusförmiger räumlicher Verteilung und zeitlich sinusförmigem Verlauf ergibt sich für eine stehende Welle die grundsätzliche Gleichung

$$y = Y \sin ax \cos wt.$$

Stehende Welle

Wellenbereich — *wave range, wave band* — gamme d'ondes

ergibt sich aus einer durch stetige Änderung des Abstimmelementes (z. B. Drehkondensators) erreichbaren Frequenzänderung eines Schwingungskreises ohne Spulenumschaltung.

Wellenfront — *wave front* — front de l'onde

In der Fortpflanzungsrichtung gesehen, der vorderste Teil einer fortschreitenden Welle.

Wellenlänge — *wavelength* — longeur d'onde

Räumliche Ausdehnung einer fortschreitenden, periodischen Welle. Sie wird durch die Fortpflanzungsgeschwindigkeit v, die Frequenz f, beziehungsweise das Phasenmaß α wie folgt bestimmt

$$\lambda = \frac{v}{f} = \frac{2\pi}{\alpha}\,.$$

Wellenmesser — *wavemeter, cymometer* — ondemètre, cymomètre

In der Technik übliche Bezeichnung für Apparate, die zur Bestimmung der Wellenlänge elektrischer Schwingungen dienen, obwohl meistens nicht die Wellenlänge, sondern die Frequenz gemessen wird.

Wellenschalter — *band switch, band selector* — commutateur d'ondes, commutateur de bandes

Drehschalter zur Umschaltung der Verbindungen in den Kreisen eines Empfängers oder Senders, um ihn für ein bestimmtes, gewünschtes Frequenzband abzustimmen.

Wellenstirn — *wave front* — front de l'onde

→ Wellenfront.

Wellenwicklung — *wave winding, spiral winding* — enroulement ondulé

Art der Spulenschaltung in der Wicklung einer elektrischen Maschine, bei der beim Fortschreiten von Spulenseite zu Spulenseite gemäß der gewählten Verbindungen stets die gleiche Richtung eingehalten wird, im Gegensatz zur Schleifenwicklung, bei der der Fortschreitungssinn von Spulenseite zu Spulenseite wechselt.

Wellenwiderstand — *characteristic impedance, surge impedance* — impédance caractéristique

Charakteristische Größe eines Vierpoles, Kettenleiters oder einer langen Leitung. Er ist jener Abschlußwiderstand, für den der Eingangswiderstand ↑ des Vierpoles den gleichen Wert erhält, der dann also nur vom Vierpol selbst abhängt und somit eine Kenngröße desselben ist. Er errechnet sich als geometrischer Mittelwert aus, von verschiedenen Seiten des Vierpoles gemessenem Leerlauf- und Kurzschlußwiderstand

$$\mathfrak{Z} = \sqrt{\mathfrak{W}_{10}\mathfrak{W}_{2k}} = \sqrt{\mathfrak{W}_{20}\mathfrak{W}_{1k}}\,.$$

Man nennt den so definierten Wellenwiderstand genauer auch den „mittleren Wellenwiderstand" zum Unterschied von den „äußeren Wellenwiderständen" (Eingangs- und Ausgangswellenwiderstand), die aus den Produkten von Leerlauf- und Kurzschlußwiderstand auf ein und derselben Seite des Vierpoles gewonnen werden

$$\mathfrak{Z}_1 = \sqrt{\mathfrak{W}_{10}\mathfrak{W}_{1k}}\,, \quad \mathfrak{Z}_2 = \sqrt{\mathfrak{W}_{20}\mathfrak{W}_{2k}}\,; \quad \mathfrak{Z} = \sqrt{\mathfrak{Z}_1\mathfrak{Z}_2}\,.$$

Die Bezeichnung Wellenwiderstand stammt daher, daß der Kettenleiter oder die lange Leitung einer fortschreitenden Welle ↑ diesen Widerstand entgegensetzt, daß also für solche Wellen (unabhängig davon, ob sie vorwärts- oder rückwärtslaufende Wellen sind) das Verhältnis von Spannung zu Strom an jeder Stelle der Leitung gleich dem Wellenwiderstand ist. Treten, wie bei der normalen Übertragung auf einer langen Leitung, gleichzeitig vor- und rückwärtslaufende Wellen auf, dann ist das Verhältnis der Gesamtspannung (Leiterspannung) zum Gesamtstrom (Leiterstrom) nicht gleich dem Wellenwiderstand.

Bei der homogenen, langen Leitung errechnet sich der Wellenwiderstand aus

$$\mathfrak{Z} = \sqrt{\frac{R + j\omega L}{G + j\omega C}} \; ,$$

worin R, G, L, C die Leitungsbeläge ($\rightarrow$ Fortpflanzungskonstante) bedeuten. Bei langen Starkstromleitungen kann meist genau genug

$$\mathfrak{Z} = \sqrt{\frac{L}{C}}$$

gesetzt werden. Der Wellenwiderstand hat dabei bei Freileitungen im Mittel einen Wert von etwa 375 Ω/Leiter. Bei Kabelleitungen liegt er in der Größenordnung von 30...40 Ω.

Bei Reaktanzkettenleitern und Siebketten $\uparrow$ hängt der Wellenwiderstand noch von der Grenzfrequenz w_0 ($\rightarrow$ Siebkette) ab.

Induktives Kettenglied   Kapazitives Kettenglied

Bei der induktiven Kette ist dann

$$\mathfrak{Z} = \sqrt{\frac{R + j\omega L}{G + j\omega C}} \; \frac{1}{\sqrt{1 - \left(\dfrac{\omega}{\omega_0}\right)^2}} \qquad \text{mit} \qquad \omega_0 = \frac{2}{\sqrt{LC}} \; ,$$

bei der kapazitiven Kette

$$\mathfrak{Z} = \sqrt{\frac{R + j\omega L}{G + j\omega C}} \; \frac{1}{\sqrt{1 - \left(\dfrac{\omega_0}{\omega}\right)^2}} \qquad \text{mit} \qquad \omega_0 = \frac{1}{2\sqrt{LC}} \; ,$$

vorausgesetzt, daß R und G gegen ωL und ωC vernachlässigbar klein sind. [OII, OIII, L]

Welligkeit — *ripple* — ondulation

Die Welligkeit einer Gleichstromgröße ist deren periodische Abweichung vom geradlinigen Mittelwert. Sie spielt beispielsweise eine Rolle bei der Gleichrichtung von Wechselströmen, wo sie durch Zuschalten einer Glättungsdrossel $\uparrow$ verringert werden kann (s. a. Gleichrichter).

Wendepole — *commutating poles, interpoles* — pôles de commutation, poles auxiliaires

Die Bürsten einer Stromwendermaschine umspannen — um den abgenommenen Ankerstrom nicht zu unterbrechen — mindestens zwei Stromwenderlamellen. Dadurch werden aber die an diesen Lamellen angeschlossenen Spulen kurzgeschlossen. Beläßt man die Bürsten in der geometrisch neutralen Zone, so bewegen sich die kurzgeschlossenen Spulen in einem magnetischen Feld, das durch die feldverzerrende Wirkung des Querfeldes der Ankerrückwirkung ($\rightarrow$ Gleichstrommaschine) in der geometrisch neutralen Zone auftritt. Die dabei induzierten Spannungen können ein unzulässiges Bürstenfeuer oder zumindest eine schlechte Kommutierung verursachen. Zur Vermeidung muß das Ankerquerfeld in der geometrisch neutralen Zone aufgehoben werden, was durch Anordnung von zwischen den Hauptpolen in der geometrisch neutralen Zone angeordneten, schmalen Hilfspolen, den **Wendepolen**, erreicht wird. Die Wendepolwicklung wird mit der Ankerwicklung in Reihe geschaltet, da das störende Querfeld auch vom Ankerstrom abhängig ist. Die Polarität der Wendepole ist, im Umlaufsinn der Maschine gerechnet, bei Generatoren die entgegengesetzte, bei Motoren die gleiche wie beim vorangehenden Hauptpol (s. a. Stromwendung). Dabei bleibt die einmal richtig erfolgte Zusammenschaltung zwischen Anker und Wendepolen dieselbe, unabhängig von der Drehrichtung und davon, ob die Maschine als Generator oder Motor betrieben wird.

Abgesehen von der Stromwendung, begünstigen zu starke Wendepole in der kurzgeschlossenen Spule beim Generator die Ausbildung von Strömen, deren magnetische Achsen das Hauptfeld verstärken und daher die Maschine aufkompoundieren, während bei zu schwachen Wendepolen infolge der Stromwendespannung die gegenteilige Erscheinung eintritt.

Die genaue Einstellung des Wendefeldes wird durch Änderung des Wendepolluftspaltes durch Unterlegen oder Wegnehmen von Blechen unter den Wendepolen bewerkstelligt. Besonders empfindlich in dieser Einstellung ist der Einanker-Umformer ↑, weil dort der Gleichstrom- und Wechselstrombelag des Ankers bereits das Querfeld bei $\cos\varphi = 1$ bis auf kleine Oberschwingungen aufheben.

Wendeschalter — *reversing switch* — inverseur

Hilfsschalter bei Stufenregeleinrichtungen von Stufentransformatoren ↑, mit dessen Hilfe der Regelsinn und damit die Zusatzspannung umgekehrt, die Stufenzahl und der Regelbereich also verdoppelt werden kann.

Werkzeug — *implement, tool* — outil

Wertigkeit — *valency, valence* — valence

auch **Valenz** genannt, ist die Zahl, die angibt, mit wieviel Wasserstoffatomen sich ein Atom des betrachteten Stoffes chemisch binden läßt.

Wheatstonesche Brücke — *Wheatstone bridge* — pont de Wheatstone

→ Meßbrücke.

Wickelei — *winding shop* — bobinage

Abteilung in einer Fabrik elektrischer Maschinen, in der die Spulen und Maschinenwicklungen hergestellt werden.

Wickelkondensator — *roll (type) condenser, — wound condenser* — condensateur enroulé, condensateur bobiné

Kondensator für größere Kapazitätswerte, dessen Isolation meist aus Papier gebildet wird, das mit den als Belegungen dienenden Metallfolien zu einzelnen Einheiten gewickelt wird.

Wickelraum — *winding space* — chambre de bobinage

Für eine Spule zur Verfügung stehender Raumteil. Er kann wegen der erforder-

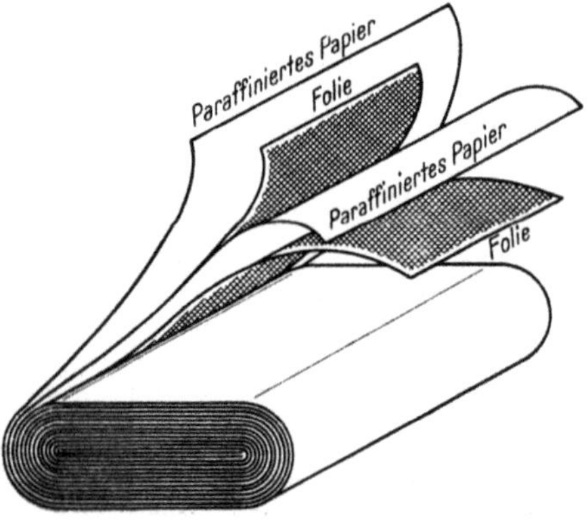

Wickelkondensator

lichen Isolation und der Wärmeabfuhr nur zum Teil zur Unterbringung der das Feld erregenden Amperewindungen ausgenützt werden (s. a. Füllfaktor).

Wicklung (Spule) — *winding* — enroulement, bobinage

Reihenschaltung mehrerer Windungen, d. h. Anordnung schraubenförmig neben- und übereinander gewickelter Drahtwindungen. Primärwicklung ist die elektrische Leistung aufnehmende Wicklung. Sekundärwicklung ist die elektrische Leistung abgebende Wicklung. Ausgleichswicklung ist eine in sich geschlossene Wicklung, die keine Leistung abgibt. Oberspannungswicklung (Hochspannungswicklung): die mit dem Netz der höchsten Spannung verbundene Wicklung. Unterspannungswicklung (Niederspannungswicklung): die mit dem Netz niederer Spannung verbundene Wicklung.

Wicklungsfaktor — *winding factor* — facteur d'enroulement

Die in den einzelnen Nuten des Ankers einer elektrischen Maschine induzierten Spannungen sind gemäß der räumlichen Verschiebung der Nuten um den Winkel $\alpha = 2\pi/N$ (N Nutenzahl am Ankerumfang) auch zeitlich gegeneinander phasenverschoben. Werden in einem Wicklungsstrang q solcher Spannungen addiert, so muß diese Addition demgemäß vektoriell erfolgen. Es ist dann die resultierende Spannung

$$U = \frac{\sin q\alpha/2}{q \sin\alpha/2}\, qU_s\,.$$

Das Verhältnis der geometrischen Spannungssumme U zur algebraischen Summe qU_s

$$\xi = \frac{\sin q\alpha/2}{q \sin\alpha/2}$$

wird Wicklungsfaktor genannt.

Sind die Spulen gesehnt, ihre Weite w also nicht gleich der Polteilung τ, so ist noch mit dem Sehnungsfaktor

$$\zeta = \sin \frac{w\pi}{\tau 2}$$

zu multiplizieren, um den Gesamtwicklungsfaktor eines Wicklungsstranges zu erhalten.

Für Oberschwingungsdrehfelder gilt

$$\xi n = \frac{\sin nq\alpha/2}{q \sin n\alpha/2}$$

beziehungsweise

$$\zeta n = \sin n\,\frac{\pi}{2}\,\sin n\,\frac{w\pi}{\tau 2}\,.$$

Wicklungskopf

Jener Teil der Spulen der Wicklung einer elektrischen Maschine, der sich außerhalb der Nuten befindet und die Verbindung der Spulenseiten besorgt.

Wicklungsschablone — *winding form* — gabarit de bobinage

Form, in der die Spulen von Wicklungen außerhalb der Maschine, für die sie bestimmt sind, angefertigt werden, um dann in fertig gewickeltem Zustand in die Nuten der zu bewickelnden Maschine eingelegt zu werden.

Widerstand — *resistance* — résistance

Konstanter Faktor im Ohmschen Gesetz $u = Zi$, das den Strom i mit der Spannung u in einem linearen Stromkreis verbindet. In Gleichstromkreisen bezeichnet man ihn genauer mit Gleichstrom- oder Ohmschen Widerstand, in Wechselstromkreisen mit Scheinwiderstand ↑ .

Der Gleichstromwiderstand ist durch die Leiterabmessungen und Material-eigenschaften des Leiters bestimmt nach der Gleichung

$$R = \varrho \, \frac{l}{q} \, ,$$

worin l die Länge, q der Querschnitt und ϱ der spezifische Widerstand ↑ des Leiters bedeuten.

Widerstand, innerer

    1. *internal resistance* — résistance intérieure

    2. *plate resistance* — résistance interne, résistance du circuit plaque

    1. Wirkwiderstand der Innenschaltung einer Maschine oder eines Apparates, der bei Belastung einen „inneren" Spannungsabfall verursacht.

    2. Widerstand einer Elektronenröhre zwischen Kathode und Anode. Sein reziproker Wert

$$\frac{1}{R_i} = \left(\frac{\partial I_a}{\partial U_a} \right) U_g = \text{konst}$$

gibt die Steuerwirkung der Anodenspannung auf den Anodenstrom an.

Widerstand, spezifischer — *specific resistance, resistivity* — résistance spécifique

Materialkonstante elektrischer Leiter, die den Widerstand bei gegebenen Einheitsabmessungen ($l = 1\,\text{m}$, $q = 1\,\text{mm}^2$ oder $l = 1\,\text{cm}$, $q = 1\,\text{cm}^2$) angibt. Der spezifische Widerstand ist von der Temperatur ϑ wie folgt abhängig

$$\varrho = \varrho_a \, [1 + \alpha \, (\vartheta - \vartheta_a)].$$

Darin ist

$$\alpha = \frac{1}{\vartheta_0 + \vartheta_a}$$

der (von der Ausgangstemperatur ϑ_a abhängige) Temperaturkoeffizient und ϑ_0 die sogenannte kritische Temperatur. Der Zeiger a bedeutet die Bezugnahme auf eine Ausgangstemperatur. Zahlenwerte von ϱ und ϑ_0 enthält die nachstehende Tabelle.

Material	spez. Widerstand $\Omega \cdot \dfrac{\text{mm}^2}{\text{m}}$	krit. Temp. ϑ_0 °C	Temperatur-koeffizient α bei 20° C
Aluminium	0,03 . . . 0,04	— 258	+ 3,6.10⁻³
Cekas-Draht	etwa 1,0	—	—.
Eisen	0,10 . . . 0,14	— 200	+ 4,5.10⁻³
Kohle, im Mittel . .	100	(+ 24)	—(0,2 . . 0,9).10⁻³
Konstantan	0,49 . . . 0,51	—	—0,005.10⁻³
Kupfer	0,0175	— 235	+3,9.10⁻³
Manganin	0,42	—	+0,01.10⁻³
Zink	0,06	— 250	+3,7.10⁻³

(s. a. Leitfähigkeit).   [OI]

Widerstandsableiter, spannungsabhängiger — *lightning arrester with resistance depending on voltage* — parafoudre à résistance variable avec la tension

Überspannungsableiter, deren Hauptbestandteil ein Widerstand bildet, dessen Widerstandswert mit zunehmender Spannung absinkt. Damit wird

erreicht, daß die mit Überspannungswellen verbundenen großen Ladungs-
mengen einen möglichst widerstandsarmen Ausgleich nach Erde vorfinden,
daß aber dieser Weg selbsttätig und verzögerungsfrei wieder widerstands-
stark wird, wenn die Überspannung verschwindet (Prinzip der Ventilableiter).

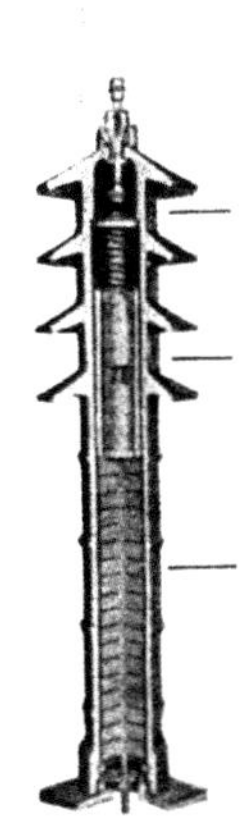

a. Schnitt durch einen
Widerstandsableiter
(Bauart Oerlikon)

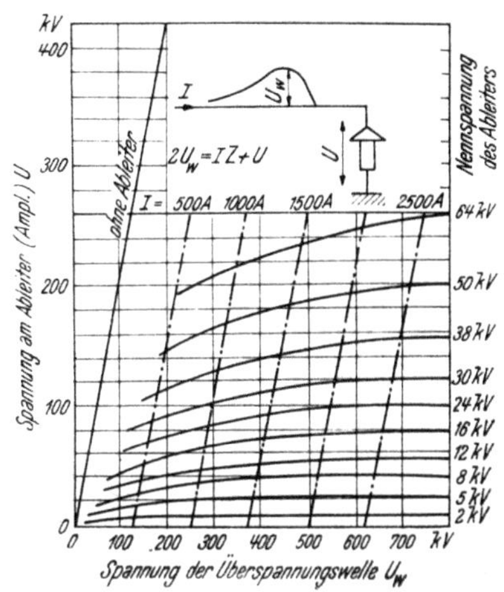

b. Kennlinien des Ableiters

Der aus geeignetem Widerstandsmaterial bestehende Block wird meist
in Serie mit einer Zünd- und einer Löschfunkenstrecke zwischen Leiter
und Erde geschaltet. Die Zündfunkenstrecke ist gewöhnlich eine einstellbare Kugelfunkenstrecke, die die Ansprechüberspannung des Ableiters
bestimmt und bei manchen Ausführungsformen so ausgebildet ist, daß die
Zündverzögerung bei anfallenden Wellen mit steiler Stirn möglichst klein
wird. Die Löschfunkenstrecke besteht aus einer Reihe hintereinander
geschalteter scheibenförmiger Elektroden, die durch Distanzstücke auf
sehr kleinen Abstand gehalten werden. Sie unterbricht den nach dem
Ansprechen des Leiters und Abfuhr der Überspannung nachfließenden,
von der Betriebsspannung getriebenen Strom.
 Widerstand und Funkenstrecken sind in einem Isolator eingebaut, so
daß die Ableiter auch im Freien aufgestellt werden können. Ein Aus-
führungsbeispiel zeigt die Abb. a im Schnitt. Der Zusammenhang zwischen
Überspannung und verbleibender Spannung am Ableiter bei verschiedenen
Entladungsströmen zeigt die Abb. b.

Widerstandsbremsung — *rheostatic braking* — freinage électrique rhéostatique
 → Kurzschlußbremsung.

Widerstandsdämpfung — *resistance loss* — amortissement de résistance
 → Fortpflanzungskonstante.

Widerstandsdreieck — *impedance diagram* — triangle de l'impedance
 Aus Schein- ↑, Wirk- ↑ und Blindwiderstand ↑ zusammengesetztes,
rechtwinkeliges Dreieck.

Widerstandsheizung — *resistance heating* — chauffage par résistances

Elektrische Heizung, bei der die Wärme dadurch gewonnen wird, daß Widerstände von einem so großen Strom durchflossen werden, daß sie zum Glühen kommen. Die Widerstände werden meist aus Drähten zusammengebaut, die aus einem Material hohen spezifischen Widerstandes bestehen (z. B. Cekas-Draht ↑). Ist dann die zu erzeugende, beziehungsweise zugeführte Leistung N und ϑ die gewünschte oder erreichte Temperatur des Widerstandsdrahtes, so wird mit der Spannung U und dem spezifischen Widerstand ϱ des Widerstandsmateriales der erforderliche Durchmesser d des Widerstandsdrahtes

$$d = \sqrt[3]{\frac{4\,N^2\,\varrho}{U^2\,\pi^2\,h\,\vartheta}} \, .$$

Die Konstante h berücksichtigt die Abstrahlung und Fortleitung der erzeugten Wärme. Sie wird häufig mit ϑ zum Erfahrungswert $h\vartheta = v$ zusammengefaßt, der bei gewendelten und allseits von Luft umgebenen Drähten erfahrungsgemäß bei etwa $2\ldots3,5$ W/cm² liegt (Heizöfen für Temperaturen von etwa $150\ldots500^0$ C). Bei Luftabschluß (Einbetten des Drahtes in keramisches Material) kann v bis auf $5\ldots7$ W/cm² gesteigert werden (Kochplatten mit eingebettetem Heizdraht).

Liegt der Drahtdurchmesser fest, so erhält man seine Länge für die gewünschte Leistung aus

$$l = \frac{U^2}{N}\,\frac{\pi d^2}{4\,\varrho} = \frac{N}{\pi d h \vartheta} \, .$$

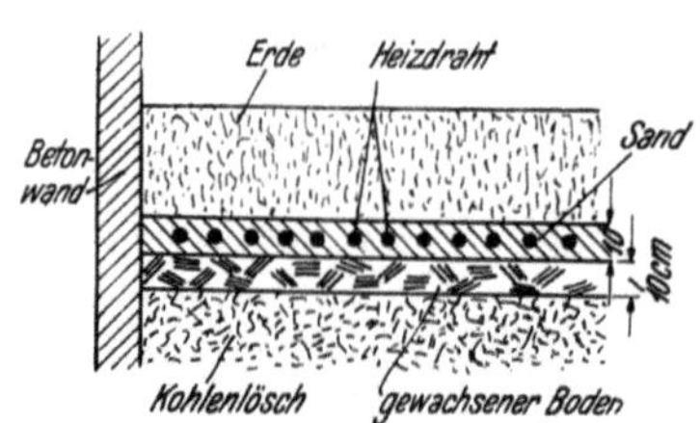

Elektrische Glashaus- (Gartenbeet-) Heizung

In neuerer Zeit werden auch Gartenbeete bzw. Glashäuser mit Widerstandsheizung erwärmt. Dabei hat sich eine Anordnung gemäß der nebenstehenden Skizze bewährt, wobei die Leiter in einem Abstand von etwa $7\ldots10$ cm voneinander in Metallrohren mit Rostschutz und leichter Umbandelung angeordnet werden. Man kann mit einem Leistungsaufwand von etwa 2 kW/m² Erde oder 4 kW/m³ Erde oder 0,42 kW/m³ Glashaus rechnen. Die Heizung erfolgt nur in der Nacht (20 bis 7 Uhr) und überbrückt dann ein Temperaturgefälle von etwa $-15\ldots20^0$ C.

Widerstands-Kapazitäts-Kopplung — *resistance-capacity coupling* — couplage à résistance-capacité

→ Spannungsverstärker.

Widerstandsoperatoren

In der komplexen Wechselstromrechnung den Widerständen zugeordnete komplexe Zahlen (Operatoren), die mit den die Widerstände durchfließenden (in komplexer Form dargestellten) Strömen multipliziert, die in diesen auftretenden Gegenspannungen (Gegen-EMKe) liefern. Es gehören zum

Wirkwiderstand	R	der Widerstandsoperator	$-R,$
induktiven Widerstand	ωL	,, ,, ,,	$-j\omega L,$
kapazitiven Widerstand	$\dfrac{1}{\omega C}$	,, ,, ,,	$-\dfrac{1}{j\omega C}$.

[OII]

Widerstandsrauschen — *circuit noise, thermal agitation* — bruit de Nyquist, bruit thérmique

Durch schlechte Kontakte im Innern von Leitern entstehende Stromschwankungen, die durch Verstärkung in Elektronenröhren zu störenden Geräuschen Veranlassung geben (s. a. Wärmerauschen).

Widerstandsresonanz

→ Stromresonanz.

Widerstandsstromwendung

→ Stromwendung.

Widerstandsverstärker — *resistance amplifier* — amplificateur à résistance

→ Spannungsverstärker.

Wiensche Brücke — *Wien bridge* — pont Wien-Robinson

Meßbrücke ähnlich der Wheatstoneschen Brücke ↑, jedoch speziell für Kapazitätsmessungen ausgelegt. Als Stromquelle dient ein Wechselstromgenerator oder Summer. Der Abgleich der Brücke wird mittels Telephon festgestellt (Tonminimum). Für die unbekannte Kapazität C_1 gilt

$$C_1 = C_2 \, \frac{R_1}{R_3} .$$

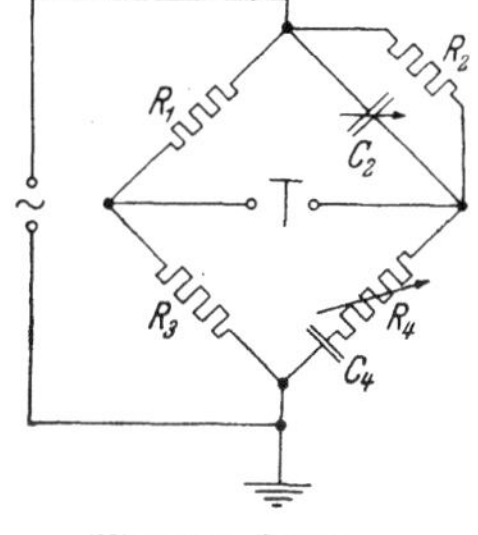

Die Widerstände R_2 und R_4 dienen nur zur Verbesserung des Tonminimums, d. h. der Empfindlichkeit. Mit dieser Brücke können Kapazitäten zwischen $100\,pF$ und $1\,\mu F$ mit etwa 1% Genauigkeit ermittelt werden. [Brion u. Vieweg: Starkstrommeßtechnik, S. 117. Berlin: Julius Springer, 1933.]

Wiensche Brücke

Wienscher Verschiebungssatz — *Wien's law of displacement* — loi de la translation de Wien

Ein auf sehr hohe Temperatur gebrachter Körper strahlt Energie in Form von elektrischen Wellen aus. Zwischen der Wellenlänge der hauptsächlich ausgestrahlten Energie und der absoluten Temperatur des sie erzeugenden Körpers besteht ein Zusammenhang nach dem Wienschen Verschiebungsgesetz

$$\lambda\, T = K \qquad (K = 2{,}88 \text{ cm } {}^0C).$$

Windbelastung — *wind load, wind pressure* — pression du vent

An Leitungen und Masten durch den Wind auftretende zusätzliche, mechanische Belastung.

Windungszahl — *number of turns* — nombre de spires

Winkel, rechter — *right angle* — angle droit

Winkel, spitzer — *acute angle* — angle aigu

Winkel, kleiner als 90 Grad.

Winkel, stumpfer — *obtuse angle* — angle obtus

Winkel, größer als 90 Grad.

Winkelgeschwindigkeit — *angular velocity* — vitesse angulaire

Der bei einer Drehung in der Zeiteinheit zurückgelegte Winkel.

Winkelhebel — *bell crauk, angle lever* — levier coudé, levier d'angle

Wirbelströme — *eddy currents, Foucault currents* — courants tourbillonnaires, courants de Foucault

Unübersichtliche und meist unerwünschte, zusätzliche Verluste bedin-
gende Elektrizitätsströmung, hervorgerufen durch Induktion durch vorbei-
gleitende oder sich zeitlich ändernde magnetische Felder, die in leitenden
Teilen elektrischer Maschinen und Geräte auftreten, die für eine Stromführung zunächst nicht vorgesehen sind. Zu ihrer Vermeidung werden
solche, von magnetischen Feldern bestrichene Teile „geblättert", das heißt
aus einzelnen, dünneren Blechen zusammengesetzt, die an ihren Berührungs-
flächen solchen Strömen einen vergleichsweise hohen Widerstand entgegen-
setzen.

Für manche Zwecke werden die Wirbelströme nutzbringend verwertet,
indem ihr Arbeitsverbrauch zur Bremsung (Wirbelstrombremse ↑), zur Dreh-
momentenerzeugung (Wirbelstromläufer ↑) oder zur Wärmeerzeugung ausgenützt wird.

Wirbelstrombremse — *eddy current brake* — frein à courant Foucault

Auf dem Wirbelstromprinzip beruhende Bremse zur Durchführung von
Abbremsversuchen an Maschinen, bestehend aus einem Wirbelstromläufer,
der mit dem rotierenden Maschinenteil verbunden wird und auf einen drehbar gelagerten Magnetpolständer wirkt, an dem ein Hebelarm mit ver-
schiebbarem Gewicht zur Aufbringung eines austarierenden Gegenmomentes
angebracht ist. Wirbelstromteil und Magnetteil können auch vertauscht
sein.

Wirbelstromläufer — *eddy current rotor* — rotor à courants de Foucault

Läufer eines Asynchronmotors ↑ mit vergleichsweise hohen Wicklungs-
stäben (Hochstabläufer), der besonders günstige Anlaufverhältnisse dadurch
aufweist, daß der Wirkwiderstand beim Anlauf (große Schlüpfung) wegen
der Wirbelströme vergleichsweise hoch ist, beim Hochlaufen des Motors
aber (kleiner werdende Schlüpfung) wegen der Abnahme der Wirbelströme
wesentlich kleiner wird und bis zu einem Kleinstwert beim Nennbetrieb
abnimmt.

Wirkleistung — *effective power, actual power, true power* — puissance
efficace, puissance réelle, puissance wattée

Bei Wechselstrom das Produkt aus Spannung. Strom. Leistungsfaktor ↑
und Phasenkennzahl, also

bei Einphasenstrom $UI\cos\varphi$.

bei Drehstrom $UI\sqrt{3}\,\cos\varphi$.

Sie ist der Mittelwert der von der Stromquelle gelieferten physikalischen
Leistung (Produkt aus den Augenblickswerten aus Strom und Spannung)
und wird vom Verbraucher in nutzbare Arbeitsleistung umgewandelt.

Wirkleitwert — *conductance* — conductance

Reeller Teil des in kom-
plexer Form geschriebenen
Scheinleitwertes ↑. Er ist
damit jene Komponente
des Scheinleitwertes, die mit
der Spannung multipliziert,
den mit der Spannung
in Phase liegenden
„Wirkstrom" ergibt. Der
Wirkleitwert ist nicht zu

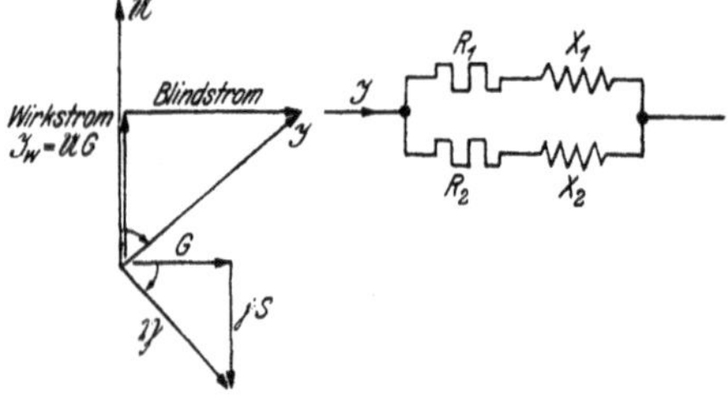

Zum Begriff Wirkleitwert

verwechseln mit dem Gleichstromleitwert ($\rightarrow$ Leitwert), von dem er im allgemeinen abweicht.

So gilt für die Reihenschaltung von Ohmschem und Blindwiderstand

$$G = \frac{R}{R^2 + X^2}.$$

Bei der Parallelschaltung ist dagegen $G = 1/R$ identisch mit dem Gleichstromleitwert.

Dagegen wird bei der Parallelschaltung zweier Kreise mit in Reihe geschalteten Ohmschen und Blindwiderständen

$$G = \frac{R_1}{R_1^2 + X_1^2} + \frac{R_2}{R_2^2 + X_2^2}.$$

Bei der Reihenschaltung ist

$$G = \frac{R_1 + R_2}{(R_1 + R_2)^2 + (X_1 + X_2)^2}$$

(s. a. Wirkwiderstand). [OI]

Wirkspannung — *active voltage* — tension watté, tension active

Jene Komponente einer Wechselstromspannung, die mit dem Strom in Phase liegt. Sie wird im Vektordiagramm durch Projektion des Spannungsstrahles auf den Stromstrahl, in der Rechnung durch Multiplikation des Stromes mit dem Wirkwiderstand $\uparrow$ erhalten (s. a. Wirkwiderstand).

Wirkstrom — *active current* — courant watté, courant actif

Jene Komponente eines Wechselstromes, die mit der Spannung in Phase ist. Sie wird im Vektordiagramm durch Projektion des Stromstrahles auf den Spannungsstrahl, in der Rechnung durch Multiplikation der Spannung mit dem Wirkleitwert $\uparrow$ erhalten (s. a. Wirkstrom).

Wirkungsgrad — *efficiency* — rendement

Verhältnis der abgegebenen zur aufgenommenen Leistung in %

$$\eta = \frac{N_2}{N_1} \cdot 100 = \frac{N_2}{N_2 + \text{Verluste}} \cdot 100\,\%.$$

Wirkungsquantum, Plancksches — *Planck's constant, quantum of action* — constante de Planck

Elementarquantum der Wirkung von der Größe

$$h = 6{,}61 \cdot 10^{-34}\ \text{Ws}^2;$$

bildet den Ausgangspunkt der Quantentheorie. Strahlungsenergie mit der Frequenz f kann nur in ganzen Vielfachen eines elementaren Energiequantums $\varepsilon = hf$ emittiert oder absorbiert werden.

Wirkwiderstand — *effective resistance* — résistance effective

Reeller Teil des in komplexer Form geschriebenen Scheinwiderstandes $\uparrow$. Er ist damit jene Komponente des Scheinwiderstandes, die mit dem Strom multipliziert, die mit dem Strom in Phase liegende „Wirkspannung" ergibt.

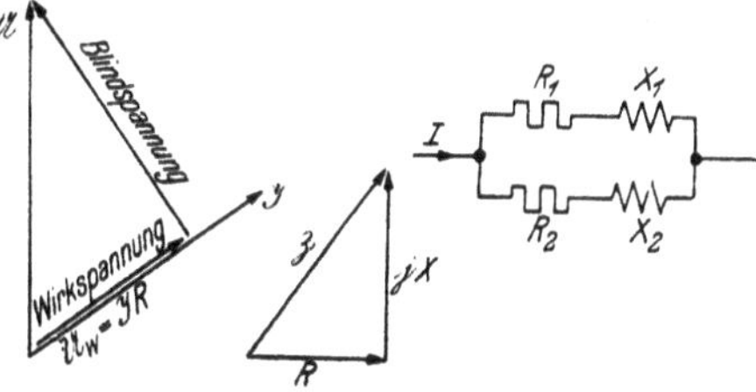

Zum Begriff Wirkwiderstand

Der Wirkwiderstand ist nicht zu verwechseln mit dem Gleichstromwiderstand (→ Widerstand), von dem er im allgemeinen abweicht.

So gilt für die Parallelschaltung von Ohmschem und Blindwiderstand

$$R' = \frac{RX^2}{R^2 + X^2} \, .$$

Bei der Reihenschaltung ist dagegen der Wirkwiderstand identisch mit dem
Gleichstromwiderstand.

Bei der Reihenschaltung zweier Widerstände mit Ohmschem und Blindanteil wird einfach

$$R = R_1 + R_2.$$

Bei der Parallelschaltung ist

$$R = \frac{R_1 \, (R_2^2 + X_2^2) + R_2 \, (R_1^2 + X_1^2)}{(R_1 + R_2)^2 + (X_1 + X_2)^2} \, .$$

(s. a. Wirkleitwert). [OI]

Wirtschaftlichkeit — *economy* — économie

Wismuth — *bismuth* — bismuth

Wolfram — *wolfram, tungsten* — wolfram, tungstène

Wurzel — *radix, root* — racine

Y

yard

Englische Längeneinheit

$$1 \text{ yd} = 3 \text{ ft} = 12 \text{ in} = 91{,}44 \text{ cm} \, .$$

yd

Kurzzeichen für die englische Längeneinheit yard ↑ .

Z

Zackenschrift — *variable-area recording, variable-area sound track* — enregistrement à surface variable

Verfahren der lichtelektrischen Schallaufzeichnung ↑ , bei dem das auf-
zuzeichnende Licht bei konstanter Intensität durch einen Spalt konstanter
Breite aber veränderlicher Länge geführt wird (Transversalverfahren). Am
Film entsteht dann eine schwarze Zone wechselnder Breite in Form von
Zacken. Der übrige Teil des Films bleibt weiß. Neben dieser Einzackenschrift
steht eine Vielzackenschrift in Verwendung, bei der die Tonspur in mehrere
Zonen gleicher Breite zerlegt wird. Wird das Lichtsteuerorgan nicht modu-
liert, dann entstehen schwarze und weiße Zonen gleicher Breite.

Zähler — *meter, counter* — compteur

→ Elektrizitätszähler.

Zählpfeil

Ein in elektrischen (Ersatz-)Schaltbildern eingetragener Pfeil, der für
die Ströme und Spannungen die Richtung angibt, in welcher diese Größen
als positiv gezählt werden sollen. Ihre Wahl ist grundsätzlich frei, bestimmt
aber dann zwangsläufig das Vorzeichen, mit dem die betreffende Größe in
die Rechnung oder das Vektordiagramm eingeht.

Zahl, ganze — *integer, integral number* — nombre entier

Zahl, gerade — *even number* — nombre pair

Zahl, komplexe — *complex number* — nombre complexe

Formale Summe aus einer reellen und imaginären Zahl (reelle und imaginäre Komponente)

$$z = x + jy = ze^{j\alpha}, \quad \text{mit} \quad z = \sqrt{x^2 + y^2} \quad \text{und} \quad \operatorname{tg}\alpha = \frac{y}{x}.$$

Sie bildet die Grundlage der komplexen Rechnung (ebene Vektorrechnung) in der nach einer reellen und einer imaginären Achse orientierten Gaußschen Zahlenebene. Zwei komplexe Zahlen mit gleicher reeller und entgegengesetzt gleicher imaginärer Komponente heißen **konjugiert komplex**. Das Produkt zweier konjugiert komplexer Zahlen $\mathfrak{z}\,\mathfrak{z}^* = x^2 + y^2 = z^2$ ist reell.

Zahl, ungerade — *odd number* — nombre impair

Zahlenwertgleichung

Gleichung zwischen den Zahlenwerten (Beträgen) physikalischer Größen. Zum Unterschied von den Größengleichungen ↑ wechseln die Zahlenwertgleichungen im allgemeinen ihre Form bei Änderung des Maßsystems. Wird neuerdings auch Maßzahlgleichung genannt.

Zahnrad — *cog wheel, tooth(ed) wheel* — roue dentée, pignon

Zahnradgetriebe — *toothed (wheel) gear* — engrenage

Zahnstange — *toothed arm, rack, ratch* — crémaillère

Zahnteilung — *tooth pitch* — pas dentaire

Zeichen

(**Marke**) — *mark, signe* — marque, signe

(**Signal**) — *signal, warning* — signal, avertissement

Zeiger — *vector* — vecteur

Zeitvektor, → Strahl.

Zeitkonstante — *time constant* — constante de temps

Reziproker Wert des konstanten Faktors im Exponenten einer nach einer e-Potenz ablaufenden Schwingung oder eines Ausgleichsvorganges. Sie beschreibt im wesentlichen die Geschwindigkeit im Anfangspunkt der Schwingung.

Zwei typische Fälle sind das Ein- und Ausschalten einer Spule und eines Kondensators. Die Gleichungen haben die grundsätzliche Form

$$a = A\,e^{-\frac{t}{T}} \quad \text{bzw.} \quad a = A\left(1 - e^{-\frac{t}{T}}\right)$$

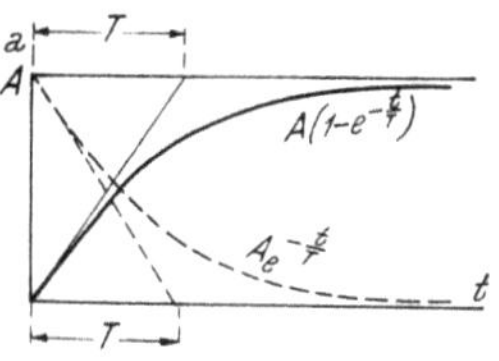

Für die Spule ist die Zeitkonstante

$$T = \frac{L}{R},$$

Zum Begriff Zeitkonstante

für den Kondensator

$$T = RC.$$

[OI]

Zeitplanregler

→ Sollwerteinsteller.

Zeitrelais — *time(-delay) relay* — relais de temps

Relais, das seine Kontakte erst nach Ablauf einer bestimmten, meist einstellbaren Zeit betätigt (Kurzzeitrelais für kurze, Langzeitrelais für lange

Ablaufzeiten). Der Zeitablauf kann durch mechanische (Uhrwerk), hydro-mechanische (Ölbremse), äromechanische (Luftbremse, Windflügel) oder wärmemechanische (Bimetallstreifen) Mittel erzielt werden.

Zellenschalter — *discharge switch, cell switch, battery (regulating) switch* — réducteur de charge, insérateur

Schalter mit mehreren Kontakten zur Zu- und Abschaltung einzelner Zellen einer Akkumulatorenbatterie zwecks Einstellung der Spannung oder Ladung der Batterie. Für getrenntes Laden und Entladen genügt ein Ein-fachzellenschalter ↑, für gleichzeitiges Laden und Entladen muß ein Doppelzellenschalter ↑ angeordnet werden.

Zentrifugalregler — *centrifugal governor* — régulateur centrifuge

Zerhacker — *ticker, chopper* — trembleur, vibrateur

→ Pendelumformer.

Zickzack-Schaltung — *zig-zag* — zig-zag

Schaltung nach nebenstehendem Schaltbild, wobei jede Phasenwicklung in zwei Hälften unterteilt ist, die zwei zu zwei zyklisch vertauscht mitein-ander verbunden werden. Man führt häufig die Sekundärwicklung von Verteiltransformatoren in Zickzack-Schaltung aus, weil dann eine Nullbe-lastung (unsymmetrische Phasenbelastung) geführt werden kann, auch wenn die Primärseite des Trans-formators in Stern geschaltet ist. Wie die Pfeile in der Abbildung zeigen, heben sich nämlich die Amperewindungszahlen des Nullstromes ↑ in den beiden Teilwicklungen jedes Schenkels auf und erzeugen so keinen Nullfluß im magnetischen Kreis.

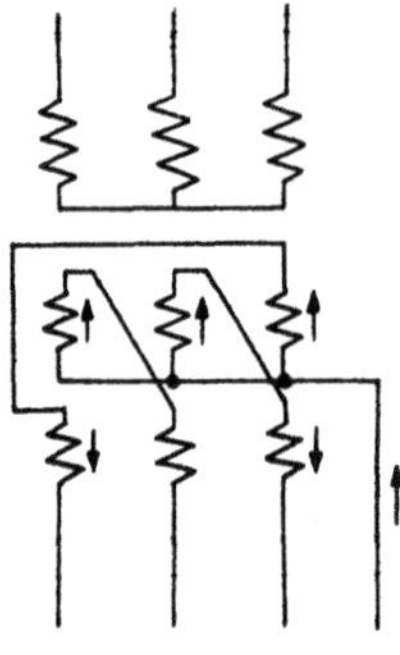

Zickzack-Schaltung

Zimmerantenne — *indoor aerial* — antenne intérieure

Zink — *zinc* — zinc

Zinn — *tin* — étain

Zone, neutrale — *neutral lines, neutral zone* — lignes neutres, zône neutre

Feldfreies Übergangsgebiet zwischen den entgegengesetzten magnetischen Feldern zweier benachbarter Erregerpole einer elektrischen Maschine, in der bei Stromwendermaschinen ↑ meist die Bürsten ↑ angeordnet werden (s. a. Gleichstrommaschinen).

Die Ermittlung der neutralen Zone erfolgt in der Weise, daß bei stehender Maschine an die Bürsten ein empfindliches Gleichstrominstrument (Milli-voltmeter) angeschlossen wird, worauf der Feldkreis der Maschine mit Hilfe eines Schalters an eine niedervoltige Stromquelle angeschlossen wird. Beim Ein- und Ausschalten zeigt das Instrument jedesmal einen Ausschlag, wenn die Bürsten nicht genau in der neutralen Zone stehen.

Zündanode — *starting anode, ignition anode* — anode d'allumage, anode d'amorçage

→ Tauchzündung.

Zündfunkenstrecke — *pilot spark, respond spark gap* — éclateur d'amor-çages

In Apparaten eingebaute und diesen vorgeschaltete Funkenstrecken (meist Kugelfunkenstrecken), die vermöge ihrer Ansprechspannung das

Anschalten des Apparates nach Auftreten einer die Zündspannung überschreitenden Spannung bewirken.

Zündkennlinie

→ Gittersteuerung.

Zündspannung — *striking potential, ignition voltage* — tension d'allumage

Kleinste Spannung, die an die Elektroden einer Entladungsstrecke angelegt werden muß, damit sich eine selbständige Entladung ausbildet.

Zündverzug

Die Zündung einer Gasentladung ↑ erfolgt nicht sofort bei Erreichen der Zündspannung, sondern erfordert zu ihrer Ausbildung eine bestimmte Zeit, den Zündverzug. Dieser ist vor allem dadurch bedingt, daß die Entladung bis zur Zündung unselbständig ist, also davon abhängt, ob und in welchem Ausmaß durch die äußeren Einflüsse, wie Ionisation durch Licht, Radium- und Höhenstrahlung, genügend Trägerteilchen gebildet werden. Bei der Anfangsspannung ↑ besteht zunächst lediglich die Bereitschaft, eine selbständige Entladung auszubilden. Sie wird aber erst möglich, wenn die nötige Zahl von Trägern und deren Entstehung an günstigen Stellen der Entladungsstrecke sichergestellt ist. Es kann unter Umständen vergleichsweise lange dauern, bis die Entladung trotz Erreichens der Anfangsspannung zündet (statische Zündspannung). Andererseits kann die Spannung auch eine Zeitlang über der Anfangsspannung liegen, ohne daß es gleich zur Zündung kommt. Je höher die angelegte Spannung ist, desto größer ist aber die Wahrscheinlichkeit, daß entstehende Träger zur Ausbildung der die Zündung einleitenden Trägerlawine ausreichen. Mit zunehmender Spannung sinkt also der Zündverzug.

Zugbeanspruchung — *tensile stress* — effort de traction

Zugförderung, elektrische — *electric traction* — traction électrique

Transport durch elektrisch betriebene Bahnen. Die hohe Wirtschaftlichkeit, die große Kohlenersparnis und nicht zuletzt die Reinlichkeit und Anpassungsfähigkeit des elektrischen Betriebes haben in allen Staaten zu einer Elektrifizierung der Bahnen geführt, die namentlich in den Staaten mit starkem Kohlenmangel schon sehr weit fortgeschritten und im ständigen Weiterausbau begriffen ist.

In den einzelnen Staaten haben sich verschiedene Systeme eingebürgert.

Gleichstrom hat den Vorteil der einfachen Drehzahlregelung, aber den Nachteil, wegen der vergleichsweise geringeren Fortleitungsmöglichkeit eine größere Anzahl von Unter- und Umformerstationen zu benötigen.

Einphasenwechselstrom umgeht diesen Nachteil, erfordert aber schwerere und konstruktiv schwieriger zu beherrschende Lokomotivmotoren. Man ist hier deswegen auf die Periodenzahl $16^2/_3$ zurückgegangen. Das erfordert eigene Kraftwerke, oder Umformer bei Anschluß an öffentliche Werke. In neuester Zeit wird dem 50periodigen Einphasenstrom wieder erhöhtes Interesse zugewandt.

Drehstrom erfordert keine eigene Stromerzeugung, hat aber den Nachteil der Verlegung einer doppelten oder dreifachen Fahrdrahtleitung. Die Motoren sind zwar billig und einfach, lassen aber keine kontinuierliche Drehzahlregelung zu. Man hilft sich hier meist mit einer stufenweisen Regelung durch Serien-Parallelschaltung mehrerer Motoren und durch Polumschaltung.

In Europa stehen alle genannten Systeme in Verwendung; in dem nächsten Abschnitt werden die kennzeichnenden Einrichtungen der einzelnen Länder etwas näher ausgeführt.

Frankreich: Bisher elektrifiziert 3530 km. Zur Einsparung von 1,5 Millionen Tonnen Kohle jährlich wurde ein 10-Jahr-Programm (1946—1955) zur weiteren Elektrifizierung von 2070 km aufgestellt. Der jährliche Energiebedarf liegt derzeit (1946) bei $940 . 10^6$ kWh, was einem Kohlenbedarf von $1,3 . 10^6$ t für Dampflokomotiven entsprechen würde. Das Elektrifizierungsprogramm sieht vor die Elektrifizierung der Strecken Paris—Lyon—Marseille, Macon—Bourg—Ambérien—Culoz, Lyon—Genève, Bordeaux—Montauban, Sète—Tarascon und im Gebiet von Paris. Die Kosten dieses 10-Jahr-Programmes sind (ausschließlich der Lokomotiven) mit 20 Milliarden Francs vorgesehen. Der Lokomotivpark soll in der gleichen Zeit auf etwa 1500 erhöht werden.

Dem bestehenden Stromsystem entsprechend werden auch die weiteren Anlagen für 1500 V Gleichstrom ausgeführt werden. Der zusätzliche Energiebedarf von etwa 1 Milliarde kWh wird durch Neubauten in den drei Haupterzeugungsgebieten Pyrenäen, Zentralmassiv und Alpen gewonnen werden (Anlagen in den Tälern der Têt, Ossan, Dordoque, Arve, Diosaz und Dranse). Darüber hinaus bestehen aber noch Energielieferungsverträge mit bahnfremden hydraulischen und thermischen Anlagen.

Die Stromversorgung erfolgt durch bahneigene 220- und 150-kV-Drehstromleitungen, die mit dem Landesverteilnetz gekuppelt sind und mit diesem in weitestem Ausmaß parallel arbeiten. Die in 10...20 km voneinander entfernten Unterwerke werden über 90- und 60-kV-Speiseleitungen versorgt. Die älteren Unterwerke enthalten Motor-Generatoren, später wurden Einankerumformer, und in den neueren Werken Quecksilberdampfgleichrichter mit Gittersteuerung angeordnet. In den Strecken, bei denen Nutzbremsung zur Anwendung kommt, wechseln Umformer- und Gleichrichterstationen miteinander ab (z. B. Steilrampe der Strecke Brive—Montauban). Die Nutzbremsung bewährt sich hier besonders, da als Reibungsbremse nur eine einfache Westinghouse-Bremseinrichtung verwendet wird, die nicht abgestuft werden kann.

Zur Fahrdrahtaufhängung stehen zwei Systeme in Verwendung: Die Anordnung eines Tragseiles ohne Ausleger, wobei Fahrdraht und Tragseil nicht in derselben Ebene liegen (caténaire souple), und eine halbstarre Aufhängung über Ausleger mit einem Haupt- und Hilfstragseil, bei der zwei Fahrdrähte unmittelbar nebeneinander parallelgeschaltet sind und Tragseile und Fahrdrähte in derselben Ebene liegen (caténaire semi-rigide).

Die Fahrleitung ist in einzelne Abschnitte unterteilt, die aber in den Unterwerken und den zwischen ihnen liegenden Zwischenstationen miteinander über Schnellschalter verbunden sind. In den Zwischenstationen werden bei zweigleisigen Strecken meist auch noch die Fahrdrähte beider Geleise miteinander verbunden. Auf diese Weise wird eine möglichst gleichmäßige Stromaufteilung erzielt. Die Schnellschalter der Unterwerke sind mit jenen der anschließenden Zwischenstationen durch Hilfsleitungen verbunden, derart, daß

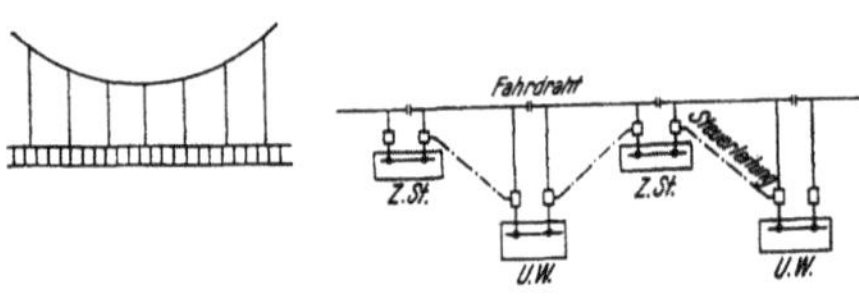

a. Halbstarre Fahrdrahtaufhängung der französischen Staatseisenbahnen

b. Schaltung der Unterwerke und Zwischenstationen bei den französischen Staatseisenbahnen

beim Ausschalten eines Schalters in der Unterstation auch der Schalter in der benachbarten Zwischenstation ausgelöst wird, so daß damit eine hohe Selektivität erzielt wird.

Die Unterwerke werden in neuerer Zeit (seit 1932) vollautomatisch ausgeführt. Ältere Werke sind ferngesteuert. Die Schaltung ist dann so getroffen, daß einzelne Unterwerke ständig arbeiten, während sich die anderen selbsttätig zuschalten, wenn die Spannung auf einen bestimmten Wert herabgesunken ist.

Nach Abschalten durch die Schutzeinrichtungen wird probeweise dreimal zugeschaltet; die Abschaltung bleibt erst bestehen, wenn auch das dritte Mal die Schnellschalter ansprechen.

Die Schnellschalter sind Luftschalter und besitzen eine Auslösung, die nicht nur von der Größe des Überstromes, sondern auch von dessen zeitlichem Anstieg abhängt, was dadurch erreicht wird, daß zur Stromspule eine Eiseninduktivität parallelgeschaltet ist.

Die Lokomotiven sind mit reinen Reihenschlußmotoren für jede Achse ausgerüstet. In neuerer Zeit werden die Motoren sehr stark kompensiert, so daß Feldschwächungen bis 75% möglich werden. Als Schutzeinrichtung sind ein Überstromrelais für den gesamten Lokomotivstrom, ein Überstromrelais für jeden Motor, ein Spannungsrückgangsrelais und bei Nutzbremsung ein Spannungserhöhungsrelais vorgesehen.

Österreich: Derzeitige (1946) Gesamtstreckenlänge des Netzes der Österreichischen Bundesbahnen 5800 km, davon elektrisch betrieben 17% (990 km). Die Elektrifizierung umfaßt im wesentlichen die Teile in den westlichen Bundesländern (siehe nachstehende Karte, Abb. c). Mit Ausnahme des Achenseewerkes, in dem drei Bahnmaschinensätze aufgestellt sind, erfolgt die Stromversorgung ausschließlich durch bahneigene Kraftwerke (siehe Tabelle). In Verwendung steht Einphasenstrom von $16^2/_3$ Hz mit einer Fahrdrahtspannung von 15 000 Volt. Das Versorgungsnetz (Übertragungsleitungen zwischen den fünf Kraftwerken und den sechzehn die Fahrleitung speisenden Unterwerken) ist für 55 und 110 kV ausgelegt und hat eine Gesamtlänge von etwa 650 km. Nähere Angaben gibt die folgende Tabelle.

Der Jahresenergiebedarf beträgt derzeit etwa 180.10^6 kWh; die bisher größte Jahreslieferung war 270.10^6 kWh.

Die geplanten Erweiterungen sehen die Elektrifizierung von weiteren 2000 km Strecken vor, so daß dann mit etwa 3000 km die Hälfte des Gesamtnetzes elektrisch betrieben sein wird, und zwar jenes Netzteiles, der etwa 75% der gesamten Verkehrsleistung zu bewältigen hat. Zur Versorgung dieser Erweiterungen ist die Errichtung eines weiteren Laufwerkes (des Alfenzwerkes) mit einer Leistung von 14.10^3 kW sowie eine Vergrößerung der beiden Stubachstufen auf zusammen 52.10^3 kW Dauerleistung, einer Jahreserzeugung von 168.10^6 kWh und einem Speicherarbeitsvermögen von 98.10^6 kWh geplant. Die Neuerrichtung einer dritten Stufe (Uttendorf) mit 20.10^3 kW Dauerleistung bringt einen Jahreserzeugungszuschuß von 78.10^6 kWh und erhöht den Speicherinhalt auf insgesamt 51,8 hm³. Zur vollständigen Deckung des künftigen Energiebedarfes ist eine Kopplung mit dem Drehstromlandesnetz gedacht, die durch gleitende Netzkupplungsumformer gebildet werden soll, die dann auch eine wirtschaftliche Blindlastverteilung und Regelung der Verbraucherspannungen in beiden Netzen ermöglichen werden.

Die Bahnunterwerke sind zum größten Teil als ortsfeste Gebäudestationen ausgeführt. Zwei Unterwerke sind fahrbare, auf einem vierachsigen Wagen untergebrachte Stationen mit einem Transformator von 6500 kVA, druckluftbetätigten Leistungsschaltern und Fernbedienungseinrichtung. Dies ermöglicht den Anschluß an einer beliebigen Stelle des Netzes mit Fernsteuerung vom nächsten ortsfesten Unterwerk aus, ohne daß eine dauernde örtliche Bedienung erforderlich ist.

Die Übertragungsleitungen sind größtenteils Freileitungen. Im Tauerntunnel ist die Leitung als Kabel geführt. Auf der Tauernbahnstrecke sind ferner auf längerer Strecke je ein Druckgas- und ein Öldruckkabel eingeschaltet.

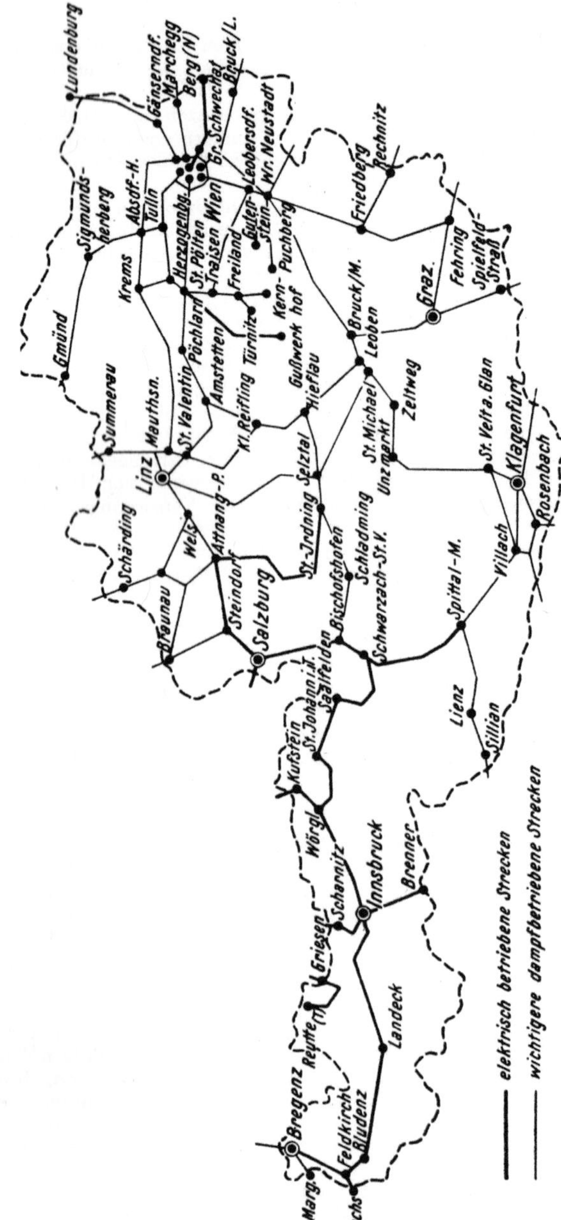

c. Elektrisch betriebene Strecken der Österreichischen Bundesbahnen (Stand 1946)

1. Bahnstrom liefernde Kraftwerke (Verbundnetz der österreichischen Bundesbahnen)

Kraftwerke	Eigentümer und Betriebsführer	Bundesland	Ausgenützter Wasserlauf	Speichersee	Größte Seehöhe des Stauspiegels m	Speicherinhalt hm³	Nenngefälle m	Maschinensätze		
								Zahl	Turbinenleistung PS	Generatordauerleistung kVA
Speicherwerke:										
Spullersee.......	Bundesbahnen	Vorarlberg	Spreubach	Spullersee	1825	13,3	794	4	32 000	24 000
Enzingerboden...	Bundesbahnen	Salzburg	Stubache	Tauernmoossee	2003	21,5[1]	521	4	32 000	18 000
Schneiderau	Bundesbahnen	Salzburg	Stubache	Tauernmoossee	2003[2]	21,5[2]	420	2	32 000	25 000
Achensee.......	Tiwag	Tirol	—	Achensee	929	—[3]	363	3	24 000	15 000
Steeg	Öka	Oberösterreich	Gosaubach	Gosausee	833	—[4]	190	2	10 000	4 000
Laufwerke:										
Schönberg.......	Bundesbahnen	Tirol	Ruetzbach	—	—	—	176	3	16 000	11 300
Obervellach	Bundesbahnen	Kärnten	Mallnitzbach	—	—	—	320	3	20 000	19 000

[1] Dazu kommt noch der Vorspeicher Weißsee mit derzeit etwa 4,5 Millionen m³ Inhalt; Ausbau auf 15 Millionen m³ im Gange.
[2] Zulauf über Ausgleichsbecken Enzingerboden mit 250.000 m³ Inhalt.
[3] Speicher auch für die Drehstromerzeugung benützt, also nur teilweise für Bahnstromerzeugung.
[4] Kraftwerkstreppe der Gosaukraftwerke, Speicher auch für die Drehstromerzeugung benützt.

Das 55 kV-Netz wird mit unmittelbar geerdetem Transformatornullpunkt betrieben. Im 110 kV-Netz stehen Petersenspulen in Verwendung. Als Netzschutz ist ein selektiv arbeitender Distanzschutz in allen Kraftwerken eingebaut.

Die Fahrleitungsspeisebereiche werden nur einseitig von einem Unterwerk gespeist und nicht zwischen zwei Unterwerken zusammengeschaltet, um Störungen auf kleine Speisebereiche zu beschränken. Als Schutz ist ein einfacher unverzögerter Überstromschutz vorgesehen. [Schmidt H.: Zur Frage der künftigen Stromversorgung der Österreichischen Bundesbahnen. E und M 1946, H. 6, S. 119.]

Schweden: Es stehen derzeit etwa 5000 km unter elektrischem Betrieb. Der Energiebedarf liegt bei 900 Millionen kWh (1945). Der perzentuelle Anteil der elektrisch betriebenen Strecken (in Waggonachsenkilometern) am gesamten Netz beträgt etwa 84%. Das elektrisch betriebene Netz ist in untenstehender Karte eingetragen.

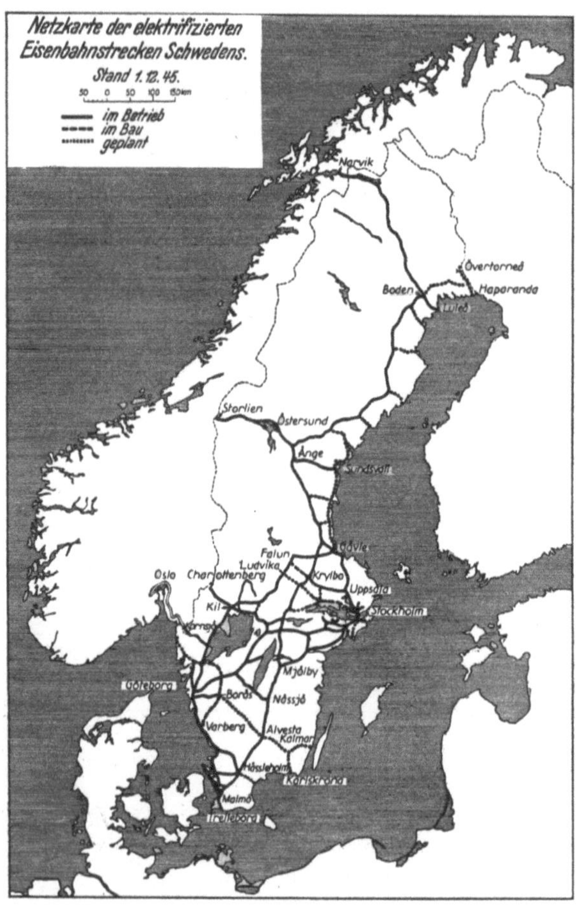

Im wesentlichen wird das mit $16^2/_3$ Hz und 16 kV betriebene Bahnnetz durch das öffentliche 50 Hz-Dreiphasennetz gespeist, wozu an dieses entsprechende Motor-Generatoren angeschlossen werden, die den Vorteil einer Spannungsregulierung des Dreiphasennetzes und der Konstanthaltung der Spannung in den Speisepunkten der Fahrdrahtleitung bringen.

Zur Vermeidung von Beeinflussungen der Telephon- und Telegraphenleitungen sind Zusatztransformatoren und Rückleitungen vorgesehen (Abb. e).

Die Motor-Generatoren

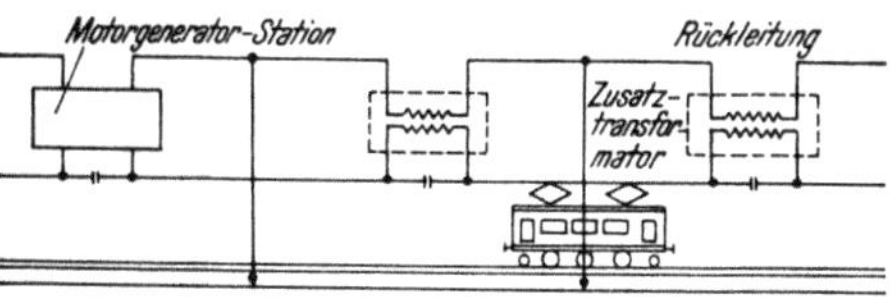

e. Speisung und Schaltung der Fahrdrahtleitung der Schwedischen Staatseisenbahnen

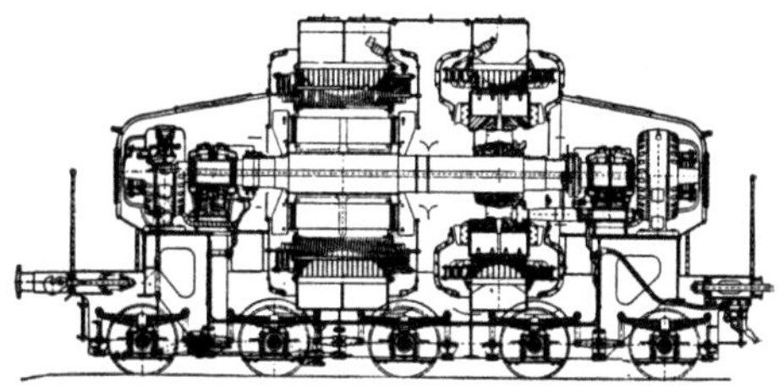

f. Fahrbarer Motor-Generator für 2400 kVA der Schwedischen Staatseisenbahnen

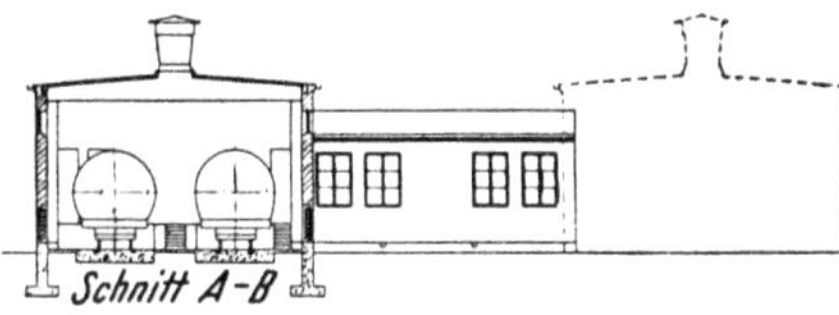

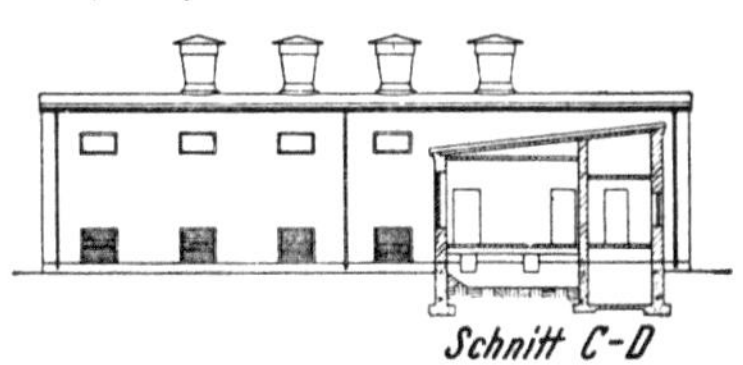

g. Motor-Generator-Station der Schwedischen Staatseisenbahnen

sind entweder stationäre Einheiten mit einer Einphasenleistung von 2400 kVA mit 100%iger Überlastbarkeit, oder ortsveränderliche Einheiten, die in zwei Größen von 2400 kVA und 4800 kVA in Ver-

h. Fahrdrahtaufhängung für hohe Fahrtgeschwindigkeiten

26*

wendung stehen (Abb. f). Zu diesen fahrbaren Umformern gehört noch je ein Instrumenten- und Schalterwagen. Für diese Umformer sind eigene Gebäude vorgesehen, wie sie Abb. g in einer Normalausführung zeigt.

Ein interessantes Detail in der Fahrdrahtaufhängung zeigt die Abb. h. Ein zusätzlicher kleiner Ausleger soll die Elastizität der Aufhängung erhöhen, was vor allem bei Fahrgeschwindigkeiten über 90 km/h gefordert wird.

Der Lokomotivpark ist stark normalisiert. In neuerer Zeit werden dreiwagige Motorzüge, von denen zwei Motorwagen mit 1 360 HP und einer Maximalgeschwindigkeit von 135 km/h ausgerüstet sind, verwendet.

Zunahme — *increase, increment, rise* — augmentation, accroissement

Zusatzgenerator — *booster* — survolteur, dynamo surélévatrice

Parallel oder in Serie zu einem Generator geschalteter kleinerer Generator, der zur Verbesserung der Spannung bei schwerer Netzbelastung dient.

Zusatzleistung

→ Zusatztransformator.

Zusatztransformator — *boosting transformer, booster transformer* — survolteur, dévolteur

Regeltransformator ↑ , der zu einer vergleichsweise kleinen Spannungsänderung in einem Verteilnetz angeordnet und daher häufig als Spartransformator ↑ ausgeführt wird. Der Zusatztransformator erhält eine Zusatzwicklung Z, in der die Zusatzspannung induziert und die vom Netzstrom durchflossen wird, und eine Erregerwicklung E, deren Übersetzung zur Zusatzwicklung, die fest oder in Stufen oder kontinuierlich veränderbar ausgeführt sein kann, die Höhe der induzierten Zusatzspannung bestimmt. Zusatzspannung und Netzstrom bestimmen die Zusatzleistung, während Netzspannung und Netzstrom die Durchgangsleistung beschreiben.

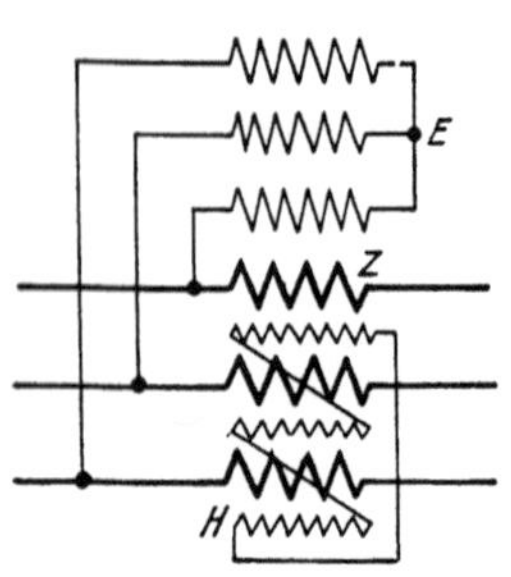
Zusatztransformator

Um zu vermeiden, daß bei Doppelerdschlüssen im Netz, mit einem Erdschluß im Netzteil vor und einem im Netzteil hinter dem Zusatztransformator, zwischen den Eingangs- und Ausgangsklemmen der Zusatzwicklung, die bei dieser Fehlerart einen kurzschlußartigen Nullstrom ↑ führt, hohe Überspannungen auftreten, wird am Transformatorkern noch eine im Dreieck geschaltete Hilfswicklung H angeordnet, die die erforderlichen Null-Gegenamperewindungen aufbringt und damit die Nullimpedanz ↑ der Zusatzwicklung auf ein ungefährliches Maß herabsetzt.

Zustandsgleichung — *equation of state* — équation d'état

Zuwachs — *gain, ascent* — accroissement

Zweiphasensystem — *two-phase system* — système biphasé, système diphasé

Wechselstromsystem mit zwei gleich großen, um 90° gegeneinander verschobenen Phasenspannungen. Wurde meist als verkettetes System mit Sternpunktleiter verwendet; heute ohne wesentlicher Bedeutung. Die Leiterspannung beträgt das $\sqrt{2}$-fache der Sternspannung.

Zweipol — *two-pole* — bipôle

Elektrische Anordnung mit zwei Klemmen (Polen), die insoferne zusammengehören, als der dem einen Pol zugeführte Strom aus dem zweiten Pol wieder austritt (Hin- und Rückleitung). Der Zweipol heißt **passiv**, wenn er keine inneren elektromotorischen Kräfte enthält, **aktiv**, wenn solche (z. B. Stromquellen) vorhanden sind. Enthält der Zweipol lediglich stromunabhängige Widerstände und gelten die Kirchhoffschen Gesetze, so handelt es sich um einen **linearen** Zweipol. Jeder solche Zweipol verhält sich dann wie ein Scheinwiderstand $\mathfrak{Z}\uparrow$, für den die Gleichung

$$\mathfrak{U} = \mathfrak{J}\,\mathfrak{Z}$$

gilt, worin $\mathfrak{U}$ die Spannung am Zweipol, $\mathfrak{J}$ der zugeführte Strom und $\mathfrak{Z}$ die Ersatzimpedanz des Zweipoles bedeuten (s. a. Zweipolquelle).

Zweipolquelle, lineare

Die lineare Zweipolquelle ist ein aktiver, linearer Zweipol $\uparrow$ mit einer inneren elektromotorischen Kraft $\mathfrak{U}_i$ und dem inneren Scheinwiderstand $\mathfrak{Z}_i = Z_i e^{\mathrm{j}\zeta_i}$. Für die Klemmenspannung gilt dann die Gleichung

$$\mathfrak{U} = \mathfrak{U}_i - \mathfrak{J}\,\mathfrak{Z}_i.$$

Wird der Zweipol mit dem Scheinwiderstand $\mathfrak{Z}$ belastet, dann ist ferner

$$\mathfrak{J} = \frac{\mathfrak{U}_i}{\mathfrak{Z} + \mathfrak{Z}_i} \qquad \text{und} \qquad \mathfrak{U} = \frac{\mathfrak{Z}}{\mathfrak{Z} + \mathfrak{Z}_i}\,\mathfrak{U}_i.$$

Die abgegebene Scheinleistung hat ein Maximum, wenn (bei induktivem inneren Widerstand) die Belastung rein kapazitiv und $Z = Z_i$ ist. Die abgegebene Scheinleistung hat dann den Wert

$$N_{s\,\mathrm{max}} = \frac{U_i^2}{2\,Z_i}\,\frac{1}{1 - \sin\zeta_i}\,.$$

Für die abgegebene Wirkleistung erhält man ein Maximum, wenn

$$\mathfrak{Z} = \mathfrak{Z}_i{}^*,$$

also der Betrag der Belastung gleich ist dem inneren Widerstand, ihr Richtungswinkel aber dem negativen Richtungswinkel des inneren Widerstandes. Die damit erreichbare Höchstleistung wird

$$N_{w\,\mathrm{max}} = \frac{U_i^2}{4\,Z_i}\,\frac{1}{\cos\zeta_i}\,.$$

Würde man die Zweipolquelle mit einem Widerstand

$$\mathfrak{Z} = \mathfrak{Z}_i$$

gleich dem inneren Widerstand belasten, so wäre die erzielte Scheinleistung

$$\overline{N}_s = \frac{U_i^2}{4\,Z_i}\,,$$

und die Wirkleistung

$$\overline{N}_w = \frac{U_i^2}{4\,Z_i}\cos\zeta_i.$$

[OII].

Zweipolröhre — *diode, two-electrode valve* — diode

→ Diode.

Zweischichtwicklung — *(two-layer) lattice winding* — enroulement grillagé (à deux couches)

Art der Wicklung eines Synchronmaschinenankers, bei der in jeder Nut zwei Spulenseiten übereinander liegen und je eine obere Spulenseite mit einer um den Wicklungsschritt entfernten unteren Spulenseite zu einer Spule verbunden ist. Im Gegensatz zur Spulenwicklung ↑ ist hier eine Verkürzung des Wicklungsschrittes (Sehnung ↑) möglich.

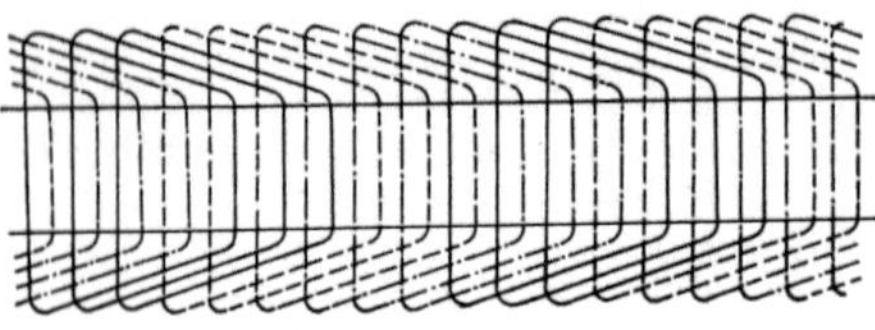
Zweischichtwicklung

Zweiwattmeterschaltung — *two wattmeter connection* — montage de deux wattmètres

auch Aronschaltung genannt; zur Leistungsmessung in Dreiphasensystemen ohne Null-Leiter, mit nur zwei Leistungsmessern, die auf dieselbe Achse gesetzt bereits die Gesamtleistung anzeigen.

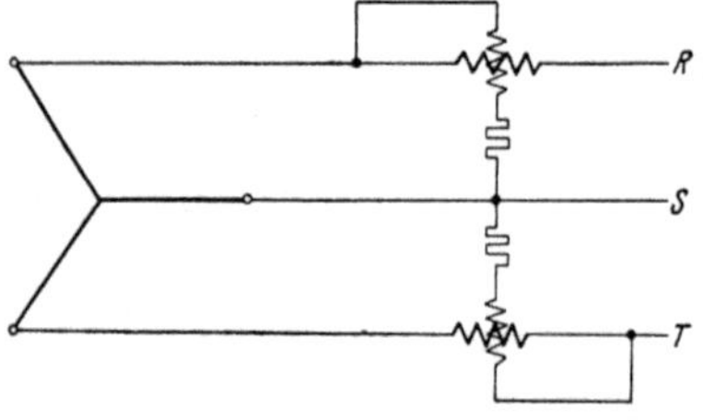

Zweiwattmeterschaltung

Zweiwegschaltung — *full-wave rectification* — redressement des deux alternances, redressement biplaque

Schaltung von Gleichrichtern ↑, bei der zum Unterschied von der Einwegschaltung ↑ beide Wechselstromhalbwellen zur Gleichrichtung herangezogen werden. Sie wird auch Doppelweg-, Gegentakt- oder Graetz-Schaltung genannt, und ist in der grundsätzlichen Art nach nebenstehendem Schaltbild ausgeführt. In jeder Halbperiode des angeschlossenen Wechselstromes arbeitet eine der beiden Wicklungshälften des Transformators, der für die Stromfortleitung in seinem Mittelpunkt angezapft werden muß.

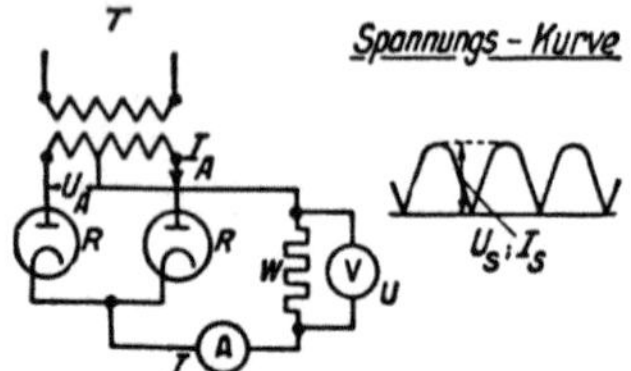

Zweiwegschaltung für Einphasengleichrichter

T	Transformator
R	Gleichrichterelement
U_A	Transformatorspannung
I_A	Anodenstrom
I	Gleichstrom
U	Gleichspannung } Mittelwerte
I_S	Gleichstrom
U_S	Gleichspannung } Scheitelwerte

Werden die beiden Gleichrichterelemente in einem einzigen Gefäß vereinigt, so erhält man die „Duodiode".

Das Verhältnis der Gleichspannung zur Wechselspannung ist gegeben durch

$$\mathfrak{U} = \frac{2}{\pi}\,\mathfrak{U}_s.$$

zweiwertig — *bivalent* — bivalent

Zwerg-Fassung — *midget base, miniature base* — culot miniature

Genormte Lampenfassung mit besonders kleinen Abmessungen. Sie erhält Edison-Gewinde ↑ und wird mit E 10 bezeichnet.

Zwischenbürstenmaschine — *metadyne*

Gleichstrommaschine mit normalem Anker aber doppelter Bürstenzahl. Zwischen den normalen Bürsten sind zusätzlich Bürsten angeordnet, die „Zwischenbürsten", die meist kurzgeschlossen werden. Dadurch entstehen die arbeitenden magnetischen Felder im Anker selbst, so daß der Ständer lediglich eine vergleichsweise geringe Erregung zur Herstellung des Feldes des Zwischenbürstenkreises oder unter Umständen überhaupt keine Wicklung benötigt und ansonsten nur als magnetischer Rückschluß für die magnetischen Hauptkreise dient. Hiefür werden die Pole gespalten oder in je zwei Teilpole zerlegt. Die Bürstenzonen bleiben dann frei oder erhalten Wendepole. Die nebenstehende Abbildung zeigt eine Zwischenbürstenmaschine mit zweipoligem Anker und vier Bürsten. Die vier magnetischen Wege schließen sich zu zwei Kreisen. In der

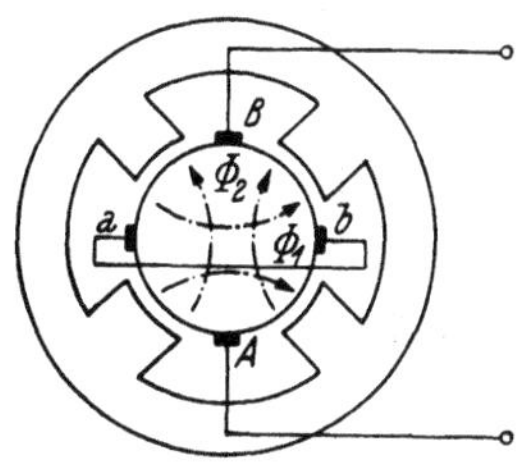

Zwischenbürstenmaschine

Achse der Zwischenbürsten (a—b) entsteht dann das Arbeitsfeld, das auch Anker- oder Querfeld genannt wird. In der Richtung der Ausgangs- oder Nutzbürsten (A—B) entsteht ein lastabhängiges Feld, welches der Grunderregung entgegen wirkt. Läßt man es bestehen, dann liefert die Zwischenbürstenmaschine bei Antrieb konstanten Strom; wird das Feld kompensiert, so liefert sie konstante Spannung, unabhängig vom Belastungsstrom.

Da die Zwischenbürstenmaschinen vielfach in Regel- und Verstärkerschaltungen angewendet werden, ist es empfehlenswert, den Ständer zu blättern und vom Traggerüst zu isolieren.

Ältere Ausführungen von Zwischenbürstenmaschinen sind ein Umformer von Deri und die Querfeldmaschine von Rosenberg.

Je nach Wirkungsweise, Schaltung und Verwendungszweck unterscheidet man die im nachstehenden Schema angeführten Maschinengruppen, deren Bezeichnungen aber noch nicht allgemein gebräuchlich sind.

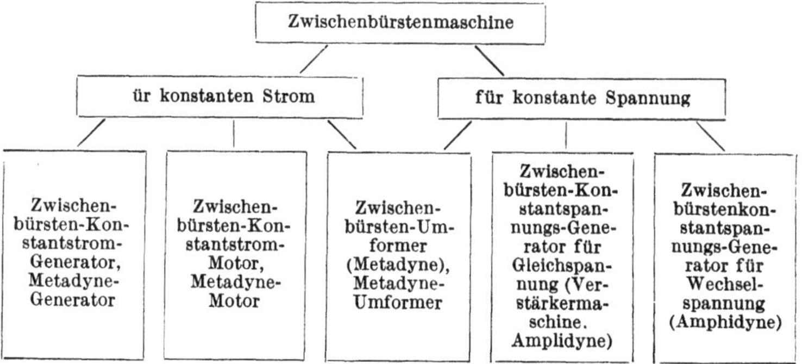

Zwischenbürstenverstärker

→ Amplidyne.

Zwischenfrequenz — *intermediate-frequency* — moyenne fréquence

Im Oszillator von Rundfunkempfängern erzeugte Frequenz. Ihr werden die Empfangsfrequenzen zum Zwecke der Erhöhung der Selektivität überlagert. Sie wird vor der Endstufe des Empfängers wieder ausgesiebt. → Überlagerungsempfänger.

Zwischenkreis — *intermediate circuit, link circuit* — circuit intermédiaire

Zwischen zwei (Schwingungs-)Kreisen angeordneter Schwingungskreis, der mit den beiden anderen meist vergleichsweise nur lose gekoppelt wird, zum Zwecke, die Überlagerung von unerwünschten Schwingungsfrequenzen auf den Ausgangskreis zu verhindern.

Zwischenkreissender — *intermediate circuit transmitter* — transmetteur à circuit intermédiaire

Sender, bei dem der Hochfrequenzgenerator zunächst auf einen geschlossenen, abgestimmten Kreis, den Zwischenkreis, arbeitet, der seinerseits mit dem Antennenkreis induktiv oder kapazitiv gekoppelt ist.

zyklisch — *cyclic(al)* — cyclique

Zyklotron — *cyclotron* — cyclotron

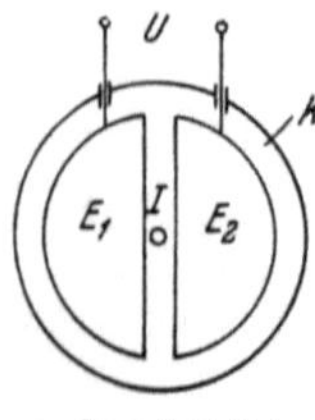

a. Grundsätzlicher Aufbau eines Zyklotrons

Einer der ältesten Apparate zur Erzeugung von extrem rasch bewegten Partikeln (Protonen, Deuteronen, α-Teilchen u. a.). Es nützt die Tatsache aus, daß solche geladene Teilchen bei einer Bewegung in einer senkrecht zu einem magnetischen Feld liegenden Ebene, normal auf die Feldrichtung abgelenkt werden. Durch geschickte Anordnung der Elektroden, die durch Anlegen an hohe Spannung die Teilchen beschleunigen, wird erreicht, daß diese den Entladeraum in Spiralen mehrfach durchlaufen und schließlich eine sehr hohe Geschwindigkeit erreichen.

Die grundsätzliche Anordnung zeigt die Abb. a.

In der evakuierten Kammer K sind die beiden halbzylinderförmigen Elektroden E_1 und E_2 angeordnet, die an eine hohe Wechselspannung mit einer Frequenz von mehreren MHz gelegt werden. In der Richtung der Zylinderachse, also senkrecht auf die Basisfläche der Kammer wird von einem starken Magnet ein Magnetfeld erzeugt, das die bei I zentral eingebrachten Ionen ablenkt, so daß sich diese von I ausgehend in Spiralbahnen innerhalb der Elektroden bewegen. Die Frequenz der aufgedrückten Spannung wird so auf die Ionengeschwindigkeit abgestimmt, daß der Spannungshöchstwert immer gerade dann auftritt, wenn die Ionen aus dem Bereich der einen Elektrode in den der zweiten übertreten. Sie werden daher nach jedem halben Umlauf beschleunigt und erreichen schließlich nach

b. Ausgeführtes Zyklotron (collège de France)

vielen Umläufen eine sehr hohe Geschwindigkeit.

Das einwandfreie Arbeiten des Zyklotrons ist vom genauen Synchronismus zwischen der angelegten Spannung und der Bahnumläufe abhängig. Dieser wird durch eine Massenänderung der Ionen gestört, wie sie gemäß der Relativitätstheorie bei höheren Geschwindigkeiten eintritt. Dadurch ist die erreichbare Geschwindigkeit, oder die erreichbare Energie der beschleunigten Ionen begrenzt. Die Grenze liegt umso höher, je schwerer die Partikel sind. Für Elektronen können aus diesem Grunde Energien von nur 10 000 Elektronenvolt erreicht werden (s. a. Betatron). Für Protonen liegt diese Grenze bei 20.10^6 e-Volt und bei Heliumkernen bei 60.10^6 e-Volt. Man kann die Energie darüber hinaus noch steigern, wenn man das Magnetfeld im Ausmaß der Massenzunahme verstärkt.

Material- und Kostenaufwand sind beim Zyklotron sehr groß. Es wird daher versucht, es durch andere wirtschaftlichere Geräte zu ersetzen.

Zylinderkondensator — *cylindrical condenser* — condensateur cylindrique
Aus zwei konzentrischen Zylindern gebildeter Kondensator. Seine Kapazität ist

$$C = \frac{2\pi\varepsilon l}{\ln \dfrac{R_a}{R_i}},$$

worin R_a der Innenhalbmesser des äußeren, R_i der Außenhalbmesser des inneren und l die Länge der Zylinder bedeuten. An der Oberfläche des inneren Zylinders tritt die maximale Feldstärke

$$\left| \mathfrak{E}_{\max} \right| = \frac{U}{R_i \ln \dfrac{R_a}{R_i}}$$

auf.

Ist die Dicke $d = R_a - R_i$ des Dielektrikums klein im Vergleich zu den Halbmessern, so wird in erster Annäherung

$$C = 2\pi\varepsilon \, \frac{R_i}{d} \, l \qquad \text{und} \qquad \left| \mathfrak{E} \right| = \frac{U}{d}.$$

Sind die Zylinder nicht konzentrisch, sondern im Abstand D voneinander parallel geführt (Hin- und Rückleitung einer Einfachleitung), so wird die Kapazität

$$C = \frac{\pi\varepsilon l}{\ln \left(\delta + \sqrt{\delta^2 - 1} \right)}.$$

worin $\delta = \dfrac{D}{2r}$, und r den Halbmesser der Leiter bedeuten. Das Maximum der Feldstärke tritt an der Leiteroberfläche mit dem Wert

$$\left| \mathfrak{E}_{\max} \right| = \frac{U}{2r} \frac{\sqrt{\delta^2 - 1}}{(\delta - 1) \ln \left(\delta + \sqrt{\delta^2 - 1} \right)}$$

auf. Ist $\delta \gg l$, so wird angenähert

$$C = \frac{\pi\varepsilon l}{\ln \dfrac{D}{r}}$$

und

$$\left| \mathfrak{E}_{\max} \right| = \frac{U}{2r \ln \dfrac{D}{r}}.$$

Zylinderkoordinaten

Vorteilhaft bei in zylindrischen Körpern sich abspielenden Vorgängen verwendetes Koordinatensystem. Zusammenhang mit kartesischen Koordinaten

$$x = r\cos\varphi, \qquad r = \sqrt{x^2 + y^2},$$

$$y = r\sin\varphi, \qquad \varphi = \operatorname{arc\,tg}\frac{y}{x},$$

$$z = z, \qquad z = z.$$

[OII].

Zylinderläufer — *drum armature* — induit en tambour

→ Synchronmaschine.

$$\alpha,\ \beta,\ \gamma\ \ldots$$

α-Strahlen

→ Alphastrahlen.

$\alpha\beta$-Hypothese — *$\alpha\beta$-hypothesis* — hypothèse $\alpha\beta$

Hypothese zur Erklärung des Selbständigwerdens einer Gasentladung ↑, bei der angenommen wird, daß auch die positiven Ionen befähigt sind, ihrerseits durch Stoßionisation neue Ionenpaare in der Entladungsstrecke zu erzeugen (Volumenionisierung). Zur Beschreibung des Vorganges sind dann zwei Ionisierungszahlen ↑ α und β erforderlich, die angeben, wieviel Ionenpaare von einem Elektron, beziehungsweise einem positiven Ion je cm Weglänge in der Feldrichtung durch Stoß erzeugt werden.

Die Bedingung, daß es zur Zündung einer Gasentladung kommt (Anfangsbedingung), ist in der Gleichung

$$(\alpha - \beta)\, d = \ln\frac{\alpha}{\beta} \qquad (d \text{ Elektrodenabstand})$$

festgelegt. Man hat dann aus den Kurven für α und β, die Funktionen der Feldstärke und des Gasdruckes sind, jene Feldstärke aufzusuchen, bei der die Anfangsbedingung erfüllt ist. Die erforderliche Zündspannung ↑ ergibt sich dann daraus zu

$$U_z = |\,\mathfrak{E}_z\,|\, d.$$

Diese Verhältnisse gelten zunächst nur für homogene Felder. Ist das Feld nicht mehr homogen, so ändert sich die Anfangsbedingung auf das längs einer Feldlinie erstreckte Linienintegral

$$\int_0^\delta \alpha\, e^{-\int_0^\delta (\alpha - \beta)\, ds}\, ds = 1 \qquad (\delta \text{ Länge der Feldlinie})$$

Die $\alpha\beta$-Hypothese führt zu denselben Ergebnissen, wie die $\alpha\gamma$-Hypothese ↑ und ergibt eine identische Anfangsbedingung, wenn bei gegen α vernachlässigbarem β

$$\gamma = \frac{\beta}{\alpha - \beta}$$

gesetzt werden kann (s. a. Zündverzug). [OI].

$\alpha\gamma$-Hypothese — *$\alpha\gamma$-hypthesis* — hypothèse $\alpha\gamma$

Hypothese zur Erklärung des Selbständigwerdens einer Gasentladung ↑, bei der angenommen wird, daß durch das Aufprallen der positiven Ionen

auf die Kathode aus dieser Elektronen ausgelöst werden (Oberflächenionisierung). Neben der Ionisierungszahl $\uparrow$ α für die Elektronen ist jetzt
noch die Ionisierungszahl γ von Bedeutung, die angibt, wieviel Elektronen
von einem einzelnen positiven Ion aus der Kathode ausgelöst werden.

Die Bedingung, daß es zur Zündung der Gasentladung kommt (Anfangsbedingung), ist in der Gleichung

$$\alpha d = \ln\left(1 + \frac{1}{\gamma}\right) \qquad (d \text{ Elektrodenabstand})$$

festgelegt. Man hat dann aus den Kurven für α und γ, die Funktionen
der Feldstärke und des Gasdruckes sind, jene Feldstärke aufzusuchen, bei
der die Anfangsbedingung erfüllt ist. Die erforderliche Zündspannung $\uparrow$
ergibt sich dann daraus zu

$$U_z = |\mathfrak{E}_z|\, d\,.$$

Diese Verhältnisse gelten zunächst nur für homogene Felder. Ist das
Feld nicht mehr homogen, so ändert sich die Anfangsbedingung auf das
längs einer Feldlinie erstreckte Linienintegral

$$\gamma\left(e^{\int_0^{\delta} \alpha\, ds} - 1\right) = 1 \qquad (\delta \text{ Länge der Feldlinie})$$

Die $\alpha\gamma$-Hypothese führt zu denselben Ergebnissen wie die $\alpha\beta$-Hypo-
these $\uparrow$ und ergibt eine identische Anfangsbedingung, wenn bei gegen α
vernachlässigbarem β

$$\beta = \alpha\, \frac{\gamma}{1 + \gamma}$$

gesetzt werden kann (s. a. Zündverzug). [OI].

β-Strahlen

$\rightarrow$ Betastrahlen.

γ-Strahlen

$\rightarrow$ Gammastrahlen.

μ

1. Kurzzeichen für Mikro ($\rightarrow$ Dekadenzeichen).
2. Kurzzeichen für die Längeneinheit Mikron $\uparrow$.

Ω

Kurzzeichen für die Widerstandseinheit Ohm $\uparrow$.

Periodisches System der Elemente

Periode (Schale)	I a	I b	II a	II b	III a	III b	IV a	IV b	V a	V b	VI a	VI b	VII a	VII b	VIII a	VIII b
1 (K)	1 H 1,0078	—	—		—		—		—		—		—			2 He 4,00
2 (L)	3 Li 6,94		4 Be 9,02			5 B 10,82		6 C 12,00		7 N 14,008		8 O 16,000		9 F 19,00		10 Ne 20,18
3 (M)	11 Na 23,00		12 Mg 24,32			13 Al 26,97		14 Si 28,06		15 P 31,02		16 S 32,06		17 Cl 35,46		18 Ar 39,94
4 (N)	19 K 39,10	29 Cu 63,57	20 Ca 40,08	30 Zn 65,38	21 Sc 45,10	31 Ga 69,72	22 Ti 47,90	32 Ge 72,60	23 V 51,0	33 As 74,93	24 Cr 52,01	34 Se 78,96	25 Mn 54,93	35 Br 79,92	26 Fe 55,94; 27 Co 58,94; 28 Ni 58,69	36 Kr 83,7
5 (O)	37 Rb 85,44	47 Ag 107,88	38 Sr 87,63	48 Cd 112,41	39 Y 88,92	49 In 114,8	40 Zr 91,22	50 Sn 118,70	41 Nb 93,3	51 Sb 121,76	42 Mo 96,0	52 Te 127,59	43 Ma	53 J 126,92	44 Ru 101,7; 45 Rh 102,91; 46 Pd 106,7	54 X 131,3
6 (P)	55 Cs 132,81	79 Au 197,2	56 Ba 137,36	80 Hg 200,61	57 La 138,92	81 Tl 204,39	[*] 72 Hf 178,6	82 Pb 207,22	73 Ta 181,4	83 Bi 209,00	74 W 184,0	84 Po 210,0	75 Re 186,31	85 Am	76 Os 190,8; 77 Jr 193,1; 78 Pt 195,23	86 Em 222,0
7 (Q)	87 Vi		88 Ra 226,0		89 Ac 226		90 Th 232,12		91 Pa 230		92 U 238,14					

*) Hierher gehört die Gruppe 58—71 der seltenen Erden.

Die Zahlen vor den Elementesymbolen sind die Ordnungszahlen, die Zahlen darunter die Atomgewichte der betreffenden Elemente.

Internationale und absolute Einheiten

Einheit	international	absolut
Ampere	1	0,9999
	1,0001	1
Volt	1	1,0004
	0,9996	1
Ohm	1	1,0005
	0,9995	1
Henry	1	1,0005
	0,9995	1
Farad	1	1,0005
	0,9995	1
Watt	1	1,0003
	0,9997	1

Feldkonstante und Normalmaße

	international bis 1939	neu (absolut) ab 1940
$\mu_0 =$	$1{,}256047$ $.\ 10^{-6}\ \mathrm{Vs/Am}$	$1{,}256637 . 10^{-6}$ $= 4\,\pi\,10^{-7}\ \mathrm{Vs/Am}$
$\varepsilon_0 =$	$8{,}8585$ $.\ 10^{-12}\ \mathrm{As/Vm}$	$8{,}8543$ $.\ 10^{-12}\ \mathrm{As/Vm}$
$c = 1/\sqrt{\mu_0\varepsilon_0}$	$2{,}9979 . 10^{-8}\ \mathrm{m/s}$	$2{,}9979 . 10^{-8}\ \mathrm{m/s}$
1 Newton $=$	$1{,}000208 . 10^{5}\ \mathrm{Dyn}$ $= 0{,}10202\ \mathrm{kp}$	$10^{5}\ \mathrm{Dyn}$ $= 0{,}10200\ \mathrm{kp}$
1 Joule (elektrisch) $=$	$1{,}000208 . 10^{7}\ \mathrm{Erg}$ (mechanisch)	$10^{7}\ \mathrm{Erg}$ (mechanisch)
1 As entspricht abgeschiedener Silbermenge	$1{,}11800$ mg	$1{,}11815$ mg
Spannung des Normalelementes bei 20^0 C	$1{,}01830$ V	$1{,}01865$ V

Verzeichnis der englischen Stichwörter

A power supply = Heizstromquelle
abac = Fluchtlinientafel
absolute units = Einheiten, absolute
absorption = Absorption
absorption factor = Absorptionskoeffizient
absorption wave-meter = Absorptionsfrequenzmesser
accelerating electrode = Beschleunigungselektrode
acceleration = Beschleunigung
acceleration due to gravity = Erdbeschleunigung
accelerator lens = Beschleunigungslinse
acceptance test = Abnahmeprüfung
accordance = Abstimmung
accumulate = aufspeichern
accumulator = Akkumulator, Sammler
a-c/d-c receiver = Allstromempfänger
acetone = Azeton
acidulate = ansäuern
acorn tube = Knopfröhre
actinic screen = Leuchtschirm
action = Lauf
activate = formieren
activation = Aktivierung
active current = Wirkstrom
active voltage = Wirkspannung
actual power = Wirkleistung
actual value = Istwert
actuate = ansprechen
acute angle = Winkel, spitzer
acyclic rotor = Schenkelpolläufer
adaption = Anpassung
additional resistance losses = Stromwärmeverluste, zusätzliche
adherence = Adhäsion
adhesion = Adhäsion
adhesive tape = Isolierband
adiabatic curve = Adiabate
adjacent angle = Nebenwinkel
adjoining angle = Nebenwinkel
adjust = justieren
adjustable = einstellbar
adjusting ring = Stellring

adjustment of contrast = Dynamikentzerrung
admittance = Admittanz, Scheinleitwert
adsorption = Adsorption
aerial = Antenne, oberirdisch
aerial circuit = Antennenkreis
aerial line = Freileitung
aerial tuning condenser = Antennenkondensator
affect = beinflussen
afterglow = Nachleuchten
aggregate = Aggregat
aiding = gleichsinnig
air bladder = Luftblase
air-blast circuit-breaker = Druckluftschalter
air bubble = Luftblase
air core choke = Luftdrosselspule
air duct = Luftkanal
air gap = Luftspalt
air line = Freileitung
air proof = luftdicht
air pump = Luftpumpe
alarm lamp = Meldelampe, Signallampe
alarm system = Alarmanlage
Aldrey = Aldrey
algebraic function = Funktion, algebraische
alive = Spannung, unter
alkaline accumulator = Akkumulator, alkalischer, Stahlakkumalator
alkaline photo cell = Alkalizelle
all-metaltube = Stahlröhre
alloy = legieren, Legierung (s. a. Cekas-Draht
alpha rays = Alphastrahlen
alternating current = Wechselstrom
alternating field = Wechselfeld
alternating potential = Wechselspannung
aluminium = Aluminium
aluminium rectifier = Aluminiumgleichrichter
amber = Bernstein

ambient temperature = Raumtemperatur
ambiguity = mehrdeutig
amiant = Asbest
ammeter = Amperemeter
amount = Betrag
amount for = Quote
amount of modulation = Modulationsgrad
amperage = Stromstärke
ampere = Ampere
ampere-hour = Amperestunde
ampere-hour efficiency = Amperestundenwirkungsgrad
ampere-hour meter = Amperestundenzähler
Ampere's rule = Biot-Savartsches
Gesetz, Schwimmerregel, Amperesche
ampereturns = Amperewindungen,
Durchflutung, elektrische
amplification constant = Verstärkung
amplification stage = Verstärkerstufe
amplifier = Verstärker
amplifier valve = Verstärkerröhre
amplify = verstärken
amplifying tube = Verstärkerröhre
amplitude = Scheitelwert
amplitude distortion = Amplituden-
vorsorrung
amplitude factor = Scheitelfaktor
amplitude filter = Amplitudensieb
amplitude limiter = Amplitudensieb
amplitude modulation = Amplitudenmodulation
amplitude sweep = Amplitudenhub
analysis = Analyse
analytic function = Funktion, analytische
angle lever = Winkelhebel
angle of advance = Voreilwinkel
angle of arrival = Einstrahlwinkel
angle of damping = Dämpfungswinkel
angle of incidence = Einfallswinkel
angle of lag = Nacheilwinkel
angle of reflection = Reflexionswinkel
angle of refraction = Brechungswinkel
angle of tilt = Lagezeichen
angle pole = Eckmast
Ångström = Ångström
angular frequency = Kreisfrequenz

angular momentum = Drall, Drehmoment
angular velocity = Winkelgeschwindigkeit
anhydrous = wasserfrei
anion = Anion
anneal = ausglühen
annual = jährlich
annul = aufheben
annul each other = einander-
aufheben
annunciator = Melderelais, Schauzeichen
annunciator disc = Fallklappenrelais
anodal light = Anodenlicht
anode = Anode
anode battery = Anodenbatterie
anode current = Anodenstrom
anode detection = Anodengleichrichtung
anode dissipation = Anodenverlustleistung
anode fall = Anodenfall
anode grid capacity = Anodengitterkapazität
anode rectification = Anodengleichrichtung
anode drop = Anodenfall
anode voltage = Anodenspannung
anomalous cathode fall = Kathodenfall, abnormaler
antenna = Antenne
antenna adapter = Lichtantenne
antenna coil = Antennenspule
antenna power = Antennenleistung
anticathode = Antikathode
anticlockwise = Uhrzeigersinn,
entgegen dem
antifading device = Schwundregelung
anti-interference condenser = Entstörungskondensator
antinode = Bauch (einer Schwingung), Schwingungsbauch
anti-resonance circuit = Parallelschwingkreis
aperiodic = aperiodisch
aperiodic oscillation = Schwingung,
aperiodische
aperture = Blende
apertured disc = Nipkowsche
Scheibe
apparatus = Apparat, Gerät
apparent power = Scheinleistung
applied = eingeprägt

approach velocity = Eintrittsgeschwindigkeit
arc = Kreisbogen, Lichtbogen
arc furnace = Lichtbogenofen
arc lamp = Bogenlampe
arc rectifier = Lichtbogengleichrichter
arcback = Rückzündung
arc-extinction = Erdschlußlöschung
area = Fläche
argon = Argon
argument = Argument
arithmetic mean = arithmetisches Mittel
arithmetical series = Reihe, arithmetische
armature = Anker
armature plate = Ankerblech
armature reaction = Ankerrückwirkung
armature stamping = Ankerblech
armour = armieren, Bewehrung
armoured cable = armiertes Kabel
armour(ing) = Armierung
arrester = Blitzableiter
arrive = einfallen
art of galvanizing = Galvanotechnik
artificial line = Leitung, künstliche, Leitungsnachbildung
asbestos = Asbest
ascending = aufsteigend
ascent = Anstieg, Zuwachs
assembly = Apparatesatz
assigned value = Sollwert
astatic(al) = astatisch
astigmatism = Astigmatismus
asymmetrie = unsymmetrie
asymptote = Asymptote
asynchronous = asynchron
asynchronous motor = Asynchronmotor
asynchronous starting = Selbstanlauf, asynchroner
at an average = durchschnittlich
atmosphere = Atmosphäre
atom = Atom
atomic disintegrating = Atomzertrümmerung
atomic mass = Atomgewicht
atomic nucleus = Atomkern
atomic shell = Atomhülle
atomic volume = Atomvolumen
atomic weight = Atomgewicht
attach = befestigen
attenuated = gedämpft

attenuation = Dämpfung
attenuation constant = Dämpfungsbelag, Fortpflanzungskonstante
attract = anziehen
attractive power = Anziehungskraft
audibility range = Hörbereich
audible reception = Hörempfang
audible sound = Hörschall
audio range = Hörbereich
audio-frequency amplifier = Niederfrequenzverstärker
audion = Audion
audion receiver = Audionempfänger
aural reception = Hörempfang
automatic(al) = automatisch
automatic circuit breaker = Selbstausschalter
automatic telephone exchange = Selbstanschlußfernsprechamt
auto-switch = Selbstschalter
auto-transformer = Spartransformator
auxiliary antenna = Behelfsantenne
auxiliary bus-bars = Hilfssammelschienen
auxiliary relay = Hilfsrelais
average = Durchschnitt, Mittelwert
axial = axial
axis = Achse, Mittellinie
axis of rotation = Drehachse
axle = Achse
Ayrtons equation = Ayrtonsche Gleichung
azote = Stickstoff

back lash = Spiel (toter Gang)
back-coupling = Rückkopplung
backfire = Rückzündung
backlash = Gang, toter
bakelite = Bakelit
balance = abgleichen, Ausgleich, Gleichgewicht, Leitungsnachbildung
balance galvanometer = Nullinstrument
balancing network = Leitungsnachbildung
balancing wheel = Schwungrad
ball = Kugel
ball bearing = Kugellager
ball joint = Kugelgelenk
ball spark gap = Kugelfunkenstrecke
ballast lamp = Eisenwasserstofflampe

ballistic galvanometer = Galvanometer, ballistisches
balls = Kugelfunkenstrecke
banana plug = Bananenstecker
band = Bereich
band filter = Bandfilter
band of frequencies = Frequenzband
band selector = Wellenschalter
band switch = Wellenschalter
bandage = Bandage
bandwidth = Bandbreite
bank = Satz
bank winding = Stufenwicklung
bar = Bar
bar magnet = Stabmagnet
bar transformer = Stabwandler
baretter = Baretter
Barkhausen effect = Barkhausen-effekt
barrelswitch = Walzenschalter
barretter = Bolometer
barrier layer = Sperrschicht
barrier-film rectifier = Sperrschicht-gleichrichter
barrier-layer cell = Sperrschicht-zelle
base = Grundfläche
base load = Grundlast
base with pins = Stiftsockel
bass = Nabe
bath = Bad
battery = Batterie
battery charger = Ladegerät
battery receiver = Batterieempfänger
battery (regulator) switch = Zellen-schalter
Bauch transformer = Löschtrans-formator
B-battery = Anodenbatterie
bayonet joint = Bajonettverschluß
beam = Lichtstrahl
beam of electrons = Elektronen-strahl
bearing = Lager, Peilung
bearing bush = Lagerschale
beat = Schwebung, überlagern
beat frequence = Überlagerungs-frequenz
beat receiver = Überlagerungs-empfänger
bel = Bel
bell crank = Winkelhebel
bell transformer = Klingeltrans-formator
belt drive = Riemenantrieb
belt generator = Bandgenerator

bend = Knick, Krümmung
bending load = Biegebelastung
bending strain = Biegebelastung
bending strength = Biegefestigkeit
benzine = Benzin
Berry transformer = Manteltrans-formator
Bessel functions = Besselfunktionen
beta rays = Betastrahlen
bevel = Kegel
bevel wheel = Kegelrad
Beverage antenna = Beverage-Antenne
bias = Vorspannung
bichromate battery = Chromsäure-element
bifilar oscillograph = Schleifen-oszillograph
bifilar-cathode = Bifilarkathode
bifilar-winding = Bifilarwicklung
bimetal = Bimetall
binding = Bandage
binding up = Einschnürung
binominal series = Binomialreihe
bisect = halbieren
bismuth = Wismut
bivalent = zweiwertig
blast pipe = Düse
block = verriegeln
block antenna = Gemeinschafts-antenne
block circuit = Sperrkreis
block condenser = Blockkonden-sator
blocked grid keying = Gittertastung
blocking capacitor = Blockkonden-sator
blocking layer = Sperrschicht
blocking-layer cell = Sperrschicht-zelle
blocking layer rectifier = Sperr-schichtgleichrichter
blow = durchbrennen
blow out = ausblasen
blowout coil = Blasspule
blue vitriol = Kupfervitriol
board = Schalttafel
bobbin = Spule
body that radiates by lumines-cence = Lumineszenzstrahler
boiling point = Siedepunkt
bolometer = Bolometer
bolt = Schraube
Boltzmann's constant = Boltz-mannsche Konstante
bond = Lasche

boost = verstärken
booster = Zusatzgenerator
booster transformer = Zusatztrans-
    formator
boosting battery = Pufferbatterie
boosting transformer Zusatztrans-
    formator
border = Kante, Leiste
box = Muffe
box head = Kabelendverschluß
box switch = Dosenschalter
braid = klöppeln, umflechten,
    umklöppeln
braid(ing) = Umklöppelung
brake = Bremse
branch line = Stichleitung
branch(ing) = Verzweigung
branching point = Verzweigungs-
    punkt
brass = Lagerschale, Messing
Braun tube = Braunsche Röhre
braze = hart löten
break spark = Öffnungsfunke,
    Unterbrechungsfunke
break-down = Durchschlag elektri-
    scher, versagen
breakdown due to thermal unsta-
    bility = Wärmedurchschlag
break-down spark = Abreißfunken
breakdown voltage = Überschlags-
    spannung
breaking capacity = Ausschalt-
    leistung
breaking step = Außertrittfallen
breaking stress = Bruchfestigkeit
bridge = Meßbrücke
bridge connection = Brückenschal-
    tung
brightness = Leuchtdichte
Brigg's logarithm = Logarithmus,
    Briggscher
broad-band amplifier = Breitband-
    verstärker
broad-band cable = Breitband-
    kabel
broadcasting = Rundfunk
bronze = Bronze
brown coal = Braunkohle
Brownian movement = Brownsche
    Bewegung
brush = Bürste
brush discharge = Büschelentladung
brush holder = Bürstenhalter
brush lifting device = Bürstenab-
    hebevorrichtung
brush pressure = Bürstendruck

bubble level = Libelle
Buchholtz relay = Buchholz-
    Relais
buckle = verziehen, sich
buckling = Krümmung
buffer battery = Pufferbatterie
bulb = Glühbirne, Kolben
bulge = Ausbauchung
bulk tariff = Pauschaltarif
buna = Buna
bunch = bündeln
Bunsen photometer = Fettfleck-
    photometer
burden = Bürde
burn out = durchbrennen
bus bars = Sammelschienen
bush(ing) = Muffe
bushing insulator = Durchführungs-
    isolator
busy tone = Besetztzeichen
butt strap = Lasche
butt weld = stumpfschweißen
butterfly nut = Flügelmutter
buzzer = Schnarre
buzzing noise = Brummen
BX cable = Kabel, flexibles

C bias = Gittervorspannung
cabinet = Gehäuse
cable = Kabel
cable cellar = Kabelboden
cable channel = Kabelgraben
cable drum = Kabeltrommel
cable eye = Kabelschuh
cable plant = Kabelnetz
cable railway = Drahtseilbahn
cable reel = Kabeltrommel
cable sheath(ing) = Kabelmantel
cable sleeve = Kabelmuffe
cable socket = Kabelschuh
cable system = Kabelnetz
cable terminal = Kabelendver-
    schluß
cage rotor = Käfikanker
cage winding = Käfigwicklung
calcium = Kalzium
calculate = berechnen
calculus of probabilitys = Wahr-
    scheinlichkeitsrechnung
calender = Kalander
calibrate = eichen
calibration = Eichung
calibration curve = Eichkurve
calibration instrument = Eichgerät
calit = Calit
calorie = Kalorie

calory = Kalorie
cam = Daumen, Nocke
canal rays = Kanalstrahlen
cancel = aufheben
candle-power = Kerzenstärke, Lichtstärke
caoutchouc = Kautschuk
cap = Muschel (am Hörer)
cap nut = Überwurfmutter
capacitance = Kapazität
capacitance per unit length = Kapazitätsbelag
capacitive = kapazitiv
capacitor = Kondensator
capacity = Kapazität
carbon = Kohle
carbon brushes = Kohlenbürsten
carbon (filament) lamp = Kohlenfadenlampe
carbon-pile regulator = Kohledruckregler
carcase = Gestell
Cardan joint = Kardangelenk
cardboard = Pappe
cardiogram = Kardiogramm
cardiography = Kardiographie
carrier current telephony = Hochfrequenztelephonie
carrier frequency = Trägerfrequenz
carrier wave = Trägerschwingung
carrying capacity = Belastbarkeit
cartridge = Patrone
case = Gehäuse
cascade connection = Kaskadenschaltung
cast = gießen
cast iron = Gußeisen
cast steel = Gußstahl
castor-oil = Ricinusöl
catalizer = Katalysator
catalyser = Katalysator
catch = Arretierung, Nase (Mitnehmer)
catenary = Katenoid, Kettenleiter, Seilkurve
cathode = Kathode
cathode disintegration = Kathodenzerstäubung
cathode fall (of potential) = Kathodenfall
cathode - ray oscillograph = Kathodenstrahloszillograph
cathode ray tuning indicator = magisches Auge
cathode spot = Kathodenfleck
cathode trop = Kathodenfall

catkin valve = Stahlröhre
cell alkaline = Alkalizelle
cell switch = Zellenschalter
cellon = Cellon
cement = Kitt, verkitten
center tap = Mittelanzapfung
centigrade = Celsiusgrad
central zero voltmeter = Nullvoltmeter
centre of gravity = Schwerpunkt
centre line = Mittellinie
centrifugal governor = Fliehkraftregler, Zentrifugalregler
chain insulator = Hängeisolator
chain system = Kettenleiter
chain-dotted line = Linie, strichpunktierte
change over = umschalten
change-over (switch) = Wechselschalter
channel = Frequenzband, Kanal
channel iron = U-Eisen
characteristic = Charakteristik
charakteristic impedance = Wellenwiderstand
characteristic output impedance = Ausgangswellenwiderstand
characteristic radiation = Eigenstrahlung
charge = belasten, Ladung
charging current = Ladestrom
charging generator = Lademaschine
chart = Diagramm, Fluchtlinientafel, Tabelle
chassis = Chassis
china = Porzellan
chlorine = Chlor
choke = Drossel
choke - coil = Drosselspule
choking coil = Drosselspule
chopper = zerhacken
chord winding = Sehnenwicklung
chromic acid cell = Chromsäureelement
chromium = Chrom
chrysotile = Serpentinasbest
cinder = Schlacke
ciphered message = Chiffertelegramm
cipher telegram = Chiffertelegramm
circle = Kreis
circle diagramm = Ortskurve
circuit = Kreis, Stromkreis
circuit-breaker = Schalter
circuit diagramm = Schaltbild
circuit noise = Widerstandsrauschen

circular arc = Kreisbogen
circular frequency = Kreisfrequenz
circulation = Randintegral
circumference = Kreisumfang
circumferential velocity = Umfangsgeschwindigkeit
clamp = Klemme
Clark cell = Clarkelement
class-A amplifier = A-Verstärker
class-B amplifier = B-Verstärker
class-C amplifier = C-Verstärker
classify = einteilen
claw clutch = Klauenkupplung
clip = Lasche
clockwise = rechtsdrehend
close = kurzschließen
closed circuit = Ruhestromkreis
closed circuit current = Ruhestrom
closed slots = Nuten, geschlossene
closing spark = Schließungsfunke
cloud of electrons = Elektronenwolke
clutch = Kupplung
clydonograph = Klydonograph
coal = Kohle
coarse adjustment = Grob-
einstellung
coarse-grained = grobkörnig
coating = Auflage (Überzug)
coefficient of coupling = Kopplungskoeffizient
coefficient of dissociation =
Dissoziationsgrad
coefficient of loss = Verlustziffer
coefficient of non-linear distortion
= Oberschwingungsgehalt
coefficient of self-induction =
Selbstinduktionskoeffizient
coefficient of utilisation =
Belastungsfaktor
coercitive force = Koerzitivkraft
cog = Nase (Mitnehmer)
coherence = Kohäsion
coherent units = kohärente Einheiten
coherer = Fritter, Kohärer
cohesion = Kohäsion
coil = Spule
coil constant = Gütefaktor
coil up = aufspulen
coiled-coil filament = Doppelwendel
coil-load = pupinisieren
collar = Stellring, Unterlagsscheibe
collecting bars = Sammelschienen
collecting grid = Fanggitter

collector = Kollektor
collector segment = Kollektorlamelle
colophony = Kolophonium
combination tones = Kombinationstöne
combustion engine = Verbrennungs
kraftmaschine
come into action = ansprechen
common-frequency broad-casting =
Gleichwellenrundfunk
common logarithm = Briggscher
Logarithmus
commutate = umschalten
commutating machine = Kommutatormaschine
commutating pole = Wendepol
commutation = Stromwendung
commutator = Kommutator,
Stromwender
commutator bar = Kollektorlamelle
commutator maschines = Stromwendermaschinen
commutator motor = Kommutatormotor
compensating coil = Ausgleichsdrossel
compensating winding = Kompensationswicklung
compensation = Ausgleich
compensation winding = Ausgleichswicklung
compensator = Phasenschieber
complex multiplication = Multiplikation, komplexe
complex number = Zahl, komplexe
complex product = Produkt,
komplexes
component = Komponente
composite wire = Litzendraht
composition = Faltungssatz, Legierung
compound = legieren
compound (wound) dynamo =
Verbundmaschine
compound (-wound) machine =
Kompoundmaschine
compressed air = Druckluft
compressed iron = Massekern
compression = Druck
compressive strength = Druckfestigkeit
compressor = Kompressor
compute = berechnen
concave = konkav

concentric coil winding = Spulenwicklung
concrete = Beton
cone = Kegel
cone wheel = Kegelrad
condenser = Kondensator
condition for resonance = Resonanzbedingung
conductance = Konduktanz, Leitfähigkeit, Leitwert
conductive = leitend
conductivity = Leitfähigkeit
conductor = Konduktor, Leiter
conduit wire = Rohrdraht
conformal mapping = Abbildung,
konforme
conformical mapping = Abbildung,
konforme
connect = schalten
connected load = Anschlußwert
conjugate complex = konjugiert
komplex
connection = Schaltung
connection strip = Klemmenleiste
connector box = Abzweigdose
constantan = Konstantan
constrained oscillation = Schwingung, erzwungene
constriction = Einschnürung
consumer = Verbraucher
contact voltage = Berührungsspannung, Übergangsspannung
contact wire = Fahrdraht
contactor = Schütz
contactor control = Schützensteuerung
contactor equipment = Schützensteuerung
contiguous angle = Nebenwinkel
continuous current = Gleichstrom
continuous radiation = Bremsstrahlung
continuous rating = Dauerleistung
continuous voltage = Gleichspannung
continuous welding = Nahtschweißung
continuously loaded cable =
Krarupkabel
contour = Umriß
contrary = entgegengesetzt
contrast control = Dynanik-
entzerrung
control = Regelung, steuern,
Steuerung

control characteristic = Regulierkurve
control crystals = Steuerkristalle
control electrode = Wehneltzylinder
control generator = Steuerdynamo, Steuergenerator
control grid = Steuergitter
control grid circuit = Raumladegitterschaltung
control voltage = Steuerspannung
convection current = Konvektionsstrom
converter = Einankerumformer,
Umformer
conveying plant = Förderanlage
convolution = Faltungssatz
cool off = abkühlen
cooling flange = Kühlrippe
cooling water = Kühlwasser
coördinates = Koordinaten
co-phasal = gleichphasig
copper = Kupfer, verkupfern
copper-oxide rectifier = Kupferoxydulgleichrichter
copper sulphate = Kupfervitriol
core = Ader, Seele
core loss = Eisenverlust
core type transformer = Kerntransformator
corona = Korona
corpuscle = Atom
correction = Berichtigung
corrosion = Korrosion
cost = Kosten
cost of repaire = Reparaturkosten
costs = Unkosten
cotter = Splint
cotton = Baumwolle
coulomb = Coulomb
Coulomb's law = Coulombsches
Gesetz
coulometer = Voltameter
counter = Zähler
counter-clockwise = entgegen dem
Uhrzeigersinn, linksgängig
counter-coupling = Gegenkopplung
counterpoise = Gegengewicht
counterweight = Gegengewicht
couple = Kräftepaar
coupling = Kupplung
coupling coefficient = Kopplungskoeffizient
coupling factor = Kopplungsfaktor

crack = Riß
crank = Kurbel
crawling = Schleichen
crawling speed = Schleichdrehzahl
creeping distance = Kriechstrecke
crest = Scheitelwert
crest factor = Scheitelfaktor
critical temperature = Temperatur, kritische
Crookes dark space = Crookescher Dunkelraum
cross field = Querfeld
cross-ampere-turns = Quer-amperewindungen
crossed-coil instrument = Kreuz-spulinstrument
crossing = Kreuzung
cross-section = Querschnitt
crosstalk = übersprechen
crow-fly distance = Luftlinie
crystal detector = Kristalldetektor
cupric sulphate = Kupfersulfat
Curie point = Curie-Punkt
curl = Rotor
current converter = Stromrichter
current coverage = Strombelag
current density = Stromdichte
current error = Stromfehler
current intensity = Stromstärke
current path = Strompfad
current resonance = Stromresonanz
current source = Stromquelle
current strength = Stromstärke
current transformer = Strom-transformator, Stromwandler
cursor = Schiebekontakt, Stellring
curvature = Krümmung
curve = Schaulinie
cut out = ausschalten
cut-off frenquency = Grenz-frequenz
cycles per second = Hertz
cyclic(al) = zyklisch
cyclotron = Zyklotron
cylindrical condenser = Zylinder-kondensator
cymometer = Wellenmesser
cyrcle = Kreis

damped = gedämpft
damping = Dämpfung
damping coefficient = Dämpfungs-faktor
damping magnet = Bremsmagnet
damping resistance = Dämpfungs-widerstand

Daniell cell = Daniellelement
dark discharge = Dunkelentladung
dark space = Dunkelraum, Kathodenfleck
dash = Morsestrich
dash-dotted line = Linie, strich-punktierte
dashed line = Linie, gestrichelte
decade characteristics = Dekaden-zeichen
decade rheostat = Dekadenwider-stand
decay factor = Dämpfungsfaktor
decibel = Dezibel
decimal (place) = Dezimalstelle
decimeter = Dezimeter
declination = Deklination
declutch = auskuppeln
decoupling = Entkopplung
decrement = Dekrement
de-energization = Aberregung
defining equation = Definitions-gleichung
deflecting plates = Ablenkplatten
deflection = Ausschlag
deformation = Verwerfung, Ver-zerrung
degauss = entmagnetisieren
degree = Celsiusgrad
degree absolute = Grad Kelvin
degree Kelvin = Grad Kelvin
degree of modulation = Modu-lationsgrad
deionise = entionisieren
delay = Laufzeit
deliver = liefern
delivered power = Leistung, abgegebene
Delon rectifier = Delonschaltung
delta voltage = Dreieckspannung
delta-star connection = Stern-Dreieck-Schaltung
demagnetise = entmagnetisieren
demand = Bedarf
demand factor = Ausnutzungs-faktor
demodulation = Demodulation
denominator = Nenner
density = Dichte
derived dimensions = Dimensionen, abgeleitete
derived units = Einheiten, abgeleitete
desk = Schaltpult
detector = Detektor, Gleichrichter
detector circuit = Detektorkreis

detector receiver = Detektorempfänger
detector receiving set = Detektorgerät
detent = Anschlag, Arretierung,
Klinke
determinant = Determinante
detuning = Verstimmung
deviation = Frequenzhub
device = Entwurf, Gerät
diagonal = Diagonale
dial (switch) = Nummernscheibe
diagram = Diagramm, Schaulinie
diagram of connections = Schaltbild
diagram-vector = Vektordiagramm
diamagnetism = Diamagnetismus
diameter = Durchmesser
diamond circuit = Brückenschaltung
diaphragm = Blende, Lochblende,
Membran
die away = abklingen
die out = abklingen
die down = abklingen
die-cast = Spritzguß
dielectric = Dielektrikum
dielectric constant = Dielekrizitäts-
konstante
dielectric constant of the vacuum =
Influenzkonstante
dielectric hysteresis = Nachwirkung,
dielektrische
dielectric polarisation = Polarisation, dielektrische
dielectric strength = Durchschlagsfestigkeit
dielectric viscosity = Nachwirkung,
dielektrische
differential = Differential
differential condenser = Differentialkondensator
differential galvanometer = Differentialgalvanometer
differential protection = Differentialschutz
differential relay = Differentialrelais
differential transformer = Differentialtransformator
differentiate with respect to =
differenzieren nach
diffusion = Diffusion
dilatation = Dehnung
dilate = ausdehnen
diluted acid = verdünnte Säure

dimension = Dimension
diode = Diode, Zweipolröhre
diode detection = Diodengleichrichtung
dip = Durchhang
dipole = Dipol
direct current = Gleichstrom
direct heating = Heizung, direkte
direct voltage = Gleichspannung
direct-current amplifier = Gleichtaktverstärker
direct-current generator = Gleichstromgenerator
direct-current machines = Gleichstrommaschinen
direct-current motors = Gleichstrommotoren
directing force = Richtkraft
direction finder aerial = Peilrahmen
directional loop = Peilrahmen
directional relay = Richtungsrelais
disc condenser = Plattenkondensator
disc record = Schallplatte
discharge = Entladung
discharge switch = Zellenschalter
disconnect = ausschalten
disconnected = abgeschaltet
disconnection = Abschalten
disconnector = Trennschalter
dispersion = Streuung
dispersive radiator = Breitstrahler
displacement current = Verschiebungsstrom
disruptive strength = Durchschlagsfestigkeit
dissociation = Dissoziation,
elektrolytische
dissociation degree = Dissoziationsgrad
dissolution = Lösung
dissymmetrie = Unsymmetrie
distance piece = Distanzstück
distance relay = Distanzrelais
distance thermometer = Fernthermometer
distant control = Fernsteuerung
distillation = Destillation
distortion factor = Klirrfaktor, Verzerrungsfaktor
distortionless = verzerrungsfrei
distribution chamber = Kabelboden
distribution panel = Schalttafel
disturbance elimination = Entstörung

disturbed = gestört
disturbing voltage = Störspannung
ditch = Kabelgraben
divergence = Divergenz
divide = einteilen
dog latch = Anschlag
dot = Morsepunkt, Punkt
dotted line = Linie, punktierte
double acting = doppelt wirkend
double cage rotor = Doppelkäfiganker
double cell switch = Doppelzellenschalter
double current = Doppelstrom
double delta connection = Doppel-
dreiecksschaltung
double diode = Duodiode
double layer = Doppelschicht
double star connection = Doppelsternschaltung
double throw switch = Wechselschalter
double tubes = Verbundröhren
double-fluid cell = Daniellelement
doubling of frequency = Frequenzverdopplung
dovetail slots = Nuten, schwalbenschwanzförmige
dovetailed = schwalbenschwanzförmig
dowel = Dübel
drift tube = Laufzeitröhre
drip-proof = tropfwassergeschützt
drive = Antrieb
drive shaft = Antriebswelle
(driving) belt = Treibriemen
driving motor = Antriebsmotor
driving pin = Mitnehmerstift
drop indicator = Fallklappenrelais
drop of potential = Spannungsabfall
drum armature = Zylinderläufer
drum controller = Walzenschalter
drum rotor = Trommelläufer
drum winding with fractional pitch
= Sehnenwicklung
dry cell = Trockenelement
dry rectifier = Trockengleichrichter
dual feeded induction machine =
Doppelfeldmaschine
ductile iron = Weicheisen
dull = mattieren
duodiode = Duodiode
duplex operation = Duplexverkehr,
Gegensprechen
duplex working = Doppelverkehr

duralumin = Duraluminium
(duration of) period = Periodendauer
Dushman's equation = Dushmann
Formel
dust core = Massekern
dustproof = staubdicht
dynamic characteristic = Arbeitskennlinie
dynamo = Gleichstromgenerator
dynamo sheet = Dynamoblech
dynamoelectric principle = Prinzip,
dynamoelektrisches
dyne = Dyne

earphone = Kopfhörer
earth = erden, Erdung
earth leakage relay = Erdschlußrelais
earthed = geerdet
earthing = Erdung
ebonite = Ebonit, Hartgummi
eccentric = Exzenter
eccentricity = Exzentrizität
echo-ranging = Echolotung
echo-sounding = Echolotung
economy = Wirtschaftlichkeit
eddy current = Wirbelströme
eddy current brake = Wirbelstrombremse
eddy current rotor = Wirbelstromläufer
edge = Kante
Edison screw = Edisongewinde
Edison storage cell = Edison-
Akkumulator
effective amplification = Betriebsverstärkung
effective antenna length = wirksame Antennenlänge
effective current = Effektivstrom
effective part of scale = Meßbereich
effective power = Wirkleistung
effective resistance = Wirkwiderstand
effective value = Effektivwert
efficiency = Wirkungsgrad
efficiency of the luminous source =
Lichtausbeute
electric displacement = Verschiebung, dielektrische
electric field strength = Feldstärke,
elektrische
electric force = Feldstärke,
elektrische
electric line = Leitung

electric meter = Elektrizitätszähler
electric tool = Elektrowerkzeuge
electric traction = Zugförderung, elektrische
electrical moment = Moment, elektrisches
electrode = Elektrode
electrode steam boiler = Elektrodenkessel
electro-deposit(ion) = Niederschlag, galvanischer
electro-deposition = Galvanotechnik
electrodynamic instrument = elektrodynamisches Instrument
electro-economics = Elektrizitätswirtschaft
electrolyser = Elektrolyseur
electrolysis = Elektrolyse
electrolyte = Elektrolyt
electrolytic capacitor = Elektrolytkondensator
electrolytic tank = Trog, elektrolytischer
electromagnet = Elektromagnet
electrometer = Elektrometer
electromotive force = elektromotorische Kraft
electron = Elektron
electron beam = Elektronenstrahl
electron cloud = Elektronenwolke
electron gas = Elektronengas
electron optics = Elektronenoptik
electron shell = Elektronenhülle, Elektronenschale
electron tube = Elektronenröhre
electron volt = Elektronenvolt
electroplating = Galvanostegie, Galvanotechnik
electroscope = Elektroskop
electrostatic induction = Influenz, elektrische; Verschiebung, dielektrische
electrostatic instrument = elektrostatisches Meßgerät
electrostatic susceptibility = Suszeptibilität, elektrische
elevated aerial = Hochantenne
elevation = Aufriß
elevator = Aufzug
elongation = Dehnung
emerald = Smaragd
emergency generating set = Notstromaggregat
e. m. f. = EMK
emission = Ausstrahlung

emitter = Sender
enamel = Draht-Emaille
enamelled resistors = Emailwiderstände
end tube = Endröhre
endless = endlos
endless screw = Schnecke
energy = Energie
energy output = Leistung, abgegebene
engage = einklinken
engaged signal = Besetztzeichen
engine = Maschine
entrance = Eingang
envelope delay = Gruppenlaufzeit
envelope distortion = Formverzerrung
equal = gleich sein
equation = Gleichung
equation of state = Zustandsgleichung
equidistant = parallel
equilateral = gleichseitig
equilateral triangle = Dreieck, gleichseitiges
equilibrate = abgleichen
equilibrium = Gleichgewicht
equipment = Ausrüstung
equipotential connections = Ausgleichsverbindungen
equipotential surface = Äquipotentialfläche
equivalent charge = Äquivalentladung
equivalent source of current = Ersatzstromquelle
equivalent tension source = Ersatzspannungsquelle
equivalent weight = Äquivalentgewicht
erection = Montage
erg = Erg
error = Fehler
error of observation = Beobachtungsfehler
error of voltage = Spannungsfehler
establishment = Anlage
establishment charge = Anlagekosten
ether = Äther
evacuate = auspumpen
evacuated = luftleer
even multiple = Vielfaches, gerades
even number = Zahl, gerade
excess consumption tariff = Überverbrauchtarif

excess current = Überstrom
excess-power meter = Spitzenzähler
excess voltage = Überspannung
excitation = Anregung
excitation anode = Erregeranode
exciter = Erregermaschine
exciting anode = Erregeranode
excitor = Erregermaschine
exclusion range = Sperrbereich
exhaust = auspumpen
expand = ausdehnen, entwickeln
expander = Tondehner
expansion circuit breaker = Expansionsschalter
expansion instrument = Hitzdrahtinstrument
expenses of maintenance = Unterhaltungskosten
explosion chamber = Löschkammer
express voltage = Überspannung
extend = ausdehnen
external characteristic = äußere Kennlinie
extrapolate = extrapolieren

factorial = Fakultät
factory test = Abnahmeprüfung
fade = schwinden
fader = Überblender
fading = Fading
fading regulation = Schwundregelung
Fahrenheit = Fahrenheit
fail = aussetzen
failure = versagen
fall in = einfallen
fall upon = einfallen
falling out of phase = Außertrittfallen
falling out of synchronism = Außertrittfallen
faltung theorem = Faltungssatz
fan out = aufspleißen
farad = Farad
Faraday's dark space = Faradayscher Dunkelraum
Faraday's law = Faradaysches Gesetz
fasten = befestigen
fault = Fehler
faulty = gestört
feeder = Speiseleitung
femal screw = Schraubenmutter
Ferrocart = Ferrocart
ferromagnetism = Ferromagnetismus

field = Feld
field regulator = Feldregler
field rheostat = Feldregler
figure = beziffern
filament current source = Heizstromquelle
filament transformer = Heiztransformator
filament voltage = Heizspannung
film = Folie
filter = aussieben, Filter
filter chain = Siebkette
fin = Rippe
fine adjustment = Feineinstellung
fine control = Feineinstellung
finish = Ausführung
finite = endlich
fire protection = Brandschutz
fire-estinguishing agent = Brandschutz
first cicuital law = Durchflutungsgesetz
first cost = Anlagekosten, Anschaffungskosten
first negative layer = Glimmhaut
fishplate = Lasche
fissure = Riß
fit = einsetzen
fitting = Ausrüstung, Montage
fittings = Armatur
five-unit alphabet = Fünferalphabet
five-unit code = Fünferalphabet
fix = befestigen
flame proof = schlagwettersicher
flange = Flansch
flash = Blitzschlag
flash(ing)-over = Rundfeuer
flash signal = Blinkzeichen
flashing = Blinkzeichen
flashlamp = Taschenlampe
flashover = Überschlag
flat = unscharf
flat spring = Blattfeder
Flemings rule = Dreifingerregel, Handregel
Flemings second rule = Rechtehandregel
flexible = nachgiebig
flexible cable = Kabel, flexibles
flicker = flimmern
flickering signal = Blinkzeichen
floated battery = Pufferbatterie
floor insulator = Innenraumisolator
floor switch = Fußschalter

flow = Fluß
flow limit = Fließgrenze
fluctuation voltage = Rauschspannung
fluid = Flüssigkeit
fluorescence = Fluoreszenz
fluorescent radiation = Eigenstrahlung
fluorescent screen = Leuchtschirm
flux = Fluß
flywheel = Schwungrad
focal distance = Brennweite
focal length = Brennweite
focal point = Brennfleck
focus = Brennpunkt
focuse = bündeln
foil = Folie
foot-switch = Fußschalter
force = Kraft
force of attraction = Anziehungskraft
forced oscillation = Schwingung,
erzwungene
forged iron = Schmiedeeisen
fork connection = Gabelschaltung
forked multiplex operation = Gabelverkehr
forked reed = Stimmgabel
form = formieren
form factor = Formfaktor
formation of gas = Gasentwicklung
former = Schablone
former winding = Schablonenwicklung
former-wound coil = Formspule
former-wound coil = Schablonenwicklung
formula = Formel
formulation = Ansatz
Foucault currents = Foucaultströme, Wirbelströme
found = gießen
four electrode valve = Vierpolröhre
four pole = Vierpol
Fourier's series = Reihe, Fouriersche
fractional-slot winding = Bruchlochwicklung
frame = Chassis, Gehäuse, Gestell
frame aerial = Rahmenantenne
Franke machine = Frankesche
Maschine
free antenna = Hochantenne
free oscillation = Eigenschwingung
free path = Weglänge, freie
freezing point = Gefrierpunkt

frequency = Frequenz, Periodenzahl
frequency band = Frequenzband
frequency changer = Frequenzumformer, Frequenzwandler
frequency convertor = Frequenzumformer
frequency deviation = Frequenzhub
frequency distortion = Frequenzverzerrung
frequency generator = Frequenznormal
frequency meter = Frequenzmesser
frequency modulation = Frequenzmodulation
frequency multiplier = Frequenzwandler
frequency response = Frequenzgang
frequency standard = Frequenznormal
frequency sweep = Frequenzhub
frequency transformer = Frequenzumformer
frequency tripling = Frequenzverdreifachung
frequenta = Frequenta
friction clutch = Reibungskupplung
friction wheel = Friktionsrad
frictional electricity = Reibungselektrizität
frictional loss = Reibungsverlust
front = Stirn
frost = mattieren
fulcrum = Drehachse
full deflection = Endausschlag
full load = Vollast
full pitch winding = Durchmesserwicklung
full-voltage starting = Grobanlassen
full-wave connection = Doppelwegschaltung
full-wave rectification = Zweiwegschaltung
function = arbeiten
fundamental dimensions = Grunddimensionen
fundamental oscillation = Grundschwingung
fundamental units = Grundeinheiten
funicular railway = Drahtseilbahn
furnace = Ofen

furnish = versorgen
fuse = durchbrennen, Schmelz-
　　sicherung
fuse strip = Abschmelzstreifen
fus(ibl)e cut-out = Schmelz-
　　sicherung
fusing point = Schmelzpunkt

gain = Gewinn, Verstärker. Zuwachs
gain controller = Lautstärkeregler
galena detector = Kristalldetektor
galena receiver = Detektor-
　　empfänger
galvanometer = Galvanometer
galvanoplastic = Galvanoplastik
gamma rays = Gammastrahlen
gang = Spiel (toter Gang)
gap = Funkenstrecke
gas constant = Gaskonstante
gas discharge = Gasentladung
gas focused beam = Fadenstrahl
gas pressure relay = Buchholz-
　　Relais
gaseous = gasförmig
gas-proof = schlagwettersicher
gassing = Gasentwicklung
gauge = eichen, Spurweite
gauging = Eichen
gauss = Gauß
Gauss system of units = Maßsystem,
　　Gaußsches
gear = Getriebe, Zahnradgetriebe
gearing = Getriebe
generator = Generator
generator protective device =
　　Generatorschutz
Geneva wheel = Malteserkreuz
geometric(al) series = Reihe,
　　geometrische
getter = Getter
gilbert = Gilbert
girder pole = Gittermast
glaze = Glasur
glazing = Glasur
glim lamp = Glimmlampe
glitter = flimmern, Funkeleffekt
globe joint = Kugelgelenk
glow = glimmen
glow discharge = Glimmentladung
glow lamp = Glimmlampe
glow tube = Glimmröhre
glowing cathode = Glühkathode
glowing cathode rectifier = Glüh-
　　kathoden-Gleichrichter
glue = Leim
goniometer = Goniometer

good conductor = Leiter, guter
governor = Regler
gradient = Gradient
graduate = einteilen
Graetz rectifier = Graetz-Schaltung
gram-atom = Grammatom
gramme atom = Grammatom
gramme equivalent = Gramm-
　　äquivalent
gramme molecule = Gramm-
　　molekül, Mol
gram-molecule = Grammolekül
graph = Schaulinie
graphite brushes = Graphitbürsten
grasp = Handgriff
gravity cell = Daniellelement
grease = schmieren
grease-spot photometer = Fett-
　　fleckphotometer
Greinacher device = Greinacher
　　Schaltung
grid = Gittger
(grid) bias = Gittervorspannung
grid control = Gittersteuerung,
　　Gittertastung
grid current = Gitterstrom
grid(leak) resistance = Gitter-
　　ableitwiderstand
grid plate = Gitterplatte
grid polarisation voltage = Gitter-
　　vorspannung
grid potential = Gitterspannung
grid transparency = Durchgriff
grid voltage = Gitterspannung
grid-controlled rectifier = Gleich-
　　richter, gittergesteuerter
grip = Handgriff
groove = Rille
gross capacity = Bruttoleistung
gross head = Bruttogefälle, Roh-
　　gefälle
gross power = Bruttoleistung
ground = erden, Erdung
ground fault neutralyzing = Erd-
　　schlußlöschung
ground plan = Grundriß
ground relais = Erdschlußrelais
ground wave = Bodenstrahlung
grounded = geerdet
grounding = Erdung
group = Satz
group delay = Gruppenlaufzeit
group frequency = Gruppen-
　　frequenz
group switch = Gruppenschalter
grow = anwachsen

guard = Schutzblech
guard wires = Schutzleitungssystem
guide bearing = Führungslager
gun = Elektronenoptik
gunmetal = Bronze

half-wave voltage-doubler =
Greinacher Schaltung
hand generator = Kurbelinduktor
hand rule = Dreifingerregel, Handregel
handle = Handgriff, Heft
hanger = Ausleger
hard fibre = Vulkanfiber
hard paper = Hartpapier
hard rubber = Hartgummi
H-armature = Doppel-T-Anker
harmonic analysis = Analyse,
harmonische
harmonic (oscillation) = Oberschwingung
hatch = schraffieren
head = Stirn
head receiver = Kopfhörer
headphone = Kopfhörer
heat = Wärme
heat content = Wärmeinhalt
heat radiation = Wärmestrahlung
heating current transformer =
Heiztransformator
heating up time = Anheizzeit
Heaviside layer = Heaviside-
Schicht
Heaviside's formula = Heavisidesche Formel
heavy-current engineering =
Starkstromtechnik
helical = schraubenförmig
helical curve = Schraubenlinie
helical spring = Spiralfeder
helicoid = schraubenförmig
helix = Schraubenlinie
hemicycle = Halbkreis
hemp = Hanf
henry = Henry
hermetical = luftdicht
heterodyne frequency = Überlagerungsfrequenz
heterodyne oscillator = Überlagerungsempfänger
heterodyne receiver = Überlagerungsempfänger
Hewlett insulator = Hewlett-
Isolator
hexode = Hexode

high antenna = Hochantenne
high frequency amplifier = Hochfrequenzverstärker
high frequency furnace = Hochfrequenzofen
high frequency telephony = Hochfrequenztelephonie
high pass = Hochpaß
high tension = Hochspannung
high-pressure water heater =
Hochdruckspeicher
high-speed regulator — Schnellregler
high-speed telegraphy = Schnelltelegraphie
high-tension thermionic rectifier =
Glühkathoden- Hochspannungs-
gleichrichter
hiss = Rauschen
hole = Loch
hollow = Aussparung
hollow shaft = Hohlwelle
holt = Heft
homogeneous = homogen
homologous = gleichnamig
homopolar = gleichphasig
homopolar machine = Unipolarmaschine
homopolar rotor = Schenkelpolläufer
honeycomb coil = Honigwabenspule, Wabenspule
Hooke's joint = Kardangelenk,
Kugelgelenk
hooter = Hupe
horizontal = horizontal
horn = Hupe
hornblende asbestos = Hornblendeasbest
horn(-shaped) arrester = Hörnerableiter
horse power = Pferdestärke
horse-shoe magnet = Hufeisenmagnet
hot electrode = Glühkathode
hot wire instrument = Hitzdrahtinstrument
hot-cathode rectifier = Glühkathoden-Gleichrichter
hotwater-apparatus = Heißwasserspeicher
housing = Gehäuse
howling = Pfeifen
hub = Nabe
hum(ming) = Brummen
hum voltage = Brummspannung

hybrid transformer = Ringübertrager

hydro-electric generating station = Wasserkraftwerk

hydrochloric acid = Salzsäure

hydrogen = Wasserstoff

hydrogenation = Hydrierung

hydrophonic telegraphy = Unterwasserschalltelegraphie

hygroscopic = hygroskopisch

hypotenuse = Hypotenuse

hysteresis = Hysteresis

hysteresis loop = Hysteresisschleife

hysteresis losses = Hysteresisverluste

hysteresis motor = Hysteresismotor

hysteresis tester = Epsteinscher Apparat

ice deposit = Rauhreif

iconoscope = Ikonoskop

ideal pole arc = Polbogen, ideeller

identification colours = Kennfarben

ignition anode = Erregeranode, Zündanode

ignition voltage = Zündspannung

ignitron = Ignitron

Ilgner Ward-Leonard set = IlgnerUmformer

illumination = Beleuchtungsstärke

imaginary number = imaginäre Zahl

impedance = Impedanz, Scheinwiderstand

impedance diagram = Widerstandsdreieck

impedance protection = Impedanzschutz

impedance relay = Impedanzrelais

impermeable = undurchlässig

implement = Werkzeug

impregnate = imprägnieren, tränken

impress = aufdrücken

impulse = Impuls

impulse excitation = Stoßerregung

impulse of current = Stromschritt

impulse test = Sprungwellenprobe

impulsion = Impuls

impurity = Verunreinigung

in clockwise direction = im Uhrzeigersinn

in phase = gleichphasig

in phase opposition = gegenphasig

incandescence = Weißglut

incandescent bulb = Glühbirne

incandescent lamp = Glühlampe

incide = einfallen

inclination = Inklination

increase = Anstieg, anwachsen, Zunahme

increment = Zunahme

independent excitation = Fremderregung

(in)dependent variable = Veränderliche

index = einteilen

india rubber = Gummi

indicating range = Anzeigebereich

indication = Anzeige

indicator = Anzeiger, Meldetafel, Schauzeichen

indirect heating = Heizung, indirekte

individual control = Einzelantrieb

indoor aerial = Zimmerantenne

induce = induzieren

inductance = Induktivität

inductance coil = Drossel

inductance per unit length = Induktivitätsbelag

induction = Induktion

induction coil = Funkeninduktor

induction formula = Induktionsformel

induction instrument = Induktionsmeßgerät

induction machines = Induktionsmaschinen

induction regulator = Drehtransformator

inertia = Trägheit

inertia (force) = Beharrungsvermögen

influence = beeinflussen

influence = Influenz, elektrische

influenced current = Influenzstrom

infra-filter = Hochpaß

infrasound = Infraschall

initial curve = Neukurve

initial permeability = Anfangspermeabilität

initial voltage = Anfangsspannung, Anlaufspannung

initiate = einsetzen

inject = tränken

ink recorder = Tintenschreiber

inker = Tintenschreiber

inlet = Eingang

inlet funnel = Einführungspfeife
inner diameter = Innendurchmesser
input = Leistung, aufgenommene
input amplifier = Vorverstärker
input characteristic impedance = Eingangswellenwiderstand
input circuit = Eingangskreis
input impedance = Eingangswiderstand
input terminals = Eingangsklemmen
input velocity = Eintrittsgeschwindigkeit
insert = einsetzen
inset = einsetzen
insoluble = unlöslich
installed load = Anschlußwert
instantaneous value = Augenblickswert, Momentwert
instrument = Apparat
instrument transformer = Meßwandler, Wandler
insulating coating = Sperrschicht
insulating composition = Isoliermasse
insulating compound = Isoliermasse
insulating oil = Isolieröl
insulating paste = Isoliermasse
insulating tape = Isolierband
insulating transformer = Isolierwandler
insulating varnish = Isolierlack
insulation = Isolation
insulation failure = Isolationsfehler
insulation fault = Isolationsfehler
insulation indicator = Isolationsprüfer
insulation tester = Isolationsprüfer
insulation tube = Isolierrohr
insulator = Isolator
integer = Zahl, ganze
integral multiple = Vielfaches, Ganzes
integral number = Zahl, ganze
integral-slot winding = Ganzlochwicklung
interchangeable = auswechselbar
intercommunication = Wechselsprechen, Wechselverkehr
interference = Schwebung
interference fading = Interferenzschwund
intermediate circuit = Zwischenkreis
intermediate circuit transmitter = Zwischenkreissender

intermediate-frequency = Zwischenfrequenz
intermeshed = verkettet
intermit = aussetzen
intermittent = intermittierend
internal diameter = Innendurchmesser
internal plant = Innenanlage
internal resistance = Widerstand, innerer
international system of units = Maßsystem, internationales
international units = Einheiten, internationale
interpolate = interpolieren
inter poles = Wendepole
interrupt = ausschalten
interrupted = intermittierend
interrupting current = Ausschaltstrom
inverse = entgegengesetzt
inverter = Wechselrichter
ion = Ion
ionic mobility = Ionenbeweglichkeit
ionisation = Ionisation
ionisation by collision = Stoßionisation
ionisation by impact = Stoßionisation
ionise = ionisieren
ionosphere = Ionosphäre
ipsophone = Ipsophon
iron core coil = Eisenspule
iron hydrogen resistance = Eisenwiderstand
iron loss = Eisenverluste
iron-clad instrument = eisengeschirmtes Meßinstrument
ironclad transformer = Manteltransformator
irradiate = bestrahlen
isoceles = gleichschenkelig
isoceles triangle = Dreieck, gleichschenkeliges
isolac = Isolierlack
isotopy = Isotopie
iterativ network = Kettenleiter

jack = Klinke
jet = Düse
join = schalten
joint box = Kabelmuffe
jointing chamber = Kabelboden
Jonas coil = Jonasspule
joule = Joule
Joule's law = Joulesches Gesetz

junction box = Abzweigdose
junction point = Verzweigungspunkt
jute = Jute

Kalantaroff's system of dimension = Kalantaroffsches Dimensionssystem
Kennely-Heaviside layer = Heaviside Schicht
kenotron = Kenotron
key = Druckknopf
key coil = Tastdrossel
keying = Tastung
kilo = Kilo
kinetic = kinetisch
kinetic energy = Bewegungsenergie
Kirchhoff's laws = Kirchhoffsche Gesetze
klydonograph = Klydonograph
knuckle joint = Kniegelenk
Krarup cable = Krarupkabel
Köpsel magnetising apparatus = Köpsel-Gerät

lac = Lack
lacquered wire = Lackdraht
lag (by) = nacheilen (um), Nacheilung, Phasenverschiebung
lagging = nacheilend, Nacheilung
lamellar = geblättert
laminate = blättern
laminated = geblättert, lamelliert
lamination = Lamelle
lamp = Lampe
lamp resistance = Lampenwiderstand
Laplace transformation = Laplace-Transformation
Laplace's equation = Laplacesche Gleichung
Laplace's operator = Laplacescher Operator
lap = Überlappung
lap winding = Schleifenwicklung
lash = Spiel
latch = verriegeln
lathe = Drehbank
Latimer-Clark cell = Clarkelement
lattice(mast) = Gittermast
lattice-wound coil = Honigwabenspule
aying = Verlegung
lead = Blei, voreilen
lead accumulator = Bleiakkumulator

lead angle = Voreilwinkel
lead cable = Bleikabel
lead storage cell = Bleiakkumulator
leading-in insulator = Durchführungsisolator, Einführungsisolator
leading-in tube = Einführungspfeife
leaf spring = Blattfeder
leak = auslaufen
leakage = Ableitung, Streuung
leakage coefficient = Streukoeffizient, Streuziffer
leakage field = Streufeld
leakage path = Kriechstrecke
leakance = Ableitung, Nebenschluß
leakance constant = Verlustwinkel
leakance current = Leckstrom
leakance loss = Ableitungsdämpfung
leaky = undicht
ledge = Leiste
left-handed = linksgängig
legalized limit of error = Beglaubigungsfehlergrenze
lens = Linse
level = Libelle, Pegel
lever = Hebel
lever resistance-box = Kurbelwiderstand
lever switch = Hebelschalter
Leyden jar = Leydener Flasche
lifter = Nocke
lifting magnet = Hubmagnet
light = Licht
light antenna = Lichtantenne
light line = Linie, dünne
light ray = Lichtstrahl
light sensitive = lichtempfindlich
lighting fitting = Leuchte
lightning = Blitz
lightning arrester = Überspannungsableiter
lightning arrester with resistance depending on voltage = Widerstandsableiter, spannungsabhängiger
lightning protector = Blitzableiter
lightning stroke = Blitzschlag
like = gleichnamig
lime = Kalk
limiting deflection = Endausschlag
limiting frequency = Grenzfrequenz
line = ausfüttern, Leitung, Linie
line capacity = Leitungskapazität
line integral = Linienintegral
line of flux = Feldlinie
line radio = Drahtfunk

line relay = Linienrelais
linear function = Funktion, lineare
line-of-sight range = Luftlinie
link circuit = Zwischenkreis
link fuse = Streifensicherung
link polygon = Seilpolygon
linked = verkettet
liquid = Flüssigkeit
liquid starter = Flüssigkeits-
 anlasser
Lissajous curves = Lissajousche
 Figuren
litmus = Lackmus
litz-wire = Litzendraht
load = belasten, Bürde
load capacity = Belastbarkeit
load(ing) coil = Pupinspule
load factor = Belastungsfaktor
load-ratio-controller = Lastschalter
lock = einklinken, verriegeln
locking device = Arretierung
locus diagram = Ortskurve
longitudinal field = Längsfeld
loop = Bauch (einer Schwingung),
 Rahmenantenne, Schwingungsbauch
loop circuit = Ringschaltung
looped circuit = Leitungsschleife
Lorentz system of units = Maßsystem, Lorentzsches
Loschmidt number = Loschmidtsche Zahl
loss angel = Verlustwinkel
loss current to earth = Erdschlußstrom
loss resistance = Dämpfungswiderstand
losses = Verluste
lost motion = Gang, toter
loudspeaker = Lautsprecher
low frequency = Niederfrequenz
low frequency amplifier = Niederfrequenzverstärker
low head water power station =
 Niederdruckkraftwerk
low pass filter = Tiefpaß
low-tension thermionic rectifier =
 Glühkathoden-Niederspannungs-
 Gleichrichter
lozenge = Rhombus
lubricate = schmieren
lubricating oil = Schmieröl
lug = Kabelschuh, Polschuh
lumen = Lumen
luminous circuit diagram = Leuchtschaltbild

luminous flux = Lichtstrom
luminous intensity = Lichtstärke
luminous intensity distribution
 curve = Lichtverteilungslinie
luminous output = Lichtmenge
luminous screen = Leuchtschirm
lumped = punktförmig
lute = Kitt
lux = Lux

Mac Laurin's series = Mac Lau-
 rinsche Reihe
machine = Maschine
machine transmitter = Maschinen·
 sender
magic eye = magisches Auge
magnet = Magnet
magnetic field = Magnetfeld
magnetic field strength = Feldstärke, magnetische
magnetic force = Feldstärke,
 magnetische
magnetic flux density = Induktion
 magnetische
magnetic induction = Induktion,
 magnetische
magnetic needle = Magnetnadel
magnetic polarisation = Polarisation, magnetische
magnetic susceptibility =
 Suszeptibilität, magnetische
magnetic transition temperature =
 Curie-Punkt
magnetisation = Magnetisierung
magnetise = magnetisieren
magnetizability = Magnetisierbarkeit
magnetization = Magnetisierung
magnetize = magnetisieren
magnetizing current = Magnetisierungsstrom
magneto(generator) = Kurbelinduktor
magnetomotive force = magnetomotorische Kraft
magneton = Magneton
magnetron = Magnetron
magnification factor = Durchgriff
magnifier = Verstärker
magnitude = Betrag
main current motor = Hauptschlußmotor, Reihenschlußmotor
main relay = Linienrelais
main system = Leitungsnetz
mains rectifier = Netzgleichrichter
maintenance = Instandhaltung

maintenance charge = Unterhaltungskosten
make contacts = Arbeitskontakte
Maltese cross = Malteserkreuz
manganese = Mangan
manganin = Manganin
Manila paper = Hartpapier
manner of working = Arbeitsweise
Marconi antenna = Marconi-Antenne
marble switch-board = Marmorschalttafel
margin = Spielraum
mark = Zeichen (Marke)
masse = Masse
massive = massiv
mass-type plate = Masseplatte
mast = Mast
master antenna = Gemeinschaftsantenne
master oscillator = Steuersender
mastic = Kitt
matching = Anpassung
material hysteretic = hysteretische Stoffe
(material)mass = Masse
matrix = Matrize
matt = mattieren
matter = Materie
maximum tariff = Maximumtarif
maximum tariff meter = Höchstlasttarifzähler
maximum (value) = Höchstwert
Maxwell = Maxwell
Maxwell's equations = Maxwellsche Gleichungen
mean = durchschnittlich
mean value = Mittelwert
measured value = Meßwert
measurement = Meßergebnis
(measuring) brigde = Meßbrücke
measuring circuit = Meßleitung
measuring device = Meßwerk
measuring instrument = Meßgerät
measuring movement = Meßwerk
(measuring) range = Meßbereich
mechanical telephone office = Selbstanschlußsprechamt
mechanism = Mechanismus
median = Mittellinie
mega = Mega
megaphone = Lautsprecher
melting point = Schmelzpunkt
membrane = Membran
mercury (arc) rectifier = Quecksilberdampfgleichrichter

mercury-vapour lamp = Quecksilberdampflampe
mercury vapour rectifier = Quecksilberdampfgleichrichter
mesh = Masche
mesh network = Maschennetz
mesh voltage = Dreiecksspannung
message = Telegramm
metadyne = Metadyne, Zwischenbürstenmaschine
metadyne generator = Metadynegenerator
metadyne motor = Metadynemotor
metal = Metall
metal filament lamp = Metalldrahtlampe
metal rectifier = Trockengleichrichter
metallic resistances = Metallwiderstände
meter = Meßgerät, Zähler
method of measurement = Meßverfahren
method of operation = Arbeitsweise
metre = Meter
mho = Mho
mica = Glimmer
micanite = Mikanit
micro = Mikro
micron = Mikron
microphone = Mikrophon
midget base = Zwergfassung
millboard = Pappe
milli = Milli
milling machine = Fräsmaschine
mineral oil = Erdöl
miniature base = Mignonfassung, Zwergfassung
mirror galvanometer = Spiegelgalvanometer
mirror image = Spiegelbild
mirror reading = Spiegelablesung
miss = aussetzen
mitre wheel = Kegelrad
mixed light = Mischlicht
mixer = Überblender
mobility = Beweglichkeit
model = Schablone
modulated = moduliert
modulating frequency = Modulationsfrequenz
modulation = Aussteuerung, Modulation
mol = Mol
molecular mass = Molekulargewicht

molecule = Molekül
moment of inertia = Schwungmoment
momentum = Impuls
monoatomic = einatomig
monochromatic = einfarbig
monochrome = einfarbig
monovalent = einwertig
Morse alphabet = Morsealphabet
Morse code = Morsealphabet
mosaic = Impulsplatte
motion = Lauf
motional energy = Bewegungsenergie
motor = Motor
motor coach = Triebwagen
motor drive = Motorantrieb
motor generator = Motorgenerator
mould = Schablone
mounting = Montage
moveable = fahrbar
mover = Antriebsmotor, Motor
moving-coil instrument = Drehspulmeßgerät
moving frame = Drehrahmen
moving iron instrument = Dreheisenmeßgerät, Weicheiseninstrument
moving-magnet instrument = Drehmagnetmeßgerät
moving wave = Wanderwelle
muff = Muffe
muffle furnace = Muffelofen
multicellular-voltmeter = Multizellularvoltmeter
multi-channel telegraph = Mehrfachtelegraph
multicircuit switch = Serienschalter
multielectrode tube = Mehrpolröhre
multimeter = Universalmeßinstrument
multiphase = mehrphasig
multiple tariff = Mehrfachtarif
multiple traffic = Vielfachverkehr
multiple valves = Verbundröhren
multiple-way telegraph = Mehrfachtelegraph
multiplex telegraph = Mehrfachtelegraph
multiplex transmission = Vielfachverkehr
multiplier = Elektronenvervielfacher
multisectional = mehrteilig
multistage = mehrstufig
mumetal = Mumetall

muriatic acid = Salzsäure
muscovite = Spaltglimmer
musical frequency = Tonfrequenz
mutual capacity = Betriebskapazität
mutual inductance = Gegeninduktivität
mutual induction = Gegen-
induktivität
mycalex = Mycalex

name plate = Leistungsschild
natrium = Natrium
natural capacity = Eigenkapazität
natural frequency = Eigenfrequenz
natural logarithm = Logarithmus,
natürlicher
natural oscillation = Eigenschwingung
natural radiation = Eigenstrahlung
natural system of units = Maßsystem, natürliches
nave = Nabe
need = Bedarf
needle = Nadel
needle effect = Spitzenwirkung
negative glow = Glimmlicht
negative phase sequence component
= Gegenkomponente
negative phase sequence system =
Gegensystem
negative reaction = Gegenkopplung
neper = Neper
network = Leitungsnetz, Netz
neutral compensator = Löschtransformator
neutral conductor = Sternpunktleiter
neutral lines = Zone, neutrale
neutral point = Nullpunkt, Sternpunkt
neutral wire = Nulleiter
neutral zone = Zone, neutrale
neutralization = Entkopplung
neutrodyne receiver = Neutrodyneempfänger
neutron = Neutron
newton = Newton
nick = Kerbe
nickel = Nickel
nickel-plate = vernickeln
nickelin = Nickelin
nickeline = Nickelin
night tariff = Nachttarif
Nipkow disk = Nipkowsche Scheibe
nipple = Nippel

nitric acid = Salpetersäure
nitrogen = Stickstoff
nodal point = Schwingungsknoten
node = Knotenpunkt, Schwingungsknoten
noise = Rauschen
noise filter = Geräuschfilter
noise potential = Rauschspannung
noise suppression = Entstörung
nominal current = Nennstrom
nominal frequency = Nennfrequenz
nominal voltage = Nennspannung
nominal voltage drop = Nennspannungsabfall
nomogram = Nomogram
non-arcing = funkenfrei
non-distorting = verzerrungsfrei
non-linear distortion = Klirrfaktor, nichtlineare Verzerrungen, Oberschwingungsgehalt
no-load current = Leerlaufstrom
no-loaded = ungeladen
non-inductive = induktionsfrei
non-interchangeable = unverwechselbar
non-oscillatory = aperiodisch
non-sparking = funkenfrei
non-synchronous = asynchron
normal = Normale
normal cathode fall = Kathodenfall, normaler
normal temperature = Bezugstemperatur
nozzle = Düse
nuclear charge = Kernladung
nuclear disintegration = Atomzertrümmerung
nuclear physics = Kernphysik
nucleus = Kern
null point = Schwingungsknoten
number = beziffern
number of cycles = Periodenzahl
number of revolutions = Drehzahl, Umdrehungszahl
number of turns = Windungszahl
number plate = Nummernscheibe
nut = Mutter, Schraubenmutter

oblique = schiefwinkelig
obtuse angle = Winkel, stumpfer
ocelit = Ocelit
octave filter = Oktavsieb
octode = Oktode
odd = ungerade
odd multiple = Vielfaches, ungerades
odd number = Zahl, ungerade

oersted = Oerstedt
ohm = Ohm
Ohm's law = Ohmsches Gesetz
oil = Öl, schmieren
oil circuit-breaker = Ölschalter
oil condenser = Ölkondensator
oil conservator = Ölausdehnungsgefäß
oil filled cable = Ölkabel
oil groove = Ölnut
oil level gauge = Ölstandzeiger
oil ring = Schmierring
oil ring bearing = Ringschmierlager
oil switch = Ölschalter
oilrun = Ölnut
one-way circuit = Einwegschaltung
one-way working = Einfachverkehr
open feeder = Stichleitung
open circuit working = Arbeitsstrombetrieb
open line = Freileitung
open slots = Nuten, offene
operate = arbeiten
operating board = Schaltpult
operating contacts = Arbeitskontakte
operating current = Arbeitsstrom
operating point = Arbeitspunkt
operation expenses = Betriebskosten
operational calculus = Operatorenrechnung
operator = Operator
opposed = entgegengesetzt
opposite = entgegengesetzt
orbit = Bahnkurven
orbital electrons = Bahnelektronen
of the order of = Größenordnung, in der —— von
order of magnitude = Größenordnung, in der —— von
ordinate = Ordinate
oscillation = Schwingung
oscillations in coupled circuits = Koppelschwingungen
oscillograph = Oscillograph
osmose = Osmose
osmosis = Osmose
Ossannas circle diagram = Ossannadiagramm
ounce = Unze
out of order = gestört
outdoor station = Freiluftanlage
outer conductor = Außenleiter
outer diameter = Durchmesser, äußerer

outer wire = Außenleiter
outfit = Ausrüstung
outlet = Ausgang
outline = Umriß
output = Leistung, abgegebene
output amplifier = Leistungsverstärker
output circuit = Ausgangskreis
output pentode = Endpentode
output terminals = Ausgangsklemmen
output tube = Endröhre
outside diameter = Außendurchmesser
oven = Ofen
overall diameter = Außendurchmesser
overexcitation = Übererregung
overhaul(ing) = Überholung
overhead = oberirdisch
overhead line = Freileitung
overheating = Überhitzung
(over)lapping = Überlappung
overload = Überlast
overload capacity = Überlastbarkeit
overload tariff = Überverbrauchtarif
overloading = Überlastung
overspeed test = Schleuderprobe
overspeed testing pit = Schleudergrube
overtone = Oberschwingung
overvoltage = Überspannung
overvoltage protection = Überspannungsableiter
oxygen = Sauerstoff
ozone = Ozon

packet of stampings = Blechpaket
panoramic viewer = Panoramagerät
pantograph = Scherenstromabnehmer
paper = Papier
paper condenser = Papierkondensator
parabola = Parabel
paraffined = paraffiniert
parallel connection = Parallelschaltung
parallel operation = Parallelbetrieb
parallel resonance = Stromresonanz
parallel working = Parallelbetrieb
parallel-resonance circuit = Parallelschwingkreis

paramagnetism = Paramagnetismus
parchment = Pergament
partial conductor = Halbleiter
partial integration = Integration, partielle
particle = Teilchen
party antenna = Gemeinschaftsantenne
Paschen's law = Paschensches Ähnlichkeitsgesetz
pass band = Durchlaßbereich
pass range = Durchlaßbereich
paste plate = Masseplatte, Rahmenplatte
pasteboard = Pappe
patent = Patent
path = Bahn
pawl = Klinke
peak = Scheitelwert
peak factor = Scheitelfaktor
peak load = Spitzenbelastung, Spitzenleistung
peak load meter = Spitzenzähler
peak load plant = Spitzenkraftwerk
peak power = Spitzenleistung
peak value = Höchstwert
peg = Dübel, Stecker
pencil = Fadenstrahl
pendant switch = Schnurschalter
pendulum rectifier = Pendelgleichrichter
penetration coefficient = Durchgriff
pentode = Fünfpolröhre, Pentode
percent = Prozent
percentage = Prozentsatz, prozentual
perforated screen = Lochblende
performance = Arbeitsweise, Ausführung
period = Periodendauer
period per second = Hertz
periodic time = Periodendauer
periodicity = Periodenzahl
peripheral speed = Umfangsgeschwindigkeit
permalloy = Permalloy
permanent load = Dauerleistung
permanent magnet = Dauermagnet
permeability = Permeabilität
permeability of the vacuum = Induktionskonstante
permittivity = Dielektrizitätskonstante
permutation = Permutation
perpendicular sides = Katheten
persistance = Nachleuchten

pertinax = Pertinax
Petersen coil = Petersenspule
petrol = Benzin, Erdöl, Petroleum
petroleum = Erdöl, Petroleum
phantom circuit = Phantomschaltung
phase angle = Fehlwinkel, Phasenwinkel
phase change = Phasensprung
phase change coefficient = Phasenbelag
phase changer = Phasenschieber
phase coincidence = Phasengleichheit
phase constant = Phasenbelag, Phasenmaß
phase delay = Phasenlaufzeit, Phasenverschiebung
phase displacement = Phasenverschiebung
phase distortion = Phasenverzerrung
phase modulation = Phasenmodulation
phase reversal = Phasensprung
phase shifter = Phasenschieber
phase voltage = Phasenspannung
phon = Phon
phosphor bronze = Phosphorbronze
phosphorescence = Phosphoreszenz
photocell = Photoelement
photo-electric cell = Photozelle
photoelectric sound recording = Schallaufzeichnung, lichtelektrische
phototube = Photozelle
photometric efficiency = Lichtausbeute
photon = Photon
photo-sensitive = lichtempfindlich
picking-up = Intrittkommen
pick-up = Tonabnehmer
pico = Pico
picture signal = Bildsignal
picture tube = Fernsehröhre
piezoelectricity = Piezoelektrizität
pile = Batterie
pilot lamp = Meldelampe, Signallampe
pilot oscillator = Steuersender
pilot spark = Zündfunkenstrecke
pin (type) insulator = Stützisolator
pinion = Kettenrad, Ritzel
piston = Kolben
piston rod = Kolbenstange
pitch = Gang
pitcoal = Steinkohle

pivot = Drehachse
plain = Ebene
plain bearing = Gleitlager
plan = Grundriß
plan position indicator = Panoramagerät
Planck's constant = Wirkungsquantum, Planksches
plane = Ebene, Fläche
plane of unsteadiness = Sprungflächen
planer = Hobelmaschine
planing machine = Hobelmaschine
plant = Anlage
plasma = Elektronengas, Plasma
plaster = Verputz
plate = Anode, Blech
plate battery = Anodenbatterie
plate condenser = Plattenkondensator
plate current = Anodenstrom
plate detection = Anodengleichrichtung
plate resistance = Widerstand, innerer
plate spring = Blattfeder
plate voltage = Anodenspannung
plate with large surface = Großoberflächenplatte
platinum = Platin
play = Spiel (toter Gang)
pliable = nachgiebig
plot = Grundriß
plug = Dübel, Stöpsel
plug resistance brigde = Stöpselmeßbrücke
plunger = Kolben
plunger ignition = Tauchzündung
pneumatic drive = Druckluftantrieb
pocket lamp = Taschenlampe
point = Punkt
point effect = Spitzenwirkung
point of junction = Knotenpunkt
polar coordinates = Polarkoordinaten
polarising current = Magnetisierungsstrom
polarity = Polarität
pole = Mast
pole changing = Polumschaltung
pole changing switch = Wechselschalter
pole finding paper = Reagenzpapier
pole piece = Polschuh
pole pitch = Polteilung
pole shoe = Polschuh

pole strength = Polstärke
pole switch = Mastschalter
pole transformer = Masttransformator
polyphase = mehrphasig
poor conductor = Leiter, schlechter; Halbleiter
porcelain = Porzellan
porous = porös
porpulsion = Antrieb
portable receiver = Batterieempfänger
position of use = Gebrauchslage
positive column = Säule, positive
positive phase-sequence component = Mitkomponente
positive phase-sequence impedance = Mitimpedanz
positive phase-sequence system = Mitsystem
positive rays = Kanalstrahlen
post-acceleration = Nachbeschleunigung
potassium = Kalium
potential = Potential
potential divider = Spannungsteiler
potential fall = Spannungsabfall
potential power resources = Ausbauvermögen
potentiometer = Potentiometer, Spannungsteiler
pound = Pfund
powder core = Massekern
powdered iron = Ferrocart
power = Arbeit, Kraft, Leistung, Potenz
power amplifier = Leistungsverstärker
power factor = Leistungsfaktor
power factor meter = Leistungsfaktormesser
power house = Maschinenhaus
power input = Leistung, aufgenommene
power line = Starkstromleitung
power pack = Netzanschlußgerät
power switch = Leistungsschalter
power transmission = Kraftübertragung
power tube = Endröhre
power unit = Netzanschlußgerät
power-current condenser = Starkstromkondensator
Poyntings vector = Poyntingscher Vektor

practical system of measurement = Maßsystem, technisches
preamplifier = Vorverstärker
precious metal = Edelmetall
precision instrument = Feinmeßgerät, Präzisionsinstrument
precision of the test = Meßgenauigkeit
prepayment coin boxes = Kassierstationen
press button = Druckknopf
press key = Taste
pressboard = Preßspan
pressure = Druck, Spannung
primary = primär
primary dark spac = Crookescher Dunkelraum, Hittorfscher Dunkelraum
primary standards = Urmaße
primary (winding) = Primärwicklung
prime costs = Anschaffungskosten
prime mover = Kraftmaschine
primer = Firnis
printer = Drucker
probability theory = Wahrscheinlichkeitsrechnung
probe = Sonde
productiveness = Rentabilität
profit = Gewinn
project = Entwurf
prop = Verstrebung
propagate = ausbreiten
propagation constant = Fortpflanzungskonstante
proper time = Eigenzeit
propulsion = Antrieb
protected = spritzwassergeschützt
protecting sheet = Schutzblech
protection by balanced relays = Achterschutz
protection circuit = Schutzschaltung
protection from dripping water = tropfwassergeschützt
protective earth = Schutzerdung
proton = Proton
prove = prüfen
psophometric voltage = Geräuschspannung
pulley = Riemenscheibe
pull-out torque = Kippmoment
pull up = anziehen
pulsating = pulsierend
pulsation = Kreisfrequenz
pulse = Impuls, Stromschritt

punch = stanzen
punctual = punktförmig
puncture = Durchschlag elektrischer
Pupin coil = Pupinspule
pupinise = pupinisieren
purchaising costs = Anlagekosten,
Anschaffungskosten
push = Druck, Druckknopf
(push) key = Taste
pushbutton = Druckknopf
push-pull amplifier = Gegentaktverstärker
push-pull amplifier tube = Gegentaktverstärkerröhre
push-pull circuit = Gegentaktschaltung
putty = Kitt, verkitten

quadripole = Vierpol
quantity = Größe
quantity meter = Amperestundenzähler
quantity of heat = Wärmemenge
quantity of light = Lichtmenge
quantity to be measured = Meßgröße
quantum of action = Wirkungsquantum, Plancksches
quartz = Quarz
quasi-stationary oscillation =
quasistationäre Schwingung
quenched-spark gap = Löschfunkenstrecke
quench(ing) gap = Löschfunkenstrecke
quick-acting regulator = Schnellregler
quiescent point = Arbeitspunkt
quota = Quote
quotient = Quotient

race = durchgehen
rack = Gestell, Zahnstange
radar = Radar
radial = radial
radian = Radiant
radiation = Abstrahlung, Ausstrahlung, Strahlung
radio = Radio, Rundfunk
radio bearing = Funkpeilung
radio direction finding = Funkpeilung
radio engineering = Funktechnik
radio technology = Funktechnik
radioactif = radioaktiv

radius = Halbmesser
radius of action = Aktionsradius
radius vector = Radiusvektor
radix = Wurzel
rail bond = Schienenstoß
railcar = Triebwagen
railway = Bahn
range = Aktionsradius, Bereich,
Meßbereich, Reichweite
range of free transmission =
Durchlaßbereich
rank = Stufe
rare gas rectifier = Edelgasgleichrichter
rare metal = Edelmetall
rarefied air = verdünnte Luft
ratch = Zahnstange
rate = Maßstab
rated burden = Nennbürde
rated capacity = Belastbarkeit
rated current = Nennstrom
rated frequency = Nennfrequenz
rated frequency range = Nennfrequenzbereich
rated value = Sollwert
rated voltage = Nennspannung
rating plate = Leistungsschild
ratio = Übersetzung, Übersetzungsverhältnis
ratio: pole arc/pole pitsch =
Polbedeckungsfaktor
ray deflection = Strahlablenkung
ray-concentration = Strahlenkonzentration
RC-coupling = RC-Kopplung
reactance = Blindwiderstand,
Reaktanz
reactance component = Blindkomponente
reactance current = Blindstrom
reactance output = Blindlast
reaction coupling = Rückkopplung
reactive component = Blindkomponente
reactiv current = Blindstrom
reactive load = Blindlast
reactive power = Blindleistung
reactor = Drossel
read (off) = ablesen
reaktance = Blindwiderstand
real value = Istwert
receiver rectifier = Empfängergleichrichter
reception by sounder = Hörempfang
recess = Aussparung

reciprocal = Kehrwert, reziprok
record relais = Melderelais
rectangle = Rechteck
rectifier = Gleichrichter
rectifier instrument = Gleich-
richterinstrument
rectifier protection = Gleichrichterschutz
rectifier valve = Gleichrichterröhre
recurrent network = Kettenleiter
red brass = Rotguß
red heat = Rotglut
reducing transformer = Abwärtstransformator
reflected wave = Welle, reflektierte
reflection factor = Reflexionsfaktor
reflector antenna = Reflektorantenne
reflex connection = Reflexschaltung
refraction = Brechung
refrigerate = abkühlen
regeneration = Rückkopplung
regenerative audion = Audion,
rückgekoppeltes
regenerative braking = Nutzbremsung
register = aufspeichern
regulating cell = Schaltzellen
regulating set = Regelsatz
regulating transformer = Regeltransformator
regulating valves = Selektoren
regulation = Regelung
regulator = Regler
regulatrice = Regulierwicklung
reinforced concrete = Eisenbeton
rejective circuit = Sperrkreis
rejector circuit = Parallelschwingkreis, Sperrkreis
(relative) permeability = Permeabilität, relative
relaxation oscillation = Kippschwingung
relaxations oscillator = Kippgerät
relay = Relais
release = ausklinken, Auslösung
release magnet = Auslösemagnet
remanence = Magnetismus,
remanenter; Remanenz
remanent magnetism = Magnetismus, remanenter
remote control = Fernsteuerung,
Ferntastung
remote metering = Fernmessung
rent = Riß

repeating amplifier = Übertragerverstärker
repeating coil = Übertrager
repel = abstoßen
replaceable = auswechselbar
repulsion = Abstoßung
repulsion motor = Repulsionsmotor
requirement = Bedarf
research = Untersuchung
reserve factor = Reservefaktor
residual magnetisation = Remanenz
residual magnetism = Magnetismus,
remanenter
resistance = Resistanz, Widerstand
resistance amplifier = Widerstandsverstärker
resistance heating = Widerstandsheizung
resistance loss = Widerstandsdämpfung
resistance to pressure = Druckfestigkeit
resistance-capacity coupling = Widerstands-Kapazitäts-Kopplung
resistivity = Widerstand, spezifischer
resolving power = Auflösungsvermögen
resonance = Resonanz
resonance amplifier = Resonanzverstärker, Selektivverstärker
resonance frequency = Resonanzfrequenz
resonant frequency = Resonanzfrequenz
respond = ansprechen
respond spark gap = Zündfunkenstrecke
response = Frequenzgetreuheit
rest = Auflage (Stütze)
rest contact = Ruhekontakt
rest current = Ruhestrom
rest mass = Ruhemasse
restricted tariff = Pauschaltarif
retentivity = Koerzitivkraft
retroaction = Rückkopplung
return = ablaufen
return circuit = Rückleiter
return current = Rückstrom
return (wire) = Rückleiter
reverberating time = Nachhallzeit
reversal of polarity = Umpolung
reverse current relay = Rückstromrelais
reverse feeback = Gegenkopplung
reverse power relay = Rückstromrelais

reverse the magnetisation = ummagnetisieren
reversible = umkehrbar
reversible permeability = Permeabilität, reversible
reversing switch = Stromwender,
Wendeschalter
revision = Überholung
revolution = Umdrehung
revolve = rotieren
rewind = umwickeln
rheostat with plug connections =
Stöpselwiderstand
rheostatic braking = Widerstandsbremsung
rhombus = Rhombus
rib = Rippe
ribbon microphone = Bändchenmikrophon
Richardson effect = Richardsonsches
Gesetz
Richardson's equation = Richardsonsches Gesetz, Dushmann-Formel
right-angle = Dreieck, rechtwinkeliges
right-handed thread = Rechtsgewinde
rim = Radkranz
rim drive = Riementrieb
ring armature = Ringanker
ring connection = Ringschaltung
ring lubrication = Ringschmierung
ring main = Ringleitung
ring transformer = Ringübertrager
ripple = Welligkeit
ripple ratio = Brummfaktor
ripple voltage = Brummspannung
rise = Anstieg, anwachsen, Zunahme
rivet = Niet, nieten, vernieten
Rochelle salt = Seignettesalz
Roebel transposition = Roebelstab
Roentgen rays = Röntgenstrahlen
Roentgen tube = Röntgenröhre
roll (type) condenser = Wickelkondensator
roller bearing = Rollenlager
rolling friction = Reibung, rollende
rolling mill = Walzwerk
root = Wurzel
root-mean-square = quadratischer
Mittelwert
root mean square value = Effektivwert
ropeway = Drahtseilbahn
rosin = Kolophonium

rotary converter = Einankerumformer
rotary current = Drehstrom
rotary magnet instrument = Dreh-
magnetmeßinstrument
rotary switch = Drehschalter
rotary transformer = Drehtransformator, Motorgenerator
rotatable coil = Drehrahmen
rotate = rotieren
rotating field = Drehfeld
rotating plate condenser = Drehkondensator
rotation = Rotor
rotatory condenser = Drehkondensator
rotor = Läufer, Rotor
rubber = Gummi, Kautschuk
rubbing contact = Schleifkontakt
Ruhmkorff coil = Funkeninduktor
rule = Lineal
run = arbeiten, Gang
run away = durchgehen
run down = ablaufen, auslaufen
run in = einlaufen
running = Gang, Lauf
running charge = Betriebskosten
rupture = Durchschlag, elektrischer
rupturing strenght = Durchschlagsfestigkeit
rust = rosten
rustfree = nichtrostend
rust-proof = nichtrostend

safety fuse = Abschmelzsicherung
safety rules = Sicherheitsvorschriften
sag = Durchhang
sal-amoniac = Salmiak
salient instrument = Aufbauinstrument
salmiac = Salmiak
salt = Salz
sapphire = Saphir
saturated steam = Sattdampf
saturation current = Sättigungsstrom
saw-tooth diagramm = Sägezahnkurve
saw-tooth generator = Kippgerät
scalar product = Produkt,
skalares
scalar (quantity) = Skalar
scale = Funktionsleiter, Maßstab,
Skala
scale rote = Maßstab

scalene triangle = Dreieck ungleichseitiges
scanner = Abtastgerät
scanning = Abtastung
scanning diaphragm = Abtastblende
schedula = Tabelle
Schering bridge = Scheringbrücke
Schrot effect = Schrotteffekt
scintillate = flimmern
scintillation = Funkeleffekt
scoria = Schlacke
Scott connection = Scottschaltung
Scott system = Scottschaltung
scratch filter = Geräuschfilter
screen gride = Schirmgitter
screen gride connection = Schutzgitterschaltung
screen-gride tube = Schirmgitterröhre
screened cable = Abschirmkabel
screening = Abschirmung
screening effect = Schirmwirkung
screw = Schraube, schiefwinkelig
screw cap = Überwurfmutter
screw down = anziehen
screw nut = Schraubenmutter
sealing end = Kabelendverschluß
seam welding = Nahtschweissung
seamless = nahtlos
search electrode = Sonde
seat = Auflage (Stütze)
secohm = Henry
secondary electrons = Sekundärelektronen
secondary emission = Sekundäremission
secondary winding = Sekundärwicklung
secondary-electron multiplier = Sekundäremissionsröhre
seconds counter = Stoppuhr
section = Querschnitt
segment = Lamelle
select = aussieben
selectance = Trennschärfe
selection = Abstimmung
selective amplifier = Selektivverstärker
selektive protection = Selektivschutz
selectivity = Selektivität, Trennschärfe
selector = Wähler
selector plate = Nummernscheibe
selector switch = Lastwähler
selenium cell = Selenzelle

selfacting = automatisch
self-capacity = Eigenkapazität
self-computing chart = Nomogramm
self-cooled oil transformer = Öltransformator
self-cooling = Selbstkühlung
self-excitation = Selbsterregung
self inductance = Selbstinduktionskoeffizient
self-induction = Selbstinduktion
self-oscillation = Eigenschwingung
self-recording instrument = Re-
gistriergerät
self starting = Selbstanlauf, asynchroner
self-ventilation = Eigenlüftung
semicircle = Halbkreis
semi-closed slots = Nuten, halbgeschlossene
semi-conductor = Halbleiter
send = senden
sending station = Sender
sensibility = Empfindlichkeit
sensitivity = Empfindlichkeit
sensitize = formieren
separate excitation = Fremderregung
separate ventilation = Fremdlüftung
series connection = Hintereinanderschaltung, Reihenschaltung, Serienschaltung
series motor = Hauptschlußmotor,
Reihenschlußmotor
series oscillatory circuit = Reihenschwingkreis
series-parallel transition = Reihenparallelschaltung
series resistance = Vorwiderstand
series resonance = Spannungsresonanz
series wound motor = Hauptschlußmotor
service instrument = Betriebsmeßgerät
servomotor = Servomotor, Stellmotor
set = Aggregat, Apparat,
Apparatesatz, justieren, Satz
shade = schraffieren
shaft = Achse
shape factor = Formfaktor
shared-channel broadcasting =
Gleichwellenrundfunk
sheath = armieren, Bewehrung

sheathed cable = armiertes Kabel
sheath(ing) = Armierung
sheaving stress = Schubbeanspruchung
sheet = Blech
shell = Atomhülle
shell (type) transformer = Manteltransformator
shellac = Schellack
Shering bridge = Scheringbrücke
shielding = Abschirmung
shifting theorem = Verschiebungssatz
shock excitation = Stoßerregung
short = kurzschließen
short pitch winding = Sehnenwicklung
short-bearing = Nahpeilung
short-circuit = kurzschließen, Kurzschluß
short-circuit braking = Kurzschlußbremsung
short-circuit rotor = Kurzschlußläufer
short-circuit voltage = Kurzschlußspannung
short-circuited armature = Kurzschlußanker
short-distance navigation = Nahpeilung
shortened winding pitch = Sehnung
shot noise = Röhrenrauschen, Schroteffekt
shrink = schwinden; verziehen, sich
shunt = Nebenschluß, Nebenwiderstand
shunt excitation = Nebenschlußerregung
shunt regulator = Nebenschlußregler
shunt-wound exciter = Nebenschlußerregermaschine
shunt-wound machine = Nebenschlußmaschine
shuttle armature = Doppel-T-Anker
side band = Seitenband
side circuit = Stammleitung
side contact base = Außenkontaktsockel
side frequency = Seitenfrequenz
side oscillation = Seitenschwingung
siemens = Siemens
signal = Schauzeichen
signal element = Stromschritt
signal grid = Steuergitter

signal lamp = Signallampe
signal plate = Ableitplatte
signal voltage = Signalspannung
signe = Zeichen (Marke)
silent discharge = Dunkelentladung
silicious bronze = Siliziumbronze
silicon bronze = Siliziumbronze
silk = Seide
silver = Silber
silver plate = versilbern
similar = gleichnamig
similar triangles = Dreieck, ähnliche
similarity principle = Ähnlichkeitsgesetz, Ähnlichkeitssatz
simplex operation = Einfachverkehr, Simplexverkehr, Wechselverkehr
simultancity factor = Gleichzeitigkeitsfaktor
simultaneous broadcasting = Gleichwellenrundfunk
sine = Sinus
sine-shaped = sinusförmig
singing = Pfeifen
single current = Einfachstrom
single layer winding = Einschichtwicklung
single-core cable = Einleiterkabel
single-phase system = Einphasensystem
single-sideband modulation = Einseitenbandmodulation
single-valued = einwertig
single-way circuit = Einwegschaltung
sink = Senke
sinusoidal = sinusförmig
siren = Hupe
sirufer iron-dust coil = Sirufer-Spule
sketch = Aufriß, Entwurf
skewed slot = Schrägnuten
skin effect = Hautwirkung, Skineffekt, Stromverdrängung
slack = Durchhang
slag = Schlacke
slant range = Luftlinie
slide rheostat = Schiebewiderstand
slide rule = Rechenschieber
slide wire = Schleifdraht
sliding contact = Schiebekontakt, Schleifkontakt
sliding friction = Reibung, gleitende
sliding rings = Schleifringe

slip = Schlupf
slip rings = Schleifringe
slipping coupling = Rutschkupplung
slipping clutch = Rutschkupplung
slip-ring rotor = Schleifringläufer
slope = Anstieg, Steilheit
slot = Kerbe, Nute, Rille
slot wedge = Nutenkeil
slotted = genutet
smoothing choke = Glättungsdrossel
smoothing device = Beruhigungseinrichtungen
snap = einfallen
soak = tränken
socket = Muffe
socket antenna = Lichtantenne
sodium = Natrium
sodium vapour lamp = Natriumdampflampe
soft iron = Weicheisen
soft rubber = Weichgummi
solder = löten
solid = massiv
soluble = löslich
solution = Lösung
sonic altimeter = Echolotung
sound = Schall, Sonde
sound intensity = Schallstärke
sound volume range = Dynamik
source = Quelle
space charge = Raumladung
space charge field = Raumladungsfeld
space-charge grid circuit = Raumladegitterschaltung
space factor = Füllfaktor
spacer = Distanzstück
spacing contact = Ruhekontakt
spacing piece = Distanzstück
spare parts = Reserveteile
spares = Reserveteile
spark = Funke
spark at break = Öffnungsfunke
spark at make = Schließungsfunke
spark coil = Funkeninduktor
spark gap = Funkenstrecke, Meßfunkenstrecke
spark length = Schlagweite
sparkless = funkenfrei
sparkling = Funkeleffekt
spark-over = Überschlag
spark-over voltage = Überschlagsspannung
specific gravity = Gewicht, spezifisches

specific inductive capacity = Dielektrizitätskonstante
specific resistance = Widerstand, spezifischer
specific speed = Drehzahl, spezifische
specific weight = Gewicht, spezifisches
spectrum = Spektrum
speed = Drehzahl, Geschwindigkeit, Umdrehungszahl
speed regulation = Drehzahlregelung
sphere = Kugel
sphere gap = Kugelfunkenstrecke
spherical condenser = Kugelkondensator
spider = Radarme
spin = Drall
spindle switch = Drehschalter
spiral spring = Spiralfeder
spiral winding = Wellenwicklung
splash proof = spritzwassergeschützt
splice = aufspleißen
splice box = Kabelmuffe
splint pin = Splint
split = Verzweigungspunkt
split connection = Gabelschaltung
split plug = Bananenstecker
split-pole converter = Spaltpol-Umformer
spongy = porös
spongy lead = Bleischwamm
spool = aufspulen, Spule
spot = Brennfleck
spot welding = Punktschweißung
spraying water protection = Spritzwasserschutz
spreader insolator = Stützisolator
spring = Feder
spring suspension = federnde Aufhängung
sprocket = Kettenrad
sputtering = Kathodenzerstäubung
square = Quadrat, quadrieren
square mean value = Mittelwert
square root = Quadratwurzel
squealing = Pfeifen
squirrel cage = Käfigwicklung
squirrel-cage rotor = Käfiganker, Kurzschlußanker
stability = Stabilität
staircase switch = Kreuzschalter
stamp = stanzen
stand = Gestell
standard generator = Normalgenerator

standard vektor = Einheitsvektor
standardize = eichen
star connection = Sternschaltung
star voltage = Phasenspannung, Sternspannung
star-point = Sternpunkt
start = anlaufen, einsetzen
starter = Anlasser
starting = Anlassen, Auslösung
starting and reversing rheostat = Umkehranlasser
starting anode = Zündanode
starting torque = Anzugsmoment
statement = Ansatz
stationary = stationär
stationary wave = Welle, stehende
stator = Ständer
steady = stationär
steady state = eingeschwungen
steam boiler = Dampfkessel
steam engine = Dampfmaschine
steam turbine = Dampfturbine
steatite = Steatit
steel = Stahl
steel armoured conduit = Stahlpanzerrohr
steel cast = Stahlguß
steel tank rectifier = Eisengleichrichter
step regulation = Stufenregeleinrichtung
step transformer = Stufentransformator
step-down transformer = Abwärtstransformator
stick insulator = Stabisolator
stilb = Stilb
stock cells = Stammzellen
stop = abstellen, Anschlag
stop gradually = auslaufen
stop(ping) = Arretierung
stop watch = Stoppuhr
stopper = Stöpsel
storage cell = Akkumulator, Sammler
store up = aufspeichern
stove = Ofen
straight receiver = Geradeausempfänger
straight-line chart = Nomogramm
strain = Beanspruchung
strain insulator = Abspannisolator
stranded wire = Litzendraht
strawboard = Preßspan
stray field = Streufeld
straying = Streuung

strengthen = verstärken
stress = Beanspruchung, Druck
stretch = ausdehnen
stricture nick = Einschnürung
strike = durchbrennen
striking potential = Zündspannung
strip = Leiste
strip fuse = Streifensicherung
stroke-dotted line = Linie, strichpunktierte
strong = massiv
strut = Verstrebung
study = Untersuchung
subaqueous sound telegraphy = Unterwasserschalltelegraphie
subdivide = einteilen
submultiple = Primfaktor
subterranean = unterirdisch
sucking solenoid = Saugdrossel
sulphation = Sulfatieren
sulphuric acid = Schwefelsäure
superheating = Überhitzung
superheterodyne (receiver) = Superheterodyne-Empfänger
superimpose = überlagern
superpose = überlagern
superposition theorem = Faltungssatz
superregeneration = Pendelrückkopplung
supply = liefern, versorgen
supply circuit = Speiseleitung
support = Auflage (Stütze)
suppression band = Sperrbereich
suppression filter = Sperrkreis
suppressor-grid = Bremsgitter, Fanggitter
supra conductivity = Supraleitung
surface = Fläche, Oberfläche
surface generated by rotation = Rotationsfläche
surface ionisation = Oberflächenionisierung
surface leakage path = Kriechstrecke
surface ray = Bodenstrahlung
surge impedance = Wellenwiderstand
surge impedance loading = Leistung, natürliche
surge test = Sprungwellenprobe
susceptance = Blindleitwert, Suszeptanz
susceptibility = Suszeptibilität
suspension insulator = Hängeisolator
suspension switch = Schnurschalter
swamp = Sumpf, elektrischer

swarm of electrons = Elektronenwolke
swing = Ausschlag, Frequenzhub
switch = Installationsschalter,
schalten, Schalter
switch of deënergisation = Entregungsschalter
switch off = ausschalten
switch room = Schaltwarte
switchboard = Schalttafel
(switch)desk = Schaltpult
switching in = Einschalten
switching off = Abschalten
switching on = Einschalten
switching operation = Schaltvorgang
symmetrical = symmetrisch
synchronisation = Synchronisierung
synchronise = synchronisieren
synchronising moment = Moment,
synchronisierendes
synchronoscope = Synchronoskop
synchronous = synchron
synchronous (electric) clock =
Synchronuhr
synchronous machine = Synchronmaschine
synchrotron = Synchrotron
syntonisation = Abstimmung
syntony = Abstimmung, Resonanz
system of absolute units = Maßsystem, absolutes
system of dimensions = Dimensionssystem
system of electromagnetic units =
Maßsystem, elektromagnetisches
system of electrostatic units = Maßsystem, elektrostatisches
system of measurement = Maßsystem
system of units = Einheitensystem

table = Tabelle
tachometer = Tachometer
take a reading = ablesen
tandem connection = Kaskadenschaltung
tangent galvanometer = Tangentenbussole
tap = abgreifen, anzapfen, Anzapfung
tap-changer = Lastwähler
tape microphone = Bändchenmikrophon
tappet = Daumen, Nocke
tapping = Anzapfung, intermittierend

tapping switch = Stufenwähler
tar = Teer
target = Antikathode
tariff = Tarifformen
taylor's series = Taylorsche Reihe
technique of measurement = Meßtechnik
telegraph = telegraphieren
telegram = Telegramm
tele-metering = Fernmessung
telephone = fernsprechen, Telefon
telephone relay = Fernsprechrelais
telethermometer = Fernthermometer
television = Fernsehen
temperature coefficient = Temperaturkoeffizient
tensile strength = Bruchfestigkeit
tensile stress = Zugbeanspruchung
tension = Spannung
tension of modulation = Aussteuerspannung
tension resonance = Spannungsresonanz
tensor = Tensor
terminal = Klemme
terminal board = Klemmenleiste
terminal box = Kabelendverschluß
terminal insulator = Abspannisolator
terminal resistance = Abschlußwiderstand
terminate = abschließen
terminated = abgeschlossen
test = Probe, prüfen; Untersuchung,
Versuch
test floor = Prüffeld
test object = Prüfling
test paper = Reagenzpapier
test piece = Prüfling
test prod = Sonde
test result = Meßergebnis
test value = Meßwert
testing accuracy = Meßgenauigkeit
testing room = Prüffeld
testing technique = Meßtechnik
testing wire = Meßleitung
tetrode = Tetrode, Vierpolröhre
thermal agitation = Widerstandsrauschen
thermal agitation noise = Wärmerauschen
thermal instrument = thermisches
Meßgerät
thermionic emission = Glühemission

thermionic rectifier = Glühkathoden-Gleichrichter
thermo-couple instrument =
Thermoumformer-Meßgerät
thermostat = Temperaturregler
thickness = Wandstärke
thimble = Kabelschuh
thinly liquid = dünnflüssig
Thomson bridge = Thomsonbrücke
thread = Gang, Gewinde
three core cable = Dreileiterkabel
three-electrode valve = Dreielektrodenröhre, Dreipolröhre
three-finger rule = Dreifingerregel
three-phase circuit = Dreiphasensystem
threephase current = Drehstrom
three-pin plug = Dreifachstecker
three-way switch = Serienschalter
three-wire generator = Dreileiter-
Dynamo
three-wire system = Dreileitersystem
threshold = Anlaufwert
threshold of response = Reizschwelle
threshold of sensation = Reizschwelle
throw = Ausschlag
thumb nut = Flügelmutter
thumb rule = Daumenregel
thyratron = Stromtor
ticker = zerhacken
tie line = Stichleitung
tighten = anziehen
tilting ignition = Kippzündung
tilting moment = Kippmoment
time constant = Zeitkonstante
time (delay) relay = Zeitrelais
time of phase transmission =
Phasenlaufzeit
time of reverberation = Nachhallzeit
tin = Zinn
tin-foil = Stanniol
tip speed = Umfanggeschwindigkeit
Tirill regulator = Tirillregler
T-network = T-Schaltung
toggle switch = Kippschalter
ton = Tonne
tone regulator = Klangblende, Tonblende
tongue = Anker
tool = Gerät
tooth pitch = Zahnteilung
toothed = gezahnt
toothed arm = Zahnstange

tooth(ed) wheel = Zahnrad, Zahnradgetriebe
toroid = Toroid
toroidal coil = Ringspule
toroidal transformer = Ringübertrager
torque = Drehmoment
torsion = Drehbeanspruchung
torsion spring = Torsionsfeder
torsional strain = Drehbeanspruchung
tower = Gittermast, Mast
Townsend discharge = Townsend-
entladung
tracing paper = Pauspapier
track = Bahnkurven
trailer = Anhängewagen
transducer = Übertrager
transfer function = Übergangsfunktion
transformer = Transformator, Übertrager
transformer without hormonic
oscillation = Transformator,
schwingungsfreier
transient = Augenblickswert, vorübergehend
transient phenomenon = Ausgleichsvorgang
transient wave = Wanderwelle
transit time = Laufzeit, Umschlagzeit
translation = Berichtigung
translator = Übertrager
transmission of signals = Nachrichtenübertragung
transmission time = Laufzeit
transmit = senden
transmitter = Mikrophon, Sender
transportable = fahrbar
transposition = Verdrillung
transposition pole = Verdrillungsmast
transverse field = Querfeld
travelling wave = Wanderwelle
traverse = Kreuzung
trench = Kabelgraben
trial = Probe, Versuch
trigger action = Auslösung
trigger magnet = Auslösemagnet
trimmer(capacitor) = Trimmer
triode = Triode
triphase transformer = Drehstromtransformator
triple core cable = Dreileiterkabel
tripping = Auslösung

trolitul = Polystrol
trolleybus = Oberleitungsomnibus
trolley wire = Fahrdraht
tropical finish = Tropenausführung
troughing = Kabelgraben
true power = Wirkleistung
trumpet = Hupe
tube holder = Röhrensockel
tube noise = Röhrenrauschen
tubular shaft = Hohlwelle
tumbler switch = Kippschalter
tune = abstimmen
tuned = abgestimmt
tuned reed rectifier = Pendelgleich-
    richter
tungar rectifier = Edelgasgleich-
    richter
tungsten = Wolfram
tuning = Abstimmung
tuning capacitor = Abstimm-
    kondensator
tuning condenser = Abstimm-
    kondensator
tuning-fork = Stimmgabel
turborotor = Turboläufer
turn = rotieren, Umdrehung
turn out = ausschalten
turn switch = Drehschalter
twist = Drall, verdrillen
twisted wire = Litzendraht
twisting = Verdrillung
two part tariff = Grundgebühren-
    tarif
two pole = Zweipol
two wattmeter connection = Zwei-
    wattmeterschaltung, Aronschal-
    tung
two-electrode valve = Zweipolröhre
two(layer) lattice winding = Zwei-
    schichtwicklung
two-phase system = Zweiphasen-
    system
two-way working = Gegensprechen

ultra-sound = Ultraschall
umbrella antenna = Schirmantenne
umbrella insulator = Schirmisolator
unadmittable = unzulässig
uncertainty = Unsicherheit
uncouple = auskuppeln
undamped = ungedämpft
underexcitation = Untererregung
underground = unterirdisch
undue = unzulässig
unipolar dynamo = Unipolar-
    maschine

unit = Gerät, Einheit
unit function = Einheitenfunktion
unity of charge = Ladungseinheit
universal motor = Universalmotor
universal receiver = Allstrom-
    empfänger
universal set = Allstromgerät
unlatch = ausklinken
unlike = ungleichnamig
unthriftly = unwirtschaftlich
untight = undicht
untuned = nicht abgestimmt
upkeep = Instandhaltung
uranium = Uran
useful work = Nutzarbeit
utensil = Gerät

vacuous = luftleer
vacuum = Vakuum
vacuum cleaner = Staubsauger
vacuum tube rectifier = Gleich-
    richterröhre
valence = Valenz, Wertigkeit
valency = Wertigkeit
valve = Elektronenröhre, Ventil,
    elektrisches
valve action = Ventilwirkung
valve detector = Audion
valve galvanometer = Röhren-
    galvanometer
valve hiss = Röhrenrauschen
valve socket = Röhrensockel
valve with variable slope =
    Exponentialröhre, Regelröhre
variable-area recording = Zacken-
    schrift
variable area sound track =
    Zackenschrift
variable-mu tube = Exponential-
    röhre
variatrice = Änderungswicklung
variometer = Variometer
varnish = Firnis, Lack
varnished wire = Lackdraht
vector = Strahl, Vektor, Zeiger
vector calculus = Vektorrechnung
vector diagramm = Vektordiagramm
vector potential = Vektorpotential
vector product = Produkt,
    vektorielles
vellum = Pergament
velocity = Geschwindigkeit
velocity microphone = Bändchen-
    mikrophon
velocity modulated tube = Laufzeit-
    röhre

velocity of light = Lichtgeschwindigkeit

velocity of propagation = Ausbreitungsgeschwindigkeit

ventilating duct = Luftschlitz

ventilating slot = Luftschlitz

vertical generator = Schirmgenerator

vertical magnet = Hubmagnet

vertical plan = Aufriß

vertical section = Aufriß

vibrating converter = Pendelumformer

vibrating rectifier = Pendelgleichrichter

vibration instrument = Vibrationsinstrument

vibrator = Vibrator

videa signal = Bildsignal

virgin curve = Neukurve

virtual = virtual

visual reception = Schreibempfang

visual signal = Schauzeichen

voice frequency = Tonfrequenz

volt = Volt

voltage = Spannung

voltage amplifier = Spannungsverstärker

voltage circuit = Spannungspfad

voltage control = Spannungsregelung

voltage divider = Spannungsteiler

voltage drop = Spannungsabfall

voltage fluctuation = Spannungsschwankung

voltage increase = Spannungserhöhung

voltage path = Spannungspfad

voltage transformer = Spannungstransformator, Spannungswandler

voltage variation = Spannungsschwankung

voltameter = Universalmeßinstrument, Voltameter

volume control = Schwundregelung

volume = Rauminhalt

(volume) compression = Tonraffer

volume regulator = Lautstärkenregler

vulcanite = Ebonit

vulcanized fibre = Vulkanfiber

wall tube insulator = Durchführungsisolator

Ward-Leonard control = Leonardschaltung

warning = Zeichen (Signal)

warp = verziehen, sich

warping = Verwerfung

washer = Unterlagsscheibe

water gauge = Wasserstandszeiger

water heater = Heißwasserspeicher

water level indicator = Wasserstandsanzeiger

water power site = Ausbaustrecke

water power station = Wasserkraftwerk

water proof = wasserdicht

water resistance = Wasserwiderstand

water rheostat = Wasserwiderstand

waterly = dünnflüssig

watt = Watt

watthour efficiency = Wattstundenwirkungsgrad

wattless component = Blindkomponente

wattless current = Blindstrom

wave = Welle

wave band = Wellenbereich

wave filter = Siebkette

wave front = Wellenfront, Wellenstirn

wave length = Wellenlänge

wave meter = Wellenmesser

wave range = Wellenbereich

wave winding = Wellenwicklung

wax = Wachs

waxed wire = Wachsdraht

way = Bahn

weak solution = verdünnte Lösung

wear = Abnutzung

wear out = auslaufen

weber = Weber

Wehnelt cylinder = Wehneltzylinder

weld = schweißen

Wheatstone bridge = Wheatstonesche Brücke

wheel = Rad

white heat = Weißglut

whole multiple = Vielfaches

wideband amplifier = Breitbandverstärker

wide-band cable = Breitbandkabel

Wien bridge = Wiensche Brücke

Wiens law of displacement = Wienscher Verschiebungssatz

wind load = Windbelastung

wind pressure = Windbelastung

wind up = aufspulen, aufziehen

winding = Wicklung (Spule)

winding factor = Wicklungsfaktor
winding form = Wicklungsschablone
winding shop = Wickelei
winding space = Wickelraum
winged nut = Flügelmutter
wire = Ader, Draht telegraphieren
wire broadcasting = Drahtfunk
wire cable = Drahtseil
wire resistance = Drahtwiderstand
wire rope = Drahtseil
wired wireless = Drahtfunk
wireless = drahtlos, Radio, Rundfunk
wireway = Drahtseilbahn
without source = quellenfrei
wolfram = Wolfram
work = Arbeit, arbeiten
work current = Arbeitsstrom
work function = Austrittsarbeit,
Haltepotential
working costs = Betriebskosten
working point = Angriffspunkt,
Arbeitspunkt
worm = Schnecke
wound condenser = Wickelkondensator

wound rotor = Schleifringläufer
wrought iron = Schmiedeeisen

X-ray tube = Röntgenröhre
X-rays = Röntgenstrahlen

Y-connection = Sternschaltung
yellow-amber = Bernstein
yield point = Flußgrenze
yielding = nachgiebig
Y-network = T-Schaltung
yoke = Joch
Y-voltage = Sternspannung

zero axis = Nullachse
zero conductor = Nulleiter
zero phase sequence component =
Nullkomponente
zero phase sequence impedance =
Nullimpedanz
zero phase sequence system =
Nullsystem
zero (point) = Nullpunkt
zig-zag = Zickzackschaltung
zinc = Zink
zone = Bereich

Verzeichnis der französischen Stichwörter

à double effet = doppelt wirkend
à droite = rechtsdrehend
à gros grain = grobkörnig
à lames = geblättert
à phases reliées = verkettet
à plusieurs étages = mehrstufig
abaque = Fluchtlinientafel, Funktionsleiter, Nomogramm
abrité = tropfwassergeschützt
absorption = Absorption
accélération = Beschleunigung
accélération terrestre = Erdbeschleunigung
accessoires = Armatur
accessoires garniture = Ausrüstung
accord = Abstimmung
accordation = Abstimmung
accordé = abgestimmt
accordé précisement = scharf abgestimmt
accorder = abstimmen
accouplement = Kupplung
accouplement à friction = Reibungskupplung
accouplement à griffes = Klauenkupplung
accouplement progressif = Rutschkupplung
accrochage = Intrittkommen, Schleichen
accroissement = Anstieg, Zunahme, Zuwachs
accumulateur = Akkumulator, Sammler
accumulateur alcalin = Akkumulator, alkalischer, Stahlakkumulator
accumulateur Edison = Edison-Akkumulator
accumulateur en plomb = Bleiakkumulator
accumuler = aufspeichern
acétone = Azeton
acide azotique = Salpetersäure
acide dilué = verdünnte Säure
acide hydrochlorique = Salzsäure
acide muriatique = Salzsäure
acide nitrique = Salpetersäure

acide sulfurique = Schwefelsäure
acidifier = ansäuern
aciduler = ansäuern
acier = Stahl
acier moulé = Stahlguß
activation = Aktivierung
activer = formieren
adaptation = Anpassung
adhérence = Adhäsion
adhésion = Adhäsion
adiabate = Adiabate
admittance = Admittanz, Scheinleitwert
adsorption = Adsorption
aérien = Antenne, oberirdische
affaiblir = abklingen
agrandissement = Anstieg
agrégat = Aggregat
aigrette (lumineuse) = Büschelentladung
aiguille = Nadel
aiguille aimantée = Magnetnadel
aile = Flansch
ailette = Rippe
ailette de refroidissement = Kühlrippe
aimant = Magnet
aimant d'amortissement = Bremsmagnet
aimant de déclenchement = Auslösemagnet
aimant de levage = Hubmagnet
aimant de libération = Auslösemagnet
aimant droit = Stabmagnet
aimant en fer à cheval = Hufeisenmagnet
aimant permanent = Dauermagnet
aimant vertical = Hubmagnet
aimantabilité = Magnetisierbarkeit
aimantation = Magnetisierung
aimantation résiduelle = Remanenz
aimanter = magnetisieren
air comprimé = Druckluft
air raréfié = verdünnte Luft
aire = Fläche
ajuster = einsetzen, justieren
Aldrey = Aldrey

alimenter = versorgen
aller = arbeiten
aller en s'arrêtant = auslaufen
alliage = Legierung
allier = legieren
allongement = Dehnung
allonger = ausdehnen
allumage en retour = Rückzündung
alphabet à cinq éléments = Fünfer-
    alphabet
alphabet Morse = Morsealphabet
alternateur à axe vertical = Schirm-
    generator
aluminium = Aluminium
ambre jaune = Bernstein
âme = Ader, Seele
amiante = Asbest
amorti = gedämpft
amortissement = Dämpfung, Tilgung
amortissement de résistance =
    Widerstandsdämpfung
amortisseur à touche = Tastdrossel
ampèrage = Stromstärke
ampère = Ampere
ampère-heure = Amperestunde
ampère-heure-mètre = Ampere-
    stundenzähler
ampère-tours = Durchflutung,
    elektrische
ampère-tours transversaux =
    Queramperewindungen
ampèremètre = Amperemeter
ampèretour = Amperewindung
amphibole = Hornblendeasbest
amplificateur = Verstärker
amplificateur à basse fréquence =
    Niederfrequenzverstärker
amplificateur à courant continu =
    Gleichtaktverstärker
amplificateur à large bande =
    Breitbandverstärker
amplificateur à résistance = Wider-
    standsverstärker
amplificateur à résonance =
    Resonanzverstärker, Selektiv-
    verstärker
amplificateur classe A = A-Ver-
    stärker
amplificateur classe B = B-Ver-
    stärker
amplificateur classe C = C-Ver-
    stärker
amplificateur d'énergie = Leistungs-
    verstärker
amplificateur d'entré = Vorver-
    stärker

amplificateur de tension = Span-
    nungsverstärker
amplificateur (en) push-pull =
    Gegentaktverstärker
amplificateur final = Leistungs-
    verstärker
amplificateur sélectif = Selektiv-
    verstärker
amplificateur translatrice = Über-
    tragerverstärker
amplification à haute fréquence =
    Hochfrequenzverstärkung
amplification de service = Betriebs-
    verstärkung
amplifier = verstärken
amplitude = Amplitude, Scheitel-
    wert
ampoule = Glühbirne, Kolben
ampoule de Roentgen = Röntgen-
    röhre
analyse graphique = graphische
    Analyse
analyse harmonique = harmoni-
    sche Analyse
angle = Knick
angle adjacent = Nebenwinkel
angle aigu = Winkel, spitzer
angle d'armortissement = Dämp-
    fungswinkel
angle d'avance = Voreilwinkel
angle de calage = Voreilwinkel
angle de déphasage = Fehlwinkel
angle de perte diélectrique = Ver-
    lustwinkel
angle de phase = Phasenwinkel
angle de réflexion = Reflexions-
    winkel
angle de réfraction = Brechungs-
    winkel
angle de retard = Nacheilwinkel
angle d'incidence = Einfallwinkel
angle droit = Winkel, rechter
angle obtus = Winkel, stumpfer
Ångström = Ångström
anhydre = wasserfrei
anion = Anion
anneau de graissage = Schmierring
annuel = jährlich
annuler = aufheben, einander
anode = Anode
anode d'allumage = Erregeranode,
    Zündanode
anode d'amorcage = Erregeranode,
    Zündanode
anode mobile d'amorcage = Tauch-
    zündung

antenne = Antenne
antenne aérienne = Hochantenne
antenne auxiliaire = Behelfsantenne
antenne Beverage = Beverage-Antenne
antenne commune = Gemeinschaftsantenne
antenne de Marconi = Marconi-Antenne
antenne en parapluie = Schirmantenne
antenne haute = Hochantenne
antenne intérieure = Zimmerantenne
antenne réflecteur = Reflektorantenne
antenne-secteur = Lichtantenne
anti-fading = Schwundregelung
anti-grisou = schlagwettersicher
anticathode = Antikathode
antiphasé = gegenphasig
antirouille = nichtrostend
apériodique = aperiodisch
appareil = Apparat, Gerät
appareil à dilatation = Hitzdrahtinstrument
appareil à fer tournant = Dreheisenmeßgerät
appareil à thermocouple = Thermoumformer-Meßgerät
appareil d'alimentation = Netzanschlußgerät
appareil de mésure à redresseur = Gleichrichtermeßgerät
appareil de secteur = Netzanschlußgerät
arbre = Achse
arbre creux = Hohlwelle
arbre de commande = Antriebswelle
arbre d'entrainement = Antriebswelle
arc = Lichtbogen
arc (de cercle) = Kreisbogen
arc polaire théorique = Polbogen, ideeller
arête = Leiste
argent = Silber
argenter = versilbern
argon = Argon
argument = Argument
armature = Anker, Bewehrung
armature en anneau = Ringanker
armature Siemens = Doppel-T-Anker

armer = armieren
armure = Armierung
arrêtage = Arretierung
arrête = Anschlag, Arretierung, Kante
arrêter = abstellen
artère = Speiseleitung
artère ouverte = Stichleitung
articulation = Kniegelenk
articulation de Cardan = Kardangelenk
asbeste = Asbest
ascenseur = Aufzug
aspirateur (de poussière) = Staubsauger
astatique = astatisch
astigmatisme = Astigmatismus
asymétrie = Unsymmetrie
asymptote = Asymptote
asynchrone = asynchron
atmosphère = Atmosphäre
atome = Atom
atome-gramme = Grammatom
attacher = befestigen
atténuation = Dämpfung
atténué = gedämpft
attirer = anziehen
attraction = Anziehungskraft
audio fréquence = Tonfrequenz
audion = Audion
audion réaccouplé = Audion, rückgekoppeltes
augmentation = Zunahme
augmenter = anwachsen, verstärken
auto-excitation = Selbsterregung
auto-induction = Selbstinduktion
auto-transformateur = Spartransformator
autodémarrage = Selbstanlauf, asynchroner
automatique = automatisch
automotrice = Triebwagen
avancer = voreilen
avertissement = Zeichen
axe = Achse
axe de rotation = Drehachse
axial = axial
azote = Stickstoff

bague d'arrêt = Stellring
bagues de graissage = Schmierring
bagues (glissantes) = Schleifringe
bain = Bad
bakelite = Bakelit
balais = Bürste

balais à graphite = Graphitbürsten
balais en charbon = Kohlenbürsten
balance = Gleichgewicht
balancer = abgleichen
balayage = Abtastung, Strahlablenkung
balayage d'amplitude = Amplitudenhub
balayage de fréquence = Frequenzhub
bandage = Bandage
bande d'affaiblissement = Sperrbereich
bande de fréquence = Frequenzband
bande latérale = Seitenband
bande passante = Bandbreite,
Durchlaßbereich
bar = Bar
baretter = Barretter
barreau aimanté = Stabmagnet
barres collectrices = Sammelschienen
barres omnibus = Sammelschienen
barres omnibus auxiliaires = Hilfssammelschienen
barretteur = Barretter
base = Grundfläche
basse fréquence = Niederfrequenz
bâtiment des machines = Maschinenhaus
battement = Schwebung
batterie = Batterie
batterie anodique = Anodenbatterie
batterie d'anode = Anodenbatterie
batterie de choc = Pufferbatterie
batterie de plaque = Anodenbatterie
batterie-tampon = Pufferbatterie
bel = Bel
benzine = Benzin
besoin = Bedarf
bêtatron = Betatron
béton = Beton
béton armé = Eisenbeton
bille = Kugel
bimétal = Bimetalle
bipôle = Zweipol
bismuth = Wismut
bivalent = zweiwertig
blindage = Abschirmung, Armierung, Bewehrung
blinder = armieren
bloc = Aggregat, Apparatesatz
blocage = Arretierung

bloquer = verriegeln
bobinage = Wickelei, Wicklung
bobinage bifilaire = Bifilarwicklung
bobine = Spule
bobine annulaire = Ringspule
bobine à noyau de fer = Eisenspule
bobine à noyau sirofer = Sirufer-
Spule
bobine d'antenne = Antennenspule
bobine de câble = Kabeltrommel
bobine de choc = Drossel
bobine de choc à air = Luftdrosselspule
bobine de compensation = Ausgleichsdrossel
bobine de Jonas = Jonasspule
bobine de Petersen = Petersenspule
bobine de réactance = Drosselspule
bobine de self = Drossel, Drosselspule
bobine d'inductance = Drossel
bobine d'induction = Funkeninduktor
bobine en forme de rayon de miel =
Honigwabenspule
bobine en nid d'abeille = Honigwabenspule, Wabenspule
bobine faite sur gabarit = Formspule
bobine Pupin = Pupinspule
bobine suceuse = Saugdrossel
bobine toroïdale = Ringspule
bobiner = aufspulen
boîte = Gehäuse
boîte de distribution = Abzweigdose
boîte de jonction = Abzweigdose
boîte d'extrémité = Kabelendverschluß
boîte terminale = Kabelendverschluß
boîtier = Gestell
bolomètre = Bolometer
bord = Leiste, Kante
borne = Klemme
bornes d'entrée = Eingangsklemmen
bornes de sortie = Ausgangsklemmen
bosse = Ausbauchung
bouchon = Stöpse
boucle = Knick
boucle de ligne = Leitungsschleife
boudin = Flansch
bouillonnement = Gasentwicklung

boule = Kugel
bourdonnement = Brummen
boussole à tangentes = Tangentenbussole
bouteille de Leyde = Leydener
Flasche
bouton = 'Taste
bouton de pression = Druckknopf
bouton-poussoir = Druckknopf
branchement = Anzapfung, Verzweigung
branchement central = Mittelanzapfung
branchement en polygone = Ringschaltung
brancher = abgreifen, anzapfen,
schalten
braser = hartlöten
brevet = Patent
bride = Flansch
brillance = Leuchtdichte
briller = glimmen
bronze = Bronze
bronze au silicium = Siliziumbronze
bronze phosphoreux = Phosphorbronze
bronze rouge = Rotguß
bronze silicié = Siliziumbronze
bruit = Rauschen
bruit de fond = Wärmerauschen
bruit de fond de tube = Röhrenrauschen
bruit de Nyquist = Widerstandsrauschen
bruit thérmique = Widerstandsrauschen
bruler = durchbrennen
bulle d'air = Luftblase
buse = Düse
butée = Anschlag, Arretierung

câble = Kabel
câble à charge continue = Krarupkabel
câble à huile fluide = Ölkabel
câble à large bande = Breitbandkabel
câble à trois âmes = Dreileiterkabel
câble à trois fils = Dreileiterkabel
câble armé = armiertes Kabel
câble blindé = Abschirmkabel,
armiertes Kabel
câble Krarup = Krarupkabel
câble métallique = Drahtseil

câble souple = Kabel flexibles
câble sous plomb = Bleikabel
câble unipolaire = Einleiterkabel
cadre = Chassis, Gestell, Rahmenantenne
cadre goniométrique = Peilrahmen
cadre radiogoniométrique = Peilrahmen
cadre rotatif = Drehrahmen
cadre tournant = Drehrahmen
cage = Reuse
cage d'écureuil = Käfigwicklung
calandre = Kalander
calcium = Kalzium
calcul des probabilités = Wahrscheinlichkeitsrechnung
calcul opérationnel = Operatorenrechnung
calcul vectoriel = Vektorrechnung
calculer = berechnen
cale d'encoche = Nutenkeil
calibrage = Eichung
calibrer = eichen
calite = Calit
calorie = Kalorie
came = Daumen, Nocke
canal = Kanal
canal de câble = Kabelgraben
canalisation = Leitungsnetz
caniveau de câble = Kabelgraben
caoutchouc = Gummi, Kautschuk
caoutchouc doux = Weichgummi
caoutchouc durci = Hartgummi
caoutchouc synthétique = Buna
capacitance = Kapazität
capacité = Kapazität
capacité de charge = Belastbarkeit
capacité de ligne = Leitungskapazität
capacité de surcharge = Überlastbarkeit
capacité effective = Betriebskapazität
capacité grille-plaque = Anodengitterkapazität
capacité linéique = Kapazitätsbelag
capacité naturelle = Eigenkapazität
capacité propre = Eigenkapazität
capacité unitaire = Kapazitätsbelag
capacitif = kapazitiv
captition = Intrittkommen
caractères décimals = Dekadenzeichen

caractéristique de fréquence = Frequenzgang

caractéristique de réglage = Regulierkurve

caracteristique dynamique = Arbeitskennlinie

caractéristique extérieure = äußere Kennlinie

carcasse = Gehäuse, Gestell

cardiogramme = Kardiogramm

cardiographie = Kardiographie

carré = Quadrat

carton = Hartpapier, Pappe

carton glacé = Pappe

cartouche = Patrone

casque d'écoute = Kopfhörer

casque serre-tête = Kopfhörer

catalyseur = Katalysator

cathode = Kathode

cathode bifilaire = Bifilarkathode

cathode chauffée = Glühkathode

cathode incandescente = Glühkathode

cathode Wehnelt = Wehneltzylinder

cave des câbles = Kabelboden

cavité = Aussparung

cellone = Cellon

cellule à couche de barrage = Sperrschichtzelle

cellule alcaline = Alkalizelle

cellule en sélénium = Selenzelle

cellule photo-électrique = Photoelement, Photozelle

centigrade = Celsiusgrad

centre de gravité = Schwerpunkt

cercle = Kreis

cercle d'Ossanna = Ossannakreis

chaînette = Katenoid, Kettenlinie, Seilkurve

chaleur = Wärme

chaleur blanche = Weißglut

chaleur rouge = Rotglut

chambre de bobinage = Wickelraum

chambre de machines = Maschinenhaus

chambre de soudure = Kabelboden

chambre d'explosion = Löschkammer

champ = Feld

champ à charge d'espace = Raumladungsfeld

champ alternativ = Wechselfeld

champ coercitif = Koerzitivkraft

champ de dispersion = Streufeld

champ longuitudinale = Längsfeld

champ magnétique = Magnetfeld

champ tournant = Drehfeld

champ transversal = Querfeld

(chan) fraiseuse = Fräsmaschine

changement du nombre de pôles = Polumschaltung

changeur de fréquence = Frequenzumformer

changeur de phases = Phasenschieber

chanvre = Hanf

characteristique = Charakteristik

charbon = Kohle

charbon de terre = Steinkohle

charge = Beanspruchung, Bürde, Ladung

charge de base = Grundlast

charge de pointe = Spitzenbelastung

charge d'espace = Raumladung

charge.dû aux modifications par la chaleur = Wärmedurchschlag

charge équivalente = Äquivalentladung

charge limite = Belastbarkeit

charge nominale = Nennbürde

charge nucléaire = Kernladung

charge spatiale = Raumladung

charger = belasten

chargeur pour batteries = Ladegerät

châssis = Chassis, Gestell

chaudière à électrodes = Elektrodenkessel

chaudière à vapeur = Dampfkessel

chauffage direct = Heizung, direkte

chauffage indirecte = Heizung, indirekte

chauffage par résistances = Widerstandsheizung

chauffe-eau à haute pression = Hochdruckspeicher

chauffe-eau électrique = Heißwasserspeicher, elektrischer

chaux = Kalk

chemin de fer = Bahn

chemin de fuite = Kriechstrecke

chéneau à huile = Ölnut

chevalet = Gestell

cheval-vapeur = Pferdestärke

cheville = Dübel, Stöpsel

cheville d'entrainement = Mitnehmerstift

chiffrer = beziffern

chlore = Chlor

choc = Impuls

chrome = Chrom

chronomètre à stop = Stoppuhr

chrysotile = Serpentinasbest
chute anodique = Anodenfall
chute brute = Bruttogefälle, Rohgefälle
chute cathodique = Kathodenfall
chute cathodique anormale = Kathodenfall, abnormaler
chute cathodique normale = Kathodenfall, normaler
chute de tension = Spannungsabfall
chute de voltage = Spannungsabfall
chute de voltage nominal = Nennspannungsabfall
cicle d'hystérésis = Hysteresisschleife
ciment = Kitt
cimenter = verkitten
cinétique = kinetisch
cintre = Krümmung
circonférence = Kreisumfang
circonférentielle des pôles au pas polaire = Polbedeckungsfaktor
circuit = Kreis, Stromkreis
circuit à une direction = Einwegschaltung
circuit à une seule voie = Einwegschaltung
circuit antirésonnant = Parallelschwingkreis
circuit bouchon = Sperrkreis
circuit combiné = Phantomschaltung
circuit d'antenne = Antennenkreis
circuit de détecteur = Detektorkreis
circuit de protection = Schutzschaltung
circuit de sortie = Ausgangskreis
circuit d'entrée = Eingangskreis
circuit fantôme = Phantomschaltung
circuit fermé = Ruhestromkreis
circuit intermédiaire = Zwischenkreis
circuit oscillant parallèle = Parallelschwingkreis
circuit oscillatoire en série = Reihenschwingkreis
circuit réjecteur = Sperrkreis
circulation = Randintegral
circuler = rotieren
cire = Wachs
clapet = Fallklappenrelais
classifier = einteilen
clavette = Splint, Taste
claxon = Hupe

clé = Taste
cliquet = Klinke
coche = Kerbe
coefficient d'absorption = Absorptionskoeffizient
coefficient d'amortissement = Dämpfungsfaktor
coefficient d'amplification = Verstärkung
coefficient d'atténuation = Dämpfungsbelag
coefficient de couplage = Kopplungsfaktor, Kopplungskoeffizient
coefficient de dispersion = Streukoeffizient, Streuziffer
coefficient de distorsion = Klirrfaktor
coefficient de distorsion (nonlinéaire) = Oberschwingungsgehalt
coefficient d'efficacité lumineuse = Lichtausbeute
coefficient d'induction propre = Selbstinduktionskoeffizient
coefficient de pertes = Verlustziffer
coefficient de self-induction = Selbstinduktionskoeffizient
coefficient de températur = Temperaturkoeffizient
coefficient d'utilisation = Belastungsfaktor
cohéreur = Fritter, Kohärer
cohésion = Kohäsion
coïncidence de phases = Phasengleichheit
colle = Leim
collecteur = Kollektor, Stromwender, Kommutator
collet = Flansch
collier = Unterlagscheibe
colonne positive = Säule, positive
colophane = Kolophonium
commande = Steuerung
commande à distance = Fernsteuerung
commande individuelle = Einzelantrieb
commande par moteur = Motorantrieb
commande par relais = Schützensteuerung
commander = steuern
commencer = einsetzen, beginnen
communication double = Doppelverkehr

communication en duplex = Gegensprechen

communication multiple = Vielfachverkehr

communication simple = Einfachverkehr

communication simplex = Simplexverkehr, Wechselverkehr

commutateur = Kommutator, Stromwender, Wechselschalter

commutateur à pédale = Fußschalter

commutateur de bandes = Wellenschalter

commutateur de couplage = Gruppenschalter

commutateur d'ondes = Wellenschalter

commutateur multiple = Serienschalter

commutation = Stromwendung

commutatrice à induit unique = Einankerumformer

commutatrice à poles fendus = Spaltpolumformer

commuter = umschalten

compensateur = Phasenschieber

compensation = Ausgleich

compenser d'un à l'autre = aufheben, einander

complexe conjugé = konjugiert komplex

composante = Komponente

composante de réactance = Blindkomponente

composante directe = Mitkomponente

composante imaginaire = Komponente, imaginäre

composante inverse = Gegenkomponente

composante réactive = Blindkomponente

composante réelle = Komponente, reelle

composante transitoire = Komponente, flüchtige

composante zéro de la séquence de phase = Nullkomponente

composition isolante = Isoliermasse

compresseur = Kompressor

compression = Druck

compression (de volume) = Tonraffer

compte-secondes = Stoppuhr

compter = berechnen

compteur = Zähler

compteur à dépassement = Spitzenzähler

compteur à pointes = Spitzenzähler

compteur d'électricité = Elektrizitätszähler

compteur de quantité = Amperestundenzähler

compteur de tarif de maximum = Höchstlasttarifzähler

concave = konkav

concentration des rayons = Strahlenkonzentration

concentrer = bündeln

concordance de phases = Phasengleichheit

condensateur = Kondensator

condensateur à huile = Ölkondensator

condensateur à papier = Papierkondensator

condensateur à plaques = Plattenkondensator

condensateur à rotation = Drehkondensator

condensateur antiparasites = Entstörungskondensator

condensateur bobiné = Wickelkondensator

condensateur cylindrique = Zylinderkondensator

condensateur d'accord = Abstimmkondensator

condensateur d'accord d'antenne = Antennenkondensator

condensateur d'arret = Blockkondensator

condensateur de blocage = Blockkondensator

condensateur de syntonisation = Abstimmkondensator

condensateur différentiel = Differentialkondensator

condensateur électrolytique = Elektrolytkondensator

condensateur enroulé = Wickelkondensator

condensateur fixe = Blockkondensator

condensateur pour courants forts = Starkstromkondensator

condensateur sphérique = Kugelkondensator

condensateur tournant = Drehkondensator

condition de résonance = Resonanzbedingung

conductance = Konduktanz, Leitfähigkeit, Leitwert, Wirkleitwert

conducteur = Konduktor, Leiter

conducteur de bouclage = Ringleitung

conducteur de retour = Rückleiter

conducteur extérieur = Außenleiter

conducteur neutre = Nulleiter, Sternpunktleiter

conducteurs de protection = Schutzleitungssystem

conductibilité = Leitfähigkeit

conductif = leitend

conductivité = Leitfähigkeit

conduit à air = Luftkanal

cône = Kegel

connecter = schalten

connection = Schaltung

connection à deux alternances = Doppelwegschaltung

connection à grille auxiliaire = Raumladegitterschaltung

connection à grille de charge d'espace = Raumladegitterschaltung

connection à grille-écran = Schutzgitterschaltung

connection réflex = Reflexschaltung

connexion = Schaltung

connexion en cascade = Kaskadenschaltung

connexions équipotentielles = Ausgleichsverbindungen

conservateur d'huile = Ölausdehnungsgefäß

console = Ausleger

consommateur = Verbraucher

constantan = Konstantan

constante de bobine = Gütefaktor

constante de Boltzmann = Boltzmannsche Konstante

constante de déphasage = Phasenbelag

constante de gaz = Gaskonstante

constante de perditance = Verlustwinkel

constante de Planck = Wirkungsquantum, Plancksches

constante de propagation = Fortpflanzungskonstante

constante de temps = Zeitkonstante

constante diélectrique = Dielektrizitätskonstante

constante diélectrique du vide = Influenzkonstante

construction = Ausführung

contact de repos = Ruhekontakt

contact glissant = Schiebekontakt, Schleifkontakt

contacteur = Schütz

contacteur à plots = Stufenwähler

contacts de travail = Arbeitskontakte

contenu en chaleur = Wärmeinhalt

contour = Umriß

contournement = Rundfeuer

contraire = entgegengesetzt

contraste dynamique = Dynamik

contre-fiche = Verstrebung

contre-poids = Gegengewicht

contreréaction = Gegenkopplung

contrôle = Regelung, Steuerung

contrôle de grille = Gittersteuerung

contrôle par cristals = Steuerkristalle

contrôler = steuern

convertisseur = Umformer

convertisseur de courant = Stromrichter

convertisseur de fréquence = Frequenzumformer

convexité = Ausbauchung

coordonnées = Koordinaten

coordonnées polaires = Polarkoordinaten

co-phasique = gleichphasig

coquille = Muschel

corne = Hupe

cornet = Hupe

corona = Korona

correcteur d'évanouissement = Schwundregelung

correction = Berichtigung

corrosion = Korrosion

cosse = Polschuh

cosse de câble = Kabelschuh

côtés de l'angle droit = Katheten

coton = Baumwolle

couche = Auflage

couche atomique = Atomhülle

couche de barrage = Sperrschicht

couche de Heaviside = Heavisideschicht

couche double = Doppelschicht

couche électronique = Elektronenhülle, Elektronenschale

couche isolante = Sperrschicht

coude = Krümmung

coulée à injection = Spritzguß

coulée en coquille = Spritzguß

couler = gießen

coulomb = Coulomb
coup de foudre = Blitzschlag
coupe transversale = Querschnitt
coupe-circuit à fusible = Abschmelzsicherung, Schmelzsicherung
coupe-circuit à lamelle = Streifensicherung
couper = ausschalten
couplage à résistance-capacité =
  Widerstands-Kapazitäts-Kopplung
couplage de réaction = Rückkopplung
couplage en étoile = Sternschaltung
couplage en étoile-triangle = Stern-
  Dreieck-Schaltung
couplage en pont = Brückenschaltung
couplage en série = Serienschaltung
couplage en tandem = Kaskadenschaltung
couplage mixte = Reihenparallelschaltung
couplage RC = RC-Kopplung
couple = Kräftepaar
couple de démarrage = Anlaufdrehmoment
coupler = schalten
coupure = Abschalten
courant = Fluß
courant à influence = Influenzstrom
courant à la terre = Erdschlußstrom
courant à vide = Leerlaufstrom
courant actif = Wirkstrom
courant alternatif = Wechselstrom
courant anodique = Anodenstrom
courant continu = Gleichstrom
courant d'aimantation = Magnetisierungsstrom
courant de charge = Ladestrom
courant de convection = Konvektionsstrom
courant de coupure = Ausschaltstrom
courant de déplacement = Verschiebungsstrom
courant de fuite = Leckstrom
courant de grille = Gitterstrom
courant de repos = Ruhestrom
courant de retour = Rückstrom
courant de saturation = Sättigungsstrom
courant de service = Arbeitsstrom

courant de travail = Arbeitsstrom
courant déwatté = Blindstrom
courant double = Doppelstrom
courant effectiv = Effektivstrom
courant magnétisant = Magnetisierungsstrom
courant nominal = Nennstrom
courant permanent = Ruhestrom
courant plaque = Anodenstrom
courant réactiv = Blindstrom
courant simple = Einfachstrom
courant tournant = Drehstrom
courant triphasé = Drehstrom
courant watté = Wirkstrom
courants Foucault = Wirbelströme,
  Foucaultströme
courants tourbillonnaires = Wirbelströme
courbe ⇌ Schaulinie
courbe amplitude-fréquence =
  Frequenzgang
courbe charactéristique = Charakteristik
courbe de graduation = Eichkurve
courbe d'étalonnage = Eichkurve
courbe funiculaire = Kettenlinie,
  Seilkurve
courbe initiale = Neukurve
courbe photométrique = Lichtverteilungslinie
courbe polaire de distribution des
  intensités lumineuses = Lichtverteilungslinie
courbe primitive = Neukurve
courbure = Krümmung
couronne = Radkranz
courroie de transmission = Treibriemen
course = Lauf
court-circuit = Kurzschluß
court-circuiter = kurzschließen
coussinet = Lagerschale
couvre-joint = Lasche
crachement périphérique = Rundfeuer
crasse = Schlacke
crémaillère = Zahnstange
crépi = Verputz
creux = Aussparung
crevasse = Riß
croisement = Kreuzung
croisillon = Radarm
croître = anwachsen
croix de Malte = Malteserkreuz
croquis = Entwurf
cuivre = Kupfer

cuivre jaune = Messing
cuivrer = verkupfern
culasse = Joch
culot à broches = Stiftsockel
culot à contacts latéraux = Außen-kontaktsockel
culot miniature = Zwerg-Fassung
curseur = Schleifkontakt, Stellring
cuve électrolytique = Trog, elektro-lytischer
cycle = Kreis
cyclique = zyklisch
cyclotron = Zyklotron
cymomètre = Wellenmesser

dans le sens des aiguilles d'une montre = im Uhrzeigersinn
débit = Leistung, abgegebene
débrayer = auskuppeln
décalage, = Phasenverschiebung
décharge = Endladung, Überschlag
décharge dans le gas = Gasent-ladung
décharge disruptive = Durch-schlag, elektrischer
décharge en aigrette = Büschel-entladung
décharge lumineuse = Glimment-ladung
décharge obscure = Dunkelent-ladung
décharge sombre = Dunkelentla-dung
décharge Townsend = Townsend-entladung
décibel = Dezibel
décimale = Dezimalstelle
décimètre = Dezimeter
déclanchement = Auslösung
déclencher = ausklinken, auskuppeln
déclic = Auslösung
déclinaison = Deklination
déconnecté = abgeschaltet
déconnecter = ausschalten
déconnection = Abschalten
découplage = Entkopplung
découpler = auskuppeln
décrément = Dekrement
décrochage = Außertrittfallen
décroitre = schwinden
défaut = Fehler
défaut d'isolement = Isolations-fehler
déflexion = Ausschlag
déflexion du rayon = Strahl-ablenkung

déformation = Verwerfung, Ver-zerrungen, nichtlineare
déformer = verziehen
degré absolu = Grad Kelvin
degré Celsius = Celsiusgrad
degré de dissociation = Dissozia-tionsgrad
degré de modulation = Modula-tionsgrad
degré Kelvin = Grad Kelvin
deioniser = entionisieren
déjeter = verziehen
démagnétiser = entmagnetisieren
demande = Bedarf
démarrage = Anlassen
démarrage asynchrone = Selbst-anlauf, asynchroner
démarrer = anlaufen
demarreur = Anlasser
démarreur à liquide = Flüssigkeits-anlasser
demi-cercle = Halbkreis
démodulation = Demodulation
dénominateur = Nenner
densité = Dichte
densité de courant = Stromdichte
densité lumineuse = Leuchtdichte
densité périphérique = Strombelag
denté = gezahnt
dépêche = Telegramm
dépenses = Unkosten
dépensier = unwirtschaftlich
déphasage = Phasenverschiebung
déphasage caractéristique = Phasenmaß
déphasage en arrière = nacheilend
déplacement diélectrique = Ver-schiebung, dielektrische
dépolir — mattieren
dépot électrolytique = Nieder-schlag, galvanischer
dépression = Senke
dérivation = Nebenschluß
désaccord(age) = Verstimmung
désaimanter = entmagnetisieren
désambrayer = auskuppeln
désamorçage = Aberregung
désaxage = Exzentrizität
désembrayage = Auslösung
désexcitation = Aberregung
désintégration atomique = Atom-zertrümmerung
détecteur = Detektor, Gleichrichter
détecteur à cristal = Kristalldetek-tor
détecteur à galène = Kristalldetektor

détecteur grille à réaction = Audion, rückgekoppeltes

détection = Demodulation

détection à diode = Diodengleichrichtung

détection plaque = Anodengleichrichtung

détectrice = Audion

détendre = ausdehnen

détérioration = Abnützung

déterminante = Determinante

developpement de gaz = Gasentwicklung

déviation = Ausschlag

déviation extrême = Endausschlag

déviation limite = Endausschlag

dévolteur = Abwärtstransformator, Zusatztransformator

diagonale = Diagonale

diagramme = Diagramm, Schaulinie

diagramme circulaire = Ortskurve

diagramme de dent de scie = Sägezahnkurve

diagramme lumineux = Leuchtschaltbild

diagramme-vecteur = Vektordiagramm

diamagnétisme = Diamagnetismus

diamètre = Durchmesser

diamètre extérieur = Außendurchmesser

diamètre intérieur = Innendurchmesser

diapason = Stimmgabel

diaphonie = Übersprechen

diaphragme = Blende, Lochblende, Membrane

diaphragme d'exploration = Abtastblende

diélectrique = Dielektrikum

différentielle = Differential

différentier = differenzieren

diffusion = Diffusion

dilatation = Dehnung

dilater = ausdehnen

dimension = Dimension

dimensions dérivées = Dimensionen, abgeleitete

dimensions fondamentales = Grunddimensionen

diode = Diode, Zweipolröhre

dipôle = Dipol

discontinuité du au changement de phase = Phasensprung

disjoncteur = Schalter

disjoncteur à air comprimé = Druckluftschalter

disjoncteur d'huile réduit = ölarmer Schalter

disperser = auslaufen

dispersion = Streuung

dispositif = Apparat, Gerät

dispositif à enlever les balais = Bürstenabhebevorrichtung

dispositif d'alarm = Alarmanlage

dispositif de réglage de tonalité = Klangblende, Tonblende

dispositif de stabilisation = Beruhigungseinrichtungen

dispositif d'exploration = Abtastgerät

dispositif expanseur = Tondehner

dispositif tous-courants = Allstromgerät

disposition = Ansatz

disque (de gramophone) = Schallplatte

disque d'appel = Nummernscheibe

disque de Nipkow = Nipkowsche Scheibe

disque de sélecteur = Nummernscheibe

dissipation anodique = Anodenverlustleistung

dissipation de plaque = Anodenverlustleistung

dissociation = Dissoziation, elektrische

dissolution = Lösung

dissymétrie = Unsymmetrie

distance à vol d'oiseau = Luftlinie

distance explosive = Funkenstrecke

distance focale = Brennweite

distillation = Destillation

distorsion d'amplitude = Amplitudenverzerrung, Formverzerrung

distorsion de fréquence = Frequenzverzerrung

distorsion de phase = Phasenverzerrung

distorsion non-linéaire = Verzerrungen, nichtlineare

divergence = Divergenz

diviseur de tension = Spannungsteiler

doublage de fréquence = Frequenzverdopplung

double diode = Duodiode

douille de lampe = Röhrensockel

douille miniature = Mignonfassung
duodiode = Duodiode
duplication de fréquence = Frequenzverdopplung
duraluminium = Duraluminium
durée de période = Periodendauer
dynamo = Gleichstromgenerator
dynamo à trois conducteurs = Dreileiter-Dynamo
dynamo compound = Verbundmaschine
dynamo de charge = Lademaschine
dynamo de commande = Steuerdynamo, Steuergenerator
dynamo surélévatrice = Zusatzgenerator
dyne = Dyne

eau de refroidissement = Kühlwasser
ébonite = Ebonit, Hartgummi
écartement de voies = Spurweite
échafaud = Gestell
échelle = Funktionsleiter, Maßstab, Skala
éclairement = Beleuchtungsstärke
éclateur = Meßfunkenstrecke
éclateur à étincelles interrompues = Löschfunkenstrecke
éclateur à sphères = Kugelfunkenstrecke
éclateur d'amorçage = Zündfunkenstrecke
éclateur pour étincelle étouffée = Löschfunkenstrecke
éclisse = Lasche
économie = Wirtschaftlichkeit
économie de l'électricité = Elektrizitätswirtschaft
écouteur = Kopfhörer
écran fluorescent = Leuchtschirm
écran luminescent = Leuchtschirm
écrêteur de tension = Überspannungsableiter
écrou = Mutter, Schraubenmutter
écrou à ailettes = Flügelmutter
écrou à chape = Überwurfmutter
écrou à chapeau = Überwurfmutter
écrou à oreilles = Flügelmutter
écusson = Leistungsschild
effet Barkhausen = Barkhauseneffekt
effet de couronne = Korona
effet de grenaille = Schroteffekt
effet de peau = Hautwirkung, Skineffekt, Stromverdrängung

effet de Richardson = Richardsonsches Gesetz
effet de Schottky = Schroteffekt
effet de scintillation = Funkeleffekt
effet d'écran = Schirmwirkung
effet des pointes = Spitzenwirkung
effet en soupape = Ventilwirkung
effet Kelvin = Skineffekt
effet pelliculaire = Hautwirkung, Skineffekt, Stromverdrängung
effet thermique = Wärmerauschen
effort = Beanspruchung
effort de cisaillement = Schubbeanspruchung
effort de flexion = Biegebelastung
effort de torsion = Drehbeanspruchung
effort de traction = Zugbeanspruchung
égratigner = schraffieren
électricité par frottement = Reibungselektrizität
électro-aimant = Elektromagnet
électro-aimant de soufflage = Blasspule
électrode d'accélération = Beschleunigungselektrode
électrodes = Elektroden
électrolyse = Elektrolyse
électrolyseur = Elektrolyseur
électrolyte = Elektrolyt
électromètre = Elektrometer
électron = Elektron
électrons secondaires = Sekundärelektronen
électron-volt = Elektronenvolt
électroscope = Elektroskop
élément au bichromate de potasse = Chromsäureelement
élément Clark = Clarkelement
élément Daniell = Daniellelement
élément de reduction = Schaltzelle
élément de réglage = Schaltzelle
élément sèc = Trockenelement
éléments fixes = Stammzellen
élévateur = Aufzug
élévation = Aufriß
élévation de la tension = Spannungserhöhung
élever = verstärken
élever au carré = quadrieren
élimination des parasites = Entstörung
émail = Draht-Emaille
emballer = durchgehen
embrayage = Kupplung

embrayage progressif = Rutschkupplung
émeraude Smaragd
émetteur = Sender
émetteur à machine = Maschinensender
émettre = senden
émission = Ausstrahlung
émission de courant = Stromschritt
émission secondaire = Sekundäremission
émission thermionique = Glühemission
en dérangement = gestört
en lamelles = geblättert
en moyen = durchschnittlich
en opposition de phase = gegenphasig
en phase = gleichphasig
en plusieurs parties = mehrteilig
en queue d'aronde = schwalbenschwanzförmig
en sens inverse des aiguilles d'une
montre = Uhrzeigersinn, entgegen
dem
encastrer = einsetzen
encliqueter = einklinken
encoche = Aussparung, Einschnürung, Kerbe
encoches = Nuten
encoches demi-fermées = Nuten,
halbgeschlossene
encoches fermées = Nuten, geschlossene
encoches ouvertes = Nuten, offene
encoches repercée = Nuten, halbgeschlossene
enduit (de mur) = Verputz
énergie = Energie
énergie cinétique = Bewegungsenergie
engrenage = Getriebe, Zahnradgetriebe
énoncé = Ansatz
enregistrement à surface variable =
Zackenschrift
enregistrement photoélectrique du
son = Schallaufzeichnung, lichtelektrische
enregistrer = aufspeichern
enregistreur à encre = Tintenschreiber
enroulement = Wicklung
enroulement à bobines concentriques
= Spulenwicklung

enroulement à boucles = Schleifenwicklung
enroulement à pas entier = Durchmesserwicklung
enroulement à pas fractionnaire =
Sehnenwicklung
enroulement de compensation =
Ausgleichswicklung, Kompensationswicklung
enroulement diamétral = Durchmesserwicklung
enroulement en forme de cage =
Käfigwicklung
enroulement fait sur gabarit =
Schablonenwicklung
enroulement grillagé = Zweischichtwicklung
enroulement imbrique = Schleifenwicklung
enroulement ondulé = Wellenwicklung
enroulement par cordes = Sehnenwicklung
enroulement primaire = Primärwicklung
enroulement secondaire = Sekundärwicklung
enrouler = aufspulen
ensemble d'appareils = Apparatesatz
entaille = Einschnürung, Kerbe
entrainement = Antrieb
entrainement à air comprimé =
Druckluftantrieb
entrée = Eingang
entrefer = Luftspalt
entrer = einfallen
entrer en action = ansprechen
entrer en jeu = ansprechen
entretien = Instandhaltung
enveloppe = Gehäuse
enveloppe de câble = Kabelmantel
épaisseur = Wandstärke
épanouissement polaire = Polschuh
épisser = aufspleißen
épreuve = Probe, Versuch
éprouver = prüfen
équation = Gleichung
équation d'Ayrton = Ayrtonsche
Gleichung
équation définante = Definitions-
gleichung
équation d'état = Zustandsgleichung
équations de Maxwell = Maxwellsche Gleichungen

équilatérial = gleichseitig
équilibre = Gleichgewicht
équilibreur = Leitungsnachbildung
équipement = Ausrüstung, Gerät
équipement à contacteurs = Schützensteuerung
équipement tropique = Tropenausführung
équiper = versorgen
équivoque = mehrdeutig
erg = Erg
ergot = Anschlag
erreur = Fehler
erreur de courant = Stromfehler
erreur de tension = Spannungsfehler
erreur d'observation = Beobachtungsfehler
espace obscur de Crookes = Crookesscher Dunkelraum
espace obscur de Faraday = Faradayscher Dunkelraum
espace sombre = Dunkelraum
essai = Probe, Versuch
essai aux ondes à front raide = Sprungwellenprobe
essai de réception = Abnahmeprüfung
essai d'emballement = Schleuderprobe
essayer = prüfen
essayeur d'isolement = Isolationsprüfer
essieu = Achse
estamper = stanzen
établissement = Anlage, Verlegung
étage = Stufe
étage amplificateur = Verstärkerstufe
étage d'amplification = Verstärkerstufe
étain = Zinn
étalon de fréquence = Frequenznormal
étalonnage = Eichung
étalonner = eichen, einteilen
étalons primaires = Urmaße
étanche = tropfwassergeschützt
étanche à l'air = luftdicht
étanche à la poussière = staubdicht
étanche à l'eau = wasserdicht
étendre = ausdehnen
étendue de mesure = Meßbereich
éther = Äther
étincelle = Funke

étincelle de fermeture = Schließungsfunke
étincelle (de) rupture = Abreißfunke, Öffnungsfunke, Unterbrechungsfunke
étranglement = Einschnürung
être égal à = gleich sein
être en retard = nacheilen
étude = Untersuchung
évacué = luftleer
évacuer = auspumpen
évanouir = schwinden
évanouissement = Fading
évaporation cathodique = Kathodenzerstäubung
évidement = Aussparung
examen = Untersuchung
excentricité = Exzentrizität
excentrique = Exzenter
excitation = Anregung
excitation en dérivation = Nebenschlußerregung
excitation indépendante = Fremderregung
excitation par choc = Stoßerregung
excitation par impulsion = Stoßerregung
excitation séparée = Fremderregung
excitatrice = Erregermaschine
excitatrice en dérivation = Nebenschlußerregermaschine
excitatrice shunt = Nebenschlußerregermaschine
expander = ausdehnen
exploration = Abtastung
extension = Dehnung
extrapoler = extrapolieren

facteur de consommation = Ausnützungsfaktor
facteur de crête = Scheitelfaktor
facteur de distorsion = Verzerrungsfaktor
facteur de forme = Formfaktor
facteur de pénétration = Durchgriff
facteur de pointe = Scheitelfaktor
facteur de puissance = Leistungsfaktor
facteur de réflexion = Reflexionsfaktor
facteur de remplissage = Füllfaktor
facteur de réserve = Reservefaktor
facteur de ronflement = Brummfaktor
facteur de simultanéité = Gleichzeitigkeitsfaktor

facteur d'enroulement = Wicklungsfaktor
facteur premier = Primfaktor
factorielle = Fakultät
fader = Überblender
fading = Fading
fading d'interférence = Interferenzschwund
Fahrenheit = Fahrenheit
faillir = aussetzen
faire = einlaufen
faire la lecture = ablesen
faisceau électronique = Elektronenstrahl
faisceau lumineux = Lichtstrahl
farad = Farad
fausser = verziehen
feeder = Speiseleitung
félure = Rille
fente = Luftspalte, Riß
fente de ventilation = Luftschlitz
fer de fonte = Gußeisen
fer de forge = Schmiedeeisen
fer doux = Weicheisen
fer en U = U-Eisen
fer forgé = Schmiedeeisen
fermer à ressort = einfallen
fermer au loquet = einklinken
fermeture à baïonette = Bayonettverschluß
Ferrocart = Ferrocart
ferromagnétisme = Ferromagnetismus
feuille = Blech, Folie
feuille d'étain = Stanniol
feuilleté = lamelliert
fiche = Stöpsel
fiche-banane = Bananenstecker
fiche triple = Dreifachstecker
fibre vulcanisée = Vulkanfiber
figures de Lissajous = Lissajousche Figuren
fil = Draht
fil à toron = Litzendraht
fil ciré = Wachsdraht
fil coulissant = Schleifdraht
fil de contact = Fahrdraht
fil de litz = Litzendraht
fil émaillé = Lackdraht
fil glissant = Schleifdraht
fil verni = Lackdraht
filet = Gewinde
filet à droite = Rechtsgewinde
filet Edison = Edisongewinde
fils dans tubes = Rohrdraht
filtre = Filter

filtre d'amplitudes = Amplitudensieb
filtre de bande = Bandfilter
filtre de bruit = Geräuschfilter
filtre de craquements = Geräuschfilter
filtre en échelle = Siebkette
filtre octave = Oktavsieb
filtre passe-bas = Tiefpaß
filtre passe-haut = Hochpaß
filtrer = aussieben
fini = endlich
fissure = Riß
fixer = befestigen
flash = Überschlag
flasque = Lasche
flèche = Ausschlag, Durchhang
flexible = nachgiebig
fluctuation de tension = Spannungsschwankung
fluide = dünnflüssig, Flüssigkeit
fluorescence = Fluoreszenz
flux = Fluß
flux lumineux = Lichtstrom
focaliser = bündeln
fonction = Gang, Funktion
fonction algébraique = Funktion, algebraische
fonction analytique = Funktion, analytische
fonctions de Bessel = Besselfunktion
fonction de transfert = Übergangsfunktion
fonction linéaire = Funktion, lineare
fonction unitaire = Einheitsfunktion
fonctionnement = Arbeitsweise
fondre = durchbrennen, gießen
fonte = Gußeisen
fonte d'acier = Gußstahl
force = Kraft
force attractive = Anziehungskraft
force coercitive = Koerzitivkraft
force d'inertie = Beharrungsvermögen
force directrice = Richtkraft
force électrique = Feldstärke
force électromotrice = elektromotorische Kraft
force magnétique = Feldstärke, magnetische
force magnétomoteure = magnetomotorische Kraft
forme = Schablone
former = formieren
formule = Formel

formule de Richardson = Dushmann-Formel

formule d'Heaviside = Heavisidesche Formel

formule d'induction = Induktionsformel

foudre = Blitz

four = Ofen

four à arc = Lichtbogenofen

four haute fréquence = Hochfrequenzofen

fourneau = Ofen

four(neau) à moufle = Muffelofen

fournir = versorgen

foyer = Brennfleck, Brennpunkt

frais = Kosten, Unkosten

frais d'achat = Anschaffungskosten

frais de réparation = Reparaturkosten

frais d'entretien = Unterhaltungskosten

frais d'établissement = Anlagekosten

frais d'exploitation = Betriebskosten

fraiseuse = Fräsmaschine

franchir = überbrücken

frein = Bremse

frein à courant Foucault = Wirbelstrombremse

freinage à court-circuit = Kurzschlußbremsung

freinage électrique rhéostatique = Widerstandsbremsung

freinage par récupération = Nutzbremsung

fréquence = Frequenz, Periodenzahl

fréquence angulaire = Kreisfrequenz

fréquence circulaire = Kreisfrequenz

fréquence critique = Grenzfrequenz

fréquence de coupure = Grenzfrequenz

fréquence de groupe = Gruppenfrequenz

fréquence de modulation = Modulationsfrequenz

fréquence de résonance = Resonanzfrequenz

fréquence d'impulsion = Impulsfrequenz, Taktfrequenz

fréquence hétérodyne = Überlagerungsfrequenz

fréquence latérale = Seitenfrequenz

fréquence limite = Grenzfrequenz

fréquence musicale = Tonfrequenz

fréquence naturelle = Eigenfrequenz

fréquence nominale = Nennfrequenz

fréquence portable = Trägerfrequenz

fréquence porteuse = Trägerfrequenz

fréquence propre = Eigenfrequenz

fréquence sons = Tonfrequenz

fréquencemètre = Frequenzmesser

fréquenta = Frequenta

front = Stirn

front de l'onde = Wellenfront, Wellenstirn

frottement de glissement = Reibung, gleitende

frottement de roulement = Reibung, rollende

fuite = Streuung

fuites = Verluste

funiculaire = Drahtseilbahn (Standbahn)

fuser = durchbrennen

fusible = Abschmelzsicherung, Schmelzsicherung

gabarit = Schablone

gabarit de bobinage = Wicklungsschablone

gain = Gewinn, Verstärkung

gaine anodique = Glimmhaut

galvanisation = Galvanotechnik

galvanomètre = Galvanometer

galvanomètre à lampe = Röhrengalvanometer

galvanomètre à miroir = Spiegelgalvanometer

galvanomètre ballistique = Galvanometer, ballistisches

galvanomètre d'équilibrage = Nullinstrument

galvanomètre différentiel = Differentialgalvanometer

galvanoplastic = Galvanoplastik

galvanostégie = Galvanostegie

galvanotechnique = Galvanotechnik

gamme = Skala

gamme d'affaiblissement = Sperrbereich

gamme des fréquences = Frequenzband

gamme d'indication = Anzeigebereich

gamme d'ondes = Wellenbereich

garniture = Armatur

gauchissement = Krümmung, Verwerfung

gauss = Gauß

gazeux = gasförmig

gazoline = Benzin
générateur d'oscillation de relaxation
   = Kippgerät
générateur d'oscillations en dents de
   scie = Kippgerät
génératrice = Generator
génératrice à courant continu =
   Gleichstromgenerator
génératrice de secours = Notstromaggregat
génératrice métadyne = Metadynegenerator
getter = Getter
gicleur = Düse
gilbert = Gilbert
givre = Rauhreif
glacure = Glasur
glissant = Schiebekontakt
glissement = Schlüpfung, Schlupf
gomme = Gummi
gomme élastique = Kautschuk
gomme-laque = Schellack
goniomètre = Goniometer
gorge = Rille
goudron = Teer
goujon = Dübel
goupille = Splint
gouverner = steuern
gradient = Gradient
graduation = Maßstab
graduer = einteilen
graissage à bagues = Ringschmierung
graisser = schmieren
gramme équivalent = Grammäquivalent
gramme molécule = Mol
grandeur = Betrag, Größe
grandeur de mesure = Meßgröße
grandeur scalaire = Skalar
gravité spécifique = Gewicht,
   spezifisches
grille = Gitter
grille d'arrêt = Bremsgitter, Fanggitter
grille de commande = Steuergitter
grille de contrôle = Steuergitter
grille-écran = Schirmgitter
groupe = Aggregat, Apparatesatz,
   Satz
groupe de réglage = Regelsatz
groupe Leonard = Leonardschaltung
guipage = Umklöppelung
guiper = klöppeln

hacher = schraffieren
hachurer = schraffieren
harmonique (supérieure) = Oberschwingung
hausse = Anstieg
haut-parleur = Lautsprecher
haute tension = Hochspannung
hélice = Schraubenlinie
hélicoïdal = schraubenförmig
hélicoïde = schraubenförmig
Henry = Henry
hermétique = luftdicht
hétérodyne = Überlagerungsempfänger
hétérodyner = überlagern
hexode = Hexode
homogène = homogen
homologue = gleichnamig
homopolaire = gleichpolig
horizontal = horizontal
horloge électrique sychrone = Synchronuhr
huile = Öl
huile de graissage = Schmieröl
huile de ricin = Ricinusöl
huile isolante = Isolieröl
huile minéral = Erdöl, Petroleum
huiler = schmieren
hydrogénation = Hydrierung
hydrogène = Wasserstoff
hygroscopique = hygroskopisch
hypoténuse = Hypotenuse
hypothèse $\alpha\beta$ = $\alpha\beta$-Hypothese
hypothèse $\alpha\gamma$ = $\alpha\gamma$-Hypothese
hystérèse = Hysteresis
hystérésimètre = Epsteinscher
   Apparat
hystérésis = Hysteresis
hystérésis diélectrique = Nachwirkung, dielektrische

iconoscope = Ikonoskop
ignitron = Ignitron
image reflétée = Spiegelbild
imbiber = tränken
impair = ungerade
impédance = Impedanz, Scheinwiderstand
impédance caractéristique =
   Wellenwiderstand
impédance caractéristique de sortie
   = Ausgangswellenwiderstand
impédance caractéristique d'entrée
   = Eingangswellenwiderstand
impédance d'entrée = Eingangswiderstand

impédance directe = Mitimpedanz
imperméable = undurchlässig
imprégner = imprägnieren, tränken
impresser = aufdrücken
imprimé = eingeprägt
imprimeur = Drucker
impulsion = Impuls
impureté = Verunreinigung
inadmissible = unzulässig
inattaquable à l'eau projetée =
   spritzwassergeschützt
incandescence = Weißglut
incertainité = Unsicherheit
incider = einfallen
inclinaison = Inklination
indicateur = Anzeiger
indicateur de niveau d'eau =
   Wasserstandszeiger
indicateur d'huile = Ölstandzeiger
indicateur d'isolement = Isolationsprüfer
indicateur optique = Schauzeichen
indication = Anzeige
inductance = Induktivität
inductance linéique = Induktivitätsbelag
inductance mutuelle = Gegeninduktivität
inductance unitaire = Induktivitätsbelag
induction = Induktion
induction électrostatique = Verschiebung, dielektrische
induction magnétique = Induktion,
   magnetische
induction propre = Selbstinduktion
induire = induzieren
induit = Anker
induit à cage d'écureuil = Kurzschlußläufer
induit à court-circuit = Kurzschlußanker
induit de cage = Käfiganker
induit de cage double = Doppelkäfiganker
induit en double T = Doppel-T-
   Anker
induit en tambour = Zylinderläufer
inégal = ungleichnamig
inertie = Beharrungsvermögen,
   Trägheit
influence électrique = Influenz,
   elektrische
influencer = beeinflussen
infrason = Infraschall

injecteur = Düse
inoxydable = nichtrostend
insérateur = Zellenschalter
insérer = einsetzen
insoluble = unlöslich
installation = Anlage
installation interne = Innenanlage
installation transporteuse = Förderanlage
instructions de sûreté = Sicherheitsvorschriften
instrument à aimant tournant =
   Drehmagnetmeßgerät
instrument à bobine en croix =
   Kreuzspulinstrument
instrument à cadre mobile = Drehspulmeßgerät
instrument à fer mobile = Dreheisenmeßgerät
instrument à fil chaud = Hitzdrahtinstrument
instrument à vibration = Vibrationsmeßgerät
instrument armé = eisengeschirmtes
   Meßgerät
instrument de mesure = Meßgerät
instrument de mesure à fer doux =
   Weicheiseninstrument
instrument de précision = Feinmeßgerät, Präzisionsinstrument
instrument de service = Betriebsmeßgerät
instrument d'induction = Induktionsmeßgerät
instrument électrodynamique =
   elektrodynamisches Meßgerät
instrument électrostatique =
   elektrostatisches Meßgerät
instrument enregistreur = Regi-
   striergerät
instrument entouré de fer = eisengeschirmtes Meßgerät
instrument étalon = Eichgerät
instrument saillant = Aufbauinstrument
instrument thermique = thermisches Meßgerät
intégrale de ligne = Linienintegral
integration par parties = Integration, partielle
intensité de champ électrique =
   Feldstärke, elektrische
intensité de champ magnétique =
   Feldstärke, magnetische
intensité de courant = Stromstärke
intensité de pôle = Polstärke

intensité de son = Schallstärke
intensité en bougies = Kerzenstärke
intensité lumineuse = Lichtstärke
interchangeable = auswechselbar
intercommunication = Wechselsprechen
interférence = Schwebung
intermettant = intermittierend
intermittent = intermittierend
interpoler = interpolieren
interrompre = ausschalten, aussetzen
interrupteur = Schalter
interrupteur à (bain d') huile = Ölschalter
interrupteur à bascule = Kippschalter
interrupteur à expansion = Expansionsschalter
interrupteur à levier = Hebelschalter
interrupteur automatique = Selbstausschalter, Selbstschalter
interrupteur de désexcitation = Entregungsschalter
interrupteur de groupe = Gruppenschalter
interrupteur de puissance = Leistungsschalter
interrupteur d'installation = Installationsschalter
interrupteur en cylindre = Walzenschalter
interrupteur encastré = Dosenschalter
interrupteur pour escalier = Kreuzschalter
interrupteur rotatif = Drehschalter
interrupteur sur fil = Schnurschalter
interrupteur (sur) poteau = Mastschalter
inverse = entgegengesetzt
inverser l'aimantation = ummagnetisieren
inverseur = Stromwender, Wechselschalter, Wendeschalter
inverseur à tambour = Walzenschalter
inversion de la polarité = Umpolung
ion = Ion
ionisation = Ionisation
ionisation par choc = Stoßionisation

ionisation superficielle = Oberflächenionisierung
ioniser = ionisieren
ionosphère = Ionosphäre
ipsophone = Ipsophone
irradier = bestrahlen
isolateur = Isolator
isolateur cylindrique = Stabisolator
isolateur d'arrêt = Abspannisolator
isolateur de chambre = Innenraumisolator
isolateur de soutien = Stützisolator
isolateur de suspension = Hängeisolator
isolateur de traversée = Durchführungsisolator
isolateur d'entrée = Durchführungsisolator, Einführungsisolator
isolateur en parapluie = Schirmisolator
isolateur Hewlett = Hewlett-Isolator
isolateur rigide = Stützisolator
isolateur suspendu = Hängeisolator
isolateur tibia = Stabisolator
isolement = Isolation
isoscèle = gleichschenkelig
isotopie = Isotopie

jack = Klinke
jaillissement = Überschlag
jauger = eichen
jaute = Radkranz
jeu = Gang, toter; Satz; Spiel
jeu libre = Spielraum
jeu mort = Gang, toter
joint à boules = Kugelgelenk
joint à la Cardan = Kardangelenk
joint à rotule = Kugelgelenk
joint de rail = Schienenstoß
joint sphérique = Kugelgelenk
joug = Joch
joule = Joule
jute = Jute
juxtaposé = entgegengesetzt

kénotron = Kenotron
kilo = Kilo
klydonographe = Klydonograph

laisser couler = auslaufen
laiton = Messing
lame fusible = Abschmelzstreifen, Streifensicherung
lamellaire = geblättert
lamelle = Lamelle

lamelle de collecteur = Kollektorlamelle
lameller = blättern
laminé = lamelliert
laminoir = Walzwerk
lampe = Glühlampe, Lampe
lampe à arc = Bogenlampe
lampe à décharge = Glimmröhre
lampe à électrons secondaires =
Sekundäremissionsröhre
lampe à filament de charbon =
Kohlenfadenlampe
lampe à filament métallique =
Metalldrahtlampe
lampe à gaz = Glimmröhre
lampe à incandescence = Glühlampe
lampe à luminescence = Glimmlampe
lampe à pente variable = Expo-
nentialröhre, Regelröhre
lampe à vapeur de mercure =
Quecksilberdampflampe
lampe à vapeur de natrium =
Natriumdampflampe
lampe à vide = Elektronenröhre
lampe acorn = Knopfröhre
lampe amplificatrice = Verstärkerröhre
lampe bigrille = Tetrode, Vierpolröhre
lampe d'alarme = Meldelampe,
Signallampe
lampe de poche = Taschenlampe
lampe de puissance = Endröhre
lampe de signalisation = Meldelampe, Signallampe
lampe finale = Endröhre
lampe-signale = Signallampe
lampe tout-métal = Stahlröhre
lampes à deux systèmes = Verbundröhren
lampes multiples = Verbundröhren
lapin indicateur = Fallklappenrelais
laque = Lack
laque en feuille = Schellack
largeur de bande = Bandbreite
lecture en miroir = Spiegelablesung
lentille = Linse
lentille d'accélération = Beschleunigungslinse
lever = anziehen
levier = Hebel
levier coudé = Winkelhebel
levier d'angle = Winkelhebel

libération = Auslösung
ligne = Linie
ligne (éléctrique) = Leitung
ligne à courant fort = Starkstromleitung
ligne à l'extérieure = Außenleiter
ligne aérienne = Freileitung
ligne artificielle = Leitung, künstliche; Leitungsnachbildung
ligne bouclée = Leitungsschleife
ligne centrale = Mittellinie
ligne d'alimentation = Speiseleitung
ligne de base = Stammleitung
ligne de champ = Feldlinie
ligne de contact = Fahrdraht
ligne de flux = Feldlinie
ligne de mesure = Meßleitung
ligne d'embranchement = Stichleitung
ligne en traits interrompus =
Linie, gestrichelte
ligne en traits mixtes = Linie,
strichpunktierte
ligne fine = dünne Linie
ligne neutre = Nulleiter
ligne pointillée = Linie, punktierte
lignes neutres = Zone, neutrale
lignite = Braunkohle
limite d'écoulement = Fließgrenze
limite d'excitation = Reizschwelle
limite inférieur de sensibilité =
Reizschwelle
limite légalisée d'erreurs = Beglaubigungsfehlergrenze
liquide = dünnflüssig, Flüssigkeit
lire = ablesen
liteau = Leiste
livre = Pfund
livrer = liefern
logarithme décimal = Logarithmus,
Briggscher
logarithme naturel = Logarithmus,
natürlicher
logarithme vulgaire = Logarithmus, Briggscher
loi de Coulomb = Coulombsches
Gesetz
loi de Faraday = Faradaysches
Gesetz
loi de Joule = Joulesches Gesetz
loi de la translation de Wien =
Wienscher Verschiebungssatz
loi d'Ohm = Ohmsches Gesetz
lois de Kirchhoff = Kirchhoffsche Gesetze

longueur d'étincelle = Schlagweite
longueur d'onde = Wellenlänge
longueur effective de l'antenne =
Antennenlänge, wirksame
longueur focale = Brennweite
loquet = Klinke
losange = Rhombus
lubrifier = schmieren
lueur après une décharge = Nachleuchten
lueur négative = Glimmlicht
lumen = Lumen
lumière = Licht
lumière anodique = Anodenlicht
lumière composée = Mischlicht
lumineur = Leuchte
lumineuse = Büschelentladung
lut = Kitt
luter = verkitten
lux = Lux

machine = Maschine
machine à collecteur = Kommutatormaschine
machine à combustion = Verbrennungskraftmaschine
machine à fraiser = Fräsmaschine
machine à vapeur = Dampf-
maschine
machine asynchrone alimentée
deux fois = Doppelfeldmaschine
machine commutatrice = Kommutatormaschine
machine compound = Kompoundmaschine
machine en dérivation = Nebenschlußmaschine
machine Franke = Frankesche
Maschine
machine Holtz = Funkeninduktor
machine motrice = Kraftmaschine
machine shunt = Nebenschlußmaschine
machine synchrone = Synchronmaschine
machine unipolaire = Unipolarmaschine
machines à collecteur = Stromwendermaschinen
machines à courant continu =
Gleichstrommaschinen
machines d'inductions = Induktionsmaschinen
magnétisation = Magnetisierung
magnétiser = magnetisieren

magnétisme rémanent = Magnetismus, remanenter
magnétisme résiduel = Magnetismus, remanenter
magnéto d'appel = Kurbelinduktor
magnéto-générateur à manivelle =
Kurbelinduktor
magneton = Magneton
magnétron = Magnetron
maille = Masche
maître-oscillateur = Steuersender
mamelon = Nippel
manche = Handgriff, Heft
manchon = Muffe
manchon de câble = Kabelmuffe
manette = Handgriff, Heft
manganèse = Mangan
manganine = Manganin
manipulateur = Taste
manipulation = Tastung
manipulation à distance = Ferntastung
manipulation de grille = Gittertastung
manivelle = Kurbel
manque = Versagen
manquer = aussetzen
marche = Gang, Lauf
marche en parallèle = Parallelbetrieb
marche morte = Gang, toter
marque = Zeichen
masse atomique = Atomgewicht
masse de repos = Ruhemasse
masse isolante = Isoliermasse
masse (matérielle) = Masse
masse moléculaire = Molekulargewicht
masse spécifique = Dichte
massif = massiv
mastic = Kitt
mastiquer = verkitten
mât = Mast
mater = mattieren
matière = Materie
matrice = Matrize
maxwell = Maxwell
mécanisme = Mechanismus
médiane = Mittellinie
mega = Mega
mélange de conversation = Übersprechen
mélangeur = Überblender
membrane = Membrane
mesure = Meßergebnis
métadyne = Metadyne

métal = Metall
métal précieux = Edelmetall
méthode de mesure = Meßverfahren
mètre = Meter
mètre du facteur de puissance = Leistungsfaktormesser
metteur en marche = Anlasser
mettre à la terre = erden
mettre au repos = abstellen
mettre en marche = Anlassen
mettre hors circuit = ausschalten
mho = Mho
mica = Glimmer
mica blanc = Spaltglimmer
micalex = Mycalex
micanite = Mikanit
micro = Mikro
micron = Mikron
microphone = Mikrophon
microphone à ruban = Bändchenmikrophon
microphone de vitesse = Bändchenmikrophon
microton = Mikroton
milli = Milli
mis à terre = geerdet
mise à la terre = Erdung
mise à terre de sureté = Schutzerdung
mise au point = Feineinstellung
mise en circuit = Einschalten, Schaltvorgang
mise en état = Überholung
mobile = fahrbahr
mobilité = Beweglichkeit
mobilité ionique = Ionenbeweglichkeit
modulation = Modulation
modulation à bande latérale unique = Einseitenbandmodulation
modulation d'amplitude = Amplitudenmodulation
modulation de fréquence = Frequenzmodulation
modulation de phase = Phasenmodulation
modulé = moduliert
molécule = Molekül
molécule-gramme = Grammolekül
moléculegramme = Mol
moment basculant = Kippmoment
moment de démarrage = Anzugsmoment
moment de renversement = Kippmoment

moment de torsion = Drehmoment
moment d'inertie = Schwungmoment
moment électrique = Moment, elektrisches
moment synchronisant = Moment, synchronisierendes
monoatomique = einatomig
monochromatique = einfarbig
monochrome = einfarbig
monovalent = einwertig
montage = Montage
montage de deux wattmètres = Zweiwattmeterschaltung
montage en delta double = Doppeldreieckschaltung
montage en forme de fourche = Gabelschaltung
montage en parallèle = Parallelschaltung
montage en pont = Brückenschaltung
montage en push-pull = Gegentaktschaltung
montage en série = Hintereinanderschaltung, Reihenschaltung
montage en série-parallèle = Reihenparallelschaltung
montage en T = T-Schaltung
montant = aufsteigend
montée = Anstieg
monter = anwachsen
moteur = Motor
moteurs à courant continu = Gleichstrommotoren
moteur à répulsion = Repulsionsmotor
moteur asynchrone = Asynchronmotor
moteur commutateur = Kommutatormotor
moteur de commande = Antriebsmotor
moteur d'entrainement = Antriebsmotor
moteur métadyne = Metadynemotor
moteur série = Hauptschlußmotor, Reihenschlußmotor
moteur universel = Universalmotor
motor-générateur = Motorgenerator
mouiller = tränken
moule = Schablone
mouvement = Lauf, Meßwerk

mouvement Brownien = Brownsche Bewegung
moyenne = Durchschnitt
moyenne arithmétique = arithmetisches Mittel
moyenne fréquence = Zwischenfrequenz
moyeu = Nabe
multimètre = Universalmeßinstrument
multiple entier = Vielfaches, ganzes
multiple impair = Vielfaches, ungerades
multiple pair = Vielfaches, gerades
multiplicateur de fréquence = Frequenzwandler
multiplicateur d'électrons = Elektronenvervielfacher
multiplication complèxe = Multiplikation, komplexe
mumétal = Mumetall
muscovite = Spaltglimmer

natrium = Natrium
navigation à petite distance = Nahpeilung
néper = Neper
nervure = Rippe
neutralisation = Entkopplung
neutron = Neutron
newton = Newton
nickel = Nickel
nickeler = vernickeln
nickéline = Nickelin
nitrogène = Stickstoff
niveau = Pegel
niveau d'eau = Libelle
noeud = Knotenpunkt
nœd de vibration = Schwingungsknoten
nombre complexe = Zahl, komplexe
nombre de spires = Windungszahl
nombre de tours = Drehzahl, Umdrehungszahl
nombre des périodes = Periodenzahl
nombre entier = Zahl, ganze
nombre imaginaire = imaginäre Zahl
nombre impair = Zahl, ungerade
nombre pair = Zahl, gerade
nomogramme = Fluchtlinientafel, Nomogramm
non-accordé = nicht abgestimmt
non-amorti = ungedämpft
non-économique = unwirtschaftlich
non-étanche = undicht
non-inductif = induktionsfrei

non-interchangeable = unverwechselbar
non-précis = unscharf
non-synchrone = asynchron
normal = Normale
noyau = Kern
noyau atomique = Atomkern
noyau de ferrocart = Massekern
noyau en poudre de fer comprimée = Massekern
nuage d'électrons = Elektronenwolke
nuage électronique = Elektronenwolke

oblique = schiefwinkelig
océlite = Ocelit
octode = Oktode
oeil magique = Auge, magisches
oersted = Oerstedt
ohm = Ohm
once = Unze
onde = Welle
onde de surface = Bodenstrahlung
onde de transport = Trägerschwingung
onde directe = Bodenstrahlung
onde mobile = Wanderwelle
onde porteuse = Trägerschwingung
onde progressive = Wanderwelle
onde réflèchie = Welle, reflektierte
onde stationaire = Welle, stehende
onde transitoire = Wanderwelle
ondemètre = Wellenmesser
onde mètre à absorption = Absorptionsfrequenzmesser
ondulation = Welligkeit
onduleur = Wechselrichter
opérateur = Operator
opération = Arbeitsweise
opération à circuit ouvert = Arbeitsstrombetrieb
opération à courant de travail = Arbeitsstrombetrieb
opération duplex = Duplexverkehr
opération en forme de fourche = Gabelverkehr
opérer = arbeiten
opposé = entgegengesetzt
optique = Schauzeichen
optique électronique = Elektronenoptik
orbite = Bahnkurven
ordonnée = Ordinate
ordre de grandeur = Größenordnung, in der ... von

oscillateur étalon = Normalgenerator
oscillation = Schwingung
oscillation apériodique = Schwingung, aperiodische
oscillation contrainte = Schwingung,
erzwungene
oscillation de circuits couplés =
Koppelschwingungen
oscillation de relaxation = Kippschwingung
oscillation fondamentale = Grundschwingung
oscillation forcée = Schwingung,
erzwungene
oscillation harmonique = Oberschwingung
oscillation latérale = Seitenschwingung
oscillation naturelle = Eigenschwingung
oscillation propre = Eigenschwingung
oscillation quasi-stationaire =
quasistationäre Schwingung
oscillographe = Oszillograph
oscillographe bifilaire = Schleifen-
oszillograph
oscillographe cathodique = Kathodenstrahloszillograph
oscillographe panoramique = Panoramagerät
osmose = Osmose
outil = Gerät, Werkzeug
outils électriques = Elektrowerkzeuge
oxygène = Sauerstoff
ozone = Ozon

palier = Lager
palier à billes = Kugellager
palier à lisse = Gleitlager
palier à rouleaux = Rollenlager,
Wälzlager
palier de guidage = Führungslager
palier graisseur à bagues = Ringschmierlager
panne = Fehler, Versagen
pantographe = Scherenstromabnehmer
papier = Papier
papier à calquer = Pauspapier
papier calque = Pauspapier
papier dur = Hartpapier
papier fort = Hartpapier
papier réactif = Reagenzpapier

paquet de tôles = Blechpaket
parabole = Parabel
paraffiné = paraffiniert
parafoudre = Blitzableiter, Überspannungsableiter
parafoudre à cornes = Hörnerableiter
parafoudre à résistance variable avec
la tension = Widerstandsableiter,
spannungsabhängiger
parallèle = parallel
paramagnetisme = Paramagnetismus
paratonnère = Blitzableiter
parchemin = Pergament
parcours de la tension = Spannungspfad
partager = einteilen
partager en deux = halbieren
particule = Teilchen
pas = Gang
pas à droite = Rechtsgewinde
pas à gauche = linksgängig
pas d'enroulement raccourci =
Sehnung
pas dentaire = Zahnteilung
pas polaire = Polteilung
pâte isolante = Isoliermasse
patte = Lasche
patte d'araignée = Ölnut
pénétration = Durchgriff
pente = Steilheit
pentode = Fünfpolröhre, Pentode
pentode finale = Endpentode
perditance = Ableitung
période = Periodendauer
périodes par seconde = Hertz
périodicité = Periodenzahl
permalloy = Permalloy
permanent = eingeschwungen
perméabilité = Permeabilität
perméabilité du vide = Induktionskonstante
perméabilité initiale = Anfangspermeabilität
perméabilité relative = Permeabilität, relative
perméabilité réversible = Permeabilität, reversible
perméamètre de Köpsel = Köpsel-
gerät
permutation = Permutation
perte par friction = Reibungsverlust
pertes = Verluste
pertes additionelles par effet Joule =
Stromwärmeverluste, zusätzliche

pertes dans le fer = Eisenverluste
pertes dans le noyau = Eisenverluste
pertes par hystérésis = Hysteresisverluste
pertinace = Pertinax
pertinax = Pertinax
pétrole = Erdöl, Petroleum
phénomène transitoire = Ausgleichsvorgang
phon = Phon
photomètre à tache d'huile = Fettfleckphotometer
photomètre (de) Bunsen = Fettfleckphotometer
photon = Photon
photo-sensitif = lichtempfindlich
phosphorescence = Phosphoreszenz
physique nucléaire = Kernphysik
pick-up = Tonabnehmer
pico = Pico
pièce d'écartement = Distanzstück
pièce d'essai = Prüfling
pièce intercalaire = Distanzstück
pièce polaire = Polschuh
pièces de rechange = Reserveteile
pièces de réserve = Reserveteile
piézoélectricité = Piezoelektrizität
pignon = Kettenrad, Ritzel, Zahnrad
pignon conique = Kegelrad
pile à deux liquides = Danielelement
pile Latimer-Clark = Clarkelement
pile sèche = Trockenelement
piston = Kolben
place = Dezimalstelle
plan = Ebene, Entwurf, Fläche, Grundriß
plan de discontinuité = Sprungflächen
plan vertical = Aufriß
plane = Ebene, Fläche
plaque = Anode, Blech
plaque à cadre = Rahmenplatte
plaque à grande surface = Großoberflächenplatte
plaque à grille = Gitterplatte
plaque à masse = Masseplatte
plaque de phonographe = Schallplatte
plaque de sureté = Schutzblech
plaque empâtée = Masseplatte
plaque numérique = Nummernscheibe
plaque signalétique = Leistungsschild
plaques de déviation = Ablenkplatten

plasma électronique = Elektronengas
plasme = Plasma
platine = Platin
plâtre = Verputz
plein = massiv
pleine charge = Vollast
pli = Überlappung
pliable = nachgiebig
plomb = Blei
plomb spongieux = Bleischwamm
plongeur = Kolben
poêle = Ofen
poids atomique = Atomgewicht
poids équivalent = Äquivalentgewicht
poids moléculaire = Molekulargewicht
poids spécifique = Gewicht, spezifisches
poignée = Handgriff
poinçonner = stanzen
point = Punkt
point d'application = Angriffspunkt
point de branchement = Verzweigungspunkt
point de congélation = Gefrierpunkt
point de Curie = Curiepunkt
point de fonctionnement = Arbeitspunkt
point de fusion = Schmelzpunkt
point de jonction = Knotenpunkt
point d'ébullition = Siedepunkt
point (Morse) = Morsepunkt
point neutre = Nullpunkt, Sternpunkt
point zéro = Nullpunkt
polarisation de grille = Gittervorspannung
polarisation diélectrique = Polarisation, dielektrische
polarisation magnétique = Polarisation, magnetische
polarité = Polarität
pôles auxiliaires = Wendepole
pôles de commutation = Wendepole
polygone funiculaire = Seilpolygon
polyphasé = mehrphasig
pompe à air = Luftpumpe
ponctuel = punktförmig
pont (de mesure) = Meßbrücke
pont de mesure à fiches = Stöpselmeßbrücke
pont de Schering = Scheringbrücke
pont de Thomson = Thomsonbrücke

pont de Wheatstone = Wheatstonesche Brücke
pont Wien-Robinson = Wiensche Brücke
ponter = überbrücken
porcelaine = Porzellan
poreux = porös
porte-balai = Bürstenhalter
portée = Bereich, Reichweite
portée audible = Hörbereich
portée de mesure = Meßbereich
porte-frotteur = Bürstenhalter
pose = Verlegung
position de service = Gebrauchslage
post-accélération = Nachbeschleunigung
poste = Anlage
poste à galène = Detektorgerät
poste de manoeuvre = Schaltwarte
poste d'extérieur = Freiluftanlage
poste émetteur = Sender
poste téléphonique automatique = Selbstanschlußsprechamt
potassium = Kalium
poteau = Mast
poteau cornier = Eckmast
poteau de transposition = Verdrillungsmast
poteau en treillis = Gittermast
potentiel = Potential
potentiomètre = Potentiometer, Spannungsteiler
pouls = Impuls
poulie = Riemenscheibe
pour cent = Prozent
pourcentage = Prozentsatz
pouvoir de bougie = Kerzenstärke
pouvoir résolvant = Auflösungsvermögen
préamplificateur = Vorverstärker
précipité galvanique = Niederschlag, galvanischer
précision de mesure = Meßgenauigkeit
première chambre sombre de Hittorf = Hittorfscher Dunkelraum
pression = Druck
pression du balais = Bürstendruck
pression du vent = Windbelastung
presspan = Preßspan
primaire = primär
principe de similarité = Ähnlichkeitsgesetz
principe dynamoélectrique = Prinzip, dynamoelektrisches

prise médiane = Mittelanzapfung
prisonnier = Nase
productivité = Rentabilität
produit complexe = Produkt, komplexes
produit scalaire = Produkt, skalares
produit vectoriel = Produkt, vektorielles; Vektorprodukt
profit = Gewinn
profondeur de modulation = Aussteuerung
progression arithmétique = Reihe, arithmetische
progression géométrique = Reihe, geometrische
projet = Entwurf
propager = ausbreiten
propulsion = Antrieb
protection contre jets d'eau = Spritzwasserschutz
protection contre l'eau dégouttante = Tropfwasserschutz
protection contre les surtensions = Überspannungsschutz
protégé = spritzwassergeschützt
proton = Proton
puissance = Kraft, Leistung, Potenz
puissance absorbée = Leistung, aufgenommene
puissance apparente = Scheinleistung
puissance brute = Bruttoleistung
puissance connectée = Anschlußwert
puissance continue = Dauerleistung
puissance d'antenne = Antennenleistung
puissance de crête = Spitzenleistung
puissance de disjonction = Ausschaltleistung
puissance de rupture = Ausschaltleistung
puissance efficace = Wirkleistung
puissance réactive = Blindlast, Blindleistung
puissance réelle = Wirkleistung
puissance wattée = Wirkleistung
puits d'essai à l'emballement = Schleudergrube
pulsation = Kreisfrequenz
pulsatoire = pulsierend
pupiniser = pupinisieren
pupitre (de commande) = Schaltpult
pupitre de distribution = Schaltpult
pylône = Mast
pylône en treillage = Gittermast

quadripôle = Vierpol
quantité = Betrag, Größe
quantité de chaleur = Wärmemenge
quantité de lumière = Lichtmenge
quartz = Quarz
quote-part = Quote
quotient = Quotient

raboteuse = Hobelmaschine
raccord = Nippel
racine = Wurzel
racine carrée = Quadratwurzel
radar = Radar
radar panoramique = Panoramagerät
radial = radial
radian = Radiant
radiateur de luminescence = Lumineszenzstrahler
radiateur extensif = Breitstrahler
radiation = Ausstrahlung, Strahlung
radio = Radio, Rundfunk
radioactif = radioaktiv
radiodiffusion = Rundfunk
radiodiffusion sur fréquence commune = Gleichwellenrundfunk
radiodiffusion sur onde synchronisée
   = Gleichwellenrundfunk
radioélectricité = Funktechnik
radiogoniométrie = Funkpeilung
radiotechnique = Funktechnik
radiovision = Fernsehen
rainure = Rille
rainure en biais = Schrägnuten
rainures = Nuten
rainures en queue d'aronde = Nuten,
   schwalbenschwanzförmige
rainures semi-ouvertes = Nuten,
   halbgeschlossene
rapport = Übersetzung, Übersetzungsverhältnis
rapport de la largeur circonférentielle
   des pôles au pas polaire = Polbedeckungsfaktor
rayon = Halbmesser
rayon d'action = Aktionsradius
rayon de lumière = Lichtstrahl
rayon électronique = Elektronenstrahl
rayon vecteur = Radiusvektor
rayonnement = Abstrahlung, Ausstrahlung, Strahlung
rayonnement caractéristique =
   Eigenstrahlung
rayonnement de chaleur = Wärmestrahlung

rayonnement indépendant = Bremsstrahlung
rayons alpha = Alphastrahlen
rayons bêta = Betastrahlen
rayons conaux = Kanalstrahlen
rayons gamma = Gammastrahlen
rayons positifs = Kanalstrahlen
rayons Roentgen = Röntgenstrahlen
rayons X = Röntgenstrahlen
réactance = Blindwiderstand,
   Reaktanz
réaction = Rückkopplung
réaction d'induit = Ankerrückwirkung
réaction en sens opposé = Gegenkopplung
réaction négative = Gegenkopplung
rebobiner = umwickeln
récepteur à amplification directe =
   Geradeausempfänger
récepteur à audion = Audionempfänger
récepteur à batteries = Batterieempfänger
récepteur à détecteur = Detektorempfänger, Detektorgerät
récepteur à galène = Detektorempfänger
récepteur hétérodyne = Überlagerungsempfänger
récepteur neutrodyne = Neutrodyneempfänger
récepteur portative = Batterieempfänger
récepteur superhétérodyne = Superheterodyneempfänger
récepteur tous-courants = Allstromempfänger
réception au son = Hörempfang
réception sur bande = Schreibempfang
rechanges = Reserveteile
recherche = Untersuchung
réciproque = reziprok
recouvrement = Überlappung
rectangle = Rechteck
rectificateur = Gleichrichter
rectificateur à gaz rare = Edelgasgleichrichter
rectification = Berichtigung
rectification d'anode = Anodengleichrichtung
recuire = ausglühen
redressement biplaque = Zweiwegschaltung

redressement des deux alternances =
Zweiwegschaltung
redressement par la plaque =
Anodengleichrichtung
redresseur = Gleichrichter
redresseur à arc = Lichtbogengleichrichter
redresseur à cathode incandescente
= Glühkathodengleichrichter
redresseur à contrôle de grille =
Gleichrichter, gittergesteuerter
redresseur à couche de barrage =
Sperrschichtgleichrichter
redresseur à enveloppe en fer =
Eisengleichrichter
redresseur à oxyde de cuivre =
Kupferoxydulgleichrichter
redresseur à pendule = Pendelgleichrichter
redresseur à vapeur de mercure =
Quecksilberdampfgleichrichter
redresseur à vibrateur = Pendelgleichrichter
redresseur de récepteur =
Empfängergleichrichter
redresseur de secteur = Netzgleichrichter
redresseur électrolytique avec anode
en aluminium = Aluminium-
gleichrichter
redresseur Graetz = Graetz-Schaltung
redresseur sec = Trockengleichrichter
redresseur thermionique = Glühkathoden-Gleichrichter
redresseur thermionique à basse
tension = Glühkathoden-Niederspannungs-Gleichrichter
redresseur thermionique à haute
tension = Glühkathoden-Hochspannungs-Gleichrichter
réducteur = Spannungsteiler
réducteur de charge = Zellenschalter
réducteur double = Doppelzellenschalter
réfraction = Brechung
refraichir = abkühlen
refroidir = abkühlen
refroidissement naturel = Selbstkühlung
refroidissement propre = Eigenlüftung
régénération = Rückkopplung
registre = Tabelle
réglable = einstellbar

réglage = Regelung
réglage approximatif = Grobeinstellung
réglage de l'expansion sonore =
Dynamikentzerrung
réglage de vitesse = Drehzahlregelung
réglage gros = Grobeinstellung
réglage précis = Feineinstellung
règle = Lineal
règle d'Ampère = Schwimmerregel,
Amperesche
règle de Fleming = Dreifingerregel
règle de la main = Handregel
règle de la main droite = Rechtehandregel
règle de pouces = Daumenregel
règle des trois doigts = Dreifingerregel
réglette de raccordement =
Klemmenleiste
régulateur = Regler
régulateur à grande vitesse =
Schnellregler
régulateur centrifuge = Fliehkraftregler, Zentrifugalregler
régulateur de phase = Phasenschieber
régulateur rapide = Schnellregler
régulateur de sensibilité =
Schwundregelung
régulateur de vibration = Tirillregler
régulateur de volume = Lautstärkenregler
régulateur shunt = Nebenschlußregler
régulateur Tirill = Tirillregler
régulation = Regelung
régulation à plots = Stufenregeleinrichtung
régulation de tension = Spannungsregelung
régulatrice = Regulierwicklung
régulié = eingeschwungen
relâcher = ausklinken
relais = Relais, Schütz
relais à retour de courant = Rückstromrelais
relais auxiliaire = Hilfsrelais
relais de Buchholz = Buchholz-
Relais
relais de ligne = Linienrelais
relais de (mise à la) terre = Erdschlußrelais
relais de protection = Impedanzrelais

relais de signalisation = Melderelais
relais de temps = Zeitrelais
relais différentiel = Differentialrelais
relais d'inversion de courant =
Rückstromrelais
relais téléphonique = Fernsprechrelais
relèvement = Peilung
rémanence = Remanenz
remonter = aufziehen
remorque = Anhängewagen
remplaçable = auswechselbar
rendement = Rentabilität, Wirkungsgrad
rendement lumineux = Lichtausbeute
rendre mat = mattieren
renforcer = verstärken
renverser l'aimantation = ummagnetisieren
réparation = Überholung
repérage = Peilung
répondre = ansprechen
réponse à haute fidélité = Frequenzgetreuheit
repousser = abstoßen
représentation conforme = Abbildung, konforme
répulsion = Abstoßung
réseau = Leitungsnetz, Netz
réseau à mailles = Maschennetz
réseau de câbles = Kabelnetz
réseau en Y = T-Schaltung
réseau récurrent = Kettenleiter
résine = Kolophonium
résistance = Resistanz, Widerstand
résistance à la compression =
Druckfestigkeit
résistance à la flexion = Biegefestigkeit
résistance à la rupture = Bruchfestigkeit
résistance à l'écrasement = Druckfestigkeit
résistance d'amortissement =
Dämpfungswiderstand
résistance de grille = Gitterableitwiderstand
résistance de lampe = Lampenwiderstand
résistance diélectrique = Durchschlagsfestigkeit
résistance d'interposition = Vorwiderstand

résistance disruptive = Durchschlagsfestigkeit
résistance du circuit plaque =
Widerstand, innerer
résistance effective = Wirkwiderstand
résistance émaillée = Emailwider-
stand
résistance en dérivation = Nebenwiderstand
résistance en fil = Drahtwiderstand
résistance en série = Vorwiderstand
résistance fer-hydrogène = Eisenwasserstoffwiderstand
résistance finale = Abschlußwiderstand
résistance intérieure = Widerstand,
innerer
résistance interne = Widerstand,
innerer
résistance liquide = Wasserwiderstand
résistance métallique = Metallwider-
stand
résistance spécifique = Widerstand,
spezifischer
résistance terminale = Abschlußwiderstand
résonance = Resonanz
résonance de courant = Stromresonanz
résonance de tension = Spannungsresonanz
résonance série = Spannungsresonanz
ressort = Feder
ressort à boudin = Spiralfeder
ressort à lames = Blattfeder
ressort de torsion = Torsionsfeder
ressort plat = Blattfeder
ressort spiral = Spiralfeder
retard de phase = Nacheilung
retardant = nacheilend
retentir = abklingen
retour d'arc = Rückzündung
retourner = ablaufen
rétrécissement = Einschnürung
réversible = umkehrbar
révisser = anziehen
révolution = Umdrehung
rhéostat à chevilles = Stöpselwiderstand
rhéostat à curseur = Schiebewiderstand
rhéostat à fiches = Stöpselwiderstand

rhéostat à manivelle = Kurbelwiderstand
rhéostat de champ = Feldregler
rhéostat démarreur inverseur =
Umkehranlasser
rhéostat d'excitation = Feldregler
rhéostat en décades = Dekadenwiderstand
rhéostat hydraulique = Wasserwiderstand
rhombe = Rhombus
rigide diélectrique = Durchschlagsfestigkeit
river = nieten, vernieten
rivet = Niet
rôder = einlaufen
rondelle = Unterlagsscheibe
ronflement = Brummen
rotation = Rotor
roteur = Rotor
roteur à baques collectrices =
Schleifringläufer
roteur apériodique = Schenkelpolläufer
roteur en tambour = Trommelläufer
rotor = Läufer, Rotor
rotor à courants de Foucault =
Wirbelstromläufer
rouage = Getriebe
roue = Rad
roue conique = Kegelrad
roue d'angle = Kegelrad
roue de chaine = Kettenrad
roue de friction = Friktionsrad
roue dentée = Zahnrad
roulement à billes = Kugellager
roulement à galets = Rollenlager
roulier = rosten
ruban isolant = Isolierband
rupture = Durchschlag, elektrischer

salle de distribution = Schaltwarte
salle d'essais = Prüffeld
s'amballer (d'un moteur) = Durchgehen
sans charge = ungeladen
sans couture = nahtlos
sans distorsion = verzerrungsfrei
sans étincelles = funkenfrei
sans fil = drahtlos, Radio
sans fin = endlos
sans induction = induktionsfrei
sans soudure = nahtlos
sans source = quellenfrei
saphir = Saphir
schéma de connections = Schaltbild

scintiller = flimmern
scorie = Schlacke
secohm = Henry
section = Querschnitt
sectionneur = Trennschalter
segment = Lamelle
sel = Salz
sel ammoniaque = Salmiak
sel de Rochelle = Seignettesalz
sel de Seignette = Seignettesalz
sélecteur = Wähler
sélection = Abstimmung
sélectivité = Empfindlichkeit,
Selektivität, Trennschärfe
self = Drossel
self de filtrage = Glättungsdrossel
self-induction = Selbstinduktion
selon un pourcentage = prozentual
semblabe = gleichnamig
semi-conducteur = Halbleiter
sensible à la lumière = lichtempfindlich
sensibilité = Empfindlichkeit
série binominale = Binominalreihe
série de Fourier = Fouriersche Entwicklung; Reihe, Fouriersche
série Mac Laurin = Mac-Laurinsche
Reihe
série Taylor = Taylorsche Reihe
serrer = anziehen
servo-moteur = Servomotor, Stellmotor
seuil = Anlaufwert
shunt = Nebenschluß, Nebenwiderstand
sicoid = Cellon
siemens = Siemens
sifflement = Pfeifen
signal = Zeichen
signal clignotant = Blinkzeichen
signal d'image = Bildsignal
signal d'occupation = Besetztzeichen
signe = Zeichen
similaire = gleichnamig
sinus = Sinus
sinusoïdal = sinusförmig
socle = Gestell
socle de lampe = Röhrensockel
sodium = Natrium
soie = Seide
solide = massiv
solubilité = Auflösungsvermögen
soluble = löslich
solution = Lösung
solution diluée = Lösung, verdünnte

son = Schall
sonde = Sonde
sondeur électromagnetique = Echo-
    lotung
sonnerie ronflante = Schnarre
sons combinés = Kombinationstöne
sons de combinaison = Kombina-
    tionstöne
sortie = Ausgang
soudage des joints = Nahtschwei-
    ßung
souder = löten, schweißen
souder par point = Punktschwei-
    ßung
souder par rapprochement =
    stumpfschweißen
soudure continue = Nahtschweißung
souffle = Rauschen
souffler = ausblasen
soulier de câble = Kabelschuh
soupape = Ventil, elektrisches
souple = nachgiebig
source = Quelle
source de courant = Stromquelle
source de courant de chauffage =
    Heizstromquelle
source équivalente de tension =
    Ersatzspannungsquelle
source équivalente d'électricité =
    Ersatzstromquelle
sous écran = Abschirmung
sous tension = Spannung, unter
sousexcitation = Untererregung
souterrain = unterirdisch
spectre = Spektrum
sphère = Kugel
stabilité = Stabilität
station centrale hydraulique à
    faible pression = Niederdruck-
    kraftwerk
stationnaire = stationär
stations à prépayement = Kassier-
    stationen
stator = Ständer, Stator
stéatit = Steatit
stilb = Stilb
sublimation = Kathodenzerstäu-
    bung
substance hystérétique = hystere-
    tische Stoffe
sulfatation = Sulfatieren
sulfate de cuivre = Kupfervitriol
superconductibilité = Supraleitung
superposer = überlagern
superréaction = Pendelrückkopp-
    lung

superrégénération = Pendelrück-
    kopplung
support = Auflage
support de lampe = Röhrensockel
suppression des parasites = Ent-
    störung
surcharge = Überlast, Überlastung
surchauffage = Überhitzung
surcourant = Überstrom
surexcitation = Übererregung
surface = Fläche, Oberfläche
surface de révolution = Rotations-
    fläche
surface equipotentielle = Äqui-
    potentialfläche
surintensité de courant = Über-
    strom
surtension = Überspannung
survolteur = Zusatzgenerator,
    Zusatztransformator
susceptance = Blindleitwerk, Sus-
    zeptanz
susceptibilité = Aufnahmevermögen
susceptibilité électrique = Suszep-
    tibilität, elektrische
susceptibilité magnétique = Sus-
    zeptibilität, magnetische
suspension = Ausleger
suspension élastique = federnde
    Aufhängung
symétrique = symmetrisch
synchrone = synchron
synchronisation = Synchronisierung
synchroniser = synchronisieren
synchronoscope = Synchronoskop
synchrotron = Synchrotron
syntonie = Abstimmung, Resonanz
syntonisation = Abstimmung
syntonisé = abgestimmt
syntoniser = abstimmen
système à trois fils = Dreileiter-
    system
système biphasé = Zweiphasen-
    system
système de dimensions = Dimen-
    sionssystem
système de mesure = Maßsystem,
    Meßwerk
système de mesure absolut = Maß-
    system, absolutes
système de mesure de Lorentz =
    Maßsystem, Lorentzsches
système de mesure électrostatique
    = Maßsystem, elektrostatisches
système de mesure Gauss = Gauß-
    sches Maßsystem

système de mesure international =
Maßsystem, internationales
système de mesure naturel = Maßsystem, natürliches
système de mesure technique =
Maßsystem, technisches
système de protection sélectif =
Selektivschutz
système des dimensions de Kalantaroff = Kalantaroffsches Dimensionssystem
système diphasé = Zweiphasensystem
système direct = Mitsystem
système d'unités = Einheitensystem
système d'unités électromagnétiques
= Maßsystem, elektro-
magnetisches
systeme équilibré = System, balanciertes
système indirect = Gegensystem
système itératif = Kettenleiter
système monophasé = Einphasensystem
système Scott = Scottschaltung
système trifilaire = Dreileitersystem
système triphasé = Dreiphasensystem
système zéro de la séquence de
phase = Nullsystem

table = Tabelle
tableau = Tabelle
tableau (de commande) = Schalttafel
tableau de distribution = Schalttafel
tableau de distribution en marbre
= Marmorschalttafel
tableau indicateur = Meldetafel
tablette à borne de jonction =
Klemmleiste
tache cathodique = Kathodenfleck
tachymètre = Tachometer
tambour d'enroulement = Kabeltrommel
taquet = Daumen, Nocke
tarif = Tarifformen
tarif à dépassement = Überverbrauchtarif
tarif à forfait = Pauschaltarif
tarif binôme = Grundgebührentarif
tarif de nuit = Nachttarif
tarif de surplus de consommation =
Überverbrauchtarif

tarif forfaitaire = Pauschaltarif
tarif maximum = Maximumtarif
tarif multiple = Mehrfachtarif
taux = Quote
technique de mesure = Meßtechnik
technique des courants forts =
Starkstromtechnik
télécommande = Fernsteuerung
télédiffusion = Drahtfunk
télégramme = Telegramm
télégramme chiffré = Chiffertelegramm
télégraphie d'écoute sous l'eau =
Unterwasserschalltelegraphie
télégraphie multiple = Mehrfach-
telegraphie
télégraphie rapide = Schnelltelegraphie
télégraphier = telegraphieren
télémesure = Fernmessung
téléphone = Telephon
téléphoner = Fernsprechen
téléphonie à haute fréquence =
Hochfrequenztelephonie
téléthermomètre = Fernthermometer
télévision = Fernsehen
température critique = Temperatur,
kritische
température de l'air ambiant =
Raumtemperatur
température normale = Bezugstemperatur
temps d'action = Eigenzeit
temps d'échauffement = Anheizzeit
temps de la progression de phase =
Phasenlaufzeit
temps de propagation = Laufzeit
temps de propagation de groupe =
Gruppenlaufzeit
temps de propagation de phase =
Phasenlaufzeit
temps de rèverbération = Nachhallzeit
temps de transit = Umschlagzeit
tenon = Dübel
tenseur = Tensor
tension = Spannung
tension active = Wirkspannung
tension alternative = Wechselspannung
tension anodique = Anodenspannung
tension au contact = Übergangsspannung

tension continue = Gleichspannung
tension d'allumage = Zündspannung
tension d'amorçage = Überschlagspannung
tension de bruit = Rauschspannung
tension de chauffage = Heizspannung
tension de contact = Berührungsspannung
tension de contrôle = Steuerspannung
tension de court-circuit = Kurzschlußspannung
tension (de) grille = Gitterspannung
tension de modulation = Aussteuerspannung
tension de perturbation = Störspannung
tension de phase = Phasenspannung
tension de polarisation = Vorspannung
tension de polarisation de grille = Gittervorspannung
tension de ronflement = Brummspannung
tension de rupture = Überschlagspannung
tension d'interférence = Störspannung
tension du signal = Signalspannung
tension en delta = Dreieckspannung
tension en étoile = Sternspannung
tension en triangle = Dreieckspannung
tension étoilée = Sternspannung
tension initiale = Anfangsspannung
tension nominale = Nennspannung
tension psophométrique = Geräuschspannung
tension wattée = Wirkspannung
terminé = abgeschlossen
terminer = abschließen
test-objet = Prüfling
tête de câble = Kabelendverschluß
tétrode = Tetrode, Vierpolröhre
théorème de similitarité = Ähnlichkeitssatz
thermocouple = Thermoelement
thermomètre à distance = Fernthermometer
thermostat = Temperaturregler
thyratron = Stromtor, Thyratron

tige de piston = Kolbenstange
toc = Nocke
toc d'entraînement = Nase
toile isolante gommée = Isolierband
tôle = Blech
tôle d'induit = Ankerblech
tôle pour dynamos = Dynamoblech
tombac = Tombak
tonne = Tonne
tordre = verdrillen
tore = Toroid
toroïde = Toroid
toronnage = Verdrillung
torque = Drehmoment
tors = Drall
torsader = verdrillen
torsion = Drall
touche = Taste
tour = Drehbank, Umdrehung
tourner = rotieren
tournesol = Lackmus
tracé = Entwurf, Grundriß, Umriß
traction électrique = Zugförderung, elektrische
traducteur = Übertrager
trainage lumineux = Nachleuchten
trait = Morsestrich
trajectoire = Bahn
trajet du courant = Strompfad
tranche = Kante
tranchée de câble = Kabelgraben
transformateur = Transformator, Übertrager
transformateur à colonnes = Kerntransformator
transformateur à enveloppe = Manteltransformator
transformateur à l'huile à ventilation naturelle = Öltransformator
transformateur à plots = Stufentransformator
transformateur-abaisseur de tension = Abwärtstransformator
transformateur annulaire = Ringübertrager
transformateur Berry = Manteltransformator
transformateur cuirassé = Manteltransformator
transformateur d'amortissement = Löschtransformator
transformateur de chauffage = Heiztransformator
transformateur de courant = Stromtransformator, Stromwandler

transformateur de fréquence =
Frequenzumformer
transformateur de mesure = Meßwandler, Wandler
transformateur de poteau = Masttransformator
transformateur de réglage = Regeltransformator, Reguliertrans-
formator
transformateur de sonnerie = Klingeltransformator
transformateur de tension = Spannungstransformator, Spannungswandler
transformateur différentiel =
Differentialtransformator
transformateur d'intensité = Stromwandler
transformateur en barreau = Stabwandler
transformateur isolé = Isolierwandler
transformateur sans oscillations
harmoniques = Transformator,
schwingungsfreier
transformateur toroïdal = Ringübertrager
transformateur tournant = Drehtransformator
transformateur triphasé = Drehstromtransformator
transformation de Laplace =
Laplace-Transformation
transition série-parallèle = Reihenparallelschaltung
transitoire = vorübergehend
translateur = Übertrager
transmetteur = Sender
transmetteur à circuit intermédiaire
= Zwischenkreissender
transmettre = senden
transmission de communication =
Nachrichtenübertragung
transmission de puissance = Kraftübertragung
transmission par courroie = Riemenantrieb
transparence de grille = Durchgriff
transportable = fahrbar
transposition = Verdrillung
travail = Arbeit
travail d'extraction = Austrittsarbeit
travail utile = Nutzarbeit
travailler = arbeiten
traversée = Kreuzung

trembleur = Schnarre, Zerhacker
tressage = Umklöppelung
tresse = Umklöppelung
tresser = klöppeln, umflechten,
umklöppeln
triangle de l'impédance = Widerstandsdreieck
triangle équilatéral = Dreieck,
gleichseitiges
triangle isoscèle = Dreieck, gleichschenkeliges
triangle rectangle = Dreieck, rechtwinkeliges
triangle scalene = Dreieck, ungleichseitiges
triangles similaires = Dreiecke,
ähnliche
trimmer (condensateur) = Trimmer
triode = Triode
triplement de la fréquence =
Frequenzverdreifachung
trolitul = Polystrol, Trolitul
trolleybus = Oberleitungsomnibus
trompe à signaux = Hupe
tronc = Stichleitung
trou = Loch
troublé = gestört
tube à glissement = Laufzeitröhre
tube à grill-écran = Schirmgitterröhre
tube à modulation de vitesse =
Laufzeitröhre
tube à trois électrodes = Dreielektrodenröhre, Dreipolröhre
tube à vide = Vakuumröhre
tube amplificateur = Verstärkerröhre
tube amplificateur en push-pull =
Gegentaktverstärkerröhre
tube armé d'acier = Stahlpanzerrohr
tube Braun = Braunsche Röhre
tube de télévision = Fernsehröhre
tube d'entrée = Einführungspfeife
tube électronique = Elektronenröhre
tube extrême = Endröhre
tube isolant = Isolierrohr
tube multipolaire = Mehrpolröhre
tube photo électrique = Photozelle
tube redresseur = Gleichrichterröhre
tube régulateur = Eisenwasserstofflampe
tubes régulateurs = Selektoren
tube Roentgen = Röntgenröhre
tungstène = Wolfram
turbine à vapeur = Dampfturbine
turboroteur = Turboläufer

ultra-son = Ultraschall
uniforme = homogen
unité de charge = Ladungs-
    einheit
unités absolues = Einheiten,
    absolute
unités dérivées = Einheiten,
    abgeleitete
unités fondamentales = Grund-
    einheiten
unités internationales = Einheiten,
    internationale
uranium = Uran
user = auslaufen, (Lager)
usine de charge maximum = Spitzen-
    kraftwerk
usine hydraulique = Wasserkraft-
    werk
usure = Abnützung

vaciller = flimmern
valence = Valenz, Wertigkeit
valeur de crête = Höchstwert
valeur effective = Effektivwert,
    Istwert
valeur efficace = Effektivwert
valeur instantanée = Augenblicks-
    wert, Momentanwert
valeur maximum = Höchstwert
valeur mesurée = Meßwert
valeur momentanée = Augenblicks-
    wert
valeur moyenne = Mittelwert
valeur nominale = Sollwert
valeur quadratique moyenne =
    Mittelwert, quadratischer
valeur réciproque = Kehrwert
valeur théoretique = Sollwert
valve = Ventil, elektrisches
vapeur saturé = Sattdampf
variable (in)dépendante = Ver-
    änderliche, (un)abhängige
variation de tension = Spannungs-
    schwankung
variatrice = Änderungswicklung
variomètre = Variometer
vecteur = Strahl, Vektor, Zeiger
vecteur de Poynting = Poynting-
    scher Vektor
vecteur potentiel = Vektor-
    potential
vecteur unitaire = Einheitsvektor
velin = Pergament
ventilation à l'aide de dispositifs
    séparés = Fremdlüftung
ventilation propre = Eigenlüftung

ventre = Bauch
ventre de vibration = Schwingungs-
    bauch
vernis = Firnis, Lack
vernis isolant = Isolierlack
verrouiller = verriegeln
vibrateur = Pendelumformer,
    Vibrator, Zerhacker
vide (d'air) = luftleer, Vakuum
vider = auspumpen
virtuel = virtuel
vis = Schraube
vis femelle = Schraubenmutter
vis sans fin = Schnecke
viscosité diélectrique = Nach-
    wirkung, dielektrische
vitesse = Geschwindigkeit
vitesse angulaire = Winkelgeschwin-
    digkeit
vitesse circonférencielle = Umfangs-
    geschwindigkeit
vitesse d'accrochage = Schleich-
    drehzahl
vitesse de la lumière = Licht-
    geschwindigkeit
vitesse de propagation = Aus-
    breitungsgeschwindigkeit
vitesse d'entre = Eintrittsgeschwin-
    digkeit
vitesse périphérique = Umfangs-
    geschwindigkeit
vitriol bleu = Kupfervitriol
voie à câbles = Drahtseilbahn
    (Schwebebahn)
voie de grimpement = Kriech-
    strecke
voiture remorquée = Anhänge-
    wagen
volant = Schwungrad
volet = Fallklappenrelais
volt = Volt
voltage = Spannung
voltage continu = Gleichspannung
voltage initial = Anlaufspannung
voltage plaque = Anodenspannung
voltamètre = Voltameter
voltmètre à zéro = Nullvolt-
    meter
voltmètre multicellulaire = Multi-
    zellularvoltmeter
volume = Rauminhalt
volume atomique = Atomvolumen
voyant = Schauzeichen
voyants de couleur = Kenn-
    farben
vue de face = Aufriß

watt = Watt
weber = Weber
wehnelt = Wehneltzylinder
wolfram = Wolfram

zéro axe = Nullachse
zéro-voltmètre = Nullvoltmeter
zig-zag = Zickzackschaltung

zinc = Zink
zone = Bereich
zone d'audibilité = Hörbereich
zone de filtrage = Durchlaß-
    bereich
zone neutre = Zone, neutrale
zone nominale de fréquence = Nenn
    frequenzbereich